임신 출산 육아 백과

임신 출산 육아 백과

1판 1쇄 인쇄 2015년 2월 23일
1판 1쇄 발행 2015년 2월 27일

감수 김성수(봄빛병원 원장), 이배훈(봄빛병원 산부인과 전문의),
박나리미(봄빛병원 소아청소년과 전문의), 윤지성(아가온 여성의원 산부인과 전문의)

발행인 양원석
편집장 김순미
책임편집 차선화

진행 김하나
사진 백경호(Studio planar)
사진협찬 베일리수 스튜디오 인천계양점
디자인 양은정
교정교열 박성숙
협찬처 프라이웰(032-831-2127), 프라젠트라(070-4469-7567), 셀렉타코리아(031-932-8391),
토미티피(02-740-3846), 블라블라(1599-9077), 아가방앤컴퍼니(02-527-1330),
쁘띠엘린(070-8740-5246), 필립스아벤트(02-709-1244), 엔젤비닷(www.angelbdot.co.kr),
마더스베이비(www.mothersbaby.co.kr), 임부복닷컴(www.imbubock.com),
아이앤와이인터내셔날(www.inyinternational.com), 쿠치(http://coochi.co.kr), 각시밀(www.gaksimil.co.kr)
이유식 요리연구가 안영숙
아이 모델 조정연, 박서은, 이정원, 김지안, 김민준, 엄준호
엄마 모델 이지선, 손정진, 박가영, 유가민
해외저작권 황지현, 지소연
제작 문태일, 김수진
영업 마케팅 김경만, 정재만, 곽희은, 임충진, 이영인, 장현기, 김민수
임우열, 윤기봉, 송기현, 우지연, 정미진, 이선미, 최경민

펴낸 곳 ㈜알에이치코리아
주소 서울시 금천구 가산디지털2로 53, 20층(가산동, 한라시그마밸리)
편집문의 02-6443-8861
구입문의 02-6443-8838
홈페이지 www.rhk.co.kr
등록 2004년 1월 15일 제2-3726호

ISBN 978-89-255-5534-8 23590

임신 출산 육아 백과

엄마, 나는 성장하고 있어요

≪뇌 태교 동화≫ 김성수 원장이 감수한 최신 개정판!

c o n t e n t s

Part 01 임신 기초 상식

Chapter 1 임신 준비의 모든 것

신비로운 임신의 과정 024

계획 임신, 이렇게 하라 026

고령 임신 계획, 이렇게 세워라 030

난임의 진단과 치료 034

시험관아기

이상적인 병원 정하기 042

임신 전 검진과 예방접종 045

Special Page 유산 후 건강관리

Chapter 2 임신을 했어요

임신의 징후 050

기초체온법 052

출산 예정일 053

280일의 생명 여행 055

검진과 검사 058

쌍둥이를 가졌어요 063

알아두세요 맘카드와 아기보험

Special Page 예비 아빠의 10개월 임신 플랜

Chapter 3 똑똑한 아이 만드는 태교 백과

태교 플랜 074

1~12주 임신 초기 태교 082

13~28주 임신 중기 태교 085

임신 후기 태교 088

Special Page 재미있는 태몽 이야기

Part 02 임신 중 몸의 변화

Chapter 1 임신 40주 프로그램 임신 초기

임신 1~2주 계획 임신을 준비한다 098
임신 3주 수정란이 세포분열을 한다 101
임신 4주 태아의 신경관이 생긴다 104
임신 5주 뇌와 척추가 형성된다 108
임신 6주 뇌의 발달이 활발해진다 111
임신 7주 태아의 심장이 형성된다 114
임신 8주 팔다리가 세분화된다 116
임신 9주 손가락, 발가락이 분리된다 118
임신 10주 태아의 생식기가 형성된다 121
임신 11주 태아가 급속도로 성장한다 123
알아두세요 임신 초기 Q&A

Chapter 2 임신 40주 프로그램 임신 중기

임신 12주 태아가 두 배 정도 자란다 154
임신 13주 얼굴이 완전한 형태를 갖춘다 156
임신 14주 태아의 성별 구별이 가능해진다 158
임신 15주 태반이 완성된다 160
임신 16주 근육과 골격이 더욱 단단해진다 162
임신 17주 피하지방이 생긴다 166
임신 18주 심장의 움직임이 활발해진다 169
임신 19주 뇌가 가장 크게 발달한다 171
임신 20주 감각기관이 크게 발달한다 173
임신 21주 태아의 소화기관이 발달한다 175
임신 22주 태아의 골격이 완전히 잡힌다 177
임신 23주 신생아의 모습과 비슷해진다 179
임신 24주 소리에 더욱 민감해진다 181
임신 25주 태아 피부가 불투명해진다 183
임신 26주 폐 속에서 폐포가 발달한다 185

c o n t e n t s

임신 27주 태동이 심해진다 187

알아두세요 임신 중기 Q&A

Chapter 3 임신 후기

임신 28주 뇌 조직이 발달한다 208

임신 29주 태아가 빛을 감지한다 210

임신 30주 생식기 구분이 뚜렷해진다 213

임신 31주 폐와 소화 기관이 완성된다 215

임신 32주 태아의 움직임이 둔해진다 217

임신 33주 양수를 마시며 호흡한다 220

임신 34주 머리가 자궁 쪽으로 향한다 222

임신 35주 자궁저가 최고조에 날한다 224

임신 36주 신체 기관이 거의 다 자란다 227

임신 37주 체중이 계속 증가한다 230

임신 38주 골반 뼈가 태아를 에워싼다 232

임신 39주 폐나 심장 등이 완성된다 234

임신 40주 출산이 시작된다 236

알아두세요 임신 후기 Q&A

Chapter 4 조심해야 할 임신 중 질병

임신부 최대의 적, 임신중독증 254

조산 257

유산 259

역아 260

자궁외임신 261

양수 트러블 262

태반 이상 264

임신우울증 극복하기 266

임신성 당뇨병 269

임신 중 자궁근종 271

임신 중 갑상선 질환 272

임신 중 피부질환 273

Chapter 5 임신 중 운동과 생활수칙

임신 초기 278

알아두세요 반드시 먹어야 하는 임신 초기 영양제

임신 중기 284

알아두세요 반드시 먹어야 하는 임신 중기 영양제

임신후기 303

알아두세요 반드시 먹어야 하는 임신 후기 영양제

c o n t e n t s

Part 03 출산

Chapter 1 출산 준비

아이용품 마련하기 318

입원용품 챙기기 326

출산 D-30 행동 지침 328

아빠와 함께 하는 출산 준비 331

제대혈 이해하기 334

Q&A 제대혈

산후조리원의 모든 것 338

Special Page 조기 출산

Chapter 2 분만

분만을 알리는 신호 & 병원 가기 344

자연분만 348

제왕절개 수술 360

무통 분만 364

분만의 종류 365

신생아 응급처치 374

여러 가지 분만 트러블 378

출산 후 병원 생활 382

Chapter 3 산후 조리

산후 1주 390

산후 2주 394

산후 3주 396

산후 4주 398

산후 5주 400

산후 6주 402

출산 후 건강 지키기 404

계절별 산후 조리법 409

산후 질병 412

산후 음식 418

산후 다이어트 프로젝트 421

Special Page 출산 후 더욱 예뻐지는 뷰티 케어

알아두세요 산후 성생활 및 미용관리

Part 04 육아

Chapter 1 육아 24개월 성장과 발달

0~1개월(신생아) 445

2개월 448

3개월 451

4개월 453

5개월 456

6개월 459

7개월 462

8개월 465

9개월 468

10개월 471

11개월 474

11~12개월 477

13~18개월 480

19~24개월 483

Special Page 혹시 내아이가 저체중아 아닐까?

c o n t e n t s

Chapter 2 **아이 돌보기 기초**

아이 안아주기 492

기저귀 갈기 499

목욕시키기 506

옷 입히기 511

편안한 잠자리와 아이 재우기 515

Chapter 3 **모유와 분유 수유**

모유 수유는 왜 해야 할까? 520

무유 수유 성공 노하우 522

올바른 유축기 사용법 527

수유 중 트러블 529

젖 떼는 방법 533

분유수유의 기본 상식 535

특수 분유 및 젖병, 젖꼭지 고르기 541

분유 수유

Chapter 4 **육아의 기본상식**

건강의 척도가 되는 아이 변 548

올바른 수면 교육 592

대소변 가리기 훈련 555

아이 마사지 558

외출 준비 561

야단치기와 칭찬하기 563

장난감 고르기 566

EQ와 IQ 키우는 아이 감각 놀이 569

Chapter 5 건강한 이유식

이유식의 기본 원칙 574

컵, 숟가락, 포크 사용법 가르치기 579

초기 이유식 (생후 4~6개월) 582

중기 이유식 (생후 6~8개월) 587

후기 이유식 (생후 9~11개월) 593

완료기 이유식 (생후 12~15개월) 599

돌 전 아이 금지 식품 603

Chapter 6 홈 닥터

예방접종 608

신생아 관련 질병 616

소아과 단골 아이 병 625

계절별 유행병 635

안전사고 대처법 640

열 651

기침 654

구토 656

설사 658

복통 660

변비 662

경련 665

땀띠와 기저귀 발진 667

약 먹이기 669

이 책을 감수한 전문가

김성수 | 산부인과 전문의

서울대학교 의과대학 졸업
서울대학교병원 산부인과 전문의
서울대학교병원 산부인과 불임 내분비 및 폐경 전임의사 역임
서울대학교 의과대학 산부인과 의학박사
미국 코넬 의과대학 연수
싱가포르 국립대학 외과대학 연수
1994년도 대한 산부인과 학회 '최우수 논문상' 수상
서울대학교병원 산부인과 자문의
성균관대학교 의과대학 외래 부교수
서울대학교 의과대학 산부인과 외래교수
서울아산병원 산부인과 자문의
현 봄빛병원 대표 원장

이배훈 | 산부인과 전문의

서울대학교 의과대학 졸업
서울대학교병원 산부인과 전공의 과정 수료
대한산부인과학회 정회원
현 봄빛병원 산부인과 과장

박나리미 | 소아청소년과 전문의

고려대학교 의과대학 졸업
서울대학교병원 소아청소년과 전문의
대한 소아청소년과학회 정회원
대한 신생아학회 정회원
현 봄빛병원 소아청소년과 과장

윤지성 | 산부인과 난임 전문의

산부인과 전문의
서울대학교 의과대학 졸업
서울대학교 대학원 의학과 졸업
서울대학교병원 산부인과 전공의 수료
서울마리아병원 진료과장
Boston IVF center 심신의학센터 전문가과정 수료
마리아플러스병원 진료부장
마리아플러스병원 심신의학센터 소장
네이버 카페 cafe.naver.com/beamom
현 아가온 여성의원 원장

임신 10개월 엄마 몸과 아이 몸 한눈에 보기

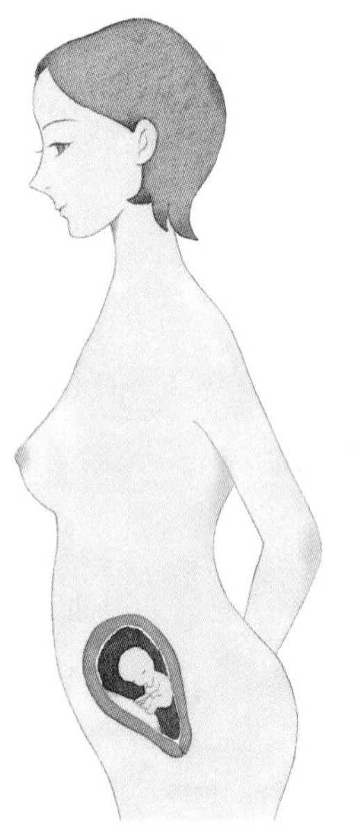

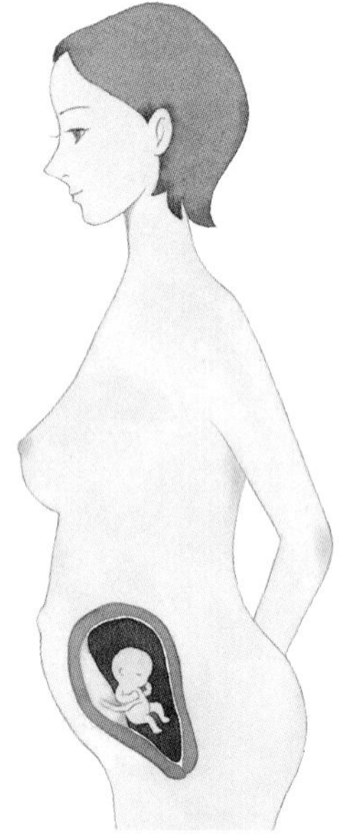

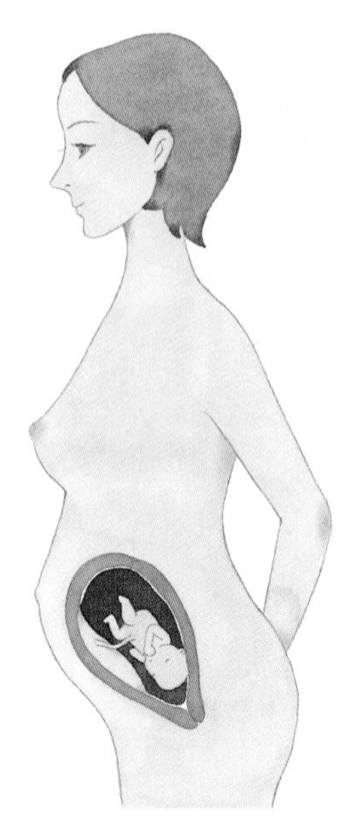

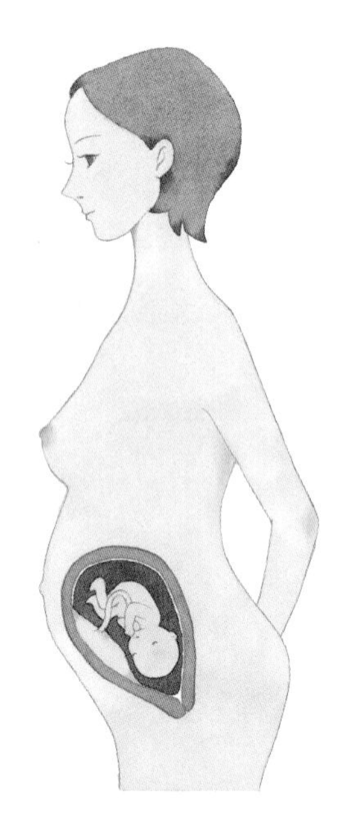

1개월

엄마

메스꺼움, 구토, 빈뇨
자궁 레몬 크기

아이

뇌, 척추 형성,
심장박동 시작
몸길이 1.25mm

2개월

엄마

입덧 감소, 현기증
자궁이 골반에서 복부로 올라감

아이

손톱 형성,
내부 생식기 발달

3개월

엄마

자궁 위치 배꼽 아래 7cm

아이

딸꾹질
머리에서 둔부까지 길이 11.5cm

4개월

엄마

자궁 위치 배꼽

아이

감각기관 발달, 체중 260g

5개월

엄마

자궁 위치 배꼽 위 4~5cm
다리 쥐남, 잇몸 출혈

아이

폐 속 혈관 발달,
소리에 민감, 체중 500g

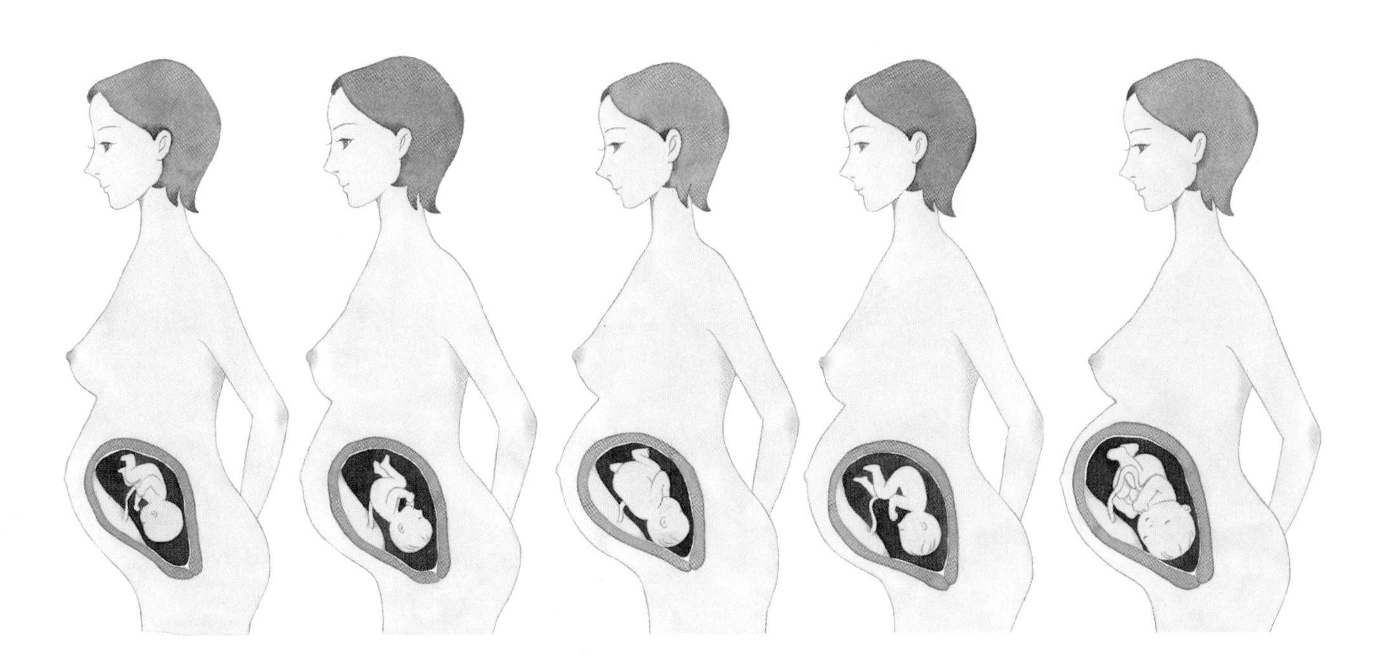

6개월

엄마

초유 형성,
자궁저 높이 28cm

아이

뇌조직 발달, 체중 1kg

7개월

엄마

호흡 불편, 속 쓰림

아이

머리 커짐, 체중 1.35kg

8개월

엄마

소화불량,
자궁저 높이 32cm

아이

체중 1.8kg

9개월

엄마

태동 감소

아이

체중 2.75kg, 키 46cm

10개월

엄마

진통, 분만

아이

체중 3.4kg,
키 50cm 이상

임신 10개월 엄마 몸과 아이 몸 한눈에 보기

시기	엄마	아이
5주	메스꺼움, 구토, 빈뇨 자궁 레몬 크기	뇌, 척추 형성, 심장박동 시작 몸길이 1.25mm
6주	두통, 변비	뇌 발달 활발 머리에서 둔부까지 길이 2~4mm
7주	빈뇨	심장 형성 머리에서 둔부까지 길이 4~5mm
8주	심한 입덧, 자궁 주먹 크기	팔다리 세분화, 귀와 눈꺼풀 형성 머리에서 둔부까지 길이 14~20mm
9주	피부 트러블, 유방 크기 증가	손가락, 발가락 분리 머리에서 둔부까지 길이 22~30mm
10주	우울감, 심리적 부담	생식기 형성 머리에서 둔부까지 길이 30~40mm
11주	기초 대사량 증가	급속한 성장, 외부 생식기 발달
12주	입덧 감소, 현기증 자궁이 골반에서 복부로 올라감	손톱 형성, 내부 생식기 발달
13주	정맥류, 임신선	얼굴이 완전한 형태 갖춤, 소리에 반응 머리에서 둔부까지 길이 65~78mm
14주	입덧이 사라지고 식욕 증가	머리에서 둔부까지 길이 80~99mm
15주	태반 완성, 유즙 분비	눈썹, 머리카락 생성 머리에서 둔부까지 길이 93~103mm
16주	자궁 위치 배꼽 아래 7cm	딸꾹질 머리에서 둔부까지 길이 11.5cm
17주	코피, 잇몸 출혈, 체중 3~4kg 증가	청각기관 발달 머리에서 둔부까지 길이 12cm
18주	태동 시작, 체중 4.5~5.5kg 증가	심장 움직임 활발, 체중 150g
19주	자궁 위치 배꼽 아래 1cm	뇌가 가장 크게 발달, 체중 200g
20주	자궁 위치 배꼽	감각기관 발달, 체중 260g
21주	부종, 정맥류, 체중 5~6kg 증가	소화기관 발달, 태지 분비 증가, 체중 300g
22주	빈혈	골격 · 관절 발달, 체중 350g
23주	피부 가려움, 감정 변화	신체와 얼굴의 균형, 체중 450g
24주	자궁 위치 배꼽 위 4~5cm 다리 쥐남, 잇몸 출혈	폐 속 혈관 발달, 소리에 민감, 체중 500g
25주	자궁 크기 축구공, 임신선	계면활성제 형성, 체중 700g
26주	체중 증가 7~9kg	시신경 작용, 호흡 시작, 체중 900g
27주	심한 태동, 자궁저 높이 27cm	시각 · 청각 발달, 체중 900g~1kg
28주	초유 형성, 자궁저 높이 28cm	뇌조직 발달, 체중 1kg
29주	불규칙 자궁 수축, 체중 증가 8.5~10kg	빛 감지, 체중 1.25kg
30주	호흡 불편, 속 쓰림	머리 커짐, 체중 1.35kg
31주	요실금, 체중 증가 10kg	폐 · 소화기관 완성, 체중 1.6kg
32주	소화불량, 자궁저 높이 32cm	체중 1.8kg
33주	빈뇨, 체중 증가 10~12kg	호흡, 체중 2kg

시기	엄마	아이
34주	하강감 (태아가 내려간 느낌)	체중 2.3kg
35주	자궁저 높이 35cm, 체중 증가 11~13kg	피부 분홍색, 체중 2.5kg, 키 45cm
36주	태동 감소	체중 2.75kg, 키 46cm
37주	불규칙 자궁 수축, 점액 분비 증가	면역력 생성, 체중 2.9kg, 키 47cm
38주	가진통	체중 3kg
39주	이슬, 자궁저 높이 36~40cm	태변, 체중 3.2~3.4kg, 키 50cm
40주	진통, 분만	체중 3.4kg, 키 50cm 이상

시기	검사 항목
임신 10주 이내	산전 검사, 자궁경부암 검사
임신 11~13주	NT(태아 목덜미투명대) 검사, 통합 선별 검사 1차(PAPP-A)
임신 16~18주	통합 선별 검사 2차(Quad), 필요 시 양수 검사
임신 20~24주	중기(정밀) 초음파 검사
임신 24~28주	임신성 당뇨병 검사, 빈혈 검사
임신 36주 이후	비수축 검사

아이 몸 초음파로 한눈에 보기

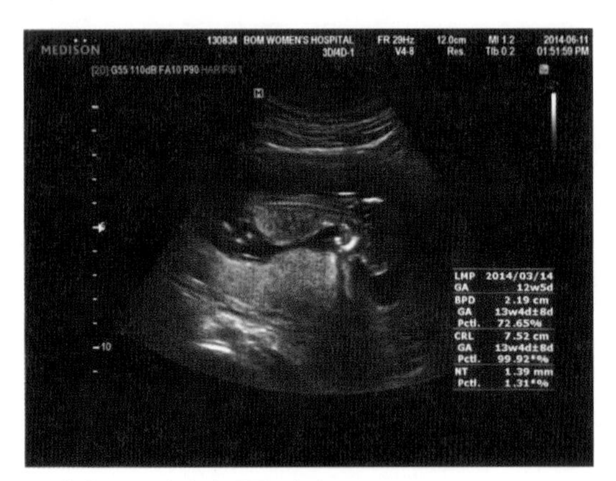

▲임신 13주 머리와 몸통 사진

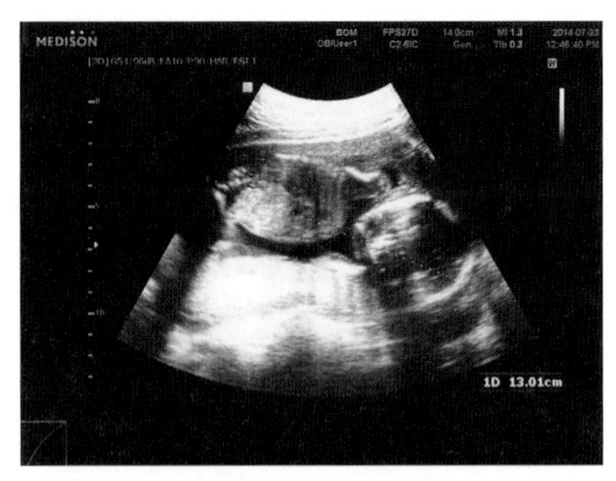

▲임신 19주 머리와 몸통 사진

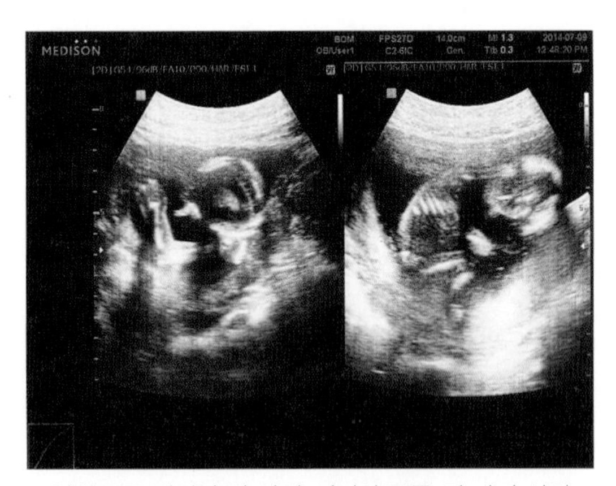

▲임신 16주 머리와 팔 사진, 머리와 몸통, 팔 다리 사진

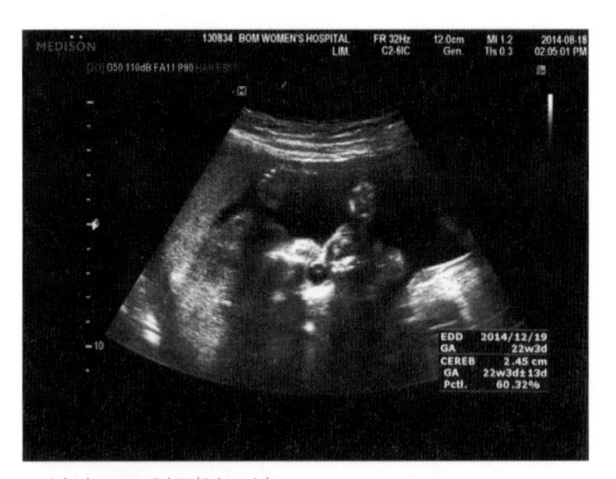

▲임신 22주 얼굴(옆모습)

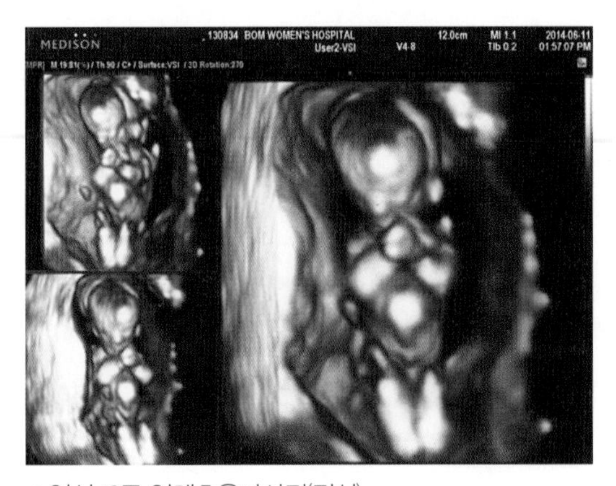

▲임신 12주 입체초음파사진(전신)

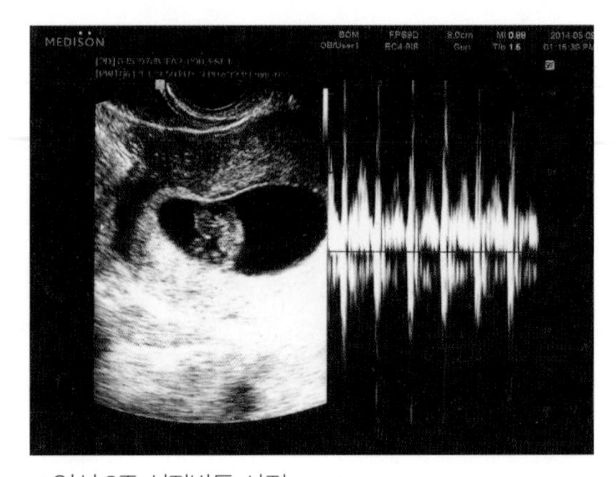

▲임신 8주 심장박동 사진

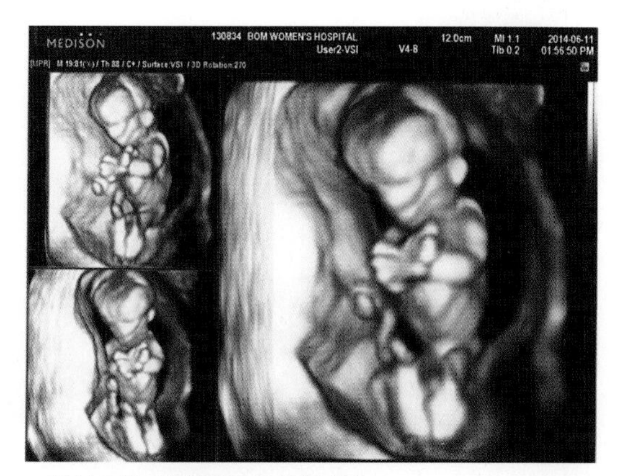

▲임신 12주 입체초음파사진(전신)

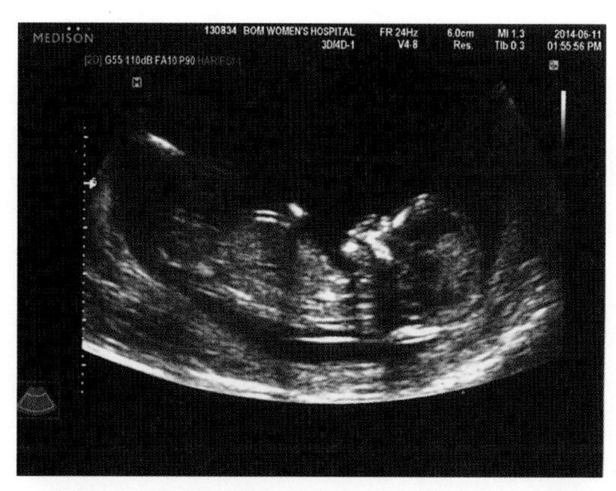

▲임신 12주 머리와 몸통 사진

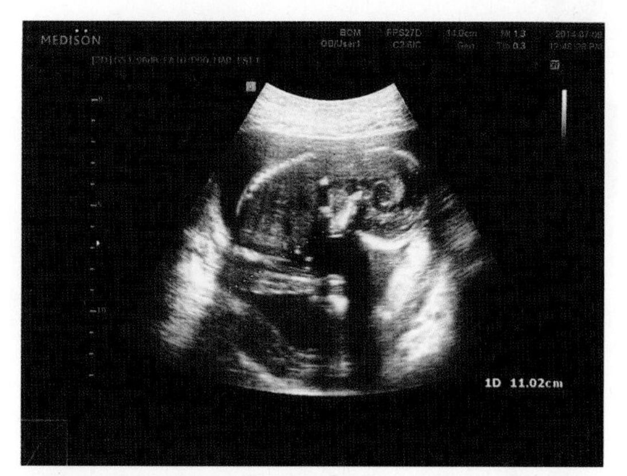

▲임신 16주 머리와 몸통, 다리 사진

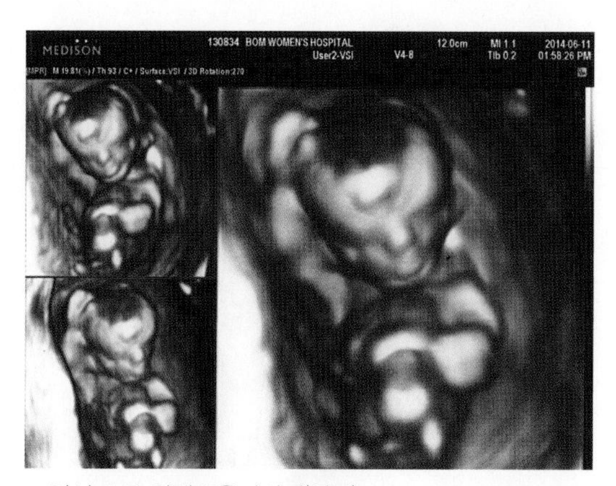

▲임신 12주 입체초음파사진(얼굴)

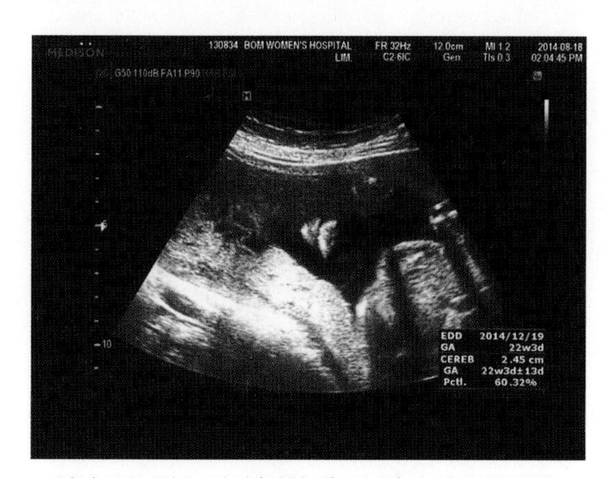

▲임신 22주 입술 사진 (언청이(구순열)가 있나 확인하는 사진-입술 정상입니다.)

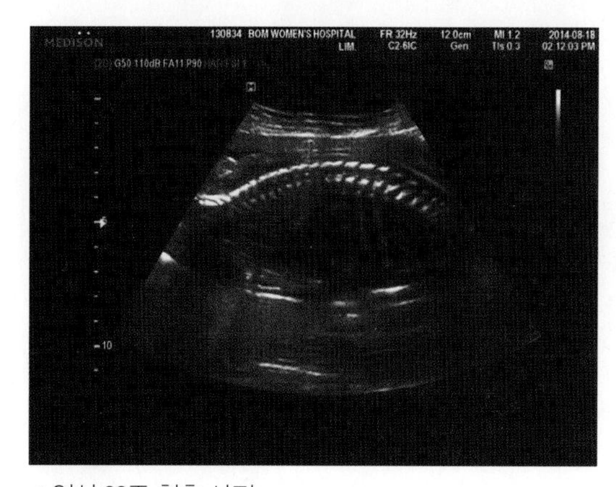

▲임신 22주 척추 사진

Part 01

임신 기초 상식

임신은 놀랍고도 위대한 경험으로 알아야 할 것도 궁금한 것도 많다. 계획 임신이나 시험관아기를 생각하고 있다면 어떻게 해야 하는지, 임신의 징후는 어떤지, 태아는 어떻게 자라는지, 건강하고 똑똑한 태아로 키우기 위해서는 어떻게 해야 하는지 등 많은 지식이 필요하다. 이런 궁금증을 해소하기 위해 임신 준비부터 임신 중 알아야 할 상식, 그리고 만점 태교를 위한 상세한 플랜까지 자세하게 소개한다. 또한 스페셜 페이지를 마련해 임신 외에 유산이나 예비 아빠의 임신 플랜, 재미있는 태몽 이야기 등 다양한 정보도 함께 담았다.

Part 01 활용법

Chapter 1 임신을 위한 기본 정보 파악하기

- 임신의 과정, 계획 임신, 고령 출산, 불임과 난임, 시험관아기 기초상식
- 자신에게 맞는 병원 고르는 법
- 건강한 출산을 위한 임신 전 검진과 예방접종 리스트
- 유산 및 임신 중절 수술 후 몸조리 비법

Chapter 2 임신 확인하기, 출산까지 태아의 성장에 대한 상식 배우기

- 임신의 징후, 출산 예정일 계산하기
- 실사로 보는 280일 태아의 성장 과정과 초음파 사진 보는 법
- 맘카드와 보험의 모든 것

Chapter 3 뱃속에서부터 시작하는 첫 교육, 태교 기초 플랜 엿보기

- 똑똑한 아이로 키우는 태교의 모든 것 & 재미있는 태몽 이야기

Chapter 1

임신 준비의 모든 것

신비로운 임신의 과정

하나의 정자와 난자가 만나 새로운 생명체를 탄생시키는 과정은 아주 신비롭다. 건강한 태아를 잉태하기 위해서는 정자와 난자가 건강해야 하는 것은 물론 오묘한 과정 하나하나가 모두 정상적으로 이루어져야 한다. 그 신비로운 탄생 과정 속으로 들어가 보자.

난자와 정자의 생성

여성은 태어나면서부터 몸속에 200만 개 정도의 난자를 지니는데, 성장하면서 차츰 숫자가 줄어 가임기간에는 양쪽 난소에 몇만 개만 남는다. 그중 평생에 걸쳐 배란되는 난자는 약 500개이며, 양쪽 난소에서 약 28일을 주기로 번갈아가며 1개의 난자를 성숙시켜 내보낸다. 난자는 나팔관에서 18~24시간 정도 생존하는데, 이때 정자를 만나지 못하면 시들어서 자궁 내막과 함께 월경으로 배출된다.

정자는 사춘기 무렵부터 남성 생식기의 중심인 고환에서 만들어진다. 남성의 음경에서 사정을 통해 질 안으로 들어가는 정자는 긴 꼬리를 움직여 헤엄치면서 난관에 도달한다. 한 번의 사정으로 배출되는 정액의 양은 3㎖ 정도. 이 속에는 약 2억 개의 정자가 들어 있다. 그중 약 100만 개가 살아서 난자가 있는 곳까지 도착하며, 사출된 정자는 보통 2~3일 정도 살아 있다.

배란

월경 주기 초기에 난소 안의 난포들이 발육을 시작해 그중 1개가 성숙 난포가 된다. 약 2주 후 성숙된 난포가 최대로 부풀어 파열되면서 그 속에 들어 있던 난자가 밖으로 나오는데, 이를 배란이라고 한다. 배란을 통해 난소에서 나온 난자는 난관 끝부분에 있다가 난관의 운동에 의해 자궁 쪽으로 보내진다.

수정

여성의 몸속에 사정된 정자는 꼬리로 헤엄을 쳐 나팔관을 거슬러 올라가는데, 그중 가장 빠르고 건강한 정자 1개만 난자와 만난다. 정자가 사정되어 난관에 도착할 때까지 걸리는 시간은 2~3시간 정도. 1개의 정자가 난자 속으로 들어가면 난자 표면에 두꺼운 막이 형성되어 다른 정자들이 더 이상 들어오지 못하게 한다.

난자의 생명은 배란 후 18~24시간 정도이고, 정자

는 사정 후 48~72시간 정도다. 따라서 난자가 나팔관에 흡입될 때쯤 정자가 그곳에 도달하거나 나팔관 안에서 정자가 살아 있는 동안 난자가 들어오면 수정이 이루어진다.

에 안착한다. 자궁 내막에 도착한 수정란은 내막의 표면을 녹이고 그곳에 진입해 서서히 파묻히는데 이를 착상이라고 하며, 이로써 수정란이 모체에 연결되어 10개월 동안 자라게 된다.

착상

수정란은 성장과 분열을 반복하며 나팔관을 지나 자궁 속에 자리를 잡는다. 이를 착상이라고 하는데, 수정에서 착상까지 걸리는 시간은 일주일 정도다. 처음에 똑같은 2개의 세포로 분열을 시작한 수정란은 4개·8개·16개 등으로 세포분열을 반복하며 상실기·포배기로 변화하는데, 포배기가 되면 태아로 성장하는 부분과 태반·탯줄·양수·양막 등 태아의 성장을 돕는 부분으로 나뉜다. 세포분열을 끝낸 수정란은 자궁 안에서 며칠간 떠돌다 폭신한 자궁 내막

배란과 수정 과정

- 포배낭 형성 수정란은 상실배가 될 때까지 계속 분열하며 나중에 포배낭이 된다.
- 착상 수정 후 7일째가 되면 포배낭이 자궁 내벽에 착상한다.
- 첫 번째 분열 수정란이 2개의 똑같은 세포가 된다.
- 두 번째 분열 2개의 세포가 각기 분열해서 4개의 똑같은 세포가 된다.
- 세 번째 분열 4개의 세포가 분열해 8개의 세포가 된다.

| 임신의 과정

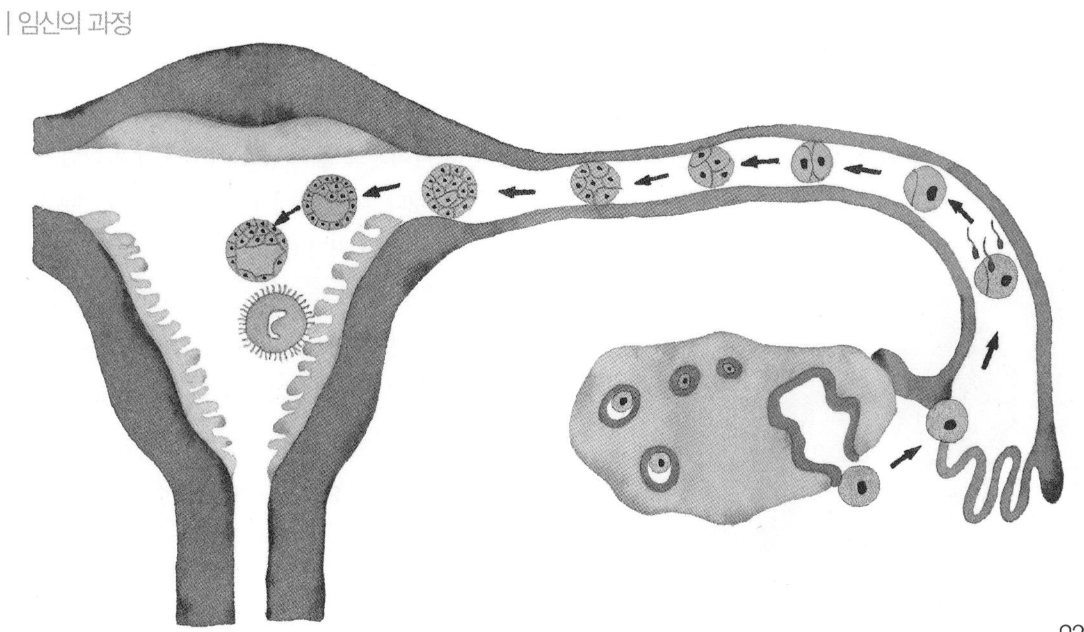

STEP 02

계획 임신, 이렇게 하라

계획 임신이란 부부가 임신과 출산에 대해 미리 의논하고 계획을 세워 아이를 갖는 것이다. 한 생명을 건강하게 낳아 키우는 부모의 역할을 생각한다면 계획 임신은 아주 바람직한 일이다. 임신을 계획하기 전에 따져보아야 할 여러 가지 상황과 임신 전 꼭 짚고 넘어가야 할 임신부의 건강 상태에 대해 알아보자.

계획 임신이란?

아이를 갖고자 한다면 임신 계획을 철저하게 세우는 것이 여러모로 유리하다. 부부의 건강이나 마음가짐, 경제적인 상황, 주변 환경이 완벽하게 만족스러울 때 건강한 임신과 출산이 가능하기 때문이다. 임신을 위해서는 적어도 3개월 이상 준비 기간을 두는 것이 바람직하다.

임신을 계획하는 순간부터 몸에 좋지 않은 것들을 피하고, 균형 잡힌 식사와 적당한 운동 등 규칙적인 생활을 한다. 엄마가 건강해야 건강한 아이를 낳을 수 있는 만큼 임신 전부터 몸 상태를 최상으로 만들어두어야 하기 때문이다. 또 그동안 피임을 하고 있었다면, 몸의 밸런스가 원래 상태로 돌아가기까지 3개월 정도의 시간이 필요하므로 미리 체크하는 것이 좋다.

가장 이상적인 임신을 하려면?

Point 1 출산 적령기는 20대

요즘은 결혼 연령대가 점차 높아지고 맞벌이나 육아 문제 등의 이유로 아이를 늦게 갖는 경우가 많다. 실제로 많은 여성이 30대 이후로 임신을 미루고 있으며, 때론 40대 이후에 출산하는 경우도 적지 않다. 하지만 의학적으로 볼 때 출산하기에 가장 적합한 연령대는 20대다. 이 시기에 임신을 하면 출산 때 생기기 쉬운 트러블도 적고 태어난 아이도 비교적 건강하다. 태아 때 여성의 몸속에서 만들어진 난자는 25세를 기점으로 노화되기 시작하고, 나이가 들수록 난자도 늙어간다. 따라서 임신이 늦을수록 그만큼 노화된 난자를 생성할 수밖에 없고 임신부의 몸에 여러 가지 트러블이 생길 확률도 높아진다.

Point 2 부부 모두 건강한 몸 만들기

태아의 건강은 난자와 정자의 만남에서부터 시작된다. 평소 균형 잡힌 식사와 적절한 운동을 하고 술, 담배, 카페인 등 몸에 해로운 것들을 삼간다면 자신의 건강은 물론 태아에게도 더할 수 없이 좋은 성장 환경을 제공하게 된다.

예비 아빠의 지나친 음주나 흡연은 건강한 정자를 생성하는 데 문제가 될 수 있다. 임신을 계획한다면 먼저 술과 담배를 줄이고 운동을 통해 건강한 몸을 만들어야 한다. 여성의 경우 비만은 불임의 가능성을 높이고, 설사 임신이 되었다 하더라도 여러 가지 임신 트러블을 일으킬 수 있으므로 평소 비만해지지 않도록 각별히 신경 써야 한다.

Point 3 엽산 복용

엽산(葉酸, 문화어: 잎산) 또는 폴산(folic acid)은 비타민의 일종으로 비타민 B9, 비타민 M이라고도 불린다. 적혈구 생성에도 필요하지만 태아의 발달(특히 신경계)에 매우 중요한 역할을 하는 것으로 알려져 있다. 엽산을 충분히 복용하면 태아의 신경관 결손증(무뇌아, 척추분리증 등), 선천성 심장 질환, 구순열(cleft palate), 유산(임신 20주 전 태아의 죽음)을 어느 정도 예방할 수 있다. 전문가들은 임신 가능성이 있는 모든 여성은 임신 3개월 전부터 하루 400㎍의 엽산을 복용하라고 권장한다. 다만 이전에 신경관 결손 기형이 있는 아이를 낳은 경험이 있거나, 신경관 결손 기형이 있는 가족이 있거나, 평상시 술을 많이 마시거나, 간질 약을 먹고 있거나, 인슐린 의존 당뇨병이 있거나, 비만이 심할 경우 400㎍이 아니라 4mg, 즉 권장량의 10배를 먹는 것이 좋은데 먼저 산부인과 전문의와 상의하도록 한다.

엽산은 배추김치, 시금치, 쑥, 브로콜리, 아스파라거스, 양배추 등 녹색 채소와 김, 미역, 다시마, 대두, 녹두, 완두콩, 강낭콩, 현미, 삶은 달걀, 메추리알, 치즈 등에 많이 들어 있으므로 음식을 통해서도 충분히 섭취하는 것이 좋다. 또한 최근 연구 결과에 따르면 엽산이 정자의 질과 정자 수에도 좋은 영향을 주므로 부부 모두 섭취하길 권한다.

Point 4 경제적으로 안정된 환경

임신과 출산에서 결코 간과할 수 없는 것이 바로 경제적인 부분이다. 실제로 아이를 낳고 키우는 데 들어가는 비용이 만만치 않다. 임신 중에 들어가는 진료비뿐만 아니라 입원비, 출산 준비물, 출산 후 육아 비용까지 지속적으로 상당한 비용 부담이 따르기 때문이다. 따라서 아이를 안정적인 환경에서 잘 키우려면 경제력이 어느 정도 뒷받침되어야 한다.

물론 경제적인 안정을 핑계로 계속 임신을 미루는 것도 문제다. 하지만 가능하면 가정 경제가 안정되는 시기에 임신과 출산 계획을 세우면서 미리 비용을 준비하는 것이 바람직하다.

Point 5 주변 상황, 육아에 적당한 시기 고려

자신의 사정이나 주변 상황도 임신 전에 고려해야 할 것 중 하나다. 건강한 임신과 출산에서 가장 중요한 것은 임신부의 육체적, 정신적 건강이다. 집안에 환자나 큰 문제가 있거나 가까운 시일에 중요한 집안 행사가 있으면, 임신부의 부담이 그만큼 클 수

밖에 없다. 따라서 임신하기 적당한 시기를 잘 살펴서 선택한다.

Point 6 임신 계획 2~3개월 전에는 피임 중단

콘돔과 같은 기구를 이용한 피임은 상관없지만, 경구피임약이나 자궁 내 피임 기구를 사용하고 있다면 임신 전에 어느 정도 준비가 필요하다. 적어도 임신을 계획하기 한 달 전에는 피임 기구나 피임약 복용을 중단해 한 번 정도 정상적인 월경을 거치고, 가능하면 몸의 밸런스가 충분히 회복된 다음에 임신을 하는 것이 좋다.

Point 7 생리 주기와 배란일 체크하기

임신 계획을 세울 때는 본인의 생리 주기를 체크하고 가임 시기를 예측해보는 것이 좋다.

배란일은 다음 생리 예상일에서 거꾸로 세어 14일 전이므로 임신 가능한 시기는 12~16일 전이 된다. 이외에 배란 시기를 예측할 수 있는 생체 징후로는 질에서 달걀흰자처럼 투명하고 미끈한 분비물이 나오고, 아랫배가 약간 불편한 배란 통증 등이 있으므로 잘 관찰해본다.

Point 8 전문의와 상담

건강한 아이를 원한다면 임신 전에 반드시 건강을 체크해보는 것이 바람직하다. 병원에서 자궁과 난소의 이상 여부를 확인하기 위한 초음파 검사를 시행하고, 아이에게 영향을 줄 수 있는 감염성 질환 여부도 체크한다. 풍진, 수두 등의 면역 상태를 미리 확인해 필요 시 접종을 하도록 한다. 현재의 건강 상태뿐만 아니라 과거에 앓았던 병력, 임신과 관련된 트러블 등을 미리 상의한 다음 임신 계획을 세우는 것이 좋다. 특히 만성 질환이 있는 경우라면 임신 계획과 임신 중의 위험성에 대해서 전문의와 충분히 상의한 다음 병의 경과를 관찰하면서 임신 시기를 결정하는 것이 바람직하다.

임신 전에 치료해야 할 엄마의 병

Case1 심장병

임신 중에는 태아의 성장 발달을 위해 모체의 혈액량이 50% 정도 증가하기 때문에 그만큼 심장의 부담도 커진다. 따라서 심각한 심장 질환이 있는 여성이 임신할 경우 조산이나 사산의 원인이 되기도 하고, 심할 경우 산모가 사망할 수도 있다. 임신 전에 미리 임신 가능성에 대해 전문의와 상의하는 것이 좋다. 만약 임신을 했다면 충분한 휴식과 수면으로 안정을 취하고 보다 세심한 검진을 받아야 한다.

Case 2 고혈압

고혈압은 임신부나 태아 모두에게 위험한 상황을 초래할 수 있다. 임신이 불가능한 것은 아니지만 자칫하면 임신중독증에 걸릴 수 있고, 이로 인해 혈압이 다시 올라가 출산 후에도 위험해질 수 있다. 평소 고혈압이 있다면 임신 초기부터 충분히 휴식을 취하고 영양을 균형 있게 섭취하며 적당한 운동을 해야 한다. 또 임신 중에도 일반적인 고혈압 치료와 동일하게 식이요법을 하면서 치료제를 복용해야 하며, 치료 방법은 반드시 의사의 지시에 따라야 한다.

Case3 저혈압

혈압은 임신 중기가 되면 다소 낮아지다가 임신 후기에는 다시 높아져 원래대로 돌아온다. 임신 중에는 임신중독증 같은 특별한 경우를 제외하고는 일반적으로 저혈압이 나타나므로 원래 저혈압인 여성은 더욱 주의해야 한다. 저혈압 때문에 임신을 못하는 경우는 거의 없지만, 임신 중에 갑자기 일어서거나 오랫동안 서 있으면 어지럼증을 일으킬 수 있으므로 과격한 활동은 피하고 적절한 휴식을 취하는 것이 중요하다.

Case 4 당뇨병

당뇨병은 임신에 치명적인 영향을 미칠 수 있는 질병이다. 임신부가 당뇨병이 있을 경우 임신중독증에 걸릴 확률이 4배 정도 높아지고, 태아가 과도하게 성장해 분만이 어렵거나 산도가 손상되기 쉬워 제왕절개 수술을 해야 한다. 또한 산후 출혈과 양수과다증을 일으킬 수도 있고 유산과 사산, 기형아를 출산할 위험도 높아진다. 물론 임신 전에 적절한 치료를 하고 임신 중에 의사의 지시를 잘 따르면 건강한 출산도 가능하므로 크게 걱정할 필요는 없다. 가족 중에 당뇨병 환자가 있거나 당뇨병이 의심스럽다면 임신 전에 당뇨병 검사를 받아보는 것이 좋다.

Case 5 만성신장염

급성신장염은 완치되면 임신에 영향을 미치지 않지만 만성일 때는 임신이 진행됨에 따라 임신중독증을 일으킬 수 있으므로 주의해야 한다. 임신중독증에 걸리면 태아의 발육이 지연되는 것은 물론 모체에 심각한 합병증을 유발한다.

현재 만성신장염을 앓고 있다면 임신은 피하는 것이 좋다. 병이 나았다 하더라도 일정한 기간을 두고 혈압 체크와 소변 검사를 받아 병이 호전되었을 때 전문의와 상의 후 임신 계획을 세워야 한다.

Case 6 간염

간에 문제가 있는 임신부는 입덧이나 임신중독증을 일으키기 쉽다. 현재 간염에 걸린 상태라면 치료를 끝낸 다음 임신을 계획하는 것이 바람직하다.

B형 간염 보균자는 임신 중에는 거의 영향을 주지 않지만 분만할 때나 수유할 때 신생아에게 감염될 수 있으므로 아이를 낳자마자 면역 글로불린과 백신 접종을 해야 한다.

Case 7 자궁근종

자궁 내벽에 생긴 혹을 자궁근종이라고 하는데, 자궁근종이 있으면 월경량이 많아지고 월경 기간이 늘어나며 비정상적인 질 출혈이 나타나기도 한다.

자궁근종이 있는 상태에서 임신을 하면 임신 초기에 배 통증이나 출혈이 있을 수 있으며, 임신 중반 이후 커진 근종에 변성이 생겨 배 통증이나 조기 진통의 위험이 따른다. 자궁내막 가까이 근종이 있는 경우에는 임신이 잘 안 되고 유산할 가능성이 크다. 따라서 임신 전에 산부인과에 가서 질 초음파를 통해 근종 크기의 변화를 확인하고, 필요하면 임신 전 수술을 고려한다.

고령 임신 계획, 이렇게 세워라

고령 임신에 대한 관심이 점점 높아지고 있다. 결혼 연령이 늦어지다 보니 초산 연령이 높은 것은 물론 재혼이나 늦둥이 출산 가정도 크게 늘고 있기 때문이다. 고령 출산의 문제점과 이를 극복할 수 있는 생활수칙, 안전한 출산을 위해 주의할 점 등을 알아본다.

고령 임신이란?

의학적으로는 분만 예정일 기준으로 산모의 나이가 만 35세 이후일 경우 고령 임신으로 본다. 그런데 여성의 사회 진출이 늘고 만혼이 증가하면서 임신과 분만의 적령기를 지나 출산하는 엄마들이 늘고 있는 추세다. 늦둥이 출산 역시 고령 임신부 증가에 한몫을 하고 있다. 고령 임신이 문제가 되는 것은 늦은 임신 및 출산이 태아와 엄마에게 주는 부담 때문이다. 젊은 엄마들에 비해 각종 질병 발생률이 2~10배까지 높고 임신부와 태아에게 미치는 위험 요소도 적지 않다. 하지만 고령 출산이라고 해서 무조건 걱정부터 할 필요는 없다. 물론 젊고 건강할 때 출산하는 것이 가장 좋지만, 계획 임신과 철저한 산전 관리만 해준다면 산모와 아이 모두 건강하게 출산할 수 있고, 젊은 엄마와는 또 다른 여유와 사랑으로 아이를 기를 수 있다.

고령 임신, 무엇이 문제일까?

임신 기간 중 질병에 걸릴 확률이 높다

나이가 많은 임신부일수록 임신 기간 중 각종 질병에 시달릴 확률이 높다. 특히 당뇨나 임신성 당뇨의 발생 비율은 25~29세 임신부의 3배가 넘는다. 당뇨 증세가 있을 경우 임신부가 임신 기간 내내 고생하는 것은 물론 그 영향이 태아에게 고스란히 전해져 거대아나 미숙아를 낳을 위험성이 높아진다.

초기 자연 유산율이 높다

고령 임신부의 유산은 주로 임신 초기에 발생하는데, 이것은 염색체 이상 같은 태아 문제에서 비롯되는 경우가 많다. 특히 고령 초산인 경우 초기 유산율이 20% 정도로 높아진다. 임신 사실을 알자마자 병원을 방문해 산전 검진을 받아야 한다.

임신중독증에 걸리기 쉽다

나이가 들면 고혈압이나 당뇨 등 성인병에 걸릴 확률이 증가하듯이 임신을 한 경우에도 모체의 신진대사에 이상이 생기기 쉬워 임신중독증의 위험이 증가한다. 그러므로 임신 후기부터는 혈압을 자주 측정하고 부종이 있으면 바로 단백뇨 검사를 하는 등 빠른 진단과 처치가 필요하다.

다운증후군이 생길 확률이 높다

20대 임신부에 비해 40대 임신부에게서는 기형아 발생률이 7~8배나 높다. 선천성 기형아 출생 중 임신부의 연령과 가장 관련이 깊고 흔한 질환은 바로 다운증후군이다. 20대 임신에서는 1000명에 1명꼴로 다운증후군이 나타나지만, 30대 중반부터는 100~200명 중 1명, 40대를 넘으면 40명 중 1명꼴로 발생 위험이 확연히 높아진다.

조산율이 높고 자연분만이 힘들다

고령 임신부의 경우 20대 출산보다 조산할 가능성이 높다. 모체가 건강하지 못할 경우 태내 환경이 극도로 나빠지기 때문에 태아가 자궁에서 더 이상 견디지 못하고 밖으로 나오는 것이다. 또한 고령 임신부는 자궁 경부가 단단해 출산 진행 속도가 느리고 분만 시간이 길어져 제왕절개를 할 확률도 높다. 또한 출산 이후 출혈이 많아 문제가 생길 수도 있다.

산후 회복이 늦다

사실 산후 트러블은 어느 연령의 산모라도 겪을 수 있는 문제다. 하지만 산모의 나이가 많을수록 산후 트러블 정도가 심하고, 그만큼 회복 시간도 많이 걸린다.

신생아 합병증이 많다

엄마의 건강 상태, 특히 자궁의 건강 상태가 가장 양호할 때 태어난 아이가 건강하게 마련이다. 따라서 35세가 넘으면 자궁의 건강 상태가 이전보다 좋지 못할뿐더러 태아에게 영양을 전달하는 것도 미흡하기 때문에 태어난 아이의 면역력이 그만큼 떨어지고 여러 가지 질병을 동반하게 된다.

고령 출산 계획

가능하면 빨리 임신을 계획한다

결혼 연령대가 높은데도 직장 문제로 결혼 후 임신을 미루는 경우가 적지 않다. 하지만 어차피 아이를 낳을 생각이라면 하루라도 빨리 임신하는 것이 바람직하다. 시간이 흐를수록 엄마의 몸은 늙어가고, 이것은 결국 아이의 건강과 직결되므로 결혼 후 바로 임신 계획을 세우는 것이 좋다.

임신 전에 건강검진을 받는다

고령 임신이 위험한 것은 임신한 엄마의 몸에 이상이 생길 확률이 높아지기 때문이다. 하지만 몸이 건강하다면 나이가 많다고 해서 크게 걱정할 필요는 없다. 다만 임신을 계획하고 있다면 부부 모두 건강검진을 받아 각자의 건강을 챙기는 것이 건강한 아이를 출산하는 최선의 방법이다.

임신 전부터 엽산을 복용한다

임신 3개월 전부터 하루에 400㎍의 엽산을 복용해 태아의 뇌 기형(신경관 결손)을 예방한다.

만성병을 치료한 후 임신한다

평소에 혈압이 높다거나 당뇨병이 있는 경우 고령 출산 시 여러 가지 위험이 예상된다. 따라서 지병이 있다면 반드시 임신 전에 치료를 받은 후 아이를 갖는 것이 안전하다.

고령 산모에서 고려해야 할 산전 기형 검사

융모막 융모 검사

임신 10주에서 13주 사이에 초음파 검사를 통해 태아와 태반의 위치를 확인한 후, 굵은 긴 주삿바늘로 태반 조직을 일부 채취해 염색체 이상 여부를 검사한다. 이른 임신 주수에 시행해 양수 검사보다 결과를 빨리 알 수 있다는 이점이 있다.

양수 검사

임신 15주에서 20주 사이에 초음파를 비추면서 긴 주삿바늘로 복부를 찔러 양수를 뽑는다. 그런 후 양수의 세포를 배양해 염색체 핵의 형태를 분석하는데, 배양 기간이 2주 정도로 검사 결과를 기다리는 시간이 긴 편이다. 최근에는 검사 기법이 발전해 다운증후군, 에드워드증후군 등 빈도가 높은 염색체 이상은 2~3일 내 결과를 알 수 있다.

산모의 혈액 내 태아 DNA 검사

최근 시행되고 있는 검사로 임신 10주 이후 산모의 혈액 내에 돌아다니고 있는 태아의 DNA를 추출해 다운증후군과 에드워드증후군, 파타우증후군 등의 염색체 이상을 발견한다. 검사료가 비싸지만 조기 검출의 이점이 있다.

초음파 검사

임신 초기(11~14주)에 초음파로 태아의 목덜미투명대를 측정한다. 태아의 목덜미투명대가 3mm 이상이거나 주수별 기준 두께보다 두꺼우면 다운증후군, 에드워드증후군 등 염색체 이상과 심장 기형 등을 의심해볼 수 있다. 또 고해상도 정밀 초음파를 사용하면 임신 19주 이후 태아의 형태적 이상을 어느 정도 진단할 수 있다. 혈청 검사에서 알 수 없는 선천성 심장 질환, 콩팥 이상, 무뇌아, 척추 이상, 언청이, 육손이, 골격 형성 장애 등 작은 기형도 진단이 가능하다.

출산 시 위험 부담과 대처 방법

철저한 산전 관리가 최선

임신 사실을 알고 나면 바로 산전 등록을 해 정기적인 산전 검사를 받는 것이 중요하다. 산전 검사를 받다 보면 임신 주수에 맞는 여러 가지 검사를 통해 태아와 엄마 몸의 이상 유무를 체크할 수 있다. 또 고령 임신부가 받아야 하는 여러 가지 선택 검사도 가능하면 빠짐없이 받고 이상이 있을 때는 의사의 지시를 따르도록 한다.

난산의 스트레스에서 벗어난다

일반적으로 고령 출산은 곧 난산이라는 공식을 떠올린다. 출산 시 아이가 통과하는 길인 산도(産道)는 골반 골격으로 이루어진 경산도(硬産道)와 자궁 경부, 질, 회음부로 이루어진 연산도(軟産道)로 구분되는데, 고령 임신부는 연산도가 유연하지 못한 경우가 많아 진통 시간이 길어진다. 따라서 고령 초산모의 경우 제왕절개 분만율이 2배나 높아진다.
그러나 이는 단지 나이 때문만은 아니고 고혈압, 당뇨병, 조기 진통이나 태반 문제 등 여러 가지 합병증이 주요 원인이다. 따라서 미리부터 나이가 많아 당연히 난산을 할 거라는 걱정을 할 필요는 없다. 난산은 연령차보다는 개인차가 더 크므로 오히려 자신감 있게 출산을 준비하는 것이 좋다.

올바른 식습관, 철저한 운동 습관을 갖는다

엄마가 건강해야 아이도 건강하고 출산하기도 쉽다. 여러 가지 임신 합병증이나 난산은 어떤 임신부에게나 나타날 수 있고, 임신 기간 중 몸과 마음을 어떻게 관리하는가에 따라 달라진다. 균형 잡힌 식사로 영양을 관리하고 꾸준한 운동으로 기초 체력을 키우면 나이와 상관없이 얼마든지 정상 분만이 가능하다.

경험 있는 전문의의 도움을 받는다

임신과 출산에 따르는 어려움이 많을수록 경험이 풍부한 전문의와 최첨단 시설을 갖춘 병원을 선택하는 것이 좋다. 전문의와 충분한 상담을 거쳐 분만 방법을 결정하고, 예기치 않은 문제가 생겼을 때 응급조치가 가능해야 하는 만큼 전문 병원이 적절하다.

난임의 진단과 치료

공해와 스트레스, 고령 출산 문제 등이 심각해지면서 그에 따른 불임으로 고생하는 부부들도 늘고 있다. 통계에 따르면, 부부 열 쌍 중 한두 쌍 정도가 불임으로 고통받고 있을 정도다. 불임의 원인은 무엇이며 어떤 치료법이 있는지, 양방과 한방 치료법 모두 꼼꼼히 살펴본다.

난임이란?

1년간(단, 여성 나이 만 35세 이상은 6개월) 피임을 하지 않고 정상적인 부부관계를 가졌는데도 임신이 되지 않는 상태를 말한다. 과거에는 '불임'이라는 용어를 많이 사용했는데, 불임(不妊)은 한자 표현 그대로 임신을 할 수 없는 불가능 상태를 말하지만 난임(難妊)은 임신하기 어려운 상태, 즉 임신을 할 수 있지만 쉽지 않은 상태를 의미한다. 의학적인 관점에서도 진단과 치료를 통해 난임 문제를 가진 70~80%가 결국 임신에 이를 수 있는 만큼 엄밀한 의미에서의 불임은 생각만큼 많지 않은 셈이다. 난임은 모든 부부의 15~20% 정도가 경험하는 매우 흔한 문제다. 최근 발표된 여러 자료들은 일관되게 그 비율이 증가하고 있음을 보여주는데 이렇듯 난임이 증가하고 있는 이유는 다음과 같다.

1 결혼 연령이 높아지고 있다.

2 여성의 사회 활동 증가와 육아 부담으로 결혼 후에도 출산을 미루는 경향이 뚜렷하다.

3 과거에 비해 식이 습관과 환경 변화로 인해 여성의 경우 배란 장애, 남성의 경우 정자 이상의 빈도가 증가하고 있다.

여성 난임의 원인

1 배란 이상 불규칙한 배란으로 인한 난임은 여성 난임의 40% 정도를 차지한다. 크게 나누어보면 난소 저하로 인한 배란 장애와 기능은 정상이지만 호르몬 불균형으로 인한 배란 이상으로 구별할 수 있다. 이 중 후자의 경우가 훨씬 많으며 그 가운데 상당수는 '다낭성 난소증후군'이라는 복합적인 문제를 함께 가지고 있어 배란 조절 외에도 장기적이고 체계적인 관리가 필요하다.

2 나팔관(난관) 및 복강 내 이상 나팔관이 막히거나 기능이 떨어진 경우, 자궁내막증이나 이전 복강 수술로 인한 복강 내 유착 등이 원인으로 작용할 수 있다. 과거에 비해 그 빈도는 줄고 있지만 여전히 중요한 난임의 원인 중 하나다.

3 자궁경관 이상 자궁경관의 점액 이상, 항정자항체 등이 난임의 원인으로 작용할 수 있다.

4 면역학적 이상 그동안 원인 불명의 난임으로 생각했던 경우의 상당수가 실제로는 면역학적 이상이 그 원인일 것으로 추정하고 있다. 최근 많은 관심을 받으면서 새로운 진단과 치료법에 대해 많은 연구가 이루어지고 있는 영역이다.

남성 난임의 원인

세계보건기구(WHO)는 2010년 정액 검사의 정상 범위를 수, 운동성, 모양 등 거의 모든 항목에서 이전보다 낮게 수정한 새로운 기준을 발표했다. 식이 습관 및 신체 활동의 변화, 환경호르몬에 대한 노출 등이 그 원인으로 추정되고 있다. 성욕 감퇴, 발기부전, 사정 장애 등으로 인해 정상적인 부부관계 시도가 어려운 문제와 더불어 수가 줄어드는 '희소정자증', 운동성이 감소하는 '정자무력증', 그리고 정자가 확인되지 않는 '무정자증'과 같은 문제로 나타난다. 남성 난임의 경우 근본적인 원인 진단과 치료가 원칙이다. 하지만 정자 생성에 워낙 다양한 요인이 복합적으로 작용하기 때문에 그 원인을 특정하기 어려워 우회적으로 인공수정이나 시험관아기 시술을 시도하는 경우도 있다.

진단

배란 검사

난자가 잘 만들어지는지 확인하려면 배란 검사가 필요하다. 식이 및 생활 습관의 변화로 인한 배란 요인 난임이 꾸준히 증가하는 추세다. 배란 검사 방법은 여러 가지인데 가장 간편하고 정확한 방법은 질식 초음파를 통해 배란 전후의 난포를 관찰하는 것이다. 28~30일의 평범한 생리 주기를 가진 여성의 경우 생리 첫날로부터 12~14일째 정도 방문하면 배란 예정의 난포가 자라는 것을 확인할 수 있다. 이 난포의 크기, 성장 속도, 자궁 상태 등을 종합적으로 고려해서 배란일을 예측할 수 있다. 배란 진단 시약, 점액 관찰법, 기초체온표 작성, 배란 호르몬 측정 등으로도 배란을 확인할 수 있지만 오차 가능성이 있어 이 방법들은 보조 수단으로 사용한다.

나팔관 및 복막 유착 검사

난자가 나팔관 안으로 잘 들어갈 수 있는지 확인하는 방법이다. 난소에서 배란된 난자는 스스로 움직이지는 못해 난관채(fimbria)라고 불리는 나팔관의 끝부분이 배란된 난자를 빨아들이는 역할을 한다. 나팔관은 난자와 정자가 만나서 수정이 이루어지는 장소인 동시에 만들어진 수정란을 자궁 안으로 이동시키는 역할을 하기 때문에 임신에서 매우 중요한 장소다. 따라서 나팔관이 막혀 있거나 난관채 주변에 유착이 있으면 난임의 원인이 될 수 있다. 정상적인 나팔관은 초음파 검사로는 관찰되지 않기 때문에 나팔관이 잘 뚫려 있는지, 기능이 좋은지를 확인하려면 별도의 검사가 필요하다. 최근에는 특수 조영제를 사용해 엑스레이가 아닌 초음파로도 나팔관 개통 여부를 확인할 수 있는 검사법이 개발되었는데, 이를 나팔관 초음파(HyCoSy, Hysterosalpingo-contrast-sonography)라고 한다. 나팔관의 소통 상태가 좋지 않은 경우 자궁 안으로 조영제가 들어가는 과정에서 배가 뻐근한 정도의 통증을 유발할 수 있지만 대개 일시적이고 경미해 마취가 필요하지는 않다. 두 검사 모두 생리가 끝난 후 배란기가 되기 전에 시행하므로 생리 첫날로부터 7~10일째 정도에 이루어진다.

정액 검사

정자가 충분히 만들어져서 배출되는지 확인하는 검사다. 정액 검사는 수음법으로 정액을 채취해 정액의 양, 정자의 수, 운동성 그리고 모양 등을 확인한다. 생리 주기에 따라 단계적으로 이루어지는 여성의 검사들과는 달리 검사 방법이 간단하고 검사 전 금욕 기간을 2~4일 정도로 맞추기만 한다면 그 외 별도의 준비는 필요하지 않다. 단, 정액 검사 결과는 검사할 때마다 비교적 큰 편차를 보이는 경우도 있어 한 번의 검사에서 이상 소견이 있어도 곧바로 이상으로 결론 내지 않고 재검사로 확인하는 것이 원칙이다. 반복된 검사에서 이상이 발견되면 문진, 진찰과 더불어 호르몬 검사 등의 추가 검사가 필요하다. 무정자증이 의심되면 고환 조직 검사 등의 정밀검사를 통해 고환 내 정자 생성 여부를 확인한다.

자궁경관 점액 및 성교 후 검사

정자가 자궁 안으로 진입하는 데 문제가 없는지 확인하기 위한 방법이다. 자궁경관에서 분비되는 점액은 배란기에 가까우면 양이 증가해 정자가 자궁 안으로 진입하는 것을 돕고 오랜 기간 머물러 있게 하는 등 임신에 중요한 역할을 한다. 분비물의 상태가 달걀흰자와 유사하게 늘어지는 상태로 양이 증가하는 것을 스스로 느끼는 경우에는 증상만으로도 임신에 유리한 시기를 짐작할 수도 있다. 성교 후 검사(PCT, postcoital test)는 배란이 임박한 시기에 부부관계 후 4~6시간 이내에 병원을 방문해 점액을 채취해서 정자의 움직임을 현미경으로 관찰하는 검사다. 점액의 상태와 정자와의 상호작용을 확인하는 것이 목적이다. 오랜 기간 기본적인 난임 검사의 하나로 자리 잡아왔지만 그 유용성에 대해서는 지속적인 논란이 있어 그 중요성은 점차 줄어들고 있는 추세다.

호르몬 피 검사

호르몬의 이상 유무를 확인하는 검사다. 임신과 배란, 생리 주기를 조절하는 뇌하수체호르몬이나 여성호르몬의 이상 유무를 확인하기 위해서는 호르몬 검

| 생리 주기에 따라 이루어지는 검사들

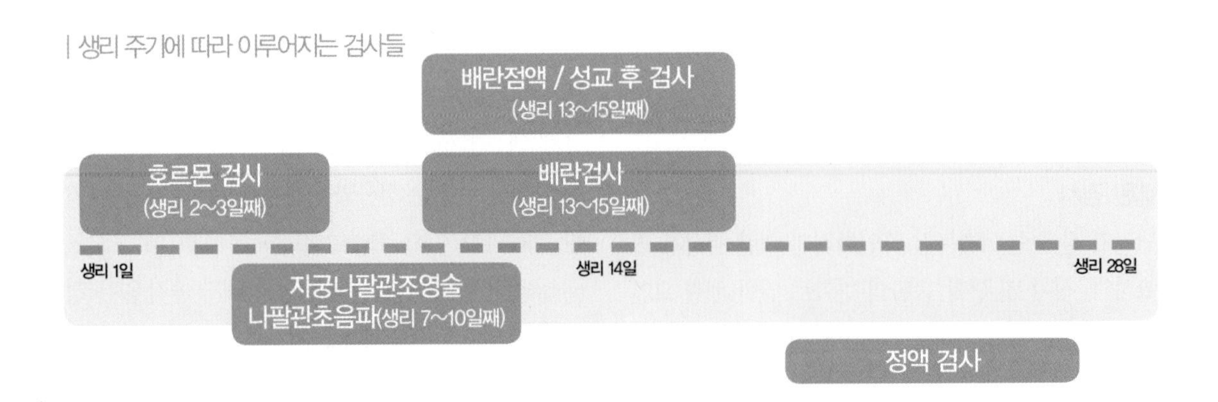

사가 필요하다. 호르몬에 이상이 있어도 대부분 자각 증상이 없으므로 생리를 규칙적으로 하는 경우에도 호르몬 검사는 꼭 하는 것이 좋다. 난소 기능을 평가하는 대표적인 호르몬(난포자극호르몬, 황체형성호르몬, 에스트라디올 등)을 확인하는 검사는 생리 시작 2~3일째 혈액 검사로 이루어진다. 반복적인 채혈을 피하기 위해 기본 혈액 검사도 호르몬 검사와 시기를 맞추어 한꺼번에 받는 것이 편하다. 생리 주기에 따라 이루어지는 검사들을 순서대로 정리해보면 다음과 같다.

치료

배란 유도

배란 유도제(클로미펜, 페마라 등)를 복용하거나 과배란 주사를 사용해 배란을 원활하게 돕는 방법이다. 평소 배란이 불규칙하거나 잘 안 되는 여성에게 주로 사용하지만 배란에 문제가 없는 경우에도 임신율을 높일 목적으로 사용하기도 한다.

인공수정

인공수정이란 여성의 배란일에 맞춰 특수 처리한 남편의 정액을 자궁 안으로 주입하는 시술을 말한다. 정확히 말해 자궁 안에 넣어준 정자가 나팔관에서 난자와 만나 수정, 착상에 이르기까지 자연임신과 동일한 과정을 거치기 때문에 '인공수정'이라는 표현 자체가 적합한 명칭은 아니다. 하지만 워낙 오랜 기간 사용되어온 표현이라 공식적인 시술명으로 자리 잡았다. 인공수정은 다음과 같은 경우에 시행한다.

1 정액 검사에 정자의 수, 운동성, 모양 등의 수치가 약간 떨어지는 경우 정자의 손실을 최소화해 임신율을 높이는 효과가 있다. 하지만 그 정도가 심한 경우에는 시험관아기 시술이 필요하다.

2 성교 후 검사가 좋지 않은 경우 자궁경관 점액이 부족하거나 항정자 항체를 가지고 있는 경우 등이 그 원인이다. 인공수정 시술을 통해 정액이 자궁경부를 거치지 않고 자궁 안에 직접 도달하게 하는 효과가 있다.

3 원인 불명의 난임 난임의 원인이 밝혀지지 않은 경우에도 인공수정을 시행하면 임신율이 높아진다.

4 자연적인 임신 시도가 어려운 경우 신체적·심리적 원인으로 인해 부부관계가 원활하지 않은 경우 도움이 된다.

시험관아기(체외수정 시술)란?

시험관아기 시술의 정확한 의학 용어는 체외수정(in vitro fertilization) 시술이다. 자연임신에서는 여성의 체내(정확히는 나팔관)에서 난자와 수정이 이루어지고 자궁 안으로 옮겨져 착상되는 과정을 거친다. 이 과정 중 나팔관에서 일어나는 상황을 체외에서 재현해 임신을 시도하는 방법이 시험관아기 시술이라고 할 수 있다. 나팔관이 막혀 임신이 되지 않는 부부를 대상으로 처음 시도했던 시험관아기 시술은 오랜 기간을 거쳐 현재는 남성 난임, 자궁내막증, 난소기능저하는 물론 특별한 이유 없이 반복적으로 인공수정 시술에서 실패하는 경우까지 폭넓게 적용하고 있다.

원인

1 양측 나팔관의 폐쇄, 심한 남성 난임(희소정자증, 무

정자증) 등은 시험관아기 시술로만 임신이 가능한 대표적인 경우다.

2 여성의 연령이 매우 많거나 수술이나 기타 다른 이유로 인해 난소 기능이 심하게 저하된 경우, 심한 골반 유착을 동반한 자궁내막증, 난임 기간이 긴 경우 등이다.

3 자연임신 혹은 인공수정 등의 방법으로 여러 번 시도했으나 임신에 실패하면 시험관아기 시술을 고려한다. 시험관아기 시술 과정에서는 이전과 달리 난자의 상태, 수정률, 배아의 상태 등을 확인할 수 있는데, 이 과정에서 비로소 난임의 원인이 밝혀지는 경우도 있다.

4 착상 전 유전 검사가 필요한 경우로 부모의 염색체 이상, 유전 질환을 가진 부부 등에서 시험관아기 과정을 통해 정상 염색체를 가진 배아를 선별해서 이식하는 방법을 시행한다.

치료

10여 년 전까지만 해도 시험관아기 시술은 신체적, 정신적, 경제적으로 많은 부담이 되어 치료 방법이 있다는 것을 알면서도 접근하지 못하는 경우가 많았다. 우선 시술이 시작되면 매일 병원을 방문해 호르몬 주사를 맞아야 하고, 2~3일에 한 번은 피 검사를 해야 하며 난자 채취, 배아이식 과정에서 수술이나 입원이 필요한 경우도 있으며, 시술에 소요되는 비용이 큰 부담이 되었기 때문이다. 하지만 보조생식술(ART, assisted reproductive technology)의 꾸준한 발전에 힘입어 시험관아기 시술 과정이 훨씬 더 간편하고 효율적인 방향으로 변화를 거듭하고 있다.

1 매일 맞는 호르몬 주사는 자가 주사가 가능한 제형으로 간소화되어 병원을 매일 방문하지 않고도 시술이 가능할 뿐 아니라, 주사를 적게 맞는 저자극 시험관아기 시술, 전혀 맞지 않는 자연 주기 시험관아기 시술 등 다양한 시도가 가능해졌다.

2 축적된 임상 경험을 토대로 꼭 필요하지 않은 피검사는 생략할 수 있게 되어 반복적인 채혈검사의 번거로움과 스트레스를 최대한 줄일 수 있다.

3 배양 기술의 발달로 이전에 비해 체외에서 수정란을 배양할 수 있는 기간을 장기화(최소 2일~최대 5일)할 수 있게 되어 복강경을 하지 않고 자궁 경부를 통해 이식하는 방법으로도 좋은 임신율을 기대할 수 있게 되었다.

4 시험관아기의 주기당 성공률은 평균 40% 전후에 이르고 이식하는 배아의 수를 줄이면서도 임신율이 안정적으로 유지되고 있다. 그 결과 원치 않을 경우 단일배아이식(Single embryo transfer)을 통해 쌍둥이 임신을 줄이는 시도도 가능해졌다.

5 보건복지부에서 출산장려정책의 일환으로 2006년부터 난임 부부 시술비 지원 사업을 시행, 과거에 비해 훨씬 적은 부담으로 인공수정 및 시험관아기 시술이 가능해졌다.

과정

호르몬 주사 및 배란초음파

여러 개의 난포를 키울 목적으로 사용하는 과배란 주사는 보통 생리 초부터 평균 7~10일 정도 사용한다. 주사를 맞는 스케줄과 방법에 따라 장기, 단기, 길항제요법 등이 있다. 주사의 용량이 커질수록 반응하는 난포의 개수가 많아지는 것이 일반적이나, 너무 심한 반응은 난소과자극증후군(OHSS, ovarian hyperstimulation syndrome)이라는 부작용을 초래할 수 있으므로 주의해야 한다.

- 저자극요법(mild IVF) 과배란 유도의 부작용을 최소화고자 일반적인 과배란요법에 비해 저용량의 주사를 사용하는 방법이다. 적절한 대상과 상황에서 적용하면 시술에 따른 부담을 최소화하면서 좋은 임신 결과를 기대할 수 있어 '환자 친화적인 시험관아기(patient-friendly IVF)'라 불리며 점차 많은 관심을 받고 있다.
- 자연 주기 시험관아기 시술(Natural cycle IVF) 과배란 주사를 사용하지 않고 진행하는 방법을 말한다. 다낭성난소증후군과 같이 작은 난포에서 여러 개의 미성숙한 난자를 채취해 임신을 시도하는 경우(IVM)와, 심한 난소저반응군처럼 한 개의 난자만 채취하는 것을 목적으로 하는 경우가 있다. 그 밖에 개인의 건강상의 문제로 고용량 호르몬 주사의 사용이 곤란할 때도 자연 주기 시험관아기 시술을 고려할 수 있다.

1 난자 채취

배란초음파 검사에서 여러 개의 난포가 원하는 크기에 도달하면 난포를 터뜨리는 주사를 사용한다. 난포를 터뜨리는 주사는 크기가 다 자란 난포를 자극, 최종적인 난자의 성숙을 완료시켜 배란 직전의 상태로 유도하는데, 이후 난포가 터지기 직전의 타이밍에 난포액을 흡인해 난자를 회수하는 과정이 난자 채취다. 질초음파로 난포의 크기와 위치를 확인하면서 가느다란 특수 바늘을 이용해 진행하는데 10~20분 정도면 충분하다. 마취 주사나 스프레이를 이용한 부분 마취 혹은 수면 마취 상태에서 모두 시술이 가능하다.

2 수정 및 배양

회수한 난자와 정자를 여성의 체내 환경과 최대한 같은 조건으로 맞춘 배양실에서 수정을 유도한다. 조건을 맞추어주는 것만으로도 자연적인 수정 과정을 거쳐 수정란이 형성되는 경우가 통상적인 자연 수정이며, 심한 남성 난임이나 원인 불명의 수정 실패 환자의 경우에는 미세수정(ICSI)이라는 방법으로 직접적인 수정을 유도한다. 정상 수정이 확인된 배아는 따로 선별해 배양실에서 2~5일 정도 관찰하며, 그 과정에서 배아 발달의 속도나 모양에 따라 등급을 나누는데 이것이 이식할 배아의 선택 기준이 된다.

4 배아 이식

수정란의 개수나 발달 상태에 따라 이식 일정을 결정하는데, 2~3일에서 5일 사이에 하는 경우가 가장 많다. 배아 이식은 가느다란 관(카테터)을 이용해 등급에 따라 선택한 배아를 자궁 경부를 통해 자궁 안으로 옮기는 것이다. 과거에는 한 번에 4~5개의 배아를 이식하기도 했으나 최근에는 1~3개의 배아를 이식해 쌍둥이 임신의 확률을 최소화하고 있다.

Q&A

시험관아기

시험관아기

시험관아기라 하면 남의 정자나 난자를 빌려 아이를 낳는 것으로 생각하는데, 무정자증이나 무배란성인 경우 그런 방법을 쓰기도 하지만 대부분 자신의 정자나 난자를 보다 과학적인 방법으로 수정시켜 자궁에 이식한다.

Q 시험관아기란 무엇인가요?

A 시험관아기는 열 달 동안 시험관에서 아이를 키우는 것이 아니라 수정 초기에 2~3일간 시험관에서 키워 엄마의 몸에 이식하는 것을 말한다. 따라서 시험관아기의 원래 이름은 '체외 수정 및 배아 이식'이다.

Q 어떤 경우 시험관아기 시술을 받나요?

A 여성은 나팔관 원인으로 인한 불임(나팔관 막힘, 골반 유착, 나팔관 성형수술 실패, 나팔관 절제 등)일 경우 시험관아기 시술을 받는다. 남성은 정자의 숫자가 적거나 운동성이 약한 경우 이용한다. 또 자궁내막증이나 면역학적 불임, 모든 불임 검사에서 이상이 없는데도 임신이 안 되는 경우, 인공수정 시술에 여러 번 실패한 경우에도 시험관아기 시술을 받는다.

Q 시험관아기 시술을 받으려면 언제 병원에 가야 하나요?

A 시험관아기 시술은 월경 시작일이 기준이다. 따라서 시술을 받고자 하는 사람은 월경 때 병원에 가면 그 달이나 다음 달에 시술이 가능하다.

Q 시험관아기 시술은 어떻게 진행하나요?

A step 1 난자의 배란을 유도하기 위해 난포를 키우는 주사를 매일 맞는다. 난포의 크기와 호르몬이 충분하면 난자 채취 날짜를 정한다. 대략 7~10일 정도 걸린다.

step 2 난자 채취 당일 남편의 정액도 받는다. 남편은 시술 3일 전부터 금욕해야 하며, 난자를 채취하고 2~3시간 후에 정액을 받는다. 이렇게 받은 정액 중 활동성이 강한 정상 정자만 골라낸다.

step 3 정자와 난자를 시험관에 넣어 수정시킨다.

약 17시간 후 수정란이 형성되었는지 현미경으로 확인한다. 수정시키기 위해 넣은 정자 중 하나만 난자 속으로 들어가고 나머지 정자들은 죽게 되므로 새로 준비한 배양액으로 수정란을 옮긴다.

step 4 이후 시험관에서 2~3일간 머무는데, 그동안에 배아(수정란)에서 세포 분열이 일어나 2세포기, 4세포기, 8세포기로 점점 분열한다. 4세포기(2일 후)에서 8세포기(3일 후) 때 자궁에 이식한다.

Q 배아(수정란) 이식은 어떤 방법으로 하나요?

A 배아 이식은 자궁 경부를 통하거나 긴 바늘로 직접 자궁강 안에 넣기도 하고, 자궁내막에 직접 심기도 한다. 배아가 정상적인 형태로 발달하면 난자를 채취하고 48시간이나 72시간 후에 가느다란 배아 이식 관을 자궁에 삽입해 이식하는데, 마취 없이 간단하게 이루어진다. 이식 때의 자세로 3~4시간 안정을 취하고, 이식 후 2일간은 되도록 활동을 줄여야 한다. 그러면 배아가 난각을 벗고 자궁내막에 접근해 세포층을 뚫고 들어가 착상한다.

Q 어떤 경우에 정자를 난자에 직접 주입하나요?

A 정자 숫자가 아주 적은 경우, 선천적으로 수정관에 문제가 있는 경우, 염증이나 감염으로 인한 폐쇄성 무정자증인 경우, 정관 복원에 실패한 경우, 난자의 난각이 너무 두꺼워 수정이 안 되는 경우에 실시한다.

Q 시험관아기와 나팔관 수정은 어떻게 다른가요?

A 나팔관 수정은 나팔관이 건강할 때 시행하지만, 시험관아기는 나팔관이 막히거나 없을 때도 시행할 수 있다. 나팔관 수정을 할 때는 복강경 시술을 하지만 시험관아기는 복강경 시술이 필요 없다. 또 나팔관 수정은 수정을 확인하지 못하지만, 시험관아기는 수정을 확인할 수 있다.

Q 배란유도제를 사용하지 않는 시험관아기 시술이 있나요?

A 배란유도제를 투여하지 않고 시행하는 시험관아기 시술은 모든 보조 생식술의 종합선물이라고 할 수 있다. 배란를 유도하는 과정이 빠짐으로써 번거로운 주사가 없으며, 경제적인 부담이 훨씬 줄어들고, 시술 방법도 비교적 간단하다. 그리고 배란유도제로 인해 생길 수 있는 과배란 자극 증후군의 위험을 걱정할 필요가 없다.

Q 자연 배란 주기 시험관아기는 어떤 사람이 할 수 있나요?

A 월경 주기가 정확한 불임 여성이라면 매달 배란되는 난자를 배란 직전에 채취해 체외에서 수정시킬 수 있다.

Q 시험관아기 시술에 드는 비용과 시간은 어느 정도인가요?

A 병원마다 다르지만, 대략 1회 시술하는 데 250만~300만 원 정도 든다. 1회 시술로 성공할 확률은 20~30%다. 따라서 운이 좋으면 한 번에 성공하지만, 그렇지 못한 경우 같은 과정을 서너 번 되풀이해야 한다. 성공률은 병원마다 다르다.

STEP 05

이상적인 병원 정하기

임신을 확인한 순간부터 출산까지 열 달 동안 임신부와 태아의 건강을 책임질 병원을 선택하는 일은 무엇보다 신중해야 한다. 대부분의 임신부가 임신 사실을 확인한 병원을 출산 때까지 계속 다니게 되므로 처음부터 병원을 잘 선택해야 한다. 자신에게 가장 적합한 병원을 찾는 방법과 병원 형태별 특징을 소개한다.

병원 선택 전 체크 사항

Check 1 집에서 가까운 거리에 있는가

일단 임신을 하면 출산할 때까지 병원을 다녀야 하는 횟수가 만만치 않다. 매달 정기적으로 검진을 받아야 하는 것은 물론 마지막 달에는 일주일에 한 번씩 가야 한다. 더욱이 긴급한 상황이 발생하면 언제든지 달려가야 하기 때문에 병원은 가급적 집에서 가까운 곳을 선택하는 것이 좋다. 특히 갑작스런 분만에 대비해 교통이 불편하진 않은지도 꼼꼼히 따져본다. 직장을 다니는 경우 출산 휴가 전까지는 직장 근처의 전문 병원을 다니다 분만 병원으로 옮기는 것도 방법이다.

Check 2 출산과 산욕기까지 이용할 수 있는 곳인가

정기검진은 가까운 개인병원에서 받고 출산은 시설이 잘 갖추어진 전문 병원을 선택하는 사람도 있지만, 가급적이면 계속 검진을 받아온 병원에서 출산하는 것이 여러모로 유리하다. 병원을 옮길 경우 재검사를 받지 않으려면 진료 기록이나 결과지를 복사해 옮길 병원에 제출하도록 한다. 만약 임신부의 건강 상태가 나쁘거나 고위험군에 속한다면 거리가 조금 멀더라도 처음부터 전문 병원이나 종합병원을 찾는 것이 안전하다.

Check 3 원하는 분만 방법이 가능한 곳인가

만약 특별히 원하는 분만 방법이 있다면 처음부터 그 분만이 가능한 병원을 선택한다. 또한 인터넷 검

색 등 객관적 자료를 이용해 자연 분만율이 높은 병원을 알아보는 것도 좋다. 여러 조건을 참고해 꼼꼼하게 확인한 뒤 병원을 선택한다.

Check 4 신뢰도가 높은 곳인가

병원을 결정할 때는 병원의 분위기나 의사와 간호사들의 친절도, 병원에 대한 주위의 평을 참고한다. 임신 기간 중에는 불안한 요인이나 궁금한 것이 많은데 이를 적절히 해소해주지 못하는 곳일 경우 심리적인 부담이 더 커진다. 의사에게 모든 것을 맡길 수 있을 만큼 믿음이 가는 병원을 선택하는 것이 중요하다.

Check 5 기타 세심한 부분

가능하면 병원의 여러 가지 시설에 대해서도 미리 확인해둔다. 최근에는 남편과 함께하는 분만을 선호하므로 가족분만실 개수는 충분한지, 입원실이 청결하고 마음에 드는지, 병원에서는 어떤 것들을 준비해주는지, 전반적으로 위생 상태는 양호한지 등도 따져본다.

병원 형태별 특징

개인병원

개인병원은 규모가 작기 때문에 개인의 사정을 충분히 고려해주고, 비용이 적게 들며, 집에서 가까운 곳을 선택할 수 있다는 것이 장점이다. 또 종합병원에 비해 환자수가 적기 때문에 세심하게 검진을 받을 수 있고, 궁금한 점들에 대해서도 충분한 설명을 들을 수 있다. 개인병원의 경우 담당 의사나 간호사와 긴밀한 관계를 유지할 수 있어 불안감을 해소하고 순산하는 데 절대적인 도움을 준다. 다만 개인병원은 병원마다 시설이나 진료 방법이 큰 차이가 있고 분만은 하지 않는 곳도 많으므로 미리 확인해야 한다. 특히 대부분이 종합병원에 비해 시설 면에서 미비한 점이 많아 긴급한 상황이 벌어졌을 때 큰 병원으로 옮겨야 하는 어려움이 있다.

산부인과 전문 병원

산부인과 전문 병원인 만큼 신뢰도가 높아 임신부

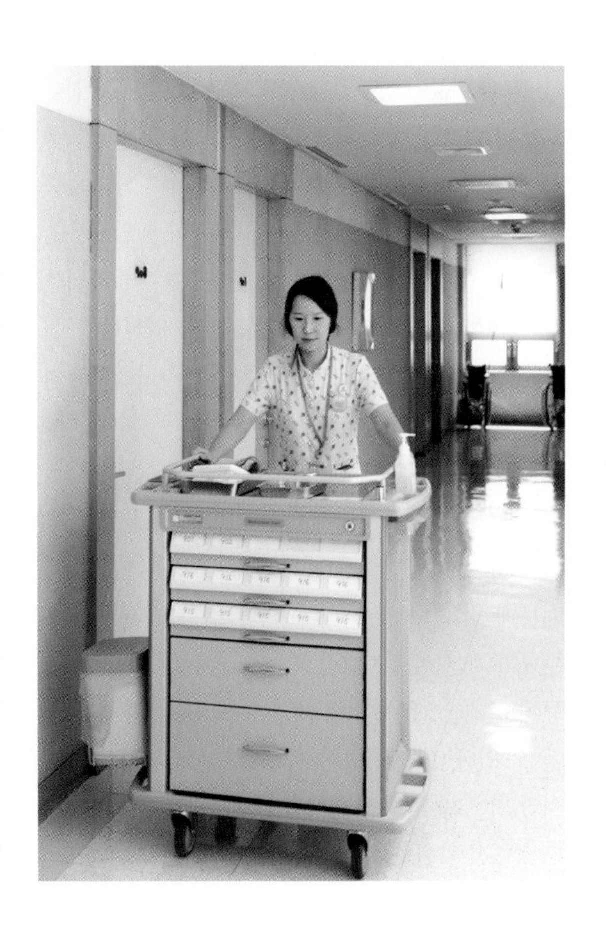

들이 안심하고 다닐 수 있다는 것이 가장 큰 장점이다. 또 대부분이 산부인과 외에 내과, 소아과 등 임신부에게 필요한 진료 과목을 갖추고 있어 위급한 상황에서 신속히 대처할 수 있다. 그래서 임신중독증이나 당뇨합병증, 고령 출산 등 고위험군 임신부들은 물론 불임이나 기형아 등에 관한 특수 클리닉을 찾는 여성도 많다. 산부인과 전문이라 임신부를 위한 다양한 프로그램도 준비되어 있다. 라마즈호흡법이나 태교법 등의 강좌도 선택해서 참여할 수 있다.

최근에는 보건복지부에서 특정 진료 과목 및 특정 질환 등에 대해 난이도가 높은 의료 행위를 하는 병원을 대상으로 인증을 통해 전문 병원을 지정하기 때문에 믿고 다닐 수 있다. 다만 전문 병원은 대부분 규모가 커서 정기검진 때는 물론 분만, 입원 생활 중에도 개인병원에 비해 세심한 배려를 기대하기 힘들 수 있다. 또 개인병원처럼 대부분 주치의가 정해져 있지만 간혹 담당 의사가 매번 바뀌는 병원도 있으니 미리 알아보도록 한다.

종합병원

대학병원 등 종합병원의 가장 큰 장점은 산부인과 외에 소아과, 피부과, 내과 등 모든 진료 과목이 골고루 갖추어져 있다는 것이다. 따라서 언제 일어날지 모르는 합병증이나 신생아의 질병에 대해서도 신속하게 대처할 수 있다. 의료 시설이 잘 갖추어져 있기 때문에 임신 경과가 순조로운 임신부보다는 병력이 있거나 고령 출산 등 위험이 예상되는 임신부에게 적합하다. 또한 출산 후 소아과에서 출산 때의 기록을 그대로 넘겨받기 때문에 아이의 건강관리를 안심하고 맡길 수 있다는 장점도 있다.

하지만 항상 사람이 많아 오랫동안 기다려야 하고, 기다리는 시간에 비해 의사를 만나는 시간은 짧아 검진 자체가 짜증스럽게 느껴지기도 한다. 진료비나 출산 비용도 개인병원에 비해 비싼 편이다. 또한 담당 의사가 워낙 많은 환자를 진료하기 때문에 개인적 배려를 기대하기 힘들다.

임신 전 검진과 예방접종

임신부의 건강은 태아의 건강과 직결된다. 임신 기간을 탈 없이 보내고 건강한 아이를 만나기 위해서는 임신 전에 건강 상태를 꼭 확인해야 한다. 태아를 위해 임신 전에 맞아두면 좋은 예방접종은 무엇인지, 어떤 검사들을 해야 하는지 알아본다.

임신 전 체크하세요

풍진, 수두 항체 여부

풍진과 수두는 바이러스성 질환으로 임신 중 처음 이 병을 앓으면 태아의 기형이 초래될 수 있다. 항체가 없는 경우 접종을 통해 이런 기형 발생을 예방할 수 있으므로 산전에 꼭 검사를 하도록 한다. 직업상 유아 및 초등 저학년 아이를 많이 만난다면 임신 중 바이러스에 노출될 기회가 많으므로 산전에 꼭 항체 여부를 확인해야 한다.

간염 검사

엄마가 B형 간염 보균자인 경우 임신 중 태아에게 수직 감염돼 B형 간염에 감염된 채 태어날 수 있다. 이런 신생아들이 만성간염에 걸릴 확률은 90%에 이른다. 그리고 출산 시 산모의 혈액이나 분비물을 통해서도 신생아에게 전염될 수 있다. 이를 예방하기 위해서는 산전 검사를 통해 B형 감염 항체 여부를 확인하고, 항체가 없다면 접종을 통해 항체를 확보해야 한다. B형 간염 보균자인 경우 건강관리에 유의해야 한다. B형 간염 산모가 임신 중 간염을 앓는 경우 산모의 치사율이 높으므로 A형 간염 접종도 해두는 것이 좋다.

갑상선기능 검사

갑상선기능은 임신 초기 유산, 태아의 지능 저하, 임신 중 합병증, 태아의 선천적 이상 등 여러 가지 합병증과 관련이 있기 때문에 임신 전에 반드시 체크하도록 한다.

빈혈 검사

평소 빈혈 진단을 받고 치료 중이었거나 임신 전 다이어트를 했다면 임신 후 철분 부족으로 인해 문제가 생길 수 있다. 임신 전에 빈혈 검사를 실시해 처방을 받고 빈혈을 교정하는 것이 중요하다.

부인과 검사

질, 자궁목, 자궁, 난소를 검진하고 자궁암 검사, 임균 배양 검사, 클라미디아 배양 검사, 진균 검사 등을 실시한다. 성교 시 전파 질환의 경우 본인 치료뿐만 아니라 남편 치료도 필요할 수 있으므로 주치의의 권고에 따라야 한다.

| 예비맘을 위한 접종 안내

접종 종류	접종 횟수	비고
풍진, 홍역, 볼거리(MMR)	1회 접종	접종 후 1개월 피임 뒤 임신 시도
수두	2회 접종(첫 접종 후 1~2개월 후 재접종)	접종 완료 후 2개월 피임 뒤 임신 시도
B형 간염	3회 접종(0·1·6개월)	접종 완료 후 바로 임신 시도 가능
A형 간염	2회 접종(첫 접종 후 6개월~1년 후 재접종)	접종 완료 후 바로 임신 시도 가능
파상풍, 디프테리아, 백일해	1회 접종	접종 후 바로 임신 시도 가능
자궁경부암 백신	3회 접종 가다실(0·2·6개월), 서바릭스(0·1·6개월)	접종 완료 후 바로 임신 시도 가능

Special Page

유산 후 건강관리

유산 후의 몸조리

유산 후 출혈이나 하복부 진통이 진정되었어도 일주일 정도는 안정을 취해야 한다. 몸과 마음의 안정을 위해 당분간 육체적으로 힘든 일은 피하고, 이상 출혈이나 발열, 복통 증상이 있으면 즉시 병원을 찾아야 한다. 또한 유산 후 바로 목욕을 하면 여러 가지 질병에 걸릴 위험이 많으므로 출혈이 완전히 멈추고 4~5일 지나서 한다. 특히 찬물에는 들어가지 말고 2~3주일 정도는 입욕을 삼가며, 따뜻한 물로 간단하게 샤워하는 정도로 끝낸다. 유산 몸조리를 할 때는 특히 영양 섭취에 신경을 써야 한다. 고단백 음식과 과일, 채소를 골고루 섭취하고 철분과 비타민이 결핍되지 않도록 충분히 먹는다.

소파술 후의 몸조리

계류 유산 등 자연유산 후 자연 배출이 되지 않는 경우 병원에서 소파술을 받게 된다. 소파술을 받은 뒤에는 병원을 방문해 소독을 받고, 항생제와 소염제를 복용해 감염으로 인한 염증이 생기지 않도록 치료한다. 수술 후 자궁이 수축되고 자궁내막이 재생되어 자연적으로 지혈되려면 일주일 정도 걸린다. 그동안은 피가 섞인 분비물이 계속 나오기 때문에 되도록 안정을 취하는 것이 좋다. 정상적인 생활을 시작한 후에도 이상 출혈이나 복통, 발열이 있으면 검진을 받도록 한다. 그리고 다음 월경이 있기 전에는 가급적 목욕탕이나 수영장 등 물에 들어가선 안 되므로 간단한 샤워 정도만 한다. 또한 한 달 정도는 성관계를 금하는 것이 염증과 잇따른 임신을 피할 수 있는 가장 안전한 방법이다. 월경은 수술 후 보통 1~2개월 지나면 시작되므로 2개월 이상 생리가 없는 경우 병원을 방문한다.

Chapter 2

임신을 했어요

임신의 징후

임신을 계획하고 기다리는 사람은 일상의 작은 변화도 임신의 예고로 느껴지지만, 때로는 시간이 한참 지나서야 임신 사실을 알아차리는 경우도 있다. 이처럼 임신의 징후는 사람에 따라 다르고, 나타는 시기도 각각이다. 임신부 스스로 알아차릴 수 있는 다양한 임신의 징후를 살펴본다.

다양한 임신의 징후

징후 1 생리가 늦어진다

월경의 주기는 사람에 따라 다르고, 규칙적인 경우라 하더라도 환경 변화로 인해 약간 늦어지거나 빨라지기도 한다. 하지만 대부분 생리가 늦어지는 것으로 임신 여부를 알게 된다.

징후 2 기초체온이 높고 몸이 나른하다

임신을 하면 체온이 평소보다 높고 감기에 걸린 것처럼 몸이 나른하게 느껴진다. 이러한 현상은 임신 초기 내내 계속된다. 몸이 나른하며 쉽게 피곤하고 수면 시간이 길어진다. 이는 황체호르몬의 영향으로 임신부의 몸을 보호하기 위해 나타나는 자연스러운 현상이다.

징후 3 속이 메스껍고 소화가 잘 안 된다

임신을 하면 푹 쉬었는데도 몸이 계속 피곤하고, 식욕이 떨어지면서 구토 증세가 나타난다. 이때 주의할 점은 위염이나 위궤양이라고 미리 판단하고 함부로 약을 복용하거나 엑스선 검사를 받아서는 안 된다는 것이다. 월경이 늦어지면서 위장 장애 증세를 보이면 산부인과를 먼저 찾는 것이 좋다.

징후 4 유방이 커지고 아프다

임신을 하면 유선이 발달해 유두가 민감해지고 색깔이 짙어진다. 또 유방이 크고 단단해지며 약간의 통증이 느껴진다.

징후 5 소변을 자주 본다

임신을 하면 임신호르몬인 융모성 생식선자극호르몬이 분비되는데, 이로 인해 골반 주위로 혈액이 몰리고 혈액이 방광을 자극해 소변이 자주 마렵다. 또 자궁이 점점 커지면서 방광을 압박하기 때문에 임신 초기에는 더욱 자주 소변을 보게 된다.

징후 6 질 분비물이 증가한다

임신을 하면 호르몬의 영향으로 신진대사가 활발해지고, 이로 인해 질 분비물이 많아진다. 냄새나 가려움증은 거의 없으며 끈적끈적한 유백색을 띤다. 만약 질 부위가 가렵고 분비물에서 냄새가 나거나 색깔이 짙어진다면 세균성 질증이나 간단한 질염일 수 있으므로 병원에서 치료를 받아야 한다. 임신 중 질염을 방치할 경우 조산의 원인이 될 수 있다.

징후 7 입덧 증상이 나타난다

입덧은 보통 임신 2개월에 시작돼 10주경에 가장 심하며, 임신 14주쯤 좋아진다. 구토 증상을 동반하며 이유 없이 식욕이 떨어지고, 평소 좋아하던 음식이 갑자기 싫어질 수 있다.

기초체온법

여성이라면 누구나 기초체온을 통해 배란일을 확인할 수 있다. 여성의 기초체온은 배란일을 경계로 저온기와 고온기로 나뉘기 때문이다. 매일 아침 잠자리에서 일어나기 전에 기초체온을 재 자신의 배란일을 알고 건강한 아이를 출산하기 위한 임신을 계획해보자.

기초체온이란?

충분한 수면을 취한 뒤 일어나 아무런 활동도 하지 않은 상태의 체온이다. 기초체온은 6~8시간의 안정된 수면을 취한 아침 일찍 잠자리에서 나오기 전에 체온계로 측정한다.

기초체온표 만들기

기초체온표는 매일 측정한 체온의 연속된 변화를 살피는 것이므로 적어도 월경 1주기 이상 계속 측정해야 한다. 기초체온표를 보면 건강한 여성은 대부분 저온기와 고온기가 교체되는 변화를 보인다.

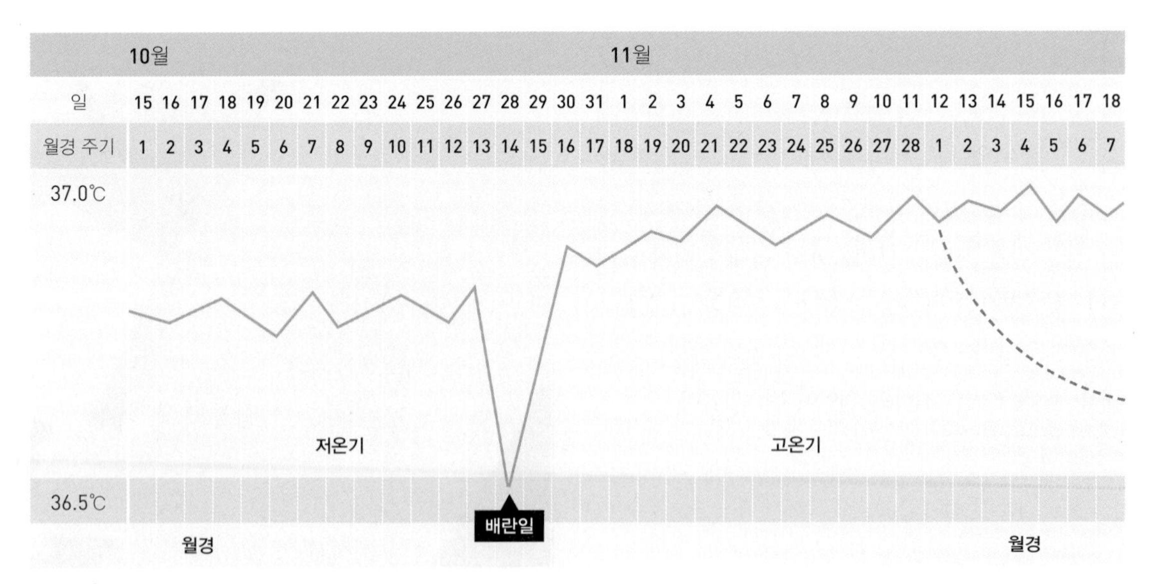

기초체온표 보는 법

위의 표는 월경 주기가 28일형인 여성의 10월과 11월의 기초체온표로, 월경이 시작되는 1일부터 기초체온을 표시해 연결한 것이다. 저온기가 14일간 계속되다가 배란이 시작되면 고온기가 14일간 지속된다. 임신이 되지 않으면 기초체온이 뚝 떨어지지만, 임신이 되면 월경이 멎으면서 고온기가 임신 4개월까지 계속된다. 만일 저온기가 계속된다면 무배란 가능성이 있으므로 의사와 상담하는 것이 좋다.

출산 예정일

일단 임신 사실이 확인되면, 여러 가지 방법으로 출산 예정일을 계산해볼 수 있다. 다소 차이가 있지만 평균 임신 기간은 280일, 즉 40주 정도다. 출산 예정일(40주 0일)을 기준으로 3주 전(37주 0일)부터 2주 후(41주 6일)의 5주간은 정상 출산 범위에 속한다.

출산 예정일이란?

임신 기간은 정자와 난자가 만나 수정한 날이나 수정란이 자궁에 착상한 날부터 아이가 태어난 날까지 계산해야 한다. 하지만 수정한 날이나 착상한 날을 정확히 알기는 어려우므로 임신하기 전의 월경 첫날을 임신 제1일로 간주하고, 출산 예정일은 최종 월경 첫날에 281일을 더해 계산한다. 따라서 임신 기간 내 1~2주는 실제로 임신하지는 않은 기간이므로 태아가 엄마 몸속에 있는 기간은 266일 정도다.

출산 예정일을 알았다고 해도 이것이 실제 출산일이라고 볼 수는 없다. 대체로 초산부는 예정일보다 출산일이 늦는 경우가 많고, 출산 경험이 있는 경산부는 예정일보다 일찍 출산하는 경우가 많다. 공식에 따른 출산 예정일에 분만하는 임신부는 4~6%에 불과하며, 예정일을 기준으로 ±14일 이내에 분만하면 정상 분만이라고 본다.

출산 예정일 계산법

방법 1 마지막 월경일을 토대로 계산한다

출산 예정일은 보통 마지막 월경 시작일로 계산한다. 수정부터 출산까지의 기간은 대개 266일. 월경이 시작되고 2주일 정도 뒤에 수정이 이루어지기 때문에 마지막 월경이 시작된 날로부터 280일 뒤가 출산 예정일이다. 흔히 최종 월경 달수에서 3을 빼거나, 뺄 수 없을 때는 9를 더하고, 최종 월경의 첫날에 7을 더해 계산한다.

- **마지막 월경이 시작된 날이 4~12월인 경우**
  (A-3)월 (B+7)일
  예) 마지막 월경 시작일이 6월 3일인 경우 다음 해 3월 10일이 예정일
- **마지막 월경이 시작된 날이 1~3월인 경우**
  (A+9)월 (B+7)일
  예) 마지막 월경 시작일이 2월 19일인 경우 같은 해 11월 26일이 예정일

방법 2 기초체온 곡선으로 계산한다

기초체온 곡선을 그리는 사람이라면 이를 이용해서 배란일과 예정일을 알 수 있다. 기초체온이 저온을 나타내는 기간 중 마지막 날을 배란일로 생각하고 거기에 38주(266일)를 더하면 출산 예정일이 된다. 하지만 꼭 배란일에 임신이 되는 것은 아니므로 병원에서 산출하는 결과와는 차이가 날 수 있다.

방법 3 초음파로 알 수 있다

마지막 월경이 있었던 날을 정확하게 알 수 없거나 생리 주기가 불규칙한 경우 초음파 검사를 통해 예정일을 알아볼 수 있다. 초음파로 태아의 머리부터 엉덩이까지의 길이를 재서 개월 수를 산출한다. 단, 임신 12주가 넘어가면 태아마다 성장 발달 정도가 다르기 때문에 일주일 이상 오차가 날 수 있다.

280일의 생명 여행

태아는 엄마 뱃속에서 어떤 모습을 하고 있을까? 임신 초기의 태아를 초음파로 보면 조그마한 점으로 보이지만 하루가 다르게 모습이 변해 사람의 형태를 갖춘다. 너무도 신비한 생명 탄생의 과정을 태내 사진을 통해 살펴보자. 그리고 초음파 사진으로 태아의 모습을 제대로 보는 방법을 알아본다.

초음파 용어 정리

G.S.(Gestational Sac)

태낭, 즉 임신초기 아기집. 임신 여부를 확인하기 위해 측정하며 임신초기 5주경부터 확인된다.

G.A.(Gestational age)

추정되는 임신 주수. W는 주, D는 날을 의미한다. 11W3D는 11주 3일에 아이가 들어 섰다는 뜻.

EDC(Estimated Date of Confinement)
=EDD(Expected date of delivery)

출산예정일을 의미한다.

CRL(Crown lump length)

머리에서 엉덩이까지의 길이. 임신 초기에 다른 요인의 영향을 가장 적게 받기 때문에, 임신 주수를 정확히 알 수 있는 방법이다. 임신 12주까지 이 수치를 통해 임신 주수를 산출하고 출산 예정일을 가늠하는 것도 가능하다.

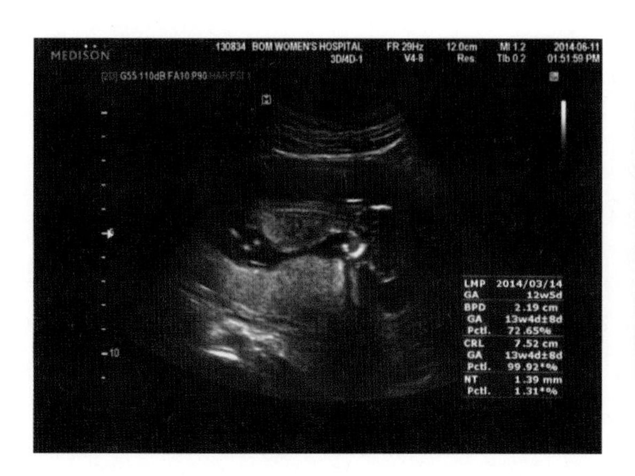

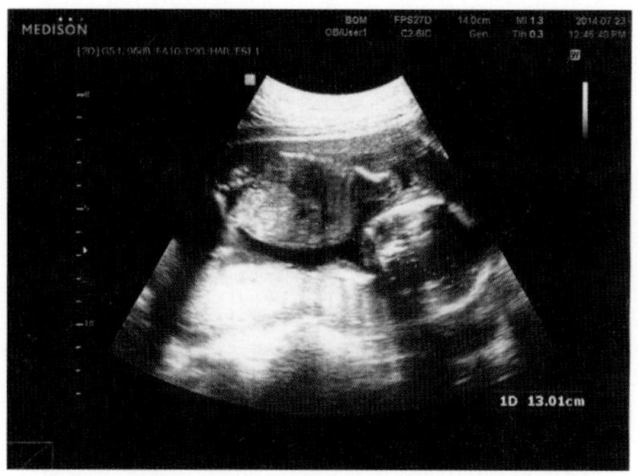

BPD(Biparietal diameter)

머리 좌우의 가장 긴 부분을 잰 수치. 임신 12주 이후 임신 주수와 예정일을 알아보는 기준이 되며, 주수에 따른 평균 크기를 바탕으로 태아의 체중과 발육 정도를 체크할 수 있다.

HC(Head Circumference)

머리 둘레. 태아의 성장발달 정도를 확인할 수 있다. HC보다는 BPD를 자주 측정한다.

AC(Abdominal circumference)

배 둘레. 임신 중기 이후에 태아의 발육 정도와 체중을 추정하는 기준이 된다. 주수보다 배 둘레가 작다면 저체중아가 의심되며, 머리 둘레보다 현격히 차이가 크게 나게 되면 견갑난산의 위험이 있게 된다.

APTD(anteriorposterior fetal thigh diameter)

태아의 넓적다리의 앞뒤 두께. 임신 중기 이후 태아의 성장 발육 정도를 알 수 있다.

FTA(Fetal trunk area)

복부 면적. 태아의 몸을 배꼽 위치에서 둥글게 자른 타원형 단면의 면적이다. 태아의 체중을 측정하는 기준의 하나다.

FL(Femur length)

넓적다리 즉, 허벅지 길이. 허벅지는 태아의 몸에서 가장 길다고 여겨지는 부분으로 FL와 BPD 수치를 통해 태아의 체중을 추정하는 것은 물론 성장 속도를 판단한다.

EFW(Estimated fetal weight)

BPD, AC, FL의 측정값을 태아의 평균 수치에 대입해 산출한 태아의 추정 체중. 오차가 크지 않지만 여러 가지 변수에 의해 오차가 생길 수 있다.

FHR(Fetal Heart Rate)

태아 심박동 수. 임신 6주 경에는 100회 이상이며, 그 이후 증가하여 임신 9주 이후에는 평균 140회 정도이다.

NT(nuchal translucency)

태아 목덜미투명대. 11주에서 14주 사이에 태아의 목덜미투명대 두께를 재서 염색체 또는 심장의 이상 유무를 보는 초음파 검사 지표이다.

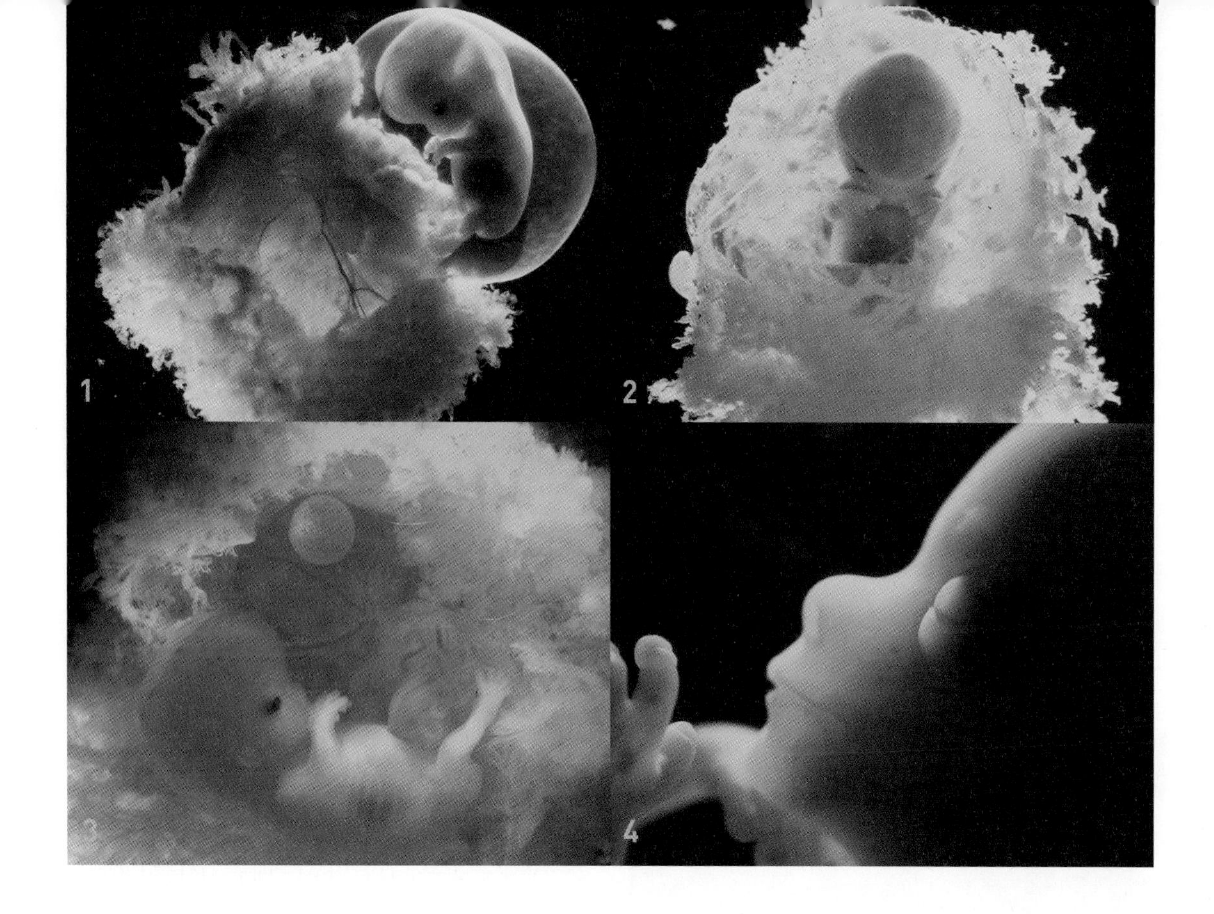

1 7주 태아

양막에 싸여 있는 태아. 머리 부분이 급속한 변화를 거듭해 사람처럼 보이기 시작하며, 몸통에서 팔과 다리가 분화된다. 팔다리의 끝 부분이 갈라진 틈처럼 보이는데, 이것이 나중에 손가락과 발가락으로 변한다.

2 9주 태아

위에서 본 태아. 커다란 머리와 함께 납작한 코가 눈에 들어온다. 코는 아직 제대로 형성되지 않았지만, 콧구멍이 될 부분에 구멍이 뚫려 있다.

3 12주 태아

몸이 투명해 내장 기관이 훤히 들여다보인다. 사진 위쪽의 동그란 공 모양은 난황낭이다. 난황낭은 태아의 영양 창고이다. 12주가 지나면 눈, 코, 입의 형태가 뚜렷해지나, 파직 기능을 수행하는 시기는 아니다. 눈을 떴다 감았다 할 수 있는 시기는 최소한 임신 25주가 지나야 한다.

4 20주 태아

옆에서 본 태아의 모습. 이목구비를 갖추고 손톱과 발톱이 생성되기 시작한다. 20주 전후로 산모는 태아의 움직임(태동을) 느끼게 된다.

검진과 검사

임신 계획을 세워 출산하기까지 시기마다 필요한 검진과 검사를 받아야 한다. 이는 임신부와 태아의 건강을 미리 확인하고 혹시 생길지 모를 문제에 대비해 건강한 아이를 출산하기 위해서다. 어떤 검진과 검사들을 하는지, 그것이 왜 필요한지 알아본다.

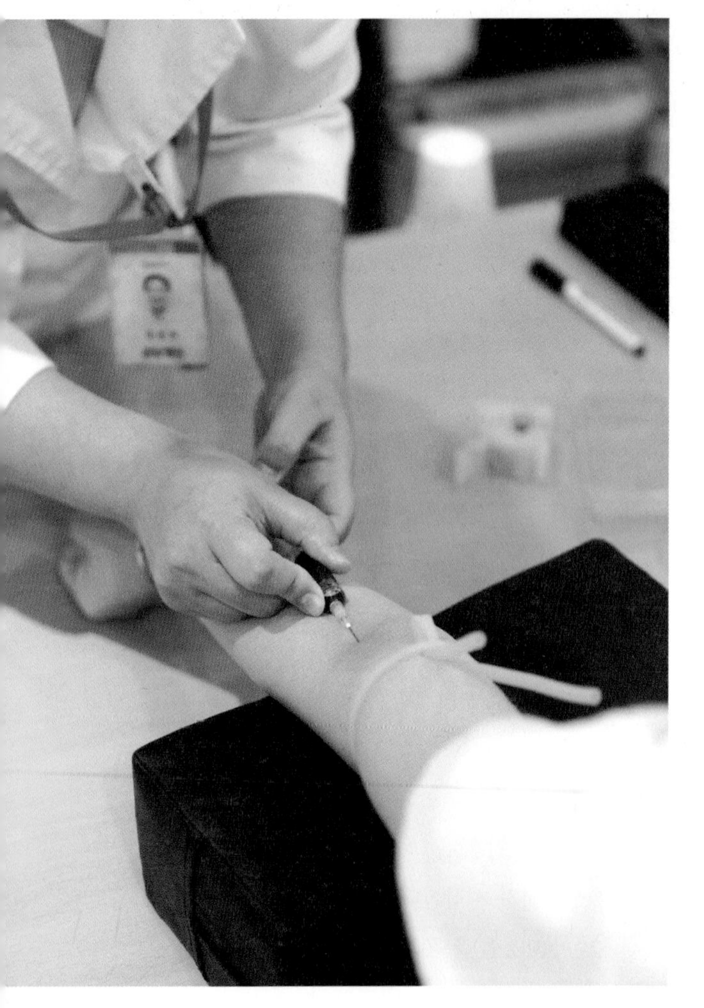

임신 시 검진

임신 초기인 6~8주에 검진 및 검사를 받는 것이 좋다. 아이가 자궁에 잘 착상되었는지 알아보고, 초기에 태아의 크기를 측정해 정확한 분만 예정일을 체크하는 것도 중요하다. 28주까지는 1개월에 1회, 28~36주는 2주에 1회, 이후는 매주 검사를 받아 건강하게 출산하는 것이 좋다.

임신을 알 수 있는 검사

소변 검사

임신호르몬은 착상되는 날부터 만들어지며 이후 수치가 빠르게 증가한다. 대부분 소변 검사를 통해 임신 여부를 확인하는데 임신일 경우 검사지에 두 줄의 선이 나타난다. 수정 뒤 3주일이 지나면 확실한 결과를 알 수 있다.

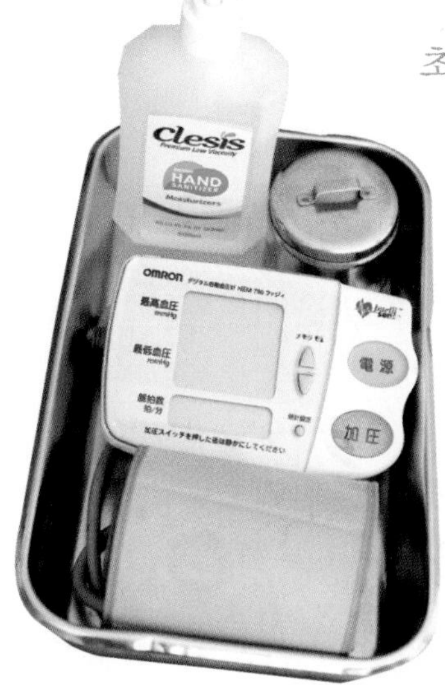

초음파 검사

초음파를 통해 임신 5주 후부터 임신낭을 확인할 수 있는데, 정상 임신부라면 임신 35일 정도에 임신낭이 보인다. 임신 6주부터는 태아 심장박동이 관찰되고, 임신 8주에는 초음파를 통해 임신 주수 및 분만 예정일을 정확하게 계산할 수 있다.

임신 초기에는 복부초음파보다 질식초음파가 더 정확하며, 태아 및 자궁의 모양을 빨리 볼 수 있어 선호한다. 소변 검사에서 양성반응을 보였다 하더라도 초음파에서 아기집이 보이지 않는 경우가 있는데, 출혈과 복통이 없다면 며칠 후 아기집을 관찰할 수 있다. 그리고 임신호르몬 수치 검사를 통해 호르몬의 양과 수치가 잘 증가하고 있는지 등을 체크해보는 것도 건강한 임신을 진단하는 데 도움이 된다.

임신 시 받는 검사

빈혈 검사

임신을 하면 모체의 혈액량이 증가하고 태아에게도 철분이 필요하기 때문에 임신 전 정상이었던 여성도 빈혈이 올 가능성이 커진다. 빈혈은 임신부에게는 물론 태아의 발육에도 영향을 미칠 수 있어 주의가 필요하다. 임신 시 필요한 철분 요구량은 총 1000mg으로 이 가운데 300mg이 태아와 태반에 필요하고, 500mg은 산모의 혈액량 증가에 이용되며, 200mg은 신장과 대장으로 배설된다. 임신 제2~3분기에 급속도로 혈액량이 증가하면서 혈색소가 많이 감소해 철분이 가장 필요하긴 하지만 임신 제3분기까지 지속적으로 철분 요구량이 높다.

임신 전 빈혈 검사를 통해 빈혈이 확인되면 임신부는 16~18주 사이에 의사의 처방대로 철분제를 복용하고 음식을 통한 철분 섭취에 각별히 신경을 써야 한다.

간염 검사

간염 검사는 임신 전에 하는 것이 좋다. 만약 하지 못했다면 임신 후 검사를 해서 항체가 있는지 확인해보아야 한다. 만약 임신 후 간염이 걸렸거나 B형 간염 보균자라면 출산 뒤 아이에게 면역 글로불린이나 백신을 접종해야 한다.

풍진 검사

풍진은 바이러스를 통해 감염되는 질병으로 감기 증세와 비슷하기 때문에 모르고 지나치는 경우가 많다. 임신 전에는 풍진에 걸려도 큰 문제가 없지만, 임신 초기에 풍진에 걸리면 태아가 청력 장애, 백내장, 심장 질환, 발달 장애 등 선천적인 기형을 일으킬 수 있다. 임신 전에 풍진 항체를 먼저 검사해 항체가 없는 경우 백신을 접종한다. 접종 한 달 후부터 임신 시도를 하는 게 좋다.

매독 혈청 반응 검사

임신한 여성이 매독에 걸리면 임신 5~6개월이 지나 유산이나 사산을 하기 쉽고, 임신부도 위험해진다. 또 유산의 고비를 넘겼다 하더라도 아이가 저능아, 백치, 농아, 발육부진아 등 선천성 장애자로 태어날 가능성이 높다.

모자보건법에는 임신 전이나 임신 14주 이내에 의무적으로 매독 검사를 하도록 규정하고 있다. 보통 혈액 검사를 통해 매독 감염 여부를 진단하는데, 미리 발견해 치료하면 태아에게 영향을 주지 않는다.

혈액형 검사 및 RH 인자 검사

임신부의 혈액형을 미리 확인하고, Rh- 산모인 경우 임신 28주쯤 면역 글로불린을 투여해 산모와 태아의 합병증을 예방한다.

자궁경부암 검사

자궁 경부의 세포를 브러시로 채취해 정상 분만을

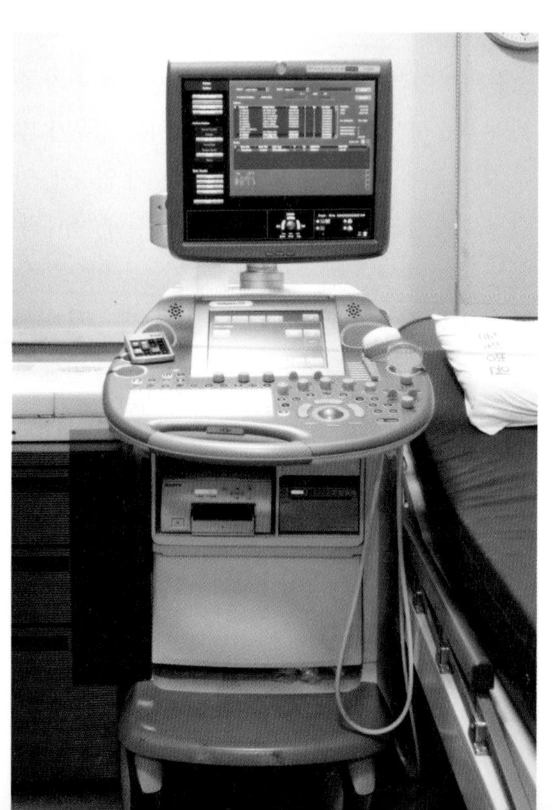

위한 자궁 경부의 건강 상태를 살펴본다. 검사 후 간헐적인 출혈이 생길 수도 있다.

당뇨 선별 검사

임신 24~28주 사이 설탕 50g을 녹인 물을 먹은 뒤 당 수치를 확인하고, 수치가 높으면 설탕 100g을 녹인 물을 먹고 확진 검사를 받는다. 임신성 당뇨 진단 후 당 조절이 되지 않으면 거대아 및 출산 시 합병증을 유발하므로 꾸준히 당 수치를 체크해 식이 조절을 해야 한다. 조절이 잘 안 될 경우 인슐린 치료를 받게 된다.

선천성 기형 및 염색체 이상 태아 검진 프로그램

태아에서 발생하는 주요 기형은 100명당 3명꼴인 것으로 알려져 있다. 이를 산전에 미리 진단하기 위해 산전 기형 검사를 시행한다. 통합 선별 검사로는 다운증후군을 100% 진단하지는 못하기 때문에 다운증후군의 고위험 임신부는 양수 검사를 통해 태아 상태를 확인하는 것이 좋다

NT(태아 목덜미투명대) 초음파 검사

임신 11~13주 사이에 태아의 목덜미투명대의 두께를 측정한다. 태아의 목덜미투명대는 각 임신 주수에 따라 정상치가 다르나 투명대가 3mm 이상으로 많이 두꺼워지면 심장이나 염색체 이상의 위험도가 높아 혈액 검사를 건너뛰고 바로 융모막 검사나 양

수 검사를 시행한다.

통합 선별 검사(Integrated screening test)

검사는 1차(12주)와 2차(16주) 두 번 실시하고 검사 후 통합해 고위험군 혹은 저위험군으로 구분한다. 고위험군으로 나온 경우 양수 검사를 시행한다.
이와 같은 선별 검사는 태아에게 전혀 위험하지 않고 가격이 싸다는 장점이 있으나 정확도가 94%로 위음성(통합 선별 검사의 결과가 정상이어도 다운증후군과 같은 염색체 이상 태아를 분만할 가능성)이 조금 있다. 통합 선별 검사로 예측할 수 있는 태아 기형은 다운증후군 및 에드워드증후군, 개방형 신경관 결손 및 복벽 결손과 같은 선천성 기형 등이 있다. 그 외 대부분의 태아 기형은 정밀 초음파 검사로 선별한다.

| 임신 중 기본적으로 시행하는 산전 기형 검사

NT 초음파 검사 + 1차 혈액 검사	2차 혈액 검사	정밀 초음파 검사
임신 11~13주	임신 16~17주	임신 20~21주

정밀 초음파 검사

정밀 초음파를 통해 태아의 외형적 기형 여부 및 내부 장기의 기형 여부를 확인하는데 보통 임신 20~21주에 검사한다. 이 시기에는 태아의 장기 대부분이 형성되어 있고 자궁 내 공간이 넓어 태아를 자세히 볼 수 있다. 그 이후에는 주먹을 쥐고 있거나 몸을 움츠리고 있어 보이지 않는 부분이 많다. 경미한 기형이나 염색체 이상, 임신 후반기나 출산 후 나타나는 기형, 심장 기형, 쇄항, 구개열 등은 발견이 어려울 수 있다.

양수 검사

초음파를 보면서 가는 바늘로 인신부의 복벽에서 양수를 채취해 염색체의 수(numlber)적, 구조(structure)적 이상을 진단하는 검사다. 염색체 이상을 보는 검사 중 진단율(99.9%)이 가장 높고, 진단 가능한 염색체 이상 종류도 가장 많다. 그러나 가격이 비싸고, 검사에 따르는 불가피한 태아 위험도(유산/사산율 300분의 1)가 있으므로 태아 기형의 위험도가 높은 임신부를 대상으로 시행하는 것이 좋다.

태아 기형의 위험도가 높은 고위험 임신부는?

1. 출산 예정일 기준 만 35세 이상인 경우.
2. 이전 임신에서 염색체 이상 태아를 분만한 적이 있는 경우.
3. 이전 임신에서 여러 기형이 있는 태아를 분만하거나 사산한 적이 있는 경우.
4. 당뇨병을 앓고 있거나 배란 및 수태 당시 방사선 조사, 유독한 화학물질에 노출된 경우.
5. NT 검사 혹은 통합 선별 검사에서 고위험군으로 나온 경우, NIPT에서 양성으로 나온 경우.

NIPT
(Noninvasive Prenatal Test, 비침습적 태아 기형 선별 검사)

임신부 혈액에 있는 태아의 DNA 조각을 분석해 다운증후군, 에드워드증후군, 파타우증후군과 같은 염

색체의 수(numlber)적 이상 질환 및 터너증후군, 클라인펠터증후군과 같은 성 염색체 이상 질환을 선별하는 검사다. 보통 임신 12주부터 검사가 가능하며 태아에게 전혀 위험하지 않고 통합 선별 검사보다 진단율이 99% 정도로 높다. 그리고 위양성(태아는 다운증후군이 아닌데 검사에서 다운증후군일 가능성이 높다고 나오는 경우) 가능성이 1% 정도로 매우 낮다. 하지만 가격이 비싸고 결과가 비정상으로 나오면 확진을 위해 양수 검사를 시행해야 하는 단점이 있다.

이 검사로 예측할 수 있는 태아 기형은 앞에서 말한 3종의 염색체 이상 및 성 염색체 이상이며, 그 외 대부분의 태아 기형은 임신 16주에 추가 혈액 검사(AFP: 신경 관결손 진단)와 정밀 초음파 검사를 한다.

취약 X염색체증후군(Fragile-X syndrome)

다운증후군 다음으로 빈번하게 정신지체를 일으키는 유전적 성 염색체 결함으로 정신지체, 발달지연, 자폐증, 학습능력과 문제해결능력 저하, 감정 장애 등의 임상 양상을 보이는 질환이다. X염색체 열성 유전으로 남자는 4000분의 1, 여자는 8000분의 1의 빈도로 발생하며, 임신부는 정상이지만 정신지체 자녀를 낳을 수 있는 여성 보인자가 259분의 1인 것으로 알려져 있다. 이러한 여성 보인자를 찾는 검사로 임신 전, 임신 중 어느 때라도 혈액 검사가 가능하며, 임신부가 보인자로 진단된 경우 특수 양수 검사를 시행해 태아의 취약 X염색체증후군 여부를 진단한다. 검사 기간이 8주가량 소요되므로 혈액 검사는 임신 초기에 하는 것이 바람직하다. 친척 중 정신지체 가족력이 있는 경우에도 권장된다.

STEP 06

쌍둥이를 가졌어요

쌍둥이 임신이 확인되면 놀라움과 육아에 대한 고민이 먼저 다가오지만, 무엇보다 중요한 것은 임신 중 건강관리다. 쌍둥이 임신은 한 아이를 임신했을 때보다 두 배 이상 힘이 들기 때문이다. 쌍둥이 임신 시 알아두면 좋을 여러 가지 주의사항과 생활 수칙을 알아본다.

쌍둥이 임신의 특징 및 주의사항

쌍둥이 임신부는 다른 임신부에 비해 자궁이 빨리 커지거나 예정일이 앞당겨질 수 있으며, 30주 이후 임신중독증, 조기 진통 등의 임신 합병증이 올 확률이 훨씬 높다. 자궁 안에 두 아이가 자리 잡고 있기 때문에 그만큼 성장 속도도 빠르게 진행된다. 정상적인 출산은 37~38주경에 이루어지지만 출산일을 정해도 2~3주 앞당겨질 수 있으므로 미리 출산 준비를 해둘 필요가 있다. 쌍둥이 태아는 좁은 자궁에서 자라다 보니 발육이 제한되고 조기 분만 가능성이 크기 때문에 출산 시 저체중일 확률이 높다. 이러한 경향은 임신 28주 이후부터 심해진다.

쌍둥이 임신 시 영양과 건강

충분한 휴식이 필요하다

쌍둥이 임신부는 두 배로 신체에 무리를 주어 피로감도 그만큼 늘어나므로 누워서 안정을 취하고 충분한 휴식을 가져야 한다. 낮잠을 자거나 일을 줄이는 것도 좋은 방법이다. 임신 20주 이후에는 운동을 주의하고 30주 이후에는 안정을 취해야 한다.

두 배로 많은 영양 섭취가 필요하다

쌍둥이를 임신하면 두 배의 영양을 섭취해야 할까? 정답은 '그렇다'이다. 대개 태아가 한 명일 때는 평상시보다 300kcal를 더 섭취하는데, 쌍둥이일 경우에는 600kcal를 더 섭취해야 한다. 특히 단백질, 칼슘, 탄수화물을 고루 섭취하고, 흔히 발생하는 빈혈을

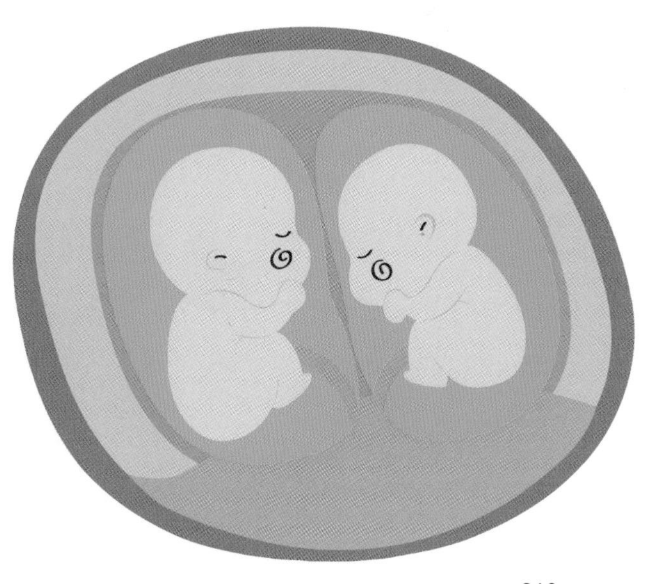

예방하기 위해 철분 섭취에도 신경을 써야 한다. 임신 초기부터 엽산과 철분이 함유된 종합 비타민제를 복용하는 것도 도움이 된다.

- **엽산** 1mg 이상, 식후 하루 1알
- **철분제** 16주 이후 60~100m, 식간 하루 2알
- **임신부** 비타민 하루 2알
- **칼슘, 마그네슘** 24주 이후, 식후 하루 1알
- **오메가3** 임신 중기부터 임신 말기까지 하루 500~1000mg

체중 관리에 더욱 신경 쓴다

쌍둥이를 임신한 여성은 15.9~20.4kg 정도 체중이 늘어난다. 이는 한 명을 임신했을 때보다 4.5kg 정도 더 나가는 수준으로 체중이 너무 많이 증가하면 제왕절개를 해야 할 수도 있으므로 주의해야 한다. 쌍둥이를 임신했을 때는 50% 정도가 37주 전에 출산하게 되므로 한 명을 임신한 여성보다 같은 기간에 체중이 더 많이 늘어날 수 있다.

정기검진을 자주 받고 조산에 주의한다

쌍둥이를 임신한 경우 그만큼 모체의 부담도 크고 임신중독증과 조산 등의 위험도 높기 때문에 정기검진을 자주 받는 것이 좋다. 정기검진을 자주 받으면 태아가 잘 자라고 있는지 확인할 수 있고, 모체에 나타나는 이상 징후도 빨리 알아내 적절한 조치를 할 수 있기 때문이다.

알아두세요

맘카드와 아기보험

고운맘 카드

임신·출산 진료비 지원이란?

임신부의 본인부담금을 경감해 출산 의욕을 고취하고, 건강한 아이의 분만과 산모의 건강관리를 위해 임신 및 출산과 관련된 진료비를 전자바우처(고운맘카드)로 일부 지원하는 제도. 2008.12.15 시행

지원 내용

대상자: 임신 확인서로 임신이 확인된 건강보험 가입자(피부양자) 중 임신 중이며 지원 신청한 자.

지원 범위: 임신 및 출산과 관련된 진료(급여, 비급여 진료비).

지원 방법: 임신·출산 진료비 지원 지정 요양기관에서 진료비를 결제할 수 있는 고운맘 카드 제공.

※ 2012.4.1부터 공단에 등록된 조산원에서 분만 시에도 사용 가능.

※ 2013.4.1부터 한방의료기관에서 임신오저(O21 임신 중 과다 구토), 태기 불안(O20 초기 임신 중 출혈, O60.0 분만이 없는 조기 진통), 산후풍(U32.7 산후풍) 상병에 사용 가능.

※ 지정 요양기관은 건강iN 홈페이지(hi.nhis.or.kr) 참조.

지원금액

임신 1회당 50만원(다태아 임신부는 70만원 지원).

※ 2013.4.1부터 지원금 1일 사용 한도 제한 없이 사용 가능.

신청 절차

'건강보험 임신·출산 진료비 지원 신청 및 임신 확인서' 제출.

단, 일태아 임신부로 신청 후 둘 이상의 태아를 계속 임신 중인 사실을 증명해 변경 신고하는 경우 '건강보험 임신·출산 진료비 지원 신청 변경 신고서' 제출.

사용 기간

고운맘 카드 수령 후~분만 예정일로부터 60일까지. 2009.7.1 개정

※동 사용 기간 내 미사용한 잔여 금액은 자동 소멸.

지원 신청 및 사용 방법

신청 접수처: 국민건강보험 지사 또는 신한은행(신한카드) 지점, 국민은행(국민카드) 지점, 우체국.

사용 방법: '임신·출산 진료비 지원 지정 요양기관'에서 지원 금액(고운맘 카드) 사용.

서비스 이용 절차

① 요양기관에서 임신 확인

임신 출산 진료비 지원 신청 및 임신 확인서 발급.

② 국민건강보험공단

지사 및 신한은행(신한카드), KB은행(KB국민카드), 우체국 지점에 신청. 임신 확인서 및 고운맘 카드 신청서 제출.

③ 고운맘 카드 수령

카드 확인 후 본인 서명.

④고운맘 카드 이용

임신 출산 진료비 지정 요양기관에서 사용.

주의사항

- 건강보험 자격 상실 또는 보험 급여 정지(해외 출국 등)인 경우에는 고운맘 카드 지원금을 이용할 수 없다. 반드시 가까운 공단 지사를 방문해 건강보험 자격 취득 신고 및 급여 정지 해지 신고를 해야 한다. 신고일 다음 날부터 지원금 사용 가능.
- 유산 또는 조산 후 기존 지원 기간 내 재임신한 경우 기존 신청 내역을 해지 신청하고, 재임신 건에 대한 '임신 · 출산 진료비 지원 신청 및 임신 확인서'를 요양기관에서 발급받아 재신청해야 한다.
- 이용권(고운맘 카드)을 타인에게 양도 또는 대여 등 부정 사용이 확인되는 경우 해당 사용 금액을 환수하며, 서비스 대상자의 자격에서 제외될 수 있다.
- 인공 임신중절 등 불법적으로 사용할 수 없다.

아기보험(태아보험)

태아보험이란?

아기보험(태아보험)은 어린이보험에 태아 특약을 더한 보험을 말한다.

태아보험이 주목받는 이유

결혼 연령이 높아짐에 따라 산모의 나이가 많아지고, 고령 임신부의 경우 태아에게 좋지 않은 영향을 주는 것이 많아 태아보험에 대한 관심이 높아지고 있다. 특히 태아의 선천적 질병 발생률이 매년 늘어나고 있는데, 태아에 대해서는 예방이 어려운 실정이라 엄마의 뱃속에 있을 때부터 각종 위험 보장을 받을 수 있어 유리한 점이 많다.

태아보험 가입 시기

보험사에 따라 조금씩 다르지만 임신 후 22주 내에 준비하는 것이 일반적이다. 임신 직후부터 보험 상품을 알아보면서 언제 가입할 수 있는지 꼼꼼하게 살펴보아야 한다.

태아보험 특약

태아보험 특약에는 선천성 이상, 저체중아 입원 일당 등이 있는데 이를 통해 태아 출생 시 발생할 수 있는 위험과 의료비를 보장받을 수 있다. 기간은 출생 후 약 1년 정도이며, 이후에는 어린이보험 상품으로 자녀가 성장할 동안 발생할 수 있는 각종 위험을 보장받을 수 있다.

유의점

보장 기간 체크

태아 때부터 출생 이후까지 계속 보장받을 수 있는 보험에 가입하는 것이 좋다. 출생 후에 이상이 발견되거나 질병, 사고가 생기면 당분간 혹은 영구적으로 보험 가입이 어려울 수 있기 때문이다. 그리고 보장 기간은 최대한 길게 가입하는 것이 유리하다.

어린이 생명보험 및 실비보험, 따져보고 고를 것

어린이보험은 대개 30세, 100세 만기로 가입할 수 있는데 종합적으로 보장받을 수 있도록 꼼꼼히 비교하는 것이 중요하다. 보통 보험사에 따라 크게 어린이 생명보험, 어린이 실비보험 등이 있다.

어린이 생명보험은 소아암이나 백혈병, 뇌혈관 질환 등과 같이 중증 질병에 대한 보장이 크고 어린이 실비보험은 가벼운 질병부터 큰 질병, 상해 사고에 대한 보장의 폭이 넓은 것이 특징이다. 가능하면 2개의 상품을 동시에 준비하는 것이 유리할 수 있다. 하지만 만약 보험료가 부담스러울 경우 보장 폭이 좀 더 넓은 어린이 실비보험을 먼저 준비하길 권장한다.

다양한 상품을 알아볼 것

상품에 따라 장단점이 있고 보험료와 보장이 달라질 수 있으므로 태아 어린이보험 순위 가격 비교를 통해 자녀에게 좀 더 잘 맞는 상품을 선택하는 것이 현명한 가입 방법이다. 또한 태아보험 가입 시 주는 사은품이나 가입 선물에 치중하기보다는 의료비 보장을 잘 받을 수 있도록 준비해야 한다.

Special Page

예비 아빠의 10개월 임신 플랜

아내와 함께하는 임신

Plan 1 임신 초기

솔직한 대화 시간을 갖는다

아내가 막연한 불안감으로 힘들어한다면 남편은 여러 가지 방법으로 아내를 안심시키기 위해 노력한다. 이런저런 걱정들을 해소할 수 있는 최상의 방법은 아내와 솔직한 대화를 나눌 시간을 갖는 것이다. 저녁 식사 후 아내와 차를 마시면서 소소한 이야기를 나누거나 함께 임신 관련 서적을 보면서 앞으로 일어날 일들을 미리 가늠해보는 것도 좋다.

아내에게 생활 리듬을 맞추도록 노력한다

임신 직후부터 아내는 여러 가지 신체 변화로 인해 초조해하거나 짜증을 부리는 일이 늘어난다. 따라서 남편은 이런 아내가 정서적으로 안정을 취할 수 있게끔 도와주어야 한다. 늦은 귀가나 과음, 외박, 잦은 손님 초대 등은 임신부에게 스트레스를 줄 수 있으므로 가급적 줄이는 것이 좋다.

집안일을 적극적으로 돕는다

임신 초기에는 유산 위험이 높아 절대 안정이 필요하다. 아침저녁으로 이부자리를 개는 일이나 무거운 물건을 옮기는 일, 오래 서서 하는 집안일은 남편이 도맡아서 하는 것이 좋다. 남편이 적극적으로 집안일을 돕는다면 아내는 분명 행복해지고 그 기분이 그대로 태아에게 전달된다는 사실을 기억하자.

아내와 함께 아이의 미래 모습을 그려본다

아직 아내의 배가 부르거나 태동이 느껴지지 않으므로 남편 입장에서는 임신을 실감하기 어려울 수 있다. 그렇지만 분명 태아는 하루가 다르게 자라고 있고, 임신 초기에 뇌가 급격하게 발달한다는 사실을 잊지 말아야 한다. 아내와 함께 태어날 아이의 모습을 그려보거나 아이의 미래에 대해 이야기를 나누어 보는 것도 좋다.

아내의 영양 섭취에 신경 쓴다

임신 초기에는 입덧이나 피로, 스트레스 때문에 입맛을 잃기 쉽다. 그러나 임신 초기에는 특히 태아의 성장을 위해 충분한 영양 섭취가 필요하다. 아내가 입덧으로 먹고 싶어 하는 음식이 있다면 가급적 챙겨주도록 노력한다. 또 아무래도 혼자 있으면 제대로 챙겨 먹지 않게 되므로 아침저녁 식사는 되도록 함께 먹는다.

Plan 2 임신 중기

태담 태교를 시작한다

임신 중기에 들어서면 태아의 뇌가 거의 다 자라 엄마의 기분을 따라간다. 즉, 엄마가 유쾌하면 태아 유쾌하고, 엄마가 불쾌하면 태아도 불쾌해진다. 그러므로 아내가 정서적으로 안정되고 즐겁게 지낼 수 있도록 남편이 각별히 노력해야 한다. 평소 아내의 배를 쓰다듬으며 태아에게 다정한 목소리로 말을 걸거나 자장가를 불러주는 것도 좋다.

아내와 함께 가벼운 외출을 한다

아내도 임신에 어느 정도 적응하고 태아도 안정된 시기이므로 가끔 아내와 함께 외출을 해본다. 전시회나 클래식 콘서트처럼 주제가 있는 외출도 좋고, 가끔 교외로 나가 외식을 즐기는 것도 기분 전환에 도움이 된다. 물론 힘든 산행 같은 무리한 나들이는 피해야 한다.

유방 마사지를 도와준다

임신 6개월이 되면 모유를 만들기 위해 유선이 발달하고 유방이 부풀어 오르는데, 이때는 마사지를 해 유방의 혈액순환과 유선의 발육을 도와주어야 한다. 사랑하는 아이에게 엄마 젖을 충분히 먹이고 싶다면 남편 손으로 직접 마사지를 해주자. 마사지는 목욕하기 전에 하는 것이 좋고, 올리브유나 마사지크림을 바르고 하면 피부 자극이 줄어든다.

정기검진 때는 함께 병원에 간다

한 달에 한 번 이루어지는 정기검진에는 시간을 내어 아내와 함께 병원에 간다. 담당 의사에게 아내의 임신 상태를 알아보고 주의해야 할 점을 직접 들으면 아내를 이해하는 데 훨씬 도움이 된다. 또 초음파 검사를 할 때 함께 들어가 태아의 모습을 직접 보면 아빠가 된다는 실감도 더해진다.

Plan 3 임신 후기

아내와 함께 출산용품을 준비한다

임신 후기에 들어서면 슬슬 출산 준비를 시작해야 한다. 주말에는 시간을 내어 아내와 함께 출산용품과 아이 옷을 마련하러 쇼핑을 나가본다. 태어날 아이를 생각하며 하나하나 정성껏 물건을 고르는 일은 엄마 아빠가 될 사람만이 누릴 수 있는 특권이다.

매일 밤 아이와 대화를 나눈다

아내의 배가 점점 불러오고 태동이 강해지면 아이의 존재를 더욱 확실히 느끼게 된다. 태아의 청각도 발달해 아빠의 목소리를 기억하고 반응을 보이기도 한다. 그러므로 매일 시간을 정해 태아와 대화 시간을 가지는 게 좋다. 태아에게 자연스럽게 말을 건네거나 동화책을 읽어주고 노래를 불러주는 등 본격적인 태담 태교를 시작한다.

아내의 몸을 부드럽게 마사지해준다

배가 불러 힘들어하는 아내를 위해 밤에는 다리를 주물러주고 허리와 어깨를 마사지해주면 아내는 한결 편안해한다. 또 아내가 출산에 대한 두려움을 표현할 때는 잘할 수 있다는 자신감을 심어주고, 무통분만법 등 출산의 고통을 줄일 수 있는 구체적인 방법을 함께 알아보는 것도 좋다.

아내와 함께 출산호흡법을 연습한다

출산의 고통은 아내의 몫이지만 남편의 도움으로 그 통증을 많이 줄일 수 있다. 평소 아내와 함께 라마즈 호흡법이나 출산호흡법을 연습하면서 아내의 몸과 마음을 이완시켜준다. 아내는 출산 시 통증을 느낄 때마다 남편과 함께 연습했던 호흡법과 이완법을 떠올리며 통증을 줄일 수 있을 것이다.

임신 후기의 성생활

임신 후기에는 가벼운 자극으로도 진통이 찾아와 조산할 수 있으므로 되도록 성관계 횟수를 줄이거나 피하는 것이 바람직하다. 또 가급적 분만 예정 4~6주 전부터는 금욕하는 것이 좋다. 특히 10개월째는 출산 준비기로 질이 매우 부드러워지기 때문에 성관계로 인해 질에 상처를 입힐 수 있다.

아빠의 태교

태교는 부부가 함께하는 것이 가장 좋다. 아내 와 함께장을보고,함께음악을듣고,함께산책 을 하거나 전시회를 가고, 함께 병원 정기검진 과 분만 교실을 다니는 것만으로도 태교에 동참 하는 일이 된다. 임신 전에는 아빠가 될 마음의 준비가 꼭 필요하다면, 임신 후에는 아이를 위 한 아빠 태교를 하는 것이 진정한 예비 아빠의 자세다. 임신 초기에는 입덧으로 고생하거나 무 기력증 등으로 힘들어하는 아내를 사랑스럽게 받아주며 힘든 일은 도와주고 입맛에 맞는 음식 을 챙기고, 임신 중기에는 함께 태담을 하고 임 부복을 사주거나 출산용품을 챙긴다. 임신 후기 에는 르와이예 분만 교실 등에서 부부가 함께 호흡법을 배우고, 아이 방을 꾸미거나 만삭 사 진 찍는 일 등을 함께한다.

옛 문헌에서 찾은 재미있는 태교

중국 전한시대 유향의 열녀전(列女傳) 속 태교

주(周)나라 문왕(文王)의 어머니 태임(太任)이 행한 태교 기록이 있다. "태임의 성품이 단정하 고 한결같아서 정성스럽고 장중(莊重)해 오직 덕행을 하다가 임신을 했는데, 눈으로는 나쁜 빛깔을 보지 않고, 귀로는 음탕한 소리를 듣지 않으며 입으로는 오만한 말을 하지 않으며 태교 를 잘 실천했다."라고 되어 있다.

우리나라 남도지방에서 유래한 칠태도

- **제1도(第一道)** 임신 중에는 머리를 감지 않 고, 높은 마루나 바위 또는 제기(祭器) 위에 올라가지 않고, 술을 마시지 않고, 무거운 짐 을 들지 않고, 험한 산길을 걷거나 위태로운 냇물을 건너지 않고, 밥을 먹을 때는 색다른 맛을 금한다.
- **제2도(第二道)** 말을 많이 하거나, 웃거나, 놀 라거나, 겁먹거나, 울지 않는다.
- **제3도(第三道)** 태아를 해치는 살기가 서려 있는 곳인 태살(胎殺) 장소를 피한다.
- **제4도(第四道)** 조용히 앉아서 아름다운 말만 듣고, 선현의 명구를 외우고, 시나 붓글씨를 쓰고, 품위 있는 음악을 듣는다. 또한 나쁜 말 을듣지말고,나쁜일을보지말고,나쁜생각 을 품지 않는다.
- **제5도(第五道)** 가로눕지 말고, 기대지 말고, 한 발로 가우뚱하게 서 있지 않는다.
- **제6도(第六道)** 기품이 있는 서상(犀象), 난봉 (鸞鳳), 주옥(珠玉) 같은 것들을 몸에 지닌다. 소나무에 드는 바람소리를 듣고자 노력하고, 매화나 난초의 은근한 향을 맡는다.
- **제7도(第七道)** 임신 중에는 금욕한다.

Chapter **3**

똑똑한 아이 만드는 **태교 백과**

태교 플랜

임신 중 태교에 따라 아이의 성향이 달라진다는 말이 있을 만큼 태교는 아주 중요하다. 임신부의 사고와 행동이 태아에게 정신적, 신체적으로 영향을 미칠 뿐만 아니라 지성과 감성 발달에도 큰 영향을 끼치기 때문이다. 사랑스런 내 아이를 위해 어떤 태교 계획을 세워야 할지 알아본다.

태교란?

태교란 임신 중 태아에게 좋은 영향을 주기 위해 예비 엄마 아빠가 하는 사고와 행동을 말한다. 가장 기본은 임신부의 신체적 건강이다. 태아의 두뇌 발달과 건강을 위해 임신부는 항상 적절하고 균형 있는 영양을 섭취해야 한다. 그리고 아이와 교감을 나누기 위한 태담, 미술 태교, 음악 태교, 태교 여행 등 다양한 태교로 임신 기간을 즐겁게 보내는 것이 중요하다.

이상적인 태교 계획

아빠와 함께 태교하기

태교는 예비 엄마 아빠가 함께하는 것이 가장 이상적이다. 사랑하는 남편과 함께 산책하고 음악을 듣고 여행을 하면서 임신부가 행복해하면 그 마음이 태아에게 고스란히 전달된다. 예비 아빠의 태담 또한 중요하다. 아무리 바쁘더라도 하루도 거르지 말고 아이와 교감을 나누도록 하자.

임신 주수별로 다른 태교하기

태아의 성장 발달에 바탕을 두고 시기별로 태교를 달리한다. 태아에게 필요한 영양소를 임신 시기에 맞춰 달리 섭취하고, 태아의 오감과 운동 능력 발달에 맞춰 맞춤 태교를 하는 것이 바람직하다. 또한 태교는 임신 전부터 시작해 출산까지 이어진다고 생각하고 늘 좋은 태교를 위해 노력해야 한다.

남들이 좋다는 태교보다 자신이 좋은 태교 고르기

소위 남들이 좋다는 태교에 매달리지 말자. 클래식 음악이 아무리 태아에게 좋다 해도 임신부가 듣기 싫다면 들었을 때 기분 좋아지는 음악으로 바꾸는 게 훨씬 낫다. 그리고 아무리 좋은 음식이라도 임신부의 입에 맞지 않으면 억지로 먹지 말고 영양 성분이 비슷한 다른 음식을 행복하게 먹는 것이 좋다. 태교를 통해 태아에게 행복하고 즐거운 마음을 전하는 것이 무엇보다 중요하다.

테마 태교에 집착하지 않기

태아의 교육인 태교에 대한 관심과 열의가 높아지면서 영어 태담을 하거나 영어 회화를 들려주는 영어 태교, 태아의 뇌 발달을 돕는다는 산소 태교, 천재 태교 등 다양한 테마 태교가 생겨나고 있다. 하지만 테마 태교에 너무 집착하다 보면 자칫 태교의 궁극적인 목적이나 효과에 대한 방향을 잃어버릴 수 있다. 균형 있고 가족의 사랑을 느끼게 하는 태교가 제일 바람직하다.

여러 가지 태교

태담 태교

'태담'이란 뱃속의 아이와 나누는 이야기다. 여러 가지 태교법 중 가장 기본이며 태교의 시작이다. 가장 큰 효과는 엄마와 아빠가 사랑이 담긴 목소리로 말을 건네면 태아의 두뇌 발달에 좋은 영향을 미친다는 점이다. 태담은 자연스럽고 편안하게 해야 한다. 임신부가 편할 때 태아와 유대감도 더 강해지고 태아가 정서적으로 안정감을 느낀다. 보통 임신부의 배에 손을 얹고 부드럽게 쓰다듬으면서 다정다감한 목소리로 이야기를 해준다. 태명을 부르면서 아침 인사를 하고 하루의 할 일을 이야기하면서 엄마의 기분도 함께 말한다. 임신을 해서 설레고 기쁜 엄마의 행복한 마음을 있는 그대로 표현하는 것도 중요하다. 또 태아와 대화할 때는 무엇이든 자세하게 설명해준다. 항상 아이가 옆에 있듯이 말하고, 공부시키듯이 설명하는 것은 피한다.

태담 태교 방법

태교 동화를 읽으면서 이야기해주기

음악을 들으면서 태교 동화를 읽고 태아에게 이야기를 해주면 태아의 청각과 정서에 좋은 영향을 준다. 노래를 함께 불러주면 더 좋다. 태아가 가장 민감하게 반응하는 오감이 바로 청각이기 때문이다. 임신 6주부터 두드러지게 발달하는 태아의 청각은 4개월이 지나 뇌가 형성되면 소리를 느낄 수 있고, 5개월이 되면 거의 모든 소리를 들을 준비가 마무리된다. 따라서 어느 때보다 태담 태교의 효과를 극대화할 수 있는 시기는 바로 임신 7개월 이후다.

아이 그림을 보며 이야기하거나 명상하기

상상 속 아이 얼굴을 그려놓고 그림을 바라보며 태담을 나눈다. 아이에 관한 실재감이 높아져 더욱 효과적인 태교가 된다. 명상은 엄마의 자신감을 살려주고 아이의 잠재력을 극대화하며 임신우울증을 극복하는 데도 효과적이다. 편안한 자세로 몸을 이완시킨 뒤 가장 쾌적하고 평온한 상태를 상상한다. 임신 후기에는 즐겁게 분만을 준비하고 아이와의 사랑을 강화하는 데 도움이 된다.

태명을 부르며 이야기하기

아직 태어나지 않은 아이와 대화를 한다는 것이 어색할 수 있다. 그 어색함을 줄이고 아이와의 유대감을 유지하기 위해 태아의 별명을 만들어 부르는 것도 좋은 방법이다. 배를 쓰다듬거나 살짝 건드리면서 태명을 부르며 태담을 시작한다.

아빠의 목소리 자주 들려주기

한 실험에 따르면 태아는 여성보다 나지막한 남성의 목소리를 더 좋아하는 것으로 나타났다. 따라서 24시간 아이에게 다정스럽게 말을 걸어주는 엄마의 태담 태교 못지않게 아빠의 부성 태교 역시 중요하다. 아빠의 낮고 사랑스러운 목소리는 태아의 뇌 발달에 좋은 영향을 준다. 태아와 대화를 나누는 방법도 좋지만 좋은 책을 읽어주는 것도 권할 만하다.

음식 태교

임신부의 올바른 음식 섭취는 변화하는 몸을 건강하게 지켜주고 태아의 정상적인 발달에 긍정적인 도움을 준다. 맛있는 음식은 임신부에게 행복감을 주고 균형 잡힌 음식은 임신부와 태아에게 건강을 준다. 태아가 요구하는 영양소는 시기에 따라 다르므로 임신 주수와 임신부의 증세에 따른 맞춤 식단이 필요하다. 그러나 음식 태교 역시 자연스럽고 자발적이어야 한다. 아무리 태아에게 좋은 음식이라도 임신부가 싫다면 억지로 먹는 것은 피한다. 영양가가 풍부한 음식을 골고루 소량씩 먹고, 즐거운 마음으로 식사하는 것이 좋다. 적절한 체중 관리와 태아의 성장에 따른 식이 조절도 중요하다.

음식 태교 방법

임신 주수에 따라 칼로리의 양 조절하기

임신 5개월까지는 대체로 하루에 150kcal 정도만 더 보충하면 되지만, 임신 6개월 이후에는 하루에 300kcal를 더 늘려야 한다. 매 식사나 간식에 적절히 나누어 열량을 추가하도록 한다. 임신 3개월까지는 임신 전 체중을 유지하거나 1~2kg 정도만 늘리고, 임신 5개월까지는 2~3kg, 이후에는 한 달에 1.5~2kg 정도의 체중을 늘려 출산할 때까지 총 12~13kg 정도 늘리는 것이 가장 바람직하다. 입덧이 심한 경우에는 임신 초기에 오히려 체중이 빠지기도 하지만, 당황하지 말고 입맛에 맞는 음식을 조금씩 자주 보충하면서 그 시기를 잘 넘기는 것이 중요하다. 임신 4개월째부터는 식욕이 조금씩 회복되면서 다시 체중이 늘어난다.

엽산 충분히 섭취하기

임신 3개월 전부터 엽산이 풍부한 음식을 섭취하는 것이 좋다. 태아의 무뇌증이나 척추이분증 등의 신경관 결손을 예방해주기 때문이다. 특히 수정 후 첫 4주가 가장 중요해서 하루에 400㎍의 엽산이 필요하고, 이전에 신경관 결손증이 있었던 경우에는 하루 4mg의 엽산이 필요하다. 엽산이 많은 음식은 브로콜리나 시금치 같은 녹황색 채소, 콩, 녹두, 통밀, 과일 등이 있지만, 생체 이용률이 낮아 따로 엽산제를 복용하는 것이 효율적이다.

입덧이 심하다면 담백한 음식으로

입덧이 심할 때는 냄새가 덜 나고 차가우며 기름지지 않은 음식이 좋다. 음식을 억지로 먹지 말고 입맛에 맞는 음식을 찾아서 여러 가지를 시도해보고 먹을 수 있을 때 충분히 먹도록 한다. 레몬이나 식초가 첨가된 새콤한 샐러드나 냉채, 혹은 비스킷이나 과일 등이 입맛에 맞을 수 있다. 비타민 B6를 보충하면 도움이 될 수 있으므로 임신 초기에 엽산이 포함된 정제를 복용하는 것이 좋다. 입덧이 심한 경우 탈수 증세가 올 수 있으므로 수분 섭취에 신경을 쓰고, 심각한 경우 병원에서 수액을 맞는다.

임신 16주 이후부터는 철분 보충

임신 16주 이후에는 철분 보충이 필수다. 빈혈이 없는 임신부라도 이후에 저장 철이 고갈되므로 분만할 때까지 반드시 철분제를 따로 복용하는 것이 좋다. 물론 빈혈이 있는 경우에는 철분의 양을 늘려 복용해야 한다. 철분이 많은 식품으로는 달걀노른자, 쇠고기, 굴, 대합, 김, 미역, 다시마, 쑥, 강낭콩, 깨, 팥, 호박, 버섯 등이 있다.

부족한 칼슘 충분히 섭취

임신 중에 칼슘의 양을 늘릴 필요는 없지만, 한국인의 식단에는 칼슘이 부족하므로 음식 종류에 신경을 써야 한다. 칼슘이 많은 식품으로는 멸치나 뱅어포처럼 뼈째 먹는 생선, 우유, 요구르트, 치즈와 같은 유제품, 무청, 케일, 깻잎과 같은 녹황색 채소, 미역, 다시마, 김 같은 해조류, 깨, 대두, 아몬드와 같은 종실류 등이 있다. 인스턴트식품은 인이 다량 함유되어 인체에서 칼슘을 배출시키므로 콜라와 라면, 햄 등의 인스턴트식품은 되도록 피한다. 또한 칼슘의 흡수를 돕는 비타민 D는 햇빛을 받으면 우리 몸에서 자연적으로 생성되므로 적절한 정도의 햇볕 노출도 필요하다.

태아의 두뇌 발달에 좋은 오메가3 지방산

오메가3 지방산은 최근 많은 관심을 받고 있는 중요한 영양소인데, 여러 가지 효능이 있어 임신부와 태아에게 긍정적인 영향을 줄 수 있다. 특히 세포막을 구성하는 중요한 요소이고 인체의 다양한 생리 활동을 조절하는 물질로 변한다. DHA는 두뇌, 신경, 눈 조직의 구성에 꼭 필요한 영양소로 태아의 시각 발달과 운동신경 발달에 특히 중요하고, EPA는 혈관의 염증과 혈액 응고를 줄여 혈행을 좋게 한다. 따라서 오메가3 지방산은 세포가 분열하고 분화하는 중요한 임신 시기에 태아 성장을 위해 필요하고, 임신부의 원활한 혈액순환과 혈전 예방에 도움이 된다. 또한 임신으로 인한 우울증을 예방하고 조산 방지에도 도움이 된다. 올바른 섭취 방법은 등 푸른 생선 같은 음식을 즐기거나 잘 정제된 오메가3 지방산 제제를 복용하는 것이다. 특히 신경과 혈관 조직이 가장 크게 성장하는 임신 마지막 3~4개월 동안에는 더 많이 필요하다.

영양소가 풍부한 과일 태교

뱃속의 아이가 한창 자라는 시기에는 칼슘, 엽산, 철분, 비타민 C 등을 충분히 섭취하는 것이 좋다. 이런 영양소가 골고루 들어 있는 것이 바로 과일이다.

과일에는 태아의 골격 형성에 도움을 주는 칼슘이나 발육에 영향을 미치는 엽산, 혈액 조성에 도움을 주는 철분, 각종 영양소 섭취를 도와주는 비타민 등이 풍부하게 들어 있다. 또한 과일에는 섬유질이 풍부해 임신 중 생기기 쉬운 변비를 예방하는 데도 도움이 되고 입덧을 잠재우는 효과도 있다. 하지만 과일을 지나치게 먹으면 과일 속의 당질이 체지방으로 변해 체중 증가에 한몫을 한다. 따라서 늦은 시간에는 단맛이 강한 과일은 먹지 않는 것이 좋다.

임신부에게 좋은 과일

- **키위** 비타민 C가 풍부할 뿐만 아니라 펙틴과 칼륨, 칼슘 등이 많이 들어 있다. 단백질 분해 효소가 함유되어 디저트로 먹으면 소화를 도와 속을 편안하게 한다.
- **배** 풍부한 수분과 서걱거리는 성분이 배변을 촉진해 변비 예방에 도움을 준다. 임신중독증을 일으킬 수 있는 나트륨 배설을 촉진하고 혈압을 내려주는 효과도 있다.
- **귤** 새콤한 맛이 나 많은 임신부가 즐겨 찾는 과일이다. 귤의 신맛을 내는 구연산이 입덧을 잠재우는 역할도 한다. 면역력을 높여주는 비타민 C가 풍부해 감기 예방에도 효과적이다.
- **사과** 임신 중 생기기 쉬운 변비 예방에 좋다. 입덧이 심할 때 사과를 껍질째 먹으면 울렁거리던 속이 차분히 가라앉는다.
- **수박** 아파도 약을 함부로 먹을 수 없는 임신부는 질병에 대한 저항력을 높이는 것이 필수! 90% 이상이 수분인 수박은 체내 노폐물을 배출시키는 효과도 있다.

음악 태교

임신부가 좋은 음악을 들으면 혈압이나 호흡이 안정되고 마음이 차분하게 가라앉아 신체적으로나 정신적으로 많은 도움이 된다. 또한 청각이 발달한 태아 역시 좋은 음악이나 소리를 들으면 뇌가 반응해 뇌 발달에 도움이 되며, 태아의 정서적인 안정을 가져올 수 있다. 아이가 태어나 잠투정을 할 때 태교할 때 들었던 음악을 들려주면 잠을 잘 자기도 한다. 또한 음악은 입덧이나 하복부 불편감, 요통 등 임신 중의 여러 가지 불편감과 통증을 완화해주고 분만 진통을 줄여주기도 한다.

음악 태교 방법

좋아하는 음악 듣기

흔히 태교에 좋은 음악으로 클래식이나 뉴에이지 음악을 얘기한다. 물론 느린 빠르기와 규칙적인 박자, 부드럽게 변하는 음악들은 안정을 유도하므로 태교에 적당하다. 하지만 임신부가 그 음악을 좋아하느냐가 더 중요하다. 클래식을 좋아하지도 않으면서 태교 때문에 억지로 듣는다면 오히려 스트레스가 될 뿐이다. 영화음악이든 가요든 임신부 스스로 좋아하는 음악을 듣는다. 단, 시끄러운 음악보다는 느리고 잔잔한 음악이 태아의 마음을 편하게 하고 머리를 맑게 해 사물에 대한 판단력을 키워준다는 것을 염두에 두자. 또한 새소리, 물소리, 파도소리, 바람소리 같은 자연의 소리는 태아의 뇌파를 알파파 상태로 만들어 두뇌 성장을 돕는다.

직접 노래를 불러준다

엄마의 목소리는 태아에게 편안함과 안락함을 준다. 또한 노래를 부를 때는 깊은 호흡을 하기 때문에 태아에게 좋은 공기를 공급하는 효과도 있다. 음치라도 걱정할 것 없다. 태아에게는 엄마의 목소리가 최상의 선율이기 때문이다.

태어난 후에도 음악을 들려준다

아이가 태어난 후에도 태교 때 들었던 음악을 꾸준히 들려주는 것이 좋다. 임신했을 때 자주 듣던 음악이나 엄마의 심장박동 수와 비슷한 음악을 들려주면 아이가 쉽게 안정된다.

미술 태교

예로부터 임신을 하면 예쁜 것만 보고 더럽고 잔인한 것은 보지 말라고 했다. 엄마의 눈을 통해 보는 것이 그대로 아이에게 전해진다고 생각했기 때문이다. 이러한 전통의 영향을 받아 아름다운 그림과 조각 등을 감상하는 시각적인 자극을 통해 태교를 하는 방법이 미술 태교다. 태아는 임신 4주 무렵이면 망막이 생기고, 4개월 무렵에는 빛에 반응하고, 7개월쯤에는 초보적인 시각피질이 아이의 눈에 전달된 신호를 받을 수 있다. 이처럼 태아는 외부의 명암을 구분하고 엄마가 느끼는 시각까지 간접 체험을 할 수 있다. 엄마가 좋은 그림을 보거나 좋은 풍경을 접하면 태아의 시각을 자극해 뇌 발달에 좋은 영향을 미칠 뿐만 아니라 여러 감각 기관의 발달을 촉진한다.

미술 태교 방법

미술 감상

미술 감상은 명화나 조각 같은 미술작품을 감상하는 것으로 음악을 들을 때처럼 편안하고 자연스럽게 하면 된다. 여건이 된다면 미술관이나 전시회를 다니면서 감상하면 좋고, 여건이 되지 않는다면 화집을 보거나 인터넷으로 좋은 그림이나 사진을 감상하는 것도 방법이다.

사진이나 조각 감상

꼭 그림만 보아야 하는 것은 아니다. 엄마의 취향에 맞는 멋진 사진을 봐도 된다. 근처 공원에 산책을 나가 아름다운 자연이나 조형물을 감상하는 것도 좋은 방법이다. 또한 집 안 곳곳에 예쁜 아이 사진이나 그림을 붙여놓고 보면서 뱃속의 아이를 떠올리며 애정을 키우는 것도 좋은 미술 태교 방법이다.

손으로 직접 그리기

보는 것도 좋지만 직접 그림을 그리거나 색칠을 하면 태아에게 더 효과적으로 전달된다. 뛰어난 작품을 만들어야 하는 것이 아니므로 편안한 마음으로 그린다. 그림 그리기에 영 자신이 없다면 단순한 꽃이나 나비, 물고기 등을 그리면서 마음을 편안하게 갖는 데 치중한다. 그림을 그린 후 왜 그런 그림을 그렸는지 설명을 덧붙이는 것도 좋다.

그림일기를 쓰거나 뜨개질하기

직접 창작 활동을 하면 임신부의 다양한 손놀림, 시각적 자극, 마음의 정화 등을 통해 태아에게 더 많은 자극을 줄 수 있다. 태어날 아이를 위해 앙증맞은 양말을 직접 뜨거나 임신 기간 중 태아와 나눈 대화를 기록한 그림일기를 써보는 것도 좋다.

여행 태교

여행 태교는 태아가 가족의 새로운 일원이 되었다는 의미인 동시에 임신부를 위한 여행이기도 하다. 여행지와 여행 코스, 숙소, 음식 등 모든 것이 임신부를 배려하는 스케줄로 짜이기 때문에 임신부가 정신적인 행복감과 편안함을 느끼고, 임신부가 행복한 만큼 태아 역시 여행을 통해 심리적인 안정을 느낀다. 또 태교 여행은 임신으로 인한 우울증 치료에도 효과적이다. 여행 기간 동안 자연을 가까이하다 보면 정신 건강에 도움이 되고, 남편과 대화를 많이 할 수 있기 때문이다. 그리고 입덧으로 고생하는 임신부는 바뀐 환경 덕에 기분 전환을 할 수 있어 입덧도 완화된다.

여행 태교 방법

최대한 임신부의 취향 고려

여행 태교의 행선지는 임신부가 좋아하는 곳으로 정한다. 여행 일정도 임신부의 신체적 특성을 고려해 잡고, 임신부를 배려한 교통편과 음식을 고른다. 장거리 여행은 조금 무리일 수 있으므로 교통수단 탑승 시간을 5시간 이내로 정하고, 자주 휴식과 체조 시간을 갖는 것이 좋다. 해외여행 역시 가능하지만 임신 초기와 후기에는 피하는 것이 좋으며, 해외 현지의 풍토병이나 기후, 의료 환경 등을 미리 파악하고 대비한다.

여행지 정보 꼼꼼하게 알아두기

이동 동선을 짧게 잡는 것은 물론 위급한 상황에 대비해 주위 병원 위치도 미리 파악해야 한다. 그리고 임신부와 태아에게 좋은 먹거리나 음식점의 위치를 미리 알아두는 것이 좋다.

교통수단에 맞춰 미리 유의점 체크

자동차로 이동할 경우 하루 전체 탑승 시간이 5시간을 넘지 않는 것이 좋고, 안전벨트는 가슴 사이와 아랫배에 위치하도록 착용해 자궁이나 태아에 직접 압박이 가해지지 않게 해야 한다. 배가 많이 나온 시기에는 에어백이 배에 충격을 줄 수도 있으므로 가능하면 뒷좌석에 앉는다. 비행기로 여행할 때도 전체 비행시간은 5시간 이내가 좋고, 1시간에 한 번씩 스트레칭과 보행을 해서 혹시 모를 혈전색전증을 예방한다. 특히 하지정맥류나 하지부종이 있는 경우 더 자주 운동을 해 혈액순환에 신경을 써야 한다.

여행 전에 담당 의사와 상의

여행이 임신부에게 좋은 것은 사실이지만 여행 전에 꼭 담당 의사와 상의해야 한다. 보통 임신 3개월(임신 12주)과 출산 전 마지막 달에는 여행을 삼가는 것이 좋다. 특히 임신 초기는 불안정한 시기이기 때문에 절대적으로 안정이 필요하다. 또 마지막 달은 언제든 진통이 올 수 있고, 출혈이나 조산, 복통 등의 상황이 생기면 여행지에서 적절한 처치를 받기가 어려울 수도 있어 출산 예정지에서 멀리 벗어나는 것은 좋지 않다. 적절한 태교 여행의 시기는 임신 16주부터 32주 사이다.

여행지의 음식에 각별히 주의

맛있는 현지 음식을 먹는 것도 여행의 묘미 중 하나다. 하지만 임신부는 음식이 바뀌어서 생길 수 있는 배탈이나 설사를 조심해야 한다. 되도록 익힌 음식을 먹고 과식을 피하며, 조금씩 자주 수분을 섭취 한다.

해외여행이라면 소견서와 검사 기록 준비

해외여행을 한다면 만약의 상황을 대비해 영문으로 된 담당 의사의 소견서와 검사 기록을 준비하는 것이 좋다. 그리고 임신부의 탑승을 위한 서류가 항공사마다 다르므로 미리 알아보아야 한다. 특히 외국 항공사의 경우 28주 이전이라도 영문 소견서가 필요할 수 있다. 비상약을 준비하는 것도 잊지 말자. 태아에게 안전한 비상약이 있으니 미리 담당 의사와 상의해서 준비하는 것이 좋다.

1~12주 임신 초기 태교

태교는 태아의 성장과 임신부 몸의 변화에 따라 달라져야 한다. 임신을 시작하자마자 태아에게 보다 안전한 태내 환경을 마련해주면서 건강한 아이를 순산하기 위한 긴 여정을 시작한다. 임신 초기에 하면 좋은 태교 방법과 주의점을 살펴본다.

임신 초기 태교의 주의점

자극적인 기호품을 끊는다

임신이 확인되면 하루빨리 태교를 위한 환경 만들기에 주력한다. 그동안 즐겼던 커피나 술 등 자극적인 기호품을 끊고 영양식을 먹으며 규칙적인 생활을 하고, 또 태아를 위해 어떤 영양을 섭취해야 할지 꼼꼼하게 따져본다.

입덧이 있다면 신선한 과일을, 체중에 주의

임신 5~6주경에 입덧이 시작될 수 있는데, 가능하면 메스꺼운 반응을 보이는 음식 냄새를 없애고 신선한 과일이나 비스킷 등 냄새가 없는 간식을 먹는다. 신맛이 나는 음식과 차가운 음식은 입덧을 덜 유발하고 비타민 B_6는 입덧 완화에 도움을 준다. 임신 초기에는 체중이 늘지 않거나 입덧이 심하면 오히려 체중이 빠질 수도 있다. 반대로 임신 초기에 체중이 지나치게 늘면 임신중독증이나 임신성 당뇨의 발생 가능성이 높아지니 유의한다.

사우나나 온탕 목욕, 부부관계는 절제

임신부가 고온에 오래 노출되면 태아의 뇌에 나쁜 영향을 줄 수 있으므로 사우나나 온탕에 오래 몸을 담그는 것은 피한다. 그리고 임신 중 부부관계는 가능하지만 임신 초기에는 유산의 위험이 있으므로 가급적 절제하고, 임신부의 허리와 배에 무리가 가지 않게 한다.

임신 2개월 맞춤 태교

마음의 안정을 찾아주는 명상 태교

임신 초기는 아이가 생겼다는 기쁨도 크지만 막연한 공포와 불안, 입덧으로 인한 불쾌감도 심하다. 이럴 때는 의자에 앉아서 눈을 감고 편안한 마음으로 명상으로 하며 마음의 안정을 찾는다. 또 여유 있는 시간을 골라 몸에 좋은 허브차를 마시며 마음을 가다듬는 것도 좋다. 아침에는 상쾌한 기분을 느낄 수 있는 페퍼민트나 로즈힙, 저녁에는 릴랙스한 기분을 느끼게 하는 저먼 캐모마일 등이 효과적이다.

머터니티 일기를 쓴다

보통 임신 2개월에 접어들면 임신부 스스로 임신을 자각하게 된다. 임신을 확인하는 그 순간은 여러 가지 복잡 미묘한 기분이 들기도 하지만, 지나보면 가장 감격적인 순간으로 기억되므로 그때부터 본격적인 머터니티 일기를 써본다. 임신 사실을 알았을 때의 심정, 앞으로의 계획, 몸의 변화 등을 하루하루 쓰다 보면 보다 특별한 임신 기간을 보낼 수 있다.

두뇌 발달에 좋은 음식을 먹는다

임신 2개월째는 태아의 뇌세포가 활발하게 만들어지는 시기이므로 뇌 발달을 돕는 음식을 많이 섭취하는 것이 좋다. 뇌의 신경세포와 뇌세포의 왕성한 성장을 위해서는 모세혈관의 생성이 중요한데, 비타민 E는 세포를 활성화시키고 세포 손상을 막아주며 모세혈관이 늘어나도록 돕는다. 비타민 E가 풍부한 식품으로는 현미, 콩, 참깨, 무순, 시금치, 해바라기씨, 참치, 청어, 오징어, 새우 등이 있다. 철분 또한 혈액의 중요 성분인 헤모글로빈을 생성하므로 뼈째 먹는 생선, 간, 굴, 고등어, 소라 등을 많이 섭취한다.

임신 초기에 들으면 좋은 음악	
잠들기 전후	모차르트: 자장가 / 슈베르트: 자장가, 들장미 / 비숍: 즐거운 나의 집 / 슈만: 꿈 / 바다르체프스카: 소녀의 기도
아침에 일어났을 때	차이코프스키: 안단테 칸타빌레 / 바흐: G선상의 아리아 / 슈베르트: 양치기의 합창 / 요한 슈트라우스: 아름답고 푸른 도나우/ 비발디: '사계' 중 봄
식사할 때	모차르트: 론도 알레그로 / 바흐: 폴로네즈 / 크라이슬러: 사랑의 기쁨
쉴 때	크라이슬러: 아, 목동아 / 슈베르트: 세레나데 / 바흐: 알레그로
집안일 할 때	파가니니: 안단티노 / 슈베르트: 군대 행진곡 / 멘델스존: 결혼 행진곡 / 비제: 행진곡 / 요나손: 뻐꾸기 왈츠 / 차이코프스키: '백조의 호수' 중 백조의 춤 / 쇼팽: 강아지 왈츠 / 라벨: '마메르루아' 중 미녀와 야수의 대화 / 드뷔시: 코끼리 자장가
춤출 때	드보르자크: 유머레스크 / 브람스: 헝가리 무곡 제5번 / 모차르트: 미뉴에트 / 요한 슈트라우스: 봄의 소리 작품 410

임신 3개월 맞춤 태교

가벼운 산책를 하거나 책을 가까이한다

임신 3개월 말쯤이면 입덧이 거의 가라앉아 생활하기가 훨씬 편해진다. 하지만 아직은 태반이 불안정한 상태이므로 무리한 행동을 해서는 안 된다. 무거운 짐을 들거나 계단을 빨리 오르는 일 등은 피하고, 집에서 간단한 체조를 하거나 가벼운 산책으로 기분 전환을 하는 것이 좋다. 그리고 정서적인 안정을 돕는 책을 자주 읽는다.

음악 태교를 시작한다

태아가 아직 들을 수는 없지만 소리와 진동에 반응하게 된다. 엄마가 듣는 소리를 그대로 느낄 수 있으므로 서서히 음악 태교를 시작하는 것이 좋다. 이 시기에 가장 적당한 음악은 엄마의 심장박동 수와 비슷한 바로크 음악. 음악 소리뿐만 아니라 물소리, 새소리, 풀벌레소리, 파도소리 등 자연의 소리도 몸과 마음을 이완시키는 데 도움을 준다.

임신 초기에 좋은 명상 태교법

- 나는 지금 정말 아름답다.
- 평온하게 휴식을 취하는 내가 보인다.
- 우리 아이가 뱃속에서 자랄수록 내 자신도 충만해진다.
- 우리 아이만 건강할 수 있다면 그동안의 생활 스타일을 바꿀 수 있다.
- 내가 임신했다는 사실이 정말 위대하고 대견스럽다.
- 지금 내 마음은 매우 평온하다.
- 내 몸에 나타나는 모든 변화에 맞게 내 몸을 적응시킬 줄 안다.
- 내가 피로해지면 우리 아이를 위해 내 몸을 편안히 쉬게 할 줄 안다.
- 내 가족은 항상 나를 돌봐주며 도움이 필요할 때 나는 항상 가족으로부터 도움을 이끌어낼 줄 안다.
- 아이가 내 몸속에서 자라는 한 나는 완벽한 건강 상태를 유지하기 위해 노력한다.
- 임신과 출산은 정말 즐거운 일이며, 나는 정말 아름다운 여자라고 확신한다.

(자료 제공 · 토끼와 여우)

13~28주 임신 중기 태교

임신 중기는 임신 중 가장 편하고 안정된 시기로, 입덧이 줄어들고 태반이 완성되어 자연유산의 가능성도 낮아진다. 본격적으로 배가 불러오고 태동이 시작되는 만큼 태교에도 한층 더 각별히 신경을 쓰는 것이 좋다. 아이와 교감하는 다양한 임신 중기 태교법을 소개한다.

임신 중기 태교 주의점

신체 건강에 각별히 신경 쓴다

자궁이 점점 커지면서 자궁을 받치는 인대가 늘어나 복부와 사타구니 쪽에 통증을 느낄 수 있다. 몸에 끼지 않는 헐렁하고 편안한 옷을 입고 임신부 요가를 시작하는 것이 좋다. 항상 허리를 곧게 펴는 바른 자세를 유지하고, 임신부용 복대를 착용해 허리의 부담을 줄여주는 것도 좋다. 발이 붓거나 하지정맥류가 의심된다면 다리를 조금 높게 올려두고 휴식을 취하거나 자주 마사지를 해준다.

건강 식단으로 체중을 조절한다

입덧이 완전히 사라지면 식욕이 점점 늘어나기 때문에 건강 식단을 짜는 것도 좋다. 지나친 체중 증가를 막기 위해 일정한 칼로리로 균형 있는 식사를 하고 조금씩 운동을 병행한다. 체중은 보통 한 달에 1.5kg 정도 느는 게 정상이다. 2kg 이상 늘지 않도록 주의해야 한다. 인스턴트식품이나 가공식품은 먹지 않는 것이 좋다.

철분 보충에 신경 쓴다

임신 16주경 이후부터 임신 내내 철분 보충에 신경을 써야 한다. 빈혈이 있거나 쌍둥이를 임신한 경우에는 철분제의 용량을 높여야 한다. 철분제는 공복에 다른 약과 섞이지 않게 복용해야 하는데, 칼슘이나 마그네슘은 철분의 흡수를 방해하기 때문이다. 철분제를 복용하면 변이 까맣게 변하거나 변비가 심해질 수도 있다는 것을 유념한다.

임신 4개월 맞춤 태교

건전한 취미생활을 한다

안정기에 접어드는 만큼 평소 배우고 싶었던 악기나 그림, 붓글씨, 자수 등 취미생활을 시작해보는 것도 좋다. 아이가 꼭 갖추었으면 하는 덕목이 있다면, 뱃속에 있을 때부터 간접적으로 경험하게 해주는 것도 좋다. 또 취미생활에 푹 빠지다 보면 정서적으로 안정되고 집중력도 생겨 태아에게 좋은 영향을 미친다.

그림을 통한 이미지 태교를 한다

미술관이나 박물관을 자주 찾는 것도 좋다. 엄마가 보는 그림 하나하나가 태아의 뇌에 아름다운 영상으로 각인될 수 있기 때문이다. 부담스럽게 생각하지 말고 관심이 가는 미술 전시를 찾아보고 느긋하게 감상하면 된다. 단순히 둘러보는 데 그치지 말고 색감이나 질감 등 세밀하게 작품 하나하나를 관찰해 보는 것도 좋다.

임신 5개월 맞춤 태교

태담 태교를 시작한다

임신 5개월 정도 되면 미약하나마 태동이 느껴진다. 그 순간 엄마는 임신했다는 사실이 피부에 와 닿아 아이에 대한 강한 애착을 경험한다. 또 이 시기에는 태아가 정서적으로 빠르게 발달하며 소리에도 어느 정도 반응하므로 태담 태교를 시작해보는 것이 좋다. 태아는 엄마의 목소리를 꾸준히 들려주면 그 목소리를 기억하고 편안함을 느끼게 된다. 산책을 하면서 꽃이나 나무, 새 등 눈에 보이는 것들에 대해 얘기해주거나 하루 중 엄마가 겪은 일이나 느낌 등을 말해본다.

적당한 운동으로 태아의 뇌 발달을 돕는다

태아의 근육이 점점 늘어나고 신경이 사지 말단 부분까지 퍼져 드디어 손발을 움직이게 된다. 따라서 이때 엄마가 같이 움직이면 태아의 움직임이 많아지고, 자동적으로 뇌신경 발달도 빨라진다. 엄마 몸의 움직임이 세부적으로 다양할수록 태아는 더욱 다양한 신체 자극을 받게 되므로 산책은 물론 다양한 체조 동작을 함께하면 효과가 크다.

임신 6개월 맞춤 태교

태아의 정서 발달을 위해 화초를 키운다

임신 6개월에 접어들면 태동이 심해지고, 태아가 엄마의 감정이나 생각을 그대로 느끼게 된다. 평소에 모양도 예쁘고 향도 좋은 화초를 정성껏 키워보자. 물을 주고 햇볕을 쬐어주며 성성껏 화초를 키우다 보면 그러한 엄마의 따뜻한 마음이 태아에게도 전달돼 똑똑하고 감수성이 풍부한 아이로 자란다.

뇌 발달에 좋은 음식을 섭취한다

임신 중기에도 뇌 발달에 좋은 음식을 꾸준히 섭취한다. 특히 등 푸른 생선의 경우 생선의 지방 속에 들어 있는 DHA가 태아의 뇌세포 성장에 중요한 역할을 하며 발육에도 커다란 영향을 미친다. 이외에도 혈액 순환을 돕는 성분과 단백질, 칼슘 등도 풍부하게 들어 있으므로 임신 중에는 꼭 챙겨 먹도록 한다.

임신 7개월 맞춤 태교

엄마 아빠의 노랫소리를 자주 들려준다

이제 태아의 청각이 어느 정도 발달해 아빠와 엄마의 목소리를 구별한다. 따라서 남편과 함께 자주 이야기를 건네며 노래를 들려준다. 배를 쓰다듬으며 또렷한 목소리로 자주 노래를 들려주면 아이가 정서적으로 안정되며 감정이 풍부해진다.

신선한 공기를 마시며 복식 호흡을 한다

배가 점점 불러와 임신부의 몸과 마음이 지치고 힘들다. 따라서 기분이 우울하고 힘든 날은 맑은 공기를 마시며 산책을 한다. 아이와 함께 이야기를 하며 걷거나 벤치에 앉아 명상을 즐기다 보면 기분이 전환된다. 또 평소 휴식을 취할 때는 편하게 앉아서 복식 호흡을 해본다. 복식 호흡을 하면 태아에게 산소가 충분히 전달되어 뇌 발달에도 큰 도움을 준다.

임신 중기에 좋은 명상 태교법

- 태동은 나에게 힘을 주는 큰 기쁨이다.
- 매일 조용하고 평화로운 분위기에서 아이에게 이야기를 건넨다.
- 임신하고 나서 내가 참 평화로워졌다.
- 시간이 지날수록 나와 아이가 서로 조화를 잘 이루어가고 있다.
- 내 아이는 자기가 필요한 것을 나에게 잘 전할 수 있다.
- 임신은 내 인생이 완벽해져가는 과정이다.
- 나는 내 몸이 변해가는 것을 매우 사랑한다.
- 나는 항상 충만함을 느끼고 있으며, 아이를 잘 성장시킬 수 있다.
- 나는 신체적 변화를 받아들이고 이를 명예롭게 생각한다.
- 내 아이는 내 몸속에서 완벽하게 자라고 있다.

임신 후기 태교

임신 후기는 몸이 힘들어 제대로 태교에 전념할 수 없는 어려움이 있다. 하지만 태아가 다 자란 만큼 태교가 더욱 절실한 시기다. 태아와 더욱 가까워질 수 있는 생활 태교를 통해 미리 육아 연습을 해보는 것도 좋다. 임신 후기에 하면 좋은 태교법을 알아본다.

임신 후기 태교의 주의점

태담 시간을 늘린다

임신 후기에는 태아의 청각이 더욱 발달하므로 태아가 듣는 소리에 대해 더욱 신경을 쓴다. 늘 다정한 목소리로 태담을 나누고 좋은 음악을 들으면서 음악에 대한 느낌도 자세하게 말해준다. 그리고 재미있는 태교 동화를 실감나게 읽어준다.

아빠도 태교에 적극 참여한다

예비 아빠의 정성어린 태담은 아이를 상상력이 풍부한 사람으로 키운다. 임신 후기로 갈수록 아빠의 태담 시간을 늘리고 아내와 함께하는 태교에 더 적극적으로 임한다. 또한 출산을 두려워하고 불안해하는 아내의 마음을 안정시켜줄 수 있는 태교에 동참한다. 콘서트나 미술관, 전시회 관람에 아내와 꼭 함께하는 것이 좋다.

지나친 운동은 피하고 편안한 자세를 유지한다

자궁이 커지고 체중이 불어나기 때문에 심한 운동은 몸에 무리를 줄 수 있다. 가벼운 산책 정도만 하고 체조도 몸에 무리가 가지 않는 선에서 한다. 잠을 잘 때도 엎드린 자세나 똑바로 누워서 자는 자세는 커진 자궁이 대정맥을 압박해 혈액순환에 장애를 초래하므로 다리 사이에 푹신한 쿠션을 끼우거나 베개를 껴안고 옆으로 누워서 잔다.

임신 8개월

태아와 이야기하듯 동화책을 읽어준다

평소 생활하면서 늘 아이와 함께한다는 느낌으로 말을 건네고, 엄마뿐 아니라 아빠도 자주 목소리를 들려줌으로써 아이와 친숙해지기 위해 노력한다. 예를 들어 아이에게 동화책을 읽어주거나 동시를 들려줄 때도 태아와 이야기하듯 재미있게 읽어주고 엄마의 생각도 말해준다.

리듬감 있는 음악을 들려준다

임신 후기에 들어서면 태아는 신생아와 다름없을 만

큼 뇌 구조가 복잡해지고 뇌세포 수도 활발하게 늘어난다. 따라서 뇌 발달에 도움을 주는 자극을 꾸준히 해주는 것이 중요하다. 음악의 진동이나 리듬은 뇌를 진동 뇌파인 알파파로 이끌어주어 뇌 자극에 아주 효과적이다. 평소 어느 정도 리듬을 탈 수 있는 경쾌한 음악을 꾸준히 듣는다.

임신 9개월

자연의 소리를 들려준다

이제 태아는 엄마 뱃속에서 나는 소리는 물론 외부에서 들리는 소리도 거의 다 알아듣는다. 태아가 기본적으로 좋아하는 소리는 시냇물이 흐르는 소리나 새들이 지저귀는 소리 등 자연의 소리. 주말에는 가까운 공원이나 수목원을 찾아 자연의 소리를 들려주는 것이 좋다. 맑은 공기를 마시며 산책하다 보면 아이는 물론 엄마도 기분이 상쾌해진다.

마음의 안정을 찾는 명상 태교를 한다

임신 후기가 되면 태아의 감정도 풍부해지고 엄마의 심리 상태에 따라 기분이 바뀌기도 하므로 항상 편안한 마음을 갖기 위해 노력한다. 휴식을 취할 때는 앞으로 일어날 출산을 대비해 아이와 대화를 나누는 기분으로 명상을 하는 것도 좋다.

임신 10개월

출산 호흡법을 연습한다

출산이 가까워지면 배가 땅기거나 가슴이 두근거리는 등 몸 곳곳에서 출산을 위한 준비가 시작되고, 아무리 태연하려고 해도 마음이 긴장되고 불안해진다. 따라서 임신 마지막 달에는 태교를 한다는 것이 사실상 어렵게 느껴진다. 마음이 불안할 때는 남편과 함께 출산의 전 과정과 호흡법을 연습해본다. 남편은 아내가 여유 있는 마음을 가질 수 있도록 어깨나 팔다리를 마사지해주고, 아내는 순산을 위해 라마즈 호흡법이나 이완법 등을 연습한다.

임신 후기에 좋은 명상 태교법

- 나는 이 소중한 아이의 엄마다.
- 내 아이의 탄생은 내 인생에서 무한한 기쁨이라고 확신한다.
- 나는 세상에서 가장 귀한 사람, 내 아이를 바라보고 있다.
- 내 가슴은 사랑으로 충만하다.
- 나는 사랑이 넘쳐나고 있다.
- 아이의 탄생과 함께 남편과의 사랑도 더욱 충만해질 것이다.
- 내 아이는 내 인생에서 가장 사랑스러운 존재다.
- 나는 이제 한 아이의 자랑스러운 엄마다.
- 내가 아이에게 줄 수 있는 최고의 선물은 바로 사랑이다.
- 나는 사랑으로 무엇이든지 해낼 수 있다.

Special Page

재미있는 태몽 이야기

태몽이란?

우리 선조들은 태몽으로 임신 여부와 태아의 성별을 점쳐왔다. 좋은 태몽은 상서로운 징조로 가족들에게는 기 쁨을 주고 태어날 아이에게는 평생 선물이 되기도 한다.
태몽은 잉태 여부, 태어날 아이의 성별, 장래의 운명 등 미래를 예견하는 꿈을 말한다. 요즘은 태몽으로 아이의 성별을 구분하는 데 관심이 많지만, 과거에는 장래 운명에 대한 예시로 풀이하는 경향이 강했다. 대부분 임신부가 꿈을 꾸지만 남편이나 조부모, 외조부모, 이모, 고모 등 가까운 친척이 꿀 때도 있다. 태몽을 꾸는 시기도 일정하지 않아 임신 전후나 출산 전후가 되기도 한다.

태몽에 나타난 의미

동물 꿈

용: 용꿈은 대단한 길몽으로 옛날에는 권력과 가문을 일으키는 꿈으로 여겼다. 용에 뿔이 있거나 여의주를 물었거나 용머리를 보았다면 잘생긴 아들을 낳을 꿈이며, 꼬리를 보았거나 용의 몸을 끌어안으려 했다면 예쁜 딸을 낳을 꿈이다.

호랑이: 호랑이 꿈은 '삼신이 점지해준 자식'이라 여기는 꿈으로 아들일 가능성이 높다. 딸일 경우 활동적이고 리더십이 강해 적극적으로 사회생활을 하며 자신이나 남편이 높은 지위에 오르거나 이름을 떨치게 된다.

구렁이·뱀: 구렁이나 뱀은 정치가나 기업가 등 큰 인물을 상징한다. 큰 구렁이는 아들, 실뱀은 딸 꿈이다. 또한 큰 구렁이가 온몸을 휘감는 꿈은 아들이고, 큰 뱀이지만 집 밖으로 나가는 꿈은 딸일 확률이 높다.

돼지: 재물과 복을 상징하는 돼지꿈도 태몽일 수 있다. 대체로 꿈에서 검은 돼지를 보면 아들, 흰 돼지

를 보면 딸이다. 특히 멧돼지에게 쫓기는 꿈을 꾸고 아들을 낳았다면 아이가 나중에 큰 인물이 될 아주 좋은 꿈이다.

소: 소는 '조상이 점지한 자식'을 얻을 꿈이라고 한다. 뿔이 달린 힘찬 황소는 아들이고, 암소 또는 순한 소를 보거나 두 마리를 보았을 때, 큰 소라도 뿔이 없을 때는 딸일 가능성이 높다.

말: 흑마를 타고 넓은 평야를 달리거나 말 한 마리가 힘차게 뛰어가는 꿈은 아들을 암시하고, 예쁜 백마를 타고 달리거나 뒤에 망아지가 따라오는 꿈은 딸을 암시한다.

사슴: 뿔이 달린 사슴은 대개 아들이고, 예쁜 꽃사슴은 딸이다.

물고기: 커다란 물고기 꿈은 그 크기만큼이나 큰 인물이 태어날 좋은 태몽이다. 물고기가 크다면 아들, 물고기가 작고 화려하다면 딸일 가능성이 높다.

식물 꿈

과일·꽃: 꿈속의 과일은 행복하고 풍요로운 삶을 상징한다. 전체적으로 벌레가 먹지 않은 상태라면 아주 좋은 꿈이다. 속이 야무진 과일 하나를 보거나 열매가 홀수일 때는 아들이고, 짝수면 딸이다. 또 꼭지가 있는 과일을 따거나 보면 아들, 붉은 석류나 복숭아, 앵두, 머루 등 작고 귀여운 과일 꿈은 딸을 낳을 꿈이다.
그리고 국화꽃처럼 가을에 피는 꽃은 아들, 매화꽃처럼 봄에 피는 꽃은 딸일 확률이 높다.

고추: 대개 색깔이 선명한 빨간 고추를 보면 아들, 풋고추를 보면 딸이다. 풋고추 하나라도 아주 크면 아들이고, 작은 풋고추가 짝수 혹은 여러 개 있으면 딸이다. 빨간 고추라도 색깔이 선명하지 않거나 시들하면 딸인 경우도 있다.

고구마: 빨간 고구마를 캐거나 밭에서 고구마를 캐는 꿈이면 아들일 확률이 높다. 반면 고구마 색깔이 하얗거나 짝수로 보이면 딸인 예가 많다.

밤·대추: 나무에 대추가 주렁주렁 열리는 꿈이면 아

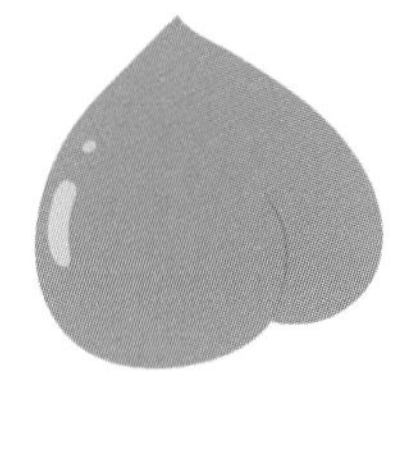

들이다. 또 알밤을 보면 아들, 밤송이를 보면 딸일 가능성이 크다.

그 밖의 자연 꿈

산·들판: 산의 골격이 강하고 꼭대기가 절경인 산을 보면 아들이고, 넓은 들판을 보면 딸이다.

태양·달: 대체로 꿈속에서 해를 보면 아들, 달을 보면 딸이다. 하지만 태양인 줄 알았는데 만져보니 달이었다면 딸을 낳을 태몽이다.

구름·무지개: 형상이 용처럼 뒤틀린 뭉게구름을 보면 아들이고, 구름이 산발적으로 퍼져 있으면 딸을 낳을 꿈이다. 무지개의 3가지 색이 뚜렷하면 아들이고, 선명하지 않으면 딸인 경우가 많다.

사물 꿈

보석: 꿈에서 광채가 나는 보석을 보았다면 나중에 아이가 명예를 얻게 되는 좋은 태몽이다. 보석을 보았거나 손에 쥐었는데 개수가 홀수면 아들이고, 짝수면 딸일 확률이 높다.

금·은 반지: 은은하게 빛나는 영롱한 금반지 하나를 손에 끼었거나 받았다면 아들을 낳을 꿈이다. 쌍가락지를 끼거나 금반지를 여러 개 받거나, 색깔이 없는 금반지나 은반지를 보면 딸일 확률이 높다.

Part 02

임신 중 몸의 변화

임신 40주 동안 임신부는 다양한 몸의 변화를 겪고 태아가 몸속에서 자라는 걸 직접 경험하게 된다. 임신 초기부터 후기까지 태아가 잘 자랄까 하는 걱정과 처음 겪는 정신 및 신체적 변화들로 인해 혼란스러워 예민해지는 경우가 많다. 하지만 이번 파트에서 알려줄 임신 40주 동안의 몸의 변화, 태아의 성장, 임신 주수별로 하면 좋은 일 등을 꼼꼼하게 읽고 체크해 나간다면 이런 염려쯤은 금방 사라지고 건강하고 예쁜 아이를 만나는 일이 점점 더 기다려질 것이다. 임신 초기, 임신 중기, 임신 후기별 꼼꼼 정보들과 다양한 궁금증을 완벽하게 소개한다.

Part 02 활용법

Chapter 1 임신 초기 주의점과 주수별 꼼꼼 플랜 확인하기
- 임신 1~13주까지 임신부의 몸의 변화
- 임신 1~13주까지 태아의 성장 과정
- 임신 초기 임신부들의 일상생활 포인트
- 입덧과 이상 임신, 임신 초기 증상, 한약 먹기 등 임신 초기 궁금증 해법

Chapter 2 임신 중기, 안정기에 접어든 임신부와 태아의 변화 체크하기
- 임신 14~27주까지 임신부의 몸의 변화
- 임신 14~27주까지 태아의 성장 과정
- 임신 중기 임신부의 건강관리법
- 양수, 임신 중기 이상 증세, 임신 중기 트러블, 배 모양 등 임신 중기 궁금증 해법

Chapter 3 뱃속에서부터 시작하는 첫 교육, 태교 기초 플랜 엿보기
- 임신 28~40주까지 임신부의 몸의 변화
- 임신 28~40주까지 태아의 성장 과정
- 출산이 가까워지는 임신부의 일상생활 주의점
- 조산, 임신 후기 이상 증세, 출산 직전 체크 리스트 등 임신 후기 궁금증 해법

Chapter 4 40주 동안 조심해야 할 임신부 질병 체크하기
- 임신중독증, 조산, 유산, 역아, 자궁 외 임신 등 다양한 임신부 질병 알기

Chapter 5 건강한 태아와 임신부를 위한 운동과 출산 준비 제대로 알기
- 임신 초기, 중기, 후기별 임신부 생활 수칙과 식사법
- 임신 기간 중 유용한 운동법과 미용법
- 임신 중 꼭 먹어야 할 영양제
- 곧 태어날 아기를 위한 출산 준비물 꼼꼼 리스트
- 출산 준비 시 필수 리스트

임신 40주 프로그램
임신 초기

임신 초기는 임신 1~11주까지로 엄마와 태아에게 가장 중요한 시기다. 엄마가 임신을 자각하는 것은 보통 4주 후부터지만, 임신이 시작되는 동시에 태아가 자라기 시작하므로 임신 첫 주부터 몸가짐을 바르게 해야 한다. 임신 1~11주까지 태아의 성장 과정과 임신부가 해야 할 일을 자세히 살펴본다.

임신 1~2주 계획 임신을 준비한다

엄마의 몸 아직은 임신이 아니므로 변화가 없다. 자궁은 달걀 크기 정도.
태아의 몸 아직 수정이 이루어지지 않았다. 성숙한 난자는 나팔관에서 정자를 기다린다.

태아의 성장 발달

건강한 아이를 위해 건강한 몸 만들기

건강한 아이를 갖기 위한 예비 엄마 아빠의 노력은 빠르면 빠를수록 좋다. 임신 기간을 총 40주로 잡고, 새로운 난자를 만들어내는 첫 준비를 임신 1주로 헤아리는 데는 특별한 의미가 있다. 임신은 정자와 난자가 만나는 순간부터가 아니라 임신 가능성이 있는 난자와 정자를 만드는 것부터 시작된다는 뜻이다. 따라서 임신을 준비하는 부부라면, 마지막 월경이 시작되는 그 순간부터 임신 가능성을 체크하고 몸과 마음을 철저히 준비해야 한다. 준비된 건강한 난자와 건강한 정자의 결합이 바로 건강한 아이를 갖는 첫 번째 비결이다.

임신부의 신체 변화

자궁내막이 두터워지면서 배란을 준비한다

임신을 하지 않은 상태의 자궁은 달걀 크기 정도로 임신 초기에는 크기 변화가 거의 없다. 월경이 끝나면 자궁내막은 다시 두터워지면서 배란을 준비하고, 배란일이 되면 성숙한 난자는 난소에서 나와 나팔관에서 12~24시간 동안 정자를 기다린다. 이런 일련의 과정은 임신이 가능한 여성은 누구나 한 달 주기로 매번 일어나는 현상이다.

배란일을 체크한다

임신을 준비하는 여성은 평소 규칙적이고 바른 생활 습관을 갖기 위해 노력해야 한다. 아직 임신이 성립된 것은 아니지만, 미리미리 몸과 마음을 깨끗하게 준비하고 계획 임신을 시도하는 것이 바람직하다.

적당한 운동, 규칙적인 생활은 필수

결혼 후에는 항상 임신 가능성을 염두에 두고 생활

한다. 철저한 계획 임신이라면 더할 나위 없겠지만, 예기치 않은 상황에서 임신이 되더라도 평소의 생활 습관이 바르다면 임신 초기의 여러 가지 위험을 예방할 수 있기 때문이다. 특히 안전한 출산을 위해서는 임신부가 좋은 영양 상태와 운동 등으로 평균 체중을 유지하면서 적절하게 체중을 늘려나가는 것이 중요하다. 이를 위해 규칙적인 생활을 하고, 충분한 영양 섭취 및 운동을 꾸준히 해나가는 것이 좋다.

임신 3개월 전부터 금연한다

담배가 건강에 미치는 폐해는 이미 널리 알려져 있지만, 임신부와 태아에게는 더욱더 해로우므로 임신 중에는 반드시 끊어야 한다. 담배 연기에는 니코틴·이산화탄소·시안화수소·타르·수지·발암 물질 등 각종 유해물질이 함유되어 있는데, 엄마가 담배를 피울 경우 이러한 물질이 태아에게 그대로 전달되어 태아의 성장에 나쁜 영향을 미치고, 심할 경우 저체중아나 기형아 출산은 물론 태아가 사망에 이를 수도 있다. 임신 중에는 금연은 물론 간접 흡연도 피하고, 담배 연기가 많은 공공장소에는 가지 않는 것이 좋다. 또 임신을 계획 중이라면 적어도 3개월 전부터는 반드시 금연하는 것이 바람직하다.

임신부의 음주는 태아 기형을 일으킬 수 있다

술 또한 태아에게 나쁜 영향을 미친다. 음주는 유산의 위험을 높이고, 조산이나 기형아 출산을 초래할 수 있다. 임신부가 술을 마셔 태어난 아이가 어떤 문제를 일으키는 것을 태아알코올증후군이라고 하는데, 이 경우 다양한 증상이 나타난다. 태아알코올증후군 아이의 경우 성장이 늦어지거나 아예 멈추어 저체중·소뇌증 등으로 태어나거나 인중이 편평하고 윗입술이 얇은 안면 이상을 일으킬 수 있다. 또 신경학적으로는 운동 능력이 떨어지고, 근육의 힘이 약하고, 떨림증이 나타나기도 한다. 이외에도 인지 장애나 지적 장애를 보이고 자라면서 행동 장애가 나타나기도 한다. 따라서 임신부는 물론 임신을 계획 중인 여성과 수유 중인 여성은 절대 술을 삼가고, 예비 아빠 또한 지나친 음주를 삼가야 한다.

가벼운 약물 복용도 조심한다

임신과 약물은 아주 밀접하게 연관되어 있다. 특히 임신 초기에 복용하면 기형아를 출산할 위험이 있는 약물도 있다. 따라서 임신을 계획 중인 여성이라면 평소에 소염제나 감기약 등을 함부로 먹지 않도록 주의해야 한다. 임신의 자각 증상은 대부분 임신 4~5주경에나 알 수 있으므로 미리미리 약물 복용에 주의하고, 처방전을 받기 전에 의사에게 임신 계획이 있음을 반드시 알려야 한다.

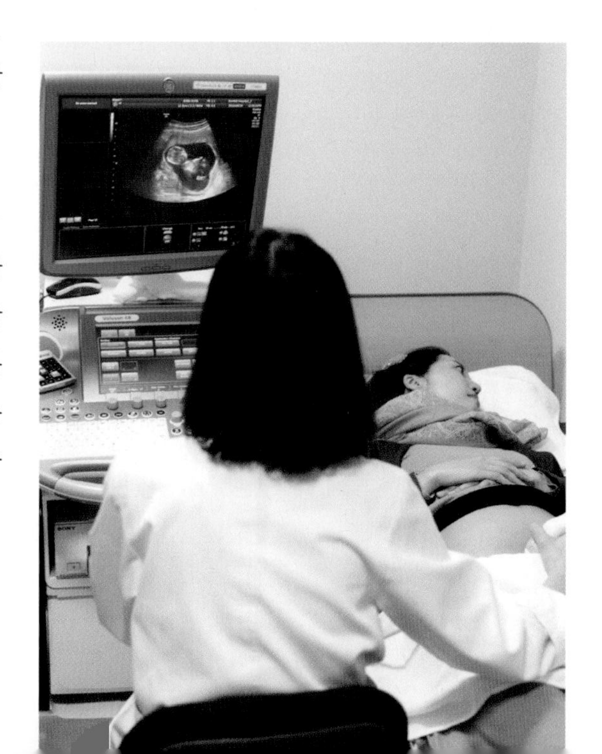

임신 기간은 주 단위로 계산

임신 기간은 대개 초기·중기·후기로 나누거나 개월로 계산하는 경우가 많지만, 병원에서는 주 단위로 나누어 임신부와 태아의 상태를 체크한다. 대개의 임신 기간은 총 40주인데, 이 중 첫 1~2주는 임신이 안 된 상태이며, 3주째에 비로소 수정과 착상이 이루어진다. 즉, 임신 5주째라고 하면 3주 전에 수정이 일어났다는 뜻이다. 이런 임신 주수를 기본으로 임신 초기는 1~13주, 임신 중기는 14~27주, 임신 후기는 28~40주로 나누고, 각 단계별로 임신부의 신체 변화와 건강관리를 체크할 수 있다.

배란일 체크하기

계획 임신은 배란일을 정확히 아는 것이 무엇보다 중요하며, 배란일에 맞춰 부부관계를 가질 때 임신 가능성이 가장 높다.

- **자연 주기법** 월경 주기가 정확한 사람이라면, 월경 주기를 통해 배란일을 알 수 있다. 배란은 다음 월경 예정일에서 14일 전에 일어난다. 즉, 배란이 일어난 후 임신이 되지 않으면 14일 후에 다음 월경이 있게 된다. 배란이 일어난 후 난자의 생존 기간은 24시간을 넘지 못하고, 정자의 생존 기간은 자궁에서 4일을 넘지 못하므로 배란일을 전후한 일주일이 가임 기간이라고 볼 수 있다.
- **기초체온 측정** 월경 때부터 배란 때까지는 저온이다가 배란 후에 고온으로 변하는데, 저온기와 고온기의 경계가 되는 날이 바로 배란일이다. 매일 기초체온을 재는 사람의 경우 측정 배란일을 기준으로 전 5일과 후 2일이 가임 기간이다.
- **점액 관찰법** 자궁경관의 점액 상태로 배란일을 아는 방법이다. 난소에서 배란이 되려고 할 때 자궁 입구에서 점액이 흘러나오면 이때부터 가임기로 본다. 처음 점액이 분비되기 시작할 때는 '뭔가 축축하다'는 느낌만으로도 알 수 있지만, 배란일이 가까워지면서 점액이 차츰 맑아지고 늘어나며 미끄러운 느낌이 들고, 달걀흰자 같이 맑고 투명한 점액으로 변했다가 다시 끈적거리는 점액으로 변하거나 건조해진다. 배란일은 맑고 미끄러운 점액이 다시 끈적거리는 점액으로 변하고 끈기가 강해져 5cm 이상 늘어지는 날이다.
- **배란통** 배란통이란 배란 때 하복부에 느껴지는 미미한 통증이다. 그중에는 난자가 난소에서 배출되는 순간에 심한 통증을 느끼는 여성도 있다. 이처럼 배란통을 느낄 때가 배란이 있었다는 신호이며, 이날이 바로 자신의 배란일이다.

임신 3주 **수정란이 세포 분열을 한다**

엄마의 몸 실제로 정자와 난자가 만나 수정이 된 상태이지만, 스스로 이를 자각하기는 힘들다.
태아의 몸 임신 3주 말쯤 된 태아(배아)는 4개의 아가미에 꼬리가 달린 올챙이처럼 보인다.

태아의 성장 발달

나팔관에서 수정이 이루어진다

여성의 몸에 들어온 수억 개의 정자 중 1개의 정자만이 난자와 결합해 수정이 이루어진다. 이때 수정란은 근육질로 된 작은 원판 모양이며, 이 원판을 영양 배엽이라는 두꺼운 세포들이 둘러싸서 보호한다.

수정란이 자궁으로 내려오며 세포 분열을 한다

수정란은 나팔관에서 천천히 자궁으로 내려오면서 세포 분열을 한다. 2·4·8개로 분열한 수정란은 자궁에 도달할 무렵 16개로 분열되고, 여섯 번째 세포 분열을 해서 64개 된 뒤 커지기 시작한다. 수정된 지 4~5일 뒤에야 자궁에 도달한 수정란은 곧바로 자궁에 착상하지 않고 3일 동안 자궁 속을 자유롭게 떠다니면서 착상을 위한 준비에 돌입한다. 이렇게 수정란이 자궁에 착상할 준비를 하는 동안 자궁벽은 수정란이 안착할 수 있도록 폭신폭신한 쿠션처럼 두꺼워진다.

임신부의 신체 변화

기초체온이 계속 고온기에 머문다

기초체온표를 작성하고 있는 경우 저온기에서 고온기로 넘어가는 시점이 배란기다. 배란 후 임신이 안 된 경우는 고온기가 2주 정도 계속되다가 저온기로 옮겨가는 시점에서 월경이 시작된다. 하지만 임신이 된 경우에는 고온기가 그대로 14주 정도까지 계속된다. 아직 월경이 시작되기 전이지만, 감기 기운이 있는 것처럼 온몸이 나른하고 미열이 계속되는 느낌을 받을 수 있다.

질 분비물이 증가한다

임신한 여성의 15% 정도가 배란 시 하복부에 가벼운 통증이 느껴지는 배란통을 경험하고, 이때 질 분비물이 늘어나기도 한다. 간혹 수정란이 자궁에 착상할 때 약간의 출혈을 일으키는 여성도 있다.

약물 복용에 주의한다

임신 3주째는 실제로 정자와 난자가 만나 수정되어 세포 분열을 시작하는 시기다. 엄마 뱃속에 태아가 생성된 것이므로 임신부는 술과 담배를 일체 삼가고 약물 복용에 주의한다.

수정란 착상 시 소량의 출혈이 일어날 수 있다

많은 임신부가 임신 초기에 약간의 출혈을 경험하는데, 이는 경우에 따라 태아의 건강에 영향을 미치기도 하므로 주의해야 한다. 특히 임신 초기에는 수정란이 착상하면서 약간의 출혈이 일어나기도 하는데, 임신부들은 이를 월경 시기가 빨라진 것으로 착각할 수 있다. 월경 외 출혈인지 아니면 월경 주기가 빨라진 것인지, 평소 자신의 상태를 세심하게 체크하는 습관을 들일 필요가 있다.

3~10주까지는 약물 복용에 특히 주의한다

임신 초기에 가장 주의할 점은 약물 복용이다. 임신부의 약물 복용이 태아에게 영향을 미치는 시기는 임신 3~10주 정도까지다. 이 기간에 태아는 중추신경계와 심장, 눈 귀, 팔다리 등이 완성되므로 외부의 어떤 물질에도 노출되지 않는 것이 좋다. 하지만 임신인 줄 모르고 한두 번 약을 먹었다고 해서 너무 걱정할 필요는 없다. 약물이 기형아 출산의 원인 중 하나인 것은 사실이지만, 그 비율은 매우 낮은 편이기 때문이다. 다만 의사에게 진찰받을 때 약물 복용에 대해 솔직하게 이야기하고 상담하는 것이 좋다.

엑스선 촬영은 하지 않는다

임신 초기에 피해야 할 또 하나가 엑스선 촬영이다. 임신 초기에는 세포 분열이 활발히 이루어지고 임신 3개월까지는 신체의 주요 기관들이 만들어지기 때문에 외부나 내부의 사소한 변화도 태아에게 영향을 줄 수 있다. 임신 중 태아에게 영향을 미치는 방사선은 엑스선과 감마선 같은 광자, 알파선과 베타선 등의 이온화 방사선이다. 임신 중 이온화 방사선에 노출되면 태아 기형의 가능성이 있는데, 특히 빠르게 분화 과정을 겪는 미분화 원시 세포의 경우 손상에 더욱 민감하다. 임신 중 방사선의 영향은 이온화 방사선의 형태, 양, 노출 당시 태아의 발달 시기 등에 따라서 차이가 있다. 특히 임신 4주 이전에 방사선에 노출되면 유산되는 경우가 많다. 따라서 임신 가능성이 있는 여성이라면 엑스선 촬영을 하지 않아야 하며, 굳이 촬영을 해야 한다면 반드시 의사와 상담 후에 실시한다.

지나친 운동은 자제한다

아직 임신인지 확인할 수는 없지만 항상 몸가짐을 조심하는 것이 좋다. 수정과 착상의 신비는 몸속에서 자연스럽게 이루어지지만, 자칫 불안정한 외부 환경으로 인해 위험해질 수 있기 때문이다. 임신을 계획하고 부부관계를 가진 상황이라면 가급적 심한 운동이나 집안일은 삼가고, 장기간의 여행도 미루는 것이 좋다. 물론 임신이 확인된 후에도 임신 초기에는 행동을 조심하고 충분한 휴식을 취하는 것이 바람직하다.

임신 중 복용하는 약물이 태아에게 미치는 영향

- **항암제** 항암 치료를 받는 여성이 임신할 경우 자연유산의 위험이 높아진다. 임신이 지속되더라도 언청이, 구개파열, 성장 이상, 골격계 이상이 올 수 있다.
- **항생제** 카나마이신, 테트라사이클린, 스트렙토마이신, 토브라마이신, 아미카신, 클로람페니콜, 겐타마이신 등은 기형을 일으킬 수 있다.
- **비타민** 비타민 A를 지나치게 복용해도 태아의 기형을 유발한다.
- **진통제** 임신 말기 또는 장기 투여는 태아에게 해롭다. 인도메타신은 임신 말기에 투여하면 양수가 감소하고 태아의 심장에도 영향을 미친다.
- **소화제** 대부분의 소화제와 제산제들은 큰 지장은 없으나 습관적으로 장기간 복용하는 것은 피해야 한다.
- **신경안정제** 다이아제팜, 페노바비탈, 리튬, 이미프라민 등은 태아 기형을 일으킨다.
- **여성호르몬제** 피임약이나 여드름약 등은 태아에게 좋지 않은 영향을 끼칠 수 있다.
- **감기약** 감기약에 들어 있는 일부 성분은 자궁 수축을 촉진하거나 태아 기형을 일으킬 수 있다.
- **진정제 · 최면제** 태아의 중추신경계에 영향을 미치므로 임신 초기에는 복용하지 않아야 한다.
- **부신피질호르몬제** 스테로이드 제제를 장기간 사용할 경우 태아 기형을 유발할 수 있다.

임신 4주 태아의 신경관이 생긴다

엄마의 몸 임신 4주 말쯤 되면 월경 날짜가 지나기 때문에 임신이 된 것을 스스로 알 수 있다.

태아의 몸 태아는 머리가 전체의 반 정도를 차지하고, 뒷부분에 긴 꼬리가 생겨 꼬리 달린 물고기 모양을 하고 있다. 크기는 0.36~1mm 정도.

태아의 성장 발달

가장 먼저 신경관이 생긴다

착상 후 5일 정도가 지난 수정란은 바깥쪽 중심부에 몸의 앞뒤나 좌우를 결정하는 하나의 관이 생기는데, 이것이 바로 신경관이다. 신경관은 시간이 흐르면서 뇌와 척추로 나뉘어 발달하며 나중에 중추신경의 근원이 된다. 또 심장이나 혈관, 내장, 근육 등 중요한 기관을 형성하는 조직도 서서히 만들어지기 시작한다.

융모를 통해 양분을 흡수한다

수정란은 착상한 후에도 계속 세포 분열을 일으켜 가는 뿌리 모양의 융모라는 조직으로 뒤덮이는데, 이를 통해 자궁 내막에 비축된 양분들을 흡수한다. 이 융모는 나중에 아이에게 매우 중요한 작용을 하는 태반이 된다.

생식 세포층이 형성된다

임신 4주의 태아는 머리와 몸통이 나뉘고, 태아 세포도 외배엽·중배엽·내배엽으로 차별화된다. 이들은 각각 다른 신체 기관으로 발달하기 시작한다. 가장 위쪽에 있는 외배엽은 피부·털·손톱·발톱·뇌·척수·신경을 만들고, 중간에 있는 중배엽은 근육·골격·비뇨생식기·심장·혈관과 혈액을 연결하는 다른 기관들을 생성한다. 가장 안쪽에 있는 내배엽은 여러 장기의 내부 포장인 점막과 폐, 창자와 이를 연결하는 분비샘을 만든다.

임신부의 신체 변화

월경이 없고 기초체온의 고온기가 14일 이상 계속된다

예민한 사람의 경우 처음으로 임신을 깨닫는 시기가 바로 이때다. 월경 예정일이 되어도 월경이 없고 기초

체온이 14일간 계속 고온 상태이면 임신일 가능성이 높다. 임신일 경우 기초체온은 배란 이후 높아져 임신 14주까지 계속 고온 상태를 유지한다. 임신이 의심될 경우 자가 임신 진단 시약으로 검사해보거나 곧바로 산부인과에서 임신 여부를 진단해보는 것이 좋다.

황체호르몬으로 인해 속이 쓰리고 구토가 생긴다

임신이 되면 황체호르몬(프로게스테론)에 변화가 생긴다. 임신부에 따라 황체호르몬의 작용으로 식도에서 위장에 이르는 괄약근이 이완되어 구토와 함께 속이 쓰리거나 아랫배가 살살 아프고 변비 증세를 보이기도 한다.

스스로 임신을 확인해본다

민감한 여성의 경우 임신 4주째에 임신을 확인할 수 있다. 규칙적이던 월경이 사라지고 심리적인 확신이 들기 때문이다. 대개 월경 예정일에서 일주일 정도 지나면 자가 임신 진단 시약으로 임신 여부를 확인할 수 있다.

수정 10일 후면 임신 확인이 가능하다

최근에는 임신을 확인하는 방법으로 자가 임신 진단 시약을 많이 사용한다. 착상된 수정란의 융모에서는 hCG(융모성 생식선자극호르몬)라는 호르몬이 분비되는데, 이 호르몬은 모체의 혈액 속으로 흡수된 다음 소변으로 배설된다. 따라서 소변 속에 이 호르몬이 있는지 없는지 확인함으로써 임신 여부를 알아내는 것이 자가 임신 진단 시약이다. 임신 여부는 대개 수정되고 10일 정도 지나면 알 수 있고, 아침에 일어나 첫 소변으로 반응을 알아보는 것이 가장 정확하다. 진단 테스트에서 양성이 나오면 병원을 찾아 정확한 임신 여부와 임신 주수를 확인한다.

임신력을 통해 출산 예정일을 체크해본다

병원에서 임신 주수를 확인하면, 임신력을 이용해 출산 예정일을 계산해볼 수 있다. 임신 주수는 마지막 월경일을 1주로 계산하며, 임신 기간은 280일, 총 40주로 계산하면 된다.

첫 임신의 경우 출산 예정일이 1~2주 정도 늦어지거나 빨라질 수 있으므로 다양한 상황을 미리 예측해보는 것이 좋다. 또 정기적으로 검사를 받을 병원도 미리 알아보도록 한다. 일단 병원을 정하면 출산이나 산욕기까지 계속 다니는 것이 여러모로 안전하므로 특별히 원하는 출산법이 있다면 처음부터 원하는 출산이 가능한 병원을 선정해 정기검진을 받는 것이 좋다.

| 병원에서 사용하는 의학 전문 용어

BP	혈압
LMP	마지막 월경 시작일
hCG	태아가 분비하는 호르몬으로 임신 여부를 알아보는 검사
C-section	제왕절개 수술
Edema	부종(손가락 · 다리 · 발목 등이 붓는 증상)
FH	태아의 심장
HB/HGB	헤모글로빈(빈혈 수치)
HT	고혈압

High risk	과거 심각한 병을 앓았거나 임신 중 위험 요소를 안고 있는 임신부
Primagravida	초산부(처음 임신한 임신부)
Multigravida	경산부(분만 경험이 있는 임신부)
EDC	분만 예정일

임신에 대한 마음의 준비를 한다

임신이 확인되면 본격적으로 임신과 출산에 대한 마음의 준비를 한다. 집 안 분위기를 보다 밝고 아늑하게 꾸미고, 아이 용품을 한두 가지 사다 장식하면 임신이 훨씬 실감난다. 또 임신에 관한 정보가 실린 책이나 태교 일기장 등을 준비해 임신 사실을 기쁘게 받아들이고 준비해나가도록 한다.

잘못된 식습관을 고친다

임신 중 식생활은 엄마의 건강 유지는 물론 태아의 성장과 발육에도 큰 영향을 미친다. 임신을 알게 된 순간부터 그동안의 식생활을 체크해 좋지 않은 점들을 바꿔나가도록 한다. 특히 하루 세끼의 식사를 균형 있게 하고, 칼로리가 높거나 염분이 과다한 음식, 인스턴트식품과 청량음료는 줄이는 것이 좋다. 또 음식의 영양뿐만 아니라 안전성까지 생각해 가능하면 농약을 쓰지 않은 제철 음식 위주로 식단을 꾸민다.

엽산 섭취로 태아의 신경관 결손을 예방한다

엽산은 임신 초기에 아주 중요한 성분이다. 임신 중에 엽산을 먹으면 임신 초기에 나타나는 태아의 신경관 결손을 방지할 수 있다. 따라서 가능하면 임신 전부터 섭취하는 것이 좋고, 체내에 오래 축적되지 않으므로 매일 섭취해야 한다. 엽산이 많이 함유된 식품으로는 과일, 콩, 녹황색 채소, 정백하지 않은 곡물 등이 있다. 균형 잡힌 식사를 하면 엽산 필요량을 충분히 섭취할 수 있지만, 부족할 경우에는 엽산 강화 식품이나 임신부용 비타민제를 복용한다.

초음파 검사

자궁에 초음파를 쏘아 반사되는 태아의 상태를 모니터 화면을 통해서 보고 각종 기형 유무와 발육 정도를 측정한다. 엑스선과 달리 초음파는 하루에 2시간 이상 쏘여도 태아에게 해가 없어 출산 전 3~6회 정도 검사하게 된다. 산부인과에 따라 정기검진 때마다 초음파 검사를 하기도 하며, 이상 유무에 따라 정밀 초음파 검사를 시행하기도 한다.

초음파 검사 종류

- **정밀 초음파 검사** 대개 임신 20주 이후에 시행하며, 태아 몸의 부위별로 정상 및 비정상 구조를 확인한다. 고위험군 임신일 때는 반드시 검사를 하는 것이 좋고, 그렇지 않은 경우에도 적어도 한 번은 검사를 해보는 것이 바람직하다.
- **3 · 4차원 초음파 검사** 임신 3개월경의 초기 기형아 검사로 후두부 두피를 측정할 때와 임신 24주 이후 태아를 좀 더 자세하게 볼 때, 분만 전에 태아 모습을 보기 위해 시행한다.
- **심장 초음파 검사** 임신 20~24주 사이에 시행하며, 심장 기형이 있는 아이를 분만한 적이 있거나 가족 중 심장 기형인 사람이 있을 때, 일반 초음파 검사 시 태아의 심장 기형이 의심될 때 시행한다.

초음파 검사 방법

초음파 검사 전에는 대개 물을 많이 마시거나 소변을 보지 않도록 권한다. 방광이 비어 있으면 자궁이 골반 아래로 내려가 검사가 어렵기 때문이다. 검사를 시작하기 전에 복부에 윤활제를 바른다. 젤 형태의 윤활제는 자궁에 음파를 보내는 변환기와 복부의 접촉을 원활하게 하는 역할을 한다.

초음파 검사로 알 수 있는 사항

- **임신 초기** 정상 임신, 다태 임신, 자궁 외 임신, 자궁근종, 난소낭종, 분만 예정일 등.
- **임신 초기 이후** 태아의 성장 속도, 위치 이상, 태반 상태, 양수의 양, 부분적인 형태 이상과 내부 장기 이상 등 눈에 띄는 기형.

임신 5주 뇌와 척추가 형성된다

엄마의 몸 메스꺼움, 구토, 빈뇨 등의 임신 초기 증상이 서서히 나타난다. 자궁은 조금 커져 레몬 크기만 해진다.

태아의 몸 몸길이는 1.25mm 정도. 크게 자라지는 않았지만, 급속도로 발달이 이루어지고 있다.

태아의 성장 발달

뇌와 척추가 형성된다

외형적으로는 태아의 모습을 몸통과 머리로 구분할 수 있다. 태아의 등 쪽에 짙은 색을 띠는 부분이 있는데, 이는 나중에 척수로 발전한다. 임신 4주부터 부풀어 있던 팔다리 부분은 임신 5주가 되면서 더욱 발육해 마치 싹이 나듯이 돋아나 있다. 신경관 양쪽에 작은 돌기 모양의 체절(몸마디)이 나타나는데, 이것들은 나중에 척추·갈비뼈·근육 등으로 발달한다.

심장박동을 시작한다

초음파로 태아의 심장 소리를 들을 수는 없지만, 태아의 심장은 엄연히 뛰고 있다. 아직 심장 형태를 갖추지는 않았고, 2개의 혈관이 합쳐져 만들어진 심관으로 이루어져 있다. 조그마한 심관이 경련 같은 수축을 반복하면서 혈액을 뿜어낸다.

임신부의 신체 변화

감기 증세처럼 몸이 나른해진다

임신 초기에는 마치 감기나 몸살에 걸린 것처럼 온몸이 나른해지면서 머리가 아프거나 한기를 느끼게 된다. 또 특별히 운동을 했다거나 움직인 것도 아닌데 쉽게 피곤하다. 이는 황체호르몬이 많이 분비되면서 일어나는 현상으로 충분히 휴식을 취하고 몸을 청결히 해 산뜻한 기분으로 지내면 도움이 된다.

속이 메스껍고 구역증이 나타난다

입덧은 개인마다 차이가 있다. 임신 기간 내내 거의 느끼지 못하고 지나가는 사람이 있는 반면, 이 시기부터 심하게 입덧을 시작하는 사람도 있다. 입덧은 특히 아침 공복 시에 심해지고, 특정 음식 냄새만으로도 속이 메스껍고 구역증을 느낄 수도 있으므로 자신에게 맞는 입덧 해결법을 찾아야 한다.

소변을 자주 본다

조금 커진 자궁이 방광을 압박하기 때문에 소변이 자주 마렵고, 유백색 질 분비물이 많아진다. 또 호르몬의 영향으로 배나 허리가 팽팽하게 긴장하기도 하고, 장의 움직임이 둔해져 변비에 걸리기 쉽다.

유방이 붓고 유두가 따끔거린다

임신 초기에 가장 많이 나타나는 증세가 바로 유방의 변화다. 마치 월경 직전처럼 유방이 부은 듯 무겁게 느껴지고, 유두가 민감해져 따끔거리기도 한다. 또 유두 색깔이 진해지고, 유방 바로 밑의 혈관이 눈에 선명하게 보이기 시작한다.

몸이 나른해지고 입덧이 시작된다

사람에 따라 정도의 차이는 있지만, 대부분의 임신부가 여러 가지 임신 초기 증상을 경험한다. 대표적인 증상이 전신 무력감과 입덧. 입덧은 임신 4~5개월 무렵까지 계속되므로 자신에게 맞는 적절한 대처 방법을 찾아야 한다.

입덧을 덜어주는 식사법

입덧은 일반적으로 임신 4주 전후부터 시작돼 1개월 반에서 2개월 정도 계속되다가 임신 4~5개월 무렵 자연스럽게 가라앉는다. 입덧의 증상은 사람마다 달리 나타난다. 음식물 냄새, 담배 냄새, 생선 비린내 때문에 비위가 상하면서 식욕이 떨어지고 속이 메슥거리며 구역질이 나기도 하고, 갑자기 신 것이 먹고 싶거나 평소에는 입에 대지도 않던 음식이 먹고 싶어지기도 한다. 대부분 아침이나 공복 시에 입덧 증세가 심하지만, 하루 종일 아무것도 먹지 못하는 경우도 있다. 자신의 입덧 증세를 체크하고 입덧을 덜 수 있는 방법을 찾아야 한다. 물론 심할 경우 병원을 찾아 태아의 영양에 문제가 생기지 않도록 예방하는 것이 바람직하다.

- 메스꺼운 반응을 보이는 음식 냄새나 상황을 체크한 뒤 가능하면 피한다.
- 가능하면 공복이 되지 않도록 음식을 조금씩 자주 먹는다. 주위에 크래커나 신선한 과일 등의 간식을 항상 준비해놓는다.
- 평소 수분을 많이 섭취한다. 구토로 인한 수분 보충을 위해 우유, 수프, 과즙, 보리차, 신선한 과일을 많이 먹는다.
- 심할 때는 레몬이나 식초, 드레싱 등 신맛이 나는 음식을 먹는다.
- 찬 음료나 음식을 먹는다. 음식을 차갑게 먹으면 음식 냄새가 줄고 위 점막을 자극하지 않아 입덧 해소에 도움이 된다.
- 저녁에는 비스킷, 쿠키, 토스트 등 탄수화물이 풍부한 식품을 먹는다. 탄수화물이 풍부한 음식을 먹으면 아미노산의 일종인 트립토판 성분이 뇌로 흡수되어 긴장이 완화된다.

임신 중의 체중 증가

일반적으로 10~15kg 정도의 체중이 증가하지만, 임신 전 체중에 따라 증가량도 조금씩 차이가 난다. 체중은 대개 임신 12주부터 본격적으로 늘기 시작해 20~30주가 되면 가장 빠른 속도로 증가하고, 36주가 되면 거의 변화가 없다. 임신 중의 체중 증가량은 안전한 출산과 직결되는 문제이므로 과식을 억제하고 꾸준한 운동을 통해 적정 수치를 유지하는 것이 중요하다. 특히 대부분의 임신부가 임신하는 순간부터 태아를 위해 충분한 영양을 섭취해야 한다는 강박관념에 휩싸이는데, 입맛이 당기는 대로 먹다 보면 자칫 비만이 될 수 있으므로 주의해야 한다. 임신 중 영양은 양보다 질이 훨씬 중요하다는 것을 명심한다. 임신 초기에는 보통 임신에 대한 긴장감과 입덧으로 인해 몸무게가 1~2kg 줄거나 현상 유지를 하므로 체중에 신경 쓰기보다는 임신 자체에 적응하려고 노력한다.

허브 목욕으로 마음을 편안히 가진다

임신 중에는 신진대사가 왕성해 땀을 많이 흘리고 질 분비물도 많아진다. 따라서 기분 전환과 청결 유지를 위해 목욕을 자주 하는 것이 좋다. 임신 중의 목욕은 피로하지 않을 만큼 짧은 시간에 끝내는 것이 중요하다. 또 목욕 시 허브 제품을 사용하면 몸과 마음이 훨씬 개운하고 숙면에도 도움이 된다.

임신 6주 뇌 발달이 활발해진다

엄마의 몸 자궁의 크기가 조금씩 커지고 체중도 약간 늘어나지만, 배가 부른 것은 느낄 수 없다.
태아의 몸 본격적인 태아의 모습을 갖추기 시작한다. 머리에서 둔부까지의 길이는 약 2~4mm.

태아의 성장 발달

태아의 모습을 갖추기 시작한다

임신 6주가 되면서부터 태아는 제대로 모양을 갖추기 시작한다. 아직까지는 꼬리가 보이지만, 팔다리로 발달할 사지의 발아 돌기가 선명하게 보인다. 다리보다 팔의 성장이 빠른데, 두 손과 두 팔이 마치 물갈퀴처럼 보인다. 얼굴의 형상도 조금씩 나타나기 시작한다. 눈은 2개의 검은 돌기, 귀는 작은 구멍 2개, 입과 코는 작은 틈새 모양으로 보인다.

뇌 발달이 활발해진다

태아의 척추를 따라 신경관이 닫히고, 한쪽 끝에서 초기 뇌실(뇌의 내부에 있는 빈 곳. 수액으로 채워져 있다)이 형성된다. 또한 심장관은 융합하고, 심장 수축이 시작된다. 그 외에도 간과 췌장, 갑상선, 허파 등이 원시적인 형태로 만들어진다.

임신부의 신체 변화

가슴이 답답하고 소화가 잘 안 된다

임신을 하면 음식물이 내장으로 전달되는 속도가 느리고 자궁이 커져 위를 누르는데, 이럴 경우 위와 십이지장의 내용물이 식도로 역류해 가슴이 답답해지고 소화가 잘 안 된다. 이러한 증상은 임신이 진행될수록 점점 심해진다.

두통이 생긴다

임신한 후 두통이 심해지거나 반대로 평소의 잦은 두통이 완화되는 경우를 흔히 볼 수 있다. 평소에 전혀 두통이 없었던 사람일수록 임신 초기에 두통을 호소하는 경우가 많은데, 대개는 임신 3개월이 지나면 자연스럽게 사라진다. 임신 후 두통이 생겼을 때는 함부로 진통제를 먹기보다는 의사와 상담해 적당한 해소 방법을 찾거나 약을 처방받는 것이 바람직하다.

변비가 생긴다

임신 중에는 대부분의 임신부가 배변 습관이 변해 변비를 경험하게 된다. 특히 임신 초기에는 갑자기 자궁이 커지고 호르몬의 영향을 받아 변비가 되기 쉽다. 또 특별한 증상 없이 배가 땅기기도 하는데, 이 또한 변비로 인한 증상이다.

영양이 풍부한 식단을 준비한다

임신 초기에는 입덧이 심해 다양한 음식을 섭취하기 어렵다. 하지만 태아의 두뇌가 발달하는 중요한 시기이므로 단백질을 충분히 섭취해야 한다. 입덧을 줄이는 조리법을 이용해 영양을 골고루 섭취하도록 노력한다.

남편의 적극적인 도움이 필요하다

임신 2개월은 임신부에게 가장 견디기 힘든 시기이므로 남편의 적극적인 도움이 필요하다. 입덧 때문에 음식을 잘 먹지 못하거나 특별히 먹고 싶은 음식이 있다면, 남편에게 직접 요리를 부탁하는 것도 좋다. 또 항상 몸을 조심해야 하는 시기이므로 남편과 의논해서 집안일을 분담하고, 무거운 물건을 들거나 높은 곳에 올라가지 않도록 한다. 신경이 예민해진 아내를 위해 남편 스스로 집안일을 돕거나 적극적인 애정 표현을 한다면 더욱 좋다.

즐거운 마음으로 머터너티 일기를 쓴다

임신을 확인했다면 바로 머터너티 일기를 쓰도록 한다. 머터너티 일기는 임신 기간을 의미 있고 즐겁게 보낼 수 있는 방법 중 하나로, 구체적인 임신 변화 과정을 한눈에 볼 수 있는 체크 리스트가 된다. 임신 사실을 처음 알았을 때의 감동부터 남편의 반응, 태교 방법, 앞으로의 계획 등을 꾸준히 써나가다 보면 훨씬 안정된 마음으로 출산을 준비할 수 있다. 또 훗날 임신과 출산에 대한 추억은 물론 아이의 멋진 탄생 선물로도 활용할 수 있다.

영양소를 고루 갖춘 식단을 준비한다

입덧이 진행되고 있지만, 임신 초기에는 태아의 성장에 필요한 영양소를 골고루 섭취하기 위해 노력해야 한다. 특히 단백질과 철분, 칼슘은 충분히 섭취하는 것이 중요하다. 동물성 단백질은 태아의 혈액이나 근육 등 몸 조직을 구성하는 근원이 되며, 칼슘은 태아의 치아나 뼈, 혈액을 이루는 중요한 성분이기 때문이다. 또 아이는 출생 후 이유식을 할 때까지 필요한 철분을 태아 때 몸속에 저장하므로 철분도 충분히 섭취해야 한다. 특히 임신 초기는 태아의 뇌가 80% 이상 발달하는 시기이므로 뇌 발달에 좋은 현미와 뿌리채소·생선·해조류 등을 충분히 섭취하고, 비타민 E가 풍부한 콩류·오징어·새우·시금치 등도 많이 먹는다.

변비 예방에 좋은 해조류와 녹황색 채소를 먹는다

임신 기간 동안 생기기 쉬운 변비를 예방하기 위해서는 장운동을 돕는 섬유질 식품이나 콩류, 해조류 등을 많이 섭취해야 한다. 또한 임신했다고 가만히 집에 누워 있지 말고 산책 등 가벼운 운동을 하면 변비 예방에 도움이 된다. 변비가 심할 경우에는 의사와 상의해서 적절한 치료를 받는 것이 좋다.

대화를 통해 스트레스를 해소한다

태아에게 가장 중요한 것은 엄마가 즐거운 마음으로 생활하는 것이다. 임신 초기에는 입덧도 심하고 심리적인 부담도 커질 수 있지만, 이럴 때일수록 엄마가 편안하고 즐거운 마음을 갖는 것이 중요하다. 남편과 함께 오붓한 시간을 자주 갖거나 주위의 친구들과 어울리면서 긴장과 불안을 해소하는 것이 좋다. 특히 주위 임신부들과 자주 어울리다 보면 서로의 경험을 통해 문제점을 해결하고 스트레스도 해소할 수 있다.

| 임신부에게 꼭 필요한 영양 식품

비타민 A	유제품, 달걀, 등 푸른 생선, 간, 오렌지, 푸른 잎 채소
비타민 B_1	곡류, 콩류, 푸른 잎 채소, 돼지고기, 땅콩
비타민 B_2	곡류, 푸른 잎 채소, 달걀
비타민 B_3	곡류, 등 푸른 생선
비타민 B_5	곡류, 달걀, 콩류, 땅콩, 아보카도
비타민 B_6	곡류, 감자, 버섯, 쇠고기(살코기)
비타민 B_{12}	달걀, 쇠고기, 굴, 우유
엽산	푸른 잎 채소, 오렌지, 콩류
비타민 C	감귤류, 딸기, 피망, 감자, 토마토
비타민 D	우유, 등 푸른 생선, 마가린, 달걀노른자, 햇빛
비타민 E	식물성 기름, 엿기름, 땅콩, 해바라기씨, 브로콜리
칼슘	유제품, 뼈째 먹는 생선, 푸른 잎 채소, 콩류
철분	살코기, 콩류, 달걀, 푸른 잎채소
아연	엿기름, 땅콩, 양파, 굴, 기름기 뺀 고기, 닭, 오리, 거위

임신 7주 **태아의 심장이 형성된다**

엄마의 몸 겉으로는 아무런 표시가 나지 않지만 빈뇨 증세가 생긴다.
태아의 몸 빠른 속도로 성장하며, 머리에서 둔부까지의 길이는 4~5mm.

태아의 성장 발달

태아의 얼굴이 점차 정교해진다

형태만 갖추었던 얼굴 형상이 좀 더 정교해진다. 이마는 불룩 솟아 있고 코는 납작하지만, 흑색 점처럼 생긴 눈과 콧구멍이 선명하게 보인다. 태아의 몸체도 변한다. 머리가 척추 위에 곧게 서고 꼬리가 점점 짧아진다. 특히 팔다리가 길고 넓어져 팔과 다리를 구분할 수 있고, 손과 어깻죽지도 알아볼 수 있다.

심장이 완전히 형성되고, 내부 기관이 빠르게 만들어진다

몸에서는 심장이 불룩하게 올라오는데, 심장이 좌심실과 우심실로 나뉜다. 심장박동은 1분에 150회 정도로 빠르게 뛴다. 배에는 간 기관을 만들기 위한 간 돌기가 나타나고, 폐에는 기관지가 생긴다. 위와 창자가 모양을 갖추기 시작하고 맹장과 췌장도 생긴다.

임신부의 신체 변화

자궁벽은 부드럽게, 자궁 경부는 두껍게 변한다

임신 5주가 지나면 낭포가 제대로 착상할 수 있도록 자궁벽이 부드러워진다. 또한 외부로부터 자궁을 보호하기 위해 자궁 경부의 점막이 두꺼워진다. 임신 기간 내내 이 점막이 자궁을 확실히 둘러싸고 있다.

소변이 자주 마렵고 방광염이 생길 수 있다

방광은 자궁 바로 앞에 있는데, 임신이 진행되면 자궁이 커지면서 방광을 압박해 소변이 조금만 차도 요의를 느끼고, 소변을 보았는데도 개운치 않은 느낌이 들기도 한다. 이런 증상은 자궁이 방광 위로 자리 잡는 임신 4개월까지 계속된다. 또 임신 후기에는 태아의 머리가 방광을 자극해 다시 빈뇨 증세가 나타난다. 소변을 자주 보는 것 자체는 큰 문제가 없지만,

만약 소변을 볼 때 통증이 느껴지면 방광염을 의심해봐야 한다. 자궁의 압박으로 소변 흐름이 나빠져 세균에 감염될 수 있기 때문이다. 방광염을 예방하기 위해서는 평소 청결에 주의하고 소변을 참지 않는 것이 좋다.

빈혈 예방법을 알아본다

임신이 진행될수록 신경 써야 할 것이 많아진다. 태아의 영양과 두뇌 발달을 위해 영양이 풍부한 식단을 준비하고, 임신 중 빈혈을 예방하는 방법을 알아본다. 또한 유산 가능성이 많은 시기이므로 부부관계에도 세심한 주의가 필요하다.

빈혈을 예방하는 음식을 먹는다

임신부에게 가장 부족하기 쉬운 것이 바로 철분이다. 철분이 부족하면 빈혈이 되기 쉽고, 이로 인해 난산의 위험이 커진다. 대부분의 임신부가 철분 영양제를 섭취하지만, 임신 초기에 철분 영양제를 섭취하면 오히려 메스꺼움과 구역증이 심해질 수 있으므로 음식물을 통해 섭취하는 것이 바람직하다. 철분이 가장 많은 식품은 돼지 간, 닭 간, 소 간 등으로 흡수율이 뛰어나다. 그 밖에도 등 푸른 생선·조개·굴 등의 어패류, 콩류, 녹황색 채소, 해조류에도 많이 들어 있다. 이런 음식을 섭취할 때는 철분의 흡수를 돕는 단백질, 비타민 B와 C 등을 함께 섭취하는 것이 좋다.

태아의 뇌 발달을 돕는 간식

태아의 뇌 발달을 돕는 간식으로는 견과류를 들 수 있다. 호두, 잣, 땅콩, 아몬드, 밤 등의 견과류와 참깨, 호박씨, 해바라기씨 등의 종실류 등을 주변에 두고 수시로 먹는다. 이들 식품에는 리놀레산 등의 불포화지방산과 단백질이 많이 들어 있다.

임신 중 카페인 섭취

임신 중 술, 담배 등과 함께 조심해야 할 것 중 하나가 바로 카페인이다. 카페인은 중추신경을 자극하는 물질로 커피, 홍차, 코코아, 콜라, 청량음료, 초콜릿 등은 물론 진통제나 감기약, 각성제 등에도 들어 있다. 카페인은 임신부와 태아에게 전혀 도움을 주지 않으며, 많이 섭취할 경우 태반과 태아의 뇌 · 중추신경계 · 심장 · 신장 · 간 · 동맥 형성에 나쁜 영향을 미친다. 한 연구 결과에 따르면 임신부가 하루에 커피를 4잔(카페인 600mg) 이상 마실 경우 저체중아나 소두증, 유산, 사산, 조산 등의 결과를 초래하는 것으로 나타났다. 또 카페인 섭취량이 늘어나면 태아의 호흡 장애나 불면증, 흥분을 불러올 수 있다. 물론 하루에 커피 1잔 정도는 태아에게 큰 영향을 주지 않는 것으로 알려져 있다. 다만 카페인은 커피만이 아니라 다른 여러 음식에도 들어 있으므로 자신도 모르는 사이에 섭취하는 카페인 양까지 생각해 평소 음식 섭취에 주의를 기울여야 한다.

| 식품의 카페인 함유량

커피 1잔(150ml)	60~140mg
홍차 1잔(150ml)	30~65mg
초콜릿 30g	25mg
청량음료 1잔(360ml)	35~55mg
진통제 1알	40mg
감기약	25mg

임신 8주 팔다리가 세분화된다

엄마의 몸 자궁이 점점 커지기 때문에 허리선이 사라지고 옷을 입으면 꽉 조인다는 느낌이 든다.
태아의 몸 지난주에 비해 두배 이상 자라 머리에서 엉덩이까지의 길이가 14~20mm 정도 된다.

태아의 성장 발달

몸이 길어지고 팔다리가 세분화된다

태아의 척추가 곧아져 몸을 세우고 머리를 들 수 있다. 배 위에 두 손을 놓고 바깥으로 무릎을 구부리며 마치 수영하는 듯한 자세를 취한다. 팔다리가 확실히 구별되고 길이도 더 길어지며, 손가락과 발가락이 만들어지기 시작한다. 태아의 피부는 매우 얇고 투명해서 혈관이 선명하게 보인다.

귀와 눈꺼풀이 생긴다

태아의 목 가장자리에 귀의 외이(귀의 바깥쪽 부분)가 형성되고, 얼굴에 눈꺼풀이 생기고, 코와 윗입술이 보이기 시작한다. 이때부터 고환이나 난소가 될 조직도 나타나기 시작한다.

임신부의 신체 변화

자궁이 커지고 몸무게가 서서히 증가한다

임신 전에는 달걀만 하던 자궁이 이 시기에는 주먹 크기로 커진다. 또 아직 겉으로는 임신한 티가 나지 않지만, 이 시기부터 조금씩 체중이 늘어나 허리선이 없어지고 옷을 입으면 조이는 느낌이 든다. 또 아랫배가 단단하고 조금 부풀어 있는 듯한 느낌을 받을 수도 있다.

입덧이 심해진다

임신 3개월로 들어서면 입덧이 더욱 심해진다. 이상한 냄새만 맡아도 구역질이 나고, 때로는 음식을 먹는 즉시 토하기도 한다. 민감한 음식 성향을 대충 알 수 있으므로 가급적 이를 피해 식욕을 잃지 않게 하고, 먹고 싶은 음식을 조금씩 자주 먹어 영양에 문제가 없도록 각별히 신경 쓴다.

외음부 색깔이 짙어지고 질 분비물이 많아진다

임신을 하면 질과 음부에 공급되는 혈액량이 급속히

증가해 외음부의 색깔이 더욱 짙어지며, 질에서 점액성 분비물이 늘어난다. 평소 속옷을 자주 갈아입고, 샤워로 몸을 청결하게 한다. 분비물의 색깔이 짙어질 경우 세균으로 인한 질염일 가능성이 있으므로 진단을 받아본다.

기미·주근깨가 늘어난다

태아에게 영양과 산소를 공급하기 위해 신진대사가 활발해져 평소보다 땀을 많이 흘리고 여러 가지 피부 트러블도 생긴다. 피부가 건조해져 가렵거나 여드름이 생기기도 한다. 또 얼굴에 기미나 주근깨 등 색소 변화가 나타나기 쉽다.

정기검진에서 태아의 상태를 확인한다

임신 초기에는 특히 유산 가능성이 높다. 조금이라도 이상 증세를 보이면 바로 병원을 찾아 진찰을 받는 것이 바람직하다.

한 달에 한 번, 정기적으로 산전 관리 검사를 받는다

산전 관리 검사는 대개 임신 28주(7개월)까지는 한 달에 한 번, 임신 후기에 들어서면 한 달에 두 번 정도 받는다. 병원에 가기 전에는 사소한 부분이라도 몸 상태를 미리 체크해서 담당 의사에게 정확히 알려주어 임신 중 트러블을 예방한다.

유산하기 쉬운 시기

임신 초기는 유산이 가장 많은 시기다. 임신 초기의 유산은 대개 월경처럼 진행되기 때문에 임신한 사실을 몰라 유산인 줄 모르고 지나가는 경우도 있다. 임신 초기에 질 출혈이 있고 경련이나 통증이 있다면 유산의 위험이 있으므로 바로 병원을 찾는 것이 좋다.

초기 유산의 원인은 대부분 태아의 염색체 이상이다

유산의 원인은 정확하지 않지만, 태아의 염색체 이상이 많은 부분을 차지한다. 부부 모두 유전적으로 정상이라고 해도 수정란의 세포 분열 과정에서 이상이 나타나면 자연유산이 되는 것이다. 약물이나 방사선, 바이러스 등도 유산의 원인이 될 수 있다.

유산 방지를 위한 생활 수칙

- 임신 초기에는 피곤할 정도로 무리하게 집안일을 하지 않는다.
- 무거운 물건은 들지 않는다. 쇼핑이나 장을 보러 갔을 때 좀 무겁다 싶은 물건은 배달을 시키거나 다른 사람이 들게 한다.
- 선 채로 너무 오래 일하는 것도 금물. 오랫동안 서서 일하면 허리와 배에 무리가 가서 자궁이 수축될 수 있다. 직장에서 일할 때도 틈틈이 휴식을 취하도록 한다.
- 갑자기 놀라거나 쇼크 받을 일은 미리 피하는 것이 좋다. 외출 시에는 가급적 편한 옷을 입고, 굽이 낮고 미끄러지지 않는 신발을 신는다.
- 과격한 운동은 물론 배에 진동을 가하거나 강한 영향을 주는 동작은 하지 않는다.

임신 9주 손가락, 발가락이 분리된다

엄마의 몸 태아가 자라면서 허리선이 조금씩 굵어진다. 유방의 변화도 현저해진다.
태아의 몸 꼬리가 없어지고, 팔과 다리가 제 모습을 드러낸다.
머리에서 둔부까지의 길이는 22~30mm.

태아의 성장 발달

팔다리가 길어지고 손가락, 발가락이 생긴다

임신 9주가 되면 태아는 꼬리가 없어지고 등이 똑바로 선다. 팔은 점점 길어지고, 팔꿈치가 완성되어 구부릴 수 있게 되며, 손가락과 지문이 만들어진다. 다리는 허벅지와 종아리, 발로 구분되고 발가락도 생긴다. 근육이 점점 발달해 초음파 검사를 하면 태아의 움직임을 느낄 수 있다.

눈꺼풀과 귀가 뚜렷해진다

얼굴에 기초적인 안면 골격이 나타나고 안면 근육도 발달한다. 몇 주 전부터 생기기 시작한 눈꺼풀이 눈을 덮으면 외이가 뚜렷이 나타난다. 윗입술이 발달하며, 머리와 몸통을 잇는 목도 뚜렷해지면서 본격적인 얼굴 모양을 갖추기 시작한다.

임신부의 신체 변화

다리가 땅기고 허리가 시큰거린다

자궁이 커지면서 임신부는 몸 전체로 변화를 느끼게 된다. 하복부나 옆구리에 통증을 느끼기도 하고, 다리가 저리면서 땅기거나 허리가 시큰거리며 무겁게 느껴지기도 한다. 특별히 걱정할 만한 증세는 아니지만, 통증과 함께 출혈이 있으면 반드시 의사에게 알려야 한다. 또 통증은 신경을 쓸수록 더욱 민감해지므로 마음을 편하게 가지는 것이 좋다.

호르몬 분비로 피부 트러블이 증가한다

이 시기에 임신호르몬인 융모성 생식선자극호르몬이 가장 많이 분비된다. 평소 월경 전에 피부 트러블이 심했던 사람이라면 임신 후에도 같은 증상이 나타날 수 있다. 반면 임신 후에 피부가 더 부드러워지는 사람도 있다. 임신호르몬이 사람에 따라 다른 반응으로 나타나는 것이다. 피부 트러블이 심하다면 특별히 청결에 신경 쓴다.

유방이 커지고 멍울이 만져진다

임신 중 맨 처음 나타나는 유방의 변화는 임신 기간 내내 진행된다. 임신 3개월에 이르면 유방이 눈에 띄게 커지고, 만지면 약간 통증이 느껴지기도 한다. 또 간혹 덩어리가 만져지기도 하는데, 이 또한 임신호르몬의 작용이므로 크게 걱정할 필요는 없다.

대중목욕탕 이용은 삼가는 것이 좋다

임신 초기에는 가급적 대중목욕탕은 이용하지 않는 것이 좋다. 임신 중에는 감염될 확률이 높은데, 여러 사람이 함께 사용하는 목욕탕은 위생상 문제가 될 수 있기 때문이다. 또 고온다습한 목욕탕에 오래 앉아 있다 보면 자칫 어지러움을 느낄 수도 있다. 특히 한증막이나 불가마 등 고온 구역에는 절대 들어가서는 안 된다. 임신 초기의 고열이 태아의 신체 발달에 나쁜 영향을 주고, 심지어 기형의 원인이 되기도 하기 때문이다. 임신이 확인된 순간부터는 가급적 집에서 간단하게 목욕하고, 온욕이나 사우나는 하지 않는 것이 좋다.

감염과 유해 환경을 주의한다

임신 중 피해야 할 것 중 하나가 바로 유해 환경이다. 100% 안전한 환경은 불가능하겠지만, 안 좋은 환경은 최대한 피하려고 노력한다. 매연과 소음은 물론 밀폐된 공간, 대중목욕탕, 다양한 전자파 제품 등 임신부의 건강을 해치는 환경은 스스로 조심하는 것이 좋다.

전자파에 노출되지 않도록 한다

최근 전자파가 건강에 문제를 일으킬 수 있다는 견해가 많아지면서 임신부들은 특히 전자파에 노출되지 않도록 권하고 있다. 전자레인지로 음식을 데울 때는 바로 앞이나 옆에 서 있지 말고, 조리나 해동 후에도 곧바로 꺼내지 말고 최소한 2분쯤 지난 후에 꺼내는 것이 안전하다. 또 자석요·전기장판·전기담요 등은 가능하면 사용하지 말고, 휴대전화 사용도 줄이는 것이 좋다. 특히 침실에는 텔레비전, 오디오, 비디오, 스탠드 등 전자제품을 두지 않는다. 만약 여의치 않다면 취침 전에 플러그라도 빼놓고 잔다. 전자파 때문에 유난히 걱정되거나 장시간 컴퓨터를 사용해야 하는 사람이라면, 전자파 차단 앞치마 등을 이용하는 것도 좋다.

임신부에게 꼭 필요한 비타민

태아의 발육을 돕고 임신부의 건강을 유지하는 데 꼭 필요한 것이 바로 비타민이다. 특히 임신 중에는 비타민 A·B1·B2·C·D·E·K, 니코틴산(나아신) 등이 필요하다. 이들 비타민은 체내에서 만들어지지 않기 때문에 식품을 통해 충분히 섭취하도록 한다.

| 임신부에게 꼭 필요한 비타민

종류	기능	부족할 때 생길 수 있는 질병	함유 식품
비타민 A	눈의 발달, 발육 촉진, 감염에 대한 저항력을 높임	신생아 꼽추병, 야맹증, 세균 저항력 저하 등	녹황색 채소, 간, 장어, 버터
비타민 B_1	탄수화물 흡수 촉진, 소화와 신경 기능 조절	각기병, 피로, 식욕 부진, 변비, 태아 발육 저하, 모유 부족 등	쌀눈, 콩류, 돼지고기, 달걀노른자, 셀러리
비타민 B_2	탄수화물 · 단백질 · 지방 흡수 촉진, 간장 기능 강화, 입 점막 보호	태아 발육 저하, 구내염, 피부염, 위장 장애, 임신중독증, 모유 부족 등	우유, 간, 쌀눈, 장어, 녹황색 채소, 김
비타민 C	세포 · 치아 · 연골의 모세혈관 강화	괴혈병, 피하 출혈, 빈혈, 성장 부진, 저항력 약화	과일, 푸른 잎 채소
비타민 D	칼슘과 인 흡수, 뼈의 발육	꼽추병, 골연화증, 뼈와 치아 발육 장애	간, 달걀노른자, 버터, 연어, 다랑어, 정어리
비타민 E	생식 기능과 근육 수축 방지	태반 이상, 유즙 부족, 불임, 근육위축증	시금치, 콩류, 식물성기름
비타민 K	혈액 응고 작용	출혈성 질환	해조류, 시금치, 토마토, 간, 콩
니코틴산	위와 장 기능 강화, 당질과 단백질 흡수	위장병, 피부염, 구설염 등	효모, 간, 고기, 생선, 콩류, 녹황색 채소

임신 중 애완동물 기르기

집에서 기르는 개나 고양이는 사람에게 기생충을 옮겨 병을 일으킬 수 있다. 톡소플라스마(기생충의 한 종류인 원충) 항체가 없는 사람의 경우 임신 후 톡소플라스마에 감염되면 태아가 유산되거나 뇌수종 등의 선천성 기형을 안고 태어날 수 있다. 임신 후 새로 애완동물을 기르는 일은 피하고, 임신 전부터 기르던 동물이라면 병원에 가서 본인이 면역력이 있는지 확인해보는 것이 좋다. 또 예방주사를 제때 맞히고 목욕도 자주 시키는 등 위생에도 각별히 신경을 써야 한다. 무엇보다 임신 중에는 만일의 경우를 대비해 애완동물과의 접촉에 주의를 기울여야 한다.

임신 10주 태아의 생식기가 형성된다

엄마의 몸 겉으로 확연히 드러나는 변화는 없지만, 임신에 대한 부담이 커진다.
태아의 몸 태아기가 시작되며, 머리에서 둔부까지의 길이는 30~40mm, 체중은 5g 정도다.

태아의 성장 발달

본격적인 태아기가 시작된다

임신 5주부터 10주까지를 배아기라고 하며, 10주 말부터 본격적인 태아기가 시작된다. 앞으로 남은 기간 동안 태아는 끊임없는 세포 분열과 성장을 하면서 점점 사람의 모습을 갖추기 시작한다. 또 태아기가 시작되면 임신 초기 선천성 기형에 대한 위험이 적어지므로 임신부도 훨씬 안심하고 지낼 수 있다.

생식기가 만들어지기 시작한다

태아는 탯줄로 태반에 연결되어 양분을 흡수한다. 두 팔은 더욱 길어지고, 팔목을 제법 능숙하게 구부렸다 펼 줄도 알게 된다. 또 발목이 형성되어 발의 모든 기관을 갖춘다. 특히 이 시기부터는 성(性) 조직이 더욱 발달해 생식기가 형성되기 시작한다.

임신부의 신체 변화

임신우울증이 생긴다

임신 중에는 신체적 변화도 크지만 심리적인 변화도 다양하게 일어난다. 피임 중의 임신이거나 계획 임신이 아닐 경우 갑작스런 임신 소식은 더더욱 큰 심리적인 부담을 준다. 또 임신이 진행될수록 출산에 대한 공포와 '과연 건강한 아이를 출산할 수 있을까' 하는 두려움이 더욱 심해진다. 남편에 대한 생각에도 변화가 생긴다. 점점 배가 불러오는 자신의 모습에 남편이 실망할까 봐 걱정스럽기도 하고, 부부관계가 소원해지면서 쓸데없는 공상을 하기도 한다. 특히 이 시기에는 신경이 날카로워지고 감정 변화가 심하기 때문에 작은 일에도 화를 내거나 우는 경우가 많다. 이런 감정적인 변화는 임신부 대부분이 겪는 자연스러운 과정이다. 심지어 임신 기간 내내 우울증을 겪는 사람도 있다. 하지만 이런 우울증은 빨리 벗어나도록 임신부와 가족이 함께 노력해야 한다. 임신부의 감정 상태는 본인뿐만 아니라 태아에게도 영향을 미치기 때문이다. 임신우울증이 심할 경우에는 담당 의사와 자주 상담을 해 건강한 임신이 진행되고 있음을 확인하고, 주위 사람들과 자주 어울려 스트레스를 해소하는 것이 좋다.

융모막 융모 검사를 받는다

임신 초기에 태아의 선천성 기형 여부를 알아내는 방법이 융모막 융모 검사다. 필요한 경우 담당 의사와 상의해 검사를 받아본다.

임신 중 피해야 할 음식

임신 중에는 고기나 어류를 완전히 익혀서 먹어야 한다. 냉동된 고기는 해동을 시킨 뒤 완전히 익혀서 먹는다. 또 저온 살균 우유나 저온 살균 유제품, 부드러운 치즈도 피하는 것이 좋다. 신선하지 않은 갑각류와 조개류도 조심해야 한다. 햄이나 소시지 같은 돼지고기 가공식품은 포장된 것을 사고, 개봉 뒤에는 빨리 먹도록 한다. 날로 먹는 채소와 과일은 잘 씻어 먹는다. 또 식중독 예방을 위해 음식의 보관도 중요하다. 냉장고 안에 있는 음식물은 깨끗한 밀폐용기에 넣어 보관하고, 정기적으로 냉장고 청소를 해 오래된 음식은 그때그때 버린다. 조금이라도 의심이 가는 음식은 입에 대지 않는 것이 바람직하다.

배를 따뜻하게 보호한다

이제 얼마 후면 임신 3개월이 지나 어느 정도 안정기에 접어든다. 신체적인 변화는 계속되지만, 입덧 증세도 나아지고 유산의 위험성도 줄어들어 훨씬 편안해진다. 임신 초기에는 체중이나 몸의 변화가 크지 않지만, 가능하면 옷이나 속옷을 여유 있고 편하게 입는 것이 좋다. 또 태아를 보호하기 위해 속옷 등을 하나 더 입어 배를 항상 따뜻하게 한다.

융모막 융모 검사

태아의 선천성 기형 여부를 알아내기 위한 검사 중 하나로 임신 10~13주 사이에 실시할 수 있다. 진단율이 약 98%에 이르고 시술 시간도 짧고 간단하지만, 태아가 위험할 수 있다는 점을 반드시 고려한다.

- **검사를 받아야 하는 경우** 다운증후군과 같은 염색체 이상을 진단하는 매우 정확한 검사다. 융모막 융모 검사를 하는 경우는 35세 이상 임신부, 기형아 출산 경험이 있거나 가족 중 유전 병력이 있는 임신부다. 양수 검사, 즉 양막천자보다 융모막 융모 검사의 유산 위험이 약간 더 높고 개인에 따라 적응력이 다를 수 있으므로 전문의와 상의해서 결정한다.
- **검사 방법** 검사 전 담당 의사와 상담을 하게 된다. 이때 임신부는 기형아 출산 경험이나 유전병 등 가족 병력에 대해 의사에게 솔직히 이야기해야 한다. 시술 후 유산의 위험이 있으므로 결정은 신중하게 하는 것이 좋다. 융모 조각의 세포는 유전 정보를 많이 가지고 있기 때문인데, 이 정보를 분석해 염색체 이상을 판단할 수 있다. 검사는 20~30분 정도 걸리며 크게 불편하지는 않다. 검사 결과는 1~2주일이 지나야 알 수 있다. 만약 검사 후 출혈이나 경련이 있거나 질 분비물이 많아지면 즉시 의사에게 알려야 한다.

임신 11주 태아가 급속도로 성장한다

엄마의 몸 임신 초기가 지나면서 서서히 몸의 외형에 변화가 일어나고, 자궁이 커진 것이 느껴진다.
태아의 몸 머리에서 둔부까지의 길이는 44~60mm, 체중은 8g 정도.

태아의 성장 발달

머리가 몸길이의 절반을 차지한다

태아는 임신 20주가 될 때까지 급속도로 성장한다. 척수에서 뻗어나간 척추 신경들이 발달해 등뼈 윤곽이 확실히 드러난다. 또 머리는 전체 몸길이의 절반 정도를 차지한다. 이마는 머리 윗부분에 볼록하게 튀어나와 있고, 목이 길어지며, 턱이 생긴다. 얼굴도 눈, 코, 입을 어느 정도 구별할 수 있다.

외부 생식기가 발달한다

두뇌와 척수가 될 관 안에서 태아 세포가 놀라운 속도로 불어나고, 새롭게 만들어진 세포들은 자신이 활동할 신체의 각 부분으로 이동한다. 간장, 신장, 장기, 뇌, 폐 같은 중요한 신체 기관이 완전히 형성되어 기능을 발휘한다. 또 시시각각으로 손톱이나 머리카락 같은 미세한 부분이 보이기 시작한다. 외부 생식기도 나타난다.

임신부의 신체 변화

기초 대사량이 25% 정도 증가한다

뇌와 자율신경의 활동, 호흡 시 폐의 운동, 간·신장 및 소화기관들이 생명을 유지하기 위해 움직이는 모든 활동을 대사 기능이라 하고, 대사 기능에 필요한 열량을 기초 대사량이라고 한다. 이 시기에는 임신 전보다 기초 대사량이 25% 정도 증가해 빠른 속도로 열량을 소비하기 때문에 단백질과 칼로리를 충분히 섭취해야 한다.

혈액량이 증가해 충분한 수분이 필요하다

사람에 따라 다르지만, 대개 임신 중에는 혈액의 양도 50% 이상 증가한다. 자궁이 커지면서 필요한 혈액량도 많아지기 때문이다. 늘어난 혈액은 임신부와 태아를 보호하고 갑작스런 출혈에 대비하는 역할을 한다. 혈액량은 임신 초기부터 늘어나기 시작해 임신 중기에 가장 많이 증가한다. 이렇듯 혈액량이 많아지면 평소보다 땀을 많이 흘리게 되므로 수분을 충분히 섭취하는 것이 좋다.

단백질과 칼로리 섭취를 늘린다

이제 임신 초기가 끝나면서 어느 정도 임신에 적응하게 된다. 불안정한 상태는 지나갔지만, 태아의 성장에 따라 엄마가 노력해야 할 일은 점점 더 많아진다. 그중에서 가장 중요한 것은 충분한 영양 섭취와 마음의 안정이다.

수분을 충분히 섭취한다

임신 중에는 수분 섭취도 게을리 해서는 안 된다. 특히 물은 몸이 필요로 하는 수분을 공급하고 모든 세포의 기능이 활성화되도록 돕는다. 뿐만 아니라 수분은 변비 해소와 손발의 부기를 가라앉히는 데도 중요한 역할을 한다. 다만 수분 섭취를 충분히 하되, 청량음료나 당분이 많은 음료는 피하는 것이 좋다.

편안한 음악을 듣는다

아직 태아의 몸 크기는 미미하지만, 신체 기관은 각기 제 기능을 발휘하고 있다. 임신 3주가 지나면 중추신경과 심장이 형성되기 시작하고, 8주 이후에는 심장이 뛰고 눈과 귀도 빠른 속도로 자란다. 특히 이 시기에는 태아의 귀가 발달해 엄마가 듣는 소리를 그대로 느낄 수 있다. 따라서 본격적인 음악 태교는 아니더라도 엄마가 편안한 음악을 들으면 태아에게 좋은 영향을 미친다. 임신 16주가 지나면 태아가 멜로디와 소리의 강약 등을 구분할 수 있으므로 다양한 음악 태교를 시도할 수 있다.

태아 성장에 가장 중요한 단백질과 칼로리 섭취를 늘린다

임신 중에는 열량 소비가 많기 때문에 단백질과 칼로리 섭취를 늘려야 한다. 특히 단백질은 태아와 태반 성장에 중요한 작용을 하는 아미노산을 제공하므로 넉넉하게 섭취해야 한다. 임신 초기에는 하루에 50g 정도 섭취하는 것이 적당하다. 단백질이 많은 음식은 육류, 생선, 달걀, 견과류, 콩 등이다.

머터너티 일기를 꾸준히 쓴다

임신 3개월부터는 몸의 변화가 다양하게 나타나므로 좀 더 자세하게 머터너티 일기를 쓰도록 한다. 몸의 변화는 물론 아이에 대한 느낌이나 생각들, 앞으로의 계획도 기록해본다. 몸과 마음이 힘든 시기일수록 스스로를 돌아보는 일기가 마음을 안정시키는 데 도움이 될 수 있다.

임신 초기의 운전

임신 중의 운전

임신 초기에는 가급적 운전을 삼간다. 자동차 운전은 주의력과 순간적인 판단력, 순발력 등이 필요한데, 임신 중에는 호르몬의 변화로 심리 상태가 불안한 데다 주의가 산만하고 갑자기 졸릴 수도 있기 때문이다. 그러나 꼭 운전을 해야 할 상황이라면 반드시 안전벨트를 착용하고 운전을 하다 잠깐씩 자주 쉬는 것이 좋다. 쉴 때는 운전석의 자리를 충분히 넓힌 후 다리를 쭉 뻗어 몸의 긴장을 풀어준다. 운전 중에 생길 수 있는 위험을 최대한 줄이기 위해 노면이 울퉁불퉁한 길이나 급커브 길은 피하고, 속도를 줄여 천천히 운전하는 것이 바람직하다.

임신 초기의 여행

임신 중의 여행

임신 초기에는 모든 것이 아직 불안정하므로 긴 여행은 피한다. 하지만 무조건 집에 틀어박혀 있는 것보다는, 가끔 가까운 곳을 여행하면서 기분 전환도 하고 깨끗한 공기를 마시는 일도 필요하다. 불가피하게 긴 여행을 해야 할 경우에는 적어도 2시간에 한 번씩은 자리에서 일어나 걷거나 휴게소에서 쉬어가는 것이 좋다. 편안한 옷을 입고, 몸을 압박하는 스타킹이나 양말은 신지 않도록 하며, 물과 간식을 충분히 준비해가도록 한다. 또 여행을 떠나기 전에 의사와 상의해 임신 상태에 문제가 없는지 확인한다.

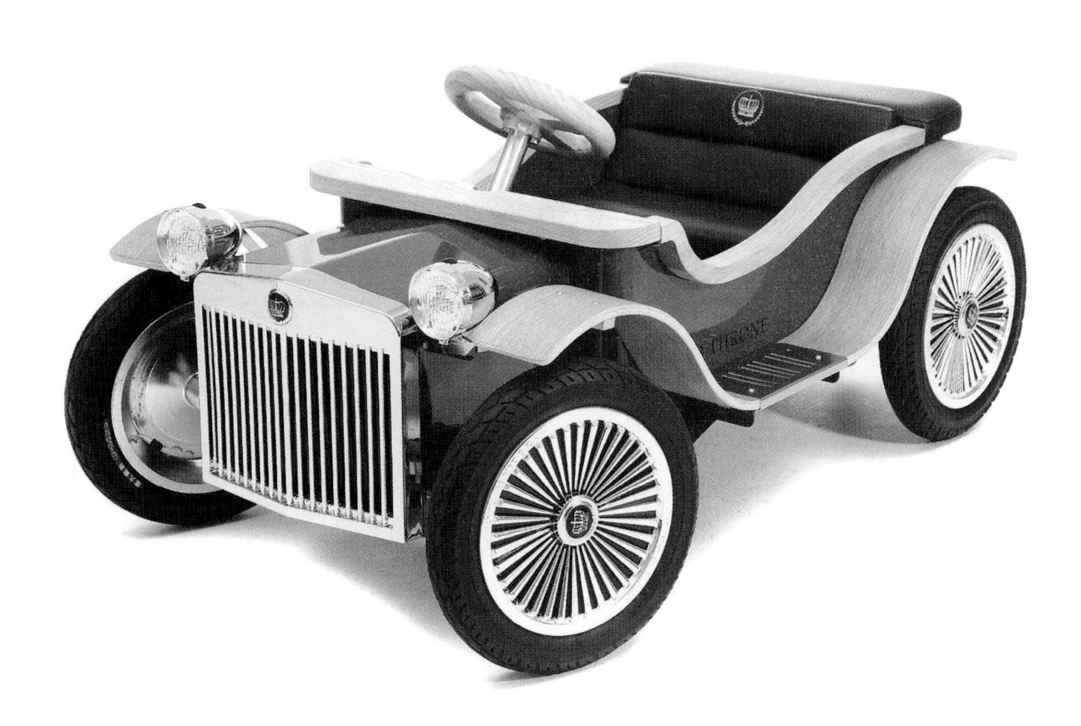

임신부의 SOS! 입덧

입덧의 원인

호르몬의 변화

가장 일반적인 원인은 태반의 융모 조직에서 분비되는 융모성 생식선자극호르몬이 구토 중추를 자극해서다. 이 호르몬은 임신 5~6주부터 11~12주 무렵까지 가장 많이 분비되는데, 이 시기에 입덧이 가장 심하다.

심리적 원인

임신을 하면 내장을 지배하고 있는 자율신경이 일시적으로 균형 감각을 상실해 입덧이 생긴다는 주장도 있다. 이때 기분 전환을 하면 증상이 가벼워지고, 반대로 스트레스를 받으면 입덧 증세가 심해진다. 예민한 사람의 경우 고민을 한다든지 불쾌한 생각만 해도 곧장 식욕이 떨어지거나 구역질을 하기도 한다.

신체적 원인

입덧은 임신부의 체형과도 관련이 있다. 너무 마르거나 뚱뚱한 사람은 보통 체격인 사람보다 입덧이 심하다. 또 위장이나 간장, 신장 등이 약한 사람도 입덧을 심하게 한다.

한방에서 보는 원인

한방에서는 임신부가 토하거나 머리가 어지럽고 음식을 가려 먹는 증상을 '오조(惡阻)'라고 한다. 오조의 원인은 비위가 약하고 몸의 수분 대사가 원활하지 않아 '담음'이라는 산물이 생겨 정체되었을 때 나타난다고 본다.

입덧의 시기

사람마다 다르지만, 대개 임신 4~8주 사이에 시작되어 평균 35일 정도 지속되며, 임신 14주 정도에는 반수 정도에서 사라지고, 임신 22주경에는 90% 정도에서 사라진다. 하지만 사람에 따라 임신 기간 내내 입덧으로 고생하는 경우도 있다. 포상기태가 있으면 입덧이 심하고 오래 계속되는 경향이 있고, 입덧이 심하지 않은 경우 유산 확률이 높아지는 경우가 있으나 입덧의 양상만으로 이를 진단하거나 예측하기는 어려우므로 정기검진으로 태아 상태를 꾸준히 살펴보는 것이 좋다. 입덧의 정도가 심하거나 너무 오랫동안 계속되면 영양 장애 및 탈수를 초래할 수 있으므로 적극적인 치료가 필요하다.

입덧의 증상

입덧의 증상도 사람마다 다르게 나타난다. 대개 음식 냄새, 담배 연기, 생선 비린내 등을 맡으면 가슴이 울렁거리며 속이 메슥거리고 구토 증세가 나타난다. 또 갑자기 신 것이 먹고 싶다거나 평소에는 먹지 않던 음식이 당기기도 하며, 침이 많이 나오고 숨이 가쁜 증세를 보이기도 한다. 대개 입덧의 증상은 아침이나 공복에 더욱 심해지며, 심한 경우 음식 냄새만 맡아도 토하고, 음식을 거의 먹을 수 없는 상태가 되기도 한다. 입덧으로 계속 토하거나 몸무게가 갑자기 줄고 기운이 빠지는 등 증상이 심해지면 병원에 가서 적절한 치료를 하는 것이 좋다.

입덧을 극복하는 생활 습관

마음을 느긋하게 갖는다

입덧을 하면 심리적으로 위축되고 스트레스도 심해진다. 실제로 입덧을 하고 있다 하더라도 입덧을 마음에 두지 말고 대범한 마음으로 느긋하게 지내는 것이 좋다. 입덧에 대해 걱정하면 오히려 입덧이 심해지는 것을 느낄 수 있다.

기분 전환과 취미생활도 효과적이다

입덧은 정신적인 영향을 많이 받으므로 실내의 모습을 바꾼다든지 가벼운 산책이나 외출 등으로 기분 전환을 하면 도움이 된다. 신경을 집중할 수 있는 십자수나 뜨개질 등의 취미를 갖는 것도 입덧을 잊을 수 있는 방법이다.

태아의 영양 문제에 너무 신경 쓰지 않는다

입덧을 하는 임신부가 가장 염려하는 것은 자신이 영양을 충분히 섭취하지 못함으로써 태아의 발육이 나빠지지 않을까 하는 점이다. 하지만 태아는 모체의 혈액 속에서 자기 몸을 만드는 데 필요한 것을 우선적으로 공급받고 있으므로 걱정할 필요 없다. 또 무엇보다 입덧을 할 무렵에는 태아가 아직 작아서 필요한 영양소의 양이 얼마 되지 않으므로 태아의 건강을 생각한다면 조금씩이라도 엄마의 입맛에 맞는 음식을 섭취하는 것이 중요하다.

입덧이 심할 때 음식 먹는 요령

공복에는 가벼운 음식을 먹는다

아침에 자리에서 일어나기 전에 잼을 바른 토스트나 크래커 등 가벼운 음식을 먹는다. 이부자리에서 녹차나 따뜻한 우유 등을 마시는 것도 효과가 있다.

수분을 많이 섭취한다

구토로 인해 빠져나간 수분을 충분히 보충해야 한다. 과일즙·수프·아이스크림 등을 많이 먹고, 물이나 음료는 차게 먹어야 음식 냄새가 줄고 위 점막을 자극하지 않는다. 특히 찬 음식은 차게 하고 더운 음식은 따뜻하게 해서 먹는 것이 좋다. 미지근한 것은 구역질을 일으키기 쉬우므로 피한다.

지방이 많은 음식은 피한다

필요한 에너지는 밥이나 빵 등의 탄수화물에서 취한다. 버터, 크림, 튀김 등 지방이 많은 것은 좋지 않다. 꿀이나 엿 등 단 것도 입덧을 가라앉히고, 밤참으로 우유나 과자 등도 권할 만하다.

조금씩 자주 먹는다

모든 음식을 소량씩 자주 섭취하는 것이 좋다. 식욕이 날 때면 언제든지 조금씩 오래 씹어 먹는다. 좋아하는 음식을 먹으면 속이 편해지고 다른 음식을 먹고 싶은 생각도 든다. 단, 단단한 고형식과 액체는 동시에 섭취하지 말고 한참 있다가 따로 먹는다.

조리하는 냄새에도 주의한다

음식 냄새가 구역질을 일으키는 일이 많으므로 조리할 때도 주의한다. 입덧이 심하다면 직접 요리하지 말고 주위 사람들에게 부탁하는 것이 좋다.

변비가 생기지 않도록 조심한다

변비로 속이 더부룩해지면 입덧이 더욱 심해진다. 아침 공복에 차가운 물이나 우유를 마시고, 평소 수분을 충분히 섭취한다. 또 섬유질이 많은 채소나 해조류, 과일을 꼭 챙겨 먹는다.

신맛으로 입맛을 돋운다

임신을 하면 신 음식을 찾는 사람이 많은데, 신맛은 입맛을 돋우는 효과가 있다. 음식을 만들 때 식초나 레몬을 사용한 요리를 만들면 좋다. 비빔국수나 차가운 메밀국수, 초밥 등 신맛이 가미된 음식도 입덧 해소에 도움이 되고 과일류도 입맛을 돌릴 수 있다.

입맛이 당기는 음식을 먹는다

입덧이 심해 음식 섭취량이 줄었을 때는 입맛이 당기는 음식을 먹는다. 가공식품이나 길거리 음식, 과자 등도 입덧이 심할 때는 가끔 먹어 섭취량을 유지한다. 갑자기 먹고 싶은 음식이 생기면 남편이나 주위 사람에게 부탁해 입맛이 돌 때 먹도록 한다.

입덧의 한방 치료법

입덧이 심하면 영양이 부족해지는 것은 물론 육체적으로나 정신적으로 큰 고통을 받는다. 따라서 입덧이 심한 경우에는 임신 중이라고 무조건 피할 것이 아니라 적절한 치료를 받는 것이 바람직하다. 한방에서는 '이진탕'으로 비위의 기능을 올리고 담음을 없애 입덧을 가라앉힌다. 또 미음조차 못 넘기고 멀건 물을 토할 때는 '보생탕'을 처방한다.

임상에서 보면, 친정어머니가 입덧을 심하게 한 사람이나 평소 성격이 예민하거나 비장·위장 기능이 좋지 못한 사람일수록 입덧이 심한 경우가 많다. 따라서 그러한 가계력이 있거나 소화 기능이 저하된 사람은 임신 전에 치료를 받고 임신할 것을 권하고 있다.

유산의 원인과 종류

유산이란?

유산은 임신 20주 미만 혹은 체중이 500mg 미만인 태아가 모체 밖으로 나오거나 자궁 내에서 사망함으로써 임신 상태가 중단된 것을 말한다. 임신 20주 미만이라고 기간을 정해놓은 것은, 임신 6개월 이전에는 아이가 태어나도 살아날 확률이 거의 없기 때문이다.
그중 임신 11주까지를 초기 유산, 임신 12~20주까지를 중기 유산이라고 한다. 유산은 전체 임신부의 10~15% 정도를 차지하며, 대부분 임신 초기인 7~12주 사이에 일어난다. 임신 초기의 유산은 태아의 염색체에 이상이 생겨 더 이상 임신을 지속할 수 없는 경우이므로 다음 임신에는 별 영향을 미치지 않는다.

유산의 원인

태아의 이상

임신 초기 유산의 60% 이상이 태아에게 원인이 있다. 수정란은 유전자 정보에 따라 세포 분열을 반복하면서 성장한다. 그런데 유전 정보를 전하는 염색체에 이상이 있는 경우 성장 도중에 죽어 유산이 되는 것이다. 염색체 이상이라면 유전병을 생각하기 쉽지만, 그런 경우는 드물고 누구에게나 생길 수 있는 일이다. 이렇듯 태아에게 이상이 있어 유산되는 경우는 예방이나 치료가 불가능하므로 한두 번의 유산은 누구나 겪을 수 있는 일로 생각하고 마음을 편하게 먹는 것이 좋다.

모체의 이상

임신 중기의 유산은 모체 쪽의 원인으로 일어나는 경우가 많다. 예를 들면 모체에 자궁경관무력증이나 자궁근종, 황체기능부전, 자궁기형, 성감염증에 의한 질염이나 경관염, 당뇨병 등의 선천성 질환이 있는 경우 태아가 자궁 속에서 더 이상 자라지 못하고 도중에 모체의 몸 밖으로 나오게 된다. 이외에 엄마나 아빠의 선천적인 염색체 이상이나 질병이 원인이 되어 유산이 일어나기도 한다.

외부적인 원인

임신 초기에 임신부의 부주의로 유산되는 경우도 있다. 태반이 형성되지 않은 시기에 과로하거나 과격한 운동을 했을 때, 외상을 당했을 때도 유산될 수 있다. 또 고령 출산이거나 임신 중절 수술을 여러 번 받은 경우에도 유산이 일어날 확률이 높다.

유산의 종류와 증세

절박 유산

출혈이나 복통 등의 유산 징조가 보이지만 아직 임신을 지속할 수 있는 상태를 절박 유산이라고 한다. 임신 초기의 산모는 30% 정도가 이러한 출혈을 경험하지만 이것이 모두 임신 종결로 연결되지는 않으며, 주수가 지나면 건강하게 유지되는 경우도 많다. 이런 경우는 증세에 따라 태아의 생존 가능성이 있으므로 빨리 의사의 진단을 받는 것이 좋다.

태아의 생존 확인은 초음파 검사로 간단하게 알 수 있다. 태아의 심장박동이 확인되면 태아가 안전하다는 신호이며, 심장박동이 확인되지 않는 경우에는 태아를 싸고 있는 태낭이라는 주머니를 조사한다. 이때 태아의 심장이 확인되거나 태낭의 크기가 성장했다면 안심해도 좋지만, 그 반대로 태아가 살아 있지 않다고 진단되면 자궁 내용 제거술(소파 수술)을 실시한다. 절박 유산 후에는 몸과 마음을 충분히 안정시키는 것이 중요하다.

진행성 유산
자궁구가 열려 자궁 속 태아와 태반의 일부가 나오기 시작하는 상태를 말한다.

진행성 유산

자궁구가 열려 자궁 속 태아와 태반의 일부가 나오기 시작한 상태를 말한다. 출혈과 복통을 동반하기 때문에 임신부 스스로 유산 사실을 직감할 수 있다. 물론 출혈과 복통의 정도는 개인마다 상당한 차이가 있다. 어떤 경우라도 배가 아프거나 피가 비친다는 것은 태아가 위험하다는 신호이므로 재빨리 병원을 찾아야 한다. 때로는 아랫배가 심하게 아프고 양막이 찢어져 양수가 흘러나오기도 하는데, 이 정도까지 진행되면 이미 유산은 피할 수 없는 상태가 되어버린다.

계류 유산

사망한 태아가 자궁 안에 그대로 머물러 있으면서 아무런 증상이 없는 상태를 말한다.

계류 유산

계류 유산이란 사망한 태아가 자궁 안에 그대로 머물러 있으면서 아무런 증상이 없는 상태를 말한다. 임신부도 모르는 사이에 유산이 진행되는 경우로, 정기검진에서 초음파로 유산 사실을 확인하게 되는 경우가 많다. 출혈이나 복통 등 증세가 거의 없기 때문에 임신부도 전혀 눈치를 채지 못하는 경우가 대부분이다. 때로는 여러 주가 지나서 생리처럼 출혈을 일으키는 경우도 있다. 임신을 했는데도 불구하고 입덧은 물론 임신의 징조가 전혀 나타나지 않거나 입덧이 있다가 갑자기 사라진 경우에는 정기검진과 관계없이 진찰을 받아보는 것이 좋다. 계류 유산의 경우 소파 수술로 태아와 태반을 깨끗이 제거해야 후유증을 방지할 수 있다.

습관성 유산의 원인과 치료

자연유산을 3회 이상 반복한 경우를 습관성 유산이라고 한다. 습관성 유산의 원인은 여러 가지다. 쌍각자궁 같은 자궁기형, 자궁근종, 자궁경관무력증, 성감염증 등 자궁에 문제가 있는 경우가 가장 대표적이다. 부모 중 한 사람이 염색체 이상 보균자인 경우 태아에게 염색체 이상이 일어나 유산을 반복하는 경우도 있다. 또 부부의 면역 상태가 지나치게 닮았거나, 자가면역질환이라고 해서 엄마가 자신의 몸에 대한 항체를 만들어버리는 경우 태아에게 혈액이 충분히 공급되지 않아 태아가 사망하기도 한다. 그 외에 임신 중절 수술로 자궁이 유착되거나 임신을 지속시키는 호르몬이 제대로 분비되지 않는 경우, 감염이나 음주, 흡연, 공해 등의 환경적인 요인으로도 비롯될 수 있다. 자궁의 형태가 원인이 되어 습관성 유산이 되는 경우에는 수술을 받게 된다. 자궁경관무력증의 경우 자궁경관봉축술, 즉 자궁경관의 입구를 꿰매는 시술을 받는다. 습관성 유산은 원인을 정확하게 알고 치료하면 건강한 아이를 출산할 수 있으므로 포기하지 말고 꾸준히 치료를 받는 것이 중요하다.

이상 임신

자궁 외 임신

자궁 외 임신이란?

정상적인 임신에서는 정자와 난자가 만나 수정을 하고, 수정란은 난관을 지나 일주일이 지나면 자궁내막에 착상한다. 그런데 수정란이 자궁 내부가 아닌 다른 곳에 착상하는 경우가 있는데, 이를 자궁 외 임신이라고 한다. 자궁 외 임신의 90% 이상이 수정란이 난관에 착상하는 난관 임신으로, 이 상태가 지속될 경우 난관이 파열되거나 유산된다.

원인

자궁 외 임신은 어떤 원인 때문에 난관이 좁아지거나 난관의 운동성이 떨어지는 경우에 발생한다. 만성난관염을 앓았거나 골반 내 염증을 앓았던 사람에게 발생 가능성이 높고, 소파 수술이나 산후의 감염, 급성 맹장염인 복막염, 자궁내막증 등으로 인해 난관이 주위 조직과 밀접하게 붙은 경우 많이 발생한다. 또 선천적으로 난관이 기형인 사람이나 자궁 내 피임 장치를 사용했던 사람도 자궁 외 임신이 될 가능성이 높다.

증상

수정란이 가느다란 난관에 착상하면 태아가 성장하면서 난관이 팽창한다. 임신 5~6주가 지나면 임신부는 하복부에 심한 통증을 느끼고 소량의 질 출혈을 보이기도 한다. 게다가 태반이 생기면서부터는 난관 내벽을 악화시켜 출혈을 일으키다가 결국 압박을 이기지 못해 난관이 파열된다. 난관 파열은 임신 8~12주에 많이 발생하는데, 난관이 파열되면 갑자기 복부에 심한 통증을 느끼면서 안면이 창백해지고 혈압이 급격히 내려가 심하면 쇼크 상태에 빠질 수 있다.

자궁 외 임신은 복통이나 출혈 증상이 나타나기 전에는 자각 증상이 거의 없어 유산되거나 난관이 파열된 후에 발견되기도 한다. 하지만 최근에는 임신 여부를 조기에 확인하고 임신 초기에 초음파 검사를 하기 때문에 난관이 파열되기 전에 자궁 외 임신을 진단할 수 있다. 임신을 확인하기 위해 병원에 처음 방문했을 때 자궁 안에서 아기집이 보이지 않는다면, 아직 초기라서 보이지 않는 것인지 자궁 외 임신이어서 보이지 않는 것인지 확인해야 한다. 여러 번의 융모성 생식선 자극호르몬 검사나 초음파 검사로 추세를 지켜본다.

| 자궁 외 임신이 일어나는 장소

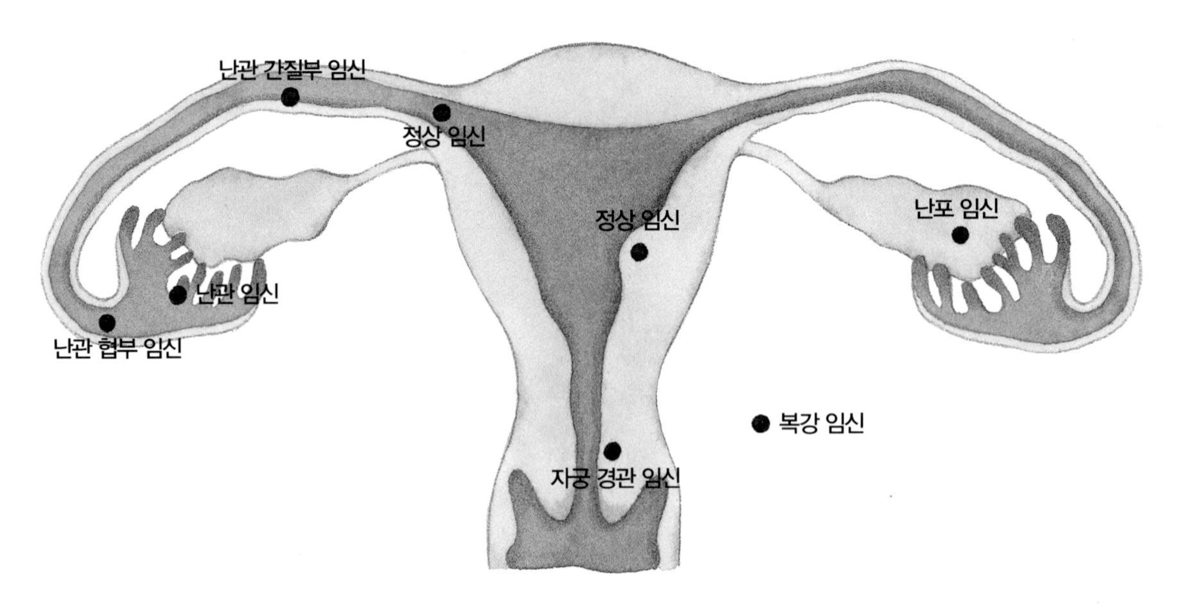

치료

난관 임신의 경우 난관이 파열되더라도 즉시 처치하면 모체에는 큰 영향을 주지 않는다. 그러나 처치가 늦어지면 대량 출혈로 이어져 자칫 위험한 상황에 빠질 수도 있다. 초음파 검사를 통해 자궁 외 임신으로 밝혀지거나 복강에 출혈이 있으면, 출혈을 멈추기 위해 즉시 출혈이 있는 난관을 제거하는 수술이 필요한 경우가 많다. 최근에는 개복하지 않고 골반경 수술로 간단하고 안전하게 치료하는 방법도 널리 이용되고 있다. 한쪽 난관을 제거하더라도 다른 한쪽의 난관과 양쪽 난소가 남아 있으므로 불임을 걱정하지 않아도 된다.

포상기태

포상기태란?

정작 태아는 없는데 태반은 비정상적으로 발달한 증세를 말한다. 태반 밑에 있는 미세한 융모가 이상을 일으켜 자궁 안에 포도송이 모양의 수포를 형성하고, 마침내 자궁 안을 가득 채운다. 포상기태가 발생할 확률은 0.5% 정도로 비교적 낮은 편이지만, 원인을 제거하지 않을 경우 암으로 진행할 위험이 있다.

원인

포상기태의 원인은 아직 정확히 밝혀지지 않았다. 다만 아이를 낳은 경험이 있는 고령의 임신부나 동양 여성에게 비교적 많이 나타나며, 직접적인 원인은 태아의 염색체 이상과 관계가 있는 것으로 알려져 있다.

증상

포상기태일 경우 임신 초기부터 구역질이나 구토 등 입덧 증세가 매우 심하다. 또 임신 3~4개월 무렵이면 속옷이 더러워질 정도로 암적색 분비물이 나오면서 하복부에 팽만감을 느끼기도 한다. 또한 임신 주수에 비해 배가 크게 부풀어 오르는 것도 특징이다. 임신 3~4개월 무렵인데도 5~6개월 크기로 배가 불러온다. 반면에 자궁은 얇아지고 비정상적으로 부드러워지며, 임신 5~6개월이 지나도 태아의 심음(심장이 움직일 때 나는 소리)이 들리지 않는다. 포상기태의 태아는 수정란 발육 도중에 더 이상 발육하지 않고 사망해 없어지는데, 부분 포상기태의 경우 태아가 어느 정도 발육했다가 기태와 함께 사라지는 경우도 있다. 드물게 태아는 잘 성장하면서 포상기태가 있는 경우도 보고된다.

치료

포상기태는 초음파 검사를 통해 임신 5~6주경이면 정확히 진단할 수 있다. 또 정상 임신에 비해 융모성 생식선자극호르몬 수치가 높을 경우에도 포상기태를 의심할 수 있다. 포상기태로 의심될 경우 소파 수술을 2~3회 하거나 자궁 절개 수술로 제거하고 조직 검사를 통해 확진한다. 조직 검사로 확진된 포상기태

완전 포상기태

태반을 둘러싼 융모 조직이 이상을 일으켜 포도송이처럼 증식, 자궁 안을 채우면서 태아를 흡수해버린다.

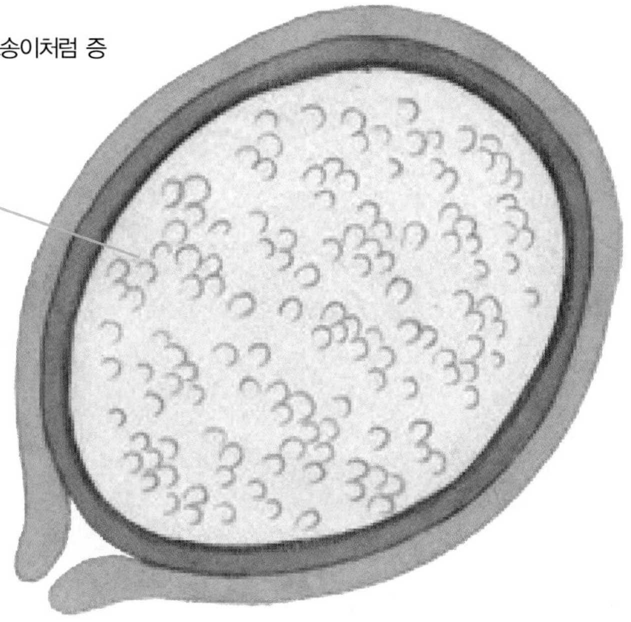

는 소파 수술 및 제거로 충분한 경우도 있고 융모성 생식선자극호르몬의 수치가 지속적으로 높게 유지되거나 수술 후 수치가 오르는 경우에는 항암제를 사용하기도 한다. 포상기태 치료에서 무엇보다 중요한 것은 수술 후 관리를 철저히 해야 한다는 것이다. 포상기태 수술 후에는 일주일에 한 번씩 혈액 검사로 융모성 생식선자극호르몬 수치를 측정해 정상 수치로 3주 정도 계속 측정되면, 이후 6개월 동안은 매달 1회씩 측정해야 한다. 정기적으로 검사해서 융모성 생식선자극호르몬 수치가 정상화되고 더 이상 증가하지 않으면 치료된 것으로 본다. 그러나 치료가 확인될 때까지는 임신을 하지 않도록 해야 한다. 임신을 하면 융모성 생식선자극호르몬 수치가 올라가기 때문에 재발을 판단하기 어렵고 재발을 확인한다 하더라도 치료가 어렵다. 첫 임신에서 포상기태였다 하더라도 치료를 받고 1년간 피임한 뒤 포상기태가 재발하는 경우는 보통 1~2% 정도이며, 다음 임신의 경우 90% 이상이 정상 임신이 되므로 불임을 염려할 필요는 없다.

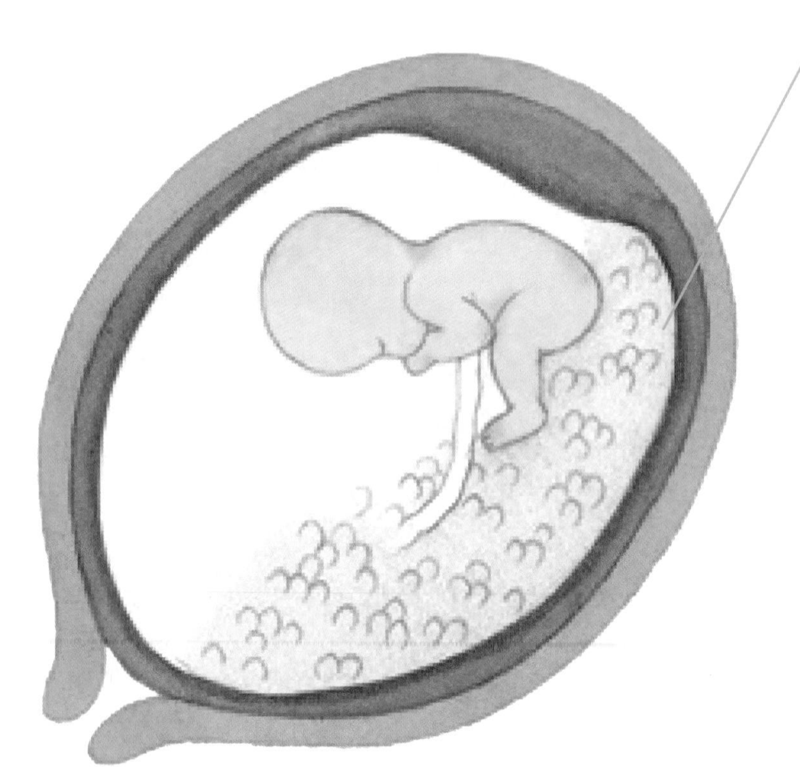

부분 포상기태

태아가 어느 정도 발육한 후 기태와 함께 사라져버린다.

내 아이, 정상일까요? 기형아 예방법

기형아 출산

우리나라의 기형아 출산율은 4% 정도다. 신생아 100명 중 4명꼴로 선천성 심장병이나 정신박약, 콩팥 이상, 손가락·발가락 이상 등 기형을 가진 아이가 태어난다. 또 전체 임신부 중 10%가 자연유산을 경험하는데, 초기 유산의 경우 태아의 염색체 이상이 주요 원인이므로 전체적인 기형아 발생률은 실제로 더 많은 셈이다. 기형아의 발생 원인은 아직 정확히 밝혀지지 않았다. 물론 부모가 선천적인 질병을 앓고 있거나 임신 중 약물을 남용했을 때는 기형아 발생 가능성이 높지만, 이 또한 여러 가지 변수가 있다. 따라서 기형아를 예방하기 위해서는 기형아 출산의 원인이 될 수 있는 상황을 사전에 조심하고, 임신 전이나 임신 중에 유전 상담과 기형아 조기 진단 검사를 철저히 받는 것이 최선의 방법이다.

기형아 발생 원인

기형아의 발생 원인은 현재 40% 정도밖에 밝혀지지 않았다. 그중 25% 정도가 염색체와 유전자의 이상이다. 유전자 이상은 부모나 형제 등 가족력이 영향을 미치며, 염색체 이상일 경우 자연유산될 확률이 높다. 그 외에도 임신부가 임신 중 매독이나 풍진에 걸려 태아가 감염되었을 경우와 임신부가 당뇨병, 간질, 알코올중독을 앓고 있는 경우에도 기형의 확률이 높아진다. 또 임신 초기의 약물 복용, 강한 방사선 치료, 술과 담배 등도 기형아 발생의 원인으로 알려져 있다.

기형아 예방법

계획 임신이 최선이다

임신부의 몸과 마음이 건강해 최상의 컨디션일 때 보다 건강한 아이를 낳는 것은 당연한 사실이다. 따라서 철저히 계획 임신을 하고, 임신을 준비하는 시점부터 기형아 발생 원인이 되는 술·담배·약물 등의 복용을 삼간다면 훨씬 안심할 수 있다. 만약 유전적인 문제가 있다면, 임신 전에 유전 상담을 받아 대책을 세우는 것도 중요하다. 또 임신 전에 빈혈 검사, 풍진 검사, 갑상선 검사, 혈당 검사 등을 받아 태아에게 영향을 줄 수 있는 여러 가지 원인을 교정한다.

술·담배·약물 복용에 주의한다

평소 술과 담배를 즐기고 불규칙한 생활을 해온 사람이라면 임신 기간만큼은 생활 습관과 식습관을 바꾸기 위해 노력해야 한다. 하루아침에 생활 습관을 바꾼다는 것이 힘들기는 하겠지만, 태아의 평생 건강을 생각하는 엄마라면 할 수 있는 일이다. 건전한 생활과 밝고 긍정적인 마음가짐으로 임신 기간을 보내는 것이 무엇보다 중요하다.

규칙적인 산전 검사를 받는다

임신 전 건강 진단과 임신 중의 정기검진은 기형아를 조기에 진단할 수 있는 필수 사항이다. 이미 발생한 기형아의 치료 방법은 없지만, 조기에 진단하는 것이 태아나 임신부의 건강에 더 유리하다. 또한 일부 기형은 출산 전에 확인해 태어날 때 적절한 처치와 치료로 교정할 수 있으므로 정기적인 검진을 받고, 각 검사별로 가장 정확한 결과를 확인할 수 있는 시기가 있으므로 의사의 설명에 따라 정확한 시기에 검사하도록 한다. 기형아 발생 가능성이 높은 임신부의 경우 양수 검사, NIPT, 태아 심초음파 등의 정밀한 검사를 받아 기형을 확인한다.

기형아 조기 진단 검사

염색체 검사

임신부의 혈액을 채취해서 세포의 염색체를 배양해 염색체의 구조적·수치적 이상을 진단하는 방법이다. 습관성 유산이나 지속적인 불임의 원인을 감별할 때 도움이 되며, 성염색체 이상으로 인한 중성 불임 등의 원인 진단이 가능하다. 기형아를 출산한 경험이 있거나 세 번 이상 연속해서 자연유산을 한 습관성 유산 경험이 있으면 부모 모두 염색체 검사를 받는다.

임신부 풍진 항원 항체 검사

혈액 검사로 풍진에 대한 면역력 유무를 알 수 있다. 면역이 있으면 걱정할 필요가 없으나 만약 면역이 없으면 풍진에 걸린 사람과의 접촉을 피해야 한다. 임신 중의 불안을 피하기 위해서는 임신 계획 시 풍진 항체 여부를 확인하거나 풍진 예방접종을 임신 1개월 전에 맞는 것이 좋다.

융모막 융모 검사

임신 10~13주 사이에 초음파 검사로 태아와 태반의 위치를 확인한 후 자궁 경부를 통해 태반의 일부 조직을 흡입해내는 방법이다. 채취한 태반 조직을 직접 염색체 표본 제작법을 통해 염색체 핵형을 분석하거나 배양해 진단한다. 양수 검사보다 조기에 진단할 수 있고, 안전성 및 정확성도 높다. 모든 임신부에서 진행하지는 않고 특정 유전자 이상인 태아를 임신한 경험이 있거나 NT 검사의 이상 같은 초기의 구조적 기형이 발견되었을 때 빠르고 정확한 진단을 위해 검사한다.

톡소플라스마 항원 항체 검사

고양이 대변의 기생충 원충으로부터 감염되는 것이 톡소플라스마인데, 임신부가 감염되면 태아의 뇌 이상이나 시각 장애를 일으킬 수 있다. 고양이를 키우는 가정의 경우 톡소플라스마 항원 항체 검사를 받아보는 것이 좋으며, 항체가 있는 경우에는 안심할 수 있으나 없는 경우 고양이에게 예방접종을 하거나 감염되지 않을 환경을 유지한다.

쿼드 검사

보통 기형아 검사라고 한다. 임신 16~18주 사이에 실시하는데, 임신부의 혈액을 채취해 알파-페토프로테일(AFP), 융모성 생식선자극호르몬(hCG), 에스트리올(E3), 인히빈 A(inhibin A) 검사를 해 다운증후군, 에드워드증후군, 신경관 결손의 위험도를 평가한다. 방법이 간단하고 비용이 저렴해 여러 가지 기형 검사를 위한 준비 검사로 많이 이용된다. 다운증후군 진단에 대한 정확도는 75%, 신경관 결손에 대한 진단 정확도는 75~85% 정도다. 여기에서 이상 소견이 나오면 양수 검사 등 다른 방법으로 좀 더 정확한 진단을 하며, 염색체 이상인 고위험 임신부의 경우에도 더 정확한 검사를 받도록 권유한다.

양수 검사

임신 15~20주에 초음파 진단 장치를 이용해 긴 바늘로 양수를 뽑아 이를 배양, 세포의 염색체 핵형을 분석하는 방법이다. 직접 태아의 염색체를 확인하는 검사이기 때문에 염색체 이상을 진단하는 정확도가 높고 다운증후군, 에드워드증후군 이외의 다른 염색체 이상이나 성염색체 이상까지 진단할 수 있다. 이 검사는 세포 배양 기간이 2주 정도 걸려 결과를 기다리는 동안 정신적 부담이 크고, 임신이 많이 진행된 뒤 확인이 가능해 심리적인 고통이 따른다. 대부분 안전하게 진행되지만 양수에 직접 하는 검사라 부담이 있다.

NIPT 검사

최근 시작된 검사로 임신 12~18주에 모체의 피에 있는 태아의 염색체를 확인하는 방법이다. 이 역시 염색체를 확인하는 검사로 정확도가 매우 높고, 성염색체 이상도 확인 가능하다. 모체의 혈액을 이용하기 때문에 양수 검사에 비해 부담이 적으나 비용이 비싸다는 단점이 있으며, 신경관 결손은 확인할 수 없기 때문에 16주경에 AFP를 따로 시행해 신경관 결손을 확인해야 한다.

초음파 검사

모니터를 통해 태아의 신체 각 부위를 확인해 기형이나 발육 정도를 알 수 있다. 또 정확한 임신 주수와 태아의 생존 여부, 다태 임신(둘 이상의 태아를 동시에 가지는 일), 비정상 임신 등도 진단할 수 있다. 특히 임신 11~13주에 시행하는 NT 검사나 20~22주에 검사하는 정밀 초음파로 태아의 기형을 확인할 수 있다. 단, 기계의 성능이나 의사의 경험, 자궁의 기형이나 태아의 자세에 따라 기형 진단에 차이가 날 수 있다.

제대혈 검사

임신 20주 이후에 할 수 있는 검사로 초음파를 통해 태아의 위치를 보면서 혈액을 채취해 기형을 진단한다. 염색체 분석뿐 아니라 태아의 전반적인 상태를 직접 확인할 수 있다. 그러나 태아에게 직접 실시하는 검사이므로 충분한 장비를 갖추고 경험이 많은 곳을 선택해야 한다. 일반적으로 태아 적혈구 이상, 태아 혈소판 질환, 비면역성 태아수증 등의 이상이 있다고 여겨지면 실시한다.

신생아 선천성 대사 이상 검사

출생 후 4~6일이 지난 신생아의 혈액을 채취해 실시하는 검사로 정신박약을 예방할 수 있다. 정신박약의 원인 질환 가운데 페닐케톤뇨증·선천성갑상선기능저하증·갈락토오스혈증 등이 상당 부분을 차지하는데, 이들 질환은 신생아 때 발견하지 못하면 정신박약아가 되고 만다. 따라서 출생 후 일주일 이내에 신생아의 발뒤꿈치에서 혈액을 채취해 검사한다.

이런 경우 유전 상담이 꼭 필요해요!

- 임신부 나이가 35세 이상인 경우(쌍태아의 경우 32세).
- 다운증후군 등 염색체 이상이 있는 아이를 출산한 경험이 있는 경우.
- 임신부나 배우자 또는 친척 중에 염색체 이상이 있는 경우.
- 선천성 기형아를 낳은 경험이 있는 경우.
- 임신부 및 배우자가 산전 진단이 가능한 생화학적 이상 질환을 보인 경우.
- 임신부나 배우자 혹은 근친이 염색체 연관 유전 질환인 혈우병, 진행성 근위축증 등의 보인자인 경우.
- 한 번 혹은 그 이상 연속적으로 습관성 유산이 된 경우.
- 원인 모르는 사산아를 출산한 경험이 있는 경우.
- 임신부 혈청의 태아 당단백질 수치가 정상치보다 증가 혹은 감소하는 경우.
- 임신인 줄 모르고 약물을 복용했거나 방사선에 노출된 경우.

임신 초기의 여러 가지 증세

걱정하지 않아도 되는 증세들

몸이 무겁고 자꾸 졸린다

임신 초기에는 호르몬의 영향으로 체온이 37℃까지 올라가고 가벼운 감기 증세를 보이는 것이 일반적이다. 별다른 일을 하지 않았는데도 몸이 무겁고 쉽게 피곤해지며 졸음이 쏟아지기도 한다. 이러한 증상은 몸이 어느 정도 임신에 적응하는 임신 4개월 이후 괜찮아지므로 걱정할 필요 없다. 임신 증상의 하나라고 생각하고 마음을 편안하게 가지는 것이 좋다. 몸이 무거울 때는 가급적 휴식을 충분히 취하는 것이 중요한데, 가능하다면 30분 정도 낮잠을 자는 것도 큰 도움이 된다. 또 휴식을 취할 수 없는 직장 여성이라면 점심시간을 이용해 산책을 하거나 가볍게 몸을 움직여 기분 전환을 하는 것이 좋다. 주변에서도 이러한 임신부를 배려해 무리하지 않을 수 있는 환경을 만들어주는 것이 좋다.

유방이 붓고 아프다

임신 초기의 대표적인 증상으로 임신 3~4개월부터 유방이나 유두가 커지면서 통증이 생긴다. 이는 유선이 발달하고 호르몬이 분비되면서 일어나는 현상으로 생리 전에 느끼는 유방의 통증과 비슷하다. 사람에 따라 유두를 살짝만 건드려도 통증을 느끼기도 한다. 이러한 유방의 변화는 모유가 나오기 위한 준비로, 정도의 차이는 있지만 대개 출산 때까지 계속된다. 유방의 통증이 심할 때는 속옷을 조금 여유 있게 입고, 찬 수건으로 찜질을 하면 효과가 있다.

머리가 아프다

임신을 하면 평소 두통이 잦던 사람의 경우 증세가 호전되거나 더욱 악화되기도 한다. 또 평소에 두통이 없던 사람도 임신 기간에 두통을 앓는 일이 종종 있다. 두통은 대개 호르몬 분비의 변화로 자율신경이 불안정해지고 혈압이 낮아져

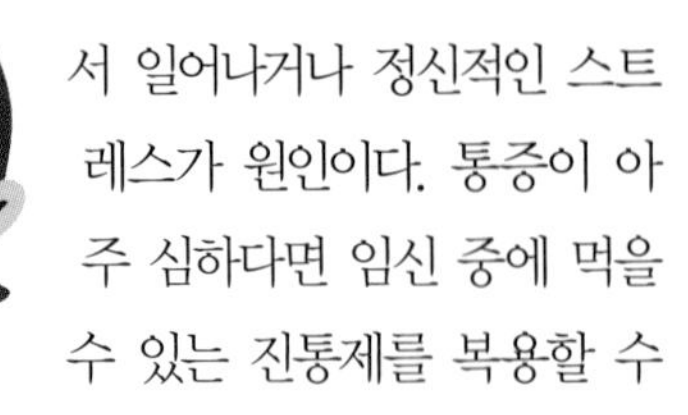

서 일어나거나 정신적인 스트레스가 원인이다. 통증이 아주 심하다면 임신 중에 먹을 수 있는 진통제를 복용할 수도 있지만 반드시 의사의 처방을 받고, 참을 수 있는 정도라면 조용한 음악을 듣거나 수면을 취하는 것으로 견뎌보는 것이 좋다.

가슴이 두근거리고 우울하다

임신 초기에는 사소한 말이나 행동에도 우울해지고 흥분하기도 한다. 또 아이가 정상인지, 유산 위험은 없는지 등의 고민으로 잠을 못 이루는 경우도 있다. 이런 증세들 또한 호르몬 변화 때문에 생기는 것으로, 아직 임신을 실감하지 못하기 때문에 그 증세가 더욱 심해진다. 하지만 임신 5개월쯤 돼서 태동을 느끼면 어느 정도 마음의 안정을 찾게 되므로 너무 걱정할 필요는 없다. 가급적 밝은 마음으로 생활하는 것이 중요하다.

소변이 자주 마렵다

방광은 자궁 바로 앞에 있는데, 자궁이 커지면서 방광을 압박해 소변을 자주 보게 된다. 또 호르몬 관계로 방광의 점막이 과민해져 소변이 조금만 차도 화장실에 가고 싶은 기분이 든다. 이런 증상은 임신 중기에 접어들면서 줄어들지만, 분만이 가까워지면 다시 심해진다. 화장실에 가고 싶을 때는 참지 말고 바로 가고, 소변을 볼 때 통증이 있다면 방광염이 아닌지 진찰을 받아본다.

질 분비물이 많아진다

임신 초기에는 호르몬과 신진대사의 영향으로 질 분비물이 많아진다. 분비물 색깔이 투명하거나 우윳빛이고 가렵지 않다면 크게 걱정할 필요 없다. 하지만 가려움증이 심하거나 통증이 있다면 세균 감염으로 인한 염증이나 칸디다증 같은 질염일 수도 있으므로 주의해야 한다. 세균 감염으로 인한 염증을 그대로 방치할 경우 조산의 원인이 될 수 있고, 태아에게도 감염될 수 있기 때문이다.

이상이 있음을 알리는 징후들

출혈이 있다

임신 초기의 출혈은 신중하게 대처해야 한다. 임신에 크게 영향을 주지 않는 경우도 있지만, 대부분은 태아에게 직접 영향을 주는 증상이므로 어떤 형태로든 출혈이 보이면 즉시 병원을 찾는 것이 좋다. 특히 초기 유산의 경우 별다른 증세 없이 암갈색 출혈을 보이는 경우가 많다. 물론 출혈이 있다고 해서 모두 위험한 것은 아니다. 배란 후 10~14일경에 수정란이 착상하면서 약간의 출혈을 보이기도 하는데, 이는 임신을 지속하는 데는 아무런 영향을 미치지 않는다. 그 외에 자궁의 왕성한 혈액순환으로 자궁 질부가 헐면서 출혈이 생기는 '자궁질부미란'과 자궁경관에 폴립이라는 작고 부드러운 조직이 생겨 출혈이 일어나는 '자궁경관폴립'의 경우에도 출혈이 생길 수 있다. 이들은 임신에 직접적인 영향은 미치지 않지만, 자주 출혈을 일으키고 이때마다 자궁 경부에서 나는 출혈인지 다른 문제가 있는 것인지 감별해야 해서 걱정을 끼친다. 증세가 악화되지 않도록 하며 출산 후 치료해야 한다.

심한 복통과 출혈이 있다

심한 복통과 출혈이 동반된다면 자궁 외 임신을 의심해볼 수 있다. 수정란이 난관 등에 착상하는 자궁 외 임신은 상태가 지속되면 난관이 터지고, 거기서 나온 혈액이 배에 고인다. 따라서 임신부는 아랫배가 아프거나 불쾌감, 배변감 등을 느끼게 된다. 출혈은 심하지 않지만 난관이 파열되면 갑자기 복부에 심한 통증이 느껴진다. 또한 맹장염이나 난소 염좌 등 다른 종류의 복통도 임신 시 발생할 수 있으므로 급성 통증이 있을 때는 되도록 금식 상태로 병원으로 가서 통증의 원인을 감별한다.

구토와 함께 약간의 출혈이 반복된다

포상기태일 경우 임신 초기부터 구역질이나 구토 등이 심하고, 임신 3~4개월 무렵부터는 소량의 출혈이 반복되기도 한다. 임신 주수에 비해 배가 유난히 부른 경우에도 이를 의심해볼 수 있다. 또 임신 초기에 출혈이 있으면서 아랫배가 땅기거나 묵직한 느낌이 든다면 유산 가능성이 높다. 출혈이 많을수록 태아의 위험이 더 커진다. 출혈이 있은 후 초음파 검사로 태아의 상태를 확인해 적절한 조치를 받는다.

소변 색이 탁하고, 소변을 본 후 통증이 있다

임신을 하면 커진 자궁 때문에 소변의 흐름이 원활하지 못하고, 이로 인해 세균에 감염되어 방광염에 걸리기 쉽다. 임신부 방광염의 경우 신우신염이나 전신의 감염증으로 발전할 위험이 더 많으며 조기 진통 및 유산을 일으키는 원인이 될 수 있으므로 반드시 치료해야 한다. 방광염이 의심되면 의사의 진료로 소변 검사 및 적절한 검사를 하고 처방 및 치료에 적극적으로 협조해야 한다. 또한 재발하지 않도록 임신 기간 내내 주의해야 한다.

임신 초기의 부부관계

임신초기의 부부관계는 어떻게 해야할까?

임신 초기에는 유산 확률이 높아 부부관계를 멀리 하라고들 하는데 과연 사실일까? 임신 초기의 부부관계에 대한 해답과 좋은 체위, 피해야 할 체위를 살펴본다.

조심해야 하지만 반드시 피할 필요는 없다

유산이나 조산이 되기 쉬운 상황이거나 임신 후기만 아니라면, 임신 중이라도 굳이 부부관계를 제한할 필요는 없다. 물론 임신 초기에는 여러 가지 주의할 점이 많다. 유산 위험이 많은 임신부라면 태아가 완전히 태내에 자리 잡을 때까지는 부부관계를 미루는 것이 바람직하다.

| 임신 초기에 피해야 할 체위

임신 시에는 자궁 경부가 부드러워지고 충격에 약하기 때문에 부부관계 후 출혈이 있을 수 있어 격렬한 자극은 바람직하지 않다. 또 입덧이나 우울증이 심한 경우 성적인 욕구가 떨어지므로 남편이 이를 이해하고 아내의 몸 상태가 정상으로 돌아올 때까지 기다려주는 노력이 필요하다.

일반적으로 임신 초기의 체위는 정상위·교차위·신장위 등이 좋고, 아내의 움직임이 많은 여성 상위는 피하는 것이 좋다. 또 임신 중에는 세균에 감염될 확률이 높기 때문에 지나친 자극은 피하고 부부관계 전후에 몸을 청결히 하는 것이 바람직하다.

◀ **여성상위**

삽입이 너무 깊게 이루어지므로
자궁을 심하게 자극할 수 있고,
여성이 상하 운동이 커지므로 입신 초기에는
피하는 것이 좋다.

임신 초기에 좋은 체위

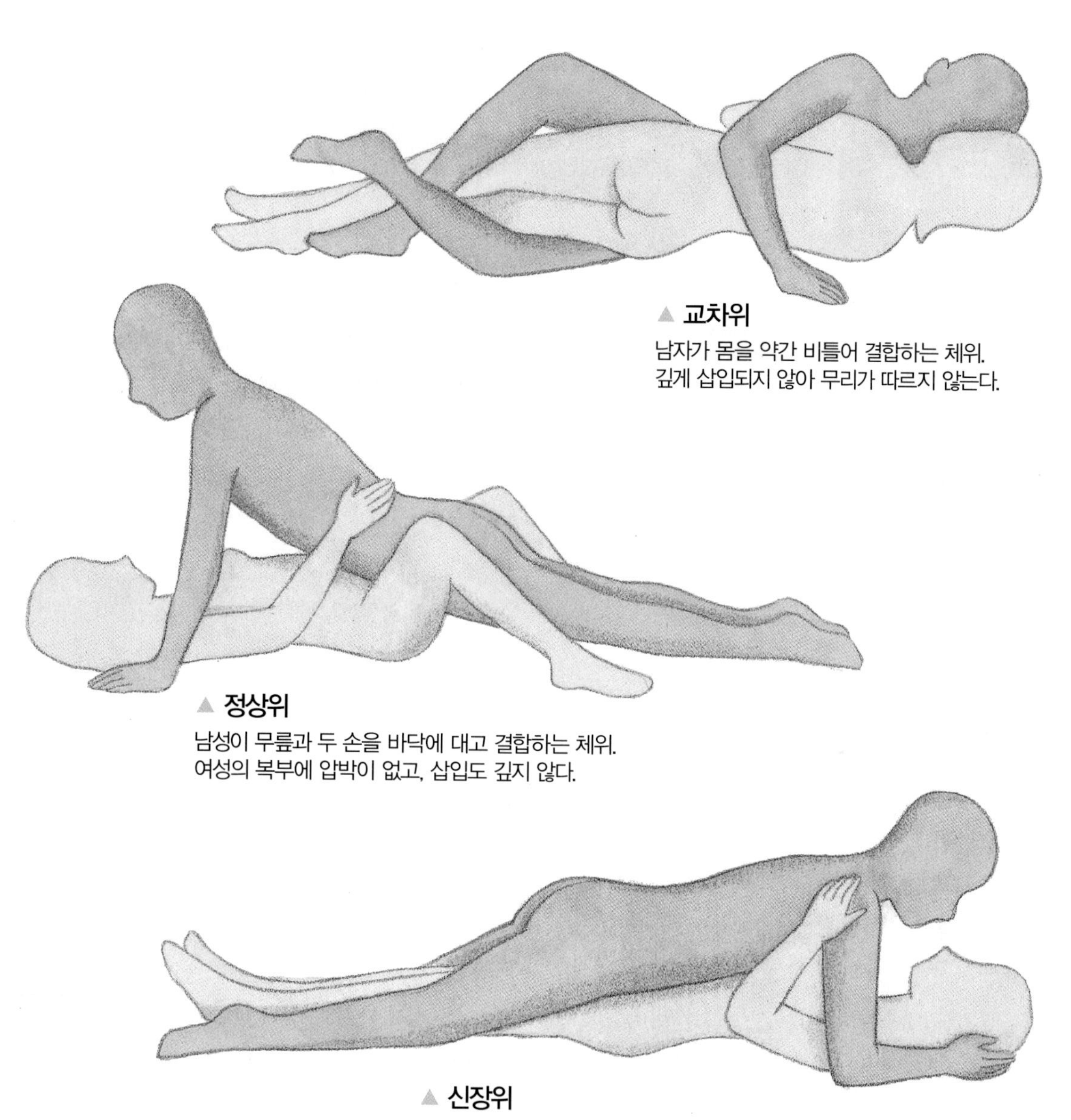

▲ 교차위

남자가 몸을 약간 비틀어 결합하는 체위.
깊게 삽입되지 않아 무리가 따르지 않는다.

▲ 정상위

남성이 무릎과 두 손을 바닥에 대고 결합하는 체위.
여성의 복부에 압박이 없고, 삽입도 깊지 않다.

▲ 신장위

남성 여성 모두 몸을 길게 펴서 결합하는 체위.
남성의 몸이 둔해지므로 격렬한 자극을 피할 수 있다.
삽입은 깊지 않지만, 성기의 자극이 강해
쾌감이 큰 체위다.

임신인 줄 모르고 한 행동

임신중 조심해야할 행동

임신과 출산에 대해 미리 계획을 세우고 준비하는 것이 좋지만, 자연스럽게 임신이 되거나 임신을 원하지 않았는데 임신이 되기도 한다. 이렇게 준비되지 않은 상태에서 임신을 확인했을 경우 걱정되는 여러 상황들과 그 해답을 찾아본다.

Case 1 약을 먹었어요

임신 중 약물 복용은 주의해야 하지만, 실제로 약물이 태아에게 미치는 영향에 비해 임신부가 가지는 심리적 불안이 과도한 경향이 있다. 임신인 줄 모르고 감기약이나 소화제를 한두 번 복용했다고 해서 너무 걱정할 필요는 없다. 일부 감기약에는 기형 유발 성분이 들어 있는 것이 사실이지만, 흔히 사용하는 약의 경우 특별히 기형의 위험을 높인다는 보고는 없다. 피로회복제나 비타민은 걱정할 필요 없고, 위장약·수면제·진통제 등도 상습 복용이 아닌 경우에는 큰 문제가 없다.

다만 신경안정제 등 신경계에 작용하는 약은 되도록 복용하지 말고, 상습 복용한 경우 의사와 상담해보는 것이 좋다. 한국 마더세이프 전문 상담 센터에서도 임신 중 약물 상담이 가능하다.

(인터넷 사이트: www.mothersafe.or.kr, 전화상담 1588-7309)

Case 2 가려워서 연고를 발랐어요

임신 초기에 연고를 바른 경우 연고 성분이 체내에 흡수되지는 않았을까 고민하는 사람이 많다. 손이나 목 주위에 가려움증을 해소하는 연고를 한두 번 발랐다면 크게 걱정하지 않아도 된다. 다만 부신피질호르몬이 든 연고를 장기간 바른 경우 의사와 상의해본다. 안약이나 코에 넣는 약의 경우에도 부분적으로 사용하는 것이므로 크게 걱정할 필요 없지만, 장기간 사용하는 것은 피하는 것이 좋다.

Case 3 엑스선 촬영을 했어요

방사선이 선천성 기형을 유발하는 것은 사실이다. 하지만 흉부 엑스선 촬영에 쓰이는 방사선은 기형을 유발하는 위험량의 1만 분의 1 정도로 소량이므로 미리 걱정할 필요 없다.

치과에서 사용하는 엑스선도 마찬가지다. 임신을 계획하고 있거나 임신 중이라면 가급적 방사선에 노출되지 않는 것이 최선이나 산모의 치료에 필요한 경우에는 촬영하도록 권고하고 있다.

Case 4 파마를 했어요

파마약이 두피를 통해서 체내에 흡수되어 태아에게 영향을 미친다는 것은 아직 확인된 바 없다. 게다가 파마에 사용하는 약품은 아주 적은 양이고, 피부로 스며든다고 해도 소량에 불과하다. 하지만 임신 중에는 꼭 필요한 약이 아니면 사용하지 않는 것이 원칙이므로 임신을 확인한 후에는 가급적 파마나 염색 등을 삼가는 것이 좋다.

Case 5 피임약을 먹었어요

흔히 경구피임약 복용을 중단하자마자 임신이 된 경우 혹시 수정란에 이상이 있지 않을까 걱정을 많이 한다. 그러나 피임약에 들어 있는 호르몬제는 복용 후 즉시 체내에서 분해되어 배출되기 때문에 체내에 남아 태아에게 영향을 미치는 일은 없다. 또한 임신인 줄 모르고 피임약을 지속적으로 복용한 경우에도 특별한 이상이 확인되지는 않았다.

Case 6 술이나 담배를 계속했어요

임신 전 흡연은 태아에게 직접적인 영향을 미치지 않지만, 임신 중 흡연은 저체중아를 출산할 확률이 높고 조산의 위험도 있다. 술 또한 임신 중에 습관적으로 마시면 태아알코올증후군을 유발해 기형아를 출산할 가능성이 커진다. 임신 전에 술이나 담배를 즐긴 사람이라면, 임신을 확인한 순간부터는 반드시 끊어야 한다.

Case 7 치과 치료를 받았어요

치아를 뺄 때는 대개 마취제와 함께 항생 물질을 사용하는데, 통증을 없애기 위한 국소마취는 문제가 되지 않는다. 치과에서 일반적으로 사용하는 항생 물질은 임신부에게 안전하기 때문이다. 다만 임신 초기에는 어떤 약물도 조심하는 것이 좋으므로 임신 중 치과 치료가 필요하다면 임신 안정기인 중기 이후에 하는 것이 좋다. 치주 질환은 조기 진통 및 조기 분만과 관련이 있으므로 되도록 임신 전에 치료한다.

Case 8 임신 초기에 풍진에 걸렸어요

풍진은 임신 중에 걸리지 않으면 별 문제가 되지 않지만, 임신 16주 이전에 걸리면 선천성 풍진증후군이 나타날 확률이 아주 높다. 임신 1개월에 걸리면 50% 정도, 임신 2개월에 걸리면 25% 정도, 임신 3개월에 걸리면 15% 정도가 기형아 발생을 일으키는 것으로 조사됐다. 주된 기형으로는 백내장, 녹내장, 시력 장애, 심장 기형, 청력 장애, 성장 장애 등이 나타난다. 임신 중에 풍진이라고 밝혀졌으면 반드시 전문의와 상의해야 한다.

Case 9 방광염 치료를 받았어요

임신 중에는 특히 요로 감염의 위험성이 높아지는데, 이 질환을 치료하지 않을 경우 방광염이나 신우신염으로 진행되며 조기 진통이나 유산과도 관련이 있다. 따라서 항생제를 사용해 치료하도록 한다. 방광염을 치료하는 항생제 중에는 태아에게 영향을 미치는 종류도 있으므로 항생제 처방 시 반드시 임신 중임을 밝히고, 가능하면 먼저 산부인과 전문의와 상의하고 치료를 받는 것이 안전하다.

Case 10 폐결핵이 걸린 상태에서 임신했어요

폐결핵이 있더라도 심한 폐 기능 손상이 아니라면 보통 산모처럼 정상적인 분만이 가능하다. 그리고 임신부가 폐결핵을 앓고 있어도 태아가 선천성 결핵을 앓게 되는 경우는 매우 드물다. 활동성 결핵이 있는 경우 출산 후 신생아에게 전염될 수 있으니 임신 중이라도 약을 먹어 치료한다. 다만 결핵을 치료하는 약 중에는 태아에게 영향을 미치는 약도 있으므로 임신 중에 사용할 수 있는 결핵약을 처방받아야 한다.

Case 11 식중독에 걸렸어요

식중독은 균에 감염된 음식물을 섭취했을 때 1~6시간 후에 심하게 토하거나 메스꺼운 증세가 생기고 복통, 설사, 경련을 일으키는 것을 말한다. 설사가 심한 경우 수액으로 탈수를 방지하는 것이 도움이 되고, 발열이 있는 경우는 반드시 치료를 받아야 한다. 적절한 치료를 받으면 태아에게 영향을 미치지 않는다.

Case 12 당뇨병이 있는데 임신했어요

당뇨병이 있는 경우 유산이나 태아의 신경관 결손, 심장 기형, 신장 기형 등의 기형 위험이 높아진다. 따라서 임신 전에 혈당 관리를 하는 것이 좋고, 미리 알지 못한 경우라면 적극적인 치료로 혈당 조절을 시작한다. 또한 신경관 결손의 위험을 줄이기 위해 고용량 엽산을 복용하도록 한다. 혈당이 정상이던 사람도 임신 시에는 혈당 조절이 잘 안 되는 경우가 많으므로 초기부터 의사와 상담하고 자가 혈당 체크를 해 철저하게 관리한다. 혈당 관리가 잘 안 되는 경우에는 태아의 성장이 과도하게 진행되어 난산의 위험이 있고, 감염, 임신중독증 등 임신의 합병증이 증가한다. 또한 자궁 내 태아 사망도 증가한다. 혈당 조절을 잘하면 여러 위험을 줄일 수 있으므로 반드시 철저하게 혈당을 조절해야 한다. 초기에 혈당 관리가 잘 안 되면 정밀 초음파 시 더 세밀한 관찰이 요구되며, 필요 시 심장초음파를 확인할 수도 있다.

Case 13 예방접종을 했어요

A형 간염, B형 간염 접종은 임신과 관계없이 계속 접종이 가능하다. 자궁 경부암 백신도 임신인 줄 모르고 맞은 경우 특별한 이상이 보고되지 않았다. 다만 임신이 확인되고 난 후에는 분만 후로 미루는 것도 고려해볼 수 있다. 파상풍 백신 또한 임신이 확인된 후에도 필요 시 접종하도록 되어 있으므로 모르고 맞았다고 해서 걱정할 필요는 없다. 다만 뇌염 생백신이나 풍진 주사 등은 태아에게 영향을 줄 수 있으므로 산부인과 의사와 상담이 필요하다.

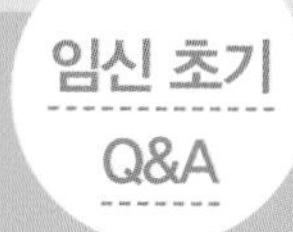

한약 먹기

임심 중 한약 먹기

임신 전이나 임신 중에 한약을 먹어도 안전할까? 증상에 따라 어떤 한약재를 복용해야 하고 임신 중 금해야 할 약재는 어떤 것들인지 알아본다.

임신 중 한약 복용

임신 중 증상에 따라 한약을 복용할 수 있다는 것을 아는 사람은 많지 않다. 한약의 장점 중 하나는 몸의 저항력을 높여 스스로 질병을 치료할 수 있는 힘을 길러준다는 것이다. 임신 중에는 자궁에서 아이를 키우기 위해 많은 에너지가 필요한데, 한약으로 이를 보충해주면 임신 기간을 건강하게 보낼 수 있다. 한방에 '안태법'이라는 처방이 있다. 안태법은 임신 중에 대사가 증가해 열이 생기고 그 열로 태아가 요동하면 하혈 등 유산의 위험이 있는데, 한약을 복용하면 혈 중의 열이 내려 태아가 안정된다는 처방이다. 이 밖에 입덧을 줄이거나 임신부의 체력을 보강하고 순산을 유도하며 산후 질환을 예방하는 등의 다양한 처방이 있다.

증상별 한약 처방

입덧

한방에서는 임신부가 토하거나 머리가 어지럽고 음식을 가려 먹는 증상을 '임신오조'라고 한다. 흔히 입덧이라 불리는 오조는 비위가 약하고 몸의 수분 대사가 원활하지 않아 담음이라는 산물이 생겨 정체되었을 때 나타난다. 임신오조는 그 원인에 따라 위가 약해서 오는 경우에는 위를 튼튼하게 하면서 구토를 멈추는 '향사육군자탕' '보생탕'을 쓴다. 간열(肝熱)로 인한 경우에는 '황련온담탕' '순간익기탕'으로 간의 화를 진정시키고 위를 편안하게 해 구토를 멈추게 한다. 또 평소 비의 기능이 허해 담습이 몸속에 쌓인 사람은 담을 제거하고 구토를 멎게 하기 위해 '이진탕' '반하복령탕가미방'을 쓴다.

태동불안(유산)

한방에서는 1·3·5·7개월의 홀수 달에 유산 가능성이 높다고 해 특별히 조심하라고 권한다. 임신 후 허

리가 뻐근하고 아랫배가 아프며 태아가 움직여 밑으로 처져 있거나 소량의 출혈이 있는 경우를 '태동불안'이라고 하는데, 이 증상이 심해지면 허리의 통증은 물론 질 출혈이 많아지고 유산을 초래하기도 한다. 태동불안의 원인은 신허(腎虛), 기허(氣虛), 혈허(血虛), 혈열(血熱), 외상(外傷) 등이 있으며 원인에 따라 각기 처방을 달리한다. 신의 기가 약한 경우도 2가지로 나뉘는데, 신음허는 '수치환가미방', 신양허는 '보신안태음' 처방을 쓴다. 기가 약한 경우에는 '거원전' '태산반석산'으로 기운과 피를 보해주며, 혈허에는 '태원음' '궁귀교애탕' '안존이천탕'을 쓴다. 혈열이 원인인 경우에는 열을 식힌 뒤 음을 보충하고 지혈시키면서 안태하는 약을 쓰는데, 대표적인 처방은 '보음전'이며, 임신 중 넘어졌거나 무거운 것을 들거나 과로 등의 원인으로 통증이나 출혈이 있는 경우에는 '성유탕 가미방'을 처방한다.

부종

임신 중에는 누구나 가벼운 부종을 겪는다. 이는 태반에서 나오는 여성호르몬의 영향으로 체내에 수분이 많아지고 말초 혈액순환에 장애가 생기기 때문이다. 한방에서는 이를 '자종'이라고 하는데, 비위의 기능이 약해 몸속 수분 대사를 원활히 시키지 못한다든가 수분이 정체되어 발생한다.

평소 비(脾)의 기능이 약한 경우에는 비를 튼튼히 하고 기를 소통시키는 '백출산'을 처방하고, 신(腎)이 약한 신양허에는 신을 덥히고 이뇨 작용을 돕는 '오령산가미방' '진무탕'을 쓴다. 또 임신 후 태아가 커지면서 기의 순환이 어려워지고 화나는 일이 많아 간의 기능에 문제가 생기는 기체(氣滯)의 경우에는 기의 순환을 돕는 '천선등산'을 쓴다.

임신 중 금해야 할 약재

한방에서는 임신 기간 중 생기는 병을 치료할 때 항상 치료와 안태(태아가 움직여 임신부의 배와 허리가 아프고 낙태의 염려가 있는 것을 다스려 편안하게 하는 것)를 함께 고려해서 처방한다. 따라서 땀을 내는 약, 설사약, 이뇨제, 어혈 푸는 약 등 독한 약의 사용은 금하고 있다. 임신 중 금해야 하는 약재는 50여 가지다. 염증을 가라앉히는 항생제인 대황, 복숭아씨 안에 있는 도인, 심한 체증에 쓰이는 감수, 타박상에 사용하는 구맥, 극약의 하나로 풍담을 해소하는 대극, 그 밖에 반묘, 수지, 망충, 부자, 우황, 파두, 망초, 웅황, 삼릉, 봉출, 규자 등은 임신 중에 먹어서는 안 되는 한약재들이다. 따라서 임신 중에 한약을 먹거나 민간요법으로 한약재를 복용할 때는 반드시 한의사의 처방에 따라 알맞은 약재를 쓰는 것이 중요하다.

Chapter 2

임신 40주 프로그램
임신 중기

임신 중기는 임신 기간 중 가장 안정적인 시기다. 임신 초기에 심했던 입덧이나 심리적인 변화도 가라앉고, 유산 위험에서도 어느 정도 벗어나게 된다. 한편 이제부터는 본격적으로 엄마 몸이 변하고 태동을 느끼게 되는데, 태아의 성장을 위해 충분히 균형 있는 식사를 하고 적당한 운동과 태교를 함께 진행한다. 임신 중기에 꼭 알아두어야 할 정보를 담았다.

임신 12주 태아가 두 배 정도 자란다

엄마의 몸 자신의 배를 만져보면 아랫배가 나온 것을 느낄 수 있다.

태아의 몸 머리에서 둔부까지의 길이는 60mm, 체중은 8~14g 정도. 도플러를 사용하면 태아의 심장 뛰는 소리를 들을 수 있다.

태아의 성장 발달

몸이 두 배 정도 자란다

임신 10주부터 12주까지 태아는 빠른 속도로 성장해 몸이 두 배 정도 커지고 얼굴 모양도 제대로 잡힌다. 새로 생기는 기관은 없지만, 몇 주 전에 만들어진 신체 기관은 점차 완성된 형태가 된다. 근육들이 충분히 발달해 양수 속에서 자유롭게 움직인다.

손톱이 생기고 생식기가 발달한다

손가락과 발가락 사이가 벌어지고 손톱이 자란다. 태아의 몸 곳곳에 모근이 생기기 시작한다. 또 내부 생식기가 발달한다.

임신부의 신체 변화

자궁이 커져 복부로 올라간다

임신 12주 말쯤 되면 자궁이 골반에서 치골 위쪽 복부로 올라간다. 자궁이 복부로 올라가면서 방광의 압박은 줄어들지만, 자궁을 지탱하는 인대가 땅겨 요통이 생길 수 있다. 배를 만져보면 아랫배가 나온 것을 느낄 수 있다.

입덧이 점점 줄어든다

임신 12~14주경이면 입덧이 점점 줄어든다. 입덧 증세가 가라앉으면 본격적인 영양 관리를 시작한다.

현기증이 생긴다

임신 중에는 현기증이 생기기 쉽다. 앉았다 일어나거나 자세를 갑자기 바꿀 때 핑그르르 도는 듯한 것은 혈관계가 갑자기 뇌에 혈액을 공급하는 게 힘들어져서 나타나는 일시적인 현상이다. 또 식사 간격이 너무 길 경우 혈당이 내려가 갑자기 현기증이 생길 수 있다. 빈혈로 인한 현기증이 아니라면 크게 걱정할 필요는 없지만, 현기증 때문에 몸을 못 가누고 넘어질 수 있으므로 갑자기 몸을 움직인다든가 하는 일은 조심해야 한다.

목과 얼굴에 갈색반이 나타난다

임신부에 따라 다르지만, 임신 증세 중 하나로 목과 얼굴에 불규칙한 갈색 반점들이 나타날 수 있다. 이러한 현상을 갈색반 또는 임신의 가면(the mask of pregnancy)이라고 하는데, 임신으로 멜라닌 색소가 늘어나서 생기는 현상이다. 이러한 현상은 출산하고 나면 엷어지거나 없어진다.

규칙적인 생활 계획을 세운다

임신 중기는 임신 기간 중 가장 안정적이고 편안한 시기다. 배는 조금씩 불러오지만 거동이 그다지 힘들지 않고 입맛도 회복된다. 하지만 이 시기를 잘 보내야만 임신 후기가 수월해지므로 규칙적인 생활과 바른 식습관을 갖는 것이 중요하다.

규칙적인 생활 계획표 세우기

임신 중기에 들어서면 몸과 마음이 어느 정도 안정되므로 새로운 기분으로 임신 생활 계획표를 짜보는 것도 좋다. 몸이 점점 무거워져 게을러질 수 있으므로 집안일과 외출, 휴식 시간을 적절히 배분한다. 또 임신 중에는 가급적 일찍 일어나고 일찍 잠자리에 들며, 식사 시간을 정확히 지키는 규칙적인 생활을 하는 것이 임신 중 건강과 출산에도 도움이 된다.

일주일 식단을 짜고 식사 일기를 쓴다

식단 계획도 세워본다. 그동안은 입덧 때문에 제대로 식사를 하지 못했지만, 이 시기부터는 점점 입덧이 줄어들고 식욕이 살아난다. 그렇다고 그동안 못 먹었던 것을 보상받으려는 듯 입맛 당기는 대로 먹다 보면 자칫 소화 장애가 생기거나 체중이 증가하기 십상이다. 태아에게 필요한 영양소를 충분히 갖추되 과식하지 않도록 식단표를 짜고, 하루하루 식사 일기를 쓰면서 실천하면 영양 관리는 물론 체중 관리까지 할 수 있다.

미지근한 물로 매일 샤워한다

임신이 진행될수록 피하지방이 늘어나고 땀 분비가 많아진다. 땀샘이 막히면 피부 트러블이 생기기 쉬우므로 자주 씻어야 한다. 또 호르몬 분비가 변화되고 질 분비물이 늘어나므로 질 감염을 일으키지 않도록 항상 몸을 청결하게 유지한다. 매일 미지근한 물로 샤워하고 속옷을 자주 갈아입는다.

임신 13주 얼굴이 완전한 형태를 갖춘다

엄마의 몸 하복부에 살이 붙고 체중이 늘기 시작한다. 자궁이 조금 위쪽으로 올라가는 것을 느낄 수 있다.

태아의 몸 얼굴 형태와 신체 기관이 어느 정도 모습을 갖춘다. 머리에서 둔부까지 길이는 65~78mm, 체중은 13~20g 정도.

태아의 성장 발달

얼굴이 완전한 형태를 갖춘다

태아의 얼굴이 거의 완전한 형태를 갖춘다. 이마 가장자리에서 시작된 눈은 콧등 주변으로 모아져 제법 자리를 잡고, 귀도 머리 양옆에 놓인다. 눈꺼풀은 아직 눈을 덮은 채 모양새만 드러나지만, 눈은 완전한 형태를 갖추고 있다.

소리에 반응해 몸을 움직인다

엄마 배에서 나는 소리에 반응하며 이리저리 꿈틀거린다. 손가락을 만지면 손가락을 오므리고, 두 발을 만지면 발가락을 움츠린다. 신체의 어떤 부위에 자극이 있으면 두뇌에서 이를 알아차리고 자극이 일어난 부위에 반응하도록 지시를 내리는 반사작용을 하는 것이다.

신체 기관이 제자리를 찾아간다

태아의 신체 조직과 기관들이 더욱 빠르게 성숙된다. 커다랗게 부푼 탯줄 형태로 있던 장기들이 태아의 복부 움푹한 곳으로 이동하기 시작한다.

임신부의 신체 변화

가슴이 커지고 정맥류가 나타난다

임신 전 유방의 무게는 대개 200g 정도지만, 임신을 하면 점점 커져 임신 말기에는 평소의 2~4배 정도로 무거워진다. 임신 중기에는 유선이 발달해 덩어리가 만져지기도 하고, 가끔 욱신거리는 통증을 느끼기도 한다. 또한 피부 바로 아래쪽에 정맥류가 나타나며, 젖꼭지는 색깔이 더욱 짙어진다.

몸매가 눈에 띄게 변한다

임신 중기에 들어서면 아직 배는 눈에 띌 만큼 부르

지 않지만, 엉덩이와 옆구리, 허벅지 부위에 살이 붙으면서 평상시 입던 옷이 불편해진다. 초산부에 비해 경산부가 더 빨리 변한다. 자궁이 커질수록 허리 부담도 커지므로 요통 예방법을 익히고, 빈혈 예방을 위해 철분 함유 식품을 충분히 섭취하는 것이 중요하다.

복부·허벅지·엉덩이에 임신선이 나타난다

임신을 하면 복부, 허벅지, 엉덩이 등에 임신선이 생길 수 있다. 대개 갑자기 몸무게가 늘어나는 경우 임신선이 생기고 출산 후 옅어지지만 완전히 사라지지는 않는다. 임신선을 없애기 위해 함부로 연고나 화장품을 바르는 것은 주의해야 한다. 스테로이드 성분이 함유된 경우 피부를 통해 태아에게 전달될 수 있기 때문이다. 또한 임신선 부위를 심하게 마사지하면 자궁 수축을 유도할 수 있으므로 피해야 한다.

철분 섭취량을 늘린다

임신 중기가 시작되면 가슴이 더욱 커지고 하체에 살이 붙기 시작한다. 자궁이 커질수록 허리 부담도 커지므로 요통 예방법을 익히고, 빈혈 예방을 위해 철분 함유 식품을 충분히 섭취하는 것이 중요하다.

임신 중의 휴식 방법

자궁이 점점 커지는 이 시기에는 바로 누워서 잠자기가 다소 불편해지기 시작한다. 잠을 잘 때는 긴 쿠션이나 길고 푹신한 베개를 옆으로 누워서 껴안고 발로 감싸면 훨씬 편하다. 또 잠들기 전에 스트레칭이나 마사지를 해주면 긴장이 완화된다.

마사지로 요통이나 등의 통증을 예방한다

임신 중기부터는 자궁의 위치가 올라가면서 요통이 심해진다. 특히 오랫동안 같은 자세를 취하거나 불안정한 자세로 일할 경우 허리에 부담이 가 요통이 생길 수 있다. 또 본격적으로 배가 불러오기 시작하는 때라 오후가 되면 다리가 붓고 저리기도 한다. 따라서 가능하면 한 자세로 오래 있지 말고 몸을 자주 움직이며, 잠들기 전에 발이나 등을 마사지해 혈액순환을 원활하게 해준다.

철분 섭취량을 60~70% 늘린다

임신 중에는 철분 부족으로 인한 철결핍성 빈혈이 오기 쉽다. 특히 임신 중기부터는 모체의 적혈구가 크게 증가하고 태아가 필요로 하는 철분량도 늘어나게 되므로 철분을 충분히 섭취해야 한다. 태아는 혈액을 만드는 데 필요한 철분을 태반을 통해 엄마로부터 흡수하고, 모체의 철분 부족을 대비해 상당량의 철분을 태반에 저장해놓는다. 임신 중에는 임신 전보다 철분 섭취량을 60~70% 정도 늘려야 한다. 따라서 식사 때마다 철분이 많이 든 음식을 먹도록 한다. 철분이 많이 들어 있는 대표적인 식품은 동물의 간이다. 그 외 각종 해조류나 어패류, 녹황색 채소에도 많이 함유되어 있다. 이런 음식을 먹을 때 신경 써야 할 점은 철의 흡수를 돕는 음식도 함께 먹어야 한다는 것이다. 철분은 흡수율이 낮아 먹는 양의 10% 정도만 몸에 흡수되기 때문이다. 따라서 철분의 흡수를 돕는 단백질과 비타민 C를 함께 먹는 일도 철분 섭취 못지않게 중요하다.

임신 14주 태아의 성별을 알 수 있다

엄마의 몸 입덧이 사라지고, 헐렁한 옷이 편하게 느껴진다.
태아의 몸 생식기가 발달한다. 머리에서 둔부까지의 길이 80~99mm, 체중은 25g 정도.

태아의 성장 발달

성별이 구분된다

생식기가 점차 발달하면서 남녀 생식기의 구별이 가능해진다. 남자아이에게는 전립선이 나타나고, 여자아이의 경우 난소가 복부에서 골반으로 내려간다. 여자아이의 난소에는 200만 개의 원시 난자가 들어 있다. 이 원시 난자는 점차 줄어들어 태어날 때는 100만 개 정도가 된다.

몸 전체에 소용돌이 모양의 솜털이 난다

태아의 얼굴이 더욱 성장한다. 뺨과 콧날이 나타나고, 귀와 눈은 점점 자리를 잡는다. 태아의 살결을 따라 소용돌이 모양으로 솜털이 나기 시작하며, 이 솜털이 몸 전체를 덮고 있다. 솜털은 나중에 태아의 피부색과 피부를 보호하는 역할을 한다.

임신부의 신체 변화

입덧이 사라지고 식욕이 당긴다

임신 14주경이면 대부분 입덧이 사라지고 식욕이 왕성해진다. 갑자기 먹고 싶은 음식도 많아지고, 식사 후에도 자꾸 음식이 당긴다. 이제부터는 본격적인 영양식을 섭취하되 갑자기 살이 찌는 것을 조심해야 한다. 임신 중의 급격한 체중 증가는 임신중독증 등을 불러올 수 있으며 출산에도 문제가 될 수 있기 때문이다.

잇몸 염증이 생길 수 있다

임신을 하면 치아나 잇몸이 약해지기 쉽다. 그러나 태아가 필요한 칼슘을 엄마의 치아에서 빼앗아간다는 말은 근거가 없다. 임신 중에 충치가 생기거나 잇몸이 약해지는 것은 대개 치아 손질을 게을리 해서다. 물론 경우에 따라서는 호르몬 변화로 잇몸 조직의 저항력이 약해지거나 침 분비가 줄어들어 치은염이나 치주염에 걸리기도 한다.

임신 기간 내내 손발이 따뜻하다

임신 중기에는 태아의 성장을 위해 영양분과 산소가 더욱 많이 필요해져 임신부의 심장에 가해지는 부담이 최대치가 된다. 이러한 상태는 출산 때까지 계속된다. 임신부의 신체는 이러한 심장 부담과 높아진 혈압을 낮추기 위해 손발의 정맥과 동맥을 이완시킨다. 따라서 임신부의 손발은 임신 기간 내내 따뜻하다.

규칙적인 운동으로 체중을 조절한다

입덧이 사라지고 식욕이 늘어나는 시기이므로 본격적인 체중 조절에 들어간다. 갑작스런 체중 증가는 임신부의 건강을 해칠 수 있으므로 고열량 식품 섭취를 줄이고 규칙적인 운동을 통해 체중을 조절하는 것이 좋다.

규칙적인 체조나 운동을 한다

입덧이 멎고 식욕이 늘어나면서 몸무게가 조금씩 늘기 시작하는 시기다. 몸무게가 늘면 움직임이 둔해지고 쉽게 피로를 느끼며 임신중독증 같은 부작용이 생길 수 있으므로 체중 관리에 신경을 써야 한다. 이 시기에는 유산 위험도 어느 정도 줄어들므로 적당한 강도로 규칙적으로 운동하는 것이 좋다.

지방과 고열량 식품은 자제한다

임신 전부터 비만이었거나 임신 중에 갑자기 체중이 증가한 경우 임신 중기부터 체중 관리에 신경을 써야 한다. 대부분 입덧이 사라지자마자 입맛 당기는 대로 먹는데, 임신부의 식욕은 곧 태아가 먹고 싶어 하는 것이라는 생각으로 하염없이 먹다 보면 금방 체중이 늘어난다. 특히 당분이 많은 간식이나 고열량 식품, 지방이 많은 음식은 피하는 것이 좋다.

충치 치료의 적기

임신을 하면 충치로 인해 치통이 생기고 잇몸에서 피가 나는 등 치아에 여러 가지 증세가 나타난다. 치과 치료를 받아야 한다면 이 시기가 가장 적당하다. 치과 치료를 받을 때는 치료 전에 임신 사실을 미리 알려야 한다. 물론 장기간의 신경 치료나 이를 뽑아야 하는 경우에는 의사와 상의해 통증을 가라앉힐 정도의 치료를 마친 뒤 출산 후에 본격적인 치료를 하는 것이 좋다.

임신 중의 치아 관리

임신 중에는 호르몬 분비의 변화와 혈압 상승으로 잇몸이 약해지고 출혈이 자주 발생해 세균에 감염되기 쉽다. 입덧으로 인해 치약 냄새를 맡기 싫은 임신부도 있고, 몸이 무겁다는 이유로 잦은 군것질을 하면서 양치질을 게을리 하는 경우도 있다. 음식을 먹은 후에는 반드시 입 안이 깨끗하게 유지되도록 양치질하는 습관을 들이고, 치아와 잇몸을 튼튼하게 해주는 비타민 C와 D, 칼슘과 단백질이 많이 함유된 음식을 충분히 섭취한다. 증세가 심할 경우 치과에 가서 치료를 받는데, 치료 전에 반드시 임신 사실을 밝혀 엑스선 촬영이나 항생제 처방을 받지 않는 것이 좋다.

임신 15주 태반이 완성된다

엄마의 몸 아랫배가 조금씩 불러와 수영복을 입으면 확실히 표시가 난다.
태아의 몸 머리에서 둔부까지의 길이는 93~103mm, 체중은 50g 정도.

태아의 성장 발달

눈썹과 머리카락이 자란다

태아의 피부는 얇고 투명해서 혈관이 보이고, 피부 전체가 가는 솜털로 덮여 있다. 이제부터는 눈썹과 머리카락이 자라기 시작하며, 모낭은 태아의 머리 색깔을 결정할 색소를 만든다.

근육들을 움직일 수 있다

이 시기에 초음파 검사를 하면 태아의 다양한 행동을 보다 생생하게 볼 수 있다. 근육이 발달하면서 태아가 주먹을 꽉 쥐기도 하고, 눈을 가늘게 뜨기도 하며, 눈살을 찌푸리거나 얼굴을 찡그리기도 한다. 때로는 엄지손가락을 빨기도 한다.

태반이 완성된다

15주에는 드디어 태반이 완성된다. 태반은 태아를 안전하게 보호하고 태아에게 영양과 산소를 공급하는 역할을 한다. 태반에서 크기가 가장 큰 정맥은 모체로부터 태아에게 영양과 산소가 풍부한 혈액을 공급하고, 2개의 작은 동맥은 태아의 몸에서 나온 노폐물과 탄산가스를 태반 밖으로 내보낸다. 양수의 양도 늘어나 태아가 양수 속에서 자유자재로 운동을 시작한다.

임신부의 신체 변화

기초체온은 저온 상태를 유지한다

임신 이후 고온이었던 기초체온이 점차 내려가기 시작해 출산할 때까지 저온 상태를 유지한다. 또 몸이 어느 정도 임신에 적응해 임신 초기에 느꼈던 나른함이 없어지고 불안하고 초조했던 마음도 점차 안정을 되찾는다. 이젠 유산의 위험이 크게 줄어들었으므로 마음을 편히 갖는 게 중요하다.

복부와 사타구니에 통증이 느껴진다

자궁이 커지면서 자궁을 받치는 인대가 늘어나 복부나 사타구니에 통증이 느껴진다. 이는 자궁이 변화에 적응하는 일시적인 현상으로 태아에게는 영향을 미치지 않으므로 크게 걱정할 필요 없다. 복부 통증은 대개 갑자기 움직일 때 생기므로 몸을 천천히 움직이고 배를 따뜻하게 하는 것이 좋다.

유즙이 분비된다

아직 출산일은 많이 남았지만, 이미 유방에서는 초유가 만들어진다. 초유가 생성되면서 유두에서 희끄무레한 유즙이 분비되기도 한다. 유즙이 분비되면 브래지어 안에 거즈를 대고, 샤워할 때 미지근한 물로 가볍게 씻어낸다.

편안하고 멋스러운 임신복을 준비한다

배가 점점 불러오면서 전형적인 임신부의 모습으로 변하기 시작한다. 임신 중에도 멋스러움을 잃지 않으려면 특별한 자기 관리가 필요하다. 체형과 취향에 맞는 임신복으로 편안함과 자신만의 개성을 연출해본다.

임신복을 구입한다

아직까지는 임신 전에 입었던 옷들을 그런대로 입을 수 있지만, 점점 배가 불러와 옷 입는 데도 신경이 쓰인다. 임신 5개월부터는 본격적으로 배가 불러오므로 미리 옷장을 정리하고 필요한 임신복 리스트를 챙겨둔다. 임신복은 태아를 압박하지 않고 활동성이 좋은 것으로 고른다.

임신복 선택 요령

허리 조절이 가능한 임부용 팬츠, 배를 보호할 수 있는 헐렁한 셔츠, 신축성이 좋은 니트 셔츠나 카디건, A라인 원피스나 점퍼스커트 등이 임신 중에 무난히 입을 수 있는 아이템들이다. 배의 크기에 따라 단추나 고무줄로 허리를 조절할 수 있는 디자인으로 고르고, 개성 있는 옷차림을 위해 모자나 스카프 등의 액세서리도 함께 준비한다. 그렇다고 필요한 아이템들을 굳이 다 구입할 필요는 없다. 아는 이의 임신복을 빌려 입거나 중고 사이트를 통해 저렴한 것들을 구입하는 것도 방법이다.

임신 16주 **근육과 골격이 단단해진다**

엄마의 몸 아랫배가 눈에 띄게 커진다. 자궁은 배꼽 아래 7cm 정도에 위치한다.
태아의 몸 전체적으로 3등신이 된다. 머리에서 둔부까지의 길이는 11.5cm, 몸무게는 80g 정도.

태아의 성장 발달

전체적으로 3등신에 가까워진다

머리가 달걀 크기 정도이며 전체적으로 3등신에 가까워진다. 피부에 피하지방이 생기기 시작한다. 몸의 근육이나 골격이 더욱 단단해지며, 솜털이 몸 전체를 뒤덮고 있다. 신경세포의 수가 어른 세포와 비슷한 수준에 이르고, 신경과 세포의 연결이 거의 마무리되어 반사 작용이 더욱 정교해진다.

호흡의 징후로 딸꾹질을 한다

태아가 빛에 민감하게 반응하며 호흡의 징후로 딸꾹질을 하는 경우가 있다. 다만 아직 태아의 기관은 공기가 아닌 액체로 채워져 있기 때문에 소리를 들을 수는 없다.

임신부의 신체 변화

아랫배가 눈에 띄게 커진다

식욕이 증가하면서 체중이 본격적으로 늘기 시작한다. 몸도 이제 임신에 익숙해져 활력이 생긴다. 이 시기부터는 아랫배가 눈에 띄게 불러와 주위 사람이 임신했다는 사실을 알아차릴 정도로 임신부 체형으로 변해간다. 또 엉덩이를 비롯한 몸 전체에 지방이 붙기 시작하므로 체중 조절에 신경을 써야 한다.

첫 태동을 느낄 수 있다

첫 태동은 보통 임신 16~20주에 느낀다. 사람에 따라 태동을 느끼는 시기가 다르고 태아 또한 움직임의 정도가 다르므로, 아직 태동을 느끼지 못했다고 해도 걱정할 필요는 없다. 게다가 첫 태동은 '뱃속의 뭔가가 움찔했다'는 정도로 약한 편이어서 초산의 경우에는 태동인지 모르고 지나가는 경우가 많다. 임신을 경험했거나 민감한 임신부의 경우 태동을 느끼면서 자신이 생명을 잉태하고 있고 곧 엄마가 된다는 사실을 실감한다.

기형아 검사를 받는다

임신 16주 이후에는 기형아 검사를 받는다. 대개 쿼드 검사 또는 통합 선별 검사 후 이상이 발견되면 보다 정밀한 검사를 받게 된다. 검사의 종류는 임신부의 건강 상태와 병력, 나이 등에 따라 달라지므로 전문의와 상담 후 필요한 검사를 받는 것이 좋다.

기형아 검사

우리나라의 기형아 출생 비율은 100명에 4명꼴로 대개 유전적인 요인과 환경적인 요인으로 나뉜다. 기형아 출산을 예방하기 위해서는 임신 전 철저한 건강관리와 계획 임신이 중요하며, 임신 중에는 정기적인 병원 검진과 기형아 검사를 해보는 것이 좋다.

| 주수별 가능한 기형아 검사

10~13주	융모막 융모 검사
15~20주	양수 검사
16~18주	쿼드 검사(AFP, hCG, E3, Inhibin)
20~24주	중기 초음파 검사

알파 태아 단백질 검사(AFP)

임신 16~18주에 이루어지는 기형아 검사다. 태아는 엄마의 몸속에 있는 동안 태아 단백을 만들어내고 이것이 태반을 통해 모체의 혈액 안으로 들어간다. 하지만 만일 태아가 척추에 비정상적인 구멍이 있거나 자궁벽에 결함이 있다면 알파 태아 단백이 새어 나올 수 있다. 수치가 높을 때는 태아에게 이분 척추와 무뇌증 같은 문제가 있음을 의심할 수 있다. 반대로 알파 태아 단백의 수치가 낮아도 문제가 된다. 염색체 이상으로 다운증후군이나 에드워드증후군이 있을 경우 이 수치가 낮게 나타나기 때문이다. 물론 검사 결과가 낮게 나온다고 해서 무조건 태아에게 염색체 이상이 있는 것은 아니고, 그럴 위험이 상대적으로 높다는 뜻이다. 알파 태아 단백질 검사에서 이상이 발견되면 초음파 검사를 해서 이분 척추, 무뇌증, 다운증후군 여부를 세심하게 살펴보아야 한다.

쿼드 검사

방법이 간단하고 비용이 저렴해 여러 가지 기형 검사를 위한 준비 검사로 많이 이용된다. 검사 후 이상이 발견되면 보다 정확한 검사를 위해 양수 검사 등 다른 방법으로 진단한다. 쿼드 검사는 임신부의 혈액을 뽑아 태아의 당단백질(AFP) 수치와 융모성 생식선 자극호르몬(hCG), 태반에서 나오는 에스트리올호르몬, 인히빈 등을 살펴보는데, 이를 통해 나온 태아의 당단백질 수치가 평균보다 낮게 나타나면 다운증후군일 가능성이 있다. 이 검사로는 다운증후군의 약 60~70%를 발견할 수 있다.

통합 선별 검사

다운증후군 태아를 임신한 경우 혈액 내 특정 물질(1차: PAPP-A, 2차: 태아의 당단백질 AFP, 융모성 생식선 자극호르몬 hCG, 에스트리올, 인히빈)의 농도 변화가 있다는 점을 이용한 검사로 NT(태아 목덜미투명대) 검사와 통합했을 때 정확도가 94%에 달한다. 검사 결과는 1차(11~13주)와 2차(16~18주) 검사를 통합해 분석한다. 11~13주에 시행하는 NT(태아 목덜미투명대) 검사는 임신 주수에 따라 정상치가 다르며, 기준치 이상으로 많이 두꺼워 기형 위험도가 높은 경우 혈액 검사를 시행하지 않고 융모막 융모 검사 또는 양수 검사를 시행한다. 통합 선별 검사로 예측할 수 있는 이상은 다운증후군과 에드워드증후군, 신경관 결손 같은 선천성 기형이다.

양수 검사

임신 15~20주에 실시하며 정확도가 높은 유전 질환 검사법으로 널리 이용되고 있다. 검사 방법은 초음파 검사를 하면서 태반과 태아를 피해 양수를 뽑아내고, 이 세포를 배양해 염색체를 분석한다. 염색체 이상에 대한 기형아 진단율은 99% 선으로 높은 편이다. 다운증후군이나 에드워드증후군 같은 염색체 이상, 척추이분증·무뇌증 등의 신경관 결손, 모체나 태아의 혈액형이 Rh–형인지, 태아의 폐가 조기 분만을 감당할 정도로 자랐는지 등 일반적인 질병은 물론 수백 가지에 이르는 유전적 질병을 미리 알아볼 수 있다. 기본 검사인 쿼드 검사를 한 후 기형에 대한 우려가 있으면 실시한다.

태동을 느끼며 본격적인 태교를 시작한다

그동안은 임신 사실을 엄마 몸의 변화로만 느낄 수 있었다면, 이제부터는 아기가 엄마에게 자신의 존재를 알려 보다 확실하게 임신 사실을 느끼며 적극적인 태교를 할 수 있다. 태동은 아기의 건강 상태나 기분을 알 수 있는 척도일 수 있으므로 갑자기 태동이 줄거나 심해지지 않는지 세심하게 주의를 기울인다.

| 단계별 기형아 검사

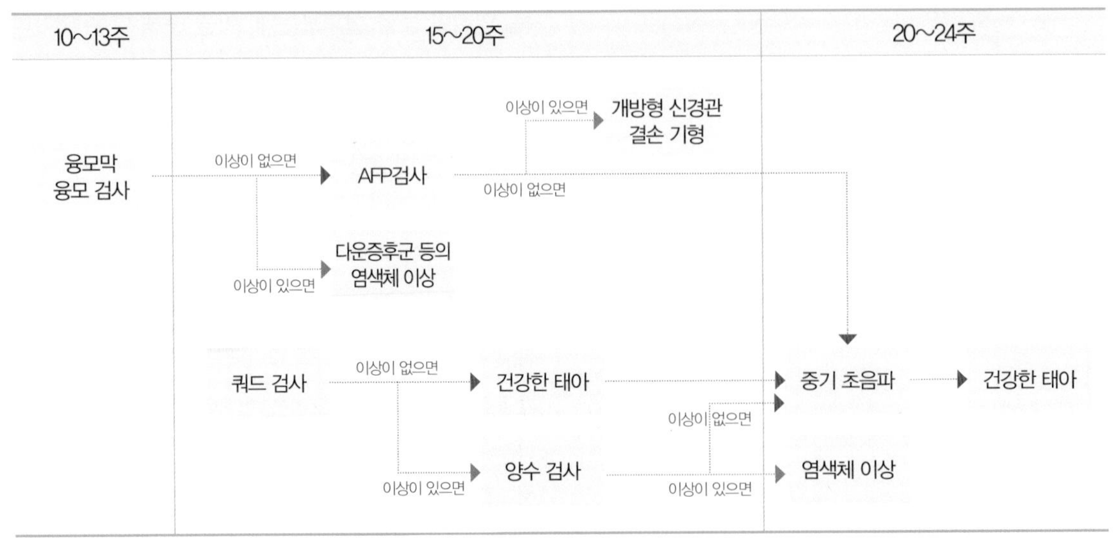

반드시 기형아 검사를 받아야 하는 경우

- 임신부나 양가 가족 중에 염색체 이상이 있거나 염색체 이상이 있는 아이를 낳은 적이 있는 경우.
- 풍진, 톡소플라스마 항체 검사에서 이상이 있는 경우.
- 태아 단백질, 융모성 생식선자극호르몬 수치가 정상이 아닌 경우.
- 임신부의 나이가 출산일 기준으로 만 35세 이상인 경우.
- 습관성 유산이나 원인 불명으로 사산아를 출산한 경우.
- 초음파로 태아의 이상이 발견된 경우.

시기별 태동의 변화

- **16~20주(6개월)** 태아는 엄마 배꼽 아래 있으며, 자궁은 태아가 자유롭게 움직일 정도로 공간이 넉넉하다. 임신부는 배 아래쪽에서 희미한 움직임을 느끼게 된다.
- **21~25주(7개월)** 태아는 엄마의 배꼽 바로 위로 올라오며 자유롭게 양수 속을 헤엄쳐 다닌다. 태아의 행동이 다양해져 태동도 더 선명해진다. 청각이 발달해 외부 소리에도 반응한다.
- **26~30주(8개월)** 양수 속을 헤엄쳐 다니던 태아가 머리를 아래로 내려 자리를 잡는다. 발이 위쪽으로 가 엄마의 가슴 아래를 차게 되며 손도 움직인다. 근육이 생겨 태아가 발로 찰 때 아픔을 느낄 정도가 된다.
- **31~35주(9개월)** 30주가 지나면 손과 발의 움직임이 강해져 뱃속으로 발이나 주먹이 불룩 튀어나오기도 한다. 자다가 깜짝 놀라 깰 정도로 태동이 활발해진다.
- **36~40주(출산 즈음)** 활발하던 태동이 어느 정도 줄어든다. 출산이 가까워지면서 태아가 골반 속으로 내려가기 때문이다. 태아는 계속 움직이고 있지만, 엄마는 약하게 느낀다.

임신 17주 피하지방이 생긴다

엄마의 몸 임신 전에 비해 체중이 3~4kg 정도 늘어난다. 겉으로 표시가 많이 난다.
태아의 몸 몸길이는 12cm 정도, 몸무게는 100g이 넘는다.

태아의 성장 발달

갈색 피하지방이 생기기 시작한다

이 시기의 가장 중요한 발달은 태아의 몸에 지방이 생기기 시작한다는 것이다. 지방은 태아의 체온 조절과 신진대사 활동에 중요한 역할을 한다. 아직 태아의 지방량은 미미하지만, 출산이 가까워지면 체중의 70% 정도를 차지한다.

태반을 통해 산소를 공급받는다

임신 17주째인 태아의 순환계와 비뇨기계는 원활하게 제 역할을 해낸다. 태아는 필요한 산소는 태반을 통해서 공급받고, 양수를 들이마셨다 내뱉었다 하면서 숨을 쉰다. 태아가 탯줄을 잡아당기거나 쥐었다 놓았다 하며 논다.

청각기관이 발달한다

17~20주에는 태아의 청각기관이 크게 발달한다. 귓속의 작은 뼈가 단단해지기 시작하면서 소리를 듣기 시작하는 것이다. 엄마의 목소리나 심장 뛰는 소리, 소화기관에서 나는 소리 외에 엄마 배 밖에서 나는 소리도 어느 정도는 들을 수 있다. 또 신경 계통의 발달이 두드러져 미각이 생기기 시작한다.

임신부의 신체 변화

몸 전체에 피하지방이 붙기 시작한다

엉덩이나 허벅지, 팔 등 몸 전체에 피하지방이 붙기 시작해 체중이 현저하게 늘어난다. 이 시기에는 식욕 또한 왕성해지므로 엄격한 체중 조절이 필요하다. 1개월에 2kg 이상 늘지 않도록 주의한다.

자궁 압박으로 숨쉬기가 힘들어진다

커진 자궁 때문에 위와 장이 밀려 올라가 식후에 체한 것처럼 답답하게 느껴지기도 하고 때론 숨쉬기조차 힘들어진다. 자궁이나 그 외의 기관들이 전보다 두 배가 넘는 혈액을 필요로 하기 때문에 심장이 평소보다 훨씬 활발하게 움직인다.

코피와 잇몸 출혈이 생기기도 한다

임신부의 심장에서 공급하는 혈액량이 임신하기 전보다 40% 이상 증가한다. 이렇게 증가한 혈액이 작은 부위의 모세혈관에 압력을 가해 코피나 잇몸 출혈 등을 일으킨다.

체중 관리에 신경 쓴다

임신하면 체중이 늘어나는 것은 당연하지만, 증가 속도가 갑자기 빨라지거나 표준 증가량보다 많은 양이 늘어난다면 주의할 필요가 있다. 엄마의 체중이 늘어난다고 해서 태아가 영양분을 많이 섭취하는 것은 아니라는 점을 기억한다.

체중 관리에 각별히 신경 쓴다

체중은 한 달에 2kg 정도 증가하는 것이 이상적이다. 많게는 3kg 이상 증가하는 사람도 있지만, 지나친 체중 증가는 난산이나 거대아, 당뇨병이나 임신중독증의 원인이 되므로 체중 관리에 각별히 신경을 쓴다. 특히 임신 5~6개월쯤 되면 안정기에 접어들어 식욕이 왕성해지므로 출산까지의 목표 체중을 정해놓고 매일 체중을 재서 기록해둔다. 만약 일주일에 0.5kg 이상 증가했다면, 필요한 영양소는 골고루 섭취하면서 탄수화물의 양을 줄이는 방법으로 적당한 다이어트를 시도해보는 것도 좋다.

임신 중에 좋은 운동

- **수영** 수영은 물의 부력으로 몸을 편안하게 만들어주는 운동이다. 또 출산 때 필요한 근육을 단련시키고 고관절을 부드럽게 해주며, 물의 중력 때문에 무릎 관절에도 부담을 주지 않는다. 특히 수영을 하면서 출산을 위한 호흡법을 미리 연습해둘 수도 있다. 평소 수영을 해왔던 임신부라면 의사와 상담한 뒤 임신 중기부터 수영을 시작하는 것이 좋다. 물론 수영 시간은 1시간 이내로 잡아 무리하지 않도록 한다.
- **수중 에어로빅** 수영을 못하는 사람도 쉽게 따라 할 수 있으며, 물의 중력으로 관절에 무리를 주지 않고 운동 효과를 높일 수 있다.
- **걷기** 임신 중 가장 손쉽게 할 수 있는 운동이 바로 걷기다. 걷기는 일상생활에서 늘 이루어지는 것이지만, 운동이 목적이라면 보다 바른 자세와 속도를 유지해야 한다. 걷기는 등을 똑바로 펴고 양손을 자연스럽게 흔들면서 30분 정도 걸었을 때 약간 땀이 밸 정도의 속도로 걷는다. 하루 30~40분만으로도 충분한 운동 효과를 얻을 수 있다.
- **체조** 체조는 학원이나 병원에서 진행하는 임신부 체조 교실을 이용해도 좋지만, 집에서 간단한 체조 동작만 꾸준히 해도 효과가 있다. 체조는 스트레스를 해소하고 비만을 막아주며, 근육이나 관절을 단련시켜 순산하는 데 도움을 준다. 편안한 옷을 입고 바닥에 푹신한 요를 깔고 하며, 하루에 10~15분 정도가 적당하다. 대개 임신 5개월 이후부터 시작하는 것이 좋고, 목욕 후나 몸이 따뜻할 때, 몸의 근육이 이완된 상태에서 하는 것이 효과적이다.

임신 중에 피해야 할 운동

- **자전거** 자전거는 타고 내리는 과정에서 몸이 균형을 잃거나 접촉 사고의 위험이 있으므로 가급적 피하는 것이 좋다.
- **스키와 스케이트** 겨울 스포츠인 스키나 스케이트는 빙판 위에서 미끄러질 위험이 있으므로 삼간다.
- **테니스** 볼을 치는 순간 몸의 균형이 깨져 넘어지기 쉬우므로 조심해야 한다.

여러 가지 철분 제제

- **3가철 제제** 보통의 3가철은 위에서 흡수되지 않지만, 폴리말토오스 복염으로 둘러싸인 제제는 세포 흡수 작용이라는 독특한 작용에 의해 그대로 흡수되어 흡수율이 높고 위장 장애가 없다. 음식물이나 다른 약과의 상호작용도 없어 아무 때나 먹어도 된다.

- **2가철 제제** 황산염, 글루콘산염, 푸마르산염으로 되어 있다. 위나 십이지장에서 흡수될 때 위 점막을 자극해 위장 장애가 있고 흡수율이 낮은 편이다.
- **페리친** 생체철 성분으로 흡수율이 높아 위장 장애가 적은 편이다. 맛이 좋지 않고 구역증이나 메슥거리는 등의 부작용이 있다. 다른 약제와 상호작용이 있어 공복에 섭취해야 한다.
- **철분액제** 우유 단백질로 철분을 둘러싼 형대로 만든 제제. 액체 상태라 흡수율이 높고 위장 장애가 적은 편이다. 맛이 좋지 않고 메스꺼운 느낌 등의 부작용이 있다. 다른 약제와 상호작용이 있어 공복에 섭취해야 한다.

임신 18주 심장의 움직임이 활발해진다

엄마의 몸 대부분의 임신부가 태동을 느낀다. 체중 증가는 4.5~5.5kg이 정상이다.
태아의 몸 몸길이는 12.5~14.2cm, 몸무게는 150g 정도다.

태아의 성장 발달

심장 움직임 활발

심장의 움직임이 활발해지면서 청진기로도 태아의 심장이 뛰는 소리를 들을 수 있다. 또 이 시기부터는 초음파 검사를 통해 심장의 이상을 발견할 수 있다. 아직 태아의 뼈는 대부분 연골이지만, 이 시기부터 점차 단단해진다.

본격적인 태동 시작

자궁 속에 태아가 움직일 공간이 충분해 태아가 다양한 자세로 활동하기 시작한다. 바깥세상의 자극에 민감해지며, 때로는 발로 차거나 찔러 엄마에게 자신의 존재를 알린다.

임신부의 신체 변화

대부분 첫 태동을 느낀다

임신 18~20주가 되면 대부분의 임신부가 태아의 움직임을 느낄 수 있다. 첫 태동은 마치 거품이 부글거리거나 작은 물고기의 움직임 또는 나비의 움직임처럼 느껴진다. 첫 태동을 느끼는 시기는 임신부마다 차이가 있는데, 경산부는 태동을 느끼는 시기가 초산부보다 빠르고, 체중이 많이 나가면 태동을 느끼는 시기도 늦어진다.

직장 압박으로 치질이 생길 수 있다

대부분의 임신부들이 임신 18주 무렵부터 치질로 고생한다. 치질은 태아가 자라면서 직장을 압박해 직장 속의 정맥이 부풀어 오르는 것으로 심하면 항문 밖으로 튀어나온다. 치질이 생기면 항문 부위가 간지럽거나 따끔거리고, 의자에 앉거나 배변 시 출혈이 생기기도 한다. 치질이 있을 때는 얼음주머니를 사용해 가려움을 진정시키거나 의사와 상의해 적절한 치료를 받는다.

지방과 단 음식은 자제한다

지방은 칼로리를 가장 많이 내는 영양소이며, 식물성 지방에는 세포막을 만드는 성분이 포함되어 있으므로 어느 정도는 섭취해야 한다. 그러나 동물성 지방은 태아의 영양에 도움을 주기보다는 섭취 후 바로 임신부의 피하지방에 머물러 비만의 원인이 된다. 임신 중기에는 체중 유지를 위해 지방 섭취를 줄이고, 동물성 지방보다는 식물성 지방을 섭취하는 것이 좋다. 단 음식 또한 비만의 원인이 되므로 한꺼번에 많이 먹지 않도록 주의한다.

철분 제제를 복용한다

임신부의 혈액량이 최고도로 증가하기 때문에 철분 섭취에 각별히 신경 써야 한다. 더욱이 태아는 엄마 몸속에 있을 때 출생 후 수유 시에 필요한 철분까지 저장해둔다는 점을 잊지 말자. 하루에 필요한 철분량은 30mg 정도다. 철분 제제를 복용할 때는 오렌지주스와 함께 먹으면 흡수율이 높아진다. 하지만 우유나 커피, 홍차는 철분의 흡수를 방해하므로 함께 먹지 않는 것이 좋다.

요통을 줄이는 방법

임신 중기부터 임신부에게 가장 흔한 증세가 바로 요통이다. 요통을 완화하기 위해서는 일상생활에서 바른 자세를 취하는 것이 중요하다. 걸을 때뿐만 아니라 서 있을 때도 될 수 있으면 몸을 뒤로 젖히지 말고 등뼈를 똑바로 세운다. 잠잘 때는 딱딱한 매트리스나 요를 이용하고 옆으로 누워 구부린 자세로 자는 것이 허리 부담을 덜어준다. 구부린 무릎 사이에 베개나 방석을 끼고 자면 더욱 편하다.
또 옷은 몸을 차지 않게 할 정도로 입고, 잠자기 전에 따뜻한 물에 가벼운 목욕을 하는 것이 좋다. 통증이 심할 때는 뜨거운 물에 적신 타월로 찜질을 해주는 것도 좋은 방법이다. 임신 중이라고 누워만 있으면 오히려 요통이 생기기 쉽다. 임신부 체조나 수영을 하면 허리나 등 근육이 단련되어 요통이 가벼워진다. 그 외에 임신부 복대나 거들을 착용하면 배가 차가워지는 것을 막고 허리를 든든하게 받쳐주어 요통을 덜 수 있다.

태담 태교를 시작한다

임신 중기에는 태아의 청각이 크게 발달하므로 태담 태교를 시작해본다. 태담 태교는 여러 가지 태교 방법 중 가장 쉽고 효과도 좋다. 수시로 다정하게 말을 걸고 동화책을 읽어주면, 태아는 물론 엄마의 심리적 안정에도 도움이 된다.

태담 태교법

태아의 움직임은 아직 미약해서 겉에서 만져보는 것만으로는 잘 알 수 없지만, 민감한 엄마는 이때부터 아기가 꼬물꼬물 움직이는 것을 느낄 수 있다. 바로 이 시기부터 태담 태교를 하면 효과적이다. 예를 들면 자신의 배를 쓰다듬으면서 이야기를 나누거나 아빠가 동화책이나 동시 등을 읽어준다. 그러면 어느새 뱃속 아기도 엄마 아빠의 목소리에 익숙해진다.

임신 19주 뇌가 가장 크게 발달한다

엄마의 몸 배꼽 아래 1cm 정도에서 자궁이 느껴진다. 옆에서 보면 배가 제법 불러 있다.
태아의 몸 몸길이는 12~15cm, 체중은 200g 정도다.

태아의 성장 발달

뇌가 가장 크게 발달한다

임신 4주부터 발달하기 시작한 뇌와 척수가 이 시기에 가장 크게 발달한다. 근육을 뇌에 연결하는 운동신경원이 발달하면서 태아가 자신의 의지대로 움직인다.

초음파로 보면 태아가 스스로 발로 차고, 구부리고, 뻗치고, 엄지손가락을 빠는 모습을 볼 수 있다.

태아의 표정이 풍부해진다

임신 19주가 되면 태아의 표정이 훨씬 풍부해진다. 이마를 찡그리거나 눈동자를 움직이고 울상을 짓기도 한다.

머리카락이 더욱 굵어지고 숱도 많아진다. 눈꺼풀이 눈동자를 덮고 있지만 망막은 빛을 감지할 수 있어 엄마 배 바깥쪽에서 빛을 비추면 눈이 부셔 미간을 찡그릴 정도가 된다. 눈썹과 속눈썹도 자라기 시작한다.

임신부의 신체 변화

유방이 커지고 유즙이 분비된다

유선이 발달하고 유방이 커져 임신 전에 쓰던 브래지어를 착용하기 힘들다. 무리하게 유두를 압박하면 유선 발달을 막게 되므로 브래지어는 조금 여유 있는 사이즈로 착용한다. 또 아이에게 모유를 먹이기 위한 준비가 진행되면서 유두에서 유즙이 나온다. 피부의 색소 변화가 증가해 유두 색깔이 짙어지고 따끔거리기도 하며 피부 표면의 정맥이 눈에 띄게 두드러져 보인다.

백대하가 증가한다

질에서 희거나 누르스름한 분비물이 흐르는 백대하가 증가한다. 이는 임신 중에 질 주변의 피부나 근육으로 흘러들어가는 혈액량이 늘어나면서 생기는 현상이다. 만약 분비물의 냄새가 심하고 색이 푸르거나 진하면 질이 감염된 것일 수도 있으므로 주의해서 살펴본다. 가급적 면 소재 옷을 입어 자극을 줄이는 것이 좋다.

임신부용 속옷으로 배를 보호한다

임신 중 가장 중요한 것은 태아를 안전하게 보호하는 것이다. 임신부용 속옷은 배를 감싸줌으로써 태아를 보호하고 안정시키는 것은 물론 임신부의 몸매를 예쁘게 보정하는 효과도 있다. 편안하고 여유 있는 사이즈로 선택하는 것이 포인트.

칼슘 섭취에 더욱 신경 쓴다

태아의 뼈가 단단해지는 시기인 만큼 칼슘 섭취가 더욱 중요하다. 임신 중에는 하루에 1000mg의 칼슘이 필요하다. 칼슘은 유제품에 많이 들어 있다.

칼슘을 섭취할 때는 단백질 식품과 함께 먹는 것이 좋다. 칼슘은 흡수율이 20% 정도로 매우 낮지만, 쇠고기나 돼지고기 등 동물성 단백질이 풍부한 식품과 함께 먹으면 흡수율이 높아지기 때문이다. 또 비타민 D가 부족해도 칼슘의 흡수율이 낮아지므로 가공식품이나 인스턴트식품은 피하고, 소금·홍차·커피 등도 먹지 않는 것이 좋다.

임신부용 속옷을 준비한다

배와 가슴이 눈에 띄게 커지고 여러 가지 분비물도 많아지는 시기이므로 속옷 또한 임신부용으로 따로 준비한다. 임신을 하면 출산까지 가슴은 2컵 이상, 허리는 23cm 이상, 몸무게는 10kg 정도 증가한다. 따라서 앞으로 점점 몸 사이즈가 커질 것을 감안해 여유 있는 것으로 준비한다.

복대나 임신부용 거들을 착용한다

임신 중기부터는 복대로 배를 받쳐 안정감을 느끼는 것이 좋다. 복대는 배를 따뜻하게 보호하고 태아의 위치를 바로잡는 데도 도움이 된다. 하지만 복대가 너무 꽉 죄면 혈액순환을 방해하고 정맥류를 악화시킬 수 있으므로 주의해야 한다. 직장생활 등으로 복대를 사용하기 어려운 경우에는 복대 대신 임신부용 거들을 입어도 좋다.

- 임신부용 거들 복부의 피부나 근육의 이완을 예방해 산후에 몸매를 원상회복할 수 있도록 보조해준다.
- 임신부용 고탄력 스타킹 일반 고탄력 스타킹과 달리 크고 무거워진 복부를 압박하지 않고 받쳐 올려주도록 디자인되어 허리와 복부를 편안하게 해준다.
- 임신부용 올인원 근육의 이완을 예방해 산후에도 몸매를 원상회복할 수 있게 해준다.
- 임신부용 팬티 계속 커지는 복부를 충분히 감싸주고 차가워지지 않게 도와준다.
- 임신부용 란쥬 면 등 천연 소재로 되어 있어 터치가 부드럽고 땀 흡수가 잘된다.

임신 20주 감각기관이 크게 발달한다

엄마의 몸 자궁이 배꼽까지 올라간다. 이제부터 자궁이 일주일에 약 1cm씩 자란다.
태아의 몸 몸길이는 14~16.2cm, 체중은 260g 정도다. 피부가 외피와 진피로 나뉜다.

태아의 성장 발달

피지선에서 흰색 태지가 분비된다

태아의 피부는 진피와 외피로 되어 있는데, 임신 20주가 되면 외피가 4개의 층으로 발달하고 두꺼워진다. 피부는 자글자글하고, 피부 표면의 피지선에서는 태지를 분비하기 시작한다. 태지는 흰색 크림 상태의 지방으로 양수 속에 있는 태아의 피부를 보호하고, 출산 때 윤활유 역할을 해 태아가 산도를 부드럽게 빠져나올 수 있도록 도와준다.

감각기관이 발달한다

태아의 감각기관 발달이 절정을 이루는 시기로 보고 듣고 맛을 느끼고 냄새를 맡는 신경세포가 발달한다. 이 시기가 지나면 태아는 사람이 갖추어야 할 신경세포를 모두 갖추고, 이후로는 신경세포의 크기가 커지고 더욱 복잡해진다. 신경이 서로 연결되고 근육까지 발달해 태아는 자기가 원하는 대로 움직일 수 있게 된다. 따라서 몸을 쭉쭉 뻗고, 손으로 무언가를 잡기도 하고, 몸을 회전하기까지 한다.

임신부의 신체 변화

복부 근육이 늘어난다

자궁이 배를 바깥으로 밀어내 배가 더욱 불러오고 허리선은 완전히 없어진다. 배의 압력으로 배꼽이 앞으로 나오고, 배꼽에서 생식기를 따라 생기는 임신선이 더욱 선명해진다. 이제부터 자궁이 일주일에 1cm 정도씩 커져 아랫배에 통증을 느낄 수도 있다.

소변을 자주 본다

자궁이 점점 커지면서 폐, 위, 신장에 압박을 가해 숨이 가빠지고 소화가 잘 안 되며 소변을 자주 본다. 또 자신도 모르게 소변이 새는 증상이 나타나기도 한다. 이럴 경우 팬티라이너 등을 착용하고, 골반 운동을 통해 골반 근육을 강화한다.

튼 살 예방법을 알아본다

복부 근육이 늘어나면서 임신선이 커지거나 튼 살이 생기기도 한다. 튼 살은 임신 중기의 자연스런 현상이지만, 이 때문에 스트레스를 받는 임신부도 있으므로 갑작스런 체중 증가를 피하고 꾸준한 마사지로 미리 예방한다.

튼 살 예방법

튼 살은 일단 생기면 없어지지 않고 출산 후에도 가늘게 흰 선으로 남는다. 튼 살이 생기는 정도는 사람마다 다르고, 이를 완전히 예방할 방법도 없다. 다만 갑자기 체중이 늘지 않도록 조절하면서 튼 살 예방 크림을 이용해 골고루 마사지해주면 어느 정도의 예방 효과는 볼 수 있다.

튼살 예방 크림

1 플라이웰 하이드로리피드 뷰티트리트먼트 플레게오일 임신 중 튼 살이나 출산 전후 피부 관리에 효과적이며 악건성 피부에 특히 좋다.

2 플라이웰 하이드로리피드 보디로션 오일 등과 함께 바르면 특히 건조한 임신부 피부에 효과적이다.

3 플라이웰 센시티브 보디로션 팔꿈치나 무릎 등 특히 건조한 부분을 부드럽게 해줄 뿐 아니라 임신부의 살이 트는 것을 예방해준다.

4 프라젠트라 벨리 크림 임신 후 3개월부터 출산 후 3개월까지 바르면 튼 살 예방뿐 아니라 피부 보습에도 좋다.

5 프라젠트라 벨리 로션 보습 효과가 특히 뛰어나 임신부에 좋으며, 샤워 후 2~3분 내에 온몸에 발라주면 된다.

6 프라젠트라 벨리 오일 임신부들의 손상된 피부를 촉촉하게 해주며 끈적이지 않아 사용감이 산뜻하다.

임신 21주 **태아의 소화기관이 발달한다**

엄마의 몸 자궁은 배꼽 위로 약 1.27cm 정도 올라가고 체중은 5~6kg 정도 늘어난다.
태아의 몸 몸길이는 18cm, 체중은 300g 정도로 큰 바나나 만 한 크기가 된다.

태아의 성장 발달

소화기관이 발달한다

이 시기부터는 태아의 소화기관이 발달해 삼킨 양수에서 물과 당분을 흡수한다. 태아는 양수 안에 들어 있는 수분은 흡수하고 나머지는 대장으로 보낸다. 이처럼 양수를 삼킴으로써 태아의 소화기관이 점점 발달한다.

태아의 피부를 보호하는 태지 분비가 늘어난다

태지가 점점 많이 분비되면서 태아의 몸이 미끈거리는 상태가 된다. 태지는 양수 속에 오랫동안 있어야 하는 태아의 피부를 보호한다.

20주부터 분비되기 시작한 태지는 눈썹 위에 두껍게 쌓여 눈썹이 부드럽게 보인다. 아직 피하지방이 부족해 피부는 여전히 붉고 쭈글쭈글하지만 조금씩 몸통에 살이 오른다.

임신부의 신체 변화

숨쉬기가 힘들다

임신 중기가 되면 호흡이 깊어지고 조금만 움직여도 숨이 찰 정도로 힘들다. 이는 자궁이 폐를 향해 위로 올라가면서 폐를 압박하기 때문이다. 또 임신 중에는 임신 전보다 땀을 많이 흘리게 되므로 심하게 몸을 움직이거나 높은 곳을 오르는 일은 가급적 삼가고, 틈틈이 휴식을 취하는 것이 좋다.

발이 붓거나 종아리에 경련이 생긴다

체중이 임신 전보다 5~6kg 정도 늘어 하반신이 쉽게 뻐근해지고 허리나 등이 아프기도 하며, 밤이 되면 발이 붓거나 종아리에 경련이 일어나기도 한다. 잠자기 전에 종아리를 마사지하거나 통증이 심한 다리의 엄지발가락을 잡아당겼다 놓으면 훨씬 편해진다.

부종과 정맥류가 생긴다

자궁이 20cm나 올라가기 때문에 아랫배가 눈에 띄게 두드러진다. 이처럼 커진 자궁이 혈액순환을 방해하고 정맥을 압박하면서 울혈이 일어나 부종이나 정맥류가 생긴다. 정맥류는 종아리나 허벅지 안쪽, 외음부 등의 혈관이 혹처럼 부풀어 오르고 거무스름해지는 것을 말한다. 이런 현상은 출산하면 자연스럽게 없어진다.

정맥류 예방법을 알아본다

임신부의 배가 점점 커지고 체중이 늘어나면 근육에 부담이 가 정맥류가 생긴다. 평소 적절한 휴식을 취해 정맥류를 예방하고, 일단 정맥류가 생기면 수시로 마사지를 해주는 것이 좋다.

칼로리를 줄이는 조리법

임신부의 식단을 짤 때는 식품의 종류도 중요하지만 조리법에 신경을 써야 한다. 같은 영양소 중에서도 칼로리가 낮은 식품이 있고, 같은 식품이라도 조리법에 따라 칼로리가 달라지기 때문이다. 임신 중 필요한 영양소를 골고루 얻으면서 비만의 원인이 되는 칼로리는 줄이는 방법을 알아보자.

육류

양질의 단백질원인 고기는 어떻게 먹느냐에 따라서 칼로리가 크게 차이난다. 종류별로 살펴보면, 쇠고기와 돼지고기보다는 닭고기의 칼로리가 낮은 편이다. 또 같은 종류의 고기라도 지방이 많은 부위보다는 붉은 살코기를 선택한다. 어쩔 수 없이 지방이 많은 부위를 먹어야 할 때는 조리할 때 지방을 떼어낸다. 달걀도 프라이보다는 삶는 것이 낫다.

어패류

어패류는 저칼로리·고단백 식품으로 알려져 있지만 종류에 따라 육류와 비슷하게 지방이 많은 것도 있으므로 방심해서는 안 된다. 생선 중 칼로리가 낮은 것은 가자미·대구·넙치 등의 흰 살 생선이며, 일반적으로 등 쪽은 단백질 비율이 높고 배 쪽에는 지방이 많다. 조리 방법은 프라이팬보다는 석쇠에 굽는 것이 좋고, 기름을 두르지 않는 팬을 사용하는 것도 좋다.

채소류

채소류는 칼로리가 낮으면서 포만감을 주며, 비타민·무기질·섬유소가 풍부하다. 녹황색 채소와 버섯류, 해조류는 임신 기간 중 많이 먹어도 큰 부담이 없다. 조리 방법은 기름에 볶는 것보다는 샐러드나 무침으로 먹는 게 좋다.

과일류

과일도 임신부에게 권장하는 식품이다. 하지만 의외로 당분이 많아 칼로리가 높은 과일도이 있으므로 주의해야 한다. 대체로 단맛이 강한 바나나·포도·파인애플 등이 칼로리가 높은 편이고, 감귤류나 수분이 많은 수박·자몽·딸기·배 같은 것은 비교적 칼로리가 낮다.

임신 22주 태아의 골격이 완전히 잡힌다

엄마의 몸 갑자기 체중이 늘고 배가 불러 몸매가 흐트러진다. 하지만 아직은 배가 그다지 부르지 않아 크게 힘들지는 않다.

태아의 몸 몸길이는 19cm, 체중은 350g 정도. 눈썹과 눈꺼풀이 생긴다.

태아의 성장 발달

눈꺼풀과 눈썹이 발달한다

태아의 눈꺼풀과 눈썹이 거의 완전히 자라고, 손톱도 길게 자라 손가락 끝을 덮는다. 귀도 완전히 자리를 잡아 외부의 소리에 반응하기 시작한다. 엄마의 혈관에서 혈액이 흐르는 소리, 위에서 음식물이 소화되는 소리 등을 모두 듣고, 자궁 밖에서 나는 소리도 들을 수 있다.

골격과 관절이 발달한다

이 시기가 되면 태아의 골격이 완전히 잡힌다. 엑스선를 찍어보면 두개골, 척추, 갈비뼈, 팔다리뼈 모두 뚜렷이 구분할 수 있다. 관절도 상당히 발달한다. 태아 스스로 얼굴을 쓰다듬고 팔다리를 만지작거리며, 손가락을 빨거나 고개를 숙이기도 한다.

임신부의 신체 변화

혈장 증가로 빈혈을 일으키기 쉽다

임신 중기에는 혈액량이 크게 증가한다. 증가한 혈액량은 임신 중 생리적 빈혈을 일으키는 혈장이 증가한 것으로, 혈장은 임신부의 혈액을 희석시킨다. 혈액의 농도를 헤마토크릿이라고 부르는데, 이 수치는 임신 중기에 가장 낮다. 따라서 임신 중기에는 많은 임신부가 빈혈 증세를 일으키는데, 철분을 충분히 섭취해 빈혈을 예방하는 것이 중요하다.

몸매가 흐트러지고 관절이 느슨해진다

갑자기 늘어난 체중과 커진 자궁으로 인해 몸의 중심이 바뀌고 몸매도 흐트러진다. 또 임신으로 인한 호르몬 분비로 손가락과 발가락을 비롯한 여러 관절이 느슨해진다. 몸 가누기가 힘들어질 수 있으므로 항상 편안한 옷차림을 하고 굽이 낮은 신발을 신는 것이 안전하다.

중기 초음파 검사를 받는다

임신 중에 태아의 상태를 가장 쉽게 알 수 있는 방법이 바로 초음파 검사다. 병원에 따라 정기검진 때마다 초음파 검사를 하기도 하고, 필요할 때마다 초음파 검사를 실시하기도 한다. 초음파로는 외형적인 기형 유무를 확인할 수 있다.

중기 초음파 검사

초음파 검사는 임신부나 태아에게 해로운 영향은 거의 없으며 태아의 성장 발달과 임신 중에 생기는 여러 가지 문제점을 미리 진단할 수 있어 꼭 필요한 검사라고 할 수 있다. 임신 20주가 지나면 정밀 초음파 검사를 통해 태아의 외형적 기형 유무를 확인할 수 있다. 의사는 신체 각 부위를 모니터로 보면서 태아의 발육 상태, 기형 여부, 태반의 위치, 양수의 양을 확인한다.

모유를 먹이면 좋은 이유 10가지

- 모유에는 단백질이나 지방, 유당, 비타민, 미네랄 등 아이에게 필요한 영양소가 골고루 들어 있다.
- 모유는 아이의 건강 상태에 가장 알맞게 만들어져 아이가 쉽게 소화할 수 있다.
- 여러 가지 병에 대한 면역력을 높여준다.
- 초유에는 저항력을 높여주는 글로불린이 많이 함유되어 있어 병으로부터 아이를 보호하며, 배변 활동을 돕는다.
- 모유에는 아이의 뇌 발달에 좋은 DHA가 풍부하다.
- 알레르기의 원인이 되는 알레르겐 등으로부터 아이를 보호한다.
- 엄마와 스킨십을 충분히 할 수 있어 정서 안정에 도움을 준다.
- 아이가 먹고 싶어 할 때 바로 먹일 수 있다.
- 자궁 수축이나 몸의 회복을 돕고, 자연적인 피임이 된다.
- 모유를 먹이면서 열량이 소비되어 체중 감량 효과가 있다.

임신 23주 **신생아의 모습과 비슷해진다**

엄마의 몸 복부가 둥그스름해지고 가려움증을 느낀다.
태아의 몸 몸길이는 20cm, 체중은 450g 정도. 체지방을 저장하기 시작한다.

태아의 성장 발달

신체와 얼굴에 균형이 잡힌다

지방질이 많지 않아 아직 가냘프고 피부도 주름져 있지만, 태아의 모습이 신생아와 비슷해진다. 얼굴에서 입술의 구분이 뚜렷해지며 눈도 어느 정도 발달한다. 눈썹과 눈꺼풀이 자리를 잡고, 잇몸선 아래 치아의 싹이 튼다. 임신 중기에 형성된 치아의 싹은 계속 자라 태어난 뒤 6개월 무렵이면 잇몸 위로 하얀 치아로 돋아난다. 또 호르몬을 생성하는 데 필수적인 췌장도 급격하게 발달한다.

임신부의 신체 변화

가려운증이 심해진다

임신이 진행될수록 배나 다리, 가슴, 등 피부가 몹시 가렵다. 심한 경우 수포가 생겨 습진으로 발전하기도 한다. 임신 중 가려움증은 태반에서 나오는 호르몬이 간에 영향을 미치는 것이 원인이다. 가려움증이 심하면 의사와 상의해 적절한 처방을 받고, 평소 샤워를 자주 해 청결을 유지하는 것이 좋다. 또 자극이 없는 면 소재 옷을 입고 기름진 음식은 피하며 비타민과 무기질이 풍부한 과일이나 해조류를 섭취한다.

감정 변화가 심해진다

배가 불러와 몸의 움직임이 둔화되면 왠지 짜증스럽고 불안해진다. 임신 중의 잦은 감정 변화는 호르몬의 변화가 주원인이지만, 점점 힘들어지는 몸 상태로 인한 스트레스 때문에 생길 수도 있다. 대부분의 여성이 겪는 만큼 임신의 변화를 긍정적으로 받아들이고 편안한 마음으로 출산을 준비하려고 노력해야 한다.

다양한 기분 전환 방법을 찾아본다

임신 중에는 모든 것이 조심스럽기 때문에 함부로 외출이나 여행을 하기가 쉽지 않다. 그렇다고 열 달 내내 집 안에만 틀어박혀 있는 것도 스트레스가 될 수 있다. 위험이 적은 임신 중기일 때 자신에게 맞는 기분 전환 방법을 찾아본다.

여행을 떠나기에 가장 좋은 시기

임신 중 여행을 하기에 가장 적합한 시기가 바로 이때다. 여행 스케줄은 여기저기 다니는 것보다 한 곳에 머무르면서 여유롭게 즐길 수 있도록 짠다. 또 혼잡한 휴일이나 연휴는 되도록 피하고, 교통편 또한 임신부의 움직임이 적은 것으로 선택한다. 승용차를 타고 갈 경우 임신부가 너무 오래 앉아 있지 않도록 자주 차를 세워 휴식을 취한다. 여행을 떠나기 전에는 의사의 진찰을 받고, 만일의 사태에 대비해 보험증과 모자수첩, 여벌의 옷을 준비해간다.

임신 중 배의 크기

임신 중기 이후에는 눈에 띄게 배가 불러온다. 하지만 임신 주수가 같아도 임신부의 체격이나 키에 따라 배의 크기가 다르고, 자궁의 모양이나 복근, 태아의 위치에 따라서도 달라진다. 배의 크기가 반드시 태아의 크기와 비례한다고 볼 수는 없지만, 임신 중기부터는 자궁저의 길이를 재 태아의 크기와 발육 정도를 가늠해볼 수 있다.

자궁저 높이 재기

임신부는 정기검진 때마다 자궁저의 높이를 잰다. 자궁저 높이란 치골에서부터 자궁의 가장 높은 부분까지의 길이를 말한다. 자궁저는 개월 수에 따라 점점 높아지며, 표준 수치의 ±2cm 이내라면 순조롭다고 할 수 있다. 하지만 자궁저가 높다고 해서 태아의 발육이 좋다고 단정할 수는 없다. 태아는 작아도 양수가 많아 자궁저가 높게 나올 수도 있기 때문이다. 또 1개월이 지났는데도 변화가 없는 것 또한 문제가 될 수 있다. 표준 치수 내에서 꾸준히 높아지는 것이 가장 이상적이다.

임신 개월 수	자궁저 높이
4개월 말	12cm
5개월 말	15cm
6개월 말	21cm
7개월 말	24cm
8개월 말	27cm
9개월 말	30cm
10개월 말	33cm

머터너티 교실에 참여한다

배가 커지고 태아의 움직임이 뚜렷이 느껴져 임신과 출산에 대한 궁금증이 많아진다. 최근에는 여러 업체에서 임신부를 대상으로 다양한 주제의 머터너티 교실을 열고 있으므로 이에 적극적으로 참여해보는 것도 좋다. 임신 중 생활 수칙은 물론 다양한 분만법, 산후 관리 정보와 출산 준비물에 대한 정보도 얻을 수 있다. 주말에 남편과 함께 참여해보는 것도 여러모로 의미 있는 시간이 된다.

임신 24주 **소리에 더욱 민감해진다**

엄마의 몸 자궁이 배꼽 위 4~5cm 정도까지 올라간다.
태아의 몸 몸길이는 21cm, 체중은 540g 정도. 태아가 호흡을 위한 준비를 시작한다.

태아의 성장 발달

폐 속의 혈관이 발달한다

태아의 몸무게가 500g 이상 되며, 호흡을 위한 준비로 폐 속의 혈관이 발달한다. 입을 자주 벌려 양수를 마셨다가 뱉고, 탯줄이나 손가락이 입 근처에 있으면 반사적으로 얼굴을 그쪽으로 돌린다. 이런 과정을 통해 태어난 뒤 배가 고프면 엄마의 젖꼭지를 찾는 먹이 반사를 익힌다.

바깥 소리에 더욱 민감해진다

이제 태아는 바깥에서 들리는 소리에 더욱 민감해지고, 웬만한 소리에는 익숙해진다. 이렇게 이미 엄마의 뱃속에서부터 외부 세계를 접하기 때문에 태어난 후에도 일상의 소음에 크게 놀라지 않는다.

임신부의 신체 변화

다리가 저리거나 쥐가 난다

체중이 많이 증가해 몸을 지탱하는 다리에 무리가 가기 때문에 다리 근육의 피로가 심해진다. 불러오는 배가 대퇴부 정맥마저 압박해 다리에 쥐가 나거나 저리기도 한다. 이런 증상은 특히 밤에 잠을 자다가 많이 일어나는데, 갑작스런 다리 통증으로 잠에서 깨는 경우도 많다. 돌아눕거나 다리를 쭉 펴기만 해도 심한 통증과 함께 근육이 꼬이는 것처럼 아프다.

양치질할 때 피가 난다

임신 중에는 호르몬 분비로 잇몸이 부어올라 이를 닦을 때 쉽게 피가 난다. 따라서 되도록 부드럽게 양치질을 하는 것이 중요하다. 임신 중에 치아 관리를 제대로 하지 않으면 출산 후 치아가 더욱 나빠진다. 잇몸 출혈 외에 코 막힘이나 코피 등의 증상이 나타나기도 한다.

임신 성 당뇨병 검사를 받는다

임신하면 받는 여러 검사 중 기본이 임신성 당뇨병 검사다. 임신 중 당뇨는 태아와 임신부에게 위험한 상황을 야기할 수 있으므로 반드시 기간 내에 검사하고, 문제가 있을 경우 적절한 처방을 받도록 한다.

임신성 당뇨병 검사

임신 24~28주 사이에는 병원에서 포도당 검사를 받아야 한다. 임신부에게 생길 수 있는 고혈당 상태인 임신성 당뇨병을 체크하기 위해서다. 임신성 당뇨병은 전체 임신부의 5~6% 정도 발생하는 임신 합병증으로 다른 당뇨병과 달리 출산 후 대부분 없어지지만, 임신 중에는 태아나 산모의 건강을 해칠 수 있다. 임신 전에 당뇨병이 없었다 하더라도 임신 후에 생길 수 있으므로 반드시 검사해야 한다. 임신성 당뇨병이 확인되면 식이요법과 운동으로 당뇨를 조절하고, 심할 경우 약물 치료를 병행한다.

- 원인 인슐린은 췌장에서 분비되는 호르몬으로 세포가 음식을 활용 가능한 과당이나 포도당으로 바꾸도록 만들어준다. 이 인슐린이 임신 중 제대로 기능하지 못할 때 임신성 당뇨병에 걸린다. 태아가 자라기 위해서는 포도당이 필요하지만 지나치게 많은 포도당은 너무 크게 자라게 한다. 아이가 크면 정상 분만이 어려워 제왕절개로 아이를 낳아야 하는 위험 부담이 생기며, 아이가 황달이나 호흡 질환 문제를 겪을 수 있다.
- 검사 방법 우선 김빠진 음료수 맛이 나는 특별한 설탕 용해제를 마신다. 1시간 후에 피를 뽑아 혈당의 농도를 잰다. 만약 그 농도가 기준치에서 벗어나면 더 확실한 결과를 얻기 위해 보다 정밀한 포도당 내성 검사를 한다. 하지만 포도당 검사에서 당 농도가 높은 여성 중 약 85%가 포도당 내성 검사에서는 정상 기준치로 돌아온다.

임신성 당뇨병에 걸릴 확률이 높은 경우

- 이전 임신 때 임신성 당뇨병이었던 여성.
- 거대아를 출산한 경험이 있는 여성.
- 비만 여성.
- 고령 여성.
- 고혈압인 여성.
- 형제자매나 부모가 당뇨병에 걸린 여성.

음악 태교를 시작한다

태아의 청각이 완성되고 바깥에서 들리는 소리에 민감해지는 시기이므로 본격적인 음악 태교를 시작하는 것이 좋다. 특히 태아는 클래식 음악이나 경음악을 좋아한다고 하는데, 놀랍게도 음악의 빠르고 느림에 따라 움직임이 달라진다. 평소 밝고 부드러운 음악을 틀어놓고 휴식을 취하거나 집안일을 하면 더욱 효과적이다.

임신 25주 태아 피부가 불투명해진다

엄마의 몸 자궁이 상당히 커져 배꼽과 흉골 아래까지 올라간다. 자궁의 크기는 축구공만 해진다.
태아의 몸 몸길이는 22cm, 체중은 700g 정도. 폐에서 계면활성제가 만들어진다.

태아의 성장 발달

피부가 불그스름해지며 불투명하게 변한다

지난주에 비해 몸무게가 100g 이상 늘어난다. 태아의 두뇌 세포가 하루가 다르게 자라고 키도 쑥쑥 커서 자궁 안의 빈 공간을 점차 메워간다. 아직 지방질이 없어 주름이 많지만, 피부에도 변화가 일기 시작한다. 혈관이 다 비칠 정도로 투명했던 피부가 점차 불그스름한 빛을 띠면서 불투명해지기 시작하는 것. 태아의 온몸은 지방으로 덮여 있고, 피부를 덮고 있는 솜털 같은 배내털은 모근의 방향에 따라 비스듬하게 결을 이룬다.

임신부의 신체 변화

배·허벅지 등에 보라색 임신선이 나타난다

배와 엉덩이 그리고 가슴에 보라색 줄무늬가 나타난다. 피부는 늘어나는데 피하지방이 이를 따라가지 못해 모세혈관이 파열해 생기는 것이다. 임신선은 크림이나 로션으로는 없어지지 않는다. 이는 임신 중에 전형적으로 나타나는 현상이며, 출산 후에는 점점 엷어지므로 크게 걱정할 필요 없다.

눈이 건조해진다

눈이 빛에 민감하게 반응하고 마치 모래가 들어간 것처럼 깔깔하거나 건조한 느낌이 든다. 이는 임신 중에 흔히 나타나는 증상으로 크게 걱정할 필요 없지만, 증세가 심할 경우 인공 눈물을 사용해 눈에 수분을 공급하는 것이 좋다.

피부 관리에 세심한 신경을 쓴다

임신부라고 해서 흐트러진 모습을 보이는 것은 금물. 오히려 임신 전보다 더욱더 미용과 옷차림에 신경을 써야만 출산 후에도 예전 모습으로 돌아갈 수 있다. 태아를 위한 영양 섭취와 태교만큼이나 자신을 위한 외적 관리도 중요하다.

임신 중의 피부와 머리 손질

임신 중에는 호르몬의 영향으로 피부가 거칠어지고 여드름, 잡티 등이 생기기 쉽다. 이러한 피부 트러블은 대부분 아이를 낳고 나면 해소되지만, 피부가 거칠어지거나 기미·주근깨·가려움증 등은 출산 후에도 없어지지 않고 골칫거리로 남는 경우도 많다. 임신 중에는 자주 세안을 하고, 적당한 수분과 유분을 보충한다. 또 임신 중에는 색소가 침착되는 일이 많으므로 직접 직사광선을 쏘이지 않도록 주의하고, 외출할 때는 자외선 차단 크림을 바른다. 또 임신을 하면 머리카락이 짙어지고 머리숱이 많아지기도 한다. 평소 규칙적으로 트리트먼트제를 사용해 머리카락이 거칠어지는 것을 막고, 배가 더 부르기 전에 출산에 대비해 머리 손질을 해둔다.

비만 예방을 위해 임신부 체조를 꾸준히 한다

임신 중에는 충분한 휴식을 취하는 것도 중요하지만, 비만이 되지 않도록 운동도 꾸준히 해야 한다. 특히 임신 후기에 이르면서 체중이 급격히 늘고 요통 등 임신으로 인한 부작용도 심해지므로 운동을 게을리 해서는 안 된다. 임신부 체조나 수영은 요통을 예방할 뿐 아니라 출산할 때 사용하는 각종 근육을 단련시켜 순산에 도움을 준다.

임신 26주 폐 속에서 폐포가 발달한다

엄마의 몸 자궁은 매주 1cm씩 커지고, 체중은 7~9kg 정도 늘어난다.
태아의 몸 몸길이는 23cm, 체중은 900g 정도다.

태아의 성장 발달

시신경이 작용한다

복부 한쪽 끝에서 다른 끝으로 손전등을 이동시켜보면 태아의 머리가 빛을 따라 움직인다. 이는 태아의 시신경이 작용하고 있다는 의미다. 피부는 여전히 주름이 많고 붉지만, 피하지방이 피부를 채우면서 두꺼워지고 색이 옅어진다. 또 눈썹과 속눈썹, 손톱이 짧지만 완전한 모양을 갖춘다.

호흡을 시작한다

태아의 폐 속에서 폐포가 발달하기 시작한다. 폐포는 태어나서 여덟 살이 될 때까지 계속 증가한다. 폐포 주위엔 태아에게 필요한 산소를 흡수하고 이산화탄소를 방출할 혈관이 기하급수적으로 늘어난다. 콧구멍도 열려 태아는 이제 스스로 자신의 근육을 사용해 숨 쉬는 흉내를 내기 시작한다. 하지만 아직 폐에는 공기가 없기 때문에 실제로 공기로 숨을 쉬지는 못한다.

임신부의 신체 변화

갈비뼈에 통증이 느껴진다

태아가 성장하면서 자궁이 점차 커진다. 임신 7개월째는 자궁 크기가 약 35cm나 돼 갈비뼈를 밀면서 위로 5cm나 올라가고, 이러한 압박을 이기지 못해 맨 아래쪽 갈비뼈가 바깥쪽으로 휘어 통증이 생긴다. 자궁은 위장도 압박해 소화가 잘 안 되고 속이 쓰리기도 한다. 자궁 근육이 확장되면서 아랫배가 따끔거리는 통증도 느낀다.

몸의 중심이 앞으로 쏠린다

배가 커지면서 등과 허리를 곧게 펴고 서면 몸의 중심이 앞으로 쏠려 체중을 지탱하기 위해 상체를 뒤로 젖히게 된다. 이때 체중, 등과 허리 근육의 무게가 허리에 더해져 요통의 원인이 된다. 항상 바른 자세를 하고, 평소 산책이나 요통 방지 체조로 몸을 튼튼히 이완시켜주는 것이 좋다.

잠자면서 가위에 눌리기도 한다

임신이 진행되면서 많은 임신부가 무서운 꿈을 꾸거나 가위에 눌리기도 한다. 이는 무의식적으로 임신에 대한 불안, 엄마가 된다는 사실에 대한 두려움을 느끼기 때문이다. 어디론가 이리저리 뛰어다닌다거나 아주 높은 곳에서 떨어지는 꿈을 꾸기도 하는데, 크게 걱정할 필요는 없다. 마음을 안정시키고 긍정적인 생각을 많이 하기 위해 노력하는 것이 바람직하다.

임신중독증을 주의한다

임신 중 가장 무서운 합병증이 바로 임신중독증이다. 대개 임신 후기에 많이 발병하지만, 임신 중기부터 식습관 개선과 적절한 운동을 통해 체중을 관리할 필요가 있다. 임신중독증 증상이 나타나지 않는지 평소에 세심하게 관찰한다.

임신중독증 예방

몸이 임신에 적응하지 못해 생기는 것이 임신중독증이다. 대개 임신 후기에 많이 발병하지만, 임신 중기부터 꾸준히 건강관리를 하는 것이 중요하다. 임신중독증에 걸리면 태아가 미숙아로 태어날 가능성이 높으며, 중증일 경우 태아는 물론 임신부도 생명을 잃을 수 있다.

임신중독증의 대표적인 증상은 고혈압, 단백뇨, 부종으로 임신 20주 이후 서서히 나타나거나 한꺼번에 나타나기도 한다. 임신중독증을 예방하기 위해서는 여러 가지 방법이 필요하지만, 특히 임신 중기에는 적당한 식이요법과 꾸준한 운동으로 체중 관리를 철저히 하는 것이 좋다.

동물성 지방 섭취에 주의한다

우리 몸속에 들어가 에너지원으로 쓰이는 것은 단백질, 지방, 탄수화물이다. 이 중 단백질은 태아의 몸을 만드는 영양원이므로 반드시 필요한 양을 섭취하고, 탄수화물과 지방 식품으로 열량을 조절해야 한다. 그러나 동물성 지방은 분자가 커서 태반을 뚫고 들어가 태아에게 도달하지 못하기 때문에 태아의 영양원으로 이용되는 것이 아니라 모체의 피하지방으로 쌓여 비만의 원인이 된다. 음식을 만들 때는 버터보다 마가린이나 식용유를 쓰고, 육류는 기름이 적은 살코기를 먹는 것이 좋다. 또 음식을 튀기거나 볶지 말고, 한 번 사용한 기름은 다시 사용하지 않는다.

설탕이 많이 든 간식을 삼간다

임신 중 문제가 되는 음식 중 하나가 바로 설탕이다. 단 음식은 영양소에 비해 칼로리가 너무 높기 때문이다. 따라서 간식으로 단 음식은 먹지 않는 게 좋다. 당분이 너무 많은 과일도 조심한다. 대신 우유나 설탕이 적게 든 플레인 요구르트, 과일 등을 먹는다. 이런 식품은 간식거리도 되지만 단백질과 칼슘이 풍부해 태아에게 필요한 양질의 영양을 공급한다.

임신 27주 태동이 심해진다

엄마의 몸 자궁이 배꼽 위 7cm까지 올라가고, 자궁저의 높이가 27cm 정도 된다.
태아의 몸 체중은 약 900g~1kg, 머리끝에서 둔부까지의 길이는 24cm, 발끝까지의 길이는 30cm 정도다.

태아의 성장 발달

시각과 청각이 발달한다

태아의 눈꺼풀이 완전히 형성되고 눈동자가 만들어져 눈을 뜨기 시작한다. 동공은 출생 후 몇 달이 지나야 본래의 색깔을 띤다. 앞을 보거나 초점을 맞추기도 한다. 또 귀로 가는 신경망들이 완전해져 소리에 일정하게 반응한다.

엄마와 감정을 함께 느낀다

신체의 거의 모든 부분이 전부 형성된 만큼 감정의 변화도 생긴다. 이제 태아는 엄마의 감정을 함께 느낀다. 엄마가 우울하면 태아도 울적해지고, 엄마가 기분이 좋고 즐거우면 아기도 덩달아 즐거워한다.

임신부의 신체 변화

태동이 점점 심해진다

임신 후기에 접어들면서 태동이 심하게 느껴진다. 태아는 이제 발차기를 강하게 하고, 위아래로 움직이며 논다. 태동은 개인차가 심하므로 횟수나 정도에 크게 신경 쓸 필요는 없다. 일반적으로 많이 움직이는 태아가 건강하며, 태동이 적을 경우 심박동 체크로 태아의 건강 상태를 확인할 수 있다.

혈압이 약간 올라간다

이 시기에는 혈압이 약간 올라가기도 하는데 크게 걱정할 필요는 없다. 하지만 갑자기 몸무게가 늘거나 사물이 희미하게 보이고 손발이 붓는다면 임신중독증을 의심해볼 필요가 있다. 이와 같은 이상 증세가 있을 때는 즉시 담당 의사에게 진찰을 받아본다.

조산 위험이 있는지 살펴본다

임신을 준비하는 여성은 평소 규칙적이고 바른 생활 습관을 갖기 위해 노력해야 한다. 아직 임신이 성립된 것은 아니지만, 미리미리 몸과 마음을 깨끗하게 준비하고 계획 임신을 시도하는 것이 바람직하다.

조산을 예방하는 생활 습관

조산을 완전히 예방할 방법은 없다. 하지만 임신부가 무리하면 조산할 수도 있으므로 더욱 조심해야 한다.

- 충분한 휴식과 수면을 취한다.
- 스트레스가 쌓이지 않도록 주의한다.
- 심한 운동은 피한다. 임신 중에 운동을 심하게 하면 자궁 수축이 일어날 수 있다. 운동을 해도 무방한 임신부라도 컨디션이 좋지 않으면 하루 쉰다. 하지만 산보나 임신부 체조 같은 가벼운 운동은 기분을 상쾌하게 하고 체력을 증진시키므로 꾸준히 하는 것이 좋다.
- 배가 땅길 때는 언제라도 누워서 쉰다.
- 임신중독증에 걸리지 않도록 너무 짜게 먹지 않는다.
- 영양분이 충분한 음식을 골고루 섭취한다.
- 배를 압박하는 일은 하지 말고, 무거운 물건을 들지 않는다.
- 감염되지 않도록 외음부를 항상 청결히 한다.
- 걱정되는 증세가 있을 때는 반드시 병원을 찾는다.

자궁경관무력증

임신 중기의 유산은 모체에 원인이 있는 경우가 많다. 주로 자궁 발육 불완전·당뇨병·자궁경관무력증·갑상선 질환 등이 원인이 되는데, 그중 가장 빈번하게 발생하는 것이 바로 자궁경관무력증이다. 자궁은 태아가 있는 체부, 체부와 질을 연결하는 경관으로 이루어져 있다. 이 경관이 자궁 수축이 없는데도 출산할 때처럼 열리는 것을 자궁경관무력증이라고 한다. 통증 없이 파수되거나 정도 이상으로 경관이 이완돼 유산이 되기도 한다. 하지만 치료 시기를 잘 잡으면 임신 유지가 가능하다. 임신 중기의 유산 경험이 있거나 조산한 경험이 있는 사람은 임신 4개월 무렵 경관아 벌어지지 않게 묶는 수술을 한다. 20~30분이면 끝나는 비교적 간단한 수술이다.

임신 37주부터는 정상 출산이 가능하므로 이때쯤 수술했던 실을 뽑으면 자연적인 출산이 진행된다. 하지만 수술을 한다고 100% 유산이 안 되는 것은 아니므로 출산 때까지 무리하지 않도록 각별히 신경을 써야 한다.

양수에 대한 궁금증

양수의 성분

임신 초기 양수는 태아를 둘러싸고 있는 양막에서 나오는 분비액으로 만들어진다. 이때의 양수는 생리 식염수와 비슷하고 거의 무색이며, 온도는 체온과 거의 비슷하다. 임신 후기에는 태아의 소변이 양수의 주성분이며 태아의 피부·태지(胎脂)·배냇머리 등이 섞여 색깔이 탁해진다. 또 태아가 자랄수록 양수의 양도 점점 늘어나고, 임신 34주 무렵에 700~800㎖로 최대가 되었다가 다시 감소한다.

양수의 역할

외부 충격으로부터 태아를 보호한다

태아를 감싸고 있는 피막은 바깥쪽부터 탈락막·융모막·양막으로 형성되어 있고, 양막강에는 액체가 가득 차 있는데 이것이 바로 양수다.
양수는 외부 충격으로부터 태아를 안전하게 보호하는 역할을 한다. 양수가 쿠션 역할을 하기 때문에 배에 충격을 받아도 태아는 직접적인 영향을 받지 않으며, 태아가 움직일 때도 완충 작용을 해 엄마의 고통을 덜어준다.

태아 발육에 도움을 준다

양수는 태아의 몸이 골고루 발육하는 데도 꼭 필요하다. 태아는 양수에 떠 있기 때문에 팔다리를 자유롭게 움직일 수 있다. 특히 양수는 태아의 근육과 골격계 발육, 위장관 발육에 영향을 주며, 폐의 발육과 성숙을 도와 태어났을 때 스스로 공기를 흡입할 수 있도록 해준다. 따라서 양수가 충분하지 않으면 태아 몸에 변형이 생기거나 신체 일부가 유착될 수 있으며 폐의 발육 및 형성에 장애가 생긴다.

항균 작용과 체온 유지 역할을 한다

양수는 감염을 줄이는 항균 작용과 태아의 체온을 일정하게 유지시키는 역할을 한다. 또 태아가 움직일 때 탯줄의 압박을 받지 않도록 태아에게서 탯줄을 떼어놓는 역할도 하고, 태반이 떨어져나가는 것을 막기도 한다.

분만 시 윤활유 역할을 한다

분만할 때는 양수가 터지면서 자궁문이 열린다. 양수는 태아가 쉽게 빠져나올 수 있도록 윤활유 역할을 한다.

양수가 많다(양수과다증)

증상

양수과다증은 양수가 병적으로 불어나는 현상을 말한다. 양수가 너무 많으면 태아의 위치를 알기 어렵고, 심음을 듣기 어려우며, 임신부의 복부 불편감이 심해지고 숨쉬기가 괴롭다. 자궁이 아주 커져서 중요한 정맥을 압박해 복부, 외음부, 다리에 부종을 일으키기도 한다. 양수과다증이 있는 경우 일반적으로 조기 진통과 조기 파수 위험성이 그만큼 높아지는 것으로 알려져 있다.

원인

쌍태아수혈증후군, 태아의 기형과 유전성 질환, 모성 당뇨, 태아의 적혈구에 대해 임신부가 항체를 갖고 있는 경우, 태아 감염이 있는 경우 등이 양수과다증의 원인으로 밝혀졌으나 60% 정도는 아직 원인을 알 수 없다. 양수과다증인 경우 기형아 발생률은 15~20%인데, 염색체 이상이 흔하며 신경 근육에 장애가 올 수도 있다. 특히 태아가 무뇌증이거나 식도가 막힌 경우의 절반이 양수과다증을 동반한다. 중추신경에 결함이 있으면 노출된 태아의 뇌막을 통해 액체가 흘러나와 양수 과다의 원인이 되며, 뇌가 보호막을 상실한 탓에 항이뇨호르몬이 결핍되어 오줌을 지나치게 많이 누게 된다.

치료

임신 중기에 발생한 가벼운 양수과다증은 저절로 낫는 경우가 많다. 양수과다증으로 임신부가 불편을 겪더라도 의사는 대개 진통이 시작되거나 양막이 저절로 파열될 때까지 특별한 치료 없이 위험한 상태에 대비해 관찰한다. 임신부에게 호흡 곤란이나 복통, 보행 장애가 있으면 입원해야 하는데, 호흡 곤란과 자궁 수축이 심할 때는 양수를 일부 뽑아내 자궁 압력을 낮추기도 한다. 이때 태반 조기 박리나 양막 파열, 양막 감염 같은 합병증을 불러올 수 있으므로 주의한다.

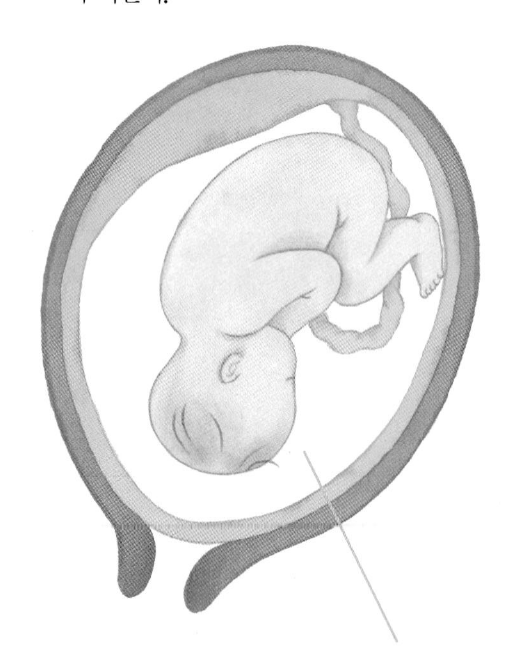

양수는 태아의 발육에 도움을 주는 것은 물론 외부의 충격으로부터 태아를 보호하 는 쿠션 역할을 한다.

양수가 적다(양수과소증)

증상

양수가 거의 없거나 정상보다 훨씬 적은 경우를 양수과소증이라 한다. 양수의 양이 적으면 배가 작아 보이는데, 대개의 양수과소증은 정상적인 임신의 진행을 보이던 임신부의 마지막 2~3주 무렵에 흔히 나타난다. 양수의 양은 초음파를 통해 알 수 있으며, 임신 초기에 양수가 적으면 태아에게 심각한 영향을 주어 근육과 골격에 기형이 생길 수 있다. 임신 중기에 양수과소증이 발견되면 태아의 요로계 기형과 조기 파수를 의심해보아야 한다. 특히 임신 16~28주에 양수과소증이 발생하면 폐 발육에 큰 영향을 미치고, 임신 후기에 양수과소증이 발생하면 태아가 탯줄에 눌려 위험할 수 있다.

원인

양수과소증의 원인은 아직 정확하게 밝혀지지 않았다. 대개 태아의 요로가 막히거나 신장 기형으로 태아가 소변을 보지 못할 때, 양막 결함 등으로 양수가 만성적으로 누출되거나 예정일이 지났는데도 출산하지 못할 때 나타난다. 태반을 통해 태아에게 공급되는 혈액이나 영양이 부족할 때도 양수가 감소한다.

치료

임신 후기에 발생한 양수과소증은 분만을 진행하는 것이 원칙이다. 산전 검사 중 만삭이 아니더라도 태아가 태어나서 살 수 있을 만큼 충분히 성숙한 경우에는 유도 분만을 시도하거나 제왕절개를 하는 것이 좋다. 예정일을 넘긴 과숙아의 경우 양수가 줄어드는 경향을 보이는데 이때도 유도 분만이나 제왕절개를 해서 아이를 태어나게 해주는 편이 유리하다. 양수가 적은 환자의 경우 분만 진통 중 태아의 심장박동 수가 감소하는 빈도가 더 흔한데 이런 경우 제왕절개를 하는 것이 좋다. 임신 중기에 발생하는 양수과소증일 때 기형아의 비율은 15~25%에 이르므로 정밀 초음파 등의 검사를 받아 보아야 한다. 양수를 늘리는 약이나 특별한 음식은 아직까지 알려진 것이 없다. 탈수 및 과로는 양수를 감소시킬 수 있으므로 충분한 수분을 섭취하도록 한다.

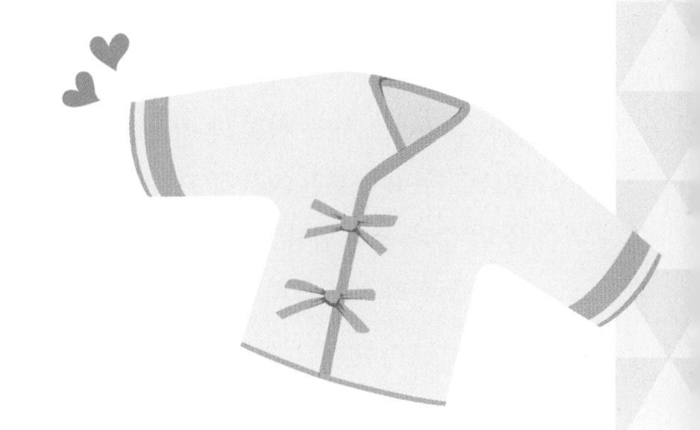

임신 중기 걱정하지 않아도 되는 증세들

임신 중기 다양한 증상

임신 중기 역시 다양한 임신 증상이 나타난다. 대부분 출산 후에는 낫는 증상들이지만, 사람에 따라 정도가 심해 괴로움을 호소하기도 한다. 임신 중기에 흔히 겪는 증상들과 예방 및 치료법을 알아본다.

Case 1 허리가 아프다

요통은 정도의 차이는 있지만 임신부라면 누구나 겪는 증상이다. 임신 중에 생기는 요통은 대부분 커진 자궁의 무게가 골반과 등뼈에 부담을 주는 것이 직접적인 원인이고, 호르몬이나 자율신경의 변화가 원인이 되기도 한다. 요통은 생활 태도나 키, 체중, 근육 상태 등 여러 가지 조건에 따라 정도의 차이가 있다. 하지만 바른 자세로 생활하면서 근육을 단련하면 어느 정도 예방할 수 있다. 따라서 평소 걷거나 앉을 때 등뼈를 똑바로 하고, 잠잘 때 딱딱한 요를 사용하고, 옆으로 누워 구부린 자세로 자는 것이 허리에 부담을 덜 준다. 특히 임신부 체조나 수영 등을 꾸준히 하고 요통 완화 체조를 하면 도움이 된다.

Case 2 손가락과 팔목이 저리고 아프다

임신 중기가 되면 손가락이나 손목이 부으면서 저리고 통증이 오기도 한다. 특히 아침에 일어나서부터 오전 사이에 증세가 심하다. 때로는 통증 때문에 손을 꽉 쥐기도 힘들고 손가락을 쭉 펼 수도 없는데, 이는 임신으로 인한 전신 부종이 손목을 따라 움직이는 신경 주위에 일어나 손목과 손가락 신경이 가볍게 마비되기 때문이다. 이 같은 현상은 일시적인 것으로 출산 후 부종이 사라지면 자연스럽게 해소되며, 염분과 수분의 양을 줄이고 손목이나 손가락 운동, 마사지를 꾸준히 해주면 통증 완화에 도움이 된다.

Case 3 변비가 심하다

임신 기간 중에는 변비에 잘 걸린다. 황체호르몬이 장의 움직임을 둔화시키거나 자궁이 점점 커지면서 장을 압박해 대장의 움직임을 어렵게 하기 때문이다. 그 외에도 불규칙한 생활이나 운동 부족, 편식이 변비의 원인이 되기도 한다. 변비를 예방하기 위해서는 무엇보다 섬유질이 풍부한 식사를 하는 것이 중요하다. 아침 식사는 반드시 챙겨 먹고, 아침에 일어나서는 가볍게 체조를 한다. 또 아침 공복에 우유나 냉수 한 컵을 마시는 것도 변비 해소에 도움이 된다. 변비약보다는 유산균 제제를 복용하는 것이 좋다.

Case 4 치질이 생긴다

임신과 출산 과정을 거치면서 흔히 겪는 것 중 하나가 치질이다. 치질은 커진 자궁이 주위의 혈관을 압박해 혈액순환을 방해하며 생기는 것으로, 처음에는 배변 때 피가 살짝 묻어 나오는 등 증세가 가볍다가 점점 증세가 악화되어 탈항(항문의 점막이 밖으로 빠져 나오는 것) 상태가 되기도 한다. 치질은 한 번 생기면 치료를 해도 재발하는 경우가 많으므로 미리미리 예방하는 것이 중요하다. 평소 변비에 걸리지 않도록 조심하고, 하반신의 혈액순환을 촉진할 수 있는 운동이나 마사지를 꾸준히 한다. 임신 중에도 치질 치료가 가능하므로 의사와 상담하고, 평소 집에서 좌욕을 하는 것도 도움이 된다. 치질은 분만 후 회복되는 경우가 많으므로 임신 중에 평가하기보다는 분만 한두 달 후 상태를 다시 평가한다.

Case 5 정맥류가 생긴다

임신 중에는 무릎 뒤편과 허벅지 안쪽, 발목, 외음부 질벽, 항문에 정맥류가 생기기도 한다. 자궁이 점점 커지면서 대정맥을 압박해 혈액의 흐름이 원활하지 못하고 정체된 혈류에 의해 정맥이 확대되기 때문이다. 그러나 출산 후에는 거의 없어지므로 크게 걱정할 필요는 없다. 정맥류를 예방하려면 오랜 시간 같은 자세를 취하지 말고, 휴식을 취할 때 다리를 조금 높이 두고, 지나치게 살이 찌지 않도록 주의한다.

Case 6 배가 몹시 가렵다

임신 중기에 들어서면 가슴이나 배가 심하게 가려우면서 오톨도톨한 것이 돋기도 하고 피부가 꺼칠꺼칠해지기도 한다. 이처럼 피부가 가려운 원인은 정확히 밝혀지지 않았지만, 태반에서 나오는 호르몬이 간에 영향을 미쳐 발생하는 것으로 알려져 있다. 평소 샤워나 목욕을 자주 해서 피부를 항상 청결하게 하고, 감촉이 좋은 면으로 된 속옷이나 옷을 입는다. 너무 가려워서 참을 수 없을 정도라면 의사와 상담해 치료를 받는 것이 좋다.

Case 7 어지럽다

임신 초기의 어지럼증은 대부분 혈액량 증가로 인해 생기며, 임신 후기에는 커진 자궁이 하반신 대정맥의 흐름을 방해해서 심장의 힘이 떨어져 어지럼증을 느끼는 경우가 많다. 철분 부족으로 빈혈이 생겨 어지러움을 느낄 수도 있다. 일시적으로 어지럼증이 있을 때는 공기를 환기시키고 편안하게 누워 휴식을 취한다. 만약 철분 부족으로 인해 빈혈 증세를 보일 때는 의사의 지시에 따라 철분 제제를 복용하고, 철분을 많이 함유하고 있는 식품을 충분히 섭취한다. 철분제는 소화불량, 변비 등의 증상을 일으킬 수 있는데, 증상이 심해 철분제를 복용하기 힘든 경우 의사와 상의해 액상 철분제를 복용하거나 주사제로 교체하는 것을 고려할 수 있다.

| 임신 중의 흔한 증상, 자가 치료법

증상	자가 치료법
요통	남편에게 등 아랫부분 마사지를 부탁한다. 임신 중에는 굽이 낮은 신발을 신고, 무거운 물건은 들지 않는다.
변비	하루에 최고 6~8잔 이상의 물을 마신다. 신선한 채소와 섬유질이 풍부한 음식을 많이 먹는다. 유산균 제제를 복용한다.
현기증	의자에 앉아서 머리가 무릎 사이에 오도록 몸을 굽힌다. 누울 때는 머리보다 발을 높이 둔다.
소화불량	한 번에 많이 먹기보다는 조금씩 자주 먹어 위를 가득 채우지 않는다.
부종	얼굴, 손, 발목을 자주 체크해 부종이 생겼는지 확인한다.
체중 증가	갑작스런 체중 증가는 임신중독증일 수 있으므로 바로 병원에 가서 진찰을 받는다.
불면증	잠자기 전에 라벤더 오일로 느긋하게 향기 목욕을 한다. 항상 시원하고 조이지 않는 잠옷을 입는다. 따끈한 캐모마일 차나 우유를 마시면 숙면에 도움이 된다.
유방 통증	신체의 균형을 유지하는 데 도움이 되는 임신부용 브래지어를 착용한다. 젖꼭지가 마르면 식용유나 올리브유를 바른다.
정맥류	정맥이 비정상적으로 늘어진 상태. 다리와 발을 되도록 높이 들어 올려 쉬게 한다. 아픈 부위는 마사지하지 않는다.
수분 저류	수분이 몸 밖으로 배출되지 않고 쌓이는 증상. 알코올 섭취는 절대 삼가고, 발을 쉬게 해 혈액순환이 원활하게 해준다.
임신선	체중이 갑작스럽게 증가해 유방과 배 위에 붉은색이나 갈색 줄무늬가 생긴다. 튼 살 방지용 크림이나 오일로 마사지하면 예방에 도움이 된다.

임신 중기에 나타나는 이상 증세

자궁경관무력증

자궁은 태아가 있는 체부, 체부와 질을 연결하는 경관으로 이루어져 있는데, 이 자궁경관이 자궁 수축이 없는데도 출산할 때처럼 열리는 것을 자궁경관무력증이라고 한다. 자궁경관무력증은 임신 중기 유산의 대표적인 원인으로 미리 발견해 적절한 치료를 하는 것이 중요하다.

증상

자궁경관무력증의 정의는 조기 진통이나 양수가 터지는 등의 이상 증상 없이 자궁의 입구인 경관이 이완되어 열리는 경우를 말한다. 아랫배가 묵직하거나 밑이 빠지는 느낌이 드는 경우, 분비물이 증가하거나 출혈이 약간 있는 경우도 있으나 증상 없이 진행하는 경우도 많다. 하지만 치료 시기를 잘 잡으면 출산 때까지 임신 유지가 가능하다.

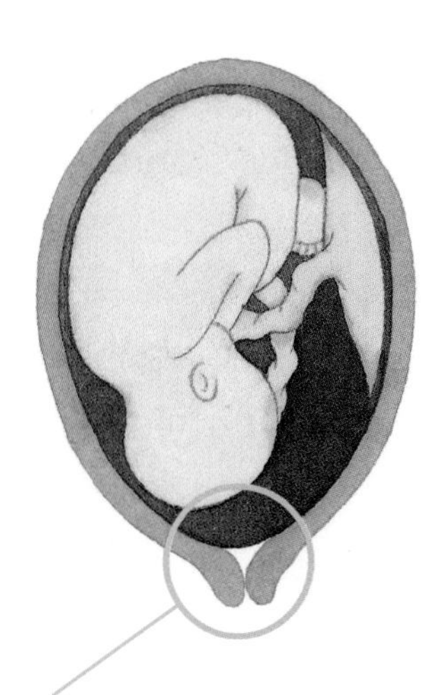

정상 임신의 경우 자궁경관이 완전히 닫혀서 태아를 둘러싼 양막을 보호하고 있다.

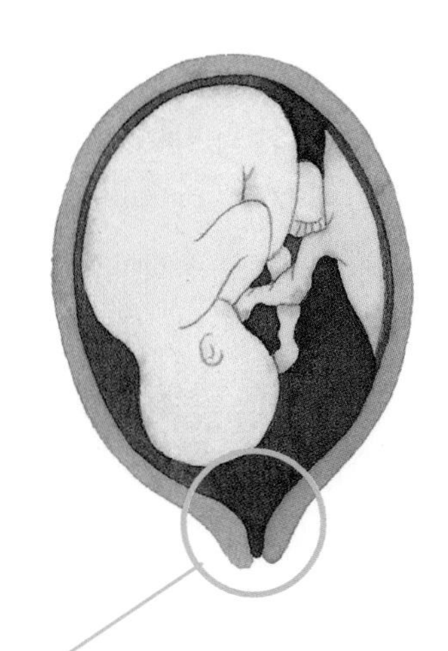

자궁경관이 얇고 풀어지면, 태아의 무게로 인해 자궁경관이 열리고 양막이 부풀어 커지게 된다.

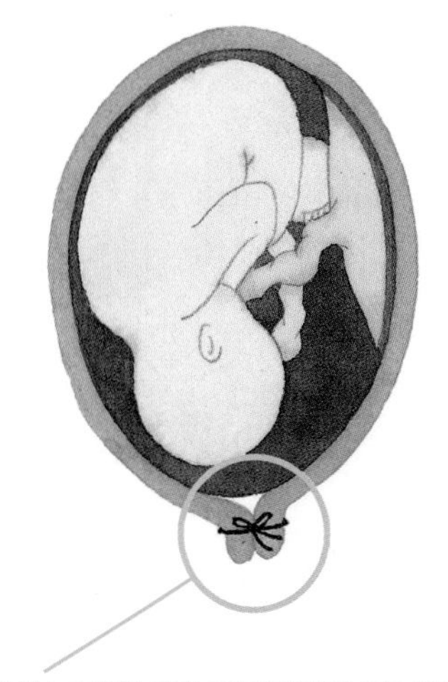

임신 4개월 무렵 자궁경관을 묶어서 벌어지지 않는 수술을 한 다음 37주 무렵 실을 뽑는다.

대책

임신 중기의 유산 경험이나 조산 경험이 있는 사람은 의사와 상담해 임신 4개월 무렵 예방 차원에서 자궁 경관이 벌어지지 않도록 묶는 수술이 필요한 경우도 있다. 20~30분 정도 소요되는 비교적 간단한 수술로 정상적인 분만이 가능한 임신 말기에 수술했던 실을 뽑는다. 실을 뽑고 난 후에는 자연적인 출산이 진행된다. 물론 임신 중기에 봉합술을 했다고 안심해서는 안 된다. 출산 때까지는 절대 무리하지 말고 운동도 삼가는 것이 좋다. 이전에 특이 경험이 없더라도 중기 초음파 검사에서 자궁 경부 길이가 짧아진 경우에는 주의 깊은 경과 관찰이 필요하다. 경우에 따라서 만삭에 다가가기까지(주로 36주까지) 질정을 사용하여 조산을 방지할 수 있다.

유산

임신 중기부터는 고혈압, 단백뇨, 임신중독증, 감염 등이 유산이나 조산의 원인이 된다. 지난번 임신에서 임신중독증에 걸렸던 사람은 의사와 상담해 고혈압이나 단백뇨가 남아 있는지 확인한 후 임신을 계획하는 것이 좋다. 임신 중기는 태아가 어느 정도 큰 상태라 유산할 경우 임산부 건강에도 좋지 않은 영향을 미칠 수 있다.

증상

임신 중기에 발생하는 유산은 임신 6개월 이내에 출혈 및 아랫배 통증과 함께 일어난다.

대책

유산 증상이 나타나면 우선 초음파 검사를 통해 태아가 제대로 성장하고 있는지 확인한다. 초음파 검사에서 태아가 정상적으로 자라고 못하고 있다고 판단될 경우 임신 종결을 위해 분만 유도 및 소파(자궁 내용물을 제거하는 것) 수술을 한다.

출혈

임신 중기부터는 초기에 비해 출혈이 줄어든다. 하지만 출혈이 있으면 태아의 상태 및 태반의 상태를 확인해야 한다. 출혈이 있었을 경우 재출혈 가능성을 염두에 두어야 한다.

원인

임신 중기의 출혈 원인은 여러 가지다. 가장 흔한 원인은 자궁 경부에서의 출혈이다. 임신을 하면 자궁 경부가 약해져 작은 자극에도 출혈을 일으킬 수 있다. 이런 경우에는 대부분 활동을 제한하고 되도록 움직이지 않으면 이후의 임신에 영향을 미치지 않는다. 하지만 복통을 동반하는 경우에는 태아의 분만보다 먼저 자궁에서 태반이 떨어지는 태반 조기 박리를 의심할 수 있으며, 태반의 상태에 따라 전치 태반에 의한 출혈도 있다. 즉시 병원을 찾아 출혈의 원인을 감별하고 적절한 조치를 취해야 한다.

대책

출혈이 있을 때는 반드시 병원에서 출혈의 원인을 감

별한다. 자궁 경부의 출혈이나 전치 태반에 의한 출혈의 경우 활동만 제한해도 호전되기도 한다. 하지만 일부의 경우 재출혈 가능성이 있으며, 태반 조기 박리의 경우 태아 및 산모의 상태가 위험해질 수 있어 상담 및 치료가 필요하다. 태반 조기 박리는 흡연, 교통사고나 넘어짐 등의 충격, 임신중독증이 있을 때나 갑작스런 양막 파수 시 증가할 수 있다.

조산

임신 20주 미만 혹은 태아 체중이 500mg 미만에 임신이 중단되는 것을 유산, 임신 20~37주 사이에 중단되는 것을 조산이라고 한다. 이는 분만이 이루어졌을 때 태아가 생존할 수 있는지의 여부에 따라 구분한 것으로, 임신 24주 이후에는 인큐베이터 등의 도움으로 생존할 가능성이 있으므로 조산으로 본다.

증상

조산의 대표적인 이유는 조기 진통과 조기 양막 파수다. 조기 진통의 경우 자궁 수축이 있으며 자궁 경부가 부드러워지거나 열리는 경우를 말한다. 활동을 많이 하거나 탈수로 생기는 자궁 수축은 휴식을 취하거나 수액을 맞으면 쉽게 사라진다. 10분 이내의 규칙적인 자궁 수축이 있고 점점 강도가 심해지는 경우 의심할 수 있기 때문에 병원에서 검진을 받아야한다. 조기 양막 파수는 갑자기 물같이 맑은 질 분비물이 쏟아지면서 생긴다. 출혈이 동반되는 경우도 있으며, 한 번 쏟아지고 더 이상 나오지 않는 경우도 있다. 임신 중기에는 질 분비물과 곰팡이 질염이 증가해 양수인지 단순 질 분비물인지 구분하지 못할 수 있다.

대책

조기 진통 및 조기 양막 파수가 의심되면 즉시 병원에서 검사를 받는 것이 좋다. 조기 진통은 경우에 따라 안정이나 간단한 수액 치료만으로도 호전될 수 있다. 하지만 진통 억제제를 사용해야 할 경우가 있으며, 이런 약제는 진통에 의해 자궁 경부가 많이 열리지 않은 경우에는 효과가 있지만 이미 많이 진행된 경우에는 막을 수 없으므로 너무 늦게 병원에 방문하지 않도록 한다. 조기 양막 파수가 되면 입원해 항생제 치료를 시작해야 한다. 항생제를 사용하지 않는 경우 감염으로 인해 여러 합병증이 생길 수 있으며 분만 진행도 촉진된다. 필요한 경우 폐성숙 촉진제를 사용할 수도 있다.

예방법

조산은 임신부의 건강과 직접적인 관계가 있다. 임신부에게 당뇨병, 고혈압, 임신중독증 같은 질병이 있으면 태아를 보호하고 영양을 공급하는 태반이 제 기능을 수행하지 못해 결국 조산할 가능성이 높다. 따라서 정기검진을 꾸준히 받으면 몸의 이상을 빨리 발견하고 이에 대처할 수 있으므로 정기검진을 꼼꼼히 받는 것이 중요하다. 잠을 충분히 자고, 스트레스를 줄이며, 배에 심한 충격을 주거나 넘어지지 않도록 몸가짐에 여러모로 주의를 기울여야 한다. 특히 임신 중 운동은 몸에 무리가 가지 않는 한도에서 하고, 배가 땅긴다거나 단단해지는 느낌이 들면 즉시 그만두고 안정을 취한다.

임신 중기 Q&A

임신 중기의 부부관계

임신 중기의 부부관계는 어떻게 해야 할까?

임신부의 배가 점점 더 불러오기 때문에 부부관계를 하면 태아에게 무리를 주지 않을까? 어떻게 해야 태아나 임신부에게 큰 영향을 주지 않고 부부관계를 할 수 있지 알아본다.

청결에 주의하고 격렬한 행위를 삼가면 크게 문제되지는 않는다

임신 중기는 태반이 완성되어 안정기에 들어서는 시기이므로 부부관계 또한 큰 제약은 없다. 하지만 자궁이 점점 커져 배가 나오기 때문에 배를 압박하지 않는 체위를 이용하는 것이 좋다. 안정기라 하더라도 너무 자주 관계를 가지거나 격렬한 행위는 삼가는 것이 안전하다. 또 섹스 중 태동이 심해지면 바로 안정을 취하는 것이 좋다. 임신 중 부부관계에서 중요한 또 하나가 바로 청결이다. 임신 중에는 상처나 감염의 위험이 많으므로 감염 방지를 위해 성관계 전에 몸을 깨끗이 씻는다. 균이 질 안으로 침투하지 못하도록 콘돔을 사용하는 것도 좋다.

만약 성관계 후 출혈이 있을 때는 전문의와 상담해 이상이 있는 것은 아닌지 점검해본다. 특히 자궁경관무력증, 전치 태반 또는 조산의 위험성이 있는 경우에는 가급적 성관계를 삼가는 것이 안전하다.

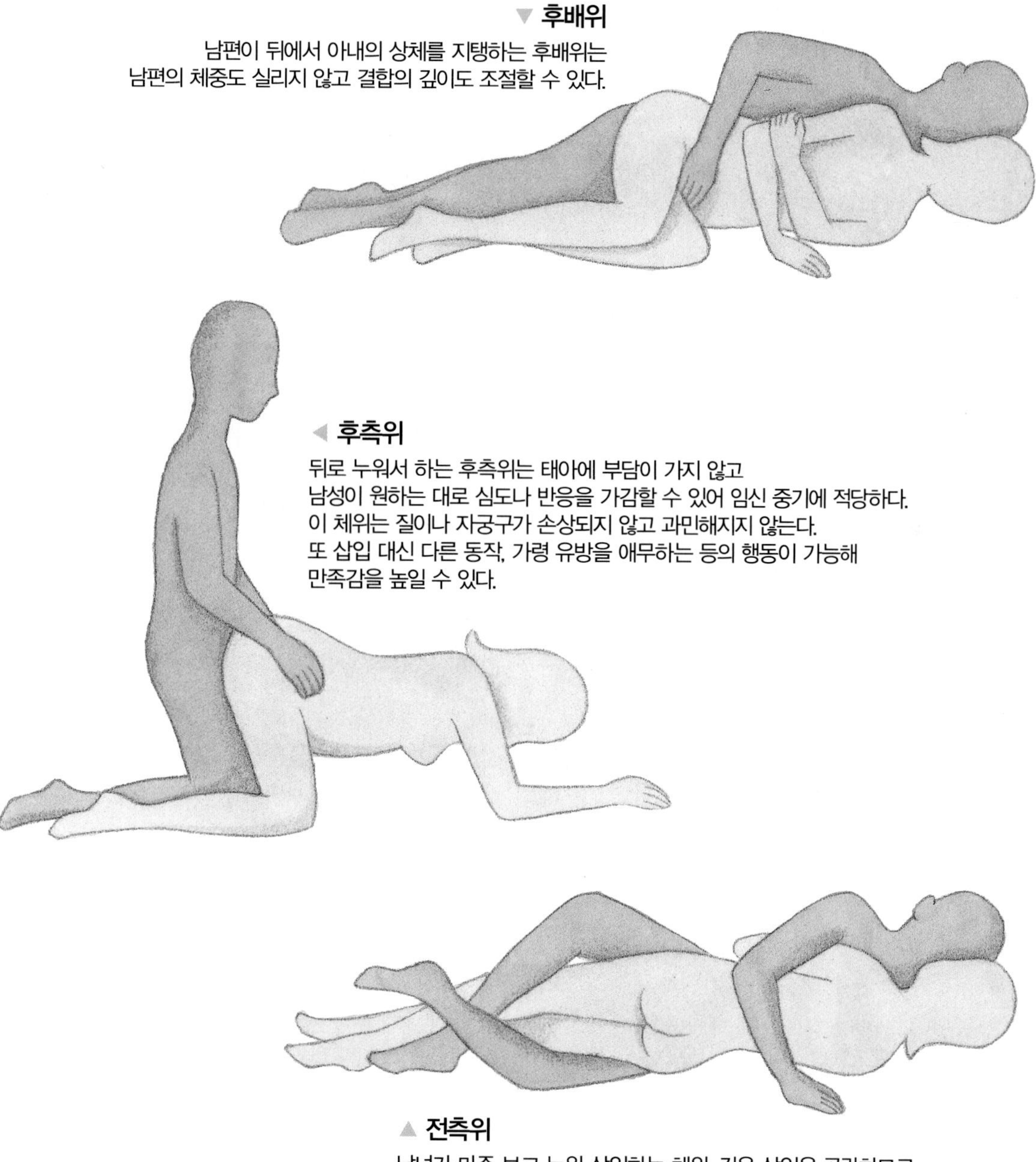

▼ 후배위

남편이 뒤에서 아내의 상체를 지탱하는 후배위는
남편의 체중도 실리지 않고 결합의 깊이도 조절할 수 있다.

◀ 후측위

뒤로 누워서 하는 후측위는 태아에 부담이 가지 않고
남성이 원하는 대로 심도나 반응을 가감할 수 있어 임신 중기에 적당하다.
이 체위는 질이나 자궁구가 손상되지 않고 과민해지지 않는다.
또 삽입 대신 다른 동작, 가령 유방을 애무하는 등의 행동이 가능해
만족감을 높일 수 있다.

▲ 전측위

남녀가 마주 보고 누워 삽입하는 체위. 깊은 삽입은 곤란하므로
남성이 가슴을 약간 떼고 비스듬히 삽입한다.
아내와 남편이 옆으로 누워 결합하므로 배를 압박하지 않고
결합도 깊지 않아 큰 무리가 없다.

임신 중의 트러블, 정맥류

임신 중의 정맥류

흔히 팔과 다리에 나타나는 정맥류는 임신부에게 큰 고통이다. 심한 경우 가만히 있어도 아프고 걷기조차 힘들다. 임신 중에 나타나는 정맥류를 안전하게 치료하고 예방하는 방법을 알아보자.

정맥류란

정맥은 심장에서 동맥을 통해 온몸으로 공급되었던 혈액이 심장으로 다시 돌아오는 길이다. 팔과 다리에서 피부 아래를 지나는 표재 정맥들이 늘어나 피부 밖으로 돌출되어 보이는 것을 정맥류라고 한다. 정맥류는 대개 몸통과 다리가 연결되는 부분, 무릎 안쪽과 뒤쪽, 종아리 등에 잘 생긴다. 가벼운 경우에는 거의 통증을 느끼지 못하지만 심해지면 응어리가 생기고 아프며, 다리가 무거워 건기 힘든 상태가 된다.

임신 중의 정맥류

사람에 따라 다르지만 임신부의 50% 정도가 정맥류를 경험한다. 임신부는 일반인에 비해 혈류량이 많고 혈압이 낮아져 체액의 저류가 심하기 때문에 정맥류가 생기기 쉽다. 대개는 임신 중기부터 나타나지만, 빠르게는 임신 2~3개월에 생기는 사람도 있다.

정맥류의 예방 및 치료

정맥류를 예방하려면 오랫동안 서 있지 않는 것이 무엇보다 중요하다. 또 몸에 붙는 옷이나 굽이 높은 신발은 피해야 하고, 다리를 꼬고 앉는 것도 좋지 않다. 평소 휴식을 취할 때는 옆으로 눕거나 의자나 쿠션 위에 다리를 걸친다. 무거운 물건을 들거나 계단을 오르는 등 힘이 많이 가는 운동은 자제한다.

이미 정맥류가 생겼다면 임신부용 고탄력 스타킹을 신어 바깥쪽에서 압력을 가해 혈액순환을 촉진하고, 정맥류가 생긴 부분을 아래에서 위로 마사지하는 것도 효과적이다. 더 심해지지 않도록 정기적인 휴식도 취히야 한다.

임신 시 생긴 정맥류는 대부분 임신 1년 이내에 회복되므로 수술적 치료는 권고하지 않는다. 정맥류가 생겼을 경우 다음 임신에 재발할 수 있으므로 예방을 위해 더욱 노력한다.

정맥류 예방법

▼ 아픈 다리 진정시키기

정맥류로 인해 아픈 부위는 문지르지 않도록 주의하면서 아래에서 위로 다리를 마사지한다.

▼ 발을 올린 자세 취하기

정맥이 비정상적으로 늘어나면 종아리와 허벅지에 통증이 생기므로 평소 발을 편안한 의자에 자주 올리고 있는다.

▼ 다리와 종아리 경련

평소 마사지를 충분히 하면 종아리와 허벅지의 경련을 줄일 수 있다. 경련이 일어날 때는 엄지발가락을 앞으로 잡아당겼다 놓는다.

임신 중기
Q&A

배 모양 알아보기

배 크기를 결정짓는 요인들

임신부의 체형

임신부의 체형에 따라 배 크기가 달라 보인다. 임신부가 작고 귀여운 체구일수록 배가 크고 빨리 불러온다. 또 뚱뚱한 임신부의 경우 배에 지방이 많기 때문에 아기가 특별히 크지 않아도 다른 사람보다 배가 크게 보인다.

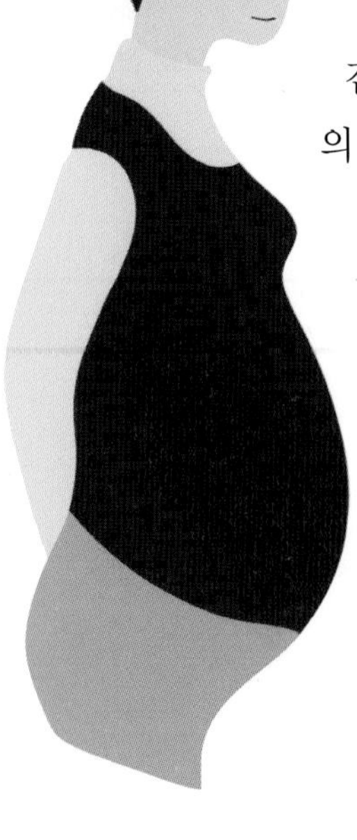

배 모양

겉으로 보이는 배의 크기는 배의 모양에 따라 좌우되기도 한다. 옆으로 퍼진 듯하게 나온 사람은 배가 작아 보이고, 앞으로 볼록 솟은 배는 더 커 보인다. 일반적으로 마른 사람의 경우 배가 더 둥글게 부른다.

양수의 양

양수의 양 또한 배의 크기에 영향을 미친다. 양수의 양은 임신부의 체질에 따라 다르며, 너무 많거나 적을 경우에는 문제가 될 수 있다.

임신 횟수

출산 경험이 있는 경산부의 경우 임신 중 신체 변화가 더 빨리 나타난다. 경산부는 배가 이미 늘어나 있는 상태이고 신체 변화에 민감해 배도 더 크게 불러온다.

나의 배 크기 정상일까?

임신을 하면 누구나 자신의 배 크기에 관심을 갖게 된다. 임신 중 배 크기는 체형이나 배 모양 등에 따라 각기 다르게 보이지만, 정기검진 때마다 자궁저의 높이를 재어봄으로써 이상 유무를 발견할 수 있다. 자궁저 높이란 치골(골반 앞쪽 아래의 가운데에 있는 뼈)에서부터 자궁저(자궁의 가장 높은 부분)까지의 길이를 말한다. 즉, 태아가 들어 있는 자궁의 높이를 재서 태아의 크기를 측정하는 것이다. 이상적인 자궁저 높이는 개월 수에 따라 기준이 다르다. 하지만 이 기준이 모든 태아에게 딱 들어맞는 것은 아니다. 태아의 위치, 양수의 양, 임신부의 지방 상태 등 여러 가지 조건에 따라 태아의 발육에 이상이 없어도 수치가 조금씩 달라질 수 있기 때문이다. 자궁저 높이가 표준치의 ±2cm 이내라면 태아가 순조롭게 자라고 있다고 생각해도 좋다. 자궁저 높이는 태아의 크기뿐만 아니라 태아의 발육 속도의 기준이 되기도 한다. 예를 들어 임신 7개월에 자궁저 높이가 26cm였는데, 임신 8개월에도 여전히 26cm라면 태아의 발육 속도가 늦어지고 있다고 의심해볼 수 있다. 따라서 배의 모양과 크기는 표준치 내에서 꾸준히 커지는 것이 가장 이상적이다.

배 크기로 알 수 있는 이상 증세

포상기태일 때 배가 커 보인다

포상기태란 태반을 만들어야 할 융모 조직의 일부가 포도송이 같은 수포 상태로 자궁 속에 가득 차는 현상으로, 임신 주수보다 배가 많이 커지는 것이 특징이다. 포상기태는 초음파 진단으로 초기에 발견할 수 있지만 뚜렷한 자각 증세가 없으므로 배가 유난히 부를 때는 반드시 초음파 진단을 받아보는 것이 좋다.

태아가 사망하면 배가 작아 보인다

임신 주수에 맞게 자궁이 커지지 않거나 초음파 도플러 검사에서 태아의 심장 소리가 들리지 않을 경우 태아 사망을 의심해볼 수 있다. 갑자기 입덧이나 태동이 멈추었다면 바로 검사를 받아보는 것이 좋다.

태아의 발육이 나쁘면 배가 작다

그 밖에 태아의 발육 상태가 나쁘거나 이상이 생겼을 때, 태반의 기능이 나쁠 때, 심한 입덧 등으로 영양 상태가 좋지 못할 때도 배가 작을 수 있다. 이러한 문제는 정기검진 시 초음파 검사로 정확하게 진단할 수 있으므로 크게 걱정할 필요 없다.

배에 관한 속설

태아가 크면 난산할 위험이 크다?

태아의 크기는 유전적인 영향을 많이 받는다. 부모의 신체 조건이 큰 편이라면 태아도 큰 것이 보통이며, 임신부의 영양 섭취가 과다할 경우에도 태아가 비만해질 수 있다. 또 임신부에게 당뇨병이 있을 때도 태아가 크다. 보통 태아가 크면 난산을 걱정하지만, 정확하게 말하면 골반 크기와 태아의 머리 크기가 맞는지가 더 중요하다. 태아의 크기만큼 산도(태아가 통과하는 통로)가 넓다면 분만에는 큰 문제가 없으며, 골반이 태아의 머리보다 작으면 난산의 위험이 있다.

태아가 작으면 미숙아다?

태아가 작은 것도 유전적인 영향이 크며, 유전이 아니라면 임신중독증을 의심해야 한다. 임신중독증으로 태아가 작을 경우 조산할 확률이 높아 미숙아가 되기 쉽다. 태아는 하루라도 자궁 안에 머무는 것이 안전하므로 자궁 환경과 태아의 발육 상태를 신중하게 비교해 최적의 시기를 잡아 분만을 유도한다.

쌍둥이일 경우 배가 두 배로 크다?

쌍둥이 등 다태 임신의 경우 임신 4개월 무렵부터 보통 임신부에 비해 1개월 이상 빠른 속도로 자궁이 커진다. 따라서 겉으로는 배가 커 보이지만 자궁 안에 2명이 자라고 있는 만큼 태아 각자의 크기는 평균보다 작다. 만약 조산할 경우에는 미숙아로 태어날 가능성이 높지만, 정상 분만을 하면 몸무게는 덜 나가지만 발육에는 큰 이상이 없다.

엄마가 많이 먹으면 아기가 크다?

임신부의 체중 증가와 태아의 체중 증가는 어느 정도 관계가 있지만, 엄마가 먹는 대로 태아가 크는 것은 아니다. 태아에게는 필요한 영양분만 흘러들어가도록 태내에서 조절하기 때문이다. 따라서 영양을 지나치게 많이 섭취하면 태아보다는 임신부 자신의 체중이 늘어나고, 무리하게 늘어난 체중은 임신중독증이나 당뇨병 등으로 진행될 수 있어 오히려 태아에게 나쁜 영향을 끼친다.

배 모양으로 태아의 성별을 알 수 있다?

예전에는 배 모양을 가늠해 태아의 성별을 점치는 경우가 많았다. 대개 배가 두루뭉술하고 옆으로 퍼지면 아들, 배가 동그랗고 앞으로 튀어나와 있으면 딸이라고 했다. 하지만 실제로 배 모양과 태아의 성별은 전혀 관계가 없다. 우연의 일치라고 볼 수 있다.

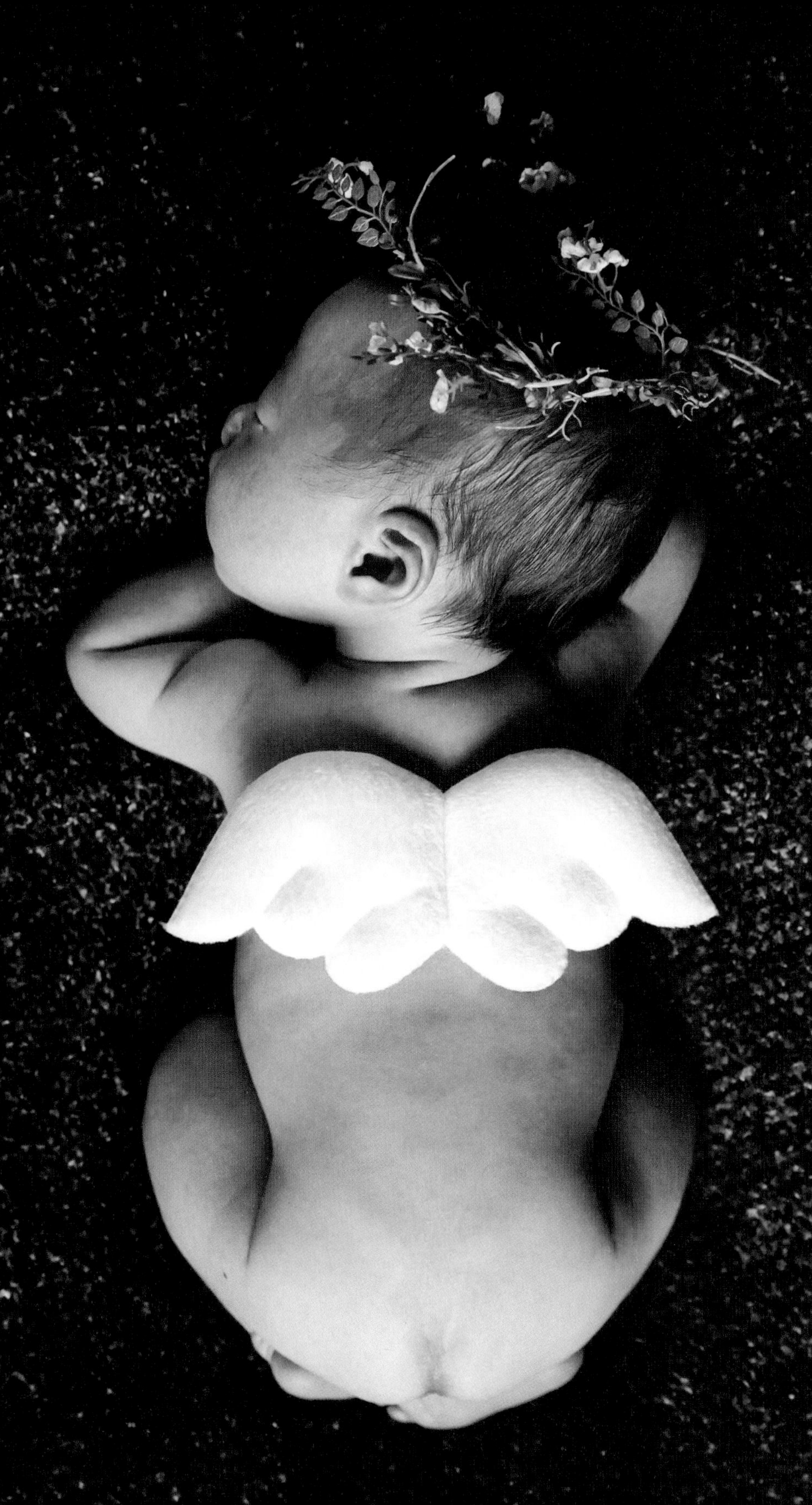

Chapter 3

임신 40주 프로그램
임신 후기

임신 후기는 23~40주까지로 출산을 준비하는 중요한 시기다. 출산에 대한 막연한 두려움과 기대를 극복하고, 아이를 맞이하기 위해 해야 할 일을 자세히 알아본다.

임신 28주 뇌 조직이 발달한다

엄마의 몸 자궁은 배꼽 위로 더욱 올라가고, 자궁저의 길이는 28cm 정도다.
태아의 몸 몸길이는 35cm, 체중은 1kg 정도다.

태아의 성장 발달

뇌가 커지고, 뇌 조직이 발달한다

임신 후기로 접어들면 태아가 크게 자라 자궁에서 많은 자리를 차지한다. 이 시기의 가장 큰 특징은 뇌 조직이 발달한다는 것이다. 태아의 뇌가 훨씬 커지고, 뇌 조직의 수가 증가하며, 뇌 특유의 주름과 홈이 만들어진다. 또 뇌세포와 신경순환계가 완벽하게 연결되어 활동하기 시작한다. 머리카락도 점점 길어지고, 피하지방이 증가하면서 몸이 포동포동해진다.

규칙적인 생활 리듬을 갖는다

28주가 되면 태아가 규칙적으로 움직인다. 규칙적으로 자고 일어나며, 손가락을 빨기도 하고 탯줄을 잡고 장난을 치기도 한다. 또 이 시기부터 눈을 떴다 감았다 할 수 있고, 잠을 자면서 꿈을 꾸기도 한다. 아직 완벽하게 성숙하지는 않았지만, 폐가 어느 정도 기능을 할 수 있기 때문에 조산을 해도 생명을 유지할 수 있다.

임신부의 신체 변화

임신선이 확실하게 나타난다

그동안 임신선이 나타나지 않았던 사람도 이 시기가 되면 배꼽 아래부터 치골에 걸쳐 임신선이 나타난다.

유방에서 초유가 만들어진다

임신 후기로 들어서면 유방에서 초유가 만들어진다. 초유에는 면역 성분이 들어 있고 각종 영양소가 풍부하므로 신생아에게 꼭 먹이는 것이 좋다.

팔다리가 붓고 쉽게 피로를 느낀다

배가 불러오는 것뿐만 아니라 팔, 다리, 발목 등이 붓고 저리면서 쉽게 피로해진다. 가벼운 부종은 어느 임신부에게나 나타날 수 있다. 저녁에 조금 붓는 정도라면 자연스러운 임신 증상으로 받아들여도 된다. 하지만 아침에 얼굴이 퉁퉁 붓거나 하루 종일 부기가 빠지지 않고, 살을 눌렀을 때 제자리로 되돌아오는 데 시간이 오래 걸리면 부종이나 임신중독증일 가능성이 있으므로 의사와 상담하는 것이 좋다.

부종 예방에 신경 쓴다

이제 드디어 임신 후기로 접어들었다. 몸도 무겁고 손발이 붓는 등 여러 가지 임신 후기 트러블이 나타나기 시작한다. 지금까지와 마찬가지로 규칙적인 식사와 운동, 편안한 휴식으로 출산 때까지 건강을 유지한다.

부종을 피하는 방법

- 임신 중 손목과 발목, 팔, 다리 등이 붓는 것을 부종이라고 한다. 부종은 대개 날씨가 덥거나 저녁에 더욱 심해진다. 일반적으로 부종을 예방하기 위해서는 헐렁한 옷을 입고, 편한 신발을 신으며, 혈액순환을 방해할 수 있는 반지 등의 액세서리는 착용하지 않는 것이 좋다. 다리 부종을 피하기 위해서는 아래의 방법을 이용해 본다.
- 다리를 높이 올려놓고 휴식을 취한다.
- 조이거나 끼는 옷을 입지 않는다.
- 오랜 시간 서거나 앉는 것을 피한다.
- 물을 많이 마셔 몸속 노폐물을 배출시킨다.
- 굽이 낮고 편한 신발을 신는다.
- 판탈롱 스타킹이나 종아리까지 올라오는 양말은 신지 않는다.
- 외출할 때는 임신부용 고탄력 스타킹을 신는다.
- 규칙적인 운동을 한다.

피부 자극을 최대한 줄인다

임신 중에는 호르몬의 균형이 깨져 피부가 민감해진다. 몸 전체가 빨개지면서 좁쌀만 한 것이 돋기도 하고, 때론 가려움증 때문에 잠을 못 이루는 경우도 있다. 피부 트러블을 예방하기 위해서는 면 100% 속옷을 입는 것이 가장 중요하다. 또 빨래를 할 때 평소보다 여러 번 헹궈 세제로 인한 피부 자극을 최소화한다.

힘든 집안일은 도움을 받는다

임신 후기로 들어서면 앞으로 몸을 숙이기 힘들 정도로 배가 불러오기 때문에 힘든 집안일은 남편이나 다른 사람의 도움을 받는 것이 좋다. 목욕탕 청소, 이불 개기, 무거운 물건 들기, 걸레질 등 몸을 구부리거나 배에 부담을 주는 일은 가급적 삼가야 한다. 다림질 등도 식탁 위에 올려놓고 하는 것이 좋다. 계단을 오르내릴 때도 가족의 도움을 받거나 난간을 잡고 천천히 움직인다.

임신 29주 태아가 빛을 감지한다

엄마의 몸 자궁저의 높이는 1cm가량 커지고, 몸무게는 8.5~10kg 정도 늘어난다.
태아의 몸 몸길이는 37cm, 체중은 1.25kg 정도다.

태아의 성장 발달

자궁 밖의 빛을 감지한다

임신 29주가 되면 태아가 완전히 눈을 뜨고 자궁 밖의 밝은 빛을 볼 수 있기 때문에 빛을 비추면 빛을 따라 고개를 돌린다. 온몸을 감싸고 있던 배내털은 점점 줄어들어 어깨와 등 쪽에 드문드문 남고, 지방층이 생기면서 오동통하게 살이 오른다. 눈썹과 속눈썹은 완전히 생겼고, 머리카락과 손톱이 점점 길게 자란다.

임신부의 신체 변화

하루 4~5회 정도 자궁 수축이 일어난다

하루에도 몇 번씩 자궁이 딱딱하게 뭉치면서 수축되는 것을 느끼게 된다. 대개 하루에 4~5회 정도 주기적으로 자궁 수축이 일어나는데, 이때는 잠시 쉬는 것이 좋다. 하지만 수축이 자주 일어나면 조산의 위험이 있으므로 병원에 가서 진찰을 받도록 한다.

태동으로 갈비뼈 부위에 통증을 느낀다

임신 후기로 접어들면 태동이 점점 강해져 태아의 발길질에 깜짝깜짝 놀라거나 통증을 느끼기도 한다. 특히 태아가 제자리를 잡기 시작하면 머리는 아래, 발은 위로 놓이는데, 이때 발길질을 하면 임신부의 갈비뼈를 차게 되어 가슴 부분에 통증이 느껴진다.

분비물이 많아져 외음부가 가렵다

이제 모체는 서서히 출산 준비를 한다. 우선 원활한 출산을 위해 자궁 경부에서 배출하는 분비물이 늘어난다. 이로 인해 외음부에 접촉성 피부염이나 습진이 생겨 가려움증이 생길 수 있다. 가려움증을 예방하기 위해서는 속옷을 자주 갈아입고 몸을 항상 청결하게 유지하는 것이 중요하다.

정기검진을 받는다

임신 후기로 들어서면 한 달에 두 번 정기검진을 받는다. 정기검진에서는 태아의 성장·발달 상태를 확인하고, 임신부의 건강을 세심하게 체크한다. 임신중독증 등 임신 후기에 나타날 수 있는 문제에 대해 미리 정보를 얻어둔다.

2주일에 한 번 정기검진을 받는다

임신부의 건강에 큰 문제가 없고 태아도 정상으로 자라고 있다면, 임신 28주부터는 2주일에 한 번 정기검진을 받는다. 임신 8~9개월까지는 이렇게 2주일에 한 번씩 정기검진을 받다가 마지막 달에는 일주일에 한 번씩 정기검진을 받는다. 정기검진을 받을 때는 평소의 이상 증세에 대해 자세히 물어보고, 출산에 대한 정보도 충분히 얻는 것이 좋다.

감기 예방에 신경 쓴다

임신 중에는 함부로 약을 먹을 수 없기 때문에 평소 감기에 걸리지 않도록 주의해야 한다. 환절기나 독감이 유행하는 시기라면 더욱 조심한다. 감기 예방을 위해서는 몸을 항상 따뜻하게 유지하고 저항력이 떨어지지 않도록 충분히 휴식을 취하는 것이 좋다. 또 사람이 많은 장소로 외출하는 일은 가급적 삼가고, 외출했다가 돌아오면 반드시 양치질과 세수를 꼼꼼히 한다.

소금이나 설탕 섭취를 줄인다

임신 후기에 가장 위험한 것이 바로 임신중독증이다. 임신중독증을 예방하기 위해서는 염분이나 수분, 설탕의 섭취량을 줄이는 것이 기본이다. 이를 위해 조리법이나 식사법에도 변화를 주는 것이 좋다. 샐러드를 만들 때는 간장이나 소금 대신 레몬과 식초를 사용하고, 면 요리는 국물을 마시지 않는다.

갑작스런 체중 증가에 주의한다

임신 후기에는 배가 많이 부르고 부종도 생기기 때문에 체중이 느는 것을 제대로 감지하지 못하는 경우가 많다. 임신 중 지나친 체중 증가는 임신중독증을 초래할 수 있고, 출산 후 부기가 빠지고 나서도 몸매 관리에 문제가 된다. 갑작스런 체중 증가를 막기 위해서는 평소 음식을 천천히 골고루 씹어 먹고, 저녁은 8시 이전에 먹는 것이 좋다.

정기검진 결과!
이런 증상은 이렇게 대처하세요

- **빈혈** 빈혈 진단을 받으면 철분 제제를 더욱 열심히 복용해야 한다. 심한 빈혈인 경우 보통 임신부보다 복용량을 두 배로 늘린다. 철분 제제를 복용하기 전후 1시간 동안에는 철분 흡수를 방해하는 녹차나 홍차, 커피 등은 마시면 안 된다. 식사를 조절하는 것도 중요하다. 철분이 많은 간이나 살코기, 김 · 미역 따위의 해조류, 시금치나 당근 등 녹황색 채소, 어패류 등을 많이 먹고, 헤모글로빈을 구성하는 양질의 단백질과 철분 흡수를 돕는 비타민류도 충분히 먹는다.
- **단백뇨** 단백뇨라고 진단되면 우선 안정을 취하는 것이 중요하다. 피로가 쌓이지 않도록 충분히 쉬면 신장의 혈액 흐름이 좋아져 기능을 회복할 수 있기 때문이다. 단백뇨를 위한 식사요법은 소금 섭취를 제한하고 양질의 단백질을 충분히 섭취하는 것이다. 단, 동물성 지방을 많이 섭취하면 콜레스테롤 수치가 증가하므로 생선이나 두부 등 식물성 단백질을 섭취하는 것이 좋다.
- **고혈압** 고혈압 증상에도 균형 잡힌 식사와 충분한 휴식이 가장 중요하다. 먼저 염분과 당분, 지방 섭취를 줄여 칼로리를 낮추고 양질의 단백질을 섭취하도록 노력한다. 오전과 오후에 30분 정도 편안히 누워 있는 것도 고혈압 치료에 도움이 된다. 누울 때는 몸의 왼쪽이 밑으로 가게 해서 옆으로 눕는다.
- **부종** 부종이 있을 때는 염분을 하루에 7~8g 이하로 줄여야 한다. 된장찌개나 국, 국수 등을 먹을 때는 국물을 조금만 먹고, 샐러드에는 간장 대신 레몬이나 식초를 사용하는 등 염분을 줄이는 조리법을 사용한다. 차가운 음료 대신 녹차나 따뜻한 보리차를 주로 마시고, 몸을 적당히 움직이는 것도 혈액의 흐름을 좋게 해 부종을 가라앉힌다.
- **당뇨** 정기검진에서 당뇨가 체크된 경우에는 식생활에 더욱 주의해야 한다. 주식인 밥이나 빵을 지나치게 제한할 필요는 없지만 과자나 과일 같은 간식은 절대 금물이다. 단백질이나 지방 섭취도 중요한데, 육류보다는 생선이나 콩류 위주로 먹는다. 이외에 비타민이나 미네랄도 부족하지 않도록 세심하게 신경 쓴다.

STEP 03

임신 30주 생식기 구분이 뚜렷해진다

엄마의 몸 자궁이 늑골에 닿을 정도로 커진다. 커진 자궁 때문에 숨이 가빠지고 속도 쓰리다.
태아의 몸 머리에서 둔부까지는 27cm, 전체 길이는 38cm 정도다. 체중은 약 1.35kg.

태아의 성장 발달

태아의 머리가 커진다

이 시기에는 뇌가 빠른 속도로 성장하기 때문에 이를 수용할 수 있도록 머리가 커진다. 아직 스스로 호흡하거나 체온을 유지하는 데 어려움이 있지만, 필요한 신체 기관과 기능을 대부분 갖추었기 때문에 조산할 경우 생존할 확률이 높다.

생식기 구분이 뚜렷해진다

남아의 경우 고환이 신장 근처에서 사타구니를 따라 음낭으로 이동한다. 여아의 경우 클리토리스(음핵)가 비교적 뚜렷해진다. 아직은 클리토리스가 소음순 밖으로 나와 있는 상태지만 분만 몇 주 전에는 소음순 속으로 들어간다.

임신부의 신체 변화

가슴이 갑갑하고 위가 쓰리다

자궁이 점점 커져 자궁저의 높이가 배꼽과 명치 중간까지 올라와서 위와 심장을 압박한다. 위와 심장이 기능을 제대로 못하기 때문에 가슴이 갑갑하고 위가 쓰린 현상이 일어난다. 때로는 음식이 체한 듯한 느낌이 들기도 한다.

자궁의 횡경막 압박으로 숨이 가빠진다

태아가 아래로 내려가는 37~38주까지는 마치 산소가 모자란 것처럼 숨이 가빠진다. 이는 자궁이 너무 커져 횡경막을 압박하기 때문이다. 숨 가쁜 증세를 완화하기 위해서는 앉거나 설 때 자세를 똑바로 해서 횡경막에 압박이 가해지지 않게 하고, 잘 때는 머리와 어깨에 쿠션을 받치는 것이 좋다.

식사는 여러 번 나누어 먹는다

이제 배가 많이 부른 상태라 가만히 앉아서 쉬는 것도 쉽지 않다. 몸이 무겁고 불편할수록 짜증이 나겠지만, 다른 임신부들도 감내하는 고통이라고 위안하며 자신에게 가장 편한 휴식 방법을 찾아본다.

하루 세끼 분량을 4~5끼로 나눠 먹는다

임신 후기에는 몸무게가 많이 늘지는 않지만 자궁이 가슴 위로 올라와 위를 압박한다. 따라서 자연히 더부룩한 느낌이 들고 식욕도 떨어진다. 이럴 때는 하루 세끼 분량의 식사를 4~5끼로 나누어 틈틈이 먹는 것이 좋다.

음식 조리법도 소화가 잘되는 방법으로 바꾸어본다. 튀기거나 볶는 음식은 소화도 제대로 안 되고 열량도 너무 높으므로 피하고, 가급적 삶거나 찌고 데치는 방법을 이용한다.

식후 30분간 누워서 휴식을 취한다

흔히 식후에 바로 누우면 소화가 잘 안 되고 살이 찌기 때문에 좋지 않다고 하는데, 임신부만은 예외다. 식사 후 30분 동안 몸 오른쪽이 바닥에 닿게 옆으로 누우면 혈액이 배 부분으로 집중되어 태아에게 영양이 충분히 공급된다. 하지만 30분 이상 누워서 뒹굴거나 깊이 잠들지는 않도록 한다.

©Baileysoo

임신 31주 폐와 소화기관이 완성된다

엄마의 몸 자궁이 커져 요통이 생기고, 몸무게는 10kg 정도 늘어난다.
태아의 몸 폐와 소화기관이 거의 완성된다. 체중은 1.6kg 정도 늘어나고, 키는 40cm 정도로 자란다.

태아의 성장 발달

폐와 소화기관이 완성된다

태아의 폐와 소화기관이 거의 완성된다. 양수도 0.75ℓ 가량으로 늘어난다. 하지만 이제부터는 태아가 점점 크고 자궁 안의 공간이 비좁아져 양수의 양이 점차 줄어든다. 태아는 양수 속에서 폐를 충분히 부풀려 숨을 들이쉬는 등 호흡을 위한 준비를 한다. 초음파를 통해 살펴보면 횡경막이 움직이는 것을 볼 수 있다. 또 태아는 양수를 삼켜 수분을 섭취하고 다시 소변으로 배설한다.

어둠과 밝음을 구별할 줄 안다

임신 31주가 되면 태아는 두 눈을 떴다 감는 연습을 하며 어느 정도 어둠과 밝음을 구별할 줄 알게 된다. 하지만 태아의 시력은 성인처럼 멀리 볼 수 있을 정도는 아니며 시야는 20~30cm 정도밖에 안 된다. 배 위에 불빛을 비추면 고개를 돌리거나 만지기 위해 손을 내밀기도 한다.

임신부의 신체 변화

요통과 어깨 결림이 생긴다

임신 후기에는 허리를 지탱하는 인대와 근육이 이완되고 느슨해져 다시 요통을 느낀다. 또 무거워진 배를 지탱하기 위해 어깨나 몸을 뒤로 젖히면서 어깨에 피로가 쌓여 통증이 느껴진다. 특히 어깨 근육은 커진 유방도 지탱해야 하기 때문에 출산이 가까워질수록 통증이 점점 더 심해진다. 임신부 체조나 수영 등 적절한 운동으로 혈액의 흐름을 좋게 하고 어깨 마사지를 해주면 통증이 완화된다.

호르몬 영향으로 출혈이 생긴다

이 시기에는 몸속 혈액이 자궁을 중심으로 회전한다. 호르몬의 영향으로 잇몸에서 피가 나거나 치질이 생기기도 하고, 정맥이 비정상적으로 늘어나 정맥류가 타나나기도 한다.

요실금 현상이 나타난다

재채기를 하거나 큰소리로 웃을 때 자신도 모르게 소변이 새어나오는 경우가 있다. 이는 커진 자궁이 방광을 압박해서 생기는 현상으로 임신부에게 흔히 나타나는 증세이므로 걱정할 필요 없다. 흔히 배가 점점 커지는 임신 30주 이후에 많이 나타나며, 출산을 하면 자연히 사라진다. 평소 방광이 차지 않도록 소변을 자주 보고, 심할 경우 생리대를 사용하는 것도 좋다.

출산 계획을 세운다

본격적으로 출산 준비를 시작할 때다. 그동안 하나 둘 사 모은 출산용품들, 물려받거나 빌려 쓸 수 있는 물건들, 선물 목록에 담을 물품들을 꼼꼼하게 체크해 실속 있고 알뜰한 출산 계획을 세워본다.

정기검진으로 임신중독증을 예방한다

임신 후기에 가장 주의해야 할 질병이 바로 임신중독증이다. 임신중독증에 걸리면 조산이나 난산의 위험이 있으므로 평소 올바른 식습관과 적당한 운동으로 임신중독증을 예방하는 것이 최선책이다. 임신중독증은 고혈압과 단백뇨, 부종, 급격한 체중 증가 등을 꾸준히 체크하다 보면 충분히 예방할 수 있다. 따라서 정기검진을 게을리 하지 말고 규칙적인 생활을 한다.

구체적인 출산 계획을 세운다

임신 후기에 접어들면 조산의 위험도 있고 예정일 변화도 예상해야 하므로 미리미리 출산 계획을 세워두는 것이 좋다. 임신부의 건강 상태를 체크해 임신 초기에 계획했던 출산 방법이 가능한지 알아보고, 만약 출산 방법을 바꾸어야 한다면 어떤 방법을 선택해야 할지도 의논해본다. 경제적인 계획도 꼼꼼히 세워야 한다. 자연분만을 할 경우와 제왕절개 수술을 할 때의 비용 차이는 물론 병실 선택에 따른 비용 등도 천차만별이므로 미리 세심한 부분까지 체크해두는 것이 현명하다.

출산용품 구입과 아이 방 꾸미기

출산용품 준비는 임신 7~8개월경에 하는 것이 일반적이다. 배가 더 부르기 전에 아이에게 필요한 용품들을 미리 체크해 구입한다. 단, 필요한 물품 목록을 먼저 꼼꼼히 작성한 뒤 쇼핑에 나선다. 무작정 쇼핑에 나서면 어떤 브랜드의 어떤 제품을 구입해야 할지 몰라 불필요한 지출을 하게 된다.

제품을 구입할 때는 당장 신생아에게 꼭 필요한 물건 위주로 구입하고, 부가적인 용품은 아이를 키우면서 차차 구입하는 것이 현명하다. 특히 출산용품 목록을 정할 때는 육아 경험이 있는 주위 사람들의 조언을 참고하는 것이 좋다.

임신 32주 태아의 움직임이 둔해진다

엄마의 몸 체중이 빠른 속도로 증가하고, 자궁저의 높이는 32cm 정도로 늘어난다.
태아의 몸 키는 42cm, 체중은 1.8kg 정도다.

태아의 성장 발달

태아의 움직임이 둔해진다

지금까지 활발했던 태아의 움직임이 임신 32주에 들어서면서 눈에 띄게 둔해진다. 이는 태아에게 문제가 생긴 것이 아니라 정상적으로 자라고 있다는 증거로, 단지 엄마의 자궁이 비좁아서 덜 움직이는 것이다. 공간이 좁아지면서 태아는 뒤집기나 재주넘기 같은 것 대신 머리를 좌우로 돌리는 등의 작고 정교한 행동을 한다.

신생아다운 모습을 갖춘다

머리 크기와 비교해볼 때 팔다리가 적절한 비율로 자라 거의 갓 태어난 아이의 모습을 갖춘다. 또 계속 피하지방이 자라 몸이 포동포동해지고 신체 기관들도 더욱 성숙해진다.

임신부의 신체 변화

체중이 빠른 속도로 증가한다

임신 8개월 무렵이면 임신부의 몸무게가 빠른 속도로 증가하기 시작한다. 이때쯤이면 태아가 급속도로 성장하기 때문에 임신부의 몸무게가 일주일에 0.5kg 정도 느는 것이다. 신생아 몸무게의 약 3분의 1 또는 절반 정도를 남은 7주에 걸쳐 도달하게 된다. 따라서 이 시기에는 균형 잡힌 식생활로 태아에게 영양분을 충분히 제공해주어야 한다.

가슴 통증과 숨 가쁨이 심해진다

태아가 자라면서 뱃속에 여유 공간이 별로 없어 가슴앓이가 더욱 심해지고 숨 쉬는 것도 힘들어진다. 하지만 곧 태아가 골반 속으로 하강하면 증세가 어느 정도 완화되므로 그때까지는 참을 수밖에 없다. 평소에 똑바른 자세로 앉는 습관을 들이면 가슴 통증을 완화시키는 데 도움이 된다.

입덧할 때처럼 가슴이 울렁거린다

자궁저가 위를 압박해 입덧할 때처럼 속이 메스꺼워지기도 한다. 가슴이 울렁거려 제대로 식사하기가 어렵다면 한꺼번에 다 먹지 말고 여러 번으로 나눠 먹는다. 출산이 가까워지면 자궁저가 저절로 아래로 내려가 위의 압박감이 줄어든다.

라마즈 분만법을 연습한다

순조로운 출산, 건강한 출산은 준비된 엄마의 몫이다. 임신 기간 중 얼마나 건강하게 생활했는가, 적극적으로 출산 준비를 했는가에 따라 출산의 고통이 달라진다. 여러 가지 방법을 통해 출산호흡법, 이완법 등을 연습해본다.

심한 운동은 피하고 충분히 쉰다

임신 후기에는 누구나 조산의 위험에 노출될 수 있으므로 일상생활에서 늘 조심하는 것이 최선의 방법이다. 평소 심한 운동을 피하고 배를 압박하는 일은 하지 않아야 한다. 특히 무거운 물건을 드는 것은 조기 파수의 원인이 되므로 항상 주의한다. 컨디션에 따라 조금씩 움직이되 피곤하면 언제라도 누워서 쉬는 것이 좋다.

집안일은 조금씩 나누어서 한다

임신 후기에는 무리하지 않고 충분히 쉬는 것이 중요하지만, 그렇다고 너무 움직이지 않아도 곤란하다. 임신 후기의 적당한 운동은 체중 조절은 물론 순산을 위한 근육 단련에 도움이 된다. 몸이 둔해서 그동안 하던 운동을 계속할 수 없다면, 청소나 세탁 등 집안일을 열심히 하는 것으로 운동 부족을 해소하는 것도 좋다. 집안일을 할 때는 허리를 오래 구부리지 않도록 주의한다.

모유 수유를 위한 유방 관리

이때는 유선이 발달해 유두를 살짝만 눌러도 초유가 나오기도 한다. 초유는 각종 질병이나 세균으로부터 아이를 지켜주는 역할을 하므로 초유를 충분히 먹일 수 있도록 출산 전에 유두 손질이나 마사지를 부지런히 해주는 것이 좋다. 또 모유가 잘 나오게 하려면 비타민 K를 충분히 섭취해야 한다. 모유는 아이에게 가장 이상적인 영양원이지만 비타민 K가 부족하다는 결점이 있다. 비타민 K는 시금치 등의 녹황색 채소에 많이 들어 있다. 아이에게 질 좋은 모유를 충분히 먹이기 위해서는 임신 기간부터 균형 잡힌 식사를 하는 것이 중요하다.

남편과 함께 호흡법과 이완법을 연습한다

호흡법은 출산에 대한 긴장과 불안을 줄여준다. 호흡법을 제대로 한다고 해서 진통이 줄어드는 것은 아니지만, 임신부와 태아에게 산소를 원활하게 공급하고 진통에 쏠리는 신경을 호흡 쪽으로 유도하는 효과가 있다. 출산 전 약 2개월 동안 남편과 함께 호흡법과 이완법을 집중적으로 연습한다.

라마즈 호흡법

라마즈 호흡법은 가슴을 들썩이며 하는 흉식 호흡이 기본이며, 자신의 평소 호흡 횟수를 알아야 한다. 보통 1분의 정상 호흡수는 17~20회다. 호흡수는 운동을 한 다음이나 잠잘 때 또는 산모가 알게 재면 정확하지 않으므로, 평상시 자연스러운 상태에서 남편이 재는 것이 좋다. 호흡법은 분만 제1기에 사용하는 3가지와 태아 만출기인 분만 제2기에 하는 힘주기와 힘 빼기 호흡을 합해 모두 5가지로 나뉜다. 이는 라마즈 분만법의 다른 방법인 연상법과 이완법을 충분히 연습한 후에 하면 더욱 효과적이다. 출산 때까지 연상법, 이완법, 호흡법을 함께 하루 20~30분 정도 꾸준히 연습하는 것이 좋다.

분만 제1기의 호흡

준비기 호흡(자궁구가 0~3cm 열렸을 때)

진통이 시작되면 준비하는 의미에서 심호흡을 한 번 한다. 가슴을 들썩이며 하는 흉식 호흡을 기본으로 숨을 들이쉬고 내쉬는 길이를 같게 하면서 1분에 12회 정도 천천히 호흡한다. 숨은 코로 들이마시고 입으로 내쉬어야 하며, 진통이 잠시 멈추면 심호흡으로 마무리한다.

개구기 호흡(자궁구가 4~7cm 열렸을 때)

준비기에 비해 진통이 더 강하고 자주 온다. 진통이 시작되면 심호흡을 한 뒤 빠른 흉식 호흡을 한다. 숨을 들이쉬고 내쉬기를 같은 호흡량으로 하며, 정상 호흡수의 1.5~2배 정도로 빠르고 얕은 흉식 호흡을 한다. 1회당 2초 호흡으로, 코로 짧게 1초 들이쉬고 다시 입으로 1초 내쉰다. 진통이 멈추면 다시 짧게 심호흡을 한다.

이행기 호흡(자궁구가 7~8cm 이상 열렸을 때)

자궁문이 완전히 열릴 때까지를 이행기라고 한다. 이때의 호흡은 개구기 호흡과 같으나 세 번에 한 번씩 한숨을 쉬듯 호흡한다. '히-히-후' 3박자로 호흡하며, '후'할 때 숨을 깊이 내쉰다.

힘주기 호흡(자궁문이 완전히 열렸을 때)

먼저 심호흡을 크게 하고 숨을 들이마신 뒤 대변을 보듯 힘을 주면서 숨을 참지 못할 때까지 속으로 숫자를 세다가 15~20초 동안 숨을 내뱉는다. 다시 숨을 들이마시고 힘을 주어 숨을 내쉬는데, 이 호흡을 한 번의 진통에 3~5회 반복한다. 연습 중에는 힘을 주지 않는다.

힘 빼기 호흡(아이 머리가 나오기 시작할 때)

아이의 머리가 나오기 시작하면 배에 힘을 주지 말고 몸을 이완시킨다. 그러면 아이가 천천히 자궁구 밖으로 밀려 나온다. 이때 힘을 주면 회음부 손상 등으로 출혈이 생길 수 있다.

임신 33주 양수를 마시며 호흡한다

엄마의 몸 체중은 10~12kg 정도 늘어나며, 자궁이 방광을 압박해 배뇨 횟수가 늘어난다.
태아의 몸 키는 43cm, 체중은 2kg 정도다.

태아의 성장 발달

방광에서 하루 0.5ℓ 정도 소변을 내보낸다

태아는 폐를 제외한 나머지 부분의 발육이 거의 마무리되었고, 폐 운동을 위해 양수를 들이마심으로써 호흡 연습을 계속하고 있다. 태아가 매일 방광에서 0.5ℓ 정도의 소변을 배출해 양수가 태아의 소변으로 많이 채워진다.

고환이 음낭으로 내려간다

남자아이의 경우 태아의 고환이 복부로부터 음낭 속으로 내려간다. 때에 따라 고환 1개 또는 2개 모두 생후까지 제자리로 이동하지 못하는 경우도 있다. 하지만 고환이 제자리를 찾지 못했다고 해서 크게 걱정할 필요는 없다. 위치를 잡지 못한 고환은 대개 첫돌 때까지 제자리를 찾아간다.

임신부의 신체 변화

소변이 잦고 요실금 증상이 나타난다

배뇨 횟수가 늘어나고, 소변을 본 후에도 방광에 오줌이 남아 있는 것 같은 기분이 들기도 한다. 또 재채기나 기침을 하면 소변이 조금 흘러나오기도 하는데, 이 모두가 자연스런 현상이다.

심리적 부담으로 성욕이 줄어든다

출산이 가까워지면서 임신부의 성욕이 크게 감퇴한다. 이는 신체적 변화에 따른 부담 때문이기도 하지만, 출산에 대한 두려움 등 심리적 원인 때문이다. 임신 후기의 무리한 성관계는 가급적 자제하는 것이 좋지만, 가벼운 페팅 등으로 서로의 애정을 확인하는 것은 오히려 심리적 부담을 줄여줄 수 있다.

이상 출혈이 있는지 확인한다

임신 후기는 조산의 위험이 많은 시기다. 태반 조기 박리나 자궁경관무력증 때문에 조산을 하기도 하고, 조기 파수로 예정보다 빨리 출산하기도 한다. 이상 출혈 등 평소와 다른 상태가 나타나면 바로 진찰을 받는다.

태반 조기 박리

정상 분만에서는 태아가 나온 다음에 태반이 나오는데, 분만 전에 태반이 착상 부위에서 부분적 또는 완전히 떨어지는 것을 태반 조기 박리라고 한다. 태아는 태반을 통해 산소와 영양을 공급받기 때문에 태아보다 태반이 먼저 나오면 심한 경우 태아 사망과 아울러 산모 혈액 응고 이상으로 산모가 위험해질 수 있다.

- 원인 산모의 나이가 많을수록, 출산 횟수가 많을수록 많이 발생한다. 대체로 임신성 고혈압 등 임신중독증의 합병증일 때 많이 발생하며, 넘어지거나 부딪치는 등 임신부의 외상이 원인이 되기도 한다.

- 증상 초기에는 아랫배가 불편하고 암적색 출혈이 나타난다. 태반 박리가 심해지면 통증이 심해지고, 그와 함께 자궁은 내출혈로 단단해지면서 볼록해진다. 1000cc 이상 출혈이 일어나면 혈압 하강, 빈맥, 혈액 응고 이상, 급성신부전이 생길 수 있다. 태반의 3분의 2 이상 박리가 일어나면 찢어지는 듯 예리한 통증이 나타나며, 자궁은 나무같이 딱딱하게 수축하고, 임신부는 쇼크 상태에 빠진다.

- 대처 방법 출혈이 많을 때는 다량의 피와 전해질 용액을 공급하고, 출혈을 조절하기 위해 흡인이나 겸자분만 혹은 제왕절개로 분만을 한다. 분만이나 수술 후에도 출혈이 일어나 자궁 수축을 잘 관찰해 그에 맞게 치료한다.

조기 파수

정상 분만은 진통이 시작된 다음 혈액이 섞인 이슬이 비치고, 자궁이 전부 열린 다음 양수가 터지면서 아이가 태어난다. 그러나 진통이나 이슬 없이 양수가 먼저 터지는 수도 있는데, 이를 조기 파수라고 한다.

- 증상 처음에는 뜨뜻한 액체가 다리 사이로 흐르는 느낌이 든다. 소량일 때는 소변 같은 느낌이라 알아차리지 못하는 경우도 있다. 대개의 경우 양수가 터지면 물 같은 액체가 다리로 줄줄 흘러내린다. 양수는 대개 물처럼 맑고 투명하지만, 가끔 피가 섞여 있거나 황색 또는 녹색일 때도 있다.

- 대처 방법 파수가 일어나면 양수가 계속 흘러 자궁 안으로 들어갈 위험이 있으므로 샤워나 목욕을 해서는 안 된다. 자궁 내에서 세균 감염이 일어나면 태아가 폐렴을 일으켜 위험해질 수 있다. 또 드물게는 파수와 함께 탯줄이 나오는 경우도 있는데, 이럴 경우 산소 부족으로 태아가 매우 위험해진다. 조기 파수가 되면 목욕을 하지 말고 바로 병원에 가야 한다.

임신 34주 머리가 자궁 쪽으로 향한다

엄마의 몸 몸무게 변화는 크지 않으며, 사람에 따라 하강감이 느껴지기도 한다.
태아의 몸 체중은 2.3kg, 키는 44cm 정도다.

태아의 성장 발달

머리가 골반 쪽으로 내려간다

태아의 몸에 비해 자궁이 좁아 적게 움직이기는 하지만 자신의 몸을 이리저리 움직이고 위치를 조절할 줄 안다. 이 시기 대부분의 태아는 머리를 엄마의 자궁 쪽으로 향한다.

골격이 단단해지고 피부 주름이 줄어든다

태아의 두개골은 아직 유연하고 완전히 결합되지 않은 상태다. 이런 상태는 분만 시 태아가 산도를 따라 비교적 손쉽게 나올 수 있게 해준다. 하지만 머리를 제외한 나머지 뼈들은 점차 단단해지고 있으며 피부의 주름이 점차 줄어든다.

임신부의 신체 변화

다리에 쥐가 나거나 통증을 느낀다. 커다란 배를 지탱하려면 아무래도 다리에 부담이 가 쥐가 나거나 통증을 느낄 때가 많다. 또 때로는 배가 땅기거나 뭉치기도 한다. 이럴 때는 무리하지 말고 누워서 다리를 조금 높이 올리고 쉬는 것이 좋다. 직장에 다니는 임신부의 경우 서 있는 시간이 길거나 무리했을 때 아랫배가 땅기고 사타구니에 통증이 오기도 한다.

출산에 대한 두려움으로 불안해진다

출산에 대한 두려움이나 신체 변화가 심해지면서 심리적으로 불안해진다. 이제 출산까지는 불과 한 달 남짓 남았으므로 마음을 여유 있게 갖고 수면과 휴식을 충분히 취하는 것이 중요하다.

산후 조리 계획을 세운다

출산이 다가오면 준비해야 할 것이 한두 가지가 아니다. 출산 후 산후 조리 계획, 구체적인 육아 계획도 임신 후기에 미리 의논할 문제다. 아이가 태어나기 전에 모든 것을 준비해놓겠다는 마음으로 꼼꼼하게 계획을 세운다.

산후 조리는 어떻게 할지 결정한다

출산이 가까워지면 준비해야 할 것이 많은데, 그중 하나가 산후 조리를 맡아줄 사람을 미리 결정하는 것이다. 일반적으로 친정이나 시댁, 친척 중 산후 조리 경험이 있는 사람에게 부탁하는 경우가 많은데, 최근에는 산후조리원을 이용하거나 산모 조리인을 집으로 부르는 경우도 크게 늘고 있다. 산후조리원은 시설이나 비용 등의 조건을 꼼꼼히 따지고 여러 곳을 직접 방문해본 다음 시설이나 서비스 등 여러 조건이 적합한 곳으로 결정한다. 그곳을 이용해본 사람의 경험담을 참고하는 것도 좋은 방법이다. 산모 조리인을 신청할 때는 산모의 상황에 맞게 시간을 정하고, 적당한 연령대의 경험이 풍부한 사람을 고른다.

남편에게 마사지를 부탁한다

임신 후기에는 특히 남편의 역할이 중요하다. 신경이 날카로워진 아내를 위해 보다 세심한 배려를 하는 것은 물론 수시로 온몸과 다리를 주물러주는 것도 남편 몫이다. 물론 남편이 스스로 알아서 해준다면 더할 나위 없지만, 그렇지 않을 경우 혼자 고통스러워하지 말고 직접 남편에게 마사지를 부탁한다. 임신과 출산, 나아가 육아에 대한 부담은 부부가 함께 책임져야 할 과제이기 때문이다.

비수축 검사

비수축 검사(NST: Non Stress Test)는 출산 전에 태아의 건강 상태를 알아보는 검사로 대개 36주 이후에 실시한다. 예외로 태아가 임신 주수에 비해 너무 작거나 양수가 모자라서 태아의 건강에 이상이 있을 것으로 염려될 때는 담당 의사의 판단에 따라 36주 이전에 하기도 한다. 대개 태아 안전 검사상 정상이면 향후 약 일주일은 태아가 안전하다고 볼 수 있다. 검사 횟수의 제한은 없고, 1주 간격으로 언제든 태아의 상태를 체크할 수 있다.

- 검사 방법 자궁 수축 등의 스트레스가 없는 상태에서 전자 태아 감시 장치를 이용해 태동과 심장박동 수를 일정 시간 측정하며, 이를 통해 태아의 상태나 건강을 진단한다. 임신부 복부에 태아 모니터를 부착해 태아의 움직임이 느껴질 때마다 임신부가 버튼을 누르면 모니터 종이에 표시되고, 그와 동시에 모니터는 태아의 심장박동을 기록한다. 태아가 움직일 때는 태아의 심장박동 수가 늘어나는 것이 정상이며, 만약 변화가 없다면 예비력이 적다고 본다. 검사 시간은 30분 정도이며, 태아가 자고 있으면 검사 시간이 길어질 수 있다.

임신 35주 자궁저가 최고조에 달한다

엄마의 몸 자궁저의 높이는 35cm 정도로 커지며, 체중은 11~13kg 정도로 는다.
태아의 몸 피부가 분홍색을 띠기 시작한다. 체중은 2.5kg, 키는 45cm 정도다.

태아의 성장 발달

피부가 분홍색을 띤다

태아의 피부색은 백색 지방이 축적돼 거의 분홍색을 띤다. 피부 밑에 축적되는 이 백색 지방은 태아가 체온을 조절하고 에너지를 내는 데 도움을 주고, 태어난 뒤에는 체중을 조절하는 역할도 한다. 지방층이 생기면서 이와 함께 피부를 덮고 있던 보호 물질인 태지가 점차 두꺼워진다.

손톱이 손가락 끝까지 자란다

길고 뾰족한 손톱을 갖게 돼 자궁 속에서 태아가 팔을 움직이면 스스로를 할퀴기도 해 얼굴에 할퀸 자국이 있는 신생아도 종종 있다.

임신부의 신체 변화

자궁저가 명치끝까지 올라간다

임신 35주가 되면 자궁저가 제일 높아져 명치 부분까지 올라간다. 자궁이 위나 폐를 누르고 심장을 압박해 숨이 차고 가슴이 쓰린 현상도 최고조에 달한다. 또 식욕이 없기 때문에 식사가 불규칙해져 변비와 치질이 생길 수도 있다. 다리가 쑤시거나 따끔거리고 골반 부위가 저리는 느낌이 들기도 하는데 이는 태아의 무게가 다리와 골반 신경에 압력을 가하기 때문이다. 통증이 너무 심할 때는 의사와 상의해 볼 필요가 있다.

출산용품을 준비한다

출산 예정일까지는 아직 한 달여가 남았지만, 출산 예정일에 딱 맞춰 출산하는 사람은 소수에 불과하다. 대개 ±2주는 정상 분만으로 보는데, 언제 시작될지 모를 출산을 위해 미리 미리 출산에 필요한 용품들을 준비해놓는다.

태아의 체중 체크하기

출산이 가까워지면 임신부들이 가장 궁금해하는 것이 태아의 크기와 체중이다. 태아의 체중은 대개 초음파 검사로 추정하는데 약간의 오차가 생길 수 있다. 컴퓨터 프로그램을 이용해서 태아의 체중을 추정하는 방법도 있다. 태아의 머리 지름, 머리 둘레, 복부 둘레, 대퇴골 길이 등을 재어 이를 근거로 체중을 추정한다. 대개 태아의 머리 둘레와 체중을 기준으로 자연분만이 가능한지 제왕절개를 해야 하는지 판별하지만, 임신부에 따라 체격과 달리 산도가 너무 좁은 경우도 있어 수술 여부는 진통 때가 되어야 정확히 알 수 있다.

입원용품을 꼼꼼히 체크한다

출산 예정일이 정해져 있지만, 대개 출산일보다 빨리 또는 늦게 출산한다. 보통 출산일은 출산 예정일과 2주 정도 차이가 나므로 임신 9개월에 들어서면 언제라도 병원에 갈 수 있도록 준비해두는 것이 좋다. 출산용품은 입원할 때 필요한 물건과 신생아용품, 입원 중 산모에게 필요한 용품, 퇴원용품을 꼼꼼히 챙겨 큰 여행용 가방에 담은 뒤 가족 모두가 잘 아는 곳에 둔다. 산모들은 보통 자연분만일 경우 3일, 제왕절개 수술을 할 경우 5~7일 정도 병원에 입원하게 되므로 그동안에 필요한 물건과 퇴원 시 아이에게 필요한 물건을 함께 챙겨두는 것이 좋다.

| 임신부와 아이를 위한 출산 준비물

구분	물건
입원할 때 필요한 물건	의료보험카드, 진찰권, 산모 수첩
출산 후 산모에게 필요한 물건	타월, 기초화장품, 세면도구, 면 팬티 여러 장, 내복, 양말, 수유용 브래지어와 패드, 산모용 패드, 카디건 등 편안한 옷, 퇴원할 때 입을 외출복
병원에 있는 동안 아이에게 필요한 물건	분유, 젖병, 기저귀, 배냇저고리, 가제 손수건(병원에 따라 다름)
퇴원할 때 아이에게 필요한 물건	배냇저고리, 속싸개, 겉싸개, 기저귀, 젖병, 가제 손수건

전치 태반

전치 태반은 태반이 자궁 경부 부근에 있거나 자궁 경부를 막고 있는 것을 말한다. 대부분의 산모의 태반은 자궁 저부(자궁 맨 윗부분)에 착상하고 있는데, 어떤 수정란은 자궁강의 아주 아랫부분에 착상해 자궁경관을 덮는 태반을 형성한다. 자궁이 커지면 태반이 자궁 저부 쪽으로 끌려가 정상적인 위치로 가게 되는데, 그렇지 못할 경우 전치 태반이 된다.

- **원인** 전치 태반은 임신부 170명 중 1명꼴로 발생하며 심한 출혈을 일으킬 수 있는 심각한 문제다. 원인은 아직 확실하게 밝혀지지 않았지만, 제왕절개 분만 경험이 있거나 잦은 임신, 고령 임신 등에서 자주 나타난다.
- **증상** 임신 후기에 주로 발생하며, 대표적인 증상은 통증 없는 출혈이다. 평소 건강한 임신부도 아무런 예고 없이 잠잘 때 요가 젖거나, 자고 일어났을 때 옷에 피가 묻어 있는 경우가 있다. 처음 출혈은 심하지 않고 저절로 멈추지만, 출혈이 계속되면 쇼크

를 동반해 사망에 이를 수도 있다.

- **대처 방법** 임신 37주 이후라면 제왕절개 수술을 시행해 아이도 살리고 출혈도 막아 자궁 손상을 줄일 수 있다. 37주 이전에는 심한 출혈과 진통이 없으면 임신을 연장해 37주 이후에 제왕절개 수술을 받는다. 조산아로 태어나면 사망률이 높기 때문이다. 전치 태반은 임신 후반기에는 초음파로 정확히 진단할 수 있으므로 정기 산전 진찰을 빠짐없이 받는 것이 특히 중요하고, 출혈이 있으면 즉시 병원에서 진찰을 받아야 한다.

전치 태반의 종류

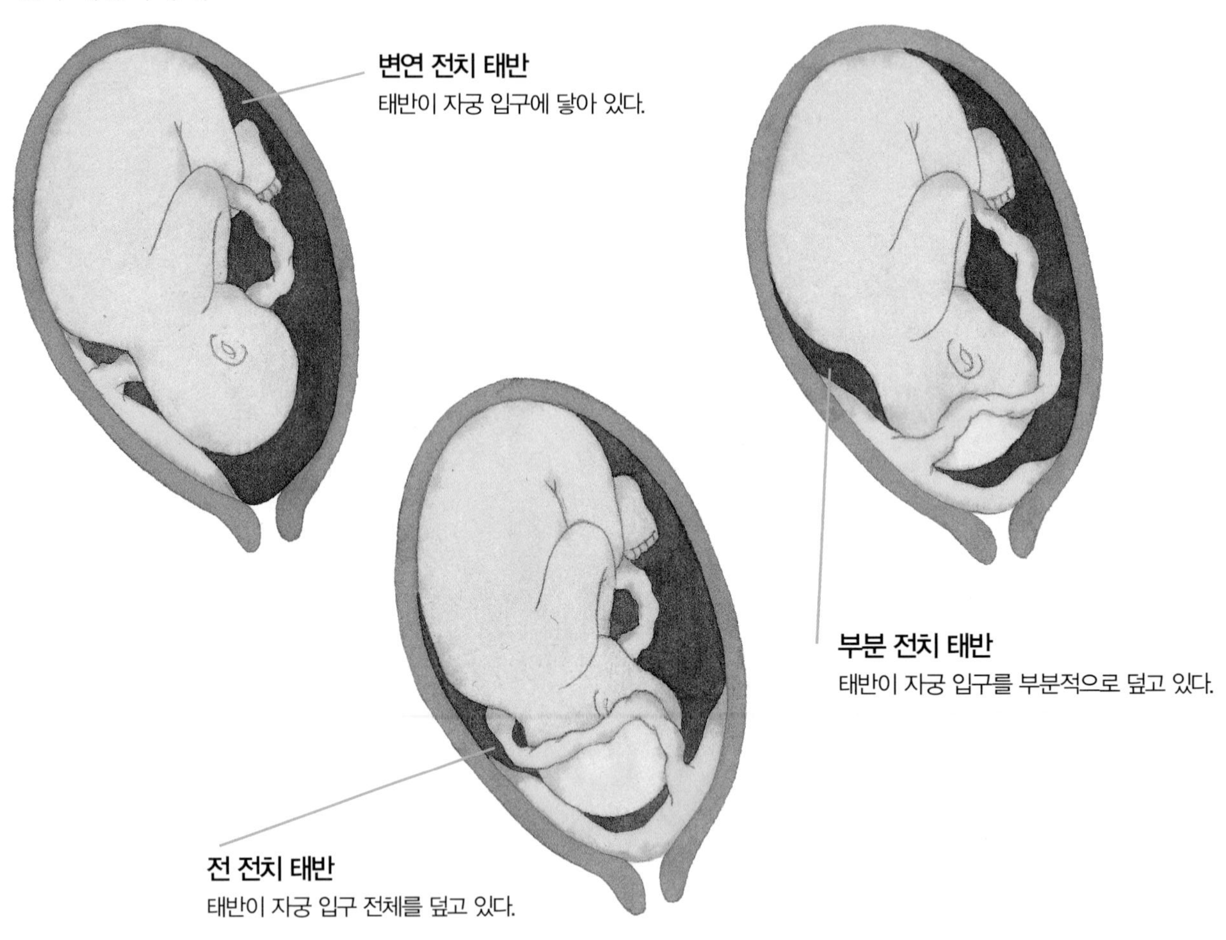

임신 36주 신체 기관이 거의 다 자란다

엄마의 몸 몸무게가 최대치로 늘어나며, 태동이 현저히 줄어드는 것을 느낀다.
태아의 몸 체중은 2.75kg, 키는 46cm 정도다.

태아의 성장 발달

본격적으로 세상에 나올 준비를 한다

신체 기관이 완전히 성숙해 태어날 시기만 결정하면 된다. 폐는 거의 성숙했지만 아직은 혼자 힘으로 호흡은 할 수 없어 이 시기에 태어나면 인공호흡기에 의존해야 한다. 이제 마지막 한 달 동안 태아의 배내털은 거의 빠져 어깨나 팔다리 혹은 몸의 주름진 곳에만 조금 남는다. 피부는 보드랍고 연해지며, 태아가 산도를 나오기 수월하도록 피부에 태지가 조금 남아 있다.

임신부의 신체 변화

몸무게가 최고치로 늘어난다

임신부의 자궁은 최대한으로 커져 더 이상 공간이 없을 것 같은 느낌이 든다. 보통의 경우 몸무게는 11~14kg 정도 늘어나 있고, 앞으로 분만일까지 아주 조금 늘거나 또는 전혀 늘지 않는다.

태동이 현저히 줄어든다

임신 마지막 달에 들어서면 태동이 현저히 줄어드는 것을 느낄 수 있다. 앞으로 몇 주 동안 태아는 성장을 계속하지만 양수의 일부가 임신부의 체내로 흡수된다. 따라서 태아는 크고 태아를 둘러싸고 있는 양수는 줄어들어 태아가 움직일 수 있는 공간이 작아져 태동이 활발하지 않다.

하강감이 느껴진다

출산이 가까워지면서 복부에도 변화가 나타난다. 배꼽에서 자궁 상부까지의 길이가 짧아지고 배가 아래로 내려간 듯한 느낌이 드는데, 이는 태아의 머리가 산도로 들어가면서 생기는 현상이다. 태아가 하강하면 상복부 공간에 여유가 생겨 숨쉬기가 편해지지만, 골반이나 방광에는 더 많은 압박감이 생긴다. 하강감은 임신부에 따라 출산 몇 주 전에 느껴지기도 하고, 진통이 진행될 때 태아가 산도로 내려가는 경우도 있다.

아랫배와 넓적다리에 통증이 느껴진다

임신 36주가 지나면 태아가 아래로 떨어질 것 같은 느낌이 들며, 넓적다리 부분과 치골 주위가 결리면서 통증이 온다. 이는 태아가 산도로 내려가면서 골반 부위를 압박해 생기는 것으로 크게 걱정할 필요 없다. 대개 이런 느낌은 분만 때까지 계속되는데, 압박감이 심할 때는 옆으로 누워서 쉬면 통증이 줄어든다.

매주 정기검진을 받는다

임신 마지막 달에 접어들었다. 이제 매주 정기검진을 받고, 언제 시작될지 모르는 출산에 완벽하게 준비해야 한다. 출산에 대한 긍정적인 마음으로 끝까지 최선을 다하는 모습을 보여주자.

일주일에 한 번 정기검진을 받는다

임신 마지막 달에는 매주 정기검진을 받는다. 그동안의 임신 과정에 별 문제가 없었다면, 출산 예정일 2주 전후에 분만을 한다. 이번 달에는 매주 정기적으로 검진을 받으면서 태아의 변화를 신속하게 알아낸다.

무리한 집안일은 조산의 원인

입원 전에 집 안 청소나 정리를 완벽하게 해두려고 무리하게 집안일을 하는 경우가 많다. 또 임신 후기에는 불면증이 생기기도 하는데, 잠이 오지 않는다고 해서 내친김에 밤늦도록 하던 일을 다 해버리는 경우도 있다. 이 시기에 집안일을 무리하게 하면 자칫 조산의 위험이 있으므로 주의해야 한다. 충분히 휴식을 취하면서 규칙적인 생활 리듬을 지키는 것이 가장 중요하며, 일을 하다가도 피곤하면 바로 쉬는 것이 바람직하다.

높은 곳, 경사진 곳을 주의한다

임신 후기에는 점점 배가 무거워져 가만히 서 있는 것도 힘이 들고 균형을 잡기조차 어렵다. 따라서 집 안을 정리한다고 높은 곳에 올라서는 일은 절대 안 된다. 힘든 일이나 높은 곳에 있는 것을 내려야 할 때는 남편이나 식구들에게 부탁한다. 또 외출할 때는 넘어지거나 발을 삘 수 있으므로 굽이 높은 신발을 신지 말고, 경사진 곳을 오르내리는 것도 조심한다.

제왕절개 수술 여부를 결정한다

가장 바람직한 출산 방법은 자연분만이다. 하지만 임신부의 건강에 문제가 있거나 임신 진행 과정이 순조롭지 못할 때, 태아에게 문제가 있을 때는 산모와 태아의 건강을 위해 제왕절개 수술을 해야 한다. 출산에서 가장 중요한 것은 산모와 태아 모두 안전한 것이므로 제왕절개 수술을 한다고 심적인 부담을 가질 필요는 없다. 대개 제왕절개 수술은 출산 전 임신부와 태아의 상태에 따라 담당 의사가 결정하는데, 자연분만 도중에 위급한 조치로 수술을 하는 경우도 있으므로 끝까지 마음을 가다듬고 준비하는 것이 좋다.

제왕절개 수술 후의 문제점

산후 회복이 느리고 통증이 심하다

출산에 대한 공포가 큰 임신부의 경우 진통 없이 수월하게 출산할 수 있다는 생각에 제왕절개 수술을 원하기도 한다. 물론 수술을 하면 출산 당일 산통은 겪지 않아도 된다. 하지만 수술 후 수술 부위의 통증이 진통 못지않게 고통스럽다는 점을 기억해야 한다. 또 제왕절개 분만은 자연분만에 비해 산후 회복이 느리고 가스가 나오는 2~3일 정도는 금식해야 하는 등 여러 가지 어려움이 있다.

수술 후유증이 남을 수 있다

산모의 체질에 따라 염증 등의 부작용이 생길 수 있고, 산모에 따라 제왕절개 부위가 간지럽거나 따끔거리는 증세가 나타나기도 한다.

출산 횟수가 제한된다

제왕절개 수술은 일반적으로 두 번 내지 세 번 정도 시행하기 때문에 출산 횟수가 제한된다. 제왕절개 수술 후에도 자연분만을 시도해볼 수 있으나 자궁 파열 등 심각한 합병증이 발생할 수 있으므로 주치의와 충분한 상의가 필요하다.

임신 37주 체중이 계속 증가한다

엄마의 몸 불규칙한 자궁 수축과 자궁구가 부드러워지는 것이 느껴진다.
몸무게와 자궁은 지난주와 비슷하다.

태아의 몸 체중은 2.9kg, 키는 47cm 정도다. 남은 몇 주 동안에도 계속 자란다.

태아의 성장 발달

남은 몇 주 동안 계속 성장한다

이제 태아는 태어날 준비를 거의 다 마쳤다. 하지만 출산 때까지 남은 몇 주 동안에도 계속 성장하고 체중이 증가한다. 하루에 28g 이상 지방이 쌓이고, 뇌 속에서는 신경 수초화(신경섬유를 싸고 있는 막이 늘어나는 것)가 시작되는데, 이는 출생 후에도 계속된다.

모체로부터 항체를 받아 면역력이 생긴다

태아는 항체를 스스로 만들어내지 못하기 때문에 외부 세균으로부터 자신을 보호할 능력이 없다. 항체가 없으면 신생아는 질병에 잘 걸릴뿐더러 자칫 생명이 위험할 수도 있다. 하지만 모체가 태반을 통해 태아에게 항체를 전달해 주기 때문에 신생아들은 일정 기간 동안 감기나 볼거리, 풍진에 걸리지 않는다. 태어난 후에는 모유를 통해 엄마로부터 질병에 대한 항체를 받기 때문에 면역력이 생긴다.

임신부의 신체 변화

아랫배가 불규칙하게 땅기거나 통증이 느껴진다

출산일이 가까워지면 때때로 아랫배가 땅기고 통증이 느껴진다. 혹시 진통이 시작된 것은 아닐까 하는 착각을 불러일으킬 정도다. 하지만 진통이 불규칙하다면 진통의 시작이 아니라 몸이 출산 연습을 하는 것이다. 출산 시간이 다가올수록 통증이 더욱 자주 발생한다. 하지만 진통이 규칙적으로 반복되면 출산이 시작된 것이므로 병원에 갈 준비를 해야 한다.

자궁구가 부드러워지고 점액 분비가 늘어난다

출산일이 가까워지면 태아가 쉽게 빠져나올 수 있도록 자궁 입구가 축축해지면서 유연해지고 탄력도 생긴다. 이때는 자궁 분비물도 많아지므로 속옷을 자주 갈아입고 샤워를 자주 하는 것이 좋다. 임신부에 따라서 간혹 자궁구가 미리 열리기도 하는데, 이럴 경우에는 안정을 취하면서 경과를 지켜본다.

출산 직전까지 규칙적인 생활을 한다

출산일이 가까워지면 그동안 잘 지켰던 생활 습관이 흐트러지기 쉽다. 무리한 운동은 피해야 하지만, 출산 직전까지 가벼운 운동을 하고 규칙적인 식습관을 가지는 것이 순조로운 출산에 도움이 된다는 것을 기억하자.

혼자 외출은 삼간다

몸이 피곤하면 예정일보다 출산이 빨라지기도 한다. 또 출산 예정일이 정확하게 들어맞는다고 보장할 수도 없으므로 혼자서 하는 외출은 삼가는 것이 좋다. 가능하면 남편이나 주위 사람들과 함께 외출하고, 만약 꼭 혼자 가야 한다면 주위 사람에게 가는 곳을 반드시 알려주도록 한다.

과식하지 않도록 주의한다

출산일이 가까워지면 태아가 밑으로 내려가기 때문에 위가 편해지고 식욕도 당긴다. 또 직장에서 미리 휴가를 얻은 경우에는 마음이 편해져 과식하기 쉽다. 가급적 출산할 때까지 긴장을 풀지 말고 규칙적인 생활을 하며 체중 관리에 신경을 쓴다.

비상연락망을 작성한다

언제 무슨 일이 일어나도 적절하게 대처할 수 있도록 비상연락망을 준비해놓는다. 병원 연락처는 물론 남편과 친정이나 시댁 연락처, 산후조리원이나 도우미 연락처 등을 일목요연하게 정리하는 등 만약의 상황에도 당황하지 않고 연락할 수 있는 방법을 마련해둔다.

잦은 샤워로 청결을 유지한다

출산일이 가까워지면 자궁 분비물이 늘어나고 몸이 무거워 땀도 많이 흘린다. 청결은 물론 산뜻한 기분을 유지하기 위해 자주 샤워를 하는 것이 좋다. 단, 간혹 출산을 앞두고 때를 밀기 위해 대중목욕탕을 이용하는 경우가 있는데, 여러 사람이 이용하는 대중목욕탕은 감염의 우려가 있고 바닥이 미끄러워 넘어질 위험도 있으므로 가급적 가지 않는 것이 좋다.

임신 38주 골반 뼈가 태아를 에워싼다

엄마의 몸 배는 더 이상 커지지 않지만, 매우 불편하게 느껴진다.
진통에 가까운 강한 가진통을 느낄 수도 있다.
태아의 몸 체중은 3kg, 키는 50cm 내외로 자란다. 출생을 위해 골반 안쪽으로 들어간다.

태아의 성장 발달

신체 각 부분의 뼈가 골고루 발달한다

신체 각 부분의 뼈가 골고루 발달해 태어나면서 바로 크게 울거나 손발을 움직일 수 있다. 태아가 자궁에 꽉 찰 만큼 크게 자라 등은 둥글게 구부리고 손발은 앞으로 모은 자세를 하고 있다. 출생을 위해 골반 안쪽으로 머리를 향하고 있는데, 엄마의 골반 뼈가 태아를 에워싸 잘 보호해준다. 또한 태반에서 분비되는 호르몬의 자극으로 성별에 상관없이 가슴이 부푸는데 이는 출산 후 곧 가라앉는다.

임신부의 신체 변화

불규칙한 가진통 수축이 일어난다

출산을 알리는 진짜 자궁 수축이 시작되기 전에 가진통 수축을 경험하게 된다. 가진통 수축은 지금까지의 자궁 수축과는 달리 거의 진통에 가까운 강한 수축이지만, 규칙적이지는 않고 시간이 지나면 없어진다.

임신 마지막 달 검사를 빠짐없이 받는다

이제 정말 출산 직전에 도달했다. 예정일을 앞두고 정기검진을 받으러 가면, 출산이 언제 시작될지, 어떤 방법을 시행하는 것이 좋을지 예측할 수 있다. 또 마지막 달 검사를 통해 자연분만 가능성도 알 수 있다.

자연분만이 가능한지 예측해본다

태아의 성장 발달이 순조롭고 임신부의 체력이나 체중 증가량, 골반의 크기, 양수의 양 등 여러 가지 상황을 종합해 자연분만이 가능한지 예측해볼 수 있다. 물론 힘든 상황에서도 자연분만에 성공하는 경우도 많고, 아무 문제가 없는데도 불구하고 출산이 시작된 후 돌발 상황으로 자연분만에 실패하는 경우도 있다. 하지만 대부분의 임신부가 자신의 의지와 노력으로 자연분만에 성공한다. 임신 상태가 순조롭다면 엄마 자신이 자연분만을 꼭 하겠다는 의지를 갖고 미리 자연분만 과정을 공부해두는 것이 좋다.

임신 마지막 달에 받는 검사

- **혈압 검사** 갑작스런 혈압 변화가 있는지 꾸준히 체크한다.
- **소변 검사** 고혈압의 징조인 단백질 수치와 당뇨병의 징조인 당분 수치를 알아본다.
- **체중 검사** 마지막 달에는 체중이 11~16kg 정도 늘어나는 것이 정상이므로 꾸준히 체중 검사를 한다.
- **도플러 검사** 태아의 심장박동 강도와 횟수, 위치를 측정해 태아의 건강 상태를 알아본다.

임신 마지막 달의 태교

임신 마지막 달은 심리적·육체적으로 힘든 시간지만, 이미 태아가 신생아에 가까울 정도로 성장했다는 것을 생각하면 태교를 소홀히 할 수 없다. 임신 마지막 달에 할 수 있는 태교는 남편과 함께 호흡법을 연습하면서 임신 마지막 기간을 잘 정리하는 것이다.

출산일이 가까워지면 아무리 태연하려고 해도 마음이 긴장되어 늘 불안하고, 배가 땅기거나 가슴이 두근거리는 등 몸 곳곳에서 출산이 임박했음을 알리는 징후들이 나타난다. 마음이 불안할 때는 남편과 함께 출산의 전 과정과 호흡법을 연습해본다. 남편은 아내가 여유 있는 마음을 가질 수 있도록 어깨나 팔다리를 마사지해주고, 아내는 순산을 위해 라마즈 분만법 등을 총 연습해본다. 또한 마지막 순간까지 태담 태교를 하는 것도 도움이 된다. 이제 곧 엄마와 아빠를 만나게 된다는 사실을 아이에게 상기시키며 곧 시작될 출산의 여정을 준비한다.

임신 39주 **폐나 심장 등이 완성된다**

엄마의 몸 자궁저의 높이는 36~40cm 정도로 최대가 되며, 출산이 임박한 경우 이슬이 비친다.
태아의 몸 체중은 3.2~3.4kg, 키는 50cm 정도다.

태아의 성장 발달

장 속에 태변이 가득 차 있다

39주 태아는 계속 지방층을 형성하고 있다. 솜털이 대부분 사라지고 손톱과 발톱은 끝까지 자라 있다. 또한 태아의 장 속에는 암녹색 태변이 가득 차 있다. 태변은 태아의 장에서 떨어져 나온 물질과 배내털, 색소 등이 혼합된 것으로 분만 도중 배설되거나 출산 후 며칠 동안 변으로 배설된다.

첫 호흡을 위한 호르몬이 분비된다

출산 직전 일주일 동안 태아의 부신으로부터 코티솔이라는 호르몬이 많이 분비되는데, 이 호르몬은 태아가 세상에 태어난 뒤 첫 호흡을 할 수 있도록 도와준다. 이외에 심장이나 간장, 소화기관, 비뇨기관 등이 완성되어 출산을 기다린다.

임신부의 신체 변화

규칙적인 자궁 수축이 일어난다

분만을 앞둔 자궁 경부는 더욱 부드러워지고, 규칙적으로 자궁 수축이 진행되면서 분만의 신호를 알린다. 자궁 수축은 움직일 때마다 더 심해진다. 간격이 일정하고 점점 좁아지면 병원에 가는 것이 좋다.

분만을 알리는 신호, 이슬

자궁 수축과 함께 분만을 알리는 신호는 양막이 파열되어 양수가 나오거나 이슬이 보이는 것이다. 이슬은 자궁경관을 막고 있는 점액이 빠져나오면서 생기는 출혈이다.

출산 준비를 완벽하게 마친다

이제 출산 예정일이 일주일 정도 남았다. 지금부터는 카운트다운을 하는 마음으로 출산을 기다리면 된다. 출산 준비는 완벽한지, 몸의 상태는 양호한지 세심하게 주의를 기울이며 출산을 기다린다.

경산부의 경우 분만이 시작된다

분만 예정일에 맞춰서 나오는 아이는 5% 정도이며, 대부분 예정일보다 일찍 혹은 늦게 나온다. 특히 출산 경험이 있는 경산부는 38~39주에 아이를 낳을 수 있고, 초산부는 더 늦을 수도 있다. 대개 임신 42주 전에는 아이를 낳는다.

출산 시 능숙하게 힘주기를 하는 법

경산부의 경우 출산 경험이 있기 때문에 출산 시 어떻게 힘을 줘야 하는지 알지만, 초산부는 알기 어렵다. 사실 언제 어떻게 힘을 줘야 하는지는 분만대에 올라 의사의 지시를 따르면 되지만, 이를 미리 알고 연습하면 출산 시간을 단축할 수 있다.

다만 임신 중에는 실제로 힘주기 연습을 할 수 없기 때문에 그저 느낌으로 연습할 수밖에 없다. 우선 배변을 할 때의 이미지를 떠올려보자. 아이를 밀어내는 느낌으로 항문이나 질 입구 부분을 향해 힘을 준다. 특히 배 쪽이 아니라 엉덩이 쪽으로 힘을 주는 것이 포인트. 힘주기 할 때의 자세는 침대 머리 위나 허리 옆 부분에 있는 손잡이를 붙잡거나, 허벅지를 두 팔로 고정하고 발끝을 자유롭게 해서 하는 등 자신이 편한 쪽으로 선택한다. 호흡법과 함께 힘주기를 연습할 때는 숨을 멈추는 것만 하고 배에 힘이 들어가지 않도록 주의한다. 자세만 취해서 느낌을 이해하도록 한다.

임신 40주 출산이 시작된다

엄마의 몸 규칙적인 진통이 찾아오면서 분만이 시작된다.
태아의 몸 체중은 3.4kg 정도이며 키는 50cm 이상 자란다. 이제 태아는 출생을 위한 준비를 시작한다.

태아의 성장 발달

출생을 위한 여정이 시작된다

분만은 엄마의 고통과 노력으로 이루어진다고 생각하지만, 분만이 시작되는 순간부터 세상에 나오기까지 태아도 엄청난 노력을 한다. 자궁 수축과 엄마의 힘주는 노력에 맞춰 태아도 좁고 구부러진 산도를 빠져나오기 위해 계속해서 몸을 돌리고 자세를 바꾸며 움직여야 하는 것이다. 태아가 분만 중에 곤란한 일을 겪지 않도록 의사의 지시에 따라 최선을 다하는 것이 중요하다.

임신부의 신체 변화

진통이 시작된다

아랫배가 찌르듯 아픈 증상이 30분 또는 1시간 간격으로 계속되면 진통이 시작되었다고 볼 수 있다. 진통 간격은 조금씩 좁아지는데, 그 시간은 사람마다 다르다. 일단 진통이 30분 간격으로 좁아지면 서두르지 말고 천천히 입원 준비를 한다.

진통이 시작되면 입원한다

이제 10개월간의 긴 여정이 끝나려 한다. 규칙적인 진통이 시작되면 마음의 준비를 하고 입원을 한다. 출산의 고통은 이루 말할 수 없지만, 이 또한 엄마가 되기 위한 과정이라고 생각하고 끝까지 최선을 다하는 모습을 잃지 말자.

출산을 위한 입원

진통과 분만 양상은 사람마다 다르다. 진통 후 3시간 만에 출산하는 사람도 있고 1박 2일에 걸쳐 진통을 겪는 사람도 있다. 진통이 시작된 것 같으면 진통 간격을 재서 병원에 연락하고, 파수되거나 많은 양의 출혈이 있을 때는 재빨리 병원으로 간다.
초산인 경우 진통 시간이 길기 때문에 규칙적인 진통이 5분 간격으로 진행되면 입원하는 것이 좋다.(경산인 경우 10분 간격) 입원 전에 가벼운 식사 정도는 해도 좋고, 파수된 경우가 아니라면 샤워를 해도 괜찮다.

과숙아

초산부의 10% 정도는 분만 예정일이 지나도 출산 기미가 보이지 않을 수 있다. 임신 기간이 42주 이상 지난 태아를 과숙아라고 하는데, 이때는 태반이 태아의 성장에 필요한 영양소와 산소를 제공하지 못하기 때문에 위험해질 수 있다.
보통 예정일이 지나면 임신부는 매우 초조해하는데, 양수량이 적당하고 태반의 노화가 심하지 않으면서 태동 검사 결과가 정상이면 일주일 정도는 큰 문제가 없다. 그러나 임신 41주가 넘어가는 지연 임신의 경우에는 유도 분만을 시행해야 한다. 또 태아의 상태가 좋지 않거나 골반이 너무 좁은 경우에는 바로 제왕절개 수술을 하기도 한다.

출생 직후의 신생아 의료 처치

아이를 낳으면 의사는 탯줄을 끊고, 아이의 입안과 폐에 들어 있는 양수와 이물질을 없애 숨을 쉬게 해준다. 먼저 입안의 이물질을 제거하고, 가느다란 관으로 폐의 작은 이물질까지 제거하는 것. 그래야 아이가 우렁찬 울음을 터뜨릴 수 있다. 그 다음 태어날 때 길게 잘라 지혈해두었던 탯줄을 3~4cm만 남기고 자른 후 다시 묶는다. 탯줄은 생후 1~2주일쯤 지나면 자연적으로 떨어진다. 소독수로 눈에 들어 있는 양수를 말끔히 씻고, 엄마 뱃속과 태어날 때 묻은 태지나 혈흔을 말끔히 씻어준다. 그리고 다시 탯줄을 소독한다.

신생아 아프가 검사

기본적인 의료 처치가 끝난 아이는 몇 가지 검사를 받는다. 우선 우는 모습이라든가 발버둥 칠 때의 모습을 살펴보고, 머리부터 발끝까지 외관상 이상이 있는지 살펴본다. 그리고 청진기로 심장과 폐의 이상을 체크하고 호흡수나 호흡법을 살펴본다.
또한 신생아의 전체적인 건강을 검진하기 위해 생후 1분과 5분에 신생아 아프가(Apgar) 검사를 실시한다. 대부분의 신생아들은 아프가 점수가 7~10점으로 상태가 양호하지만, 아프가 점수가 그 이하일 때는 정도에 따라 산소를 주입하고 인큐베이터에 넣는다.

조산과 예정일 초과

조산

임신 20~37주 사이에 출산하는 것을 조산이라고 한다. 조산은 여러 가지 이유에서 비롯된다. 조기 진통, 조기 양막 파수와 같이 태아의 성숙이 완성되기 전에 분만 과정이 진행되는 경우가 있고, 임신중독증이나 임신부의 건강 상태, 태아의 건강 상태 때문에 빨리 분만해야 할 경우에는 인위적으로 유도 분만을 하거나 제왕절개 수술을 하기도 한다.

증세

조산은 시기만 이를 뿐 정상 분만과 같은 과정을 겪는다. 생리통과 같은 약한 진통이 점점 강해지면서 규칙적으로 찾아오는데, 안정을 취해도 가라앉지 않으며 간격이 점점 줄어든다. 10~20분 이내 간격으로 진통이 오면 병원에 내원해 조기 진통 여부를 확인하고 필요시 치료를 받는다.

또 배가 뭉치는 증세가 심해져 양막 파수가 될 때도 있고, 뭉치는 증상이 심하지 않으면서 허리가 아프거나 묵직한 느낌이 있거나 적은 양의 출혈로 시작되기도 한다. 안정을 취해도 호전되지 않는 이상 증상이 있을 때는 병원에서 확인하는 것이 안전하다.

원인

임신부가 만성 질환이 있을 때 임신부가 당뇨병, 고혈압, 심장병 같은 질환이 있을 때는 태반이 제 기능을 발휘하지 못해 조산될 가능성이 높다. 임신부가 이런 질병을 가진 경우에는 전문의의 진단을 받아야 한다. 임신 중 의사의 지시에 잘 따르고 식이요법 등으로 건강관리를 한다면 정상 분만도 가능하다.

자궁경관이 태반을 지탱할 힘이 없을 때 임신 8~9개월이 되어 태아가 자라고 임신부의 자궁경관이 늘어나 태아와 태반의 무게를 지탱하지 못하고 느슨해지면 파수가 일어나 조산되는 수가 있다. 자궁 경부 길이가 짧거나 조산 경력이 있는 임신부의 경우 임신 4개월경에 자궁경관 주위를 묶는 자궁 경부 봉축술을 하거나 약물 치료를 하면 도움이 된다.

전치 태반, 태반 조기 박리 태반의 위치가 자궁 경부를 막고 있는 전치 태반이나 태반이 너무 일찍 떨어져 나오는 태반 조기 박리로 인해 조산할 수 있다. 이 경우 임신부가 출혈을 많이 해 자칫 임신부와 태아 모두 위험해질 수 있다. 출혈이 심하면 제왕절개 수술을 해야 한다.

양수과다증 양수량이 정상보다 많으면 양막이 압력을 견디지 못하고 터지기도 한다. 파수되면 양수가 터져 나오는데, 이때 탯줄이 함께 밖으로 나올 수도 있다. 산소를 공급하는 탯줄이 없어지면 태아가 매우 위험하므로 양수과다증인 임신부는 미리 의사와 상의해야 한다.

양수과소증 양막 파수나 태아 기형 등의 이유를 제외하면 양수가 적은 경우는 태아의 건강 상태가 악화되었음을 나타내는 지표다. 이러한 경우 무리하게 임신 상태를 유지하는 것보다 조기에 분만하는 것이 태아에게 더 유리하다.

그 밖의 원인 태아가 너무 크거나 너무 작을 때, 다태 임신인 경우에도 조산할 가능성이 있다. 또 격한 스포츠나 과로, 외상이나 지나친 성생활도 조산을 유발할 수 있다.

치료

조산 징조가 보이면 먼저 병원에 가서 진단을 받고 안정을 취하는 것이 가장 중요하다. 상태에 따라 집에서 안정을 취하며 치료를 받을 수도 있고, 입원해서 자궁수축억제제 등의 치료를 받을 수도 있다. 하지만 태반 조기 박리나 전치 태반, 조기 파수 같은 경우에는 임신부와 태아의 건강을 위해 분만을 유도하기도 한다. 조산 징조가 보일 때 임신 상태를 지속시키는 게 유리한지 분만을 진행하는 것이 유리한지 의사와 상의해 결정하는 것이 좋다. 어떤 경우든 절대 무리하지 말고 충분히 휴식을 취하며 의사의 지시에 따라 행동해야 한다.

예정일 초과

출산 예정일이 지났는데도 출산 기미가 보이지 않으면 임신부는 초조해진다. 대개 초산부의 10% 정도가 예정일을 초과하는 지연 임신을 경험한다. 임신 기간이 42주가 넘은 태아를 과숙아라고 하는데, 분만 시 합병증이 가장 적은 시기는 39~40주이며 42주가 지나면 합병증이 늘어나므로 적절한 조치를 취해야 한다. 지연 임신이 위험한 이유는 태반이 노화돼 태아에게 영양소와 산소를 제공하지 못하기 때문이다. 태아의 크기가 작으면 임신 기간을 늘려 크게 낳고 싶다고 생각하는 임신부들이 있는데 이럴 때는 분만을 해 영양을 공급하는 것이 태아의 건강 및 성장에 유리하다. 보통 예정일이 지난 후에는 검사를 통해 양수량과 태반의 노화 정도, 태동 상태를 알아본다. 검사 결과가 정상이면 대개 일주일 정도는 지켜보며 진통을 기다린다. 하지만 임신부와 태아에게 이상이 있을 때는 유도 분만을 하거나 제왕절개 수술을 한다.

임신 후기 걱정하지 않아도 되는 증세들

임신 후기 증세들

출산일이 가까워질수록 임신부는 조그마한 신체 변화에도 긴장한다. 하지만 대부분 걱정하지 않아도 되는 증세들이다. 어떤 증세들이 있고 어떻게 대처해야 할까?

Case 1 숨이 차고 두근거린다

몸을 조금만 움직여도 숨이 차고 가슴이 두근거리는 것은 임신 후기에 나타나는 대표적인 증상이다. 이는 자궁이 커지면서 횡경막을 밀어 올려 폐가 압박을 받기 때문에 나타난다. 또한 임신하면 자궁으로 영양분을 보내기 위해 혈액량이 그만큼 많아진다. 평소에 몸을 천천히 움직이고, 숨이 찰 때는 심호흡을 하며 편안한 자세로 쉬는 것이 좋다.

Case 2 속이 더부룩하고 쓰리다

임신 후기에는 자궁이 커져 명치 언저리까지 압박하기 때문에 식욕이 떨어지고 먹은 음식도 소화가 안 된다. 음식을 만들 때 소화되기 쉬운 식품과 조리법을 이용하고, 지나치게 맵거나 달고 차가운 음식은 피한다. 지방이 많은 음식도 위에 머무는 시간이 길기 때문에 섭취량을 줄이는 것이 좋다.

Case 3 다리에 경련이 일어난다

임신 후기에는 다리에 쥐가 나거나 땅기는 증상이 흔히 나타난다. 특히 밤에 잠을 잘 때 갑자기 다리에 쥐가 나거나 경련을 일으키는 경우가 많은데, 이는 부종이나 다리 근육에 축적된 피로, 칼슘 부족이 원인이다. 특히 부종이 있으면 혈액 흐름이 나빠지고 그로 인해 산소가 부족해 종아리에 경련을 일으킨다. 이때는 목욕할 때 종아리를 마사지하거나 다리를 조금 높이 올리고 잠을 자고, 고탄력 스타킹이나 압박붕대를 착용하면 도움이 된다.

Case 4 부종이 나타난다

오후가 되면 온몸이 붓는 느낌이 들기도 한다. 이는 임신으로 인해 혈액량이 늘어나면서 혈액이 묽어지고, 커진 자궁이 하체의 혈액순환을 방해해 피가 아래쪽으로 몰려서 일어나는 현상이다. 다리 부종을 막기 위해서는 다리를 높이 올려놓고 휴식을 취하고, 혈액순환이 잘되도록 손발을 가볍게 마사지해준다. 또 가급적 오랜 시간 서 있거나 앉는 것을 피하고, 외출 시에는 고탄력 스타킹과 굽이 낮은 신발을 신는 것이 좋다. 1주에 1kg이상의 체중증가를 동반한 부종은 임심중독증을 의심 할 수 있으므로 갑작스런 체중증가가 있거나 두통, 시야이상, 복부통증 등의 증상이 동반되면 병원에서 합병증 여부를 확인한다.

Case 5 빈뇨 증세가 나타난다

임신 후기에는 화장실에 가는 횟수도 늘어난다. 분만이 가까워지면 자다가 소변을 보기 위해 두세 번 정도 깨기도 한다. 출산이 다가오면 태아의 머리가 골반 쪽으로 내려오는데, 이로 인해 방광이 자궁에 눌려 자주 소변을 누고 싶어지는 것이다. 이 때문에 평소에도 재채기를 하거나 큰소리로 웃으면 배에 압력이 가해져 소변이 새는 경우도 있다. 이는 요실금의 일종으로 임신부에게 흔히 나타나는 증세이므로 걱정할 필요는 없다. 다만 이런 증세는 출산과 동시에 사라지지만, 때로는 난산 등으로 방광이나 요도 근육이 이완되어 증세가 심해지는 경우도 있으므로 평소에 항문과 요도 부근 근육을 죄어주는 케겔 체조를 꾸준히 하는 것이 좋다.

Case 6 움직이면 배가 뭉치고 땅긴다

임신 9개월쯤 되면 배가 갑자기 딱딱해지며 땅기는 느낌이 들 때가 있다. 이는 분만일이 바짝 다가왔음을 알리는 전조 현상으로 불규칙한 자궁 근육의 수축 때문에 일어난다. 배가 딱딱해질 때는 다리를 쭉 뻗은 채 휴식을 취한다.

Case 7 어깨가 결린다

임신 후기에는 커진 배를 지탱하기 위해 어깨나 몸을 뒤로 젖히게 되는데, 이렇게 무리한 자세를 계속 유지하다 보면 어깨 근육에 피로가 쌓여 통증이 느껴진다. 더욱이 어깨 근육은 커진 유방도 지탱해야 하기 때문에 출산이 가까워질수록 통증이 더 심해진다. 커진 배나 유방으로 인해 생기는 어깨 결림은 산후 수유기를 지나면 저절로 괜찮아진다. 따라서 그때까지는 임신부 체조나 수영 등 적절한 운동으로 혈액순환이 잘되게 하거나 어깨를 마사지하는 것으로 통증을 해소해야 한다. 또 평소에 어깨를 쭉 펴는 등 자세를 바르게 하고, 일할 때도 바른 자세를 취하도록 신경 쓴다.

임신 후기에 나타나는 이상 증세

임신 후기 이상 증세

모든 임신부가 정상적인 방법으로 안전하게 출산한다면 더할 나위 없겠지만, 때로는 예상치 못한 변화로 출산에 곤란을 겪기도 한다. 임신 후기에 주의해야 할 이상 증세를 살펴본다.

질 출혈

전치 태반

정상적인 태반은 태아가 자궁 경부를 쉽게 빠져나오도록 자궁 경부에서 멀리 떨어져 있다. 그런데 태반이 자궁 경부 근처에 자리 잡거나 자궁 경부를 덮는 경우도 있는데 이를 전치 태반이라고 한다. 전치 태반일 경우 대게 임신 7개월 후 출혈을 일으킬 수 있는데, 통증 없이 출혈만 있는 것이 특징이다.

전치 태반은 태반이 자궁 입구를 덮고 있는 정도에 따라 완전 전치 태반, 부분 전치 태반, 번연 전치 태반으로 나뉜다. 부분 전치 태반이나 번연 전치 태반인 경우에는 태반이 정상 위치보다 조금 내려와 있는 정도이기 때문에 정상 분만이 가능하다.

원인

자궁 수술을 받은 적이 있거나 종양으로 자궁에 상처나 염증이 생겼을 때, 또 수정란의 발육 및 착상 불량 등으로 생기는 경우가 있다. 임신 7개월 무렵 통증이나 아무런 징후 없이 출혈하는 경우 전치 태반을 의심해볼 수 있다. 그러나 출혈이 계속되는 것이 아니라 '출혈이 생겼다 멈췄다'를 반복하는 경우도 있으므로 출혈이 보이면 바로 병원에 가는 것이 좋다.

치료

부분 전치 태반이나 변연 전치 태반일 경우에도 정상 분만이 가능하다. 하지만 완전 전치 태반인 경우에는 제왕절개를 한다.

태반 조기 박리

정상적인 자연분만에서는 태아가 태어난 뒤 태반이 나오는데, 아기를 분만하기도 전에 태반이 자궁에서 벗겨지는 증상을 태반 조기 박리라고 한다. 태아에게 산소와 영양을 공급하는 태반이 먼저 나오면 태아의 생명이 위험해지므로 빨리 조치를 취해야 한다.

원인

태반 조기 박리는 고혈압인 임신부, 과거 유산이나 조산, 산전 출혈이나 사산 등의 경험이 있는 임신부와 여러 회의 분만 경험이 있는 경산부에게 잘 나타난다. 또 흡연과 넘어지거나 심하게 부딪치는 것도 원인이 될 수 있다.

치료

태반이 자궁벽에서 떨어지면 심한 복통이 계속되고, 자궁이 단단해지면서 볼록해진다. 출혈은 많지 않거나 나타나지 않는 경우도 있지만 안면이 창백해지고 쇼크로 맥박이 약해진다. 이런 증상이 타나타면 즉시 병원을 찾아야 한다. 의사는 응급 처치를 한 뒤 제왕절개로 출산시킨다.

역아(둔위)

임신 30주 이전까지 양수 속에서 자유롭게 움직이던 태아는 출산이 다가오면 머리를 아래쪽에 둔 자세를 취한다. 그런데 임신 32주가 지나도록 머리를 위쪽으로 둔 태아가 있다. 이를 역아(둔위)라고 한다. 머리가 아래쪽에 있는 태아의 경우 분만 시 머리, 어깨, 손발, 탯줄 순서로 나오는데, 역아는 이와 반대로 발이나 엉덩이가 먼저 나오고 머리가 가장 나중에 나온다. 이 경우 머리가 산도를 통과할 때 머리와 골반 사이에 탯줄이 끼면 태아에게 일시적으로 산소 공급이 중단돼 질식할 수 있고, 태아의 머리가 산도에 끼면 뇌 손상을 입을 수도 있다.

원인

역아의 원인은 아직 정확하게 밝혀지지 않았지만, 다태 임신일 경우나 양수과다증, 전치 태반 등의 문제가 있을 때 많이 발생한다. 또 임신부의 골반이 좁거나 자궁이 기형일 때, 자궁근종이 있을 때도 역아가 되기 쉽다.

치료

태아가 역아인 경우 진통을 경험하면 질식할 위험이 크고 난산을 초래할 수 있기 때문에 진통 시작 전에 제왕절개 수술을 시도하는 경우가 많다. 하지만 정기 검진에서 역아라는 진단을 받았더라도 출산 직전 자연스럽게 제 위치로 돌아오는 경우가 많기 때문에 출산이 임박했을 때 다시 확인해본다. 출산 주수가 다 되어도 둔위 자세가 유지될 때는 역아 회전술로 자세 교정을 시도해볼 수도 있다.

조기 양막 파수

정상 분만은 진통이 시작되면 혈액이 섞인 이슬이 비치고 자궁이 전부 열린 다음 양수가 터지면서 아이가 태어난다. 그러나 진통이나 이슬 없이 양수가 먼저 터지는 경우도 있다. 이를 조기 양막 파수라고 한다. 파수의 양에 따라 차이가 있지만, 양수가 터지면 물 같은 질 분비물이 흘러나온다. 조기 파수는 임신부 5명 중 1명꼴로 나타날 정도로 흔한 일이므로 너무 당황하지 말고 병원으로 가도록 한다. 임신 후기에 늘어난 질 분비물 때문에 양수가 터진 것인지 헷갈리는 경우가 있는데 보통 양수는 물같이 맑은 분비물이다. 양막이 파수되면 항생제 치료를 시작해야 하므로 양막 파수가 의심되면 바로 병원을 찾아가 확인한다.

원인

조기 양막 파수는 태아가 커짐에 따라 자궁경관이 느슨해지는 자궁경관무력증인 경우 일어나기 쉽다. 쌍둥이를 임신했거나 4kg이 넘는 거대아를 임신했을 때도 양수가 압박을 견디지 못하고 터진다. 양수의 양이 지나치게 많은 양수과다증도 조기 파수의 위험이 높으며, 자궁 내 염증이 있을 때도 양막 파수가 일어날 수 있다.

치료

조기 양막 파수가 되었을 때 임신 주수가 충분하다면 출산하는 것이 좋다. 만약 태아의 임신 주수 및 성숙 상태가 충분하지 않다고 판단되면 항생제 치료를 하면서 경과를 지켜볼 수도 있다. 만약 양막이 파수되었다면 바로 병원으로 가서 항생제 치료를 시작하고 의사와 상담하여 유도 분만이나 제왕절개로 출산을 고려한다.

임신 후기의 부부관계

임신 35주 이후부터는 삼가는 게 좋다

임신 후기에는 조산과 감염의 위험이 있으므로 부부관계도 조심해야 한다. 대개 임신 9개월 전에는 정상적인 부부관계가 가능하며, 35주 이후에는 가급적 부부관계를 삼가도록 권유한다. 임신 후기에는 출산 준비를 위해 자궁 입구나 질이 부드러워지고 질 분비물도 늘어나며, 예민한 자궁 경부가 세균에 감염되기 쉽기 때문이다. 또한 9개월부터는 약간의 자극만으로도 자궁 수축이 일어나 조산의 원인이 되기도 한다. 따라서 임신 후기에는 배에 부담을 주지 않는 체위를 선택해 가급적 가볍고 부드러운 관계를 가지는 것이 좋다. 가벼운 섹스는 출산에 대한 부담감을 줄이고 부부 사이의 밀도를 높일 수 있다.

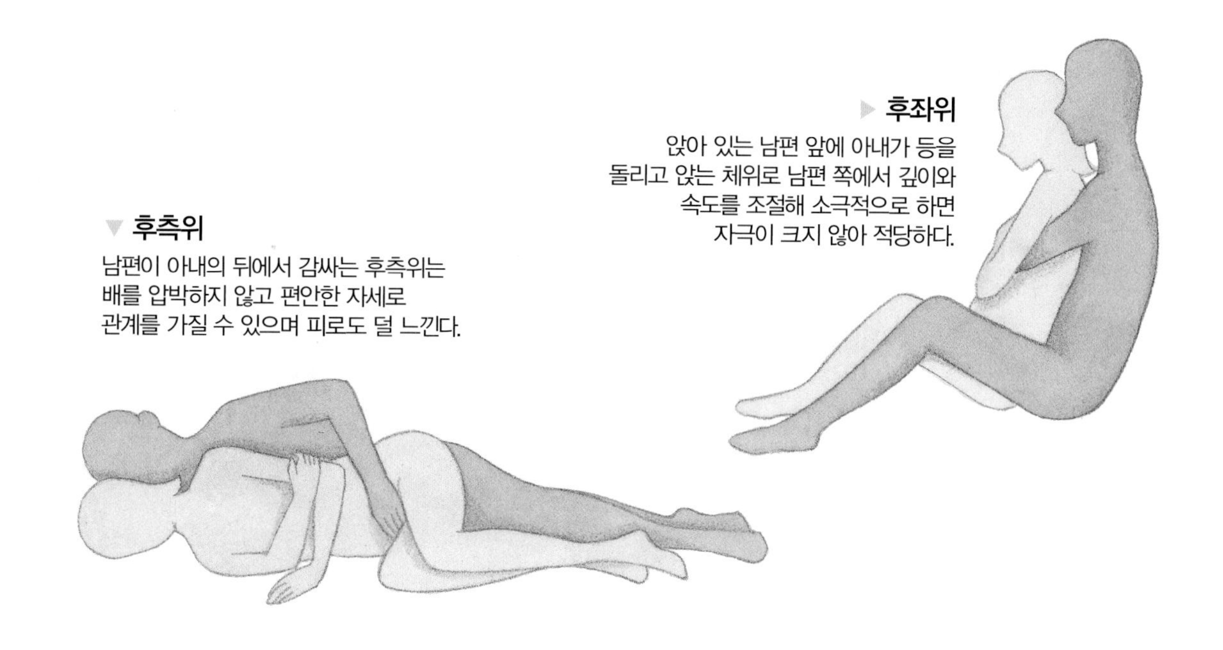

▶ 후좌위
앉아 있는 남편 앞에 아내가 등을 돌리고 앉는 체위로 남편 쪽에서 깊이와 속도를 조절해 소극적으로 하면 자극이 크지 않아 적당하다.

▼ 후측위
남편이 아내의 뒤에서 감싸는 후측위는 배를 압박하지 않고 편안한 자세로 관계를 가질 수 있으며 피로도 덜 느낀다.

임신 중에 피해야 할 체위

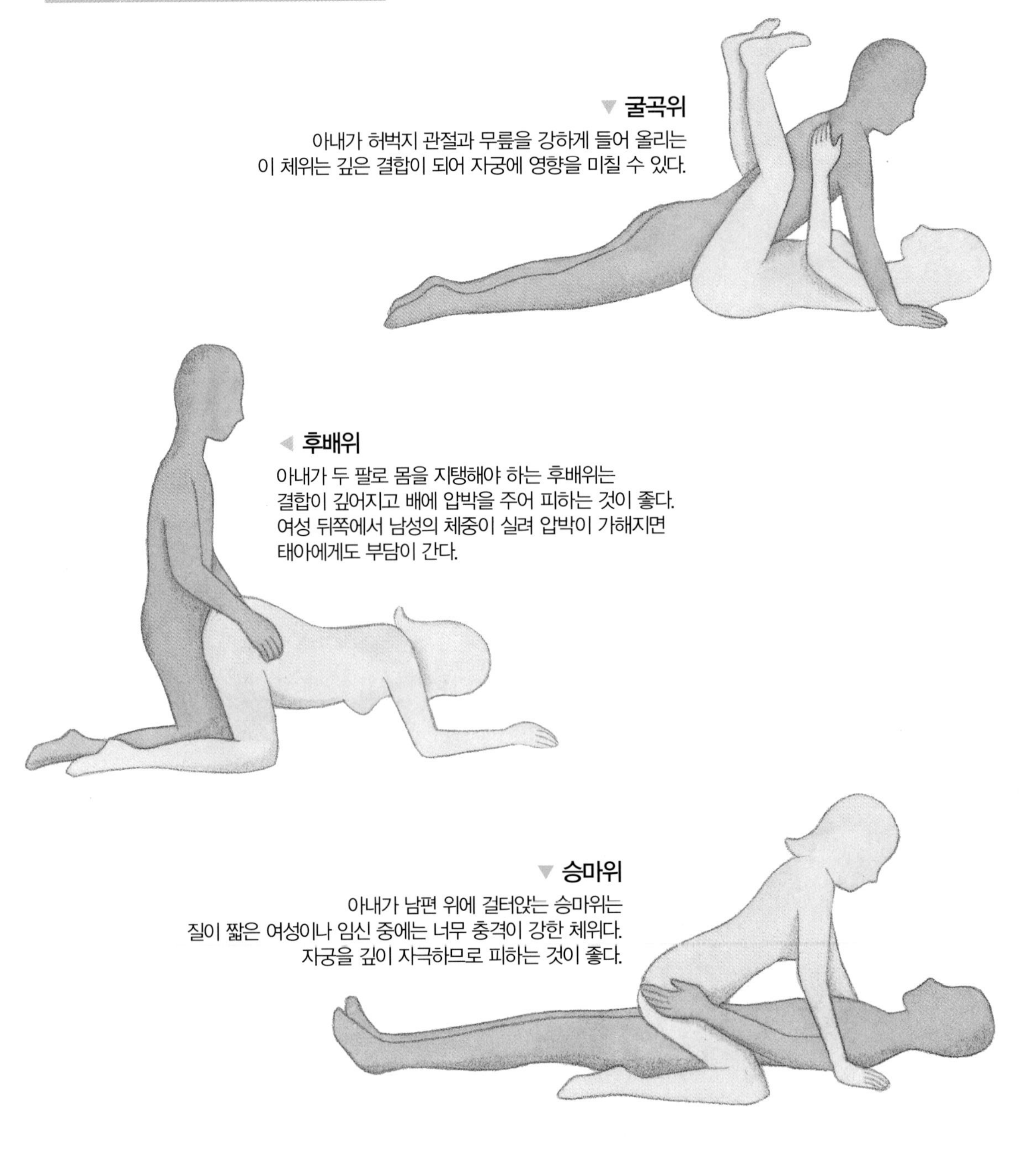

▼ 굴곡위

아내가 허벅지 관절과 무릎을 강하게 들어 올리는 이 체위는 깊은 결합이 되어 자궁에 영향을 미칠 수 있다.

◀ 후배위

아내가 두 팔로 몸을 지탱해야 하는 후배위는 결합이 깊어지고 배에 압박을 주어 피하는 것이 좋다. 여성 뒤쪽에서 남성의 체중이 실려 압박이 가해지면 태아에게도 부담이 간다.

▼ 승마위

아내가 남편 위에 걸터앉는 승마위는 질이 짧은 여성이나 임신 중에는 너무 충격이 강한 체위다. 자궁을 깊이 자극하므로 피하는 것이 좋다.

출산 직전 체크 포인트

출산 전 체크 포인트

출산 및 육아에 대한 준비는 분만 전에 끝내는 것이 좋다. 춘산 직전 확인해보아야 할 리스트에는 어떤 것들이 있을까?

아이 맞을 준비를 완벽하게 끝낸다

출산을 위해 입원하기 전에 아이 맞을 준비를 미리 해놓는 것이 좋다. 아이 침대나 이불 구입은 물론 아이용품 수납은 어떻게 할지 등을 정해 미리 공간을 꾸며둔다. 만약 출산 후 산후 조리를 집이 아닌 다른 곳에서 할 경우에는 필요한 물품을 산후조리원에 미리 옮겨놓고, 퇴원 때 필요한 아이 옷은 퇴원용품과 함께 정리해둔다.

입원용품을 빠짐없이 준비해둔다

입원용품 가방은 제대로 챙겼는지 다시 한 번 확인한다. 정기검진을 할 때 병원에서 입원용품 리스트를 미리 받아 꼼꼼하게 챙겨둔다. 어떤 상황에서 입원하게 될지 모르므로 입원용품 가방은 잘 보이는 곳에 두고, 모자 수첩·보험증·진찰권 등 입원할 때 바로 필요한 물건들은 작은 지갑에 넣어 가지고 다니는 것이 좋다.

남편을 위해 집 안 사항들을 메모해둔다

출산 후 당분간 혼자 생활하게 될 남편을 위해 집 안에 대한 자세한 사항을 일일이 메모해두는 것이 좋다. 속옷이나 양말은 미리 많은 양을 세탁해 정해둔 곳에 두고, 공과금 수납일이나 쓰레기 분리수거일 등도 표시해놓는다. 또 세탁소나 식당 등 자주 이용하는 곳의 전화번호는 따로 메모해 남편 혼자서도 생활할 수 있도록 배려한다.

출산 당일의 절차를 확인한다

갑자기 진통이 와도 당황하지 않도록 입원을 위한 절차들을 확인해둔다. 전화기 옆에는 병원 전화번호를 크게 메모해서 붙여두고, 남편과는 항상 연락이 닿을 수 있도록 휴대전화 번호와 비상 연락처들을 확인해서 메모해둔다. 또 출산 당일 어떤 방법으로 병원에 갈지 등도 생각해두고, 혼자 있을 때 진통이 올 경우를 대비해 가까운 사람에게 부탁해두는 것이 좋다.

마음의 준비를 한다

출산이 가까워지면 아이를 만날 수 있다는 기대와 함께 출산의 고통에 대한 두려움도 커진다. 마음이 불안하고 힘들 때는 진통이 시작될 때부터 출산까지의 진행 방법, 호흡법 등 지금까지 익힌 것을 다시 한 번 연습해본다. 평소 호흡법을 열심히 연습하던 사람도 막상 분만실에 들어가면 머리만 멍할 뿐 잘 안 되는 경우가 많다. 따라서 호흡법이 몸에 습관처럼 배도록 충분히 연습해두는 것이 좋다.

병원을 옮길 때 주의할 점

병원을 옮길 때 주의할 점

임신 후기에 부득이 병원을 옮겨야 하는 경우도 있다. 병원을 옮긴다는 것은 여러모로 부담스럽고 출산 시 문제가 없을지 걱정되기 마련이다. 병원을 옮길 때는 어떤 점들을 주의해야 할까?

현재 다니고 있는 병원에 다른 곳에서 출산한다고 미리 알린다

병원을 옮겨 출산할 경우 현재 다니고 있는 병원에 미리 알린다. 그래야 언제쯤 병원을 옮기는 것이 안전한지, 어떤 점들을 주의해야 하는지 등을 의사와 미리 의논할 수 있기 때문이다. 또 병원을 옮기기 전에 담당 의사에게 소개장과 그동안의 임신 경과에 대한 진찰 기록들을 받아두는 것이 좋다. 소개장 없이 다른 병원으로 가면 그동안 받았던 검진을 다시 받아야 하는 경우도 있고, 임신 경과를 전달하는 과정에서 오인의 여지가 있으므로 기록으로 전달한다.

9개월부터의 검진은 해산할 병원에서

병원을 옮겨야 한다면 허둥대지 않도록 옮길 병원을 미리 정해둔다. 가능하면 안정기에 접어드는 임신 5개월쯤, 옮길 병원에서 한 번쯤 미리 진찰을 받아두면 더 안심할 수 있다. 이때 지금까지의 임신 경과를 의사에게 자세히 말하고, 언제쯤 입원할지, 어떤 방법으로 출산할지 등도 상의해서 결정해두는 것이 좋다. 또 적어도 임신 35주까지는 출산 장소로 짐을 옮겨 안정을 취하고, 마지막 달 검진은 출산 예정인 병원에서 받는다.

이상이 있을 때는 의사와 상담 후 병원을 결정한다

임신 도중 문제가 생겼을 때는 담당 의사와 의논해 어떤 병원에서 출산하는 것이 좋을지 결정한다. 이때 태아의 상태, 이동 거리, 교통수단, 증상 정도 등을 고려해 판단한다. 하지만 임신 후기에 임신중독증 증상이 나타나거나 조산 위험이 보인다면 원하는 병원보다는 태아와 산모의 상태를 감당할 수 있는 병원(대학병원이나 전문 병원)에서 분만하는 것이 좋다.

출산용품은 최소한으로 준비한다

출산 직후 필요한 아이 옷이나 기저귀, 젖병, 산모용 속옷과 유축기, 복대 등은 따로 준비해서 간단하게 짐을 꾸린다. 이부자리나 아이 욕조 등 부피가 큰 것은 굳이 옮기지 말고, 산후 조리 기간 동안 대신 사용할 수 있는 것을 준비해달라고 부탁한다. 출산 직후 사용할 것과 집으로 돌아와 사용할 것을 나눠서 준비해두면 편하다.

산모의 부담이 적은 교통수단을 이용한다

친정이나 지방으로 옮길 때, 조리원에서 집으로 옮길 때 등 이동할 때는 산모에게 부담이 가지 않는 스케줄을 짠다. 멀리 지방으로 갈 때는 기차를 이용해 한가롭고 편안하게 가는 것도 좋다. 그리고 주말이나 명절, 연휴 등 붐비는 시기는 되도록 피하고, 출발 전에 진찰을 받아 이동해도 안전한지 미리 확인한다.

남편을 위한 배려도 꼼꼼하게 한다

출산 때문에 부부가 떨어져 있다 보면, 남편 입장에서는 곤란한 일이 한두 가지가 아니다. 그런 남편을 위해 미리 생활에 필요한 사항들을 꼼꼼하게 메모해두자. 오래 두고 먹을 수 있는 밑반찬은 미리 만들어 냉장고에 이름표를 달아 넣어두고, 손수건이나 양말 등 매일 필요한 것들은 잘 보이는 곳으로 옮겨놓는다. 또 쓰레기 분리 수거 방법과 날짜, 공과금 납부 날짜 등을 달력에 체크해둔다.

심즈 체위를 이용한 수면 자세

심즈 체위

옆으로 누운 뒤 위쪽 다리를 구부려 바닥에 댄다. 이렇게 하면 배가 바닥에 닿아 안정감을 느낄 수 있다.

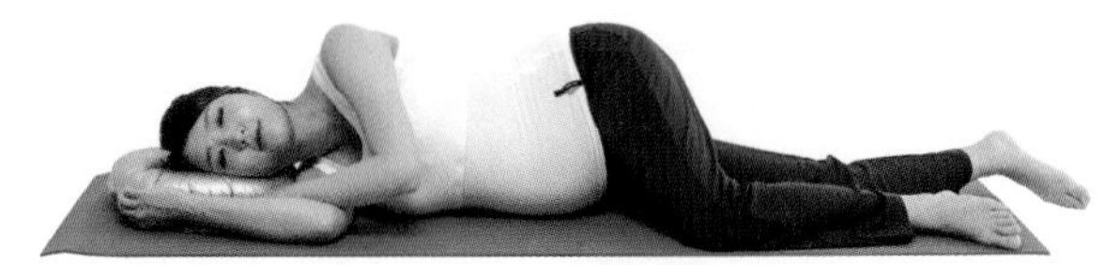

변형 심즈 체위 ①

심즈 체위와 같은 자세를 취하고, 다리 사이에 베개를 끼운다. 배가 많이 부르지 않을 때의 수면 자세다.

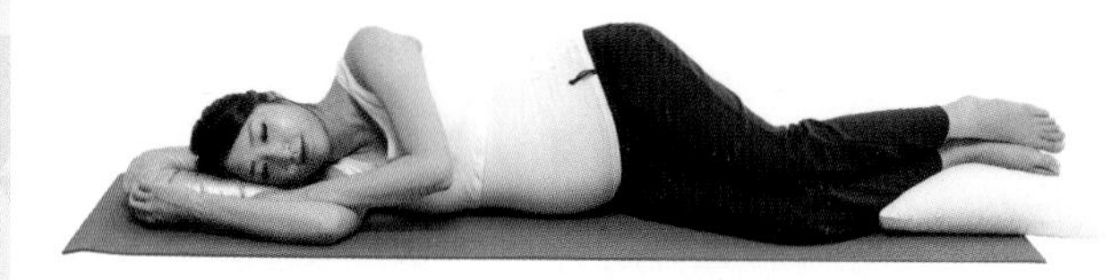

변형 심즈 체위 ②

심즈 체위와 같은 자세를 취하고, 옆으로 쿠션을 안고 잔다. 긴 쿠션을 다리 사이에 끼우면 더욱 편안하다.

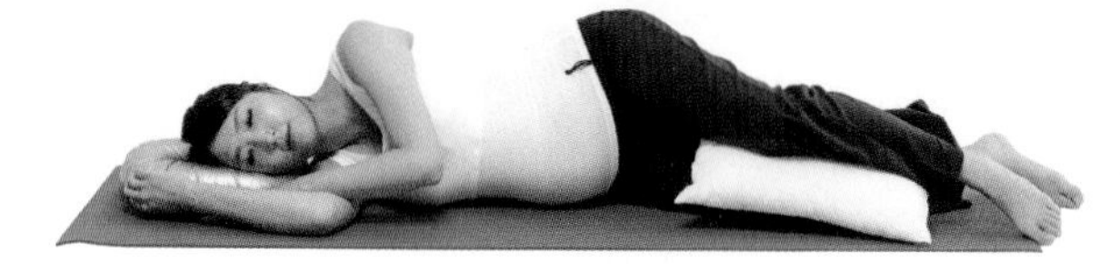

다리가 부었을 때

다리가 부었을 때는 옆으로 누워 발밑에 베개나 쿠션을 놓고 발을 올려놓는다. 발의 혈액순환이 좋아진다.

임신 중 피해야 할 수면 자세

엎드린 자세

임신 중에는 가능하면 엎드려서 자지 않도록 한다. 뱃속의 아이도 압박되고, 임신부 자신도 배가 눌려 불편하다.

똑바로 누운 자세

임신 후기에는 똑바로 누워서 자기가 어렵다. 커진 자궁이 척추를 따라 대정맥을 압박해 혈액순환을 방해하기 때문이다.

Chapter **4**

조심해야 할 **임신 중 질병**

임신부 최대의 적, 임신중독증

임신부에게 가장 무서운 질병은 바로 임신중독증이다. 임신 후기에 주로 나타나는데, 임신부의 건강은 물론 조산이나 태아의 선천성 장애를 일으킬 수 있고, 심할 경우 태아와 산모의 생명도 위협한다. 이런 임신중독증을 미리 예방하고 올바르게 대처하는 방법을 알아본다.

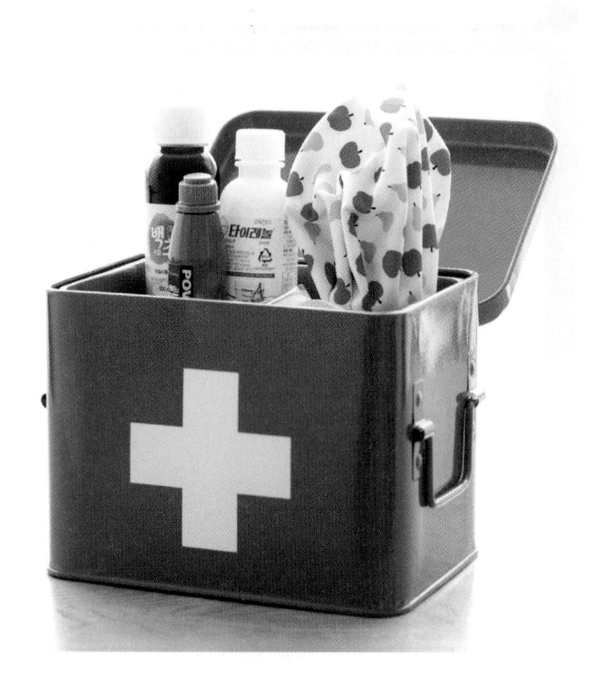

임신중독증이란?

임신중독증은 임신으로 인한 혈액과 순환기 변화에 몸이 적응하지 못해서 혈압이 올라가며 신장 기능의 이상으로 단백뇨가 생기는 병이다. 임신중독증은 임신부에게 일어날 수 있는 질환 중 가장 무서운 병으로 임신부의 5~6% 정도가 걸리며, 대개 임신 후기에 많이 발생한다. 임신중독증에 걸리면 미숙아 출산은 물론 시력 장애 등의 후유증을 앓을 수 있고, 심할 경우 태아와 산모의 생명이 위험해진다. 그러나 조기에 발견하면 치료가 가능하므로 몸이 붓거나 혈압이 높아지는 등의 초기 증세가 생기면 재빨리 대처하는 것이 중요하다.

원인

임신중독증의 정확한 원인은 밝혀지지 않았지만, 태반 조직에 대한 면역 작용이나 칼슘 부족 또는 유전 요인으로 생긴다고 알려져 있다. 이런 원인들로 혈관이 수축되면서 혈액 이동이 원활하지 못해 고혈압이 되고, 혈관 기능이 떨어지면서 그 안에 있던 단백질 성분은 체외로, 수분은 체내로 빠져 단백뇨와 부종 등의 증세가 나타난다.

대표적인 증상

고혈압

임신성 고혈압은 이전에는 혈압이 높지 않았다가 임신 20주 이후에 수축기 혈압 140mmHg, 이완기 혈압 90mmHg 이상인 경우를 말한다. 임신 전부터 고혈압이었던 사람이 모두 임신중독증에 걸리는 것은 아니지만, 혈압이 정상이었던 사람에 비해 걸릴 가능성이 높으므로 특별히 조심해야 한다.

부종

임신성 부종은 몸무게가 늘면서 수분이 축적되는 경우를 말하는데, 몸무게가 일주일에 1kg 이상 늘어나면 부종을 의심해볼 수 있다. 부기는 대부분 충분한 휴식을 취하며 저염식을 하면 호전된다. 손발뿐만 아니라 배나 얼굴까지 붓는다면 임신중독증을 의심해봐야 한다.

단백뇨

혈액 속에는 다량의 단백질이 포함되어 있는데, 이 단백질은 신장에서 재흡수된다. 그러나 임신중독증에 걸리면 신장이 제 기능을 하지 못해 소변으로 단백질이 빠져나온다. 단백뇨는 자각 증세가 없기 때문에 정기검진 때 소변 검사를 통해 알 수 있다.

주의해야 할 증상

평소와 다른 심한 두통, 눈이 갑자기 잘 보이지 않거나 흐릿하게 보이는 증상, 심한 상복부 통증, 소변량 감소가 있으면 병원에 방문해야 한다.

임신에 미치는 영향

임신중독증에 걸리면 혈액의 흐름이 나빠지고 태반으로 영양이 잘 공급되지 않아 태반 기능이 저하된다. 그 결과 영양이나 산소가 만성적으로 부족해져 미숙아로 태어나거나 심지어 사산할 위험도 있다. 또 심한 경우에는 임신부 뇌에 부종이 생기거나 간에 혈종을 만들고 전신에 경련을 일으키기도 한다.

특히 주의해야 할 사람

고혈압·신장병·당뇨병이 있는 경우

임신 전부터 고혈압, 신장병, 당뇨병이 있었던 임신부나 그런 병을 앓은 가족이 있는 임신부는 임신중독증에 걸리기 쉽다. 특히 당뇨병을 앓고 있는 임신부가 임신중독증에 걸릴 확률은 건강한 임신부보다 40배나 높다.

스트레스를 많이 받는 경우

심리적으로 스트레스를 많이 받는 경우에도 임신중독증이 일어나기 쉽다. 임신 중에는 편안하고 안정된 마음을 갖는 것이 중요하다.

고령 출산의 경우

35세 이후에 첫 출산을 하는 임신부도 임신중독증을 조심해야 한다. 나이가 들수록 혈관이 노화되는 만큼 고혈압이나 신장병이 생기기 쉽기 때문이다.

비만과 빈혈 증세가 있는 경우

임신 전부터 비만이었던 사람이나 임신으로 몸무게가 급격히 늘어난 사람은 임신중독증에 걸릴 확률이 정상 임신부보다 3.5배나 높다. 살이 찌면 신장이나 심장에 부담을 주어 혈압이 높아지기 때문이다. 또 빈혈이 있으면 적혈구 수가 줄어들기 때문에 체내에 산소를 운반하는 힘이 약해져 각 기관에 이상이 생길 수 있다.

쌍둥이를 임신한 경우

쌍둥이를 임신한 경우 여러 가지 부담이 뒤따른다. 배도 더 커져 혈관 압박이 가중되고, 정신적인 스트레스도 심해져 그만큼 임신중독증의 위험도 높다.

임신중독증의 치료

임신중독증의 근본적 치료는 분만을 하는 것이다. 만삭 이후 진단되면 유도 분만이나 제왕절개로 분만을 해야 한다. 만삭 전에 진단된 경우에는 입원해 집중 관찰하며 혈압강하제·이뇨제 등을 사용한다. 임신중독증이 의심될 경우에는 자주 검진을 받으며 증세가 심해지는지 유의해서 관찰해야 한다. 보통 출산 후에는 2주~1개월 정도면 회복된다. 하지만 산후 1개월이 지나도 단백뇨나 고혈압이 계속되면 후유증으로 보고 계속 치료를 받아야 한다.

임신중독증을 예방하는 식이요법

- 체중이 과도하게 증가하지 않도록 칼로리를 조절한다.
- 칼슘을 적절하게 섭취한다.
- 항산화제인 비타민 C와 E를 섭취한다.
- 염분 섭취를 줄인다. 염분을 섭취하면 혈압이 높아지고 신장 기능이 떨어져 단백뇨가 나오거나 부종을 만든다.
- 젓갈류나 가공식품, 인스턴트식품은 삼간다.
- 지방 섭취를 줄인다. 동물성 지방은 혈중 콜레스테롤을 늘려 혈압을 높이므로 섭취를 제한한다. 단, 생선의 지방은 혈압을 낮추거나 혈중 콜레스테롤 수치를 줄이는 성분이 들어 있으므로 적당히 섭취한다.

STEP 02

조산

조산은 아이가 미숙아로 태어나 여러 가지 문제에 노출되기 때문에 위험할 수 있다. 건강한 아이를 출산하기 위해서는 주수를 다 채우는 것이 가장 바람직하지만 모든 것이 바람대로 이루어지지 않는 경우도 있다. 위험한 조산의 원인과 예방법을 살펴본다.

조산이란?

임신 37주가 되기 전, 20~36주 사이에 분만하는 것을 말한다. 조산으로 태어난 신생아는 미숙아라고 하며 주요 장기가 미숙해 호흡이 곤란하고 뇌나 위장 등에 이상이 있어 인큐베이터에서 치료를 받거나 장기적인 신체적, 신경학적 장애가 발생할 수 있다. 특히 34주 이전에는 미숙아의 문제가 발생할 확률이 높다.

조산의 원인

다양한 원인이 있지만 원인을 알 수 없는 경우도 많다. 조산의 원인은 크게 자연적인 조기 진통, 조기 양막 파수, 임신부나 태아의 내과적 혹은 산과적 합병증 3가지로 나눌 수 있다. 생식기 감염, 자궁 경부무력증, 쌍둥이 임신, 고혈압, 태반 이상, 선천기형 등도 원인이 되며, 이전 임신에서 조산 경험이 있는 경우 위험도가 높아진다. 흡연, 약물 복용, 오래 서 있거나 많이 걷는 직업, 스트레스 등 생활 습관과도 관련이 있다.

조산과 연관된 증상

배 뭉침이나 하복통이 규칙적으로 반복된다

배가 자주 뭉치면 편한 자세로 누워 쉬는 것이 좋고, 한 시간에 3~4회 이상 배 뭉침이 지속되면 병원을 방문해 검사를 해야 한다.

조기 양막 파수

맑고 따뜻한 액체가 속옷이 젖을 정도록 나오면 양수일 가능성이 있으므로 즉시 병원을 방문해야 한다.

출혈

소량의 출혈이라도 자궁 입구가 변화하면서 나오는 경우가 많으므로 병원에 방문해야 한다.

조산의 원인

1 배 뭉침이 자주 생기는 경우 서 있는 시간을 줄이고 안정을 취한다.

2 조기 진통이 생겼을 경우 병원에서 자궁수축억제제를 이용한 치료로 증상을 다소 호전시킬 수 있다.

3 임신 중기 이후 질 출혈은 조산과 연관이 있으므로 빨리 병원을 방문한다.

4 임신 중 질염, 방광염, 치주염 등의 염증 증상이 있을 때는 적절한 치료를 받는다.

5 임신 중기의 자궁 경부 길이를 측정해 자궁 경부가 짧아지거나 벌어지진 않았는지 확인하고, 이상 발견 시 적절한 치료로 진행을 막는다.

6 체중 증가에 주의하고 정기적으로 산전 진찰을 받아 산과적 합병증 발생을 방지한다.

유산

태아가 건강하게 자라지 못하고 일찍 부모를 떠나는 유산은 부모에게 엄청나게 가슴 아픈 일이다. 고령 임신이거나 당뇨가 있는 등 건강에 문제가 있는 경우라면 임신을 하기 전 건강부터 챙겨야 유산을 막을 수 있다. 유산의 원인과 종류에 대해 알아본다.

유산이란?

유산은 임신 20주 이전에 임신이 종결된 것을 말한다. 자연유산의 80%는 임신 12주 이내에 발생한다.

유산의 원인

초기 자연유산의 50~60%는 태아의 염색체 이상과 관련이 있다. 고령 임신일수록 염색체의 이상 빈도가 높아 유산의 위험도 높다. 갑상선 기능 이상, 당뇨병 등 내과적 문제도 유산의 원인이 된다. 모체와 태아 사이의 면역학적 이상도 원인이 되며, 약물 복용이나 음주, 하루 5잔 이상의 커피도 유산의 위험을 높일 수 있다.

유산의 종류

완전 유산과 불완전 유산

태반과 태아가 자궁 밖으로 완전히 배출된 상태를 완전 유산이라 하고, 일부가 남은 경우를 불완전 유산이라고 한다. 남아 있는 조직은 염증이나 출혈을 일으키므로 깨끗이 제거해야 한다.

계류 유산

사망한 태아가 수일에서 수주 동안 자궁 안에 남아 있는 경우를 말한다. 소량의 질 출혈이 있거나 전혀 증상이 없는 경우가 많아 정기검진 시 발견되는 경우가 많다. 계류 유산이 진단되면 소파 수술을 통해 배출을 도와야 염증, 출혈 등 합병증 없이 회복될 수 있다.

절박 유산

임신 20주 이전에 질 출혈이 있는 것을 말한다. 임신부의 20~25%가 임신 초기에 출혈을 경험한다. 절대 안정을 하면 상당수가 좋아진다.

습관성 유산

3회 이상의 자연유산이 반복되는 것을 말한다. 습관성 유산이 진단되면 원인을 찾기 위한 정밀 검사 후 원인에 따른 치료로 재발을 줄일 수 있다.

역아

태아가 거꾸로 자리하고 있는 역아도 출산 시 제자리로 돌아가면 별 문제가 없다. 하지만 그렇지 않은 경우에는 난산의 위험도 있고 제왕절개 수술을 해야 하기 때문에 정기적으로 검사를 받는 것이 좋다. 역아의 위험성과 역아를 바로잡는 자세에 대해 알아본다.

역아란?

양수 속에서 몸을 자유롭게 움직이던 태아는 임신 후기가 되면 머리를 아래로 한 두위(頭位) 자세를 취한다. 이 시기에 머리를 아래가 아닌 위로 자리를 잡는 태아를 역아(逆兒) 또는 둔위(臀位)라고 한다. 아직 태아가 자유롭게 방향을 바꿀 수 있어 출산 전까지 제자리로 돌아오는 경우가 많다. 만약 둔위 진단을 받았다면 자연스럽게 태아의 방향을 돌릴 수 있는 체조를 해본다. 체조 방법과 시간은 의사의 지시에 따른다.

둔위의 위험

대개 초음파 검사를 통해 태아의 위치를 알 수 있는데, 임신 30주경에 둔위로 진단 받더라도 그 이후에 저절로 머리가 아래로 돌아가는 경우도 많다. 하지만 출산 때까지 태아의 위치가 교정되지 않으면 난산할 우려가 있다. 태아의 몸에서 가장 큰 부분인 머리가 나중에 나오거나 팔이나 다리가 끼어 제대로 나오지 못하면 질식 위험이 있기 때문이다. 따라서 둔위일 경우 제왕절개 수술을 하는 경우가 많다.

역아 바로잡는 자세

바닥에 엎드린 자세에서 무릎을 굽히고, 팔과 다리를 바닥에 댄 채 엉덩이를 높이 들어올려 2~3분 정도 그대로 멈춘다. 만약 배가 땅기거나 저리면 바로 그만두고 휴식을 취한다.

자궁외임신

수정란이 자궁이 아닌 다른 부위에 착상되는 자궁외임신은 자연스럽게 유산이 되고, 자칫 다른 질병을 초래할 수도 있어 위험하다. 임신 테스트기 등으로 임신이 확인되면 병원에서 정확한 검진을 받는 것이 중요하다. 자궁외임신의 원인과 위험성에 대해 알아본다.

자궁외임신이란?

태아가 자궁 내막 이외의 부위에 착상하는 것으로 대부분이 난관 임신이다. 난소, 자궁각, 자궁 경부, 복강 내 등에도 착상할 수 있다. 난관의 이상이 원인인 경우가 많으며 이전 골반염, 수술, 자궁내막증 등으로 난관이 손상되어 좁아지거나 난관 주위 유착으로 운동성이 떨어져 발생한다.

자궁외임신의 진단

임신이 되었어도 아주 초기이거나 생리가 불규칙하면 자궁 안에서 아기집을 확인하기 어려울 수 있다. 이럴 때는 정상 초기 임신과 자궁외임신을 모두 염두에 두고 추적 검사를 받아야 한다. 가장 많이 쓰이는 방법은 질 초음파와 임신호르몬 추적 관찰이다. 마지막 생리 시작일에서 5주경부터 아기집 위치를 확인할 수 있으므로 늦지 않게 첫 검진을 받아 정상적인 위치에 착상되었는지 알아보아야 한다. 심한 복통을 느낄 경우 응급상황일 수 있으므로 주의하며 병원을 방문한다.

자궁외임신의 위험성

정상적인 임신이 아니므로 자연유산되는 경우가 많지만, 지속적으로 성장해서 난관 파열을 일으켜 다량의 출혈로 응급상황이 발생할 수 있다.

자궁외임신의 치료

출혈이 많거나 난관이 파열되면 수술을 통해 난관을 절제해야 한다. 난관은 양쪽에 있으므로 남은 난관에 이상이 없으면 추후 임신도 가능하다. 난관이 파열되지 않은 경우 주사 약물 치료를 할 수 있으나 실패 가능성이 있어 경과 관찰을 잘 받아야 한다.

양수 트러블

양수는 태아를 외부의 충격과 각종 균들로부터 안전하게 보호해주는 얇은 막으로 둘러싸인 투명한 액체이다. 양수가 과다하거나 적으면 태아가 위험해진다. 양수가 무엇인지 양수과다증, 양수과소증일 때 태아가 어떤 영향을 받는지 알아본다.

양수란?

양수란 자궁 안을 채우고 태아를 둘러싼 투명한 액체를 말하는데 임신초기에는 산모의 혈장 및 태아의 혈장을 통해 생성되고 임신 20주 이후에는 주로 태아의 소변이 주 생성원이 된다. 임신 주수가 늘면서 양이 꾸준히 증가하여 임신 33–34주에 최대가 되고 이후는 서서히 감소한다.

양수의 역할

양수는 태아의 근골격계 및 폐의 성장을 돕고 태아를 외부의 충격으로부터 보호해주며 탯줄이 눌리는 것을 방지하는 기능을 한다. 양수의 양은 적절한 양을 유지하여야 하며 너무 많아도 적어도 문제가 될 수 있다. 양수의 양이 적절한지 여부는 정기 검진 때 초음파를 통해서 측정한다.

양수과다증

양수 과다증이란 양수양이 임신 중기 이후 2000 ml 이상인 경우를 말한다. 초음파상 양수지수가 24이상일 경우 진단하며, 발생 빈도는 약 0.4~1.5% 이다. 양수 과다증은 산모, 태아 또는 태반에 이상이 있을 때 발생한다. 무뇌아와 같은 태아의 중추신경계 또는 식도폐쇄증과 같은 위장관계 기형에서 생길 수 있으며 쌍둥이 임신에서 쌍태아간 수혈증후군에 의해서도 생길 수 있고 태아의 심한 빈혈에서도 생길 수 있다. 산모가 당뇨가 있을 경우도 양수양이 늘어날 수 있다. 심한 양수과다증일 경우 원인을 발견하는 경우가 많으나 경미한 양수 과다증의 경우는 원인을 알 수 없는 경우가 더 많다. 양수 양이 늘어나면 자궁이 팽대되어 주변 장기를 눌러 심한 호흡곤란을 일으키거나 정맥이 눌려 하지 부종 등의 증상이 나타난다. 양수 과다증이 있을 경우 조산 및 태아가 나오기 전에 태반이 먼저 떨어지는 아주 위험한 태반조기 박리가 증가 하며 또한 양수가 터졌을 경우 태아보다 탯줄이 먼저 나오는 제대탈출 위험도 높으므로 양수 과다증의 경우는 응급 상황이 생길 수 있음을 산모 스스로 인지하고 있어야 한다. 치료로는 호흡곤란 등의 증상이 심할 때 양수천자를 통한 감압술을 시행해 볼 수도 있지만 증상이 심하지 않고 태아에 이상이 없을 경우에는 진통이 시작될 때 고위험 산모로 생각하고 주의 깊게 지켜보며 응급 상황 시 적절한 대처가 가능한 병원에서 분만하여야 한다.

양수과소증

양수양이 적거나 거의 없는 상태를 말하며, 초음파상 양수지수가 5이하인 경우 진단한다. 임신초기에 생기는 양수과소증의 경우 주로 태아 측 원인으로 태아의 비뇨기계 기형으로 태아가 소변을 보지 못하거나 소변생성이 잘 되지 않을 때 또는 염색체 이상이 있을 때 생길 수 있다. 임신 초기에 생긴 양수과소증은 태아의 폐가 발육이 잘 되지 않고 태아 기형의 위험도가 높아 예후가 좋지 않다. 임신 후기에 나타나는 양수과소증은 조기양막파열로 양수가 새거나 예정일을 넘긴 경우 혹은 임신중독증과 같은 태반 기능 부전으로 생기는 경우가 많다. 특히 예정일 2–3주 전 막달에 양수가 갑자기 줄고 태아가 잘 자라지 않을 경우 주의 깊게 태아 상태를 관찰하여 꼭 예정일이 되지 않았더라도 37주가 넘었을 경우 만삭으로 보고 적절한 시점에 분만을 하여야 한다. 양수 양이 적을 경우 진통 시 탯줄이 눌려 태아가 힘들어 하는 상황이 발생하여 제왕절개를 할 가능성이 증가하며 태반조기 박리 위험도 증가하므로, 진통 시 태아 상태를 더욱 주의 깊게 관찰하여야 하고 응급처치가 빨리 가능한 병원에서 분만하여야 안전하다. 임신 후반부에 양수 양이 적을 경우 산모는 가능한 안정을 취하고 수분 섭취를 충분히 하여야 한다. 또한 정기 검진을 좀 더 자주 받아 태아 상태 변화도 잘 보아야한다.

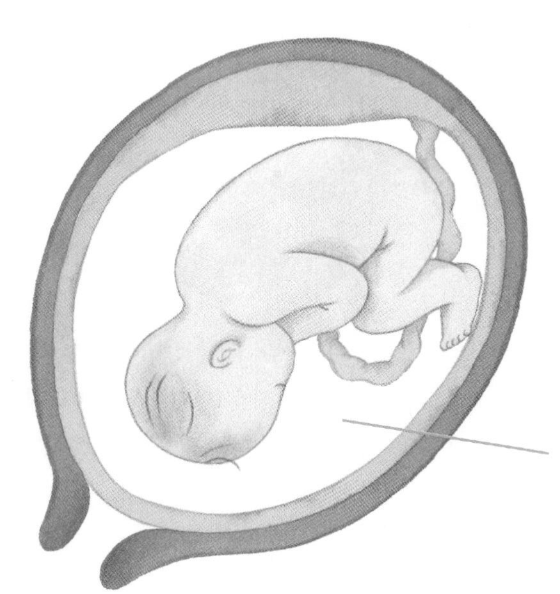

양수는 태아의 발육에 도움을 주는 것은 물론 외부의 충격으로부터 태아를 보호하는 쿠션 역할을 한다.

태반 이상

태반은 태아에게 산소와 영양분을 공급하여 태아의 생명을 지키는 중요한 장기로 태반에 이상이 생길 경우 태아가 위험해 질 수 있다. 분만 전에 태반이 먼저 떨어지는 태반 조기박리와 태반이 자궁 입구에 위치하는 전치태반 등 태반 이상에 대해 알아본다.

태반 조기 박리

태반조기박리는 임신 후반기에 주로 발생하는 응급 상황으로 정상적으로 착상된 태반의 일부 또는 전체가 태아의 출산 이전에 자궁으로부터 분리되어 떨어지는 것을 말한다. 발생 빈도는 평균 0.5%이며, 태아 사망의 원인이 될 수 있을 만큼 매우 위험하다. 정확한 원인은 알려져 있지 않으나 임신부의 나이나 분만 경험이 많을수록 증가하며, 임신 중독증 산모 및 고혈압 산모에서 발생률이 높다.

증상은 보통 암적색의 질 출혈과 함께 자궁이 지속적으로 딱딱하게 느껴지며 복통이 동반된다. 심한경우 태아가 사망할 수 있으며 쇼크, 혈액 응고 장애가 생길 수 있다.

치료 및 위험성

태반 조기 박리는 진단이 내려지면 태아가 미숙하고 박리 정도가 심하지 않으면 임신을 지속시키며 기다려 볼 수도 있고 태아가 미숙하더라고 태반박리의 정도가 심한 경우나 태아가 만삭일 경우는 즉각 분만을 시도한다. 태아 상태가 괜찮고 출혈이 심하지 않을 경우 질식 분만을 시도하기도 하지만 태아가 힘들어 하거나 출혈이 많을 경우 응급제왕절개수술을 하여 분만한다.

시간이 지연될수록 심한 출혈과 빈혈 및 응고 장애가

발생하며 더 심하면 쇼크와 태아 및 산모의 사망까지 도 초래할 수 있고 분만 전후 출혈이 심해 수혈이 필요할 수 있는 위험한 합병증이다.

전치 태반

태반은 정상적으로 태아를 분만하기 위해서는 태반이 자궁 입구에서 어느 정도 위쪽으로 자리 잡아야 한다. 그런데 태반이 자궁입구 가까이 자리 잡거나 자궁 입구를 막고 있을 경우를 전치 태반이라고 하며 발생 빈도는 0.5% 정도다. 임신 초기에는 전치 태반이라 하더라고 임신 주수가 지나면서 자궁이 커져 태반이 위로 올라가는 경우가 많으며 임신 후반부에 정상적으로 자리 잡는 경우는 문제가 되지 않는다. 그러나 임신 후반부에도 전치태반이 지속 될 경우 제왕절개로 분만하여야 한다. 주로 고령, 다태임신, 다임신부, 이전 제왕절개술 등이 전치태반의 발생을 증가시키는 것으로 알려져 있다.

주의점

전치 태반의 경우 진통이 없이도 출혈위험도가 있으므로 임신후반부에는 안정이 필요하며 임신 중 성관계도 피해야 한다. 전치태반은 특별한 예방법은 없으므로 진단되면 임신 중 출혈의 위험에 대한 대비를 하여야 하며 출산 시 제왕절개 분만 및 과다출혈에 대한 대비가 필요하다.

태반 유착

분만된 후에도 태반이 자궁에 남아 떨어지지 않는 경우를 말한다. 드물긴 하지만 유착태반은 산모에게 심각한 위험을 초래하기도 한다. 유착된 태반을 제거하는 과정에서 분만 후 심한 출혈이 있을 수 있다. 태반이 얼마나 단단히 붙어 있느냐에 따라서 분만 후에 손으로 태반을 제거할 수도 있고 기구로 제거할 수도 있다. 이 방법이 실패하거나 출혈이 많을 경우는 자궁적출술을 시행해야 할 수 도 있다.

잔류 태반

분만 후 자궁 안에 태반의 일부 또는 전부가 남아 있는 상태를 말한다. 유착 태반이 있을 때 잘 생기며 지속적인 출혈이나 감염의 원인이 되기도 한다. 양막의 일부가 태반이 분만될 때 모두 나오지 않고 일부가 자궁 속에 붙어 있다가 나중에 나와 산모를 놀라게 하는 일도 있다. 잔류 태반이 많이 남은 경우는 기구를 이용해 소파수술을 하는 경우도 있지만 많이 남아있지 않으면 대부분의 산모에게서 소량의 출혈이 시간이 걸리긴 하지만 멈추게 되고 태반도 저절로 떨어지게 되는 경우가 많으므로 손대지 않는 것이 좋다.

임신우울증 극복하기

임신이 진행되면서 점점 달라지는 몸매, 출산과 육아에 대한 두려움, 남편과의 소원한 관계가 자칫 즐겁고 행복해야 할 임신을 우울하게 만드는 요인이 되기도 한다. 임신우울증의 증상과 이를 벗어날 수 있는 해결법을 알아본다.

임신우울증이란?

대개의 임신부들은 임신 초기에 입덧, 피로로 인한 스트레스로 가벼운 우울증을 경험하지만, 태동이 시작되면 거의 사라진다. 임신 후기에는 출산에 대한 두려움과 몸이 많이 무거워져서 우울한 감정이 심하게 나타날 수 있다. 임신 6개월 이후부터 생기는 임신우울증은 증세도 심하고, 출산 후까지 계속되는 경우가 많다. 임신 중 감정 변화는 자연스러운 것이지만, 감정의 기복이 지나치게 심하거나 히스테리 증상을 보일 경우에는 빨리 대책을 세워야 한다. 임신부 자신의 정신 건강은 물론 태교와 육아에도 안 좋은 영향을 미치기 때문이다. 증상이 심할 경우는 전문가의 도움을 반드시 받아야 한다.

원인

몸매의 변화

평소 몸매에 별 신경을 쓰지 않던 사람도 배가 점점 불러오고 기미나 주근깨 등의 피부 트러블이 생기면, 외모에 대한 자신감이 점점 없어지게 된다. 그렇다고 적극적인 다이어트조차 할 수 없는 상황이므로 스트레스는 더욱 심해진다.

스트레스가 쌓이면 식욕이 늘어나고, 과다한 식욕은 더욱 살을 찌게 만들어 악순환이 반복된다.

호르몬의 변화

임신을 하면 여성 호르몬이 증가하는데, 이 호르몬이 감정 기복을 심하게 만든다. 임신 중 사소한 일에 예민하게 반응하고 신경질이 많아지는 것도 바로 이 때문이다. 본래부터 예민하거나 우울증 증세가 있던 사람은 증세가 악화되기도 한다.

남편과의 관계

임신하게 되면 아무래도 성관계를 자주 갖지 못하게 되므로 남편과의 관계가 소원해졌다고 느낄 수 있다. 특히 임신부 스스로 망가진 몸매 때문에 여성적인 매력이 없다고 여겨 불안해하거나 초조해하기도 한다.

출산에 대한 두려움

임신 초기에 임신인 줄 모르고 약을 먹었거나 불규칙

한 생활을 한 경우, 자연 유산이나 기형아 출산 경험이 있는 임신부는 출산이 다가오면서 더욱 불안감을 느끼게 된다. 또 진통에 대한 경험담을 들은 경우 출산에 대한 공포감을 가질 수 있다.

육아에 대한 부담

하루빨리 아기를 만나고 싶다는 욕구만큼이나 출산 후 육아에 대한 부담감도 클 수밖에 없다. 첫 출산이거나 그동안 육아 경험이 전혀 없는 경우 더욱 부담감이 더욱 심하다.

증세

불면증이 심해진다

임신 자체로도 불면증이 오기 쉬운데, 우울증이 생기면 더욱 불면증이 심해진다. 잠이 들어도 깊은 잠을 못 자고 비몽사몽인 채로 있거나 반대로 잠을 너무 자는 증세가 나타나기도 한다. 매사에 의욕이 없이 꼼짝 않고 누워만 있는 시간이 많아지는 것도 우울증의 증세다.

늘 피곤하고 짜증이 난다

우울증의 대표적인 증상은 몸이 쉽게 피곤해지고 짜증을 자주 부리는 것. 판단력도 흐려지고, 미래에 대한 희망도 없는 듯 느껴지며, 조그만 일에도 신경질을 부리게 된다.

대인기피증이 생긴다

임신으로 인해 부른 배와 흐트러진 몸매를 다른 사람에게 보여주고 싶지 않아 사람을 만나는 일을 꺼리게 된다. 사람들이 자신의 몸매를 놀리고 흉잡는 것처럼 생각하는 피해의식이 생기기도 한다.

구토·신경통 등 전신 증상이 나타난다

우울증은 신경 증상은 물론 전신 증상으로 나타나기도 한다. 구토증·어지럼증·시각 장애·복통·관절통·신경통 등이 전신에 나타나고, 입맛을 잃거나 반대로 지나치게 많이 먹는 증세를 보이기도 한다.

효과적인 탈출법

적당한 운동으로 건강과 몸매 유지

임신 중 적당한 운동을 하면 건강 유지와 체중 조절은 물론 정서적으로 안정된 상태를 유지할 수 있다. 또 꾸준히 운동을 하는 것은 산후 회복에도 큰 도움을 준다. 특히 하루 30분 정도의 가벼운 산책을 통해 햇볕을 쬐면 세로토닌이라는 호르몬이 분비되어 우울증을 예방하는 효과가 있다.
또한 운동을 통해 땀을 흘리면 신진대사가 활발해지고 밤에 숙면을 취하는데도 도움을 준다. 수영이나 임신부 체조 등 임신부 조건에 맞는 운동을 골라 꾸준히 하고, 비만해지지 않도록 음식 조절에도 신경을 쓴다.

임신과 출산에 대한 정보를 수집한다

임신을 하면 몸에 어떤 변화가 오는지, 출산은 어떻게 진행되는지 미리 알고 준비한다면, 자신의 몸에 일어나는 변화에 쉽게 적응할 수 있고 부담감도 줄어들게 된다. 병원이나 각종 단체에서 마련하는 산모교실에 참여하거나 관련 서적을 읽는 것도 좋다. 또 임신과 출산을 경험한 주위 사람들에게 경험담을 듣는 것도 도움이 된다.

의식적으로 밝은 생활을 한다

임신했다고 푹 퍼져 있거나 집 안에서만 생활하는 것은 좋지 않다. 헐렁한 임신복을 입더라도 귀여운 디자인의 화사한 색상을 선택한다. 또 평소에도 화장을 세심하게 해서 기미 등으로 칙칙해진 피부를 가리도록 한다. 또 평소에 기분 전환을 위해 자신이 좋아하는 밝고 경쾌한 음악을 듣는 것도 도움이 된다.

취미 생활을 즐긴다

임신 초기에는 몸가짐을 조심해야 하지만, 그렇다고 모든 활동을 멈출 필요는 없다. 몸에 무리가 없는 취미 생활은 임신 사실을 더욱 즐겁게 하고 태교에도 도움이 된다. 임신 중에는 붓글씨, 피아노 등을 배우거나 스텐실, 자수 등으로 아기용품을 만들거나 집 안을 꾸미는 일 등을 해본다. 몰두할 수 있는 취미를 가지면 심리적으로 훨씬 안정되고 시간도 빨리 간다.

남편의 애정이 최고의 처방

임신우울증에 가장 효과적인 처방은 역시 남편의 애정이다. 아내가 임신을 하면, 남편도 임신에 동참한다는 마음으로 집안일을 돕고 임신과 출산에 대한 공부도 함께 하도록 한다. 그리고 평소 자주 스킨십을 해주고, 충분한 대화를 통해 변함없는 애정을 보여주는 것이 좋다.

전문가의 도움을 구한다

임신 우울증이 찾아왔을 때 본인의 노력만으로는 해결이 힘들거나 증상이 악화되는 경우 증상이 심한 경우는 전문가의 도움을 받는 것이 좋다. 산부인과를 통해 상담을 받을 수도 있고 신경정신과나 보건복지부에서 운영하는 한국 마더 세이프 상담 센터를 통해서도 도움을 받을 수 있다.

임신성 당뇨병

임신 중 혈당이 잘 조절되지 않는 임신성 당뇨병은 태아에게 좋지 않은 영향을 주고 출산 시 합병증이 생길 수 있어 조심해야 한다. 임신성 당뇨병이 태아에 미치는 영향과 임신 중 관리 방법에 대해 알아본다.

임신성 당뇨병이란?

임신성 당뇨병은 원래 당뇨병이 없던 사람이 임신 20주 이후에 당 부하 검사에서 혈당이 기준치를 초과할 때 진단하게 된다. 임신 중에 발생하는 호르몬 변화 등 생리학적 변화로 산모는 평소보다 당이 높아지는 경향이 있고 인슐린을 많이 필요로 하게 되는데 인슐린이 충분히 분비되지 않는 사람들에서 임신성 당뇨가 생긴다. 출산 후에는 대부분 정상혈당으로 돌아오지만 임신 중 혈당이 잘 조절이 되지 않을 경우 태아 이상 및 분만 시 합병증이 증가하게 되며 분만 후 향후 당뇨 발병 위험도도 상승하므로 임신 중 혈당을 잘 조절하고 출산 후에도 당뇨에 대한 정기 검진을 받아야 한다. 미국 통계에 따르면 전체 산모의 9%가 발생할 정도로 발병률이 높다. 우리나라는 이보다는 낮으나 고령산모 및 비만인구가 늘어남으로 해서 발병률이 증가하는 추세다.

임신성 당뇨병의 진단

임신성 당뇨병의 위험도가 높은 임신부의 경우 임신 초기부터 당뇨병에 대한 선별검사가 필요하며, 위험도가 높지 않은 임신부라도 임신 24~28주에 임신성 당뇨병 선별검사를 하게 된다. 진단 방법으로는 50g의 포도당 섭취 후 1시간이 경과하였을 때 혈액 중의 포도당 농도를 측정하여 140mg/dl 이상인 경우 다시 100g 경구 당 부하 검사를 시행하는 방식으로 검사가 진행된다.

임신성 당뇨의 원인 및 고위험군

임신성 당뇨의 정확한 원인은 알려져 있지 않지만 임신 후 분비되는 태반의 호르몬에 의해 인슐린에 대한 저항성이 올라가고 임신 중에는 정상 혈당을 유지하기 위해서는 평소의 3배까지 많은 양의 인슐린을 필요로 하는데 이게 충분히 분비되지 못하는 경우 임신성 당뇨로 이어지는 것으로 보고 있다. 임신 전 비만한 경우 (BMI: 체질량 지수≥30kg/m2), 당뇨병 가족력이 있은 경우, 이전 임신에 임신성 당뇨병이 있었던 경우, 이전에 4kg 이상의 아기를 분만한 경우, 뚜렷한 이유 없이 사산, 조산, 유산 등의 경험이 있는 경우를 임신성 당뇨의 고위험 군으로 본다.

태아가 받는 영향

임신성 당뇨는 임신 후반부에 산모에게 영향을 미치는 질환으로 임신 이전에 생긴 당뇨와는 달리 태아의 기형과는 연관이 없다. 하지만 임신성 당뇨가 잘 조절이 되지 않은 경우 태아는 4kg 이상의 거대아, 견갑난산 (태아의 머리가 분만 후 어깨가 잘 나오지 못해 난산이 되는 경우를 일컬음), 분만 직후 신생아 저혈당, 저칼슘혈증, 신생아 호흡곤란 증후군 등이 생길 확률이 증가하며 향후 태아가 성장해서 비만 및 2형 당뇨병 발병 위험도가 올라 갈 수 있다.

임신성 당뇨병의 관리

임신성 당뇨병의 관리는 우선 식사 요법과 운동 요법으로 가능한 정상 혈당으로 유지하는 것이 목표이다. 임신성 당뇨 산모는 규칙적인 식사와 규칙적인 식후 운동을 통해 정상혈당을 유지하도록 노력하여야 한다. 식이는 주스, 탄산음료, 아이스크림, 과자 등의 단순 당이 든 음식은 피해야 하며 과일의 경우는 섭취해도 되지만 많은 양을 한꺼번에 먹는 것은 피해야 한다. 과식을 피하고 규칙적인 운동으로 대부분 정상 혈당치를 유지할 수 있고 그렇지 못할 경우에는 인슐린 주사 요법을 받기도 한다. 임신성 당뇨로 인해 지나치게 식이 제한을 할 경우는 태아와 산모의 건강에 해로울 수 있으므로 체중이 줄 정도로 식이 제한을 해서는 안 된다. 스트레스를 받는 것도 해로우므로 가능한 마음을 편히 가지고 정기적인 산부인과 및 내과 검진을 받으며 현재의 혈당 관리 상태와 태아와 임신부의 상태를 정확히 확인받도록 한다.

분만 후 검사

임신성 당뇨는 대부분 출산 후 혈당 수치가 정상화된다. 하지만 임신성 당뇨가 있었던 산모는 향후 당뇨 발병률이 높으므로 분만 후 6개월 이내 당뇨 선별검사를 하는 것이 좋고 이후에도 매년 공복 시 혈당을 검사 하는 것을 권유하고 있다.

임신 중 자궁근종

임신 전에는 자궁근종이 있다는 것을 모르고 지내다가 임신 중 초음파 검사에서 발견하는 경우가 적지 않다. 임신 중 자궁근종을 발견했을 때는 어떻게 해야 하는지, 태아에게는 어떤 영향을 주는지 알아본다.

임신 중 자궁근종에 대하여

임신 중 자궁근종의 발견

자궁근종이 발견되면 태아가 혹에 눌려 자라지 못하거나 기형이 되지 않을까 걱정하는 임신부들도 있다. 그러나 혹이 몹시 크거나 근종이 태아가 있는 자궁강 안으로 자라는 경우가 아니라면 그러한 문제가 생길 가능성은 높지 않다. 그러므로 근종으로 인해 다른 문제가 생기지 않는지 정기적으로 확인하면 된다.

관리법과 치료법

임신 중에는 임신 전보다 자궁근종으로 인한 통증이 자주 느껴진다. 이때는 배를 따뜻하게 하면서 안정시키고, 필요한 경우 진통제를 쓰면 대부분 좋아진다. 출산 후 자궁이 정상으로 돌아가는 산후 6~8주에 다시 초음파 검사를 해서 혹의 크기가 변했는지, 그대로 두고 볼 것인지 다른 치료를 할 것인지 등을 결정한다. 임신 중에 커진 근종은 산후에는 대부분 줄어든다.

분만 방법

자궁근종이 있으면 태아의 위치 이상 비율이 높아지고 출산 시 산도가 좁아져 제왕절개를 할 수도 있는데, 혹의 위치와 크기에 따라 좌우된다. 자궁근종이 산도를 막고 있지 않으면 대부분 정상 분만이 가능하다.

임신 중 갑상선 질환

갑상선호르몬은 임신 유지에 꼭 필요하기 때문에 임신을 준비하는 여성이나 임신부의 갑상선 검사는 필수다. 임신 중 생길 수 있는 갑상선 질환에 대해 꼼꼼하게 알아본다.

임신 중 갑상선 질환에 대하여

임신과 갑상선 질환의 관계

갑상선 질환은 20~30대에 잘 생기기 때문에 임신과 관계되는 비율이 높은 편이다. 갑상선호르몬은 신진대사량을 조절하는데, 임신 중에는 갑상선과 결합하는 단백질이 많아지고 결합형 갑상선호르몬이 증가해 전체 갑상선호르몬의 양이 많아진다. 갑상선도 조금 커지지만 약 10%로 드러나 보일 정도는 아니다.

임신과 갑상선기능항진증

임신 초기의 갑상선과다증은 임신오조에 의해서도 일시적으로 올라갈 수 있다. 이때는 구토증상을 완화시키고 수액을 공급해 탈수를 교정하는 것만으로도 좋아질 수 있다. 임신 전에 갑상선기능항진증이 발견되면 항갑상선제를 복용해 치료해야 하는데, 약물을 복용하면 올라갔던 갑상선호르몬 수치가 정상으로 떨어져 사용하던 약물의 양을 줄이게 된다. 이때는 임신을 해도 안전하게 정상적인 아이를 출산할 수 있다. 즉, 적은 용량의 항갑상선제를 복용해도 갑상선기능항진증이 잘 조절되면 임신 유지 및 출산에 문제가 없다. 복용하는 항갑상선제의 매우 적은 양이 태반을 통해 태아에게 전해질 수 있으나 통상적으로 사용하는 적은 용량은 태아에게 해를 주지 않는다.

임신과 갑상선기능저하증

태아의 갑상선은 임신 3개월경에 만들어지고, 태아는 임신 5개월경에 자신의 갑상선에서 만든 갑상선호르몬을 사용한다. 따라서 임신 5개월 전에는 모체로부터 필요한 갑상선호르몬을 공급받아야 하는데, 모체가 갑상선기능저하증이 있을 경우 태아에게 가는 갑상선호르몬의 양이 부족해진다. 임신 3개월까지는 태아의 뇌와 신경 발달을 비롯해 여러 장기가 만들어지는 중요한 시기로 이 기간에 갑상선호르몬이 부족하면 태아의 발육에 안 좋은 영향을 미친다. 특히 뇌와 신경 발달에 갑상선호르몬이 매우 중요한 역할을 하므로 임신 기간에는 절대로 갑상선호르몬이 부족해서는 안 된다. 따라서 임신 전에 갑상선기능저하증이나 무증상 갑상선기능저하증을 진단 받으면 반드시 갑상선호르몬제를 복용해야 한다.

임신 중 피부 질환

임신을 하면 갑자기 여드름이 생기거나 튼 살이 심해지고, 기미가 짙어지기도 한다. 임신 중 생길 수 있는 피부 질환에는 어떤 것들이 있으며, 임신 중에도 촉촉하고 예쁜 피부를 만드는 방법을 알아본다.

임신 중 피부 질환에 대하여

여드름

임신 초기에 자주 나타나는 여드름은 여성호르몬의 불균형이 피지 분비를 활발하게 만들어 모공을 막아 생긴다. 좁쌀 여드름부터 화농성 여드름까지 개인에 따라 다르게 나타난다.

기미·주근깨

기미와 주근깨는 뺨, 이마, 눈 아래 부위에 생긴 불규칙하고 다양한 크기의 갈색 점을 말한다. 이는 멜라닌 색소의 침착으로 임신과 출산으로 여성호르몬의 균형이 깨져 생긴다.

튼 살

튼 살은 출산일이 다가올수록 심해진다. 이는 임신으로 인해 살이 늘어나면서 피부의 진피 조직이 손상을 입어 생긴 흉터로 한 번 생기면 잘 없어지지 않는다.

건선

건선은 참기 힘들 만큼 간질간질하다. 임신을 하면 태아에게 전달되는 혈액의 양이 많아져 피부 탈수 현상이 심해지기 때문에 얼굴은 물론 피지 분비가 적은 몸에 자주 일어난다.

주름

주름은 출산 후 많이 생긴다. 임신 말기까지 부어 있던 얼굴의 부기가 빠지고 호르몬이 정상을 찾으면서 급격한 노화가 시작돼 잔주름이 많아진다.

임신 주수별 피부 변화와 피부 트러블 관리 방법

임신 4~12주

임신 초기에는 기초체온이 올라가고 신진대사가 활발해 청결 유지가 중요하다. 임신 중 피부 변화는 사람이나 체질에 따라 다르게 나타나 여드름 같은 지성 트러블이나 얼굴이 땅기는 건성 트러블이 생기기도 한다. 그러나 공통적으로 온몸에 땀 분비가 많아지고 피부가 예민해 세심한 손질이 필요하다.

- 순한 클렌징 제품을 사용하되 이중 세안으로 꼼꼼하고 철저하게 세안한다.
- 향이 있는 화장품을 피하고, 여드름이 있는 경우 찬 수건으로 얼굴을 마사지해 모공을 조인다.

임신 13~24주

자궁이 혈관을 압박할 만큼 커진 상태라 혈액순환이 원활하지 않아 얼굴이나 몸이 쉽게 붓는다. 또한 이 시기는 멜라닌 세포가 활발하게 작용해 기미와 주근깨, 임신선이나 튼 살이 나타난다.

- 일주일에 1~2번 정도 딥 클렌징으로 피지를 제거하고 팩이나 마사지를 해준다.
- 기미와 주근깨 예방을 위해 외출 시 모자나 선글라스, 자외선 차단제를 꼭 챙긴다.
- 건조해지기 쉬우므로 알코올 성분이 첨가된 모든 화장품은 피한다.
- 튼 살 방지 크림을 배꼽 중심에 바르고 원을 그리며 마사지해준다.

임신 25~36주

임신 말기에는 혈액순환이 원활하지 않아 몸이 붓고 다리가 무거워진다. 또한 얼굴은 물론 머릿결도 푸석거릴 수 있는데, 이때부터 피부와 모발 영양에도 신경을 써야 부기가 빠졌을 때 잔주름이나 출산 후 탈모를 어느 정도 예방할 수 있다.

- 먹는 레티놀은 금해야 하지만 바르는 레티놀은 해가 없으므로 사용해도 좋다. 다만 과다한 사용은 피한다.
- 아침에 눈이 심하게 부었을 때는 차를 우리고 남은 녹차 티백을 냉장고에 넣어두었다가 눈 위에 올려놓으면 도움이 된다.

출산 이후

출산 직후는 중병을 앓고 난 것처럼 온몸이 제 기능을 찾지 못하는 상태다. 피부도 마찬가지. 피부가 약해질 대로 약해져 외부 물질에 민감하게 반응하며 쉽게 트러블을 일으킨다.

- 회복 전에는 순한 비누와 미지근한 물로 세안하고 보습 크림 정도만 바른다.
- 얼굴의 부기가 빠지면 가벼운 얼굴 마사지도 가능하다.
- 몸이 회복되는 상태에 따라 순한 팩부터 시작하되 천연 재료인 과일을 활용한다.

임신 중 모발 변화

임신 중 에스트로겐은 모발의 성장기 털 상태를 유지시키며, 안드로겐은 얼굴 부위의 모낭을 확대시키는 작용을 한다. 그러나 분만 후에는 역전되어 탈모가 현저해지고 분만 후 1~4개월에 보이는 탈모가 1년 이상 지속되기도 하지만, 대부분 자연스럽게 회복된다. 임신 탈모의 주요 원인은 영양 불균형이므로 출산 후에도 올바른 식습관을 가지고 탈모에 좋은 음식을 챙겨 먹는 것이 좋다.

탈모를 줄이는 법

스트레스를 받지 않는다

스트레스로 인한 탈모를 예방하기 위해서는 무엇보다 신체와 정신을 편안히 해주는 것이 좋다. 충분한 휴식과 다양한 취미생활로 생활에 활력을 불어넣도록 한다.

두피를 청결히 한다

머리를 감을 때 빠지는 머리카락은 탈모로 인한 것이 아니다. 휴지기가 지나 자연스럽게 빠지는 것이므로 머리를 감는 횟수를 줄여서는 안 된다.

염색과 파마는 되도록 하지 않는다

파마약이나 염색약은 두피를 과도하게 자극해 피부염과 각질, 가려움증 등을 유발할 수 있다. 이런 증상이 탈모의 원인이 될 수 있으므로 빈번한 염색과 파마는 삼간다.

무리한 다이어트는 금물

출산 후 예전 몸매를 회복하겠다고 무리하게 다이어트를 하면 안 된다. 영양 결핍과 함께 산모에게 외모에 대한 과도한 스트레스를 주어 탈모의 원인이 될 수 있다.

인스턴트식품은 피한다

열량은 높고 영양분은 부족한 인스턴트식품은 두피 관리에 적합하지 않다. 모발 성장에 도움이 되는 단백질과 비타민 등이 함유된 콩류를 많이 섭취할 수 있는 식단을 짠다.

Chapter 5

임신 중 운동과 생활 수칙

임신 초기

갑자기 달라진 몸의 변화에 놀라기도 하고 적응하는 데 어려움을 겪기도 한다. 편안하게 임신 초기를 보내는 일상생활 습관과 영양 식사법, 마시지법 등을 알아보고 임신에 잘 적응하는 팁을 살펴본다.

임신 초기의 생활 수칙

규칙적인 생활이 가장 중요하다

임신 초기에는 호르몬의 변화로 몸 상태가 평소와 크게 달라진다. 감기에 걸린 것처럼 몸이 노곤하고 졸음이 쏟아지며, 조금만 움직여도 쉽게 피로해진다. 하지만 몸 컨디션이 나쁘다고 하루 종일 누워서 지내거나 집안일을 미루는 것은 바람직하지 않다. 오히려 임신 초기부터 규칙적인 생활을 하는 것이 건강을 유지하고 기분을 전환하는 데 도움이 된다. 평상시보다 1~2시간 정도 수면 시간을 늘리되, 일찍 자고 일찍 일어난다. 낮잠을 자는 것도 좋다. 단, 낮잠을 많이 자면 밤에 잠이 오지 않아 불면증을 일으킬 수 있으므로 1시간 정도 자도록 한다.

집안일은 조금씩 나누어서 한다

임신 초기에는 피로감과 함께 입덧이 찾아와 집안일도 귀찮게 여겨질 수 있다. 하지만 이럴수록 집안일은 그때그때 해치우는 것이 좋다. 미루었다 한꺼번에 하면 그만큼 시간이 오래 걸려 몸에 부담을 줄 수 있고, 가사에 대한 스트레스도 커지기 때문이다.

배가 압박을 받는 것은 아니지만 오랫동안 쭈그리고 앉아서 하는 일이나 높은 데 올라서는 일은 삼가야 한다. 또 찬물에 오래 손을 담그거나 자극이 강한 세제를 사용하는 것도 피하고, 무거운 것을 드는 일도 하지 않는 것이 좋다. 오늘 해야 할 일과 당장 하지 않아도 될 일, 남편에게 부탁할 일 등의 목록을 작성해 일을 처리하면 가사에 대한 부담이 훨씬 줄어든다.

청결과 기분 전환을 위해 매일 목욕한다

임신을 하면 땀이나 분비물이 많아지고 피로감도 쌓이므로 매일 목욕을 하며 이를 해소한다. 단, 사우나나 뜨거운 욕조 목욕보다는 가벼운 샤워가 좋다. 뜨거운 물은 태아의 신경계와 산모의 혈압에 영향을 미칠 수 있기 때문이다. 임신 중에는 피부가 건조해져 가려움증이 생기기 쉬우므로 샤워 후에는 보습 로션을 듬뿍 바른다.

술과 담배는 피하고 카페인 음료는 줄인다

임신 사실을 확인했다면 반드시 금연과 금주를 실천

해야 한다. 담배의 경우 니코틴이 혈관을 수축시키기 때문에 태아에게 산소와 영양소가 제대로 공급되지 못해 유산이나 사산, 저체중아 출산 등의 문제를 일으킨다. 임신부의 금연은 물론 남편으로 인한 간접흡연과 공공장소에서의 간접흡연 등도 피하는 것이 좋다. 술도 태아에게 아주 나쁜 영향을 준다. 술을 많이 마신 임신부는 유산이나 사산 및 조산의 빈도가 증가하며, 기형아나 발육장애아, 뇌 이상아 등 태아알코올증후군을 가진 아이를 출산할 위험이 높다. 그렇다면 무알코올 맥주는 임신 중 맘껏 마셔도 안전할까?

국내에서는 1% 미만의 알코올이 들어 있는 제품에는 '무알코올'(알코올 성분이 전혀 없는 것이 아니다!)이라고 표기할 수 있다. 그러므로 알코올 함량을 꼭 확인해 함량이 낮은 제품을 선택하고, 0.5% 미만의 알코올이 함유된 제품이라도 주기적으로 혹은 한 번에 과량 섭취하는 것은 피해야 한다. 임신 중 카페인 섭취는 하루 200mg 이하로 줄여야 한다. 하루 다섯 잔이 넘는 커피를 마시면 불임이나 저체중아 출산이 증가한다는 보고도 있다. 하지만 하루에 한 잔 정도는 즐겁게 마셔도 좋다. 우리가 자주 접하는 음료에 들어 있는 카페인 함량은 다음과 같다.

캔커피 1개(100mg), 아메리카노 tall 1컵(140~180mg), 콜라 1캔(23mg), 녹차 1잔(15~25mg), 홍차 머그 1잔(70mg), 커피우유 1개(47mg), 초콜릿 1개(20~30mg).

자극적인 프로그램은 피한다

임신했을 때 가장 중요한 것은 신체적·정신적 안정이다. 따라서 스트레스를 받지 않도록 노력해야 하는데, 자극적인 프로그램을 시청하는 것도 태아에게 나쁜 영향을 미칠 수 있다. 특히 공포 영화나 폭력 장면이 많은 드라마 등은 가급적 보지 말고, 오랫동안 TV를 시청하거나 컴퓨터를 하지 않는 것이 좋다.

약물 복용에 주의한다

임신 초기에는 특히 약물 복용에 주의해야 한다. 모든 약물이 그런 것은 아니지만, 일부 약물의 경우 기형아 출산의 원인이 될 수도 있다. 특히 임신부의 약물 복용이 태아에게 영향을 미치는 시기는 임신 3개월 이내인데, 이 기간에 태아의 중추신경계와 각 신체 기관이 형성되기 때문에 약물이 태아에게 치명적인 영향을 줄 수 있다. 평소 무분별한 약물 복용을 삼가고, 건강에 문제가 있을 때는 반드시 의사와 상담해 처방을 받는 것이 좋다.

임신 초기 식사

임신 중 영양 섭취는 양보다 질

임신 전반기에는 임신 전에 비해 칼로리 섭취를 늘릴 필요가 없다(권장: 2000cal). 이때 중요한 것은 질적으로 좋은 음식을 골고루 먹어야 한다는 점이다. 고가의 종합 영양제가 질 좋은 음식을 대체할 수는 없다.

균형 있는 식사란?

곡류, 육류 ,어류, 콩류, 채소, 과일, 유제품, 이 5가지 식품군을 골고루 섭취해야 한다. 곡류는 탄수화물의 주요 공급원인데, 백미나 밀가루와 같이 정제된 곡물로 만든 음식보다는 현미나 통밀, 보리 등 통곡물로 만든 음식이 식이섬유, 무기질, 비타민이 풍부해 영양학적으로 더 유리하다. 육류, 어류, 콩류(두부)는 철분과 칼슘 등 임신 중 중요한 무기질과 단백질을 공급하는 식품군으로 매일 1회 이상 섭취해야 한다. 육류는 칼로리 조절을 위해 가급적 지방이 적은 살코기를 먹는다. 생선은 일주일에 2~3회 정도 섭취하는데, 등 푸른 생선이 오메가3 함유량이 더 많다. 채소와 과일에는 식이섬유, 무기질, 비타민이 풍부하므로 다양한 제철 채소와 과일을 매일 섭취한다. 유제품은 단백질과 칼슘 공급원으로 우유(칼로리가 걱정되면 저지방으로 선택), 요구르트, 치즈 등을 매일 3회 이상 섭취하면 좋다.

입덧을 이기는 식단을 마련한다

임신 초기에는 영양 섭취도 중요하지만, 입덧을 줄일 수 있는 음식을 먹는 것이 우선이다. 일반적으로 입덧을 더욱 악화시키는 음식은 육류, 기름기가 많은 음식, 향이 강한 음식이다. 식욕이 나더라도 너무 많은 양을 한꺼번에 먹지 않도록 하고, 배고픔이 메스꺼움을 더 유발하는 경우도 많으므로 크래커와 같은 간단한 간식을 가까운 곳에 비치해놓는 것도 좋다. 태아는 빠른 속도로 자라지만, 모체가 섭취하는 음식을 바로 영양분으로 섭취하는 것이 아니라 이미 축적된 영양소를 가져가므로 임신 초기에 입덧 때문에 충분한 영양 섭취를 못하더라도 너무 과민할 필요는 없다.

입덧은 대개 1~2개월 정도 계속되는데 입덧이 심할수록 더 오래 지속된다. 3~4Kg 이상이 체중 감소와 함께 영양분 결핍이 생길 정도로 입덧이 과도할 때는 주치의와 상의해 수액 치료를 받는 것이 좋다.

안전한 음식을 선택해 청결하게 먹자

동물의 간은 레티놀(비타민 A)이 많이 들어 있어 태아 기형을 유발할 수 있으므로 임신 전반기에는 피해야 한다. 또 연성 치즈(브리, 카망베르, 블루, 고르곤졸라 등), 냉장 가공 육류(슬라이스 햄, 소시지), 익히지 않은 육류, 냉장 훈제 해산물은 리스테리아균에 오염되었을 수 있으므로 뜨거운 김이 날 때까지 가열해서 먹는다. 임신 중 리스테리아 감염증에 걸리면 임신부는 경미한 감기 같은 증상만 보이지만, 태아에게는 위험해 유산이나 사산으로 이어질 수 있기 때문이다. 쇠고기, 돼지고기, 닭고기, 생선, 달걀 등 육류와 어류 제품도 완전히 익혀 먹어야 한다. 또 생선을 고를 때는 수은 함유량이 많은 몸집이 큰 어류(청새치, 황새치, 다랑어)나 심해어류는 피한다.

식품을 구매할 때는 유통기한을 확인해 날짜가 많이 남아 있는 것으로 고르고, 캔이나 용기 등의 포장이 파손되거나 오염된 것, 곰팡이가 있거나 변색되는 등 상한 것으로 보이는 식품은 피한다. 장보기를 마치면 시간을 지체하지 말고 바로 귀가해 식자재를 보관 방법에 맞게 냉장고나 냉동고에 보관하고, 냉동 보관을 하더라도 보존 기간은 1~3주로 제한한다. 육류나 어류를 손질한 도마나 칼은 깨끗이 세척해서 사용하고, 채소와 과일도 잘 씻어 먹어야 한다.

임신부 마사지

| 머리 | 머리 마사지를 하면 두통이 완화되고 예민해진 신경이 가라앉는다.

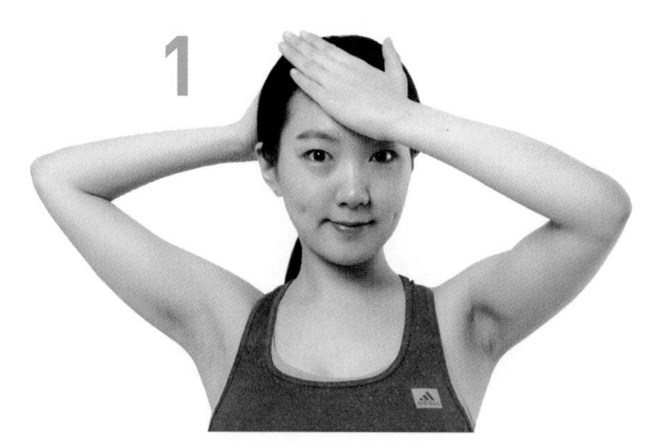

이마와 뒷머리를 양손으로 동시에 지그시 3회 정도 눌러준다.

양 손바닥으로 태양혈을 지그시 3회 정도 눌러준다.

| 가슴 | 출산 후 모유가 잘 나오게 하고 젖몸살을 예방하는 효과가 있다.

겨드랑이에서 유륜을 중심으로 가슴을 충분히 모은다.

양 가슴을 가운데로 모으는 동작을 6회 이상 반복한다.

| 다리 |

혈액순환이 원활해지고 부종을 없애준다. 또 임신 중기 이후 쥐가 나는 것을 예방할 수 있다.

허벅지 안과 밖에 양손을 놓고, 누르면서 허벅지에서 발목 방향으로 위에서 아래로 쓸어내리며 마사지한다.

1

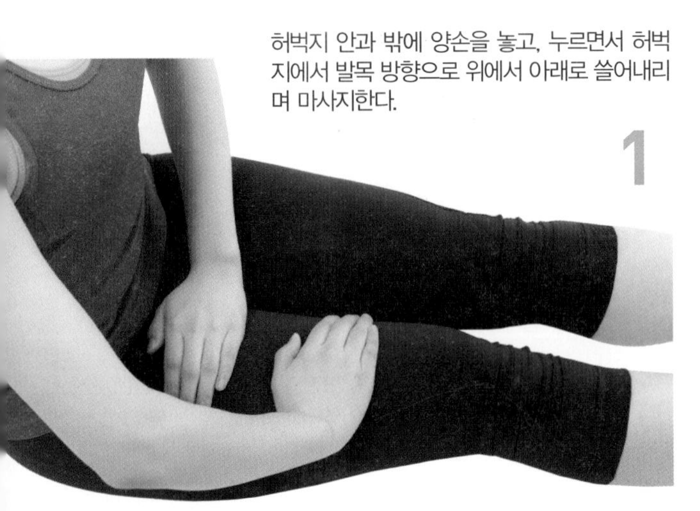

아킬레스건에서 종아리 뒤를 따라 무릎 위 10cm까지 손바닥을 밀착해서 여러 번 쓸어 올린다.

2

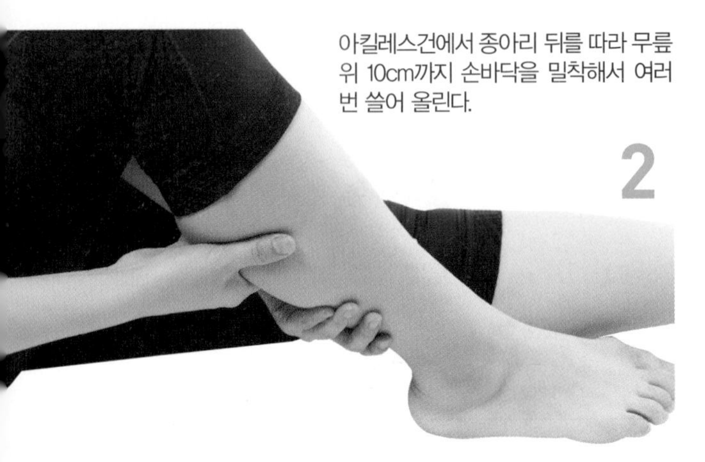

임신부 운동

산책과 스트레칭

몸이 나른하고 어지럽고 속이 울렁거리는 임신 초기에 간단한 산책이나 스트레칭을 하면 몸과 마음이 가벼워진다. 요통, 골반통, 변비를 줄여주는 효과도 있고, 우울감이나 피곤함도 한결 나아진다. 밤에 잠도 더 잘 온다.

수영이나 걷기 등 약한 강도의 운동

임신 전에 운동을 전혀 하지 않았던 여성일수록 임신 초기의 입덧이나 피곤함이 사라질 때까지 운동을 미루는 경우가 많다. 그러나 시작이 반이다. 하루 10분 정도의 걷기나 수영 같은 약한 강도의 운동부터 시작해보자. 운동 중 통증이나 불편함이 없다면 운동시간을 30분 정도까지 서서히 늘려본다. 임신 전에 꾸준히 고강도의 운동을 했던 여성은 관절이나 골반 근육에 무리가 없도록 운동 강도를 줄일 필요가 있다.

주의사항

임신 초기 태아는 열에 약하기 때문에 운동 중에 체온이 너무 올라가지 않도록 주의한다. 덥고 습한 장소는 피하고, 따뜻하다고 느껴지는 수영 풀에서 운동하는 것도 좋지 않다. 또 가슴, 명치, 관절에 통증이 느껴지거나 어지럽고, 자궁 출혈 혹은 자궁 수축이 느껴질 때는 운동을 멈추고 안정을 취하고, 그런데도 증상이 지속될 때는 병원을 방문한다. 임신 초기에 유산기가 있어 자궁 출혈이 지속되는 경우에는 상황이 안정될 때까지 운동을 미뤄야 한다.

임신 초기 미용 관리

화장

임신 중에는 피부가 거칠어지고 안색도 좋지 않아 보인다. 이럴 때 가볍게 화장을 하면 전체적으로 생기 있어 보이고 기분 전환에도 도움이 된다.

세안 및 샴푸

호르몬의 변화로 땀이 많아지고 피부 트러블이 일어나기 쉬우므로 세안을 자주 하는 것이 좋다. 머리를 감을 때는 두피를 마사지하는 기분으로 가볍게 샴푸하는데, 자극이 적은 제품을 골라 사용한다.

파마

임신 초기에는 가급적 파마를 하지 않도록 한다. 파마약이 태아에게 큰 영향을 미치는 것은 아니지만, 아직 태반이 완성되지 않은 시기라서 파마를 위해 한 곳에 오래 앉아 있는 것도 부담을 줄 수 있기 때문이다.

피부 손질

임신 중에는 기미나 주근깨, 잡티 등의 피부 트러블이 심해진다. 외출할 때는 반드시 모자를 쓰고, 집에 돌아와서는 미백과 진정 효과가 있는 팩을 해준다.

반드시 먹어야 하는 임신 초기 영양제

알아두세요!

- **엽산** 신경관 결손 기형을 예방하기 위해 하루 0.4~0.8mg(400~800microgram)의 엽산을 임신 12주까지 복용한다. 임신 준비 단계부터 엽산을 복용하는 것이 제일 효과적이지만, 복용하지 않는 상태에서 임신이 되었다면 임신 확인 순간 바로 복용해야 한다. 일부 산모의 경우 4~5mg의 고용량 엽산이 필요하다. 임신부나 배우자가 신경관 결손이 있었거나, 이전에 신경관 결손 태아를 임신한 적이 있거나, 당뇨가 있거나, 항경련제를 복용하고 있는 경우다. 이때도 역시 임신 12주까지 복용하면 된다.

임신 중기

임신 초기에 심리적 · 육체적으로 힘들었던 임신부도 어느 정도 임신에 적응하게 되고, 배가 불러오면서 아이를 가졌다는 것을 실감하게 된다. 임신 중기에 지켜야 할 생활 수칙과 영양 식사법, 임신부 체조, 미용 관리 방법 등을 알아본다.

임신 중기의 생활 수칙

편안하고 배를 감쌀 수 있는 옷차림으로 바꾼다

임신 중기에 들어서 배가 불러오기 시작하면 평소 입었던 옷이 불편할 수밖에 없다. 배를 압박하는 속옷이나 몸을 꼭 조이는 옷은 자궁과 다른 내장기관을 압박해 혈액의 흐름을 막고 태아의 성장을 방해하므로 되도록 편안하고 배를 감쌀 수 있는 옷을 입는다. 상의는 통이 넓은 박스 셔츠나 보온 효과가 있는 카디건, 바지나 치마는 고무줄 처리가 되었거나 허리 사이즈를 조절할 수 있는 옷을 입는다. A라인 원피스는 품이 넉넉해 임신 후기까지 무난하게 입을 수 있다. 여름이라도 길이가 너무 짧은 옷은 피하고, 배를 감싸주는 옷을 선택하는 것이 좋다.

집안일은 그때그때 한다

배가 점점 불러오면 몸이 무겁다는 핑계로 집안일을 게을리 하는 경우가 많다. 하지만 적당한 운동은 순산에도 도움이 되므로 집안일을 미루지 말고 그때그때 하는 버릇을 들인다. 몸을 움직이지 않고 당기는 대로 음식을 먹다 보면 비만이 돼 임신중독증을 초래하거나 체력이 약해져 난산할 위험도 있다. 임신 중기는 안정기이므로 웬만한 집안일은 크게 부담이 되지 않는다. 다만 허리에 무리가 가는 일이나 배를 압박하는 일, 자세가 불안정한 일들은 피하는 것이 좋다.

수영·체조·산책을 꾸준히 한다

입덧이 지나면 식욕이 생겨 식사량이 늘어난다. 하지만 지나치면 비만이 되어 여러 가지 임신 트러블을 일으키게 되므로 꾸준한 운동으로 체중을 조절하면서 태아의 성장에 필요한 영양식을 섭취한다. 임신부 수영이나 체조, 가벼운 산책으로 몸을 계속 움직이는 것이 좋다. 특히 임신 중 운동은 요통이나 다리 땅김 등을 예방하고 근력을 강화해 순산에도 도움이 된다.

임신 중기 식사

단백질과 칼슘을 충분히 섭취한다

단백질은 태아의 몸을 만드는 영양소이므로 임신 중에는 충분히 섭취해야 한다. 육류, 어류, 달걀, 콩류, 유제품 등에는 양질의 단백질이 함유되어 있다. 칼슘 역시 임신 중 섭취해야 할 필수 영양소다. 칼슘은 태아의 뼈와 치아를 형성하는 데도 꼭 필요하지만, 칼슘 섭취가 부족하면 임신 후반기의 가장 무서운 합병증인 임신중독증이 발생할 가능성이 높다. 유산·조산·난산의 위험이 있고 산후 회복이 지연되며, 임신 중에 다리가 땅기거나 손발이 저린 증상이 나타나기도 한다. 우유나 치즈 같은 유제품을 하루 3회 정도 섭취하고, 유당 알레르기 때문에 유제품을 먹지 못하는 경우에는 칼슘이 첨가된 두유로 대체하거나 별도의 칼슘제를 복용한다.

일주일에 한 번씩 체중을 체크한다

입덧이 가라앉으면 갑자기 식욕이 돋아 자칫 과식하기 쉽다. 그동안 입덧으로 먹지 못한 것에 대한 보상 욕구와 태아를 위해 무엇이든 잘 먹어야 한다는 생각 때문이다. 하지만 갑자기 과식을 하면 비만의 원인이 되므로 조심해야 한다. 임신했다고 임신 전보다 특별히 더 많은 양을 먹을 필요는 없다. 일주일에 한 번씩 정해진 요일에 체중을 재어 갑자기 늘지 않았는지 체크하고, 음식은 양보다는 질에 신경을 쓰도록 한다.

빈혈 예방을 위해 철분을 섭취한다

철분은 혈액 속 헤모글로빈을 만드는 중요한 요소이며, 헤모글로빈은 모체와 태아에게 산소를 운반해준다. 철분이 부족하면 빈혈로 몸이 허약해지고 쉽게 피로해지며 숨이 가빠진다. 일반적으로 어지럼증이 생기면 빈혈이 있다고 생각하기 쉬운데, 임신 중 어지럼증은 대부분 일시적으로 발생하는 저혈압에 의한 증상이다. 빈혈 여부는 임신 초기, 중기, 후기에 각각 시행하는 혈액 검사를 통해 진단한다. 빈혈이 매우 심한 경우에는 저체중아 출산이나 사산 위험성이 증가하므로 빈혈이 심하다고 진단된 경우에는 병원 처방을 받아 고용량의 철분제를 3개월 정도 복용해야 한다. 특히 빈혈인 경우 출산 시 분만 시간이 길어져 난산이 될 가능성도 크다.

철분은 햄철과 비햄철로 구분할 수 있다. 육류의 살코기, 정어리, 고등어, 모시조개, 굴 등에는 햄철이 많이 들어 있고, 두부, 된장, 콩, 시금치 등의 식물성 식품에는 비햄철이 들어 있다. 동물성 햄철이 식물성 비햄철보다 체내 흡수율이 더 좋고, 다른 음식물이 흡수를 방해하는 경우도 적어 유리하다. 이러한 음식을 잘 챙겨 먹으면서 임신 중기부터는 빈혈 예방을 위해 의사의 지시에 따라 철분 제제를 따로 복용하는 것이 바람직하다.

섬유질이 풍부한 식품을 섭취한다

임신 중기에 들어서면 호르몬의 영향과 커진 자궁의 압박으로 장의 움직임이 느려지기 때문에 변비에 걸리기 쉽다. 변비의 예방과 해소를 위해서는 평소 수분을 충분히 섭취하고 섬유질 식품을 많이 먹는 것이 좋다. 양배추, 배추, 시금치, 무, 고사리, 고구마, 감자, 버섯, 콩 같은 식품과 사과, 바나나, 포도 등의 과일에도 섬유질이 많이 들어 있으므로 참고해서 식단을 짠다. 반드시 아침 식사를 하고, 공복에 물이나 우유, 차 등을 마시는 것도 도움이 된다.

오메가3가 풍부하고 수은 함유량이 적은 생선을 선택한다

오메가3는 태아의 뇌 발달에 중요한 필수 불포화지방산으로 등 푸른 생선에 많이 함유되어 있다. 임신 중에는 일주일에 2~3회 정도 등 푸른 생선을 섭취하는 것이 좋다. 생선을 더 많이 먹으면 좋겠지만, 해양 오염에 따른 수은 섭취 우려로 미국 식품의약국(FDA)은 일주일에 3회를 안전한 생선 섭취의 상한선으로 정하고 있다. 그러므로 오메가3는 많이 함유되고 수은 오염도는 낮은 생선을 선택하는 것이 중요한데, 청어, 연어, 멸치, 고등어, 대구, 송어, 굴 등이 그렇다. 반대로 상어, 황새치, 청새치 등은 임신 중 반드시 피해야 하는 생선이다. 다랑어(참치류)의 경우 종류에 따라 수은 함유량이 다른데, 참치스테이크는 임신 중에 피해야 하지만, 한국에서 캔에 담겨 팔리는 라이트 참치는 일주일에 2캔 정도는 문제없다.

외식할 때의 주의할 점

일품요리보다는 정식을 먹는다

일품요리는 아무래도 영양이 편중되어 있기 쉽다. 균형 있는 영양소를 섭취하기 위해서는 반찬이 다양한 정식이 좋은데, 되도록 채소가 많은 메뉴를 선택한다.

양식보다는 한식을 먹는다

양식은 한식에 비해 기름이나 버터를 많이 사용해 칼로리가 높은 편이다. 한식의 경우 짜지 않은 메뉴를 택한다.

짠 음식은 먹지 않는다

임신 중에는 과다한 염분 섭취도 조심해야 한다. 김치, 찌개, 젓갈 등 짠 음식은 적게 먹도록 노력한다.

패스트푸드는 가급적 삼간다

햄버거, 피자, 치킨 등의 패스트푸드는 칼로리는 매우 높은 반면 영양가는 많지 않다. 또 샐러드나 음료수와 함께 먹으면 한 끼 식사가 두 끼 분량이 되기도 하므로 가급적 삼가는 것이 좋다.

청량음료 대신 차를 마신다

청량음료나 당분이 많이 함유된 주스보다는 물이나 몸에 좋은 차를 마신다.

근력을 강화시켜주는 산전 체조

point 임신 12주부터 출산할 때까지 집에서 꾸준히 체조를 하는 것이 좋다. 근력 강화는 물론 순산을 하는 데도 도움이 되기 때문이다. 단, 모든 동작은 배의 상태에 맞춰 무리하지 않는 선에서 해야 한다. 체조는 숨쉬기를 제대로 해야 효과를 볼 수 있으므로 항상 정지 상태에서 코로 숨을 들이쉬고 내쉰다.

| 옆구리 스트레칭 |

다리가 겹치지 않게 하고 가부좌 자세로 앉는다. 코로 크게 숨을 들이쉬고 8박자 동안 내쉬면서 공을 옆으로 밀어낸다. 공을 밀어내면서 한쪽 팔을 위로 뻗는다.

| 공 앞으로 밀기 |

다리를 최대한 벌리고 앉는다. 공 위에 두 손을 올리고 숨을 내쉬면서 천천히 공을 앞으로 쭉 민다.

| 공 위에 눕기 |

등 뒤에 공을 놓고 기대앉는다. 숨을 내쉬면서 공을 의지해 몸을 뒤로 누인다. 무릎을 쭉 펴고 온몸을 최대한 늘린다.

| 공 위에서 허리 돌리기 |

공 위에 앉아 다리를 최대한 벌리고 두 손은 무릎 위에 자연스럽게 올린다. 숨을 내쉬면서 8박자 동안 큰 원을 그리며 허리를 돌린다.

| 골반 늘리기 ① |

발바닥을 마주 보게 붙이고 몸 쪽으로 당겨 앉는다. 손으로 발을 잡고 숨을 내쉬면서 상체를 숙인다. 상체를 숙일 때 허리를 곧게 펴는 것이 중요하다.

| 골반 늘리기 ② |

발바닥을 마주 보게 붙이고 몸 쪽으로 당겨 앉는다. 두 손으로 무릎을 누르며 천천히 상체를 아래로 숙인다. 앞의 동작보다 강도가 더 높은 동작이다.

| 회음부 근육 강화 운동 |

한쪽 다리를 옆으로 쭉 펴고 다른 쪽 다리는 같은 방형으로 구부린다. 몸을 반대쪽으로 돌리며 머리도 돌린다. 시선은 최대한 뒤쪽을 쳐다본다.

| 누워서 한쪽 다리 넘기기 |

두 팔을 벌리고 똑바로 눕는다. 한쪽 다리를 구부리며 허리를 돌린다. 시선은 반대 방향을 향한다. 양쪽 방향으로 번갈아 실시한다.

| 케겔 체조 |

똑바로 서서 항문을 죄고 질 근육을 안으로 끌어당긴다. 8박자 동안 참았다가 푼다. 서거나 앉아서, 또는 누워서 해도 좋다.

| 골반 교정 동작 |

허리를 쭉 펴고 다리가 완전히 겹치게 앉는다. 손은 무릎 위에 놓고 상체를 천천히 아래로 숙인다. 다리를 바꿔가며 하는데, 통증이 있는 쪽을 자주 해주는 것이 좋다.

통증을 완화하는 임신 중기 체조

point 임신 중기부터는 배가 불러오면서 허리, 엉덩이, 어깨 등에 통증이 오고 손발이 저리거나 쥐가 나기도 한다. 통증이 올 때는 적절한 체조로 몸의 근육을 이완하면 도움이 된다. 아픈 부위에 따라 필요한 운동을 해준다.

요통 완화 | 허리 돌리기 |

다리가 겹치지 않게 가부좌 자세로 앉는다. 손은 무릎 위에 올린 채 숨을 내쉬면서 8박자 동안 천천히 허리를 돌린다.

요통 완화 | 허리 동그랗게 말기 |

배가 눌리지 않을 정도로 무릎을 세우고 손으로 다리를 감싼다. 숨을 내쉬면서 허리를 동그랗게 만다.

어깨 결림 완화 | 서서 어깨 돌리기 |

다리를 어깨너비로 벌리고 서서 무릎을 약간 구부린다. 양손으로 어깨를 잡고 자연스럽게 어깨를 돌린다. 앞뒤로 번갈아가며 실시한다.

어깨 결림 완화

| 십자 스트레칭 |

똑바로 선 자세에서 팔을 십자로 겹치고 쭉 늘린다. 얼굴을 반대 방향으로 돌리면 어깨가 더 늘어난다. 양쪽을 번갈아 실시한다.

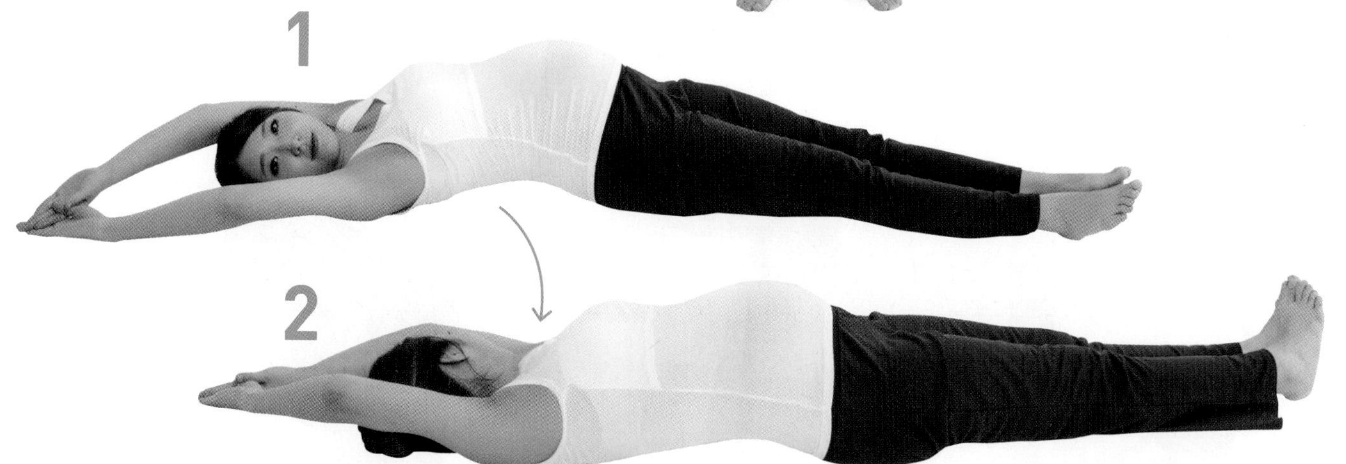

엉덩이뼈 통증 완화 | 물고기 자세 |

똑바로 누운 상태에서 팔을 위로 올려 마주 잡고 몸을 쭉 편다. 몸 전체를 왼쪽, 오른쪽으로 움직인다.

손발 저림, 쥐 오름 완화 | 발목 운동 |

공이나 벽에 기대고 앉아 발목을 앞뒤로 젖힌다. 8번 하고 정지.

손발 저림, 쥐 오름 완화 | 손발 털기 |

팔과 다리를 자연스럽게 올리고 위아래로 가볍게 털어준다.

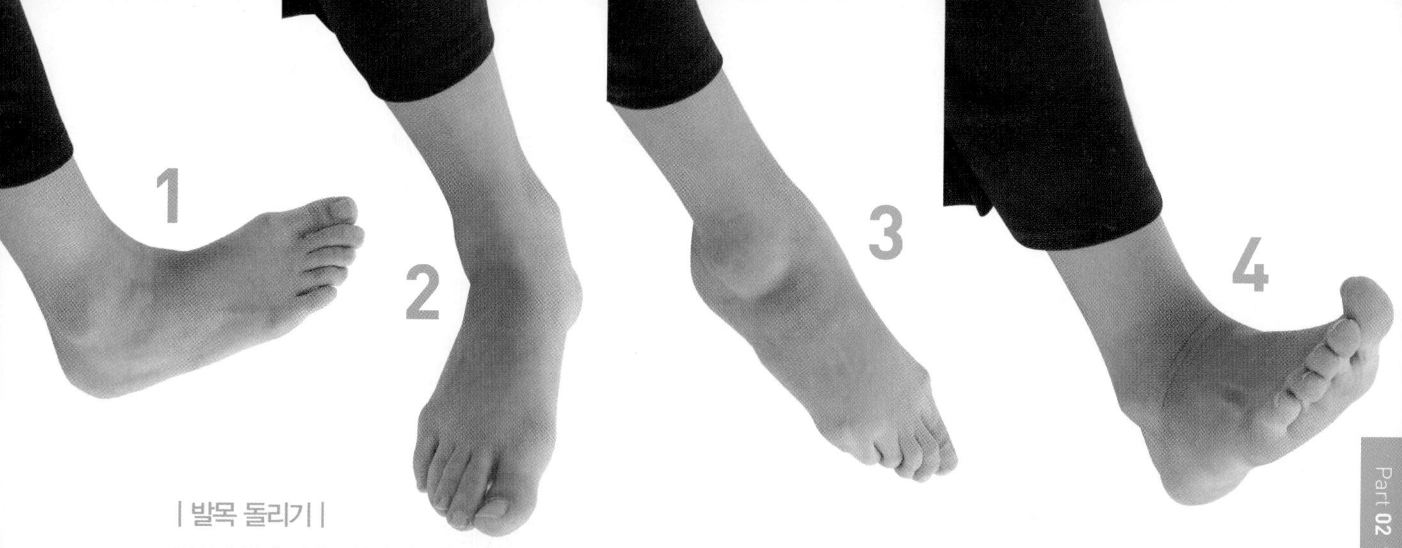

| 발목 돌리기 |

공이나 벽에 기대고 앉아 발목을 자연스럽게 돌린다. 오른쪽, 왼쪽으로 번갈아 돌린다.

임신 중기 피부 트러블 관리

여드름

임신을 하면 호르몬의 변화로 피지가 많이 분비되고 피부 표면에 먼지가 잘 묻어 여드름이나 뾰루지가 생기기도 한다. 임신 중 생긴 피부 트러블은 대부분 출산 후 정상으로 회복되지만, 자극이 남을 수도 있으므로 관리를 잘해야 한다.

기미·주근깨

임신 후 큰 고민거리 중 하나가 갑자기 늘어나는 기미와 주근깨다. 기미나 주근깨는 임신으로 호르몬 체계가 변하면서 생기는데, 임신 5~6개월 이후에 더욱 심해진다. 임신 중 생긴 기미나 주근깨는 출산하고 나면 바로 낫기도 하고, 아이를 낳아도 없어지지 않거나 다음 임신에서 재발할 수도 있다. 따라서 기미나 주근깨가 생기지 않도록 미리 예방하는 것이 중요한데, 특히 햇빛으로 인해 생긴 기미나 주근깨는 없어지지 않으므로 더욱 신경 써야 한다.

건조한 피부와 각질

임신을 하면 갑자기 피부가 깨끗하고 투명해지거나 지성 피부가 건성으로 바뀌는 등 사람마다 변화가 다르게 나타난다. 특히 평소 건성이었던 사람은 악건성으로 변하기도 하는데, 이 경우 각질이 심하게 일어날 수 있으므로 수분과 유분이 균형을 이룰 수 있도록 피부 관리에 세심히 신경 쓴다.

얼굴 부기

임신 중에는 신진대사의 변화로 얼굴이 잘 붓고 피부가 푸석푸석해진다. 특히 임신 후기로 갈수록 그 정도가 심해 얼굴을 몰라볼 정도로 붓기도 하는데, 이럴 때는 특별한 스킨케어를 해주는 것이 좋다.

임신 중기 여드름 관리

잠을 충분히 자고 자주 세안한다

여드름을 예방하기 위해서는 무엇보다 피부를 청결히 해주어야 한다. 아침에는 클렌징 폼을 이용해 세안하고, 저녁에는 이중 세안을 한다. 자극이 강한 비누나 약용 화장품은 피하고, 자신에게 맞는 순한 비누를 이용한다.

여드름을 진정시키는 팩

- **토마토 팩** 토마토 팩은 피부에 보습 효과를 주고 화농을 진정시킨다. 하지만 화농이 지나치게 심할 때는 하지 않는 것이 좋다. 베이킹파우더는 피부를 자극할 수 있으므로 적정량만 사용한다.
- **만드는 법** 베이킹파우더 ½작은술에 같은 양의 물을 섞어 탈지면에 묻힌 다음 여드름 위에 올린다. 토마토 50g을 강판에 갈아 해초가루 ½큰술을 넣고 잘 섞은 다음 얼굴에 거즈를 덮고 발랐다가 10분 후에 떼어낸다.

임신 중기 기미·주근깨 관리

직사광선을 피하고 천연 팩을 자주 한다

기미나 주근깨를 예방하기 위해서는 무엇보다 직사광선을 피해야 한다. 따라서 외출할 때는 반드시 모자를 쓰거나 자외선 차단제를 발라준다. 수면 부족이나 스트레스 때문에 기미가 생길 수도 있으므로 평소에 주의하고, 일주일에 한두 번 정도 기미나 주근깨를 예방하는 팩을 해준다. 기미 치료제의 경우 부신피질호르몬 성분이 함유되어 있으므로 임신 중에는 사용하지 않는 것이 좋다.

기미 · 주근깨를 예방하는 팩

포도 팩

포도에는 비타민 C와 과일산, 미네랄 등이 들어 있어 기미와 주근깨를 예방하며 피부를 희고 윤기 있게 해준다.

- **만드는 법** 포공룡(민들레)가루 ½작은술에 해초가루 1작은술, 포도즙 2큰술을 넣고 잘 섞는다. 얼굴에 펴 바르고 10분 뒤 물로 씻어 낸다.

레몬우유 팩

일단 생긴 기미와 주근깨를 완벽하게 없앨 수는 없지만, 레몬우유 팩을 꾸준히 하면 색이 엷어질 뿐만 아니라 예방 효과도 있다.

- **만드는 법** 레몬즙 1큰술과 우유 2큰술을 섞어 손끝으로 얼굴에 펴 바르고 10분 후 씻어낸다.

임신 중기 건조하고 각질이 뜨는 피부 관리

유·수분 균형을 유지하는 팩을 해준다

피부가 건조할 때는 잠을 충분히 자고 피부에 활력을 주는 것이 중요하다. 특히 건조해지지 않도록 수분을 넉넉하게 보충하고, 수분과 유분의 균형을 유지할 수 있는 팩을 자주 해준다.

미백 · 보습 효과가 뛰어난 팩

키위 팩

키위는 당분과 무기질, 비타민 C가 풍부하고 보습 · 미백 효과가 뛰어나다.

- **만드는 법** 키위의 껍질을 벗기고 강판에 간 다음 해초가루나 약국에서 파는 알긴산을 섞어 걸쭉하게 갠다. 얼굴에 바르고 10분 후 물로 씻어낸다.

사과 팩

사과는 당분 · 단백질 · 미네랄 · 비타민 C 등 다양한 영양분이 풍부하고, 혈액순환을 돕고 부작용이 거의 없어 안심하고 사용할 수 있다. 꾸준히 반복하면 칙칙한 피부가 투명해진다.

- **만드는 법** 사과를 갈아서 밀가루와 섞어 걸쭉하게 만든 다음 피부에 바른다. 20분 뒤 미지근한 물로 씻어낸다.

꿀 팩

꿀은 비타민이 풍부하고 보습과 피부 재생 효과까지 갖춘 재료로 건조한 피부를 촉촉하게 가꿔준다.

- **만드는 법** 꿀 1작은술, 밀가루 1작은술, 우유 2작은술을 잘 섞어 얼굴에 고루 바른다. 10분 뒤 미지근한 물로 닦아낸다.

임신 중기 푸석거리고 붓는 얼굴 관리

마사지로 혈액순환을 원활히 해준다

얼굴이 부었을 때는 부드럽게 마사지해주면 좋다. 마사지를 하기 전에 얼굴을 깨끗이 씻고, 마사지에 사용할 마사지 크림이나 영양 크림, 영양 오일 등은 자기 피부 특성에 맞는 것으로 조금만 사용한다.

마사지는 아래에서 위로, 얼굴의 결을 따라 가볍게 쓸어주거나 손가락으로 작은 원을 그리면서 한다. 위쪽으로 향할 때는 손가락에 약간 힘을 주고 아래 방향으로 원을 그릴 때는 힘을 뺀다. 마사지 후에는 티슈로 유분을 닦아낸 다음 30초 정도 스팀 타월을 하고 찬물로 얼굴을 두드리듯 씻어낸다. 마사지는 일주일에 2~3회 정도 하는 것이 좋다.

얼굴 마사지 기본 동작

쓰다듬기

손바닥 전체를 이용해 피부 표면을 부드럽게 쓰다듬는다. 노화된 각질과 모공의 피지가 제거되고 혈액순환이 원활해진다.

문지르기

셋째·넷째 손가락 안쪽 끝부분을 이용해 조금 힘을 주어 원을 그리면서 문지른다. 모공의 피지가 제거된다.

두드리기

손가락 안쪽 끝부분으로 피아노를 치듯 피부 표면을 빠르게 두드린다. 피부 근육이 부드러워진다.

떨기

손가락 안쪽 끝부분 또는 손바닥 전체를 피부에 대고 손가락 마디나 손목 관절에 힘을 주면서 피부에 진동을 일으키는 느낌으로 마사지한다.

임신 중 머리 손질

임신을 하면 머리카락도 균형이 깨져 갈라지고 푸석푸석해진다. 또 제때 빠져야 할 머리카락이 빠지지 않고 계속 자라다 출산 후 사이클이 정상으로 돌아오면 빠지기 시작한다. 따라서 임신 중에도 머리 손질을 꾸준히 하는 것이 좋다. 머리 손질은 되도록 간단하고 가볍게 한다. 샴푸는 순한 제품을 사용하고, 머리를 감을 때는 두피를 마사지하는 기분으로 터치한다. 손톱으로 두피를 긁지 말고, 손가락에 힘을 주어 두피 전체를 문지르거나 가볍게 두드린다. 또 임신 중에는 파마나 염색은 가급적 삼가는 것이 좋다. 파마액 자체가 태아에게 영향을 주지는 않지만, 공기가 탁한 미용실에서 2시간 이상 같은 자세로 앉아 있는 것도 엄마나 태아에게 무리일 수 있기 때문이다. 더욱이 입덧을 하는 임신부의 경우 파마액이나 헤어스프레이 냄새로 입덧이 심해질 수 있고, 호르몬의 변화로 파마가 잘 나오지 않거나 머리카락이 많이 빠지기도 한다. 윤기 있는 머리카락을 위해 평소 두피 마사지를 자주 하고, 갖가지 채소와 우유·콩·해조류를 골고루 섭취하고, 빗질을 많이 하는 것이 좋다.

임신 중 속옷 선택

브래지어

유방은 임신 초기부터 조금씩 붓고 커져 임신 4~5개월 정도 되면 평소 사용하던 브래지어가 불편할 만큼 커진다. 특히 유선이 발달하는 단계이므로 유방을 압박하지 않으면서 효과적으로 받쳐주는 브래지어를 착용해야 산후 모유 분비가 순조롭고 아름다운 가슴 라인을 유지할 수 있다. 브래지어를 선택할 때는 컵이 전체적으로 유방을 감싸고 유두를 압박하지 않을 만큼 조금 여유 있는 것이 좋다. 또 브래지어의 아랫부분에서 옆 부분까지 확실하게 받쳐주고 호크 조절이 여유 있는 것을 선택한다. 앞단추 여밈 브래지어는 출산 후 수유할 때 편리하다.

팬티

임신 중에는 무엇보다 배를 따뜻하게 유지하는 것이 중요하므로 배 전체를 덮을 수 있는 임신부용 팬티를 입는 것이 좋다. 소재는 흡습성이나 신축성이 뛰어나고 세탁하기도 좋은 순면 제품을 선택한다. 또 임신 중에는 질 분비물이 많아지고 질의 산도가 떨어져 여러 가지 병균의 침해를 받기 쉬우므로 하루 2회 이상 갈아입는다.

거들

일반적으로 거들은 허리·배·엉덩이 라인을 아름답게 가꿔주는 기능을 가지고 있지만, 임신 중에는 배를 압박하므로 입지 않는 것이 좋다. 대신 임신 중 배가 차가워지는 것을 막고 부른 배를 편안하게 받쳐주는 임신부용 거들을 입는다. 임신부용 거들은 복대의 이점을 거들에 접목해서 만들어 배 크기에 맞춰 조절할 수 있기 때문에 임신 5개월 무렵부터 출산 때까지 입을 수 있다. 산후용 거들은 회복 상태에 따라 복부나 허리둘레를 조절할 수 있는 고리가 부착된 것을 고르는 것이 좋다.

복대·복대 겸용 웨이스트 니퍼

임신 중기부터는 복대나 웨이스트 니퍼를 착용하면 안정감이 있고 보온 효과도 크다. 복대나 니퍼는 맨살에 입어도 될 만큼 부드럽고 땀 흡수가 잘되는 것으로 고르고, 임신 말기에는 아랫배를 받쳐줄 수 있는 보조 벨트를 같이 사용한다.

임신부의 패션 원칙

편하고 활동적인 옷을 고른다

임신복을 고를 때 가장 먼저 고려해야 할 사항은 편하고 활동적이어야 한다는 것이다. 옷을 걸치고 앞에서 단추만 끼우면 되는 스타일 등 가능하면 혼자서 입고 벗을 수 있는 옷을 고른다.

땀 흡수와 통풍이 잘되는 면 소재를 선택한다

임신을 하면 호르몬의 변화로 땀이 부쩍 많아진다. 따라서 임신복은 땀 흡수가 잘되고 물세탁이 가능한 면 소재를 선택하는 것이 좋다. 또 직장 여성의 경우 구김이 많이 가는 옷은 불편하므로 면과 레이온 혼방 제품이나 폴리에스테르, 폴리스판덱스 제품을 선택한다.

넉넉한 사이즈로 구입한다

임신을 하면 점점 몸이 불어나므로 넉넉한 사이즈의 옷을 선택해야 한다. 옷이 몸에 달라붙거나 조이면 몸이 긴장되고 답답하기 때문이다. 상의의 경우 가슴둘레는 물론 어깨와 소매 둘레가 넉넉한 옷을 고르고, 바지는 신축성이 좋은 임신부용이나 허리 사이즈를 원하는 대로 조절할 수 있는 것을 고른다.

스카프로 시선을 위로 고정시킨다

임신 중에는 시선이 당연히 배에 쏠릴 수밖에 없다. 따라서 임신복은 시선을 배에서 다른 곳으로 유도할 수 있는 스타일을 선택하는 것이 중요하다. 가령 외출복을 입을 때 가슴 부분에 코르사주나 브로치 같은 장신구를 달면 시선을 위쪽으로 유도하는 데 효과적이다. 스카프를 활용해도 멋스럽다.

신발 굽은 3cm가 적당하다

임신했을 때 굽이 높은 신발을 피하는 것은 상식이다. 그렇다고 굽이 너무 낮아 발바닥이 땅에 닿는 듯한 신발도 좋지 않다. 굽이 너무 낮으면 걸을 때 충격이 그대로 몸으로 전해지기 때문이다. 대개 3cm 정도의 굽이 적당하고, 사이즈가 좀 넉넉하고 바닥에 미끄럼 방지 처리가 되어 있는 신발이 좋다.

평상복 활용하기

A라인 원피스를 그대로 활용한다

원피스는 너무 짧거나 몸에 꼭 붙지 않는다면 평소에 입던 것을 임신해서도 입을 수 있다. 특히 A라인 원피스나 가슴선 밑에서 개더로 처리한 엠파이어 라인은 배 부분의 폭이 넓기 때문에 임신 말기까지 무난하게 입을 수 있다. 원피스 속에 레깅스를 받쳐 입으면 귀엽고 세련된 느낌이 든다.

레깅스로 코디한다

배가 점점 불러오면 상의는 헐렁한 셔츠나 박스 티셔츠, 남편의 셔츠 등을 활용하면 되지만 바지는 입던 것을 그대로 입기 힘들다. 이럴 때는 레깅스를 이용해본다. 임신 중기에는 헐렁한 셔츠에 그대로 받쳐 입다가 임신 후기에는 허리 부분의 고무줄을 없애고 입으면 편하다.

다양한 셔츠와 롱 티셔츠로 멋을 내본다

배를 가리면서 단정하게 멋을 내고 싶을 때는 롱 티셔츠나 롱 셔츠가 안성맞춤이다. 평상시 입던 롱 셔츠나 롱 티셔츠에 카디건을 덧입으면 편안하면서도 보온 효과까지 얻을 수 있다.

벨트 매는 옷은 출산 후에도 활용할 수 있다

임신복을 살 때는 출산 후에도 입을 수 있는 디자인을 선택해야 경제적이다. 흔히 허리에 벨트를 매서 주름을 잡아 입는 옷들은 벨트 없이 입으면 임신복, 또 허리를 졸라매서 입으면 평상복으로 변화를 줄 수 있다.

알아두세요

반드시 먹어야 하는 임신 중기 영양제

철분

철분 제제는 용량이 너무 많거나 적지는 않은지 살펴본 다음 선택한다. 혈액 검사에서 빈혈 수치가 정상이라면 하루 15~30mg 정도의 함량이 적당하다. 대부분의 철분제는 비햄철이다. 비햄철은 비타민 C와 함께 먹으면 흡수율이 높아지고, 홍차, 커피, 유제품, 300mg 이상의 칼슘제, 곡류 등과 함께 먹으면 흡수율이 떨어진다. 제산제와 함께 복용해도 흡수율이 떨어진다. 그러므로 철분제를 복용할 때는 공복에 생수나 오렌지주스와 복용하는 것이 좋고 칼슘제나 제산제와는 3~4시간 시간차를 두고 복용해야 한다.

철분제를 복용하면 구역질, 변비, 설사 등의 위장 장애가 발생하는 경우가 종종 있다. 이럴 때는 일단 수분과 식이섬유 섭취, 운동량을 늘려본다. 그래도 불편한 위장 장애가 지속되면 철분제의 용량이나 복용 횟수를 줄여보고, 식사와 함께 복용해본다. 그래도 위장 증상이 심하면 철분제의 복용을 중단하고 붉은 살 육류나 굴, 모시조개, 콩, 두부 등과 같은 철분이 많이 들어 있는 음식을 충분히 섭취한다. 혈액 검사에서 빈혈 수치가 정상으로 잘 유지되는 경우에는 철분제가 주는 괴로움을 억지로 참으면서 복용을 강행할 필요는 없다.

비타민 D

비타민 D는 뼈와 근육의 건강 및 면역체계에 중요한 영양소다. 비타민 D가 부족하면 아무리 칼슘을 많이 섭취해도 장으로 흡수되지 않고 변으로 다 빠져나가 결국 칼슘 부족으로 뼈와 근육이 약해진다. 임신했을 때 비타민 D가 중요한 또 하나의 이유는, 임신부의 혈중 비타민 D가 충분해야 태아도 충분한 비타민 D를 저장하고 태어나며, 출산 후 모유로도 비타민 D가 분비되기 때문이다. 비타민 D는 햇볕을 쬐면 피부에서 합성되는데, 최근에는 대기오염의 증가와 야외 활동 감소로 비타민 D 결핍 산모가 급증하고 있다. 놀랍게도 우리나라 20~40대 여성의 70~80%가 비타민 D 결핍이라는 보고도 있다. 비타민 D가 부족하면 만성피로나 근력저하같이 매우 흔하지만 무시하기 쉬운 증상으로 나타난다. 산전혈액 검사에 비타민 D 검사가 포함된 병원에서는 비타민 D에 대한 영양 상담이 별도로 이루어진다. 별도의 상담을 하지 않더라도 임신 중기와 후반기, 수유 중에는 비타민 D를 추가 섭취는 하는 것이 좋다. 권장 섭취량은 하루 400~800IU이지만, 비타민 D 결핍이 있는 경우에는 하루 1200~2000IU 정도 섭취해야 한다.

STEP 03

임신 후기

임신 후기에는 몸무게가 10kg 이상 불어나 몸이 둔해지고, 커진 자궁 때문에 혈액순환이 원활하지 않아 손발이 붓고 가슴이 답답해지는 등 여러 가지 증상이 나타난다. 마지막 고비를 잘 넘기고 안전하게 출산할 수 있는 생활 수칙과 영양 식사법을 안내한다.

임신 후기의 생활 수칙

배에 압박을 가하는 일은 삼간다

임신 후기에 접어들면 등을 젖혀야 할 정도로 배가 많이 불러오므로 허리를 굽혀 배를 압박하지 않도록 조심한다. 몸을 구부리면 태아에게 압박을 주는 것은 물론 임신부도 숨이 차고 어지러움을 느끼게 된다. 물건을 주울 때도 허리나 등을 구부리는 대신 무릎을 구부리고 허리를 편 채로 줍고, 걸레질이나 다림질 등은 다른 사람의 도움을 받는 것이 좋다. 또 목욕탕 청소나 이불 개기, 세탁기에서 빨래 꺼내기, 무거운 물건을 들거나 내리기 등도 가급적 삼간다.

넘어지지 않도록 조심한다

배가 불러오면 몸이 둔해져 균형을 잡기가 힘들다. 따라서 높은 곳에 올라서거나 바닥이 미끄러운 곳에서 움직이는 일은 하지 않는 것이 안전하다. 계단을 오르내릴 때도 한 손은 난간을 잡고, 앞으로 내딛는 다리에 몸의 중심을 실어 천천히 움직이는 것이 좋다. 신발은 굽이 3cm 정도로 낮고 편하며 바닥에 요철이 있어 미끄럼을 방지할 수 있는 것을 신는다. 슬리퍼를 신고 외출하는 것은 삼간다.

외출할 때는 다른 사람과 동행한다

임신 9개월 이후에는 언제 진통이 시작될지 모르므로 혼자서 멀리 외출하는 일은 피한다. 또 외출할 때는 반드시 남편이나 주위 사람에게 연락을 하고, 왕복 2시간 이상 걸리는 곳은 다른 사람과 동행하는 것이 안전하다. 그리고 외출할 때는 의료보험 카드와 병원 진찰 카드, 산모 수첩 등을 항상 챙겨 만일의 사태에 대비한다.

가벼운 목욕으로 몸의 청결을 유지한다

임신 후기에는 다가온 출산을 대비해 분비물이 많아진다. 이 분비물이 태아와 임신부에게 해를 끼치지는 않지만, 외음부에서 세균이 번식할 수 있으므로 속옷을 자주 갈아입고 매일 목욕을 하는 것이 좋다. 목욕은 대중탕을 이용하기보다는 집에서 가볍게 샤워 정도로 마친다. 또 지나치게 온도가 높은 사우나나 찬물과 뜨거운 물을 번갈아 사용하는 것은 삼가야 한다.

임신 후기 식사

소화가 잘되는 음식을 조금씩 나눠 먹는다

임신 후기에는 자궁이 급속도로 커지고, 커진 자궁이 가슴 위까지 올라와 위를 압박한다. 그로 인해 식욕이 떨어지고, 한꺼번에 많은 양을 먹기가 힘들다. 이럴 때는 하루 세끼 분량의 식사를 4~5회로 나누어 조금씩 먹는 것이 좋다. 소화가 잘되는 두부나 해물 등의 식품을 잘게 썰어 요리하거나 삶거나 찌고 데쳐 요리하면 위의 부담이 한결 줄어든다. 튀기거나 볶고 조리는 음식은 소화도 안 될뿐더러 열량이 높아 살찔 가능성도 높으므로 주의한다.

하루 30가지 이상의 식품을 섭취한다

임신 후기의 식단도 지금까지와 마찬가지로 고른 영양소를 배합하는 것이 중요하다. 5가지 기초식품군을 골고루 섭취하는 것은 물론 주식보다는 반찬 가짓수를 늘려 하루 30가지 이상의 식품을 먹을 수 있도록 식단을 짠다. 특히 임신부에게 부족하기 쉬운 단백질, 철분, 칼슘 등은 꾸준히 섭취하는 것이 중요하다.

가공식품과 패스트푸드 인스턴트식품은 자제한다

가공식품이나 패스트푸드, 인스턴트식품은 간편하게 먹을 수 있다는 장점이 있다. 하지만 염분이 많고 영양소는 적으면서 칼로리는 높아 좋은 음식이라 할 수 없다. 이런 음식들은 임신 후기에 비만을 일으킬 수 있고, 지나친 염분 섭취는 임신중독증을 불러일으킬 수 있으므로 되도록 먹지 않는다.

염분을 줄이는 조리법을 선택한다

임신 중에 소금을 많이 먹으면 부기나 고혈압, 임신중독증의 원인이 된다. 그러므로 임신 후기에는 염분 섭취에 특히 주의해야 한다. 원래 짜게 먹는 스타일이라면 임신 기간 동안에는 더욱 주의를 기울여 싱겁게 먹도록 식생활을 바꿔야 한다.
조리할 때는 천연 조미료를 사용하고, 염분을 줄이는 조리법을 선택한다. 예를 들어 국물 맛을 낼 때 가다랑어나 다시마, 멸치 같은 천연 조미료를 이용하고 겨자, 식초, 후추 같은 향신료를 이용하는 것이다.

칼로리를 줄이는 조리법

육류는 칼로리가 낮은 부위를 선택한다

쇠고기와 돼지고기는 기름을 제거한 등심, 대접살, 채끝, 사태 등과 붉은 살코기 부위의 칼로리가 낮다. 닭고기는 다리보다 가슴살이 지방이 적으며, 조리할 때 껍질을 벗기면 칼로리를 많이 줄일 수 있다.

코팅 프라이팬을 사용한다

볶음 요리를 할 때 코팅 프라이팬을 사용하면 적은 양의 기름으로도 조리돼 칼로리를 줄일 수 있다.

삶거나 굽거나 데쳐 먹는다

육류는 생강, 파, 마늘 등과 함께 뭉근한 불에서 한번 삶아 기름기와 누린내를 뺀 뒤 조리한다. 또 프라이팬에 볶는 대신 석쇠에 구우면 칼로리를 낮출 수 있다.

계량스푼을 사용한다

조미료는 눈대중이 아니라 계량스푼이나 계량컵을 사용해서 넣는 것이 좋다. 양을 가늠할 때 수평으로 깎아서 사용하면 더욱 정확하고 양도 줄일 수 있다.

전자레인지를 사용한다

튀김 요리를 할 때는 직접 기름에 넣어 튀기지 말고 전자레인지를 사용한다. 재료에 튀김옷을 입힌 다음 그 위에 기름을 약간 묻혀 전자레인지에 가열하면 튀김 맛은 즐길 수 있으면서 칼로리는 줄어드는 효과가 있다.

순산을 돕는 임신 후기 체조

point 임신 후기에는 심한 운동은 자제해야 한다. 하지만 출산을 대비해 골반 근육을 강화하는 운동은 꾸준히 하는 것이 좋다. 또 출산 예정일 14일 전부터 분만 촉진 운동을 하면 순산에 도움이 된다. 다만 천장을 보고 똑바로 누운 자세는 혈액순환을 방해해 순간적인 자궁 수축과 함께 복통을 유발할 수 있으므로 15분 이상 이 자세를 지속하는 운동은 피한다.

골반 체조

| 골반 좌우로 밀기 |

다리를 어깨너비로 벌리고 서서 무릎을 자연스럽게 구부린다. 손을 허리에 올리고 숨을 내쉬면서 골반을 좌우로 민다. 골반을 앞뒤로 밀거나 돌려도 좋다.

| 골반 앞뒤로 움직이기 |

다리를 어깨너비로 벌리고 양팔을 좌우로 쭉 뻗는다. 몸통을 앞으로 밀었다가 뒤로 젖히기를 반복하며 골반을 앞뒤로 움직인다.

| 골반 넓히기 ① |

바른 자세로 앉아 한쪽 다리는 옆으로 벌리고 반대쪽은 같은 방향으로 구부린다. 손으로 자연스럽게 다리를 감싼 후 상체를 천천히 아래로 숙인다. 숙일 수 있는 만큼 최대한 숙인다.

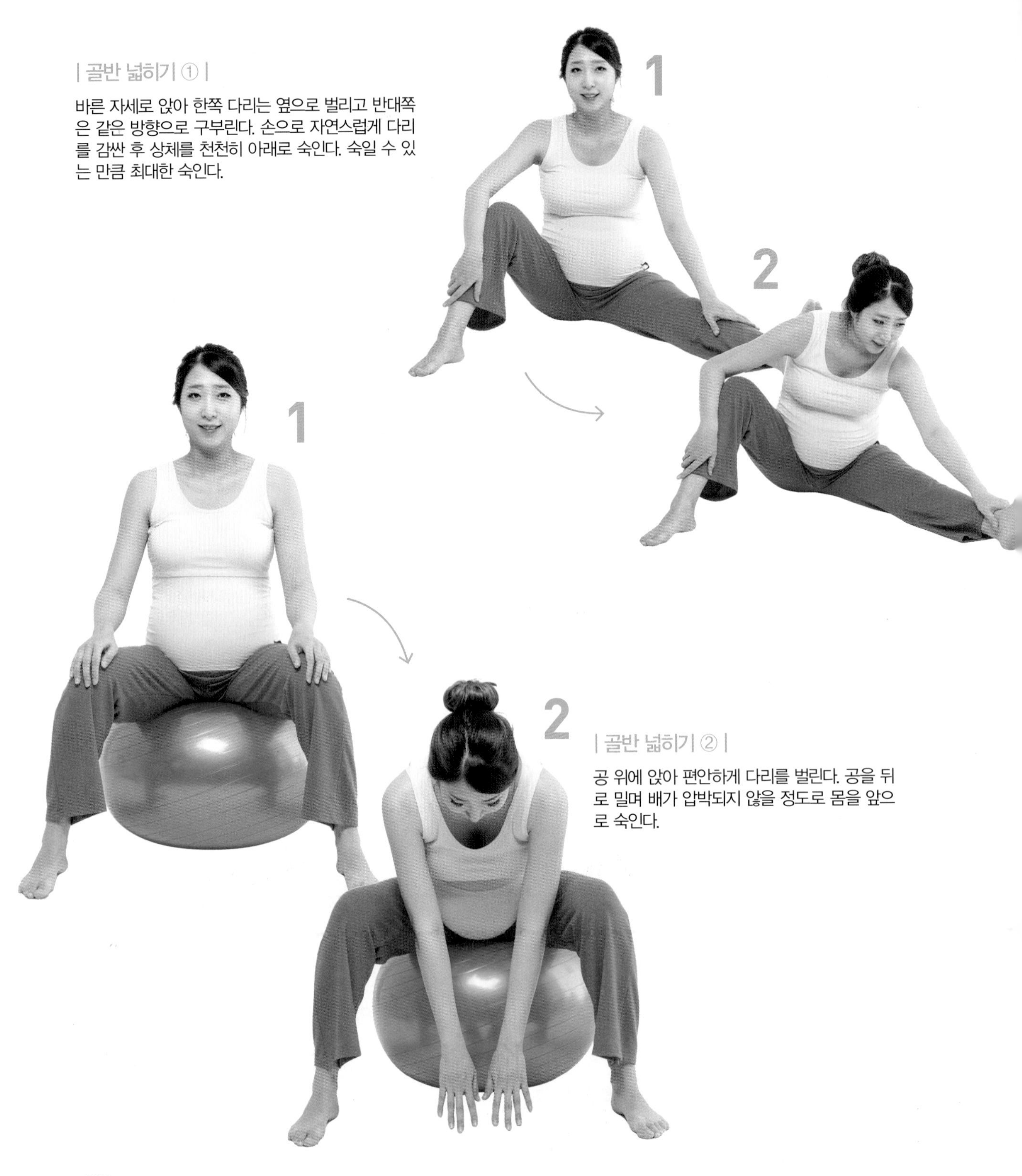

| 골반 넓히기 ② |

공 위에 앉아 편안하게 다리를 벌린다. 공을 뒤로 밀며 배가 압박되지 않을 정도로 몸을 앞으로 숙인다.

분만 촉진 운동 | 개구리 자세 |

다리를 최대한 벌리고 앉은 다음 손으로 바닥을 짚는다. 팔이 완전히 펴질 때까지 엉덩이를 들어올린다.

분만 촉진 운동 | 스쿼팅 자세 |

배가 압박되지 않을 정도로 다리를 벌린 다음 자연스럽게 무릎을 구부리고 앉았다가 천천히 일어난다.

분만 촉진 운동 | 다리 들어올리기 |

자연스럽게 선 상태에서 다리를 45도 각도로 힘껏 올린다. 이때 발목이 약간 위로 꺾이도록 한다. 양쪽 다리를 번갈아 실시한다.

임신 후기 미용 관리

급격히 짙어지는 기미와 주근깨

임신 후 생긴 기미와 주근깨는 임신 후기에 더욱 짙고 선명해진다. 평소 비타민이 많이 함유된 채소와 과일을 많이 먹고, 외출할 때는 자외선 차단제나 자외선 차단제가 함유된 메이크업 제품을 꼭 바른다. 햇빛이 강할 때는 선글라스를 꼭 챙겨 눈가에 생기는 기미를 예방하는 것도 잊지 말자.

갈수록 심해지는 튼 살

튼 살도 관리를 하지 않으면 임신 후기에 더욱 심해진다. 샤워 후에는 보습 크림을 듬뿍 바르고, 실내 공기가 건조해지지 않도록 가습기를 틀어두거나 빨래를 널어두는 것이 좋다. 샤워할 때 가슴과 배를 중심으로 스크럽을 하면서 마사지를 해주면 탄력도 되살아난다.

거칠어지고 부스스해지는 머릿결

임신 후기로 갈수록 부스스해지는 머리카락에는 샴푸 후 영양 에센스를 발라준다. 임신 중에는 비듬이 특히 많아질 수 있는데, 이는 비듬균으로 인한 것이 아니라 피지가 늘어나서 생기는 것이므로 함부로 약국에서 판매하는 비듬 샴푸를 사용하지 않도록 한다.

칙칙해지는 피부

피부가 점점 칙칙하고 피부 톤도 일정하지 않을 수 있다. 이럴 때는 미백 관리에 더욱 신경 쓴다. 미백 관리용 화장품을 사용하거나 미백에 좋은 천연 팩을 하는 것도 방법이다. 감자를 강판에 갈아서 밀가루나 꿀을 넣은 감자 팩을 하거나 쌀뜨물로 세안을 하는 것도 좋다.

가렵고 빨개지는 피부

임신 후기에는 피부가 가렵고 심할 경우 발진이 생기기도 하는데 다행히 태아에는 영향을 주지 않는다. 심하게 가려우면 샤워 시간을 줄이고 너무 뜨거운 물보다는 미지근한 물을 사용하며, 물기가 다 마르기 전에 보습 크림을 듬뿍 발라준다. 옷은 피부에 자극을 주지 않는 면 소재를 입는다.

반드시 먹어야 하는 임신 후기 영양제

철분

철분 제제는 용량이 너무 많거나 적지는 않은지 살펴본 다음 선택한다. 혈액 검사에서 빈혈 수치가 정상이라면 하루 15~30mg 정도의 함량이 적당하다. 대부분의 철분제는 비햄철이다. 비햄철은 비타민 C와 함께 먹으면 흡수율이 높아지고, 홍차, 커피, 유제품, 300mg 이상의 칼슘제, 곡류 등과 함께 먹으면 흡수율이 떨어진다. 제산제와 함께 복용해도 흡수율이 떨어진다. 그러므로 철분제를 복용할 때는 공복에 생수나 오렌지주스와 복용하는 것이 좋고 칼슘제나 제산제와는 3~4시간 시간차를 두고 복용해야 한다.
철분제를 복용하면 구역질, 변비, 설사 등의 위장 장애가 발생하는 경우가 종종 있다. 이럴 때는 일단 수분과 식이섬유 섭취, 운동량을 늘려본다. 그래도 불편한 위장 장애가 지속되면 철분제의 용량이나 복용 횟수를 줄여보고, 식사와 함께 복용해본다. 그래도 위장 증상이 심하면 철분제의 복용을 중단하고 붉은 살 육류나 굴, 모시조개, 콩, 두부 등과 같은 철분이 많이 들어 있는 음식을 충분히 섭취한다. 혈액 검사에서 빈혈 수치가 정상으로 잘 유지되는 경우에는 철분제가 주는 괴로움을 억지로 참으면서 복용을 강행할 필요는 없다.

비타민 D

비타민 D는 뼈와 근육의 건강 및 면역체계에 중요한 영양소다. 비타민 D가 부족하면 아무리 칼슘을 많이 섭취해도 장으로 흡수되지 않고 변으로 다 빠져나가 결국 칼슘 부족으로 뼈와 근육이 약해진다. 임신했을 때 비타민 D가 중요한 또 하나의 이유는, 임신부의 혈중 비타민 D가 충분해야 태아도 충분한 비타민 D를 저장하고 태어나며, 출산 후 모유로도 비타민 D가 분비되기 때문이다.
비타민 D는 햇볕을 쬐면 피부에서 합성되는데, 최근에는 대기오염의 증가와 야외 활동 감소로 비타민 D 결핍 산모가 급증하고 있다. 놀랍게도 우리나라 20~40대 여성의 70~80%가 비타민 D 결핍이라는 보고도 있다. 비타민 D가 부족하면 만성피로나 근력저하같이 매우 흔하지만 무시하기 쉬운 증상으로 나타난다. 산전혈액 검사에 비타민 D 검사가 포함된 병원에서는 비타민 D에 대한 영양 상담이 별도로 이루어진다. 별도의 상담을 하지 않더라도 임신 중기와 후반기, 수유 중에는 비타민 D를 추가 섭취는 하는 것이 좋다.

권장 섭취량은 하루 400~800IU이지만, 비타민 D 결핍이 있는 경우에는 하루 1200~2000IU 정도 섭취해야 한다.

칼슘

임신 후반기부터는 칼슘의 일일 권장 섭취량이 임신 전(650mg)보다 1.5배 가까이 증가한다(950mg). 콩, 두부, 뼈째 먹는 생선, 시금치 등에 칼슘이 많이 함유되어 있는데, 우리나라의 일반적인 식사를 통한 일일 평균 칼슘 섭취량은 400~500mg 정도이므로 우유나 치즈 같은 유제품을 하루 3회 정도 먹는 것이 좋다. 우유 1cc에 칼슘이 1mg 정도 들어 있다고 생각하면 된다. 유당 알레르기 때문에 유제품을 먹지 못하는 경우에는 칼슘이 첨가된 두유로 대체하거나 별도로 칼슘제를 복용하는 것이 좋다.

특히 이전 임신 때 임신중독증이 있었거나 현재 고혈압이 있는 경우, 쌍태 임신인 경우 등 임신중독증의 고위험군은 칼슘을 충분히 섭취해야 임신중독증을 예방할 수 있다. 단, 유제품이나 300mg 이상의 칼슘제는 철분 흡수를 방해하므로 철분제와 3시간 이상 간격을 두고 먹어야 한다. 대부분의 산모용 종합영양제에 칼슘 성분이 200mg 이하로 들어 있는 것도 이러한 이유이다.

오메가3

오메가3는 EPA와 DHA로 이루어져 있고, 이 중 DHA는 태아의 뇌 발달에 중요한 필수 불포화지방산이다. DHA는 등 푸른 생선에 많이 함유되어 있으므로 임신 중에는 일주일에 2~3회 정도 등 푸른 생선을 섭취한다. 음식으로 오메가3를 섭취할 때 신생아의 인지 기능 향상에 보다 효과적이기 때문이다. 그러나 생선 알레르기가 있어 먹지 못하는 경우에는 오메가3 영양제를 복용한다.

다만 적정한 양은 하루 500~1000mg이며 과도한 양의 오메가3를 장기간 섭취하면 지혈이 잘 안 될 수 있으므로 하루 3000mg 이상은 복용하지 않아야 한다. 또한 출산 예정일 1개월 전부터는 분만 중 출혈 위험성을 줄이기 위해 복용하던 오메가3를 일시 중단하고, 출산 후 수유를 시작하면서 다시 복용하는 것이 좋다.

오메가3는 산패(공기, 열, 빛에 의해 지방산이 산화되어 변하는 현상)되기 쉬워 이를 줄이기 위해 비타민 E를 추가한 제품도 많다. 제품 구입 시 불투명한 용기에 들어 있는 소포장(2~3개월분) 제품을 선택해 빠른 시일 내에 소비하는 것이 좋고, 제품에서 불쾌한 냄새가 나는 경우 산패된 것일 가능성이 높으므로 폐기를 고려해야 한다. 시중에서 판매하는 오메가3는 동물성과 식물성으로 구분할 수 있다. 동물성은 물범에서 추출한 제품과 멸치, 정어리 등 작은 물고기에서 추출한 제품이 있다. 식물성은 식물성 플랑크톤에서 추출한다. 동물성 오메가3에는 DHA와 EPA가 모두 들어 있고, 식물성 오메가3는 대부분 DHA다. 작은 물고기에서 추출한 동물성 제품이나 식물성 제품 모두 좋다.

임신 중 선택하지 말아야 하는 오메가3는 대구 간에서 추출한 제품으로 비타민 A가 다량 함유되어 있어 태아 기형 가능성을 증가시킨다. 중금속 제거 처리 등 생산 과정을 신뢰할 만한 제품인지는 GMP(생산과 품질에 관한 체계적인 기준으로 식품의약품안전처에서 인증하는 제도) 마크로 확인한다.

Special Page

임신 중 유방 마사지

유방 마사지 방법

유방 마사지의 요령은 손바닥으로 유방 주변부터 유방의 밑부분을 밀어내듯이 하는 것이다. 유방의 부푼 부분을 누르거나 비비면 안되고, 유방을 흔들어 주어야 한다. 또한 손가락 끝이 아니라 어깨를 중심으로 팔꿈치를 돌려서 마사지하고, 유방을 압박하지 않도록 한다.

유방 마사지 1

1 왼쪽 유방을 반대쪽 손으로 크게 감싼다. 유방을 감싼 오른손은 마사지할 때 유방을 꽉 누르지 않도록 보호하는 역할을 하는 것이므로 가볍게 대기만 한다.

2 왼쪽 손을 오른쪽 손 바깥쪽에 댄다. 왼쪽 손바닥은 엄지손가락의 볼록한 부분이 유방 주변에 바싹 닿도록 갖다댄다.

3 왼쪽 손의 엄지손가락 쪽 손바닥에 천천히 힘을 주어 유방 전체를 떠내는 것처럼 민다. 어깨를 이용해 팔꿈치를 안으로 미는 것이 요령.

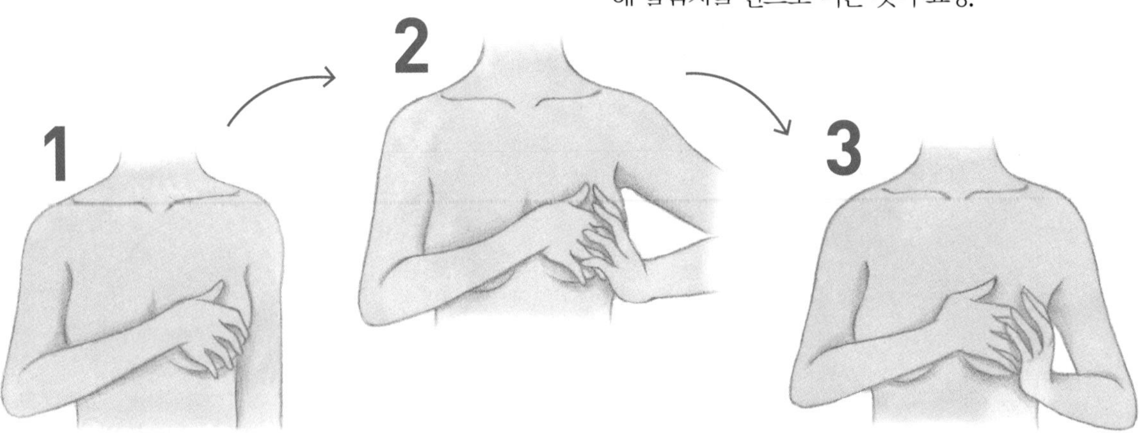

유방 마사지 2

1 오른쪽 손의 새끼손가락을 유방의 바깥 아래쪽에 댄다. 나머지 손가락을 가지런히 모으고 아래에서 위로 비스듬히 떠올리듯이 유방을 받친다.
2 왼쪽 손으로 오른쪽 손을 떠받치듯이 댄다. 어때 어깨를 충분히 들어 올려 손바닥의 손목 쪽 도톰한 살이 유방 아래로 가도록 한다.
3 왼쪽 어깨를 중심으로 팔꿈치를 내린다. 이때 팔꿈치는 전후가 아니라 상하를 움직여야 한다. 그러면 자연스럽게 새끼손가락 밑의 볼록한 부분에 힘이 들어간다.

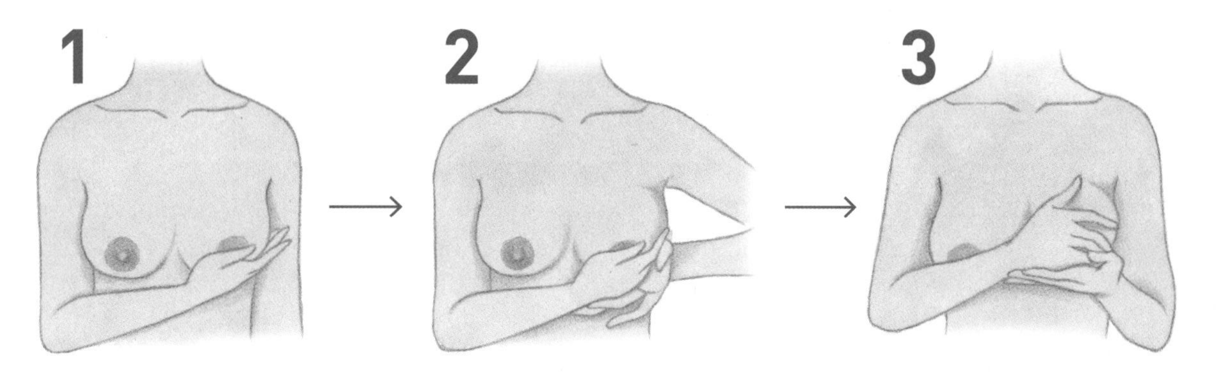

유방 마사지 3

1 오른쪽 손바닥을 펴서 유방 밑으로 갖다댄다. 유방을 손바닥에 편안하게 올려놓는 것이므로 손에 너무 힘을 주지 않도록 한다.
2 왼쪽 손을 오른쪽 손 아래에 넣으면서 양손으로 가지런히 유방을 받친다. 이때 양쪽 손 모두 팔꿈치와 손목이 수평이 되도록 한다.
3 팔꿈치는 중심으로 아래를 받친 왼쪽 손에 힘을 주어 유방을 얼굴 쪽으로 쓸어 올린다. 팔 전체로 들어 올리지 말고 손바닥의 두툼한 부분에 힘을 넣는다.

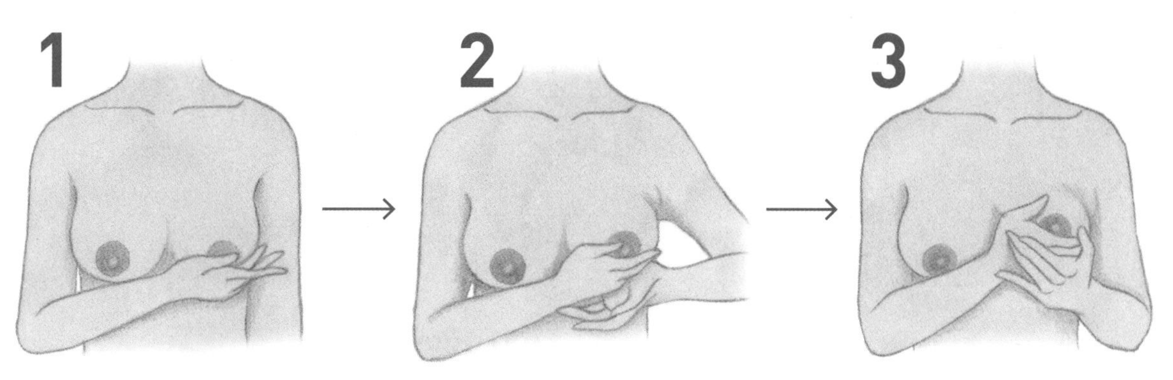

Part 03 출산

그동안 엄마 몸속에서 힘차게 자신의 존재를 알리던 아이를 만날 날이 얼마 남지 않았다. 지금까지 하루하루 아이 만날 날을 손꼽아 기다리며 임신 중 건강 생활법을 꾸준히 실천해왔다면, 이제 마무리할 시기다. 이 장에서는 출산 준비부터 여러 가지 분만법, 다양한 출산 트러블에 대한 대처법까지 출산 관련 정보들을 자세히 소개한다. 또 엄마의 평생 건강을 책임지는 산후 조리 6주 프로그램을 꼼꼼하게 담았다. 출산은 이 세상 그 무엇보다 숭고하고 신비로운 일이다. 출산 과정이 다소 두렵고 힘든 것은 사실이지만, 드디어 엄마가 된다는 설렘과 기쁨으로 그 어떤 고통도 이겨낼 수 있을 것이다.

Part 03 활용법

Chapter 1 출산 준비를 위한 필수 체크 리스트

- 필요한 아이용품 리스트, 출산을 위한 입원 시 챙겨야 할 리스트
- 출산 D-30 꼭 해야 할 것과 아빠와 함께하는 출산 준비 방법
- 궁금한 제대혈 제대로 알기
- 올바른 산후조리원 선택법과 진통 구별법

Chapter 2 나에게 맞는 분만법 고르기와 출산 후 병원 생활 제대로 알기

- 자연분만 VS 제왕절개 수술 구별법
- 다양한 분만의 종류 서머리 & 분만 트러블
- 궁금한 신생아 처치법과 출산 후 병원 생활법

Chapter 3 출산 후 건강을 위한 산후 조리 완벽 마스터하기

- 건강을 되찾는 산후 조리 6주 프로그램과 출산 후 건강 생활법
- 산후에 먹으면 좋은 음식과 다이어트 비법
- 산후에 생길 수 있는 질병 체크

Chapter 1

출산 준비

아이용품 마련하기

태어날 아이를 생각하면서, 하나하나 정성껏 아이 물건을 고르는 것은 즐거운 일이다. 출산 준비는 임신 7~8개월경에 시작하는 것이 적당하다. 아이가 태어나면서부터 생후 1년까지 꼭 필요한 신생아용품을 꼼꼼하게 체크하고, 알뜰하게 구입하는 요령을 알아보자.

옷 & 기저귀

피부에 직접 닿는 속옷은 소재나 바느질 상태부터 잘 살펴봐야 한다. 소재는 흡습성과 보온성이 뛰어난 100% 면제품, 솔기는 피부에 직접 닿지 않도록 밖으로 나 있는 것이 좋다. 여름에는 통기성이 뛰어난 가제나 무명 소재, 봄가을에는 메리야스 소재, 겨울에는 보온성이 우수한 소재를 선택한다. 천 기저귀를 사용할 예정이라면 부드럽고 흡습성이 뛰어난 순면 제품을 고른다. 보통 하루에 15번 정도 갈아주어야 하는데, 빨아서 즉시 말리기 힘드므로 여유 있게 30장 정도 준비한다.

배냇저고리

아이의 맨살 위에 입히는 기본 속옷. 통풍이 잘되고 땀 흡수가 좋은 순면 소재에 시접과 장식이 없는 심플한 디자인을 선택한다.

가제 손수건

젖을 먹일 때나 아이가 땀을 흘릴 때, 목욕시킬 때 등 두루두루 요긴하게 쓰인다. 부드럽고 흡습성이 좋은 것으로 여러 장 준비한다.

배내 가운

배냇저고리 위에 덧입히는 옷. 여름에는 배냇저고리만으로도 충분하다.

천 기저귀·종이 기저귀

천 기저귀는 대부분 부드럽고 흡습성이 좋은 순면 제품이다. 갓난아기는 대소변으로 늘 엉덩이가 젖어 있으므로 자주 갈아줄 수 있도록 넉넉하게 준비한다. 종이 기저귀는 사용하기 편리하다는 것이 장점으로 개월 수에 맞게 선택하면 된다.

턱받이

신생아는 위와 장이 덜 발달해 토하는 경우가 많고, 100일 정도 되면 침도 심하게 흘리므로 턱받이를 항상 해주는 것이 좋다.

기저귀 커버

대소변으로 인해 옷이 젖는 것을 막아준다. 기저귀 커버는 방수성과 발수성이 좋은 것을 선택한다.

내복

100일이 지나면 배냇저고리 대신 긴소매 내복을 입힌다. 약간 넉넉한 사이즈를 준비한다.

손싸개·발싸개

신생아 때는 손을 허우적거리다가 손톱으로 자기 얼굴에 상처를 내는 일이 많으므로 집에서도 손을 감싸주는 것이 안전하다.

우주복

기저귀를 갈기 쉽도록 가랑이 부분이 똑딱단추로 되어 있는 내의 겸 실내복. 100일 정도까지 가장 편하게 입힐 수 있다.

| 아이 옷 & 기저귀 목록

품목	수량	필요도
배냇저고리	3~4	◎
배내 가운	2	△
천 기저귀 · 종이 기저귀	30~40	◎
내복	2~3	◎
우주복	2	○
기저귀 커버	3~4	◎
가제 손수건	10~20	◎
턱받이	2~3	△
손싸개 · 발싸개	2	△
기저귀용 세제	1	○

※ ◎ 꼭 필요하다 ○ 있으면 편하다 △ 필요에 따라 구입한다

겉싸개·보낭

외출할 때 아이를 감싸는 보온용 싸개. 여름에는 겉싸개를 주로 사용하고 겨울에는 보낭을 쓴다. 돌 정도까지는 이불 대용으로도 사용할 수 있다.

아이 침대

엄마 아빠가 침대를 사용하고 침실 공간에 여유가 있다면 아이 침대 구입을 고려해본다. 아이 침대를 구입할 때는 안전성은 물론 앞으로의 활용도까지 충분히 고려해 선택한다.

침구류

아이 침구는 침대 사용 여부를 먼저 결정한 뒤 구입한다. 아이 침대를 사용할 경우 매트리스 크기에 맞는 침대 커버와 이불을 함께 준비한다. 또한 아이 침구는 보온성은 물론 통기성과 흡습성도 좋아야 하므로 목화솜을 채운 이불을 선택한다.

좁쌀 베개

속에 메밀이 들어 있는 베개로 열이 많은 아이의 열을 식혀줘 깊이 잠들 수 있게 돕는다. 땀을 많이 흘리다는 것을 감안해 베개 커버는 흡습성이 좋은 면 소재를 선택한다.

아이 요와 이불

아이 요는 너무 푹신하지 않은 것, 이불은 가볍고 보온이 잘되는 것이 좋다. 신생아는 땀을 많이 흘리기 때문에 흡습성이 좋은 면 소재가 적당하다.

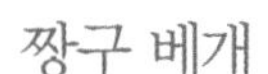

짱구 베개

머리가 닿는 부분이 오목해 머리 모양을 예쁘게 만들어준다. 순면 제품으로 촉감이 부드러운 것을 선택한다.

속싸개

아이는 온몸을 감싸주어야 안정감을 느끼는데, 이때 사용하는 것이 속싸개다. 촉감이 좋은 순면 제품을 준비하고, 외출할 때는 속싸개로 싼 다음 겉싸개로 한 번 더 감싼다.

방수 커버

아이의 대소변으로 인해 요가 더러워지는 것을 막아준다. 피부에 닿는 부분이 부드러운 면으로 되어 있는 것을 선택한다.

| 침구류 목록

품목	수량	필요도
침대	1	△
요와 이불	1	◎
속싸개	2	◎
겉싸개	1	○
보낭	1	△
방수 커버	1~2	○
베개류	1~2	◎

※ ◎ 꼭 필요하다 ○ 있으면 편하다 △ 필요에 따라 구입한다

수유용품

모유 수유를 할지 분유 수유를 할지에 따라 준비물이 달라진다. 하지만 모유 수유를 계획했더라도 출산 후 상황이 바뀔 수 있으므로 필요한 물품 내역은 미리 알아두는 것이 좋다. 분유 수유를 할 예정이라면 대부분의 수유용품을 미리 준비하고, 모유 수유를 할 계획이면 꼭 필요한 것만 구입하고 상황에 따라 추가로 구입한다.

소독기 세트

스테인리스 재질의 소독기와 우유병 속까지 깨끗이 닦을 수 있는 브러시, 소독한 우유병을 집는 집게, 젖병 건조대가 세트로 이루어져 있다. 따로 구입하지 않고 집에 있는 커다란 냄비 하나를 우유병 전용 소독기로 이용해도 된다.

젖병

끓는 물 소독이 가능하고, 가볍고 잘 닦이는 것으로 고른다. 분유를 먹일 경우 큰 것 4개와 작은 것 2개 이상은 구입해야 하며, 모유를 먹이더라도 과즙이나 보리차를 먹일 때 필요하므로 최소 2~3개는준비한다.

유축기

모유를 먹이는 경우에만 필요한 기구다. 다음 수유 때 젖이 잘 나오도록 먹이고 남은 젖을 모두 짜낼 때 사용하거나, 모유 수유를 하는 직장맘들이 모유를 유축할 때 사용한다. 남은 젖을 충분히 짜내지 않으면 젖몸살을 앓을 수 있다.

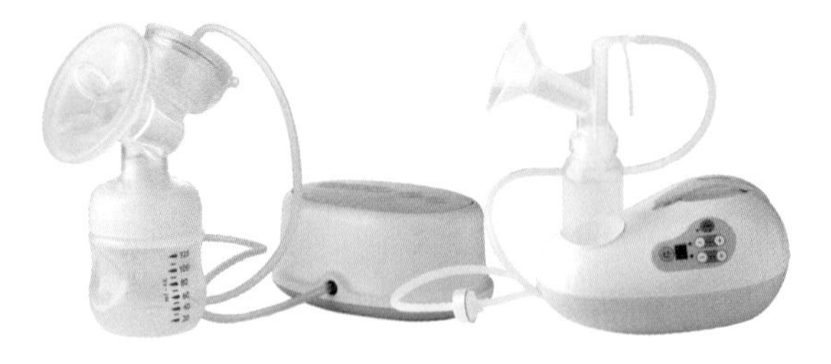

수유 쿠션

출산 후 아이를 오랫동안 안고 있으면 손목과 팔이 많이 아프다. 수유 쿠션이 있으면 그 위에 아이를 올려놓을 수 있어 힘이 덜 들고 올바른 수유 자세를 유지할 수 있다.

모유 패드

모유를 먹이는 산모는 계속 유방에서 젖이 흘러 속옷이 축축해진다. 외출할 때 브래지어 안쪽에 패드를 대면 한결 편하다.

노리개 젖꼭지

아이가 젖을 너무 많이 먹거나 손가락을 빨 때 사용한다.

소독용 집게

끓는 물에 젖병을 소독할 때 사용한다.

젖병 소독 브러시

젖병에 묻은 우유 찌꺼기를 닦아낼 때 사용한다.

젖병 세제

열탕이나 증기로 소독할 필요 없이 세제로 씻기만 하면 멸균·소독이 된다. 젖병을 끓이지 않기 때문에 환경호르몬에 안전한 것이 장점이다.

| 수유용품 목록

품목	수량	필요도
우유병(큰 것)	4~5	◎
우유병(작은 것)	2~3	◎
유축기	1	△
소독기 세트	1	△
소독용 집게	1	○
우유병 소독 브러시	1	○
모유 패드	1	△
수유 쿠션	1	○
노리개 젖꼭지	1	△
우유병 세제	1	○

※ ◎ 꼭 필요하다 ○ 있으면 편하다 △ 필요에 따라 구입한다

목욕용품

갓 태어난 아이는 분비물이 많아 매일 목욕을 시키는 것이 좋다. 그래야 혈액순환이 잘되고 질병 감염도 예방할 수 있다. 이때 아이 전용 욕조를 사용하는 것은 기본이다. 신생아는 감염 위험이 높기 때문이다. 물론 시중에서 판매하는 아이 욕조가 아니라 집에 있는 커다란 플라스틱 통을 아이 전용으로 사용해도 좋다. 그리고 초보 엄마의 경우 아이를 씻기기가 쉽지 않으므로 목욕 그네 등 목욕 보조용품을 사용한다.

아이 욕조·목욕 그네

신생아 때는 아이 전용 욕조가 필요하다. 너무 깊지 않고 폭이 약간 넓은 것이 좋은데, 욕조 대신 적당한 크기의 큰 플라스틱 통을 사용해도 상관없다. 목욕 그네는 엄마 혼자 목욕을 시킬 때 사용하면 편하다.

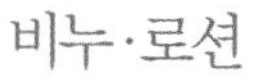

비누·로션

비누와 로션은 피부 자극이 없고 향이 강하지 않은 아이 전용 제품을 사용한다. 신생아 때는 그냥 물로 씻기는 경우가 많지만, 필요에 따라 비누와 샴푸 등을 사용한다. 목욕 후에는 아이 전용 로션을 발라 피부가 거칠어지지 않게 관리한다.

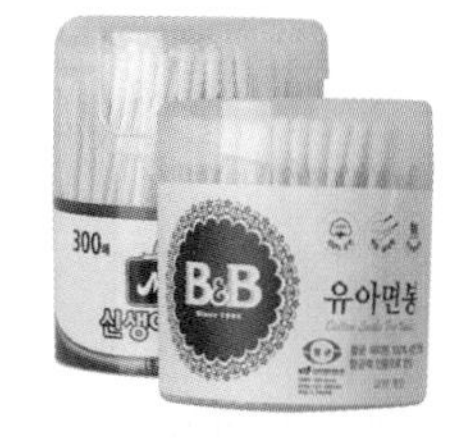

면봉

목욕 후 코나 귀의 물기를 닦아낼 때 필요하다.

물티슈

물티슈는 아이가 변을 봤거나 토했을 때 바로 사용할 수 있어 편리하다. 외출 시에도 여러모로 유용하다.

체온계

아이의 건강 상태를 체크하는 필수품이다. 전자 체온계나 귀에 대는 순간 체온계가 편리하다.

기저귀 발진 연고

신생아는 피부가 약하기 때문에 기저귀 발진이 잘 생긴다. 크림 형태의 기저귀 발진 연고를 미리 준비한다.

목욕 타월

목욕 후 아이 몸 전체를 감쌀 수 있는 커다란 것으로 준비한다. 촉감이 부드럽고 흡수력이 뛰어난 순면 제품이 좋다.

스펀지 타월

목욕을 시킬 때 엄마 손에 끼고 닦을 수 있다. 아이 피부에 자극을 주지 않도록 부드러운 것으로 선택한다.

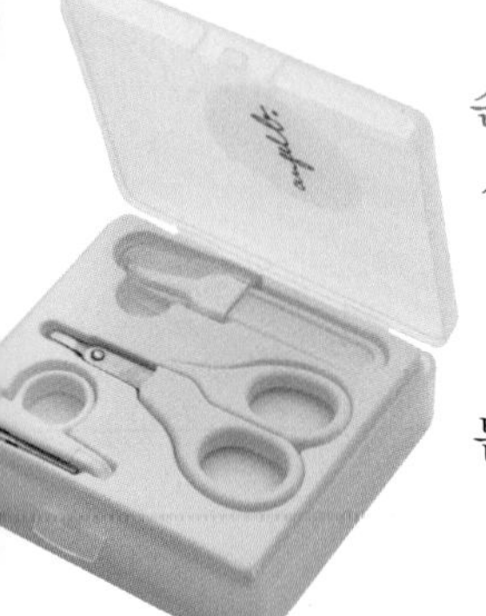

손톱 가위

신생아 때는 손톱이 잘 자라 자주 잘라주지 않으면 자기 얼굴을 손톱으로 긁어 상처를 낼 수 있다. 안전한 아이 손톱 가위를 준비해둔다.

| 목욕용품 목록

품목	수량	필요도
욕조	1	◎
목욕 그네	1	△
스펀지 타월	1	○
목욕 타월	1	◎
베이비 비누	1	◎
베이비 샴푸	1	△
베이비 로션	1	◎
베이비 오일	1	△
기저귀 발진 연고	1	◎
면봉	1	◎
분통	1	△
물휴지	1	◎
체온계	1	◎
손톱 가위	1	◎

※ ◎ 꼭 필요하다 ○ 있으면 편하다 △ 필요에 따라 구입한다

외출용품

외출용품은 아이가 태어난 뒤 바로 사용하는 것이 아니므로 출산용품을 준비할 때 꼭 구입할 필요는 없다. 외출할 때 꼭 필요한 물건들은 무엇인지 체크했다가 필요할 때 하나씩 구입한다. 다만 분유 케이스는 밤 수유 때 요긴하게 사용할 수 있으므로 미리 구입하는 것이 좋다.

아기띠

목을 가누지 못하는 아기를 안을 때도 사용할 수 있도록 탈부착 가능한 목 받침대가 달려 있다. 여름에는 망사 소재, 겨울에는 폭신한 면 소재가 좋다.

포대기

아이가 목을 가눌 때부터 사용할 수 있다. 겨울에는 길이가 긴 것, 여름에는 길이가 짧은 것을 사용한다. 포대기 안쪽에 아이를 고정할 수 있는 끈이 부착되었거나 여러 가지 형태로 변형되는 슬링 등 다양한 제품이 나와 있다.

분유 케이스

한 번 먹을 분량의 분유를 담아둘 수 있도록 단이 나뉘어 있어 분유를 탈 때 편리한다. 밤중 수유나 외출 시 요긴하다.

기저귀 가방

기저귀 가방은 바닥이 편평하고 물건을 꺼내기 쉽도록 입구가 넓은 것이 편하다. 자주 빨아도 변형이 없고 바느질이 튼튼한 것을 선택한다.

모자

신생아는 머리숱이 적고 대천문과 소천문이 열려 있기 때문에 머리를 보호해야 한다. 외출할 때는 반드시 모자를 씌운다.

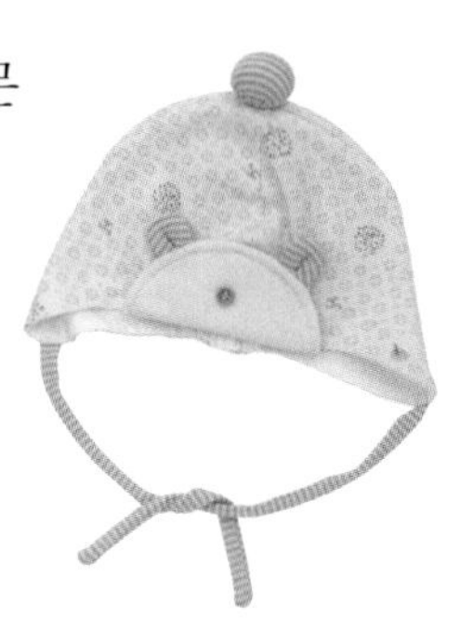

양말

외출할 때는 아이의 보온을 위해 반드시 양말을 신긴다. 미끄러지지 않도록 양말 밑바닥에 고무가 붙어 있는 것을 고르면 보행기를 탈 때도 유용하다.

보온병

따뜻한 물을 넣어 다니면 어느 곳에서나 분유를 타서 먹일 수 있다.

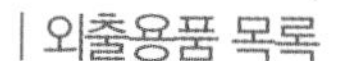

| 외출용품 목록

품목	수량	필요도
아기띠	1	○
포대기	1	◎
분유 케이스	1	◎
모자	1	○
양말	1	○
보온병	1	◎
기저귀 가방	1	△

※ ◎ 꼭 필요하다 ○ 있으면 편하다 △ 필요에 따라 구입한다

입원용품 챙기기

임신 후기에는 출산과 입원에 필요한 물건들을 미리 가방에 담아두는 것이 좋다. 그래야 갑자기 진통이 와도 당황하지 않고 침착하게 대처할 수 있다. 출산을 위해 병원에 갈 때 필요한 것, 입원 중 필요한 것, 퇴원할 때 필요한 것 등을 알기 쉽게 정리해 눈에 잘 띄는 곳에 보관한다.

병원에 갈 때 챙길 것

의료보험증·진찰권·산모 수첩

갑자기 진통이 와서 혼자 병원에 가더라도 입원 수속에 필요한 진찰권과 의료보험증, 산모 수첩, 신분증은 꼭 챙겨야 한다. 이것들은 임신을 확인하는 순간부터 분만할 때까지 매달 정기검진을 받으며 계속 사용해야 하므로 작은 손가방에 잘 챙겨두고, 임신 말기에는 외출할 때도 반드시 갖고 다닌다.

초침 달린 시계

진통 시간과 간격을 알아보기 위해 필요하다. 글자나 바늘이 커서 잘 보이는 것이 좋다.

휴대전화·약간의 현금

남편이나 주위 사람들에게 연락할 수 있도록 휴대전화를 챙기고, 10만~20만원 정도의 비상금을 준비한다.

메모지·펜

출산 후의 느낌이나 생각들을 적을 수 있는 메모지와 펜을 준비한다.

입원 중 필요한 것

속옷·내복

팬티는 산모용으로 3개 이상 준비하고, 수유용 브래지어도 함께 준비한다. 한여름이 아니라면 병원복 안에 내복을 입는 것이 좋으므로 내복 두 벌과 양말도 함께 챙긴다.

덧입을 옷

출산 후에는 오한이 나기 쉬우므로 병원복 위에 덧입을 수 있는 옷을 준비한다. 병실에서는 물론 아이를 보러 갈 때나 좌욕실을 이용할 때, 육아 교육을 받으러 갈 때 간편하게 덧입을 수 있는 카디건 등이 적당하다.

머리빗·헤어밴드

입원 중에는 머리를 감지 못하므로 자주 빗을 수 있도록 머리빗을 준비하고, 머리띠나 헤어밴드로 깔끔하게 정리하는 것이 좋다.

타월

타월은 입원 중에 매우 요긴하게 쓰이므로 여러 장 준비한다. 세수할 때뿐 아니라 침대나 베개에 덧대기도 하고, 수유 중에 아이 머리를 받치거나 젖을 닦는 등 다양하게 쓰인다.

세면도구·기초 화장품

출산 후 며칠 동안은 샴푸나 샤워를 금하는 것이 일반적이지만, 만일의 경우를 대비해 칫솔과 비누 등 세면도구와 기초 화장품을 준비한다. 입을 헹구는 가글 제품도 함께 준비한다.

모유 패드

출산 후 바로 젖이 돌 수도 있고, 병원에 있는 동안 아이에게 수유를 해야 하므로 모유 패드를 준비한다.

산모용 패드

출산 후에는 오로가 심해 산모용 패드가 반드시 필요하다. 병원에서 주는 경우도 있으니 미리 확인한 후 필요한 만큼 준비한다.

민소매 수유 티

여름철에 출산할 경우 꼭 필요하다. 옷을 다 들추지 않고도 수유도 가능해 편리하다.

퇴원 시 필요한 것

퇴원복

아이를 낳았다고 금방 배가 들어가는 것은 아니므로 퇴원복은 임신 전에 입었던 옷보다 넉넉한 사이즈로 준비한다. 또 찬바람을 쐬면 좋지 않으므로 여름이라도 긴소매 옷으로 준비한다.

아이용품

아이에게는 배냇저고리, 배내 가운, 기저귀, 기저귀 커버, 속싸개 등이 필요하다. 아이가 외부 공기를 처음 접하는 것이므로 기온 변화에 놀라지 않도록 꼼꼼하게 감싸는 것이 좋다. 병원에서 집이 멀 경우에는 중간 수유를 위해 젖병과 분유도 함께 준비한다.

겉싸개·보낭

퇴원할 때 아이를 안전하게 감쌀 수 있는 겉싸개를 준비하고, 겨울이라면 더 두꺼운 보낭을 준비한다.

STEP 03
출산 D-30 행동 지침

이제 아이를 만날 날이 한 달 앞으로 다가왔다. 출산에 대한 두려움이 크지만 아이를 만날 생각을 하면 마음이 설레고 벅차오르기 마련이다. 임신 마지막 달, 출산을 앞두고 챙겨야 할 일들과 준비할 것들은 무엇인지 꼼꼼하게 체크해보자.

체크 캘린더

D-30	앞으로 한 달 후면 엄마가 된다.
D-29	부드럽던 배가 이따금씩 딱딱해지고 허리에 통증이 느껴진다.
D-28	태아가 조금씩 아래로 내려오면서 방광이 눌려 화장실을 자주 들락거린다.
D-27	태아가 내려앉기 때문에 가슴이 빈 것 같은 느낌이 든다. 또 출산을 생각하면 가슴이 두근거린다.
D-26	아이용품을 한 번 더 정리하고, 아이가 입을 옷과 기저귀를 미리 빨아 햇빛에 말린다. 아이를 기다리는 마음으로 정성껏 준비한다.
D-25	몸이 무거워 움직이기가 힘들다. 매일매일 샤워를 하면 기분이 한결 가벼워진다.
D-24	정기검진일. 임신 마지막 달에는 일주일에 한 번씩 정기검진을 받는다.
D-23	분비물이 많아지고 안색도 점차 나빠진다. 특별한 병이 아니므로 걱정할 필요는 없다.
D-22	호흡법을 꾸준히 연습한다. 코로 숨을 들이쉬며 배를 부풀렸다가 다시 코로 내쉬는 복식 호흡을 한다.
D-21	기분 전환도 할 겸 입원 시 필요한 물품 목록을 만든다. 출산을 적극적으로 받아들이려는 마음자세가 중요하다.
D-20	집에만 틀어박혀 있으면 더 갑갑하다. 남편과 함께 산책을 하면서 바깥공기를 쏘인다. 상쾌한 공기를 마시면 기분 전환에 훨씬 도움이 된다.
D-19	몸도 힘들고 마음도 불안해 불면증이 오기 쉽다. 그래도 태어날 아이를 위해 충분히 자는 게 좋다.
D-18	아이의 출생 카드를 만든다. 아이가 태어나면 쓸 육아 일기장도 준비해 아이 탄생을 고대하는 엄마의 마음을 적어본다.
D-17	정기검진일. 병원에 가기 전에 샤워를 하고 정확한 검진을 위해 짙은 화장은 피한다.
D-16	만일의 경우를 대비해 출산 사실을 급히 알려야 할 사람들의 목록과 연락처를 적어둔다.
D-15	집 안에 아이 공간을 미리 준비해둔다. 아이용품도 다시 한 번 점검한다.
D-14	예정일보다 출산이 빨라질 것에 대비해 남편에게 집에서 할 일 등을 당부한다.

D-13	불규칙적이긴 하지만 배가 땅긴다. 진통의 조짐인지 가진통인지 구별하기 힘들다.
D-12	집에 혼자 있게 될 남편을 위해 냉장고를 정리한다.
D-11	될 수 있으면 일상생활의 동선을 줄여 피로하지 않게 한다. 식사도 간단히 끝낸다.
D-10	정기검진일. 태아가 얼마만큼 내려와 있을까? 순산을 위해 어떤 준비를 해야 할지 의사에게 물어본다.
D-9	입원용품을 다시 한 번 체크. 언제라도 입원할 수 있도록 만반의 준비를 해둔다.
D-8	식사 후 남편과 함께 새로 맞을 식구에 대해 대화를 나눈다. 이제 조금 있으면 세 식구가 된다.
D-7	시어머니와 친정어머니께 전화를 드려 경험담을 듣는다. 어머니의 목소리를 들으면 좀 더 안심이 될 것이다.
D-6	예정일이 며칠 남지 않아 몹시 초조해진다. 아이를 낳은 모든 엄마가 위대하게 느껴진다.
D-5	간격이 길기는 하지만 규칙적으로 배가 땅긴다. 시계를 보고 그 간격을 잰다. 진짜 진통이 시작되면 진통 간격을 정확히 재야 한다.
D-4	우유나 신문 등 정기적으로 받아보던 것은 미리 요금을 내고, 출산 후에 넣어달라고 얘기한다.
D-3	정기검진일. 출산이 닥쳤을 때 취해야 할 자세와 준비물 등에 관해 물어본다.
D-2	간밤에 이슬이 비쳤다. 출산이 시작되려는 모양이다. 소화가 잘되는 유동식으로 식사를 한 뒤 10분 간격으로 진통이 오면 병원에 간다.
D-1	기나긴 진통 끝에 드디어 출산! 아이와의 첫 대면으로 가슴이 벅차다.

마지막 달의 출산 준비

출산을 위한 종합 정기검진

임신 10개월째에 접어들면 일주일에 한 번씩 정기검진을 받는다. 출산 예정일이 다가올수록 태아가 하루가 다르게 성장하고 여러 가지 분만 트러블이 발생할 수 있기 때문이다. 임신 마지막 달에는 혈압과 체중 검사, 초음파 검사, 태아 심박음 검사, 내진 등 출산을 위한 종합적인 정기검진을 받게 된다. 이 검진을 통해 태아의 상태를 정확히 진단하고 자연분만이 가능한지도 예측할 수 있다. 임신 상태가 순조로운 경우라도 출산까지는 정기적으로 검진을 받는 것이 바람직하다.

분만 방법을 선택한다

임신 마지막 달에는 본격적으로 분만 방법을 선택해야 한다. 임신 상태가 순조롭고 태아와 임신부 건강에 큰 문제가 없다면 자연분만을 할 수 있지만, 이 또한 출산 당일의 상황에 따라 달라질 수 있으므로 미리 마음의 준비를 하는 것이 좋다. 만약 마지막 달까지 태아가 역아로 있거나 전치 태반일 경우, 또 골반이 좁아 자연분만이 힘들 경우에는 제왕절개를 선택해야 한다. 대개 제왕절개 분만은 출산 예정일보다 1~2주 전에 하므로 의사와 미리 상의한 후 분만 날짜와 시간을 정한다.

산후 몸조리 장소를 정한다

출산하면 어디서 산후 조리를 할지 정확히 정해놓아야 한다. 산후 조리는 적어도 6주일 정도 하는데, 이 기간 동안 몸과 마음을 편안히 쉬고 육아 도움도 받을 수 있는 곳을 선택하는 것이 중요하다. 예를 들어 집과 멀리 떨어진 곳에서 몸조리를 할 예정이라면 미리 출산할 병원으로 옮겨 검진을 받아야 한다. 산후조리원을 이용할 경우 미리 여러 곳을 비교해본 후 선택하고, 2~3주간 산후조리원을 이용한 뒤 나머지 기간을 보낼 곳도 미리 정해둔다.

집 안 살림을 정리한다

출산하면 적어도 4주 정도는 산후 조리에 전념해야 하므로 집 안을 미리 꼼꼼하게 정리한다. 특히 산후조리원이나 친정 등에서 조리할 경우 혼자 남아서 생활할 남편이 불편하지 않도록 기본적인 준비를 해둔다. 남편의 옷이나 준비물 등은 한 곳에 정리하고, 쓰레기 분리수거일이나 공과금 납부일 등을 한눈에 알아볼 수 있도록 체크해둔다. 그렇다고 모든 일을 한꺼번에 하면 몸에 무리가 올 수 있으므로 한 달 동안 여유 있게 차근차근 준비해나간다.

아이용품을 정리한다

미리 준비해둔 아이용품을 다시 한 번 정리하며 빠진 것이 없는지 체크한다. 아이용품은 신생아용품 위주로 준비하되, 외출이나 쇼핑하기 어려울 것을 감안해 출산 후 한두 달 정도 쓸 수 있는 양을 준비한다. 또 집 안에 아이용품을 놓을 공간과 아이를 재울 공간을 미리 마련해둔다.

육아 공부를 해둔다

임신 마지막 달에는 출산에 대한 두려움이 크다. 하지만 태어날 아이를 생각하며 앞으로 어떻게 키울지 미리 공부하다 보면 심리적 부담이 훨씬 줄어든다. 첫 아이의 경우 육아 경험이 전혀 없기 때문에 아이가 태어나면 여러 가지로 당황스러운 일이 많다.

이럴 경우를 대비해 미리 아이의 성장 발달에 대한 상식과 구체적인 육아 방법 등을 공부해두는 것이 좋다. 또한 아이가 태어나기 전에 남편과 함께 앞으로 어떤 부모가 될 것인지 나름대로의 양육 철학을 세우는 일도 중요하다.

아빠와 함께하는 출산 준비

출산의 주체는 물론 엄마와 아이지만, 아빠도 방관할 수만은 없다. 출산 준비부터 고통스러운 출산 과정에 아빠가 적극 참여할 수 있는 방법을 소개한다.

아빠와 함께하는 출산 준비

구체적인 출산 계획, 아내와 함께 의논한다

출산이 한두 달 앞으로 다가오면 어떤 분만법을 선택할지, 산후 조리는 어디서 할지 등 결정할 일이 많다. 임신 상태에 대해 가장 잘 아는 사람은 임신부 당사자지만, 그렇다고 아내더러 알아서 하라며 남편이 무관심한 태도를 보여서는 안 된다. 출산을 앞둔 임신부는 불안감으로 무척 예민해진 상태라 무관심한 남편의 태도에 상처를 받을 수 있기 때문이다.
아내가 나름대로 출산 계획을 세우고 의논을 하면, 우선 아내의 말을 끝까지 들어주는 것이 중요하다. 그러면 아내는 남편에게 얘기하면서 자신의 생각을 정리해 최선의 결정을 내리게 될 것이다.

출산용품은 함께 준비한다

앞으로 태어날 아이에게 쾌적한 공간을 만들어주는 일, 출산 시 필요한 물품과 아이용품 마련 등 출산 준비는 기쁜 마음으로 아내와 함께한다. 아내와 함께 쇼핑하면서 아이용품을 하나하나 준비하는 일 또한 아빠가 되는 과정이라는 것을 잊지 말자. 또 미리 출산할 병원으로 가는 길을 정확히 알아두고, 급하게 출산할 경우 필요한 비상연락망을 만들어두는 등 세심한 부분까지 챙긴다.

아이 이름 지어놓기

아이가 태어나기 전, 이름 한두 개를 미리 정해두는 것이 좋다. 아이가 태어난 다음에는 이것저것 신경 써야 할 일이 많아 출생 신고에 임박해서 급하게 이름을 짓는 경우도 있기 때문이다. 아이의 성별을 모를 때는 남자아이 이름과 여자아이 이름을 하나씩 미리 준비해두면 좋다.

아내가 불안해하지 않게 격려한다

출산을 앞두고 남편이 가장 신경 써야 할 부분은 아내의 마음을 안정시키는 일이다. 설사 표현하지 않더라도 아내의 마음은 불안하기만 하다. 그런 아내 앞에서, 아들일까 딸일까, 아이가 건강하게 태어날까, 못생겼으면 어떻게 하지 등등의 이야기를 하면 아내의 불안감은 더욱 커지고 남편에게 야속한 마음까지

든다. 아내가 불안해하지 않도록 격려하고 위안을 주는 것이 바로 남편의 몫이다.

출산 시 아빠의 역할

출산 신호에 신속하게 대처한다

출산 예정일이 있지만, 대개는 예정일보다 빨리 또는 늦게 진통이 시작돼 마음의 준비를 단단히 했더라도 갑작스레 진통이 오면 당황하게 마련이다.

다행히 진통이 시작될 때 아내 옆에 있다면 신속하고 침착하게 대처한다. 의료보험증과 병원 진찰권, 당장 필요한 물건들을 챙기고 교통비와 비상금도 준비한다. 직접 차를 몰 때는 마음이 급하더라도 침착하게 운전하는 것도 잊지 않는다.

외부에서 아내의 전화를 받았을 경우에는 집에서 가까운 곳에 있다면 바로 집으로 달려가고, 그렇지 않다면 가장 가까이 있는 지인에게 전화를 걸어 도움을 청한 다음 바로 병원으로 출발해 병원에서 아내를 맞는다.

분만에 적극 참여한다

요즘은 가족 분만·수중 분만 등 남편이 직접 참여할 수 있는 분만 방법도 많고, 일반 분만 시에도 남편을 분만실에 들여보내는 병원이 적지 않다. 남편 입장에서는 출산의 고통을 지켜보는 일이나 출산하는 과정을 보는 것이 쉬운 일은 아니겠지만, 가능하다면 분만실에 함께 들어가 아내의 손을 잡아주고 마사지를 해주며 고통을 덜어주도록 한다.

만약 분만실에 들어가지 못하더라도, 아내가 출산의 고통을 이겨내는 시간만큼은 밖에서 초조하게 기다리며 마음속으로나마 아내에게 용기를 북돋워준다.

출산 후 아빠의 배려

출산한 아내에게 마음이 담긴 선물을 한다

출산을 마친 아내에게 수고했다는 사랑의 말과 함께 작은 꽃바구니를 선물하는 것은 어떨까. 긴 산통을 겪으면서 느낀 남편에 대한 원망이 한순간에 녹아버릴 것이다. 크고 화려한 선물이 아니더라도, 아내의 출산을 축하하는 작은 선물과 마음이 담긴 카드는 두고두고 칭찬거리가 될 수 있으니 이 기회를 놓치지 말자.

고슴도치 아빠가 최고

신생아실에서 처음 아이를 보면 대부분 실망스럽다. 갓 태어난 아이의 모습이 그다지 예쁘지 않아서다. 피부는 쭈글쭈글하고, 몸은 온통 빨갛거나 까맣고, 짙은 갈색 배내털이 나 있으니 예쁠 리가 없다. 그렇다고 해서 남편이 자기 아이에게 "이상하게 생겼다."거나 "누굴 닮아서 저렇게 생겼지."라며 장난스런 표현을 하는 것은 금물이다. 듣는 아내 입장에서는 서운한 마음이 들기 때문이다. 칭찬과 감사의 말을 아끼지 말자. 아이의 모습이 어떻든 '내 아이가 세상에서 제일 예쁜' 고슴도치 아빠가 가장 멋지다.

젖이 펑펑! 유방 마사지는 아빠의 몫

아이를 낳으면 당연히 젖이 나올 거라 생각하지만 그렇지 않다. 출산 후 젖이 돌기 시작하면 유방을 마사지해 유방의 혈액순환을 도와주어야 한다. 하지만 출산 후 지쳐 누워 있는 아내가 직접 유방 마사지를 하기는 힘든 일. 이때 바로 남편의 활약이 필요하다. 책에서 배운 대로, 내 아이가 먹을 젖이 펑펑 나올 수 있도록 성의껏 유방 마사지를 해주자.

제대혈 이해하기

탯줄 혈액인 제대혈에는 혈액 질환이나 항암 치료 시 꼭 필요한 조혈모세포가 들어 있다. 치명적인 질병에 대비해 출산 시 채취해 보관하는 제대혈과 조혈모세포 이식, 제대혈 은행에 대해 알아본다.

제대혈이란?

임신 기간 동안 엄마가 태아의 성장에 필요한 모든 세포와 영양소를 공급하는 탯줄 혈액을 제대혈이라고 한다. 제대혈에는 일반 혈액과 달리 혈액과 면역 체계를 만들어내는 줄기세포인 조혈모세포와 인체의 장기로 분화 가능한 줄기세포인 간엽모세포가 들어 있다.

조혈모세포 이식의 필요성

골수가 정상 기능을 하지 못해서 발생하는 혈액 질환을 치료하거나, 항암 치료로 인해 약화된 골수의 기능을 회복시키기 위해서는 환자에게 건강한 조혈모세포를 주입해야 한다. 골수에서 채취한 조혈모세포를 사용하면 '골수 조혈모세포 이식(골수이식)', 제대혈에서 채취한 조혈모세포를 사용하면 '제대혈 조혈모세포 이식(제대혈 이식)'이라고 한다.

제대혈 은행

제대혈 은행은 제대혈 조혈모세포를 냉동 보관해두었다가 이식이 필요할 때 제대혈을 공급하는 곳이다. 제대혈 은행에서는 제대혈 보관을 신청하는 임신부에게 제대혈을 채취할 수 있는 채취 세트를 제공하고, 출산 시 산부인과의 협조로 제대혈 채취가 이루어지면 제대혈을 24시간 이내에 제대혈 은행으로 운송해 여러 가지 다양한 검사를 거친 다음 혈액에서 조혈모세포만 분리, 영하 196℃의 액체 질소 냉동 탱크에 보관한다.

제대혈 은행은 크게 공여 은행과 가족 은행으로 나뉘는데, 공여 은행은 제대혈을 기증받아 조혈모세포 이식이 필요한 환자에게 기증하는 공익 성격의 은행이고, 가족 은행은 미래에 가족에게 닥칠지도 모를 불행에 대비해 본인이 경비를 부담하며 제대혈을 냉동 보관하는 은행이다.

제대혈 보관은 왜 필요할까?

제대혈은 태어날 아이는 물론 가족 구성원들의 치명적인 질병에 대비하기 위해서 보관한다. 제대혈 속 조혈모세포는 직접적인 이식을 통해 백혈병이나 악성빈혈림프종 등을 치료하고, 간엽모세포는 인체의 다양한 장기를 이루는 세포로 분화 발전시켜 세포 치료제의 형태로 질병을 치료하는 데 사용한다.

보관된 제대혈은 본인의 발병 시 즉시 사용할 수 있을 뿐 아니라, 본인의 조직 적합성과 완벽하게 일치하므로 치료 성과 또한 매우 높다. 또한 가족 구성원의 질병 시에도 조직 적합성이 일치할 가능성이 높아 이식 성공률이 상대적으로 매우 높다.

골수 이식이 필요한 질병에 걸렸을 때 적합한 골수 기증자를 찾기가 매우 어렵다는 점을 생각해보면, 제대혈 보관은 암이나 백혈병을 비롯한 수많은 난치병에 현명하게 대비할 수 있는 건강보험과도 같은 역할을 하는 것이다.

제대혈 용어 설명

조혈모세포

혈액 세포인 적혈구 · 백혈구 · 혈소판으로 분화되는 줄기세포로 인체의 혈액 체계와 면역 체계를 유지할 수 있게 하는 중요한 역할을 한다. 이 조혈모세포는 혈액 질환이나 면역 질환, 암 등을 치료하는 데 중요하게 쓰인다.

줄기세포

혈액과 면역 체계로 발전하는 조혈모세포와 간, 신경, 심장 등 인체의 장기로 발전하는 간엽모세포를 통칭해서 줄기세포라고 한다. 즉, 인체를 구성하는 다양한 세포로 분화 발전하는 모체가 되는 세포를 뜻한다. 이들 줄기세포는 제대혈과 골수에서만 채취할 수 있다. 또한 정자와 난자가 수정된 것을 배아줄기세포라고 부른다.

Q&A

제대혈

Q 보관한 제대혈을 가족이 사용할 수 있나요?

A 모든 사람은 각각 6개의 조직적합형을 갖고 있다. 사람은 부모로부터 각각 3개의 조직적합형을 받아서 태어난다. 골수의 경우 이식을 위해서는 6개 모두가 일치해야 하지만 제대혈의 경우 6개 중 3개만 맞아도 이식이 가능하기 때문에 아이가 태어날 때 제대혈을 보관하면 다른 대안이 없을 경우 부모가 사용할 수 있으며, 형제들도 3개 이상 일치할 가능성이 50%가 넘는다.

Q 제대혈 채혈 시 아프지 않나요?

A 산모나 아이에게 전혀 통증을 주지 않고 채취할 수 있다는 점이 제대혈의 장점. 탯줄 절단 후 태반이 나올 때까지 몇 분 정도 걸리는데, 이 사이에 탯줄 정맥에서 주사기나 제대혈용 혈액 백을 이용해 간단하게 채취하기 때문에 산모나 아이에게 전혀 해가 없다.

Q 보관 기간은 얼마나 되나요?

A 안정적으로 보관한 제대혈 줄기세포의 보관 기간은 영구적이다. 그리고 제대혈에는 조혈모세포 외에도 간엽모세포 등 중요한 다른 세포가 들어 있어 의학의 발전에 따라 그 활용도는 매우 높다고 할 수 있다. 따라서 제대혈은 계속 보관하는 것이 좋다.

Q 임신 시 신청했다가 만약의 경우 보관을 못하면 어떻게 되나요?

A 분만 상황이 매우 위험한 경우에는 주치의의 판단으로 채취를 포기하는 경우도 있고, 드물지만 채취한 제대혈이 세균에 오염되었거나 바이러스 항체 검사에서 양성이 나타나는 경우에는 보관할 수 없다. 또한 채취한 제대혈의 줄기세포가 포함된 단핵구세포 수가 매우 적어 의학적인 활용이 어려운 경우에도 산모에게 통보한 후 저장을 포기한다.

Q 아이의 혈액이 원하지 않는 실험이나 용도로 사용될 가능성은 없나요?

A 공여 은행에 기증한 제대혈은 연구 등의 용도로 사용할 수 있다. 그러나 가족 은행에 맡긴 제대혈은 개인 소유이기 때문에 어떠한 경우에도 다른 용도로 사용할 수 없다.

Q 계약 기간 동안 조혈모세포의 일부를 다른 사람에게 제공할 수 있나요?

A 가족 은행에 보관한 제대혈의 소유권은 개인이 갖고 있다. 정확히 말하면 아이가 성인이 되기 전까지는 아이의 친권자가 소유권을 행사할 수 있다. 따라서 제대혈 은행은 소유권이 확인된 고객이 요청할 경우 제대혈을 제공해야 한다. 그러나 고객의 요청 없이는 보관한 제대혈뿐만 아니라 고객과 관련된 어떠한 정보도 제3자에게 제공하지 않는다.

Q 제대혈 이식 수술의 성공률은?

A 제대혈 이식 수술의 성공률은 골수 이식 성공률과 비슷한 수준이다. 하지만 거부 반응, 합병증 등은 골수 이식에 비해 현저히 낮아 치료 성적이 좋은 편이다.

Q 저장한 제대혈 조혈모세포 양이 많으면 여러 사람이 쓸 수 있나요?

A 보통 한 명이 사용할 수 있다. 이식 받을 환자에게 충분한 양을 공급하는 것이 좋기 때문이다. 물론 채취한 양이 많으면 여러 명도 가능하고, 양이 적을 경우 체외 증식을 통해 사용하는 방법도 곧 가능해질 것으로 본다. 국내에서는 아직 체외 증식으로 이식한 사례가 없지만, 해외에서는 체외 증식한 제대혈 조혈모세포 이식으로 치료한 만족할 만한 결과를 보고하고 있으며 체외 증식 기기를 개발한 곳도 있다. 제대혈 조혈모세포의 체외 증식이 상용화 및 일반화되고 여러 용기에 나누어 보관한다면, 분만 시 단 한 번의 제대혈 채취로 온 가족이 두고두고 사용할 수 있게 될 것이다.

STEP 06

산후조리원의 모든 것

출산 후 산모는 집에서 도우미의 도움을 받거나 산후조리원에서 몸조리를 한다. 산후조리원은 여러 가지 편의시설을 갖추고 전문 간호사도 있어 신생아와 산모를 위한 가장 좋은 선택으로 손꼽힌다. 산후조리원의 장점과 단점 등에 대해 알아본다.

산후조리원의 장점

산후 조리에 전념할 수 있다

간호사가 아이를 돌봐주기 때문에 전적으로 자신의 몸만 돌보며 생활할 수 있어 산모의 회복이 빠르다.

프로그램과 편의시설이 잘 갖춰져 있다

아이 돌보기, 모빌·아이 옷·장난감 만들기 강좌 또는 산후 체조, 요가, 마사지, 스트레칭 등 다양한 프로그램을 운영한다. 피부 마사지, 유방 마사지, 모유 수유 교육 등이 있어 도움을 받을 수 있고, 좌욕기나 전동 유축기 등의 편의시설도 다양하다.

다양한 식단 제공

맛과 영양을 고려한 다양한 식단을 제공해 산모가 필요한 영양을 충분히 섭취할 수 있다.

다른 산모들과 교류

함께 있는 산모들과 육아 정보도 교환하고, 다양한 프로그램을 함께할 수 있어 산후 조리 기간이 지루하지 않고 서로 위안이 된다.

산부인과, 소아과와의 연계

소아과 전문의가 신생아 회진을 돌거나, 응급 상황 시 산부인과나 소아과와 연계 진료를 받을 수 있는 시스템을 갖춘 곳이 많다.

산후조리원의 단점

신생아 감염의 위험성

산후조리원의 가장 큰 단점은 아이들을 신생아실에서 공동으로 돌보기 때문에 감염 질환이 발생했을 때 빠르게 전염될 위험성이 있다.

신생아실의 질

산후조리원에 따라 간호사 인력이 적어 한 명이 돌봐야 할 아이의 수가 많아 아이가 울거나 수유할 때 즉각적인 대처가 어려운 경우도 있다.

비용

산후조리원은 신생아 돌보기, 신생아용품, 산모의 숙박, 식사, 청소, 빨래 등 각종 서비스가 포함되어 있기 때문에 비용이 2주에 200만~500만원으로 비싼 편이다.

단체생활

산모와 신생아 모두 공동시설을 이용하기 때문에 위생관리가 철저하지 않으면 문제가 생기기 쉽다. 함께 생활하다 보면 개인 생활이 침해받거나 신경이 예민한 경우 스트레스를 받을 수 있다.

면회

감염 관리를 위해 방문객을 제한하고 있어 출산 축하를 위한 친지 방문이 어려운 경우가 많지만, 산모의 안정을 위해서는 도움이 될 수 있다. 다만 첫째 아이가 있는 경우 방문이 자유롭지 못해 불편할 수 있다.

산후조리원 선택 시 주의할 점

1 신생아실의 환경, 위생관리, 간호사 인력 등을 확인한다.
2 산모 방의 시설과 좌욕실, 마사지실, 모유 수유실 등을 살펴본다.
3 식당의 위생 상태와 식단 등을 확인한다.
4 응급상황 대처를 위한 시스템과 산부인과와 소아과의 연계 여부를 확인한다.
5 비용이 적절한지, 약관이나 환불 기준이 명확한지 따져본다.

집에서 하는 산후 조리

출산 도우미

출산 도우미는 출퇴근 형식과 주말에만 쉬고 입주하는 형식이 있다. 입주하는 출산 도우미는 비용 부담이 크기 때문에 믿을 만한 단체에 의뢰하고 미리 면접을 보고 결정해야 한다. 출산 도우미는 산모와 아이만을 돌보기 때문에 육아나 가사에서 어느 범위까지 담당할 것인지 미리 협의해야 트러블이 생기지 않는다.

친정에서의 산후 조리

산후 조리 기간 내내 마음 편하게 지낼 수 있어 몸을 회복하기 좋다. 가족들이 애정으로 신생아를 돌봐주기 때문에 아이의 정서에도 좋다. 그러나 친정어머니와 산모의 육아법이나 산후 조리법에 대한 견해 차이로 갈등이 생길 수 있다.

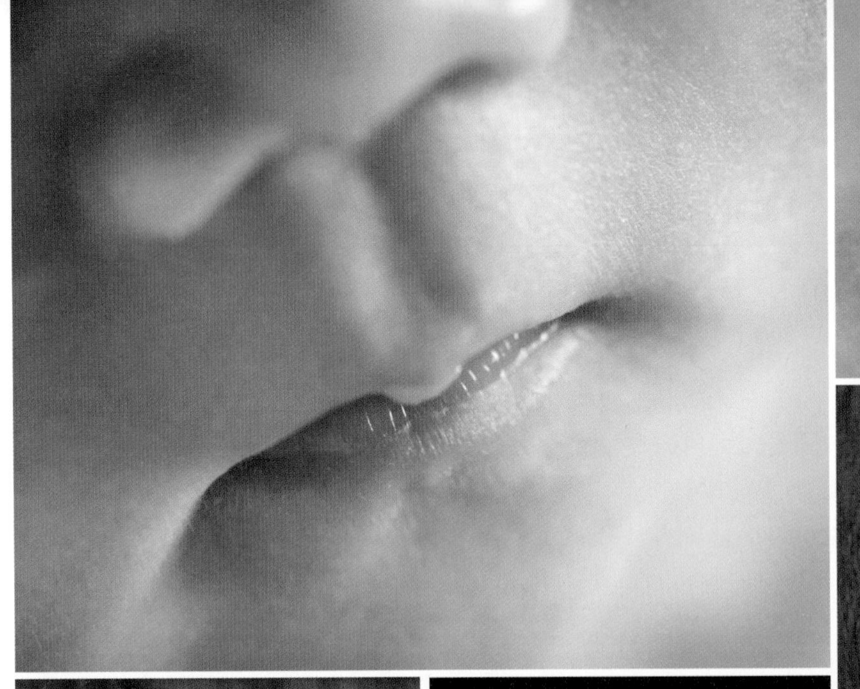

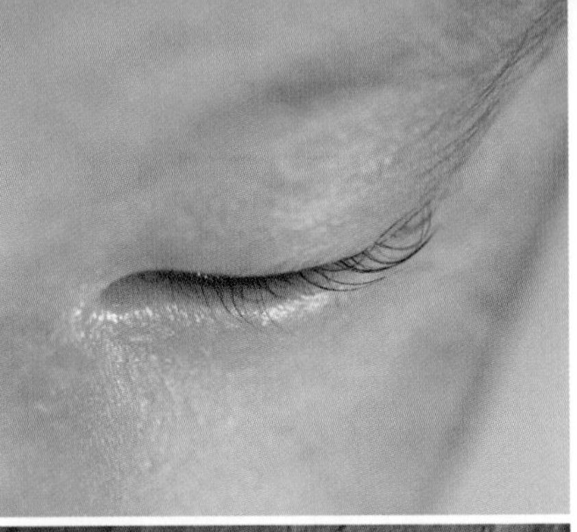

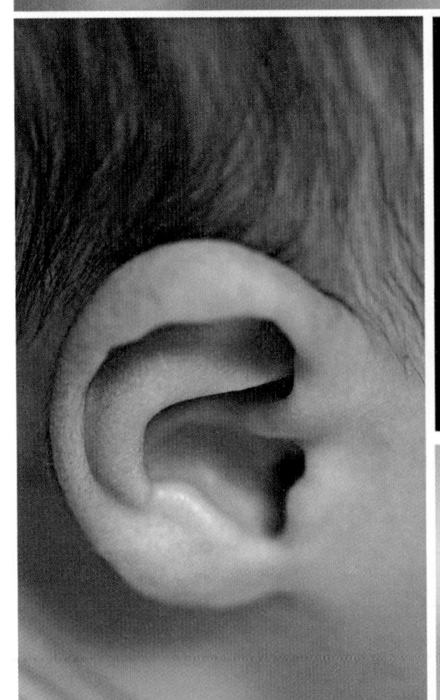

Original
BORN ART

concept
2

BABY BIT

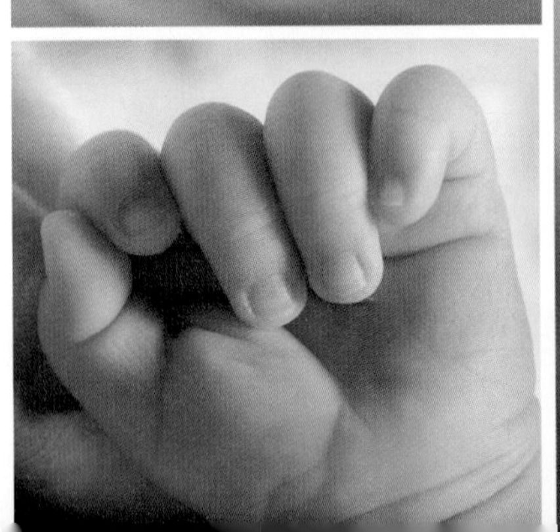

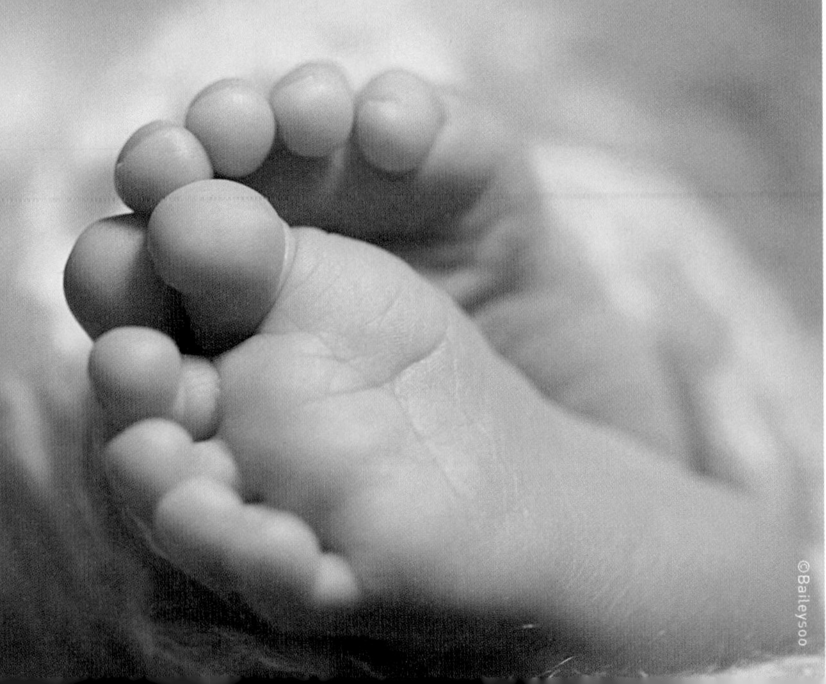

Special Page

조기 출산

내가 조기 출산일까?

조산이란 정상적인 임신 기간을 다 채우지 못하고 임신 20~37주에 미리 분만하는 것을 말한다. 전체 임신의 8~10% 정도에서 조산이 이루어지며, 임신 주수가 이를수록 조산아의 사망률이 높다. 최근에는 의학 기술의 발달로 미숙아의 사망률이 50% 이상 줄었지만, 조산을 한 경우 가족들은 정신적, 경제적 부담을 안게 된다.

조산의 위험이 높은 경우

- 한 번 이상 조산한 경험이 있는 경우
- 태아 기형
- 태반 이상(전치 태반이나 태반 조기 박리)
- 양수과다증인 경우
- 자궁경관무력증인 경우
- 쌍둥이나 거대아 임신
- 임신중독증인 경우
- 산모 나이가 20세 이하 또는 35세 이상일 경우

조산을 예방하는 생활 방법

- 체중을 조절한다. 임신부의 체중이 갑자기 늘면 임신중독증에 걸릴 수 있다. 임신중독증에 걸린 경우 조산할 위험성이 높다.
- 임신 후기 성생활에 주의한다.
- 정기검진을 받는다. 정기검진 때 체중이나 혈압, 소변 검사로 임신부의 건강 상태를 체크하고 자궁이나 태아의 상태를 점검해 이상이 있을 경우 빨리 대처할 수 있다.
- 스트레스를 줄이고 과로하지 않는다.

Chapter **2**

분만

분만을 알리는 신호 & 병원 가기

출산 예정일이 하루하루 다가오면 언제 산통이 시작될지, 어떤 증상이 나타날지 불안해진다. 출산이 시작됐음을 알리는 신호는 여러 가지이며, 사람에 따라 조금씩 다르게 나타날 수 있다. 분만을 알리는 다양한 증상과 병원에 가야 하는 시기에 대해 알아본다.

출산 예감 신호

태아가 골반으로 내려온다

출산일이 임박했을 때 임신부가 가장 먼저 느낄 수 있는 변화가 태아의 위치다. 엄마의 배꼽 주위에서 놀던 태아가 서서히 아래쪽으로 내려가 엄마의 골반 속으로 들어간다. 따라서 임신부는 하강감을 느끼고, 겉에서 볼 때도 배가 아래로 축 처져 있다. 배가 아래로 내려가 그동안 자궁에 밀려 있던 위와 횡경막이 내려와 숨 쉬기가 훨씬 쉬워진다.

태동이 현저히 줄어든다

태아의 머리가 골반 속으로 들어가 고정되면서 움직임이 적어지고, 임신부는 태동을 거의 느끼지 못한다. 그러나 하루 종일 전혀 움직이지 않는 것은 아니며, 출산 직전까지 활발하게 움직이는 태아도 있다.

질 분비물이 늘어난다

출산이 가까워지면 질과 자궁경관에서 분비되는 끈적끈적한 점액이 많아진다. 이와 같은 점액은 태아가 산도를 쉽게 빠져나올 수 있도록 도와주는 윤활유 역할을 한다. 분비물의 색깔과 냄새가 이상하지는 않은지 수시로 확인하고, 냄새가 나거나 가려울 때는 질염일 가능성이 있으므로 의사와 상담한다.

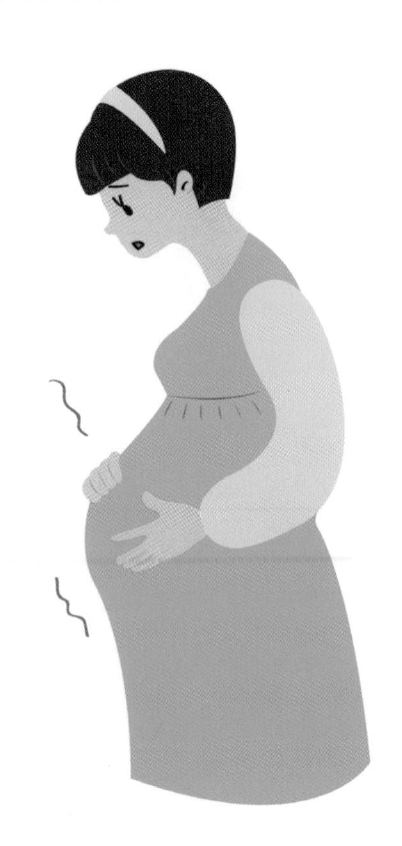

위와 가슴의 압박감이 줄어든다

임신 후기로 접어들면서 부쩍 소화가 안 되고 체한 것 같던 증상이 사라지고 식욕도 왕성해진다. 이는 태아가 아래로 내려가면서 가슴과 위의 압박감이 줄어들었기 때문이다.

화장실을 자주 들락거린다

태아가 아래로 내려오면 태아의 머리가 엄마의 방광을 압박해 요의를 자주 느끼게 된다. 특히 밤중에 소변을 보기 위해 2~3회 이상 일어난다면 출산이 멀지 않았다는 예보다.

배가 불규칙하게 땅긴다

출산 예정일이 다가오면 생리통처럼 배가 가볍게 땅긴다. 이것을 가진통 수축이라고 하는데, 예민해진 자궁이 조그마한 자극에도 수축해 나타나는 증상이다. 만약 이런 증상이 하루에 몇 회 정도 불규칙적으로 일어난다면 출산이 가까워진 것이므로 마음의 준비를 한다.

출산을 알리는 신호

이슬이 비친다

진통 전에 있는 소량의 출혈을 이슬이라고 한다. 이슬은 강한 자궁 수축으로 인해 자궁 입구의 점액성 양막이 벗겨지면서 일어나는 현상이다. 따라서 이슬이 비친다면 출산을 위해 자궁이 열리기 시작했다는 것을 의미한다.

이슬은 일반 출혈과 달리 혈액이 섞인 점액으로 끈적끈적해 쉽게 구별할 수 있다. 사람에 따라 이슬이 비치고 한참 지나 진통이 시작되기도 하고 이슬이 비치지 않는 사람도 있으므로 일단 이슬이 비치면 의사의 진단을 받고, 동반되는 여러 출산 신호를 꼼꼼히 살피는 것이 좋다.

진통이 시작된다

대부분의 임신부들은 자궁 수축을 통해 출산이 다가왔음을 알게 된다. 진통은 가벼운 생리통이나 요통처럼 시작된다. 처음에는 복부가 팽팽하게 늘어난 느낌이 들면서 허벅지가 땅기는 듯한 느낌이 든다. 진통은 시간이 지날수록 규칙적으로 반복되고 통증도 점점 강해진다. 초산부의 경우 진통 간격이 5~10분 정도 되면 입원해 본격적인 출산 준비에 들어가야 한다. 경산부의 경우에는 진행이 빠르므로 15~20분 간격의 진통이 있으면 병원에 간다.

양수가 터진다

태아를 싸고 있던 양막이 떨어져 질에서 따뜻한 물 같은 것이 흘러나오는 것을 파수라고 한다. 대개는 진통이 시작되고 자궁구가 열린 다음 파수가 되는데, 경우에 따라서는 출산 예정일 전에 아무런 증상 없이 갑자기 파수가 되는 경우도 있다. 파수 양이 적은 경우에는 속옷이 약간 젖는 정도지만, 심한 경우 물풍선이 터진 것처럼 물이 쏟아져 내리기도 한다. 일단 파수가 되면 출산이 시작된 것이므로 깨끗한 패드를 대고 바로 병원으로 가야 한다.

병원에 가는 시기

이슬이 비치고 진통이 규칙적으로 오면 슬슬 병원에 갈 준비를 해야 한다. 진통이 시작되면 시계를 보면서 시간을 체크한다. 1시간 단위로 아프던 통증 간격이 점점 좁아지면서 규칙적이면 출산이 다가온 것이다. 너무 일찍 병원에 가면 되돌아오거나 분만 대기실에서 오래 기다려야 하므로 진통 시간을 정확하게 재는 게 중요하다. 초산부일 경우 5~10분 간격, 출산 경험이 있는 산모일 경우 15~20분 간격으로 진통이 오면 병원에 가도록 한다. 본격적인 진통이 시작되더라도 출산까지는 초산의 경우 평균 14~15시간, 출산 경험이 있는 산모의 경우 6~8시간 정도 걸린다.

©Baileysoo

이럴 때는 바로 병원으로!

조기 양막 파수가 되었을 때

진통과 이슬이 보이지 않고 양수가 곧바로 터지는 증상을 조기 파수라고 한다. 양수는 임신 기간 동안 태아를 외부 자극으로부터 보호하고, 출산 시 모체에서 태아가 잘 빠져나오게 하는 윤활유 같은 역할을 한다. 그런데 조기 파수가 되면 여러 가지 위험을 동반할 수 있다. 이때는 당황하지 말고 바로 병원으로 간다. 양수가 터지면 질을 통해 세균에 감염될 수 있으므로 물로 씻거나 휴지로 닦지 말고 깨끗한 생리대나 타월을 대고 병원으로 가는 것이 중요하다.

질에서 심한 출혈이 있을 때

임신 후기에 통증은 없는데 출혈만 있다면 전치 태반일 가능성이 있다. 출혈의 양은 태반이 자궁 경부를 막고 있는 위치와 모양에 따라 달라지는데, 적은 출혈이라도 보이면 곧장 병원으로 간다. 또 자궁 수축이 동반된 출혈은 태반 조기 박리 증상일 수도 있으니 반드시 병원에서 확인해야 한다.

갑자기 태동이 멎을 때

태아가 24시간 내내 아무 움직임이 없거나 갑자기 배가 딱딱해지면서 태동이 멈추면 태아가 위험한 상태라고 볼 수 있다. 갑자기 태동이 멎고 배의 상태가 평소와 다르면 즉시 병원으로 간다. 병원에서는 초음파로 태아 상태를 체크하고, 이상이 의심되면 비수축 검사를 한다. 검사 결과 태아에게 문제가 있을 경우 조기 분만이나 제왕절개 수술을 시행한다.

진통 구별법

- **진통** 규칙적이며 주기가 점차 짧아지고, 강도가 점점 강해진다. 이슬이 비치는 경우가 많고, 등과 상복부에 통증이 동반되는 경우가 많으며 자궁 경부가 열린다.
- **가진통** 불규칙하며, 강도가 세졌다가 약해졌다가 한다. 이슬이 비치지 않고, 주로 하복부에만 진통이 오며 진정제로 감소시킬 수 있다. 자궁 경부는 열리지 않는다.

자연분만

출산에 대한 두려움은 모든 임신부가 갖고 있는 심적 부담이다. 하지만 출산 과정을 미리 알고 마음의 준비를 한다면 두려움이 훨씬 줄어들 수 있다. 진통 시작부터 태반 배출까지, 자세한 아이 탄생의 경로를 알아보자.

자연분만의 의미

임신부와 태아의 건강 상태가 양호하고 출산 과정이 순조롭다면 당연히 자연분만을 시도하는 것이 좋다. 자연분만은 진통의 고통이 큰 반면 고통을 이겨내는 보람도 크고, 처음부터 끝까지 엄마와 태아가 함께한다는 점에서 가장 이상적이다. 또한 제왕절개에 비해 적어도 두 배 이상 출혈이 적고, 질을 통해 이루어지므로 산욕기 감염이 적으며, 아이에게도 여러 가지로 이롭다는 연구 결과도 있다. 평소 건강한 임신부라면 누구나 해낼 수 있으므로 그동안 익힌 호흡법과 이완법을 충분히 활용한다.

출산에 꼭 필요한 3가지 요소

출산의 진행을 좌우하는 요소는 산도, 만출력, 태아의 힘 3가지다. 순조로운 출산을 위해서는 임신부와 태아가 건강하고, 이 3가지 요소가 조화를 이루어야 한다.

- **산도** 아이가 태어나는 길인 산도는 출산이 가까워지면서 태아가 통과하기 쉽게 변하고, 분만이 시작되면 아이 머리가 누르는 힘과 자궁 수축으로 점점 넓어진다. 산도는 골산도와 연산도로 나뉘는데, 골산도가 원래 좁거나 임신 중 살이 많이 찐 경우 출산 진행이 원활하지 못하다.
- **만출력** 자궁 안에서 태아가 충분히 자라면 호르몬의 작용으로 자궁이 규칙적으로 수축한다. 자궁 수축이 규칙적으로 진행되면 진통이 느껴지고, 이로 인해 닫혀 있던 자궁구가 조금씩 열리기 시작해 태아가 밑으로 내려온다. 진통과 함께 태아가 자궁구 근처까지 오고 자궁구가 완전히 벌어지면 산모는 반사적으로 힘을 주게 되는데, 이러한 진통과 힘주기가 조화를 이루어 두 가지 만출력의 상승효과로 아이가 나오기 수월해진다.
- **태아의 힘** 출산을 앞둔 태아는 자궁 안에서 머리를 아래로 두고 몸을 최대한 오므린 자세를 하고 있다. 태아는 좁고 구부러진 산도를 빠져나오기 위해 계속해서 몸을 돌리고 자세를 바꾸며 아래쪽으로 내려오는데 이를 선회라고 한다. 또 태아는 산도를 통과하기 위해 머리 모양을 바꾸는데 이를 머리의 응형이라고 한다. 태아의 머리는 산도를 빠져나오면서 뼈가 약간 겹쳐 길쭉하게 변한다.

| 출산 시 태아의 선회 모습

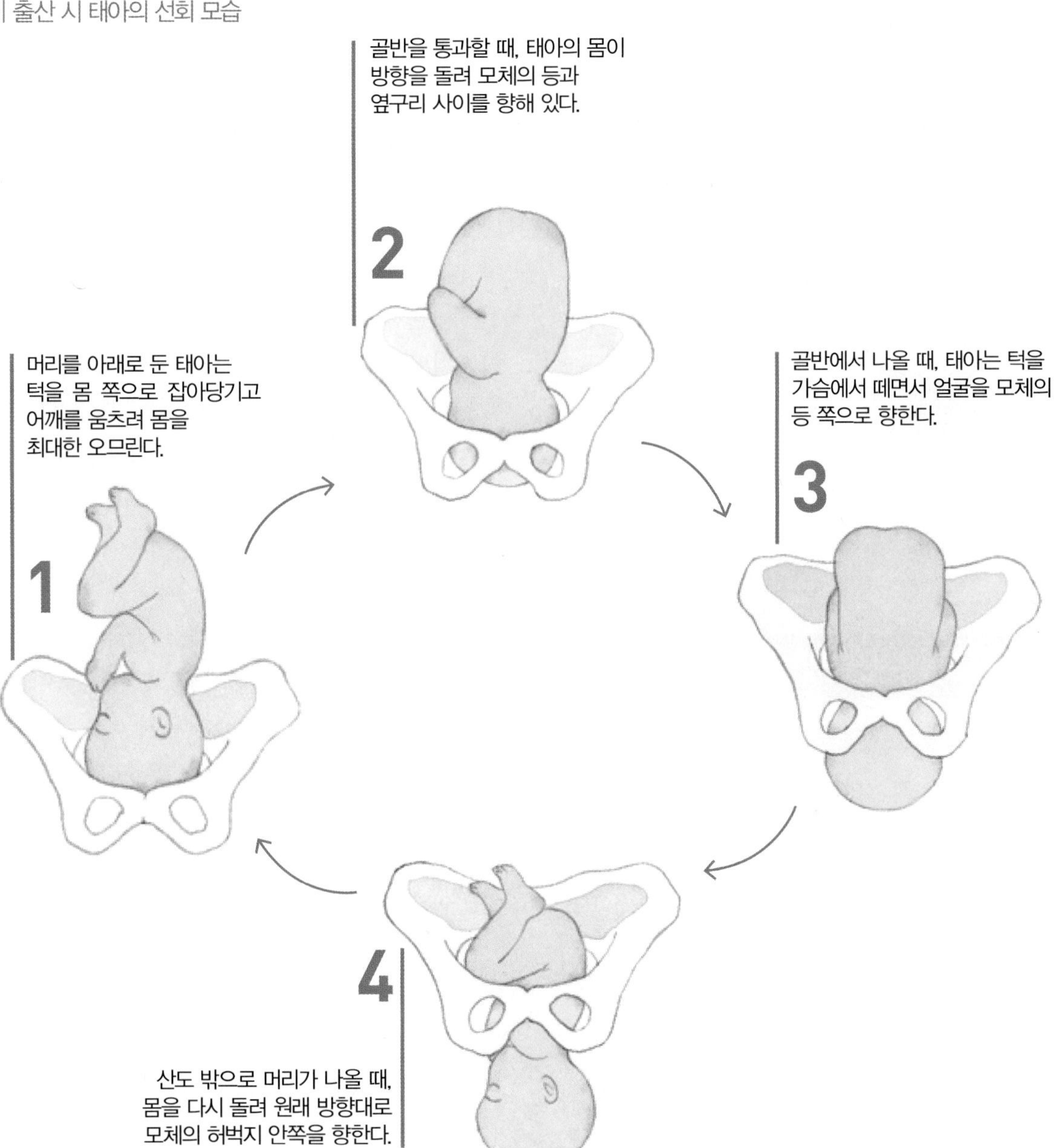

골반을 통과할 때, 태아의 몸이
방향을 돌려 모체의 등과
옆구리 사이를 향해 있다.
2
머리를 아래로 둔 태아는
턱을 몸 쪽으로 잡아당기고
어깨를 움츠려 몸을
최대한 오므린다.
1
골반에서 나올 때, 태아는 턱을
가슴에서 떼면서 얼굴을 모체의
등 쪽으로 향한다.
3
4
산도 밖으로 머리가 나올 때,
몸을 다시 돌려 원래 방향대로
모체의 허벅지 안쪽을 향한다.

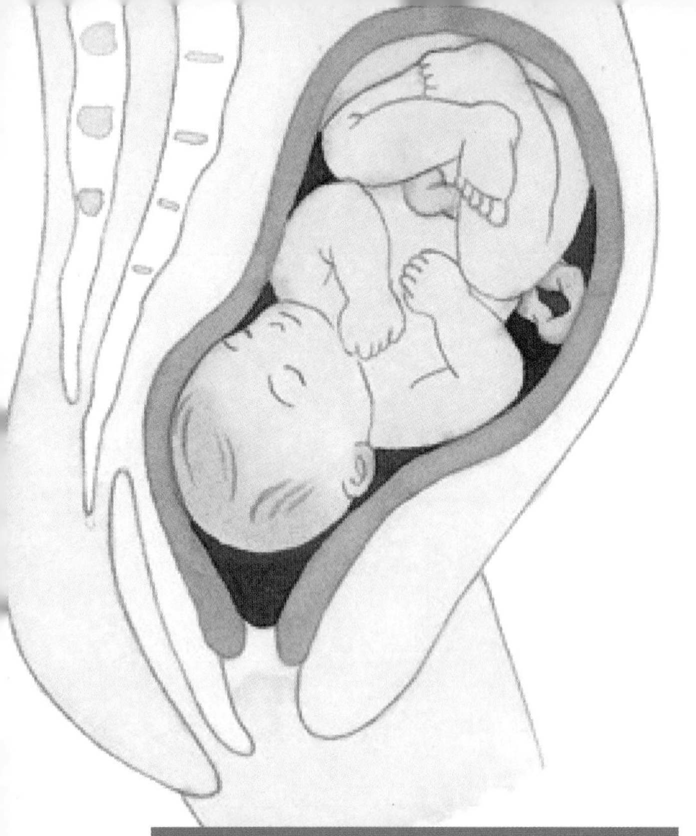

개구기 분만 제 1기

소요 시간 : 초산 10~12시간 | 경산 4~6시간

- 분만 제1기 초반(자궁구의 크기 1~2cm)

  자궁 수축이 6~7분 간격으로 일어나며, 약 20초 정도 이어진다.

- 분만 제1기 중반(자궁구의 크기 4~5cm)

  자궁 수축이 4~5분 간격으로 일어나며, 약 30초 정도 이어진다.

- 분만 제1기 후반(자궁구의 크기 7~10cm)

  자궁 수축이 3~4분 간격으로 일어나며, 약 40초 정도 이어진다.

분만 과정

단계 1 태아가 나올 길이 부드러워진다

태아는 자궁 체부라는 강인한 근육으로 둘러싸인 자궁강에 들어 있다. 진통이 시작되면 자궁강에 있던 태아는 자궁경관을 지나 자궁구를 빠져나오고, 이어서 질 입구를 통해 바깥세상으로 나오게 된다. 임신 중에는 자궁구가 단단히 닫혀 있다. 그러나 출산이 시작되면 자궁경관이 태아가 잘 빠져나올 수 있도록 서서히 부드러워지고, 자궁구는 조금씩 열리기 시작한다. 이때 양수와 점액이 윤활유 역할을 하며 태아가 산도를 좀 더 편안하게 통과하도록 도와준다.

단계 2 자궁 수축이 서서히 시작된다

자궁은 3kg 정도 되는 태아를 떠받칠 만큼 강한 근육으로 이루어져 있다. 분만 제1기가 되면 이 근육이 조금씩 요동치며 수축하기 시작한다. 자궁 수축은 모체의 의지로 조절할 수 있는 것은 아니다. 출산이 시작되면 저절로 수축하면서 자궁 내부의 압력을 높이고 자궁구를 눌러 자궁 경부를 넓히면서 태아를 아래로 밀어내린다.

단계 3 자궁구가 10cm까지 열린다

진통이 시작되어도 자궁구는 아주 조금씩밖에 열리지 않는다. 처음에는 1cm 남짓 열린 상태에서 좀처럼 더 열리지 않는다. 그러다가 2cm, 3cm 식으로 조금씩 더 열려 마침내 태아의 신체 중에서 가장 큰 머리가 나올 수 있도록 10cm까지 열린다. 이때 진통은 약 5분에 한 번씩 오며 30초 정도 계속된다.

의사와 간호사의 처치

입원 후 간단한 문진

본격적인 진통이 시작되어 입원을 하면 먼저 의사의 문진이 이루어진다. 담당 의사는 임신부에게 진통이 시작된 시간과 진통 간격, 현재의 상태와 이상 증세가 있었는지 묻는다.

내진

문진이 끝나면 의사는 내진을 한다. 자궁구가 열린 상태, 산도의 부드러움, 파수의 유무 등을 확인해 출산이 어느 정도 진행되었는지 확인한다. 내진은 출산 직전까지 주기적으로 하면서 출산 진행 상황을 체크한다.

태아 감시 장치를 장착한다

분만 대기실에 누우면 임신부의 복부에 태아 감시 장치를 부착한다. 진통의 강도와 간격, 태아의 상태를 체크하기 위해서다. 특히 외부에서 알 수 없는 태아의 건강 상태를 알 수 있기 때문에 문제가 발생했을 때 신속하게 대처할 수 있다.

관장을 한다

진통 간격이 10분 이내가 되면 관장을 한다. 장에 변이 단단하게 뭉쳐 있으면 출산의 진행을 방해하고, 출산 중 배변하면 임신부도 불쾌해지기 때문이다. 또 태아가 나올 때 변이 함께 나오면 아이에게 세균 감염을 일으킬 가능성도 크다. 관장을 하면 모체가 자극을 받아 자궁 수축이 강해지고 출산의 진행 속도가 빨라지기도 한다. 또 분만 시간이 길어지면 관장을 다시 한 번 하는 경우도 있다.

경우에 따라 진통촉진제를 사용한다

원활한 분만을 유도하기 위해, 또는 진통이 미약해서 출산이 원활하게 진행되지 않으면 진통촉진제를 투여하기도 한다. 또 만일의 사태에 대비해 혈관 확보를 위해 정맥 주사를 놓기도 한다. 혈관 확보는 다량의 출혈이 있는 경우 산모에게 신속하게 수혈하거나 지혈제를 투여하기 위해 미리 혈관에 주사침을 꽂아 두는 것이다. 출산이 순조롭게 진행되는 경우에는 포도당액 등으로 수분을 공급한다.

산모가 해야 할 일

몸의 긴장을 푼다

진통이 시작되면 임신부는 분만 대기실에서 진통을 참으며 자궁구가 최대한 열릴 때까지 기다리게 된다. 이때가 출산 과정 중 가장 긴 시간이므로 임신부는 몸의 긴장을 풀고 몸을 이완시켜야 한다. 진통이 계속될수록 출산에 대한 공포감도 커지는데, 그러면 자궁 경부가 긴장해서 잘 열리지 않아 태아의 산소 공급에 지장을 주기도 한다. 이 시기에는 라마즈 호흡법, 심즈 체위법 등으로 몸을 이완시키는 것이 중요하다.

미리 힘주지 않는다

자궁구가 열리면 태아는 서서히 턱을 가슴 쪽으로 당

기고 몸을 옆으로 틀어 골반 입구에서 골반 내부로 돌아 내려오기 시작한다. 이때 엄마가 배에 힘을 주면 태아가 옆으로 돌아서 골반 입구로 들어가지 못한다. 태아가 선회를 잘하도록 임신부는 힘을 주지 말아야 한다.

복식 호흡과 마사지를 한다

진통 간격이 짧아지면서 지속 시간이 길고 강해지면 배를 한껏 부풀렸다가 숨을 내쉬는 복식 호흡을 한다. 하지만 복식 호흡만으로 통증을 견디기 힘들 때는 호흡에 맞춰 마사지를 해주면 통증이 훨씬 덜하다. 남편이 분만 대기실에 함께 있을 경우 남편이 마사지를 해주는 것이 좋다.

한눈으로 보는 분만 과정 제1기(개구기)

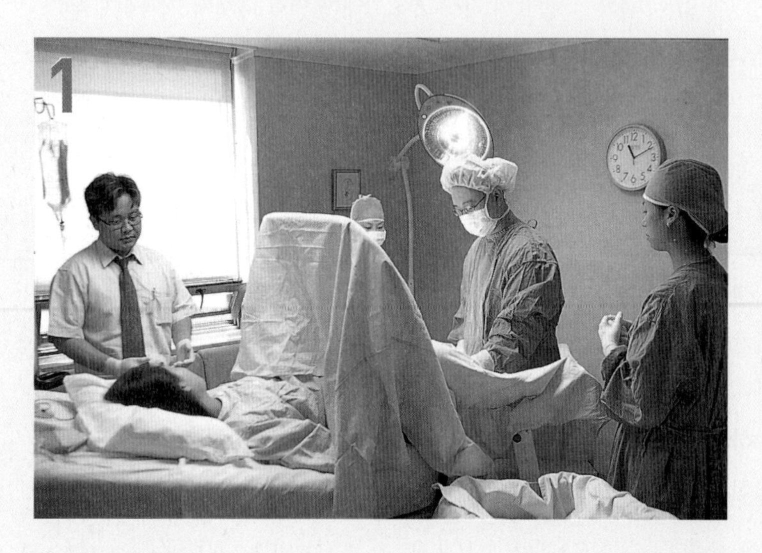

1. 자궁구가 10cm로 완전히 열린다

진통이 시작되면 자궁구가 천천히 열리기 시작한다. 처음에는 1㎝ 남짓 열린 상태에서 좀처럼 더 열리지 않다가 2㎝, 3㎝식으로 조금씩 더 열려 마침내 10㎝까지 열린다. 자궁구가 완전히 열리고 양수가 터지면 본격적으로 태아가 나오는 시기로 접어든다.

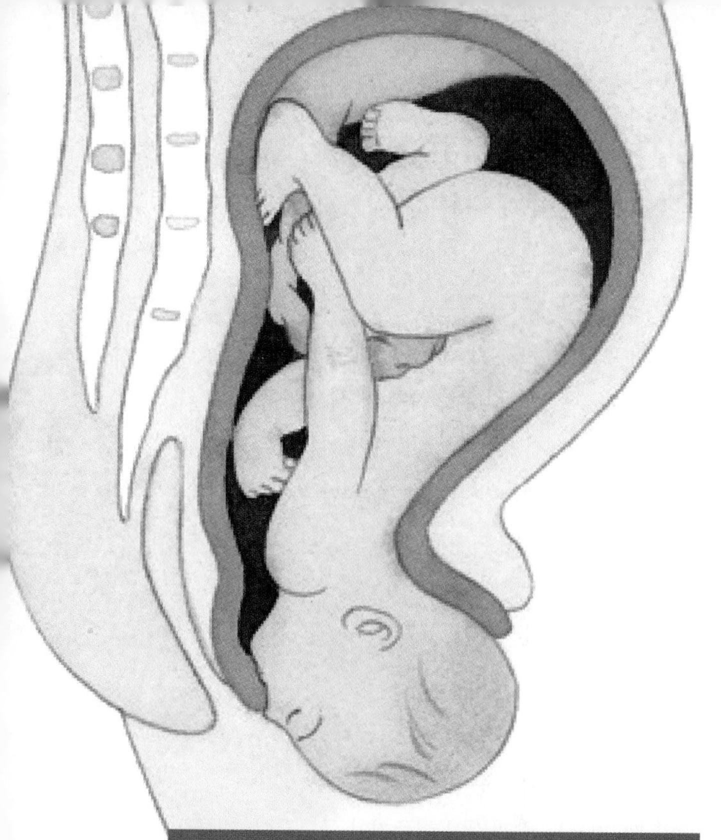

만출기 분만 제2기

소요 시간: 초산 2~3시간 | 경산 1~1시간 30분

- 분만 제2기 초반(자궁구의 크기 10cm)

  자궁구가 완전히 열리고 파수가 되어 양수가 흘러나온다.

- 분만 제2기 중반(자궁구의 크기 10cm)

  자궁 수축이 2~3분 간격으로 일어난다. 진통이 가장 심한 순간이다. 태아가 골반을 빠져나와 산도 입구에 다다르며, 자궁이 수축할 때마다 태아의 머리가 보인다.

- 분만 제2기 후반(자궁구의 크기 10cm)

  자궁이 수축하지 않을 때도 태아 머리가 보이며, 태아가 쉽게 나올 수 있도록 회음 절개를 한다. 한 차례의 강한 수축이 오고 나면 태아의 머리가 밖으로 나온다.

분만의 단계

단계 4 양수가 터진다

자궁구가 열리기 시작하면 양수가 터지고 혈액이 섞인 분비물이 늘어난다. 이때는 마치 따뜻한 물이 밑으로 흘러내리는 것 같은 느낌이 들며, 진통 때는 대변을 보고 싶은 느낌이 든다. 분만 제2기로 들어서면 아무리 몸을 이완하려 해도 자연스럽게 아랫배에 힘을 주게 된다.

단계 5 진통이 1~2분 간격으로 온다

분만 제2기에는 진통이 1~2분 간격으로 일어나며 60~90초 동안 지속된다. 이때는 힘을 주는 것이 중요하다. 진통 때마다 의사나 간호사가 언제 힘을 주어야 하는지 알려주므로 거기에 맞춰 호흡하고 힘을 주도록 한다. 진통 파동에 맞춰 힘주기를 하면 회음부에서 태아의 머리가 보이고, 진통이 가라앉으면 보이지 않게 된다.

단계 6 태아의 머리가 보인다

여기서 좀 더 진행되면 진통 사이에도 태아의 머리가 계속 보인다. 이 상태를 발로(發露)라고 하며, 이때 필요에 따라 회음 절개를 한다. 회음 절개는 보통 질 입구에서 항문 쪽으로 15도 정도 오른쪽으로 절개한다. 이때는 보통 국소마취를 하는데, 진통이 너무 심하기 때문에 산모는 절개 시 통증은 거의 느끼지 못한다. 발로가 되었다면 호흡을 '핫, 핫, 핫'하는 식으로 짧고 빠르게 한다. 이것은 회음이 찢어지는 것을 막기 위한 것으로, 간호사의 지시에 따라 호흡하면 된다.

단계 7 아이가 태어난다

분만 제2기의 진통은 거의 쉬지 않고 밀려오는 거대한 파도와 같다. 산모는 사력을 다해 힘을 주므로 자칫 무의식 상태에 빠지기 쉬운데, 끝까지 정신을 잃지 않도록 노력해야 한다. 그리고 힘을 줄 때 얼굴에 힘이 들어가면 실핏줄이 터지거나 어지럼증을 느끼게 되므로 얼굴에 힘이 들어가지 않도록 주의한다. 태아는 머리만 빠져나오면 나머지는 쉽게 나온다. 산모는 자신의 몸에서 뭔가 쏙 미끄러져 나오는 느낌이 들 것이다. 태아의 머리가 나오기 시작하면 배에 힘을 주지 말고 입 끝으로 빠르게 호흡하면서 천천히 밀려 나오게 한다. 분만 제2기에 들어가 2~3시간이 지나도 아이가 나오지 않으면, 흡인 분만이나 겸자 분만을 하거나 부득이하게 제왕절개 수술을 하기도 한다.

의사와 간호사의 처치

음모를 제거한다

병원에 따라 분만실에 가기 전에 하거나 분만대에 올라간 직후에 음모를 제거한다. 음모를 제거하는 이유는 털이나 모공에 붙어 있는 세균이 출산할 때 아이와 모체에 감염될 수 있기 때문이다. 또 회음 절개와 회음 열상 뒤에 쉽게 봉합하기 위해서도 필요하다.

소변을 빼낸다

소변이 모여 있으면 태아가 질구를 향해 내려오는 데 방해가 되고, 태아 머리가 요도를 압박하면 소변을 보고 싶어도 불가능한 경우가 많아 회음 절개를 하기 전에 부드러운 관을 요도에 삽입해 방광에 차 있는 소변을 밖으로 배출시킨다.

회음부를 절개한다

출산할 때 회음부는 얇은 종이처럼 불규칙하게 찢어지기 쉽고, 초산의 경우 회음부의 신축성이 낮아 태아가 쉽게 나오지 못하는 경우도 많아 회음부를 절개한다. 태아의 머리가 보이고 계속 수축이 일어나는 시기에 가위로 회음 절개를 한다.

산모가 해야 할 일

호흡과 함께 힘을 준다

분만 제2기에는 효과적인 힘주기가 중요하다. 진통이 느껴지기 시작하면 심호흡을 한 뒤 얕고 가볍게 숨을 들이마시고 짧게 내쉰 뒤 숨을 멈추고 힘주기를 한다. 힘을 줄 때는 항문이 천장을 향하도록 비스듬히 위로 하고 배가 아닌 엉덩이에 힘을 주도록 한다. 변비 때의 배변 동작을 생각하면서 항문에 힘을 주면서 내밀면 된다. 힘을 줄 때 입을 벌리거나 소리를 내면 숨이 새어나가므로 주의해야 한다.

힘주기 사이에는 몸을 최대한 이완시킨다

힘주기와 힘주기 사이에는 가능한 한 몸의 힘을 빼고 마음을 편하게 갖는다. 이는 다음 힘주기를 효과적으로 하기 위해서다. 근육이 긴장되어 있으면 출산이 더디게 진행되고 다음 힘주기가 더욱 힘들어지므로, 임신 기간 중 익힌 이완법으로 몸의 힘을 완전히 빼는 것이 중요하다.

태아의 머리가 완전히 빠져나오면 힘을 뺀다

태아의 머리가 모두 나오면 이제 힘을 주지 않아도 아이 혼자 힘으로 나올 수 있다. 그동안 온힘을 다했기 때문에 정신을 잃을 수도 있으므로 끝까지 차분하게 정신을 가다듬기 위해 노력해야 한다.

한눈으로 보는 분만 과정 제2기(만출기)

2 회음부를 절개한다

양수가 터지고 태아의 머리가 보일 정도가 되면 회음부가 극도로 늘어나 얇아진다. 회음부의 열상을 막고 태아가 쉽게 빠져나올 수 있도록 회음부에 국소마취를 한 다음 회음부를 절개한다.

3 태아의 머리가 보인다

회음부를 절개한 뒤 태아의 머리 위치를 확인한다. 태아의 머리가 보인다.

4 태아의 머리가 나온다

일단 태아의 머리가 나오면 어깨와 몸은 순식간에 나온다. 의사는 조심스럽게 태아의 머리를 잡아당긴다. 오랜 진통 끝에 드디어 태아가 탄생한다.

5 탯줄이 따라 나온다

태아와 엄마를 연결하고 있던 탯줄이 아이를 따라 나온다.

6 탯줄을 자른다

태아에게 영양과 산소를 공급하고 노폐물을 운반해 주던 탯줄을 남편이 자른다. 처음에는 길게 자른다.

7 신생아 응급 처치를 한다

갓 태어난 아이는 온몸이 태지와 혈흔으로 덮여 있다. 바로 응급처치에 들어간다.

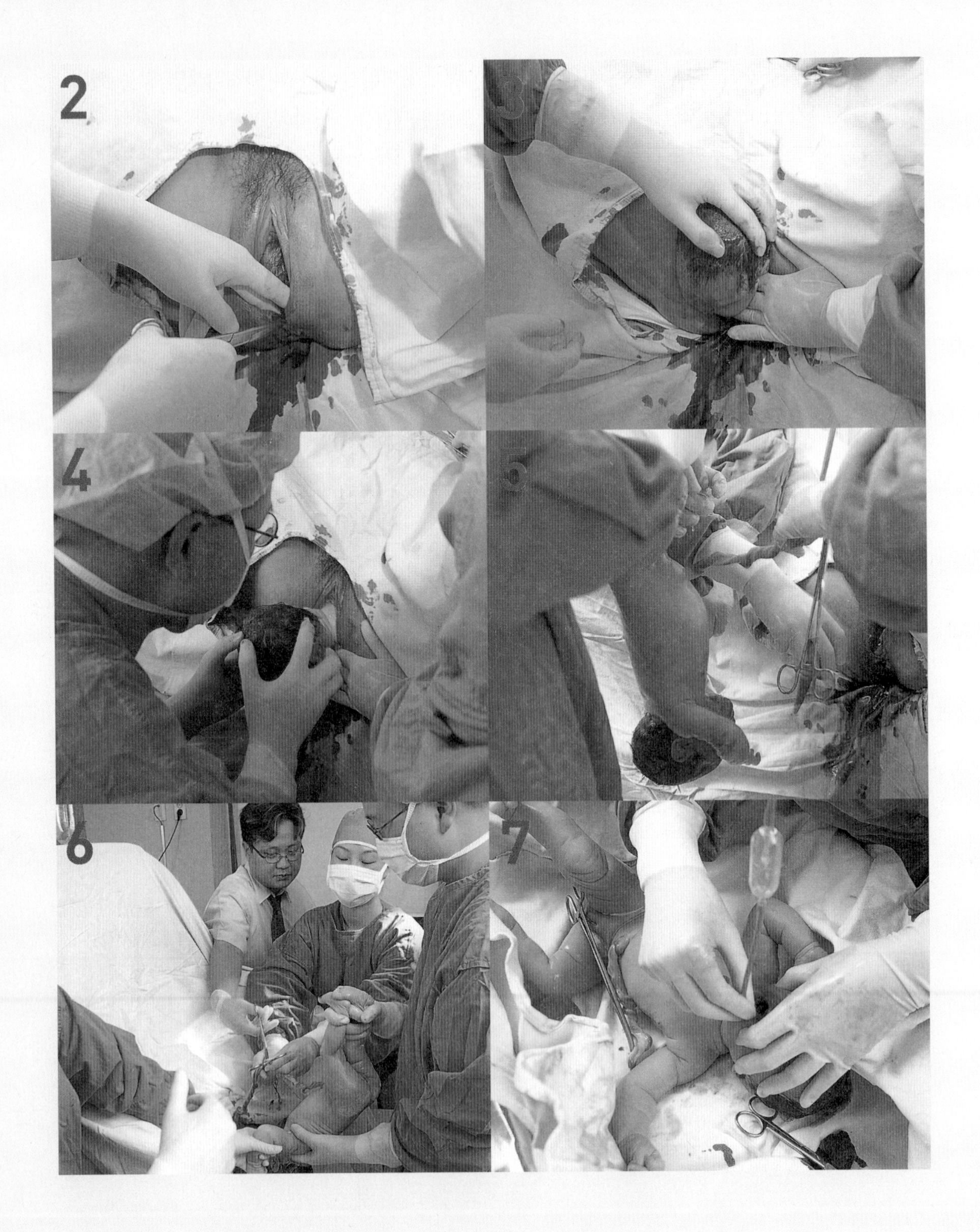
2
3
4
5
6
7

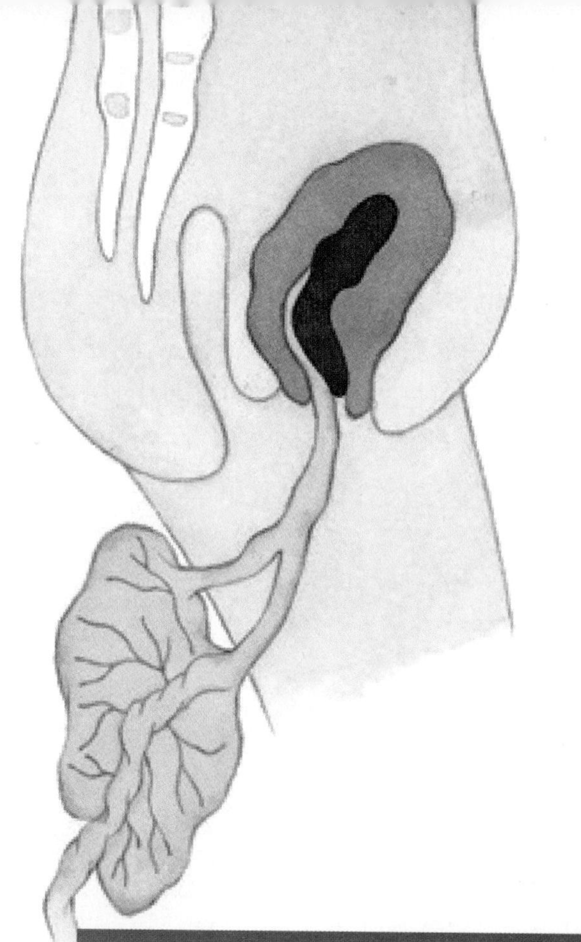

후산기 분만 제3기

소요 시간: 초산 15~30분 | 경산 10~20분

- 분만 제3기(자궁구의 크기 7~8cm)

  아이가 태어나고 5~10분이 지나면 가벼운 자궁 수축이 일어나며 태반이 나온다. 회음 절개 부위를 봉합하고, 출혈이나 열상이 있는지 확인하고 회복실로 옮겨 경과를 살핀다.

분만 단계

단계 8 엄마와 연결되었던 탯줄을 끊는다

아이가 '으앙'하고 첫 울음을 터뜨리면 엄마는 기쁨과 동시에 출산의 피로를 한꺼번에 느끼게 된다. 그러나 아직 출산이 끝난 것은 아니다. 탯줄과 태반 처리가 남은 것. 10개월 동안 자궁 안에서 태아와 태반을 연결하고 있던 생명줄인 탯줄은 아이가 태어나면 바로 두 곳을 겸자(가위 모양으로 된 외과 수술 용구)로 집은 후 그 사이를 자른다.

단계 9 후산통을 거쳐 태반이 배출된다

아이가 태어나고 약 10분이 지나면 가벼운 진통과 함께 자궁이 위로 올라가는 느낌이 드는데, 이때가 자궁으로부터 태반이 떨어져 나오는 순간이다. 산모는 다시 한 번 배에 힘을 주고 의사가 배를 눌러주면 미끄러지듯이 태반이 나온다.

의사와 간호사의 처치

태반을 체크한다

태반이 쉽게 나오지 않으면 자궁수축제를 주사하거나 탯줄을 잡아당겨 빨리 빼낸다. 또 태반이 나온 뒤에도 태반을 확인, 자궁 안에 태반이나 양막의 일부가 남아 있지 않은지 확인한다.

회음 절개 부위를 봉합한다

경관 열상이나 질 열상, 출혈을 확인하고 다른 이상

이 없으면 절개한 회음 부분을 봉합한다. 안쪽과 바깥쪽을 전부 봉합하는 데 걸리는 시간은 총 10분 정도로 대부분 국소마취를 하기 때문에 통증은 약간 따끔거리는 정도이고 무통마취를 한 경우 통증이 거의 없다.

신생아 체크

아이가 태어나면 분만실에서 즉시 응급처치를 하고 신생아의 건강을 체크한다. 호흡이나 심장박동, 반사 테스트, 황달, 외형 기형의 유무를 체크한 다음 간호사는 아이를 씻기고 몸무게, 머리 둘레, 가슴둘레를 잰다.

산모가 해야 할 일

태반이 나올 때 가볍게 힘을 준다

아이가 태어났다고 모든 것이 끝난 것은 아니다. 모든 통증이 끝났다고 안심하는 순간 후산통이 오면 당황할 수 있다. 태반이 완전히 배출될 때까지 긴장을 늦추지 말고, 태반이 쉽게 배출되도록 가볍게 힘을 준다.

회복실로 옮겨 안정을 취한다

회음부 봉합이 끝나면 산모는 자궁수축제를 맞으면서 분만실이나 회복실에서 2시간 동안 안정을 취한다. 이는 이완 출혈이나 회음혈종을 예방하고, 자궁수축 상태와 출혈량을 체크하기 위해서다. 순산의 경우 출산의 감동이 큰 만큼 흥분되겠지만, 차분한 마음으로 안정을 취하도록 한다. 안정을 취하는 동안 출혈이나 쇼크 등 이상이 없으면 입원실로 옮긴다.

한눈으로 보는 분만 과정 제2기(후산기)

8 태반이 나온다

아이가 태어나고 5~10분이 지나면 태반이 양막과 함께 몸 밖으로 나온다. 태반이 나온 후 몇 분 동안 출혈이 있다. 태반의 잔여물이 자궁 안에 남지 않도록 자궁 내부를 깨끗하게 닦는다.

9 탯줄을 집어 지혈한다

탯줄을 플라스틱 집게로 집어 지혈한다.

10 회음부를 봉합한다

출산 시 절개했던 회음부를 꿰맨다.

11 엄마 품에 아이를 안겨준다

엄마와 아이의 긴밀한 유대 관계를 위해 아이를 엄마 품에 안겨준다.

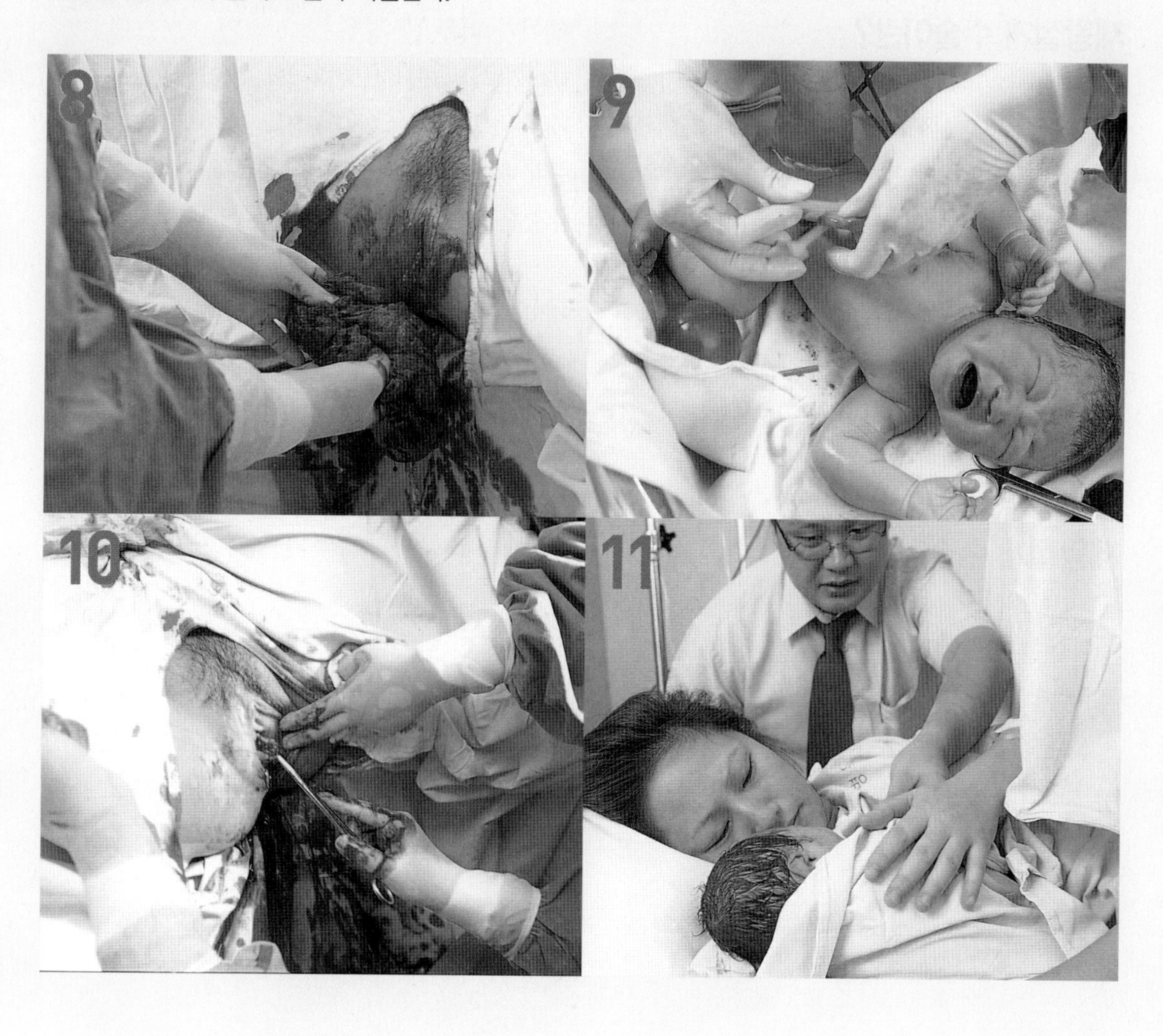

제왕절개 수술

가장 좋은 출산 방법은 자연분만이다. 하지만 원한다고 모두 자연분만을 할 수 있는 것은 아니다. 산모와 아이의 건강을 위해 제왕절개 수술을 해야 하는 상황이 발생할 수도 있다. 제왕절개 수술 과정과 필요성에 대해 알아본다.

제왕절개 수술이란?

제왕절개 수술은 모체의 복부 벽과 자궁을 절개해서 아이를 꺼내는 것을 말한다. 평소에 자연분만을 계획했던 임신부라도, 임신 후기에 뜻밖의 상황으로 제왕절개 수술을 받아야 하는 경우도 있다. 불가피한 상황에서의 제왕절개 수술은 어쩔 수 없는 일이지만, 출산의 고통을 덜기 위해 미리부터 제왕절개 수술을 결정하는 것은 바람직하지 않다.

제왕절개 수술의 필요성

첫아이를 제왕절개 수술로 낳은 경우

제왕절개 수술로 분만한 경험이 있는 임신부 대부분이 또다시 제왕절개 수술을 결정한다. 하지만 최근에는 첫아이를 제왕절개로 낳았더라도, 얼마든지 자연분만이 가능한 것으로 알려지고 있다.

태아가 너무 큰 경우

태아가 너무 커서 산도를 지날 수 없을 때도 제왕절개 수술을 받아야 한다. 의사는 태아의 머리 둘레나 몸무게 등을 재 자연분만이 어려울 경우 제왕절개 수술을 권한다.

다리가 먼저 나오는 둔위의 경우

태아의 다리나 둔부가 먼저 나오는 둔위 분만의 경우에도 제왕절개 수술을 권한다. 태아의 다리나 몸이 먼저 빠져나오고 나중에 어깨와 머리가 나오면 아이가 머리나 목을 다치거나 호흡 곤란을 겪을 수 있기 때문이다.

태반 조기 박리나 전치 태반의 경우

분만하기 전에 태반이 떨어져나가면 태아에게 산소와 영양소가 공급되지 않고, 태반이 산도를 막고 있으면 자연분만을 할 수 없다. 이럴 경우 대부분 신속하게 제왕절개 수술을 결정해야 한다.

그 외의 경우

임신부가 임신중독증에 걸렸을 때, 과숙아로 임신부와 태아의 안전이 위험할 때도 제왕절개 수술을 할 수 있다. 또 자연분만 중 분만이 잘 진행되지 않거나 태아가 진통을 견디지 못해 심장박동에 이상이 생기면, 태아의 안전을 위해 바로 제왕절개 수술을 결정하기도 한다.

제왕절개 수술 과정

단계 1 수술 준비

출산 전에 미리 제왕절개 수술을 결정했다면 입원 전 피 검사와 소변 검사, 간 기능 검사, 흉부 엑스선 검사, 심전도 검사 등 수술에 필요한 검사를 하고, 8시간 전부터 금식해야 한다. 또 제왕절개도 수술이므로 산모나 보호자인 남편이 수술동의서를 작성하게 된다.

단계 2 복부를 소독하고 마취한다

수술실에 들어가면 우선 수술 시 세균 감염을 막기 위해 음모를 깎고 복부를 소독한다. 제왕절개를 할 경우 수술 뒤 1~2일 정도는 움직일 수 없기 때문에 수술 전에 도뇨관을 끼워놓는다. 그런 다음 링거를 통해 마취약을 투여해 마취시킨다.

단계 3 복부와 자궁벽을 절개한다

먼저 치골(엉덩이뼈의 앞과 아래쪽을 이루는 부분)위 3cm 정도의 복부를 10~12cm 길이로 절개한다. 보통 수술 자국이 덜 남도록 가로로 절개한다. 복벽을 절개한 다음 태아가 있는 자궁벽 역시 가로로 절개한다.

단계 4 태아를 꺼낸다

절개 부위에 양손가락을 넣고 잡아당겨 자궁 하부 조직을 분리한다. 의사는 손을 집어넣어 태아의 머리 위치를 확인한 다음 태아의 머리를 잡고 자궁 밖으로 천천히 끌어낸다. 이때 옆에서는 자궁 속 양수를 계속 뽑아내며 아이의 응급처치를 준비한다. 머리가 빠져나오면 어깨가 빠져나오고 계속해서 어깨를 잡아당기면 몸 전체가 빠져나온다.

아이의 몸이 모두 빠져나오면 탯줄을 자르고, 아이의 입과 기도에 남아 있는 이물질을 흡입관을 써서 밖으로 내보낸다.

단계 5 태반을 들어낸다

아이가 완전히 나오면 태반과 양막을 자궁벽으로 분리시킨 뒤 들어낸다. 이어 의사가 집게손가락으로 자궁 경부에 태반과 양막 잔여물이 남아 있는지 확인한다. 문제가 없으면 봉합 단계로 넘어간다.

단계 6 수술 부위를 봉합한다

수술 부위 봉합은 여러 단계에 걸쳐 진행된다. 자궁 봉합에서 복벽 봉합까지 모두 7~8단계를 거친다. 자궁 봉합이 끝나면 자궁을 제자리에 넣고 피하지방을 가지런히 정리한 다음 겹겹이 차근차근 꿰매나간다. 이때는 체내에 흡수되는 실을 사용한다.

마지막으로 겉 피부를 봉합할 때는 피부 표면에 흡수되지 않고 제거해야 하는 실을 주로 사용한다. 봉합이 끝나면 감염을 막기 위해 철저하게 소독하고, 피부를 봉합한 실은 추후에 제거한다.

제왕절개 수술 후의 문제점

산후 회복이 느리고 통증이 심하다

출산에 대한 공포가 큰 임신부의 경우 진통 없이 수월하게 출산할 수 있다는 생각에 제왕절개 수술을 원하기도 한다. 물론 수술을 하면 출산 당일의 고통은 겪지 않을 수 있다. 하지만 수술 후 수술 부위의 통증이 진통 못지않게 고통스럽다는 점을 기억해야 한다. 또 제왕절개 분만은 자연분만에 비해 산후 회복이 느리고, 가스가 나오는 2~3일 정도는 금식해야 하는 등 여러 가지 어려움이 있다.

수술 후유증이 남을 수 있다

종합병원의 숙련된 의사에게 수술을 받은 경우에는 큰 문제가 없겠지만, 그렇지 못할 경우 여러 가지 트러블이 발생할 수 있다. 산모의 체질이 수술을 받아들이지 않으면 염증 등의 부작용이 생길 수 있고, 제왕절개 부위가 간지럽고 따끔거리는 증세가 나타나기도 한다.

출산 횟수 제한을 받는다

제왕절개 수술은 일반적으로 두 번, 특별한 경우에 세 번까지 받을 수 있지만 출산 횟수에 제한이 따른다.

제왕절개 수술 과정

1 수술 준비

입원 전 피 검사, 간 기능 검사, 흉부 엑스선 검사, 심전도 검사 등을 하고 8시간 전부터 금식한다.

2 복부를 소독하고 마취한다

하복부의 음모를 깎고 복부를 소독한다. 도뇨관을 끼운 다음 마취약을 투여한다.

3 복부와 자궁벽을 절개한다

치골 위 3cm 정도의 복부를 10~12cm 절개하고, 차례로 복벽과 자궁벽을 절개한다.

4 태아를 꺼낸다

자궁 하부 조직을 분리한 다음 태아의 머리를 잡고 자궁 밖으로 천천히 끌어낸다. 아이의 몸이 완전히 빠져나오면 탯줄을 자른다.

5 태반을 들어낸다

태반과 양막을 자궁벽에서 분리시킨 다음 태반을 들어낸다. 자궁에 잔여물이 남아 있는지 확인한다.

6 수술 부위를 봉합한다

자궁 경부부터 복벽까지 단계별로 진행한다.

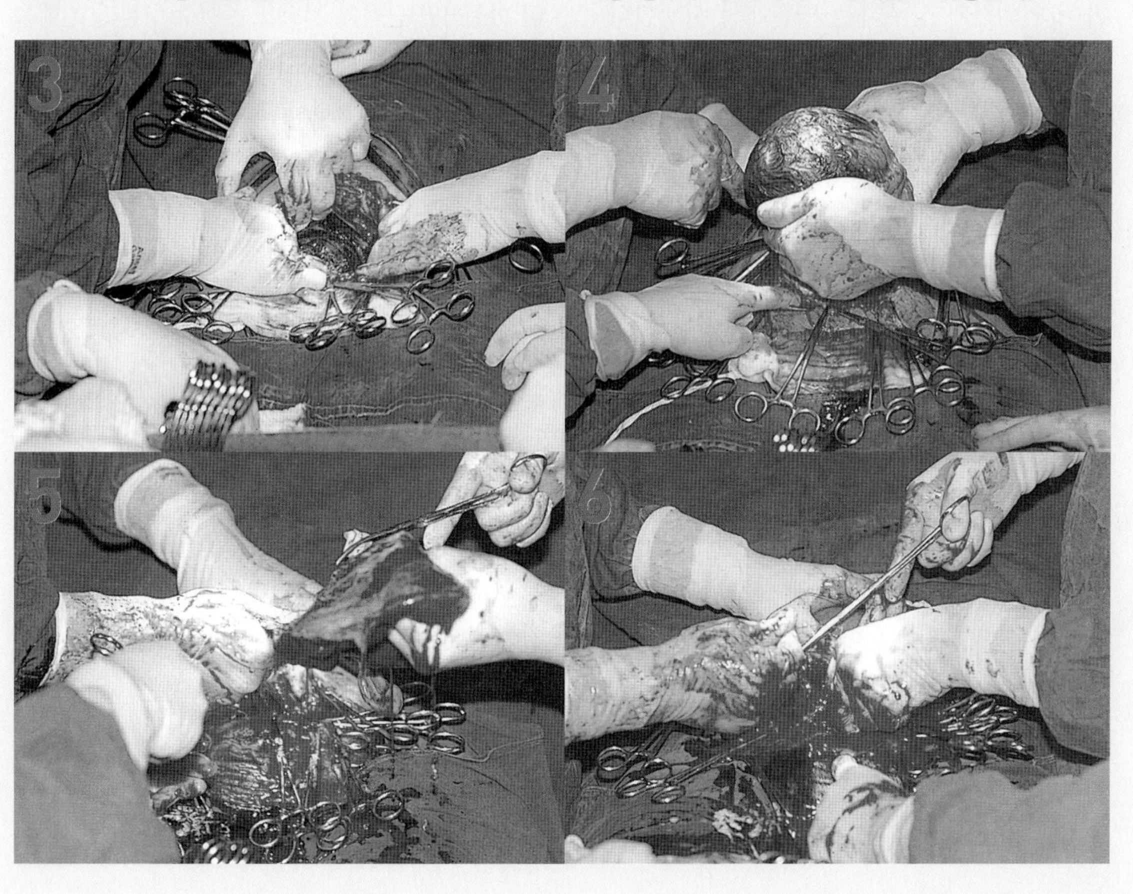

무통 분만

자연분만 시 진통을 없애주는 방법으로 임신부와 태아에게 나쁜 영향을 주지 않고 분만 과정을 지연시키지 않는다. 임신부의 하반신을 마취시켜 통증을 느끼지 않으면서 질식 분만을 진행하는 것이다. 운동신경은 마비시키지 않고 감각신경만 마취해 임신부가 출산 진행 과정을 다 알 수 있고, 태아가 나오는 만출기에는 스스로 힘을 줄 수 있다.

무통 분만 시술 방법

마취과 의사가 상주하는 병원에서 시행한다

모든 병원에서 무통 분만이 가능한 것은 아니다. 마취는 일반 산부인과 의사가 할 수 없는 의료 행위로, 고도의 기술과 경험이 있는 마취과 전문의가 있는 병원에서 해야 한다. 마취를 잘못할 경우 저혈압이나 통증, 구토, 메스꺼움, 감염 등의 문제가 생길 수 있기 때문이다.

경막 외강에 마취 주사를 놓는다

경막 외 마취는 척추를 둘러싸고 있는 제3요추의 경막 외강에 실시한다. 먼저 천자침으로 경막 외강까지의 길을 만든 다음 마취제를 투여할 관을 삽입한다. 천자침은 관의 삽입이 끝나면 제거하고, 관이 움직이지 않도록 반창고 등을 이용해 고정시킨 뒤 마취제를 주입한다. 한 번 마취제를 투여하면 1~2시간 정도 효과가 있으며, 아이가 나올 때까지 지속적으로 마취제를 투여한다.

자궁이 4~5cm 정도 열렸을 때 마취한다

경막 외 마취는 마취 시점이 중요하다. 진통이 강할 때 마취하면 근육의 긴장을 풀어주어 분만 진행을 촉진하지만, 약할 때 마취하면 자궁 수축이 억제되어 분만 진행을 방해하기 때문이다. 따라서 경막 외 마취는 자궁구가 4~5cm 정도 열리고 진통이 강하게 시작된 후에 한다. 마취를 하면 근육이 느슨해져 자궁 수축이 쉽게 일어나고 긴장이 완화되어 분만이 빨리 진행된다.

분만 2기에는 힘주기를 한다

무통 분만을 하면 태아가 저절로 나온다고 생각하는 경우가 많은데 그렇지 않다. 경막 외 마취는 통증을 덜어 골반과 자궁구의 근육 이완을 도와줄 뿐 태아가 나오는 순간에는 의사의 지시에 따라 임신부가 적절한 힘주기를 해야 한다.

STEP 05

분만의 종류

수월한 자연분만을 위해 가족 분만, 무통 분만, 라마즈 분만, 르바이예 분만, 수중 분만, 그네 분만, 소프롤로지 분만, 공 분만, 듀라 분만, 기체조 분만 등 여러 가지 분만법을 이용하고 있다. 다양한 분만법에 대해 알아본다.

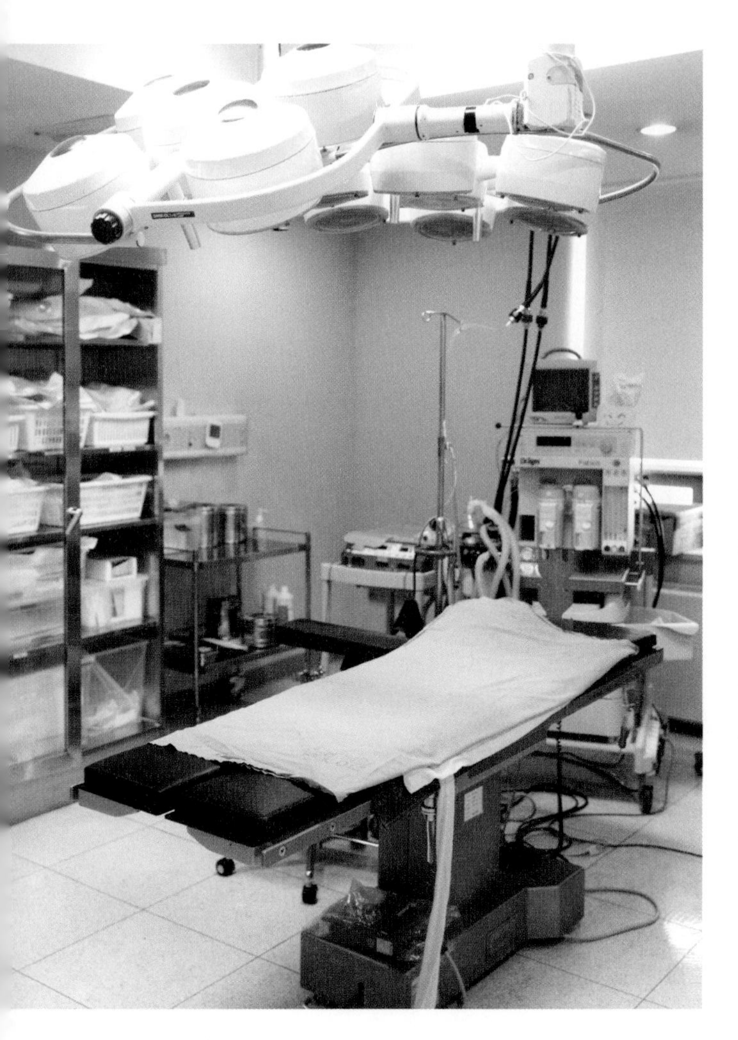

가족 분만

가족 분만은 분만할 때 가족이 함께 참여하는 분만법으로 최근 우리나라의 많은 산부인과에서 개설해 운영하고 있다. 지금까지 출산은 임신부만의 몫으로 인식되어왔지만, 가족 분만의 경우 남편과 가족이 함께 출산에 참여함으로써 출산을 고통의 시간이 아닌 가족 축제의 시간으로 만든다.

가족 분만은 분만 시 임신부가 겪는 두려움을 해소하기 위해 진통과 분만, 분만 후의 회복 등 일련의 과정이 LDR이라는 특수 침대 한 곳에서 이루어진다. 임신부가 한자리에서 끝까지 출산을 마칠 수 있고, 가족이 분만의 전 과정을 함께할 수 있기 때문에 임신부가 심리적으로 안정된 상태에서 아이를 낳을 수 있다. 가족 분만을 위해 1인용 LDR실을 이용할 경우 정상 분만비 외에 병실료 10만~20만원 정도가 추가된다.

라마즈 분만

연상법·이완법·호흡법이 삼위일체를 이루는 심리요법이다. 라마즈 분만은 자연분만 때 일어나는 진통을 심리요법을 통해 최소화하는 정신 예방적 분만이라 할 수 있다. 러시아의 의사들이 처음 고안한 이 분만법은 1951년 이래 프랑스 의사 라마즈 박사가 정리, 소개하면서 라마즈 분만이라고 이름 붙였다.
라마즈 분만은 출산 진행에 따른 자신의 몸 변화와 아이 상태를 이해하는 것이 가장 중요하다. 그리고 연상법·이완법·호흡법을 통해 진통을 완화하면서 출산을 빠르게 진행시킨다. 출산이라는 급박한 상황에서 이 3가지가 조화를 이루기 위해서는 평소에 충분히 연습해두어야 한다. 임신부의 노력 여하에 따라 라마즈 분만이 성공적으로 진행될 수도, 아무 소용이 없을 수도 있기 때문이다.

라마즈 분만 방법 ① 연상법

연상법이란 말 그대로 기분 좋은 상황을 머릿속에 그려 체내에 엔도르핀 분비를 증가시켜 통증을 덜 느끼게 하는 것이다. 즐거운 생각을 함으로써 엔도르핀 수치가 높아지면 진통제를 맞은 것 같은 효과를 볼 수 있다.
어떠한 연상이라도 기분이 좋아지면 효과가 있지만 되도록 정적인 경험이 도움이 된다. 한가롭고 조용한 휴식처, 연애 시절의 좋았던 기억, 앞으로 태어날 아이와의 행복한 시간들을 상상하다 보면 몸과 마음이 평화롭고 안정된다. 또 평소에 좋아하는 음악을 듣거나 기도문을 암기하는 것도 효과적인데, 개인에 따라 얼마든지 다른 연상의 소재를 가질 수 있다. 하지만 막상 진통이 시작되면 기분 좋은 연상을 하기가 쉽지 않다. 평소에 소재를 찾아 연상 연습을 해본다.

라마즈 분만 방법 ② 이완법

진통이 시작되면 통증 때문에 온몸이 경직되고 경직된 근육에서 나온 젖산이 축적돼 쉽게 피로를 느끼게 된다. 근육이 경직되면 자궁구가 열리는 것을 방해해 진통 시간이 연장되지만, 반대로 진통 시 온몸의 근육을 풀어줄 수 있다면 자궁구가 빨리 열리고 그만큼 분만 시간도 단축된다.
몸을 이완한다는 것은 머리끝부터 발끝까지 온몸의 힘을 빼는 것을 말한다. 몸이 이완되면 좋은 연상을 할 때와 마찬가지로 엔도르핀 분비가 늘어나 통증이 덜한 효과가 있다. 온몸의 힘을 빼기 위해서는 관절의 힘을 빼는 연습을 하는 것이 좋다. 우선 손목과 발목 관절의 힘을 빼는 연습부터 팔꿈치, 어깨 관절, 무릎 관절, 고관절, 목관절의 힘을 빼는 연습을 차례로 한다. 몸의 힘을 빼는 것이 말처럼 쉬운 일은 아니므로 꾸준한 연습이 필요하다. 남편은 아내가 연습할 때 이완이 잘되도록 도와주고, 실제로 이완이 잘되었는지 점검해주어야 한다.

라마즈 분만 방법 ③ 호흡법

호흡법은 분만 중 불규칙해지는 호흡을 바로잡아 임신부와 태아에게 산소 공급을 원활히 하고, 진통에만 쏠리는 신경을 호흡 쪽으로 분산시켜 진통을 줄여주는 효과가 있다. 라마즈 호흡법은 흉식 호흡을 기본으로 하므로 평소 자신의 호흡 횟수를 알아야 한다. 보통 1분의 정상 호흡수는 17~20회인데, 편안한 상태에서 남편이 아내의 호흡수를 재도록 한다.
라마즈 호흡법은 분만 제1기에 사용하는 세 가지 호흡법과 태아가 만출되는 분만 제2기에 하는 힘주기, 힘 빼기 호흡법 등 다섯 가지로 나눌 수 있다. 호흡법은 이완과 진통이 충분히 연습되었다는 가정하에 1가지를 더 첨가하는 것이므로, 세 가지 방법을 출산 때까지 하루 20~30분 정도 꾸준히 연습하는 것이 중요하다.

라마즈 분만의 장점

라마즈 분만의 또 다른 특징은 남편이 적극적으로 분만에 참여할 수 있다는 점이다. 남편과 함께 라마즈 강좌를 수료하면 분만 시 남편은 임신부가 호흡법·연상법·이완법을 실시할 때 코치 역할을 하게 된다. 이처럼 남편이 분만에 참여함으로써 임신부는 정신적으로 안정되고, 남편은 책임감을 가지는 동시에 아기가 탄생하는 순간을 함께할 수 있다.

라마즈 분만 강좌

라마즈 분만 강좌는 현재 종합병원을 중심으로 분만 준비 교실을 통해 교육이 이뤄지고 있다. 임신 28~34주 된 임신부를 대상으로 매주 1~2회씩 4~6주간 교육을 실시한다. 라마즈 분만 강좌를 들은 후 집에서 꾸준히 연습해두면 출산 시 적절히 이용할 수 있다.

르바이예 분만

프랑스 산부인과 의사인 프레드릭 르바이예가 창안한 분만법으로 아이의 고통을 최소화하는 것이 목적이다. 즉, 아이 중심의 분만법이다. 열 달 동안 어둡고 조용한 엄마 뱃속에서 지내온 아이가 출생 후 전혀 다른 환경에 서서히 적응할 수 있도록 엄마 뱃속과 비슷한 환경을 만들어준다. 엄마는 약간 어둡고 따뜻한 방에서 출산을 준비하고, 출산 후에도 최대한 아이가 외부 환경에 적응할 수 있게 한다.

르바이예 분만 방법

분만실에는 임신부가 태교를 하면서 평소에 즐겨 듣던 음악을 틀어놓는다. 분만실의 조명은 최대한 어둡게 하고 조용히 분만을 진행한다. 임신부는 분만 직전까지 계속해서 몸을 움직여 진통을 줄인다. 아주 조용하고 부드럽게 아이를 받은 다음, 탯줄을 즉시 자르지 않고 아이의 안정을 위해 엄마 배 위에 5~6분 정도 엎어두었다가 탯줄의 박동이 그친 뒤 자른다. 이렇게 받은 아이는 악에 받친 소리로 울지도 않을뿐더러 이내 눈을 뜨고 주변을 살피다 편안한 숨소리와 표정으로 잠든다.

르바이예 분만의 장점

집과 같은 편안한 분위기에서 출산하기 때문에 임신부의 심신이 안정된다. 또한 분만실 조명이 어둡기 때문에 아이 시력이 손상되는 것을 막아준다.

유도 분만

임신을 유지하는 것보다 분만을 시도하는 것이 임신부나 태아의 건강에 유리하다고 판단되면 약물을 이용해 옥시토신이라는 진통촉진제를 맞고 진통을 유도한다.

유도 분만 적응증

- **분만 예정일이 1~2주 지난 경우**
  태아에게 위험할 수 있음.
- **양막 파수 후 자궁 수축이 없는 경우**
  자궁 내 감염의 위험도가 있음.

자궁 내 감염

- **태아 발육 지연**
  자궁 내 환경이 태아에게 불리함.
- **거대아**
  난산의 위험이 있음.
- **양수과소증**
  태아 저산소증의 가능성이 있음.
- **임신중독증**
  임신부와 태아에게 심각한 합병증을 유발할 수 있음.

유도 분만 금기증

유도 분만의 금기증은 임신부나 태아에게 분만과 진통 과정이 위험할 수 있는 경우다. 이전에 고식적인 제왕절개 수술이나 자궁근육층을 포함하는 자궁 수술을 한 경우, 전치 태반 또는 전치 혈관, 제대 탈출, 거대아가 확실한 경우, 태아 수두증, 횡위 등의 비정상 태위, 태아 곤란증이나 임신부의 협골반, 자궁 경부암, 활동성 생식기 헤르페즈 감염 등이 해당된다. 이 밖에 다태 임신, 임신부가 심장 질환이 있는 경우, 다산력, 둔위, 시급한 분만이 필요하지는 않지만 정상 태아 심장박동 양상을 보이지 않는 경우, 전에 자궁 하부 횡절개로 제왕절개 수술을 받은 경우, 중증 고혈압인 경우에도 유도 분만 시 주의해야 한다.

흡인 분만

자연분만 중 태아에게 이상이 있을 때 신속하게 태아를 꺼내는 방법으로 겸자 분만보다 시간은 오래 걸리지만 비교적 안전한 방법이다. 금속제나 플라스틱제 흡인 컵을 태아의 머리에 밀착시켜 자궁 수축이 일어날 때를 정확하게 맞춰 작동시켜 살짝 잡아당긴다. 만일 컵이 두 번 이상 벗겨지면 상황에 따라 겸자 분만이나 제왕절개 수술을 해야 한다.

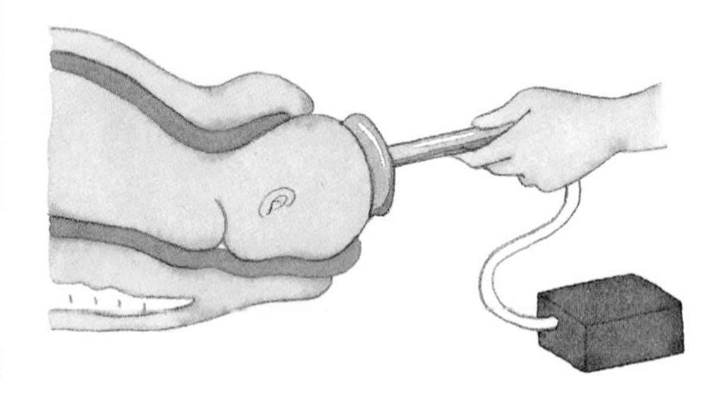

겸자 분만

분만 2기 무렵에 갑자기 태아의 심장박동 수가 느려지고 위험해지거나 임신부에게 문제가 생겼을 때 실시하며, 흡인 분만에 비해 태아를 끌어내는 힘이 좀 더 강하다. 주걱 모양의 금속제 기구인 겸자 2개를 왼쪽과 오른쪽 순서대로 산도에 집어넣어 태아의 머리를 정확하게 잡은 뒤 약간 들어올리면서 임신부의 힘주기에 맞춰 살짝 잡아당긴다. 최근에는 여러 가지 이유로 겸자 분만이 많이 줄어들고 있으며, 분만이 다 끝나가는 상황이 아니라면 제왕절개 수술을 하는 경우가 많다.

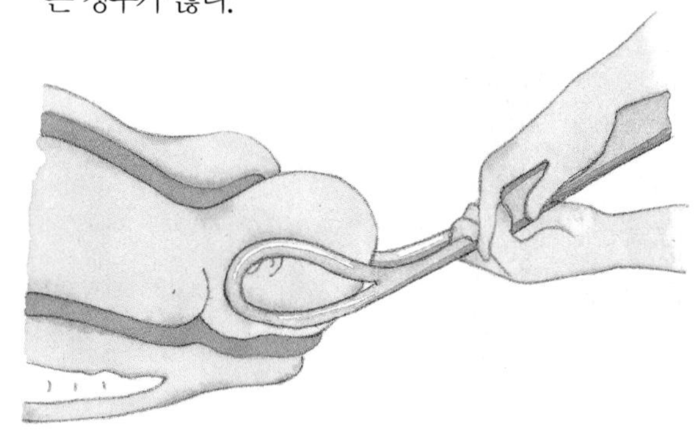

소프롤로지 분만

소프롤로지(Sopfrology)는 그리스어 Sos(조화·평안) Pfren(영혼·정신) Logos(연구·학술)가 어원으로, 정신과 육체의 훈련을 통해 마음과 신체를 안정시키는 학문이다. 1960년대에 스페인의 신경정신과 전문의인 알폰소 카이세도가 서양의 근육이완법과 동양의 선·요가를 응용해 고안한 명상법으로, 1976년 프랑스의 산부인과 의사인 장 크레프가 처음으로 분만에 적용했고, 현재는 유럽과 일본 등지에서 널리 호응을 받고 있다. 국내에는 1997년 삼성제일병원에서 처음 도입한 후 많은 병원에서 시행하고 있다. 소프롤로지 분만 훈련은 연상 훈련·산전 체조·복식 호흡으로 이루어지는데, 산전에 강좌를 통해 훈련법을 익힌 후 분만에 임하게 된다.

소프롤로지 분만 방법 ① 연상 훈련

연상 훈련은 잠들기 바로 직전인 소프로리미널 상태로 의식을 가라앉혀 분만 시 일어날 일을 떠올리는 방법이다. 진통이 시작됐을 때의 분만 대기실, 분만하는 자신의 모습, 태어날 아이의 얼굴 등을 마음 편한 상태에서 미리 떠올리는 것이다. 이렇듯 자신의 성공적인 출산 모습을 떠올리면서 출산에 대한 자신감을 갖게 된다.

소프롤로지 분만 방법 ② 호흡법

복식 호흡을 기본으로 한 소프롤로지식 호흡법은 분만 시 태아에게 산소를 충분히 공급하고 자궁의 활동을 촉진한다. 진통이 시작되는 초반부터 호흡을 시작하며 완전 호흡법, 세차게 내뿜는 호흡법, 소프롤로지 호흡법, 만출 시 호흡법 등을 강좌를 통해 배우고 연습하게 된다.

소프롤로지 분만 방법 ③ 산전 체조

소프롤로지식 산전 체조는 요가 동작에서 따온 것으로, 명상 상태에서 근육을 자유롭게 긴장하거나 이완시켜 분만 시 통증을 줄여준다. 기본자세인 책상

다리 자세부터 목과 목덜미 운동, 고양이 자세, 양팔 긴장 훈련, 신체 도식 훈련, 케겔 체조, 만출 시 힘주는 자세 등을 연습한다.

소프롤로지 분만의 장점

분만 시 고통을 줄여주는 방법에는 크게 인위적 방법(수중 분만·무통 분만 등)과 자율적 방법(라마즈·소프롤로지 등)이 있다. 이 중 소프롤로지 분만은 자율적 분만에 태교 개념을 더한 보다 적극적인 분만 방법이라고 할 수 있다. 기존의 라마즈 분만과도 차이가 있다. 라마즈는 통증을 다스리고 소프롤로지는 마음을 다스린다는 기본적인 차이가 있고, 호흡법 또한 라마즈는 흉식, 소프롤로지는 복식 호흡을 사용한다. 소프롤로지 분만법으로 출산할 경우 몸과 마음의 긴장이 풀리면서 산도가 충분히 이완되기 때문에 회음부 열상이나 출혈이 적고, 개인에 따라 회음 절개를 하지 않아도 순조롭게 분만할 수 있다. 또한 복식 호흡을 하기 때문에 체내 가스 교환이 잘 이루어지고 태아에게 산소를 충분히 보낼 수 있는 것도 장점이다.

소프롤로지 강좌

보통 임신 7~8개월 된 임신부를 대상으로 주 2회, 4주 과정으로 강좌를 연다. 훈련 강도가 크지 않기 때문에 대부분의 임신부가 안전하게 강좌를 들을 수 있다.

수중 분만

고대로부터 내려오던 분만법을 현대 의학에서 보다 안전하게 받아들인 것이 바로 수중 분만이다. 수중 분만은 태아에게 태내 환경과 같은 외부 환경을 만들어줌으로써 탄생 시 스트레스를 최소화하고 임신부의 진통을 억제하는 효과가 있다.

약 30℃ 정도의 미지근한 물(양수와 같은 농도의 염분을 지닌 소독된 용액)을 채운 수중 분만용 욕조 안에서 출산하는데, 좌식 분만법이기 때문에 골반이 잘 벌어지고, 힘을 주기도 쉬우며, 무엇보다 남편이 물속에서 출산 과정을 같이하기 때문에 심리적 안정을 준다.

수중 분만 방법

자궁 경부가 5cm 정도 열리면 수중 분만실로 이동한다. 물에 들어가기 직전에 태아의 심장박동을 측정하고, 수중 진통을 하는 동안에는 간헐적으로 측정한다. 분만 시 욕조의 물은 37℃ 정도로 양수와 같은 온도로 유지되며, 임신부가 편안하게 안정을 취할 수 있도록 조명을 은은하게 하고, 임신부가 좋아하는 음악을 들려준다. 분만 시간이 너무 길어지면 자칫 탈수될 수 있으므로 분만 도중 물을 수시로 마신다. 긴장을 풀고, 자궁 수축이 있는 동안 깊게 심호흡을 하며, 가장 편안한 자세를 취한다. 분만 후 엄마가 아이를 품에 안고, 탯줄은 아빠가 자른다. 태반 배출도 물속에서 이루어진다.

수중 분만의 장점

사람들은 대부분 물속에 들어가면 신체 조직이 이완

되면서 편안함을 느낀다. 수중 분만 시 물에 잠기는 신체 부분이 부력에 의해 가벼워지면서 이완되고 임신부는 물속에서 자유롭게 자세를 바꿀 수 있어 진통을 줄이는 효과가 있다. 아이를 낳을 때 가장 편안한 자세는 쪼그리고 앉는 자세인데, 수중 분만은 임신부가 원하는 편안한 자세로 아이를 낳을 수 있어 분만 시간이 단축된다.

또한 물속에서는 회음부의 탄성이 증가해 회음부를 절개하지 않고 분만할 수 있는 것도 장점. 분만 후에도 질벽의 가벼운 손상만 있을 뿐 통증은 거의 없다. 그 외에도 수중 분만을 하면 외부 환경이 모태와 심하게 바뀌지 않은 상태이기 때문에 태아가 출생 시 받는 스트레스를 최소로 줄일 수 있다. 엄마와 아이 모두 편안한 상태에서 만나게 되므로 각자 정서가 안정되고 유대 관계도 깊어진다.

수중 분만의 단점

수중 분만 시 가장 염려되는 부분은 태아의 감염이다. 물이 깨끗하지 못하거나 분만 시 배출되는 이물질에 의해 태아가 병균에 감염될 수 있다. 따라서 임신부나 남편은 물에 들어가기 전에 반드시 깨끗하게 샤워를 하고, 분만 시 물이 더러워지면 자주 갈아주어야 한다.

또한 수중 분만은 태아 감시 장치를 장착하기 어려워 태아나 모체의 상태를 관찰할 수 없고 분만 시 출혈량을 가늠하기 어려운 단점이 있다. 따라서 임신 경과가 순조롭고 태아와 모체의 건강에 이상이 없는 경우에만 가능하다는 제약이 따른다.

그네 분만

그네 분만은 임신부가 자세를 자유롭게 취할 수 있는 좌식 분만법을 이용한다. 그네 분만에 사용하는 분만대는 충격을 완충시키는 굵은 고리 모양 철봉에 그네처럼 매달려 있다. 몸의 자세에 따라 의자 모양 받침대도 바뀌어 분만 시 뒤로 눕거나 앉는 등 자세 바꾸기가 자유로우며, 허리 부분에는 찜질 기구가 있다. 진통 중인 경우 그네에 앉아 있는 자세로 골반을 전후좌우로 흔들 수 있고, 기계 조작을 통해 좌식 분만 자세를 취할 수 있어 고통이 훨씬 줄어든다. 수중 분만과 마찬가지로 남편과 가족이 분만 과정에 참여할 수 있어 심리적으로도 안정된다.

그네 분만 방법

분만 대기실에 있다가 규칙적으로 강한 진통이 오고 자궁이 5cm 정도 벌어지면 그네 분만실로 자리를 이동한다. 임신부는 수액 주사를 맞고, 경우에 따라 자궁수축제를 맞는다. 그네 분만대에 올라가면 그네를 타는 것처럼 엉덩이를 앞뒤로 흔들며 평소 익혀둔 호흡법을 실시한다.

의사의 지시에 따라 무릎을 구부리고 들어 올려 마지막 힘을 주면 아이가 탄생한다. 가족이 함께 참여하는 가족 분만이므로 탯줄은 아빠가 자른다.

그네 분만의 장점

국내에서는 그네 분만을 시도한 지 얼마 되지 않아 그 효과와 장단점에 대해서는 더 많은 검증이 필요하다. 하지만 지금까지의 임상 결과에 따르면, 그네 분만법을 이용한 임신부 대부분이 무사히 자연분만을 끝내 그 효과를 인정받고 있다. 그네 분만은 임신부가 자세를 자유롭게 바꾸며 그네를 타는 식으로 움직이기 때문에 통증이 완화되고, 기계 조작을 통해 앉기 때문에 근육이 이완되어 분만이 촉진된다는 장점이 있다.

그네 분만의 단점

앞에서 말한 바와 같이, 그네 분만의 역사가 오래되지 않은 까닭에 효과나 장단점에 대한 연구가 충분히 이루어지지 않았다는 게 단점이다. 따라서 분만 시 긴급한 사태에 대비하기 힘든 것이 사실이다. 또 그네 분만은 좌식 분만법으로 중력의 힘을 이용하기 때문에 아이가 내려오는 힘에 의해 회음부의 열상이 클 수 있다.

그네 분만을 하려면

그네 분만은 질병으로 수중 분만을 하지 못하는 임신부도 가능하다. 하지만 부기가 심한 임신중독증일 경우 오랫동안 앉아서 분만하는 좌식 분만법은 피해야 한다. 그네 분만을 원할 때는 의사와 미리 상담한 후 그네 분만 시설이 갖추어진 곳을 선택한다.

공 분만

특수 제작한 공을 이용해 산전·산후 체조는 물론 진통 중에도 자유로운 자세를 취해 요통을 줄이고 진통 시간도 짧게 하는 분만 방법이다. 진통이 오면 커다랗고 탄력이 좋은 공 위에 앉아 몸을 움직이거나 배를 공에 대고 눌러 진통을 완화시킨다.
분만 공을 타고 전후좌우로 엉덩이를 흔들면 골반이 부드럽게 열리는 효과가 있고, 공을 껴안고 엎드린 자세로 이리저리 움직이면 호흡도 조절된다.

듀라 분만

필리핀 산부인과 의사들이 출산 통증을 줄여주기 위해 고안한 분만법이다. 분만 전부터 분만이 끝날 때까지 '듀라'라는 분만 보조자가 곁에서 산통 주기에 맞춰 호흡법과 이완법, 효과적인 힘주기에 대한 여러 가지 조언과 함께 통증 시 전신 마사지 등을 해줘 고통을 덜어주는 분만법이다.
듀라 분만은 분만 시 추가 비용이 없고 별도의 교육 과정을 거치지 않아도 이용할 수 있다는 것이 장점이다. 하지만 듀라와 임신부 간 호흡이 잘 맞아야 효과가 있다. 우리나라에서는 유일하게 강남 차병원에서 실시하고 있다.

기체조 분만

기체조란 몸을 이완시키는 체조와 단전호흡, 명상을 익혀 출산 통증을 줄이는 분만법이다. 호흡과 이완법의 원리는 라마즈나 소프롤로지 분만과 같지만 연상법에서 큰 차이를 보인다. 다른 분만법이 기분 좋은 추억이나 상상력으로 통증에 대처하는 것과 달리

기체조는 아이의 통증을 먼저 생각하고 모성애를 통해 통증을 참아낸다.
기체조의 경우 6개월 이상 수련해야 몸에 변화가 일어나고 무통 분만이 가능한 만큼 시간을 많이 투자해야 한다. 특히 기체조 무통 분만에서 시행하는 체조는 임신 중에 흔히 일어나는 요통·어깨 결림·엉덩이 통증 등을 예방하는 효과가 뛰어나고, 순산에 도움을 주는 것은 물론 심신 수련을 하기 때문에 태교에도 큰 도움이 된다.

자연주의 출산

자연주의 출산은 의학적인 도움이나 간섭 없이 임신부 스스로 출산하는 것을 말한다. 회음부 절개, 관장, 제모, 촉진제, 무통 주사 등의 의료적 개입 없이 출산한다. 기존 분만 환경이 의료진 중심이었다면 자연주의 출산은 엄마와 아이가 중심인 셈이다. 분만 시에도 탯줄을 바로 자르지 않고 태맥(탯줄의 맥박)이 저절로 없어진 뒤에 자른다. 태반도 인위적으로 꺼내지 않고 저절로 나올 때까지 기다린다. 모든 과정이 자연적으로 이루어지게 하는 것이다.
진통과 분만이 원활하게 진행돼 자연주의 출산을 하면 산모의 몸 회복도 빠르고 정신적 만족감도 높은 등 장점이 많다. 그러나 전문의의 판단 없이 자연주의 출산만 고집하면 그 폐해는 고스란히 아이와 엄마에게 간다. 전문의의 판단을 무시한 출산은 안전하지 않아 산모와 아이에게 문제가 생길 수 있다.

자연주의 출산이 어려운 경우

1 제왕절개 경험이 있는 경우

제왕절개를 하면 자궁에 상처가 남는데, 다음 출산 시 상처가 벌어질 수 있다. 그렇게 되면 극단적인 경우 임신부나 태아의 생명이 위험해질 수 있다.

2 일반적인 고위험 임신부

기본적으로 고위험 임신부에겐 권하지 않는다. 임신부가 35세 이상, 직계가족의 선천성 기형 병력, 임신 중 감염, 다량의 자궁근종이나 자궁 기형, 흡연 및 알코올 중독, 과도한 저체중 및 비만 등에 해당하는 경우다.

3 임신부나 태아에게 이상이 있는 경우

자연주의 출산은 임신부와 태아가 모두 건강해야만 가능하다. 한쪽만 건강하다면 자연주의 출산이 어렵다.

4 자연분만이 어려운 경우

골반이 남성형으로 작거나 진통이 지속돼도 분만 진행이 안 되는 경우, 탯줄이 감겨 있는 경우가 해당된다.

신생아 응급처치

우렁찬 울음소리와 함께 세상에 태어난 아이는 분만실에서 몇 단계의 의료 처치를 받은 후 신생아실로 옮겨진다. 이 과정에서 의료진은 아이의 신체적 이상 유무를 신속하게 판단하고 적절한 처치를 한다. 아이가 엄마 품에 안기기 전에 받는 의료 처치와 신체검사에 대해 알아본다.

출생 직후의 신생아 의료 처치

아이가 태어나면 의사는 탯줄을 끊고 아이의 입안과 폐의 양수, 이물질을 없애 숨을 쉬게 해준다. 먼저 입안의 이물질을 제거하고 가느다란 관으로 폐의 작은 이물질까지 제거한다. 그래야 아이가 힘차게 울 수 있다. 그리고 태어날 때 길게 잘라 지혈해두었던 탯줄을 3~4㎝만 남기고 자른 후 다시 묶는다. 탯줄은 생후 일주일쯤 지나면 자연적으로 떨어진다. 소독수로 눈에 들어 있는 양수를 말끔히 씻어준 다음 엄마 뱃속에 있을 때와 태어날 때 묻은 태지나 혈흔을 말끔히 씻어준다. 그리고 다시 탯줄을 소독한다. 이렇게 간단한 의료 처치가 끝나면 엄마의 이름, 태어난 시간, 아이의 체중을 기록한 발찌와 팔찌를 아이에게 채워준다. 마지막으로 발 도장을 찍은 다음 태어난 시간, 키, 몸무게 등 기본적인 정보를 담아 족문표에 기록한다.

신생아 응급처치 과정

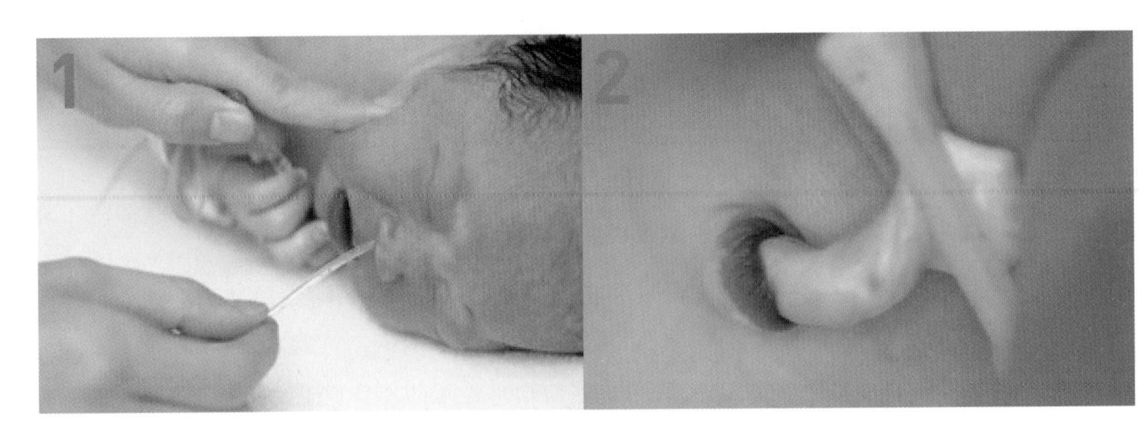

1 입과 코의 이물질을 빼낸다

아이의 폐는 산도를 나오면서 압박을 받는데, 이때 고인 이물질이 코와 입으로 계속 올라온다. 아이의 입과 코 속에 가느다란 관을 넣어 양수를 빼내고 후두와 기관지에 남아 있는 이물질도 깨끗하게 없앤다.

2 탯줄을 짧게 자른다

아이가 태어날 때 조금 길게 잘라놓은 탯줄을 3~4cm 정도만 남기고 다시 자른 뒤 끝을 플라스틱 집게로 집어놓는다.

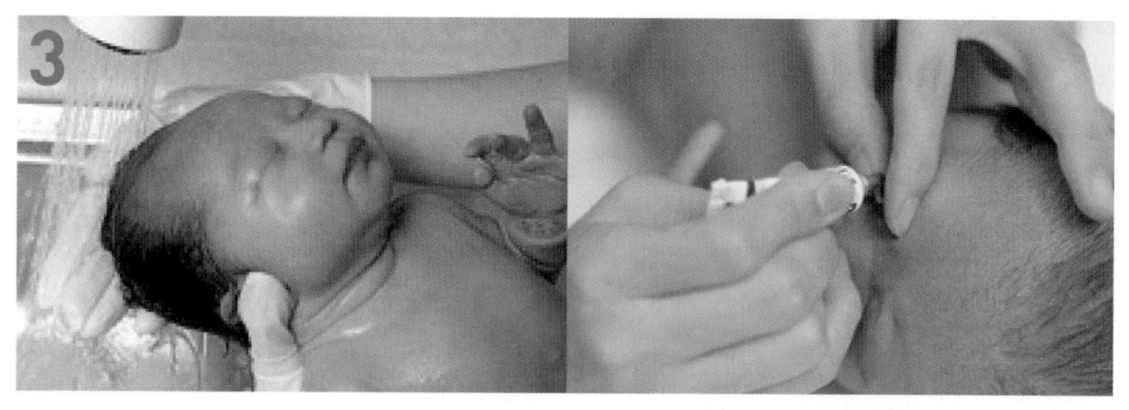

3 목욕을 시킨다

응급처치가 끝나면 비로소 아이는 제대로 숨을 쉴 수 있다. 뱃속에 있을 때 묻었던 태지나 산도를 지나올 때 묻은 피 등을 닦아낸다.

4 눈을 소독하고 안연고를 넣는다

아이가 눈을 뜰 수 있도록 눈꺼풀 사이에 낀 이물질을 제거하고 안연고를 바른다.

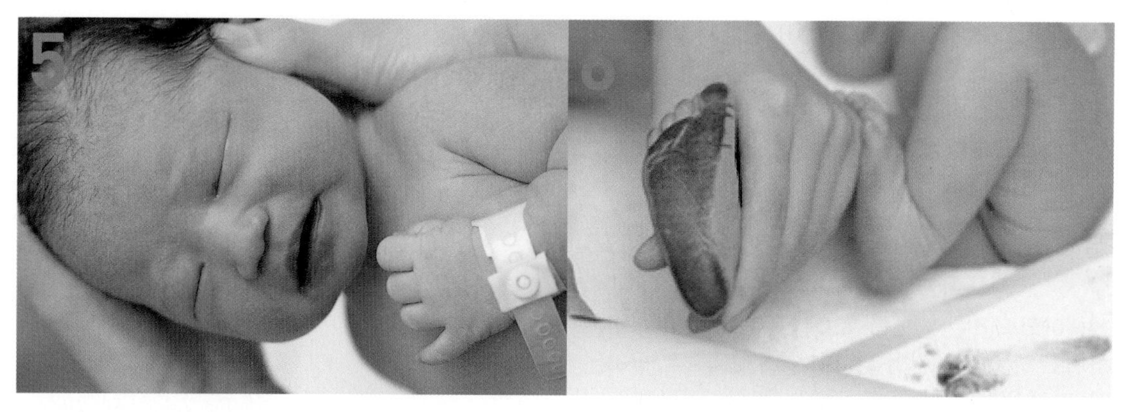

5 팔찌와 발찌를 채운다

엄마의 이름, 아이의 성별, 태어난 시각, 몸무게 등을 기록한 팔찌와 발찌를 아이에게 채워준다.

6 발 도장을 찍는다

아이의 인감도장과도 같은 발 도장을 찍는다. 태어난 시각, 키, 몸무게 등을 족문표에 기록한다.

신생아 아프가(Apgar) 검사

기본적인 의료 처치가 끝난 아이는 몇 가지 검사를 받는다. 우선 우는 모습이나 발버둥질할 때의 모습을 살펴보고, 머리부터 발끝까지 외관상 이상은 있는지 살펴본다. 그 다음 청진기로 아이의 심장과 폐의 이상을 체크하고 호흡수나 호흡법을 살펴본다.

또한 신생아의 전체적인 건강을 검진하기 위해 생후 1분과 5분에 신생아 아프가 검사를 실시한다. 대부분의 신생아는 아프가 스코어가 7~10점으로 상태가 양호하지만, 아프가 스코어가 그 이하일 경우 정도에 따라 산소를 주입하고 인큐베이터에 넣는다.

| 아프가 스코어

징후	0	1	2
심장박동 수	없음	100 미만	100 이상
호흡	없음	느림, 불규칙	좋음, 울음
근육 긴장도	늘어짐	사지를 구부림	활발히 움직임
자극 반응도	무반응	찡그림	활발히 움
피부 색깔	청색, 창백	몸통은 분홍색, 사지는 청색	완전히 분홍색

(위의 다섯 가지 징후의 합이 10점인 경우 가장 건강한 신생아 상태임.)

신생아 신체검사

1 외형적 기형을 확인한다

다운증후군, 언청이 같은 기형 여부와 머리, 목, 항문, 성기, 다리 길이 등에 이상이 있는지 눈으로 확인한다.

2 손가락 개수를 확인한다

손가락 개수와 손을 쥐는 힘이 있는지 확인한다.

3 머리 둘레를 잰다

신생아의 머리는 산도를 빠져나오는 동안 모양이 변하기도 하는데, 시간이 지나면 본래 모양으로 돌아온다. 머리 둘레는 일반적으로 33~35cm 정도인데, 너무 크거나 작을 때는 정밀 검사를 실시한다.

4 키와 몸무게를 잰다

신생아의 평균 신장은 50cm, 몸무게는 3.0~3.5kg 정도다.

5 진찰을 한다

외형적 신체 이상을 확인한 뒤 폐나 심장, 피 검사 등을 통해 아이의 몸속 건강 상태를 체크한다.

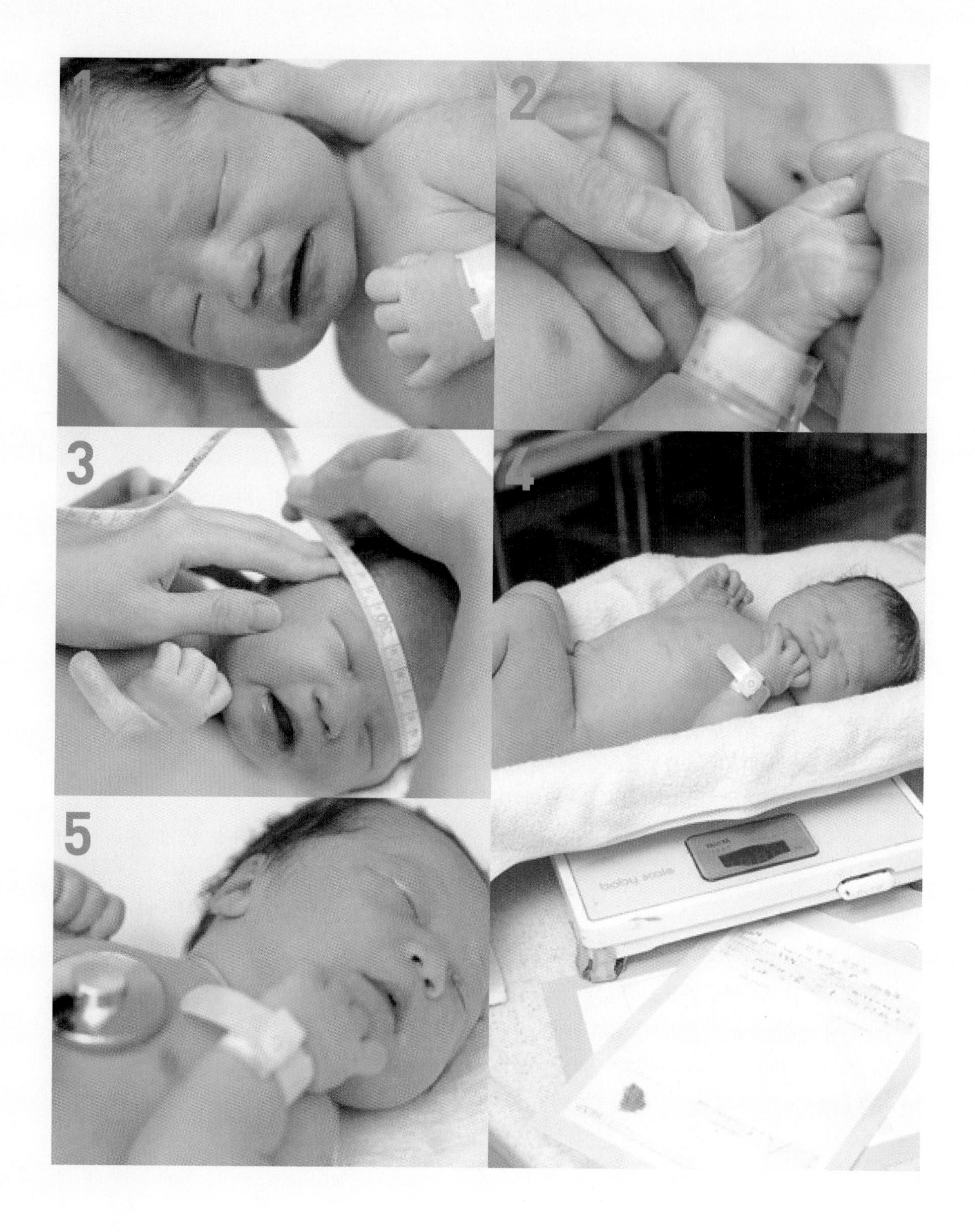
1
2
3
4
5
baby scale

여러 가지 분만 트러블

모든 임신부의 소망은 아무 문제없이 출산하는 것이다. 그러나 출산 전이나 분만 도중 예상치 못한 이상으로 출산이 순조롭지 못한 경우도 적지 않다. 분만과 관련해 생길 수 있는 여러 가지 트러블과 그에 따른 올바른 대처법을 짚어본다.

조기 파수

정상 분만에서는 진통이 어느 정도 진행된 후 양수가 터지면서 아이가 태어난다. 그런데 분만 진통 전에 양수가 터지는 것을 조기 파수라고 한다. 조기 파수는 임신부 5명 중 1명꼴로 일어날 정도로 흔하지만, 파열되는 양막의 위치에 따라 느끼는 정도가 전부 달라 조기 파수가 되었다는 것을 전혀 느끼지 못하고 지나가는 경우도 있다. 또한 임신 경과가 순조로운 상황에서도 일어날 수 있고, 자궁경관무력증이나 다태 임신, 양수과다증으로 인해 일어나기도 하고 질 감염이 원인이 되어 일어나는 경우도 있다.

대처법

조기 파수가 되면 질을 통해 세균이 침입할 수 있고, 그로 인해 태아가 세균에 감염될 위험이 있으므로 주의해야 한다. 세균 감염을 방지하기 위해 절대로 목욕을 해서는 안 된다. 조기 파수인 경우 곧바로 병원에 가야 한다.

전치 태반

출산이 시작되면 자궁구가 열리는데, 이때 출혈이 심하다면 전치 태반을 의심해볼 수 있다. 태반은 보통 자궁 위쪽에 있는데, 태반의 위치가 너무 낮아 자궁구를 막고 있는 상태를 전치 태반이라고 한다. 전치 태반을 일으키는 원인은 여러 가지인데, 자궁 내막에 염증이 생겼거나 발육 부전, 유산이나 인공 중절 경험 등이 대표적이다.

대처법

증세가 가벼운 하부 태반의 경우 자연분만이 가능하지만, 심할 경우에는 제왕절개를 하는 것이 안전하다. 자궁구가 완전히 막혀 있어 태아가 빠져나올 입구를 찾지 못하게 되고, 자궁구가 벌어지면서 출혈이 심해질 수 있기 때문이다.

태반 조기 박리

태반은 아이가 태어난 뒤 떨어져 나오는 것이 정상인데, 그전에 태반이 먼저 떨어지는 것을 태반 조기 박리라고 한다. 태반 조기 박리는 임신 후기에 일어나기 쉽고 강한 진통과 함께 출혈이 발생한다. 임신중독증 증세가 있는 경우 가벼운 외부 충격으로도 태반이 떨어질 수 있고, 배에 심한 충격이 가해지면 태반이 일찍 떨어지기도 한다.

대처법

태반의 일부가 떨어진 경우라면 바로 제왕절개를 해서 아이를 낳을 수 있지만, 태반이 완전히 떨어진 상태라면 태아가 큰 위험에 빠지게 된다. 특히 출산이 시작되기도 전에 임신중독증으로 태반이 떨어져 나오면 매우 위험하므로 임신 중 갑자기 복통이나 출혈이 있을 때는 재빨리 진찰을 받아야 한다.

아두 골반 불균형

태아가 산도를 무사히 통과해 밖으로 나오기 위해서는 엄마의 골반이 적어도 태아가 통과할 수 있는 크기가 되어야 한다. 엄마의 골반이 태아의 머리에 비해 너무 작아 태아가 빠져나오기 어려운 경우를 아두 골반 불균형이라고 한다. 이 경우에는 자연분만으로 출산하기가 어렵다.

대처법

태아와 엄마의 안전을 생각해 제왕절개를 하거나, 진행이 지연되는 경우 제왕절개를 고려한다.

진통 미약

진통은 자궁이 수축할 때 생기는 통증이다. 자궁 수축에 의해 지금까지 닫혀 있던 자궁구가 조금씩 열리고 이에 따라 아이가 점점 밑으로 내려간다. 하지만 처음부터 진통이 미약하거나 처음에는 잘 진행되다가 도중에 진통이 약해지는 경우가 있는데, 이를 진통 미약이라고 한다.

진통 미약은 다태 임신이나 양수과다증, 거대아 출산 등으로 자궁이 지나치게 커져 자궁 근육이 늘어난 경우에 일어나기 쉽다. 또 태아의 위치가 정상이 아니거나 아두 골반 불균형, 자궁 경부가 너무 딱딱한 경우에도 출산 시간이 길어지면서 자궁 근육이 약해져 일어날 수 있다.

대처법

진통이 미약한 경우에는 진정제 등을 사용해 안정을 취하면서 체력을 보강하는 것이 중요하다. 하지만 이러한 조치를 한 후에도 진통이 잘 이루어지지 않을 때는 진통촉진제를 주사하거나 심한 경우 제왕절개 수술을 한다.

태아 가사

출산 중에 태아에게 산소가 충분히 공급되지 않아 태아가 저산소 상태에 빠지는 것을 태아 가사라고 한다. 태아에게 산소가 제대로 공급되지 않으면 태아의 뇌나 장기에 장애가 일어날 수 있고, 출산 후 태아 사망으로 이어지기도 한다. 태아 가사의 원인은 과숙아나 출산 시간 지연, 임신중독증, 조산 등이다.

대처법

임신중독증 등으로 태반 기능이 저하되었을 때는 제왕절개로 출산하는 것이 안전하다. 하지만 출산 중에 이상이 나타난 경우에는 엄마에게 주사나 산소를 공급하면서 겸자 분만이나 흡인 분만, 또는 제왕절개 등을 통해 재빨리 출산하도록 조치해야 한다.

탯줄 감김

탯줄의 길이는 50cm 정도인데, 이것이 태아 몸에 감겨 있는 경우가 있다. 목에 감겨 있는 경우가 가장 많으며, 손발에 감겨 있는 경우도 있다. 대부분 문제없이 출산할 수 있지만, 출산 때 탯줄이 태아를 압박해 저산소 상태가 되면 태아가 위험해질 수도 있으므로 주의해야 한다. 탯줄 감김은 대개 태아가 양수 속에서 몸을 심하게 움직여서 일어나는데, 탯줄이 지나치게 짧거나 긴 경우에도 일어날 수 있다.

대처법

출산 중 태아가 위험하다고 판단되면 겸자 분만이나 흡인 분만으로 아이가 빨리 나올 수 있도록 하고, 상태가 심각한 경우 제왕절개로 재빨리 아이를 꺼내야 한다.

자궁 이완 출혈

태아와 태반이 다 나왔는데도 출혈이 멈추지 않는 것을 자궁 이완 출혈이라고 한다. 이는 태반이 떨어진 후에도 자궁이 정상적으로 수축되지 않아 자궁벽에서 출혈이 계속되는 것이다. 대부분 거대아나 다태아, 양수과다증 등으로 자궁벽이 지나치게 늘어났을 때 일어나는데, 한꺼번에 많은 양의 피가 쏟아져 나오거나 때로는 적은 양의 출혈이 끊이지 않고 계속되기도 한다.

대처법

자궁 이완 출혈이 일어나면 즉시 자궁수축제를 주사하거나 자궁의 수축력을 높이기 위해 자궁저를 마사지하는 등 응급처치를 한다. 그래도 지혈이 안 되면 수혈과 함께 재빨리 자궁색전술이나 자궁적출술을 시행한다. 보통 산후 2시간 정도는 이완 출혈이 일어나기 쉬우므로 자궁의 수축 상태나 출혈량을 잘 살펴보아야 한다.

자궁경관열상

자궁경관열상이란 태아가 나오면서 자궁의 일부분인 자궁경관에 큰 상처를 내어 출혈이 멈추지 않는 경우를 말한다. 보통 출산을 하다 보면 자궁경관에 많은 상처가 나는데 대부분은 저절로 아문다. 하지만 상처가 심해 자궁경관열상으로 진전된 경우에는 많은 출혈을 일으켜 엄마가 위험에 빠진다. 자궁경관열상의 원인은 자궁의 신축성이 나쁘거나 태아 자세에 문제가 있을 때, 출산이 급격하게 진전된 경우, 거대아나 고령 초산 등이다.

대처법

갑자기 많은 출혈이 있을 때는 지혈을 하면서 찢어진 부분을 봉합한다. 자궁경관열상으로 인해 태아나 산모가 큰 위험에 빠지는 경우는 드문 편이므로 크게 걱정할 필요 없다.

유착 태반

태반은 아이가 태어나고 5~10분 정도 지나면 저절로 자궁벽에서 떨어져 밖으로 나오는 것이 정상이다. 하지만 태반의 융모가 자궁의 근육층에 침입해 태반의 일부나 태반 전체가 자궁벽에 붙어 떨어지지 않는 경우가 있는데 이를 유착 태반이라고 한다. 유착 태반은 선천적으로 자궁 내막에 문제가 있거나 자궁이 기형인 경우, 인공 중절 수술을 받은 적이 있는 경우에 흔히 일어난다.

대처법

자궁 속에 태반이 남으면 자궁 수축이 원만히 이루어지지 않아 출산 뒤 출혈이 많아진다. 따라서 이런 경우에는 의사가 배 위를 손으로 누르면서 탯줄을 잡아당기거나 자궁 속에 손을 넣어 강제로 태반을 끄집어내기도 한다. 그 후 출혈을 확인하고 지혈 조치를 한다.

STEP 08

출산 후 병원 생활

자연분만의 경우 진통 과정이 길고 힘들지만 자궁 수축과 몸 회복이 빨라 보통 3일 정도 입원하고, 제왕절개 분만은 7일 정도 병원에서 지내야 한다. 그동안 병원에서 어떻게 지낼지 출산 후 병원 생활 스케줄을 알아본다.

자연분만 후 병원 생활

출산 당일 충분한 휴식을 취한다

출산을 마친 산모는 병실로 가기 전에 회복실로 옮겨져 자궁수축제를 맞고 2시간 정도 안정을 취한다. 이는 출산 후 혹시 일어날지 모를 쇼크나 출혈에 대비하기 위해서다. 이때 산모에게 별다른 이상이 없으면 입원실로 옮겨 7~8시간 정도 숙면하며 휴식을 취한다. 만약 회음 절개 부위의 통증이나 배앓이가 심하다면 간호사에게 즉시 알려 조치를 받아야 한다. 회음 절개나 출산 때 파열된 부위를 봉합한 사람은 상처 때문에 어느 정도의 고통을 느끼게 된다. 순산한 경우 대개 8시간 정도 잠을 푹 자고 나면 조금씩 걸을 수 있다. 하지만 출산 때의 출혈로 현기증을 일으키기 쉬우므로 갑자기 몸을 움직이지 말고 보호자의 도움을 받는 것이 좋다.

아이를 낳고 적어도 6시간 후에는 소변을 보아야 한다. 소변을 참으면 방광염에 걸릴 수 있으므로 3~4시간에 한 번씩 화장실에 간다. 만약 8시간이 지났는데도 소변을 보지 못했다면 간호사에게 알려 조치를 받

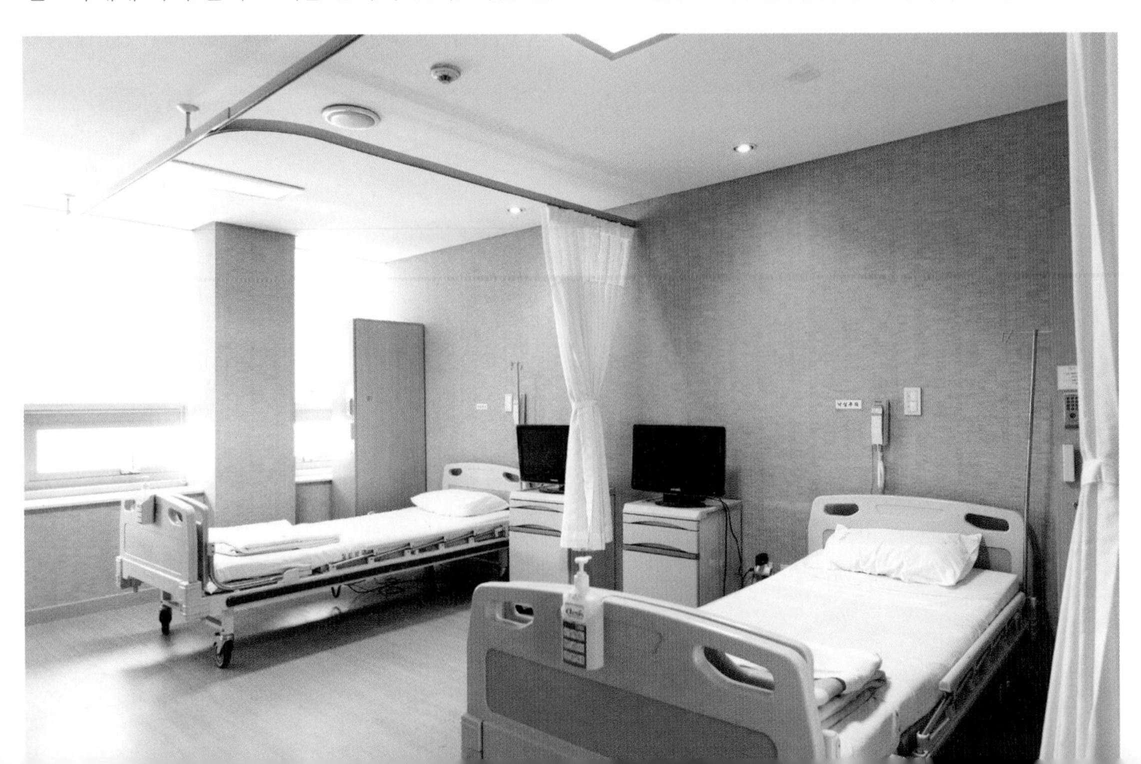

는다. 소변을 본 후에는 반드시 외음부의 앞에서 뒤쪽으로 깨끗이 닦아 세균 감염이 일어나지 않도록 한다. 또 오로의 양이 많기 때문에 자주 패드를 갈아 청결하게 유지하며, 상처가 빨리 아물 수 있도록 좌욕과 열 치료를 받는다.

2일째 산욕 체조와 수유를 시작한다

몸에 이상이 있거나 궁금한 점이 있으면 회진 때 의사에게 물어 몸 상태를 점검한다. 충분히 휴식한 산모는 이제 어느 정도 마음의 안정을 찾게 되지만, 오로의 양은 전날보다 훨씬 많아진다. 이는 자연스런 현상이므로 불안해할 필요 없다. 단, 혈액이 덩어리째 비친다면 간호사에게 즉시 알려야 한다.

이때부터는 회음 봉합 부위의 상처를 빨리 아물게 하고 손상된 질이나 자궁이 세균에 감염되지 않도록 정해진 시간에 좌욕을 해야 한다. 피로가 풀리고 정신적인 여유가 생기면 서서히 산욕 체조도 시작한다. 처음에는 화장실을 가거나 침대 위에서 조금씩 몸을 움직이는 가벼운 동작부터 시작한다. 또 아직 유방이 붓거나 땅기지 않더라도 수유를 위해 미리 유방 마사지를 해주는 것이 좋다.

3일째 육아나 수유법 등 생활 지도를 받고 퇴원한다

빠르면 이날부터 초유가 나오기 시작한다. 원활한 수유를 위해 유방 마사지를 본격적으로 실시하고, 수유실에 가서 아이에게 젖을 빨려본다. 자연분만의 경우 퇴원 후 곧바로 수유하게 하는데, 젖을 빨리 물리는 것이 자궁의 회복도 돕고 젖몸살도 쉽게 풀 수 있는 방법이다.

산모에게 이상이 없다면 이날 퇴원을 한다. 퇴원이 결정되면 간호사로부터 유방 관리와 수유법, 육아법, 산욕기 동안의 주의사항에 대한 교육을 받는다. 또 아이는 황달이나 골절, 선천성 대사 이상 등 기본적인 검사를 받고, 이상이 없으면 함께 퇴원한다. 퇴원할 때는 출생증명서나 신생아 기록 카드 등을 받아두고, 만일의 경우에 대비해 입원비 지불 영수증도 잘 보관해둔다.

제왕절개 수술 후 병원 생활

출산 전날 입원해 마음의 안정을 찾도록 노력한다

제왕절개 수술은 임신 중 이상이 발견되어 의사의 판단하에 수술 날짜를 미리 정한 경우와, 자연분만을 시도했다가 임신부와 태아가 위급해져 수술을 결정하는 두 경우로 나뉜다. 위급하게 제왕절개를 결정한 것이 아니라 제왕절개를 예정한 임신부는 분만 전날 입원한다.

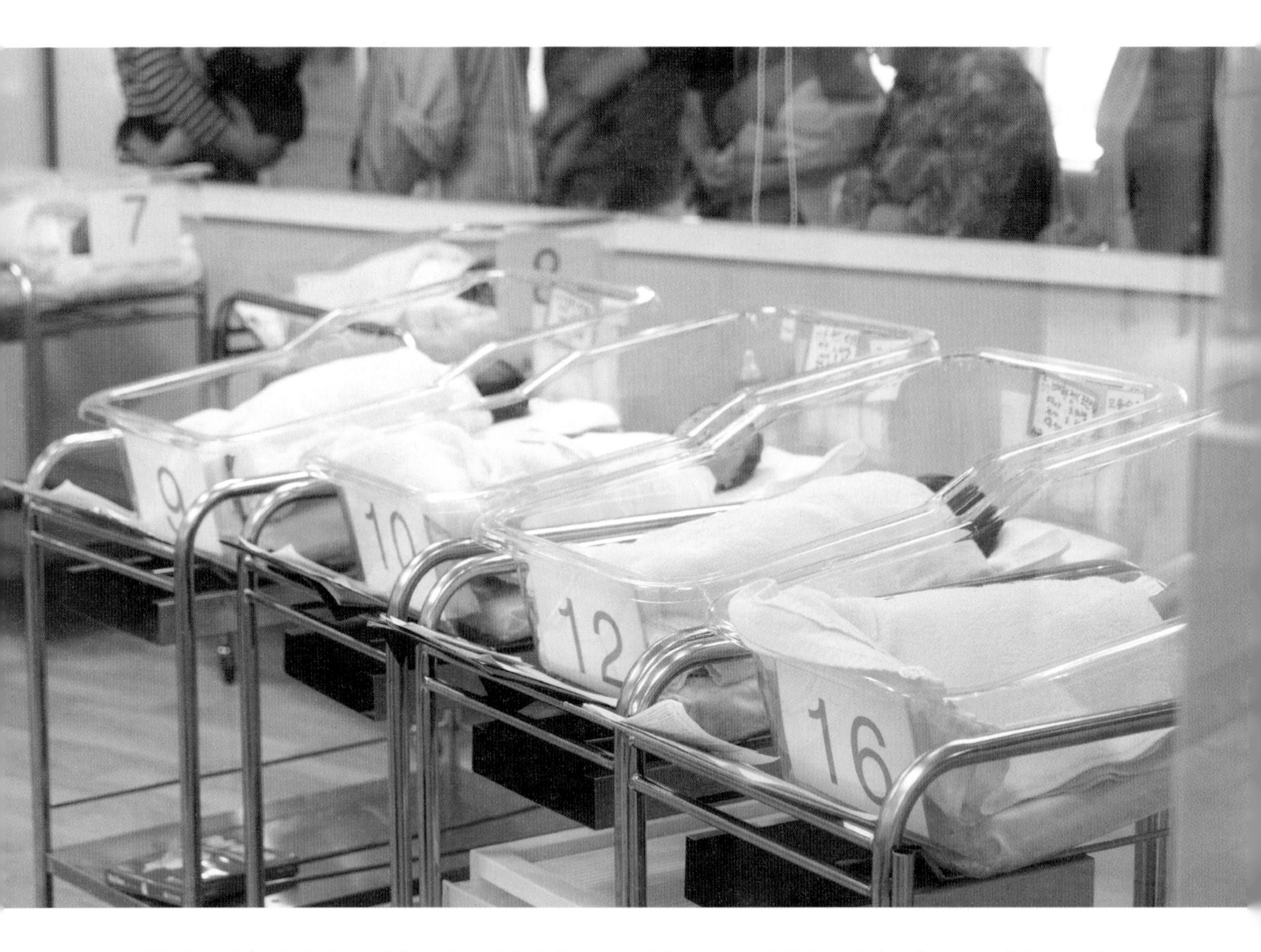

입원하면 다음 날 수술을 위해 금식을 시작한다. 또한 수술할 자리의 체모를 깎고 필요에 따라 관장도 하며, 도플러 검사 등으로 태아의 상태를 체크한다. 보호자는 수술동의서에 승낙 사인을 하고, 무통 마취를 원할 경우 무통마취요청서도 함께 작성한다.

출산 당일 통증이 심하고 갈증을 느낀다

제왕절개 분만을 한 산모는 출산 과정에서 느끼지 못했던 고통을 마취에서 깨어나면서 한꺼번에 느끼게 된다. 수술이 끝나면 회복실에서 2시간 정도 안정을 취하는데, 마취에서 깨고 혈압이 정상으로 돌아오면 입원실로 옮긴다. 이때는 진통과 수술로 인한 피로가 한꺼번에 밀려오므로 수액과 항생제를 맞으며 깊은 잠을 자는 것이 좋다. 하지만 통증이 심해 견디기 힘들면 의사나 간호사와 상의하도록 한다.

가스가 나오기 전에는 물도 마실 수 없으므로 갈증

을 느낄 때는 젖은 가제 손수건으로 입술을 축여 갈증을 없앤다. 수술 직후에는 출혈을 예방하기 위해 4시간 정도 모래주머니를 배 위에 올려두며, 만약을 위해 혈압을 자주 체크한다. 또 혼자 화장실에 갈 수 없기 때문에 수술 전에 삽입했던 소변 줄을 빼지 않고 1~2일 정도 그대로 두며, 출산 후에는 오로가 많이 나오기 때문에 패드를 자주 갈아주어야 한다.

2일째 가벼운 상체 운동을 해본다

수술 당일보다는 기력이 회복되었지만 통증이 계속되고, 가스가 나오기 전까지 금식을 해야 한다. 수액을 맞으면서 항생제와 진통제로 치료를 받고 빈혈과 감염은 없는지 혈액 검사도 받는다. 이때부터는 자궁의 회복과 장운동을 촉진시키기 위해 가벼운 상체 운동을 해본다. 산욕 체조는 몸의 회복뿐만 아니라 기분 전환에도 도움이 된다. 수술 부위의 거즈를 제거하고 소독하며, 소변 줄을 제거해 첫 소변을 보게 된다.

3일째 가스가 나오면 물부터 마신다

산모에 따라 다르지만 대부분 수술 3일째 되는 날 가스가 나온다. 가스가 나온다는 것은 장운동이 정상으로 돌아왔다는 증거. 따라서 가스가 나온 후에는 훨씬 수월한 입원 생활을 할 수 있다. 먼저 물부터 마셔 갈증을 해소한 다음 미음부터 시작해 죽, 밥 순으로 단계를 높여가며 식사를 하게 된다. 또 통증이 차츰 가라앉고 기력도 어느 정도 회복돼 혼자서도 화장실이나 아이를 보러 갈 수 있다.

4일째 유방 마사지를 해주고 걸어본다

아직 몸이 완전히 회복되지 않았지만 어느 정도 걷는 것이 수월해진다. 병실에서 왔다 갔다 하면서 걷거나 가벼운 운동을 해본다. 사람마다 차이가 있지만 빠르면 이날부터 초유가 나온다. 초유는 면역 성분이 들어 있으므로 아이에게 꼭 먹여야 한다. 설령 초유가 나오지 않더라도 유방 마사지를 열심히 해주는 것이 좋다. 젖이 잘 나오지 않을수록 유방 마사지를 잘해줘야 젖도 많아지고 젖몸살도 예방할 수 있기 때문이다.

5~6일째 육아나 산욕기 교육을 받는다

혼자서도 아이를 보러 갈 수 있고, 정해진 시간에 수유실로 가서 아이에게 젖을 물리고 기저귀 갈기 등을 할 수 있다. 유방 마사지나 간단한 산욕기 체조도 꾸준히 해야 한다. 병실 밖으로 걸어 다니거나 침대에 누워서 허리나 배 운동을 시도해본다. 퇴원하기 전날쯤 담당 의사가 일반적인 검사와 함께 퇴원할 것을 미리 알려주므로 육아나 산욕기 관리에 대한 교육도 빠짐없이 받도록 한다. 특별한 문제가 없다면 이날쯤 아이와 함께 퇴원하게 된다. 산모는 수술 부위의 실밥을 뽑고 간단한 처치를 받게 되며, 아이는 기본적인 건강 검사를 받는다. 퇴원 후에도 산모의 몸에 이상이 있는지 항상 체크해야 한다. 열이 오르거나 출혈이 심하거나 수술 부위가 아프면 바로 진찰을 받는 것이 좋다. 또 퇴원 일주일 후에는 다시 병원을 찾아 의사의 진찰을 받아야 한다.

Special Page

산후 유방 마사지

유두 마사지

유두 마사지는 유두를 부드럽게 해주는 동시에 외부 자극에도 익숙해지도록 해 수유로 인해 유두가 갈라지는 트러블 등을 막아준다. 출산 후 바로 수유를 하기 위해서는 반드시 필요하다.

1 압박 마사지

엄지·집게·가운데 손가락으로 유두의 뿌리를 누르면서 손가락에 힘을 넣는다. 조금씩 손가락을 움직여 유두를 360도 돌려가면서 빠짐없이 눌러준다.

2 옆으로 비비는 마사지

손가락을 1과 같은 자세로 댄 뒤, 손가락을 조금씩 옆으로 움직이면서 노끈을 꼬듯이 오른쪽과 왼쪽을 골고루 비벼준다.

3 길이로 비비는 마사지

유두 속을 마사지하는 기분으로 손가락을 유방 속으로 넣어 유두를 비벼 풀어준다 이때 유두를 잡는 것이 아니라 뿌리쪽으로 손을 넣는다.

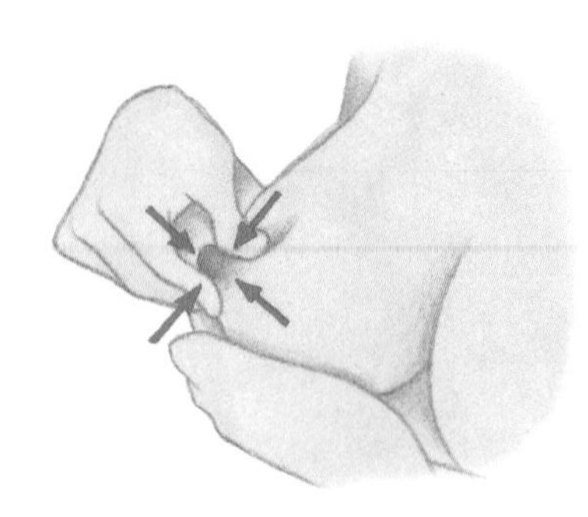

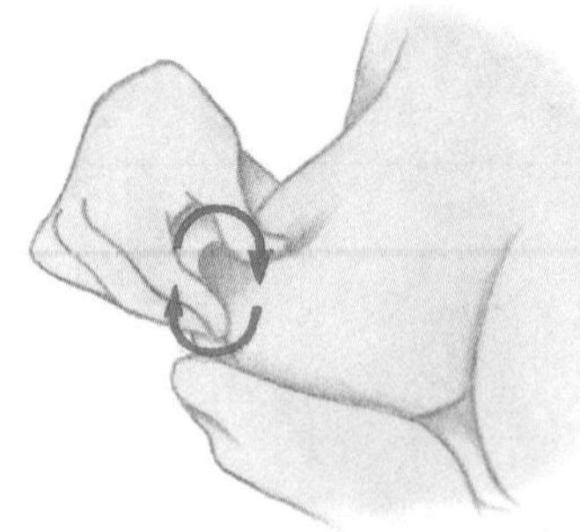

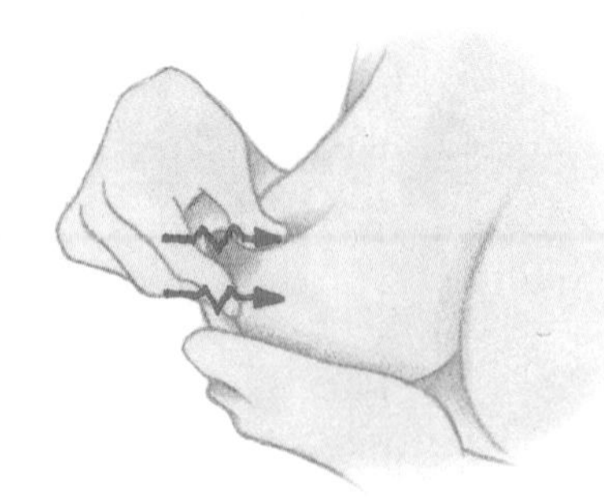

착유

젖을 먹이고 난 다음에는 남은 젖을 짜내어 유방을 비워놓아야 다음 수유 때까지 젖이 잘 고인다. 또 불어서 단단해진 유방을 아이가 빨기 쉽도록 풀어줄 때도 필요하다.

한 손으로 하는 착유

왼손으로 왼쪽 유방을 감싸듯이 잡은 후 엄지와 집게 손가락을 유두를 잡을 것처럼 유륜부에 갖다댄다. 상체를 앞으로 약간 숙이고, 유륜부에 댄 2개의 손가락에 힘을 주어 유방 안쪽으로 누른다. 이때 유두를 잡지 말고 직각으로 누른다.

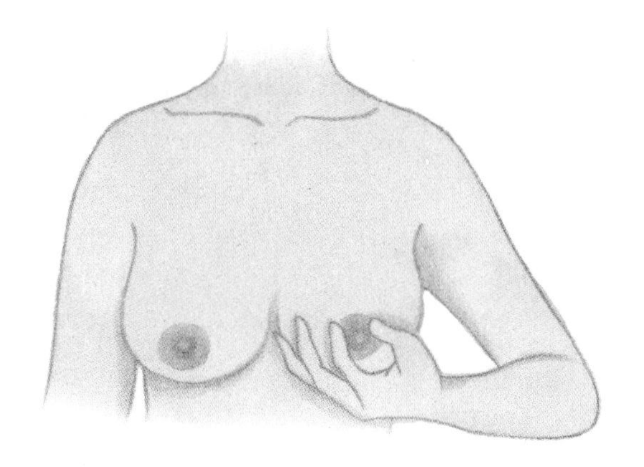

양손으로 하는 착유

한 손으로 착유를 할 때처럼 유방을 감싸고 반대쪽 손은 유방 위쪽에 댄다. 양손을 모두 직각으로 유방에서 가슴 쪽으로 누른다. 유방을 비비지 말고 손의 위치를 조금씩 움직이면서 착유한다.

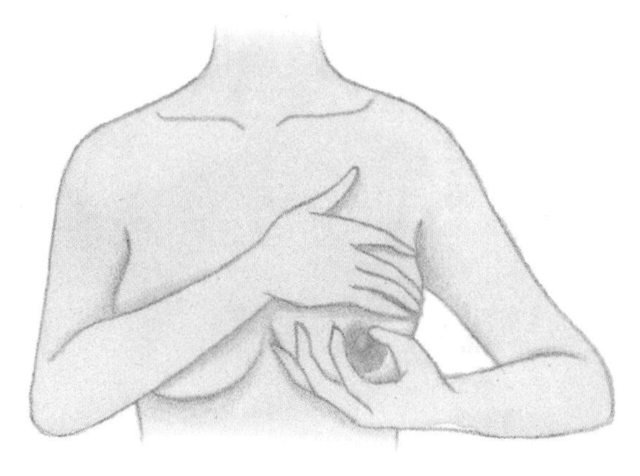

Chapter **3**

산후 조리

산후 조리는 여성의 평생 건강을 좌우한다고 해도 과언이 아닐 정도로 중요하다. 특히 출산 직후부터 몸이 거의 정상으로 돌아오는 6주, 즉 산욕기에는 특별한 관리가 필요하다. 각 주별 산후 조리법을 꼼꼼하게 정리한 산후 조리 6주 프로그램을 소개한다.

산후 1주 통증이 사라지고 모유가 분비된다

출산 후 1주가 되면 통증이 어느 정도 사라지고 모유가 분비되기 시작한다. 이때는 푹 쉬면서 안정을 취하도록 하자.

엄마의 변화

- 후진통은 출산 3일째부터 어느 정도 사라진다.
- 봉합한 회음 부위의 통증은 일주일 정도 계속되다가 점차 가라앉는다.
- 적색 오로가 점점 갈색으로 변하며, 양이 줄어든다.
- 출산 3일째부터 모유가 분비되기 시작한다.
- 출산 후 일주일이 지나면 자궁이 야구공만 한 크기로 작아진다.

아이의 성장 & 발달

- 아이는 거의 하루 종일 잠만 잔다.
- 출생 2일째 흑갈색 태변이 나오고, 4~5일째에는 대변이 황색으로 바뀐다.
- 소변은 하루에 6~10회로 횟수는 많지만 양은 적다.
- 생후 일주일까지는 몸무게가 약간 줄었다가 일주일부터 몸무게가 다시 늘기 시작한다.

생활 포인트

- 무조건 푹 쉬고 잘 먹는 것이 최선이다.
- 출산 트러블 방지를 위해 좌욕을 열심히 한다.
- 초유는 반드시 먹이고, 모유 수유를 위해 적극적으로 유방 마사지를 한다.
- 몸 회복을 위해 산욕 체조를 시작한다.

산후 건강관리

푹 쉬면서 영양가 있는 식사를 한다

산후 일주일간은 출산으로 인한 피로를 씻어내기 위해 푹 쉬면서 안정을 취하는 것이 중요하다. 무리하지 말고 몸 상태를 잘 체크한다. 그렇다고 하루 종일 누워서 지낼 필요는 없다. 간단한 산욕 체조를 하면서 몸과 마음을 안정시킨다. 몸 회복과 수유를 위해 영양가 있는 식사를 하는 것도 중요하다. 부

족한 영양소가 없도록 균형 잡힌 식사를 하되, 너무 딱딱한 음식은 치아를 약하게 만들 수 있으므로 부드러우면서 소화가 잘되는 음식을 먹는다.

오로의 양이나 색으로 자궁 회복을 체크한다

오로란 출산 후에 자궁에서 혈액이나 분비물, 점액 등이 섞여 나오는 것을 말한다. 이 오로의 양이나 색의 변화로 산모의 회복 정도를 알 수 있다. 출산 당일과 이튿날은 양이 너무 많아 큰 패드를 사용해야 하지만, 시간이 지나면서 점점 줄어들어 산후 일주일이 되면 월경할 때의 양과 비슷해진다. 또 오로의 색은 산후 3일째까지는 적색이 계속되지만 그 후에는 갈색으로 변했다가 황색, 흰색 분비물로 차츰 변해간다. 단, 오로의 양상은 분만 방법, 분만 시 상황, 자궁의 특성 등에 따라 개인차가 크다. 미심쩍을 경우 퇴원 전이나 산후 정기검진 시 담당 의사에게 확인하는 것이 좋다. 오로가 나올 때까지는 세균 감염을 조심하며, 용변 후에는 외음부의 앞에서 뒤쪽으로 닦는다.

좌욕을 꾸준히 하고 외음부를 청결히 한다

오로 처리를 제대로 하지 않으면 세균에 감염되어 염증이 생길 수 있다. 용변 후에는 휴지로 닦아낸 다음 흐르는 물로 깨끗이 닦아낸다. 좌욕도 오로가 완전히 그칠 때까지 계속해야 자궁이나 상처 부위가 빨리 회복된다. 좌욕은 하루 2~3회 실시하는데, 물을 팔팔 끓여 40℃ 정도로 식힌 다음 15~20분 정도 진행한다.

산욕기 체조로 몸의 회복을 돕는다

산후에는 누워만 있지 말고 조금씩 움직여야 몸이 빨리 회복된다. 특히 산욕기 체조는 복부 근육과 골반을 정상으로 회복하는 데 도움이 되므로 매일 조금씩 하도록 한다. 처음에는 누워서 간단하게 할 수 있는 체조 위주로 하다가 차츰 전신 운동으로 바꿔간다. 하지만 몸이 피곤하거나 운동 시 이상 징후(통증, 질 출혈, 어지러움, 호흡곤란 등)가 느껴지면 즉시 중단하고 쉬는 것이 좋으며, 호전이 없으면 의사의 진찰을 받아야 한다.

아이 돌보기

아이의 생활 리듬에 맞춰 휴식을 취한다

산후 일주일간은 산모의 몸에 어느 때보다 중요한 시기이므로 절대 무리하지 않아야 한다. 이 시기에는 수유나 기저귀 갈기 정도가 산모가 할 수 있는 최대의 일이라고 생각하면 된다. 하지만 신생아의 경우 2~3시간마다 수유와 함께 기저귀를 갈아주어야 하고, 밤낮이 바뀌어 때론 새벽에 1~2시간 간격으로 일어나야 하는 경우도 있어 힘들다. 따라서 산후 1개월간은 아이의 생활 리듬에 맞춰 아이가 잠을 자면 엄마도 휴식을 취하거나 잠을 자도록 한다.

아이가 원한다면 언제든지 젖을 물린다

젖 물리는 법, 아이 안는 법, 유방 마사지 방법 등을 미리 익혀두고 3~4일은 정말 고생할 거라 마음먹으면 이 시기를 잘 넘겨 수유에 성공할 수 있다. 수유에 리듬이 생길 때까지는 아이가 울거나 젖을 먹고 싶어 할 때 언제든지 젖을 물린다. 아직까지는 수유 간격이나 횟수, 한 번에 먹는 양 등이 불규칙하고 아이마다 차이가 크기 때문이다. 하지만 생후 한 달 정도 되면 일정한 간격으로 먹게 되므로 걱정할 필요 없다. 또 젖이 잘 나오지 않더라도 꾸준히 젖을 물리도록 한다. 아이가 젖을 빠는 힘으로 인해 호르몬이 분비되기 때문에 아이가 빨면 빨수록 젖이 잘 돌고 자궁 회복도 빨라진다. 유두에 상처가 났을 때는 수유 직전에 소독해서 세균 감염을 막고, 먹이고 남은 젖은 반드시 짜내 유선이 막히지 않게 한다.

출산 일주일 꼼꼼 플랜

출산 당일은 충분히 쉰다

출산으로 몸과 마음이 많이 지친 상태이므로 잠을 충분히 자고 푹 쉬는 것이 가장 중요하다. 또한 몸이 빨리 회복되도록 따뜻하고 소화가 잘되는 음식을 먹는다. 분만 후에는 가능하면 소변을 빨리 보는 것이 좋으며, 가족들의 도움을 받아 오로를 깨끗하게 처리한다. 출산 당일은 자궁 수축으로 인한 후진통이 있고 회음 봉합 부위의 통증도 심하다. 하지만 누워 있더라도 손발을 간단히 움직이는 동작을 하는 것이 좋다.

산후 2일째 좌욕과 유방 마사지를 꼼꼼하게 한다

후진통이 있긴 하지만 첫날보다는 몸 상태가 훨씬 좋다. 영양가 높은 식사를 하며 빨리 기운을 차리기 위해 노력한다. 스스로 몸을 일으킬 수 있으므로 오로를 직접 처리한다. 오로 처리는 출산 직후에는 2시간 간격, 일주일 후에는 하루에 한두 차례 정도로 깨끗하게 관리한다. 산후 2일째부터는 하루 2~3회 좌욕을 하는 것이 중요하다. 좌욕은 출산 후 회음부의 상처와 질 등에 염증이 생기는 것을 방지해주며, 혈액순환에도 도움이 된다. 출산 후에는 유방이 단단해지면서 통증이 생기는데, 유방 마사지를 해주면 통증이 줄어들고 유즙 분비도 좋아진다.

산후 3일째 수유와 간단한 산욕 체조를 시작한다

자연분만을 한 산모는 특별한 이상이 없으면 퇴원해 집으로 간다. 그러나 회음 봉합 부위의 통증은 줄어들지만 오로는 아직 적색이므로 집에서도 규칙적으로 좌욕을 한다. 산후 3일째부터는 가벼운 샤워를 할 수 있지만, 회음부의 염증과 산후풍의 위험이 있으므로 따뜻한 물수건으로 몸을 자주 닦는 정도가 좋다. 또 이때부터 초유가 나오므로 아이에게 젖을 물린다. 젖의 양이 많지 않더라도 꾸준히 물리고, 유방 마사지도 계속한다. 빠른 회복을 위해 많이 걷고, 간단한 산욕 체조를 한다.

산후 4~5일째 당분간 집안일은 삼가고, 몸이 피곤하지 않도록 주의한다

오로 색깔이 갈색으로 변하고 양도 줄어든다. 몸 상태도 좋아지고 모유 수유도 순조로워진다. 하지만 집안일은 당분간 주변 사람의 도움을 받는 것이 좋다. 몸을 심하게 움직이거나 오랜 시간 대화하는 것도 삼가야 한다. 또한 회음 봉합 부위가 아직 다 아물지 않았고, 제왕절개를 한 경우 복근이 아직 회복되지 않았으므로 배변 시 힘을 덜 주도록 변비 예방에 신경 쓴다.

산후 6~7일째 산욕 체조를 적극적으로 한다

몸 상태가 많이 좋아지지만, 아직 집안일은 하지 않는 것이 좋다. 머리를 감거나 간단한 샤워 정도는 괜찮지만, 찬물을 사용하거나 허리를 굽히는 것은 금물이다. 젖은 초유가 노란색에서 우윳빛으로 바뀌고, 모유 수유에도 익숙해진다. 수유량과 수유 리듬이 적당한지 체크한다. 또 본격적으로 산욕 체조를 시작하되, 잠이 부족하지 않도록 휴식을 충분히 취한다. 제왕절개로 분만한 경우 퇴원한다.

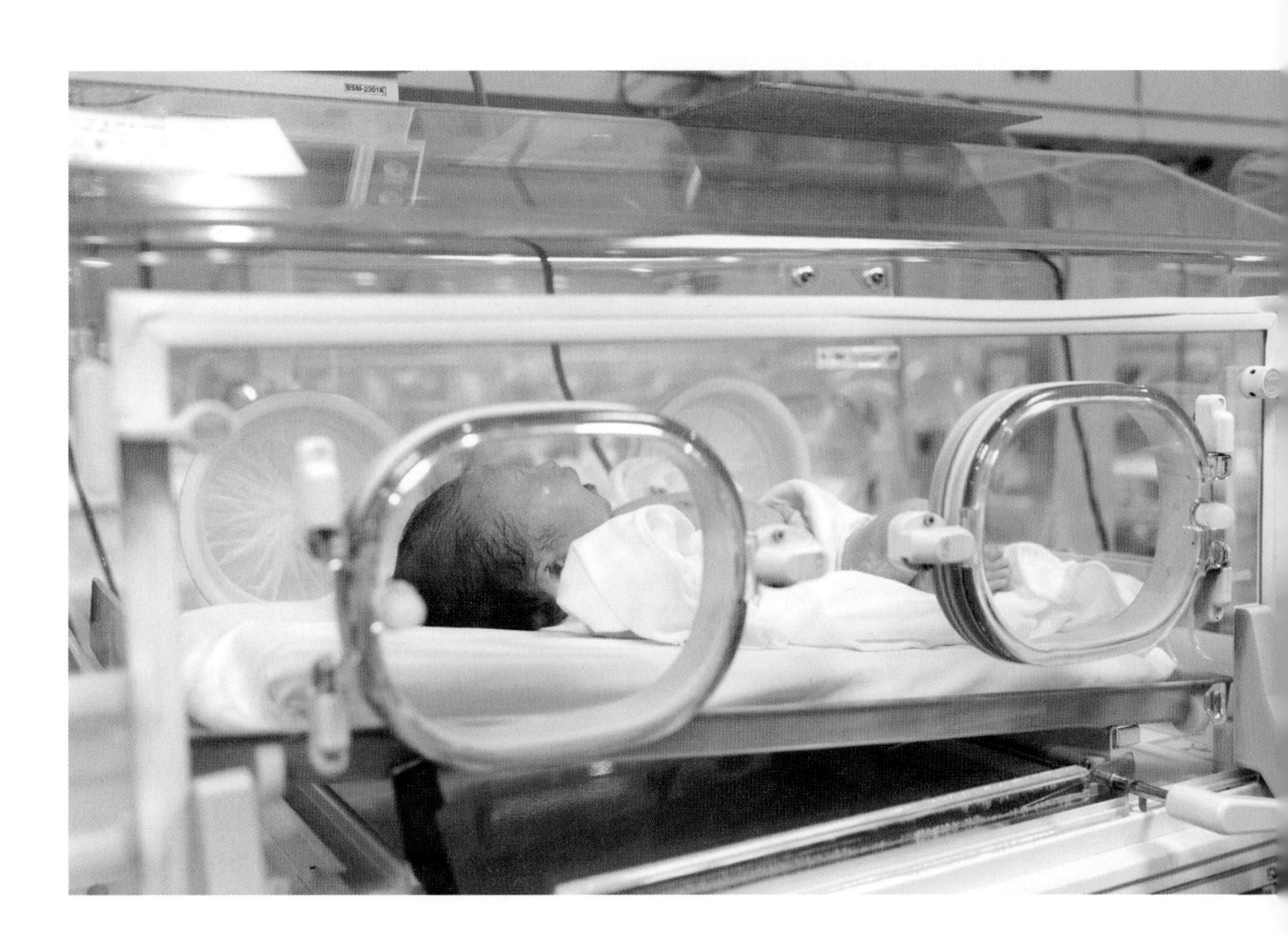

산후 2주 **자궁이 회복되고 모유 분비가 안정된다**

출산 후 2주 부터는 모유 분비가 원활해진다. 원활한 모유 분비를 위해 영양가 있는 음식을 섭취하자.

엄마의 변화

- 오로가 갈색에서 노란 크림색으로 변한다.
- 모유 분비가 어느 정도 원활해진다.
- 자궁이 작아지며 본래 상태로 회복된다.

아이의 성장 & 발달

- 젖을 먹을 때를 빼곤 하루에 20시간 정도 잔다.
- 탯줄이 까맣게 말라서 떨어진다. 단, 3~4주까지 떨어지지 않으면 소아과를 방문해야 한다.
- 먹는 양과 배설 횟수가 일정해진다.

생활 포인트

- 영양가 있는 음식을 충분히 섭취한다.
- 집안일과 아이 돌보기로 무리하지 않는다.
- 산욕 체조를 꾸준히 한다.
- 욕조 목욕은 삼가고, 가벼운 샤워를 한다.
- 우울감에 대비해 긍정적인 마음가짐과 출산과 육아에 대한 현실적인 기대를 가진다.

산후 건강관리

가급적 움직이지 말고 편안하게 생활한다

산후 2주일째에는 어느 정도 몸을 움직일 수 있지만, 가급적 이부자리를 깔아둔 채 누웠다 일어났다 하며 느긋하게 생활한다. 수유나 아이를 돌보는 것 외에는 산후 3주일 정도까지는 집안일은 다른 사람의 손을 빌리는 것이 안전하다. 퇴원 후 젖이 잘 안 나올 때는 혹시 수면 부족이 아닌지 체크해본다. 젖이 나오게 하는 호르몬은 수면 중에 잘 분비되므로 아이가 잘 때 엄마도 자는 습관을 들이는 것이 좋다.

입욕은 피하고 간단히 샤워만 한다

오로가 어느 정도 멎는 산후 약 2주부터는 가벼운 샤워를 해도 좋다. 그전에는 따뜻한 물수건으로 얼굴, 손, 팔, 다리 등을 닦는 정도에 그친다. 머리를 감는 것도 첫 일주일 동안은 수건에 물을 적셔 두피를 가볍게 마사지하는 정도로 만족해야 한다. 수술 부위가 어느 정도 아무는 2주부터는 5~10분을 넘지 않는 한도에서 가볍게 샤워를 해도 좋다. 또한 따뜻한 물을 미리 틀어놓아 욕실 안의 공기가 충분히 데워지면 목욕을 시작해야 한다. 집 안의 욕조에 들어가는 탕 목욕은 산모의 상태에 따라 최소 4~6주부터 할 수 있으며, 일반 대중탕은 최소한 100일까지는 피하도록 한다.

산후 우울감이 심해질 수 있으므로 마음을 편하게 갖는다

아이를 낳고 나면 왠지 우울해지면서 모든 일에 예민해질 수 있다. 출산은 커다란 기쁨을 주는 인생 최대의 선물인 만큼 그에 따르는 대가도 크다. 출산 직후 70~80%의 산모가 경미한 우울감, 불안감, 슬픔, 분노 등을 느낀다. 대략 2~4일 정도 나타나는데, 이러한 감정 변화를 산후 우울감(postpartum blue)이라 한다. 대개 길어도 1~2주 사이에 증상이 사라지는데, 10~15%의 산모는 지속적인 우울감에 빠지는 좀 더 심각한 상태로 1년 가까이 지속되는 산후 우울증(postpartum depression)이 올 수 있다.

산후 우울감은 호르몬의 변화와 육아에 대한 부담으로 생기는데, 대부분의 임신부가 경험하는 자연스러운 감정이니 마음을 편하게 가지려고 노력한다. 다만 너무 오랜 시간 지속되면 아이를 비롯한 가족에게도 심각한 영향을 미칠 수 있으므로 적절한 치료와 가족들의 도움이 필요하다. 임신 중에 우울증을 경험했던 산모가 산후 우울증으로 이환될 확률이 높다는 연구 결과도 있다. 특히 아이에게 애정을 갖되, 육아와 가사를 완벽하게 해야 한다는 집착에서 벗어난다.

외출은 아직 이르다

줄곧 집에만 누워 있다 보면 갑갑한 것이 사실이다. 그렇다고 외출을 하는 것은 금물이다. 몸이 가벼워졌다고 해도 아직 몸 상태가 정상이 아니라는 것을 늘 염두에 두어야 한다. 이 시기에 찬바람을 쐬면 관절 부위가 시큰거리거나 몸살이나 감기 등에 걸릴 위험이 있다. 앞으로 1~2주일 정도는 아무것도 안 하고 푹 쉰다는 마음으로 지내도록 한다.

아이 돌보기

유방 마사지를 꾸준히 하고, 수유 후에는 남은 젖을 짜낸다

어느 정도 젖 먹이기에 익숙해졌어도 유방과 유두 마사지는 꾸준히 한다. 하루에 한두 번 마사지를 해 젖멍울을 부드럽게 풀어준다. 특히 유두는 아이의 입이 직접 닿는 곳이니 청결하게 유지한다. 젖을 먹이기 전에는 유두를 가볍게 소독하거나 가제 손수건으로 깨끗하게 닦고, 젖을 먹인 후에는 남은 젖을 말끔히 짜내야 유선이 막히지 않고 신선한 젖이 고인다.

STEP 03

산후 3주 분만의 상처가 아물고 오로가 줄어든다

출산 후 3주가 되면 상처가 거의 아물고 대부분 몸이 회복된다. 충분히 안정을 취하면서 무리하지 않는 것이 중요하다.

엄마의 변화

- 황색 오로가 거의 줄어든다.
- 분만 시 산도에 생긴 상처가 거의 아문다.
- 질이나 회음의 부기가 어느 정도 가라앉는다.
- 호르몬 변화와 수유 등으로 심한 피로감이 느껴지고 손목, 무릎 등 관절이 시리거나 저리고 쑤실 수 있다.

아이의 성장 & 발달

- 솜털이 빠진다.
- 배설 횟수가 줄어든 대신 한 번에 누는 양이 많아진다.
- 황달기가 자연스럽게 없어진다.

생활 포인트

- 식사 준비, 세탁기를 이용한 빨래, 아이 목욕 등 가벼운 집안일은 직접 한다.
- 균형 잡힌 식사를 한다.
- 산욕기 체조와 케겔 운동을 꾸준히 한다.

산후 건강관리

충분히 휴식을 취하면서 집안일을 시작해본다

산후 3주 정도 되면 대부분 몸이 회복되고 아이 목욕이나 수유 등 육아에도 어느 정도 익숙해진다. 따라서 조금씩 정상적인 생활로 돌아가도 좋은데, 이때도 절대 무리하지 않아야 한다. 특히 오래 서서 일하거나 집안일을 몰아서 하는 것은 금해야 하며, 관절을 심하게 굽히거나 사용하는 것은 무리다. 무릎을 꿇고 장시간 청소를 하거나 무거운 짐을 나르는 것은 삼간다. 손목이 결릴 때는 손목 보호대를 한 다음 따뜻한 찜질을 하고, 무릎이 아플 때는 굽이 낮은 신발을 신는다. 또 늦은 밤 수유로 인해 잠이 부족할 경우에는 낮에 아기가 잘 때 1~2시간 같이 자는 것이 좋다.

균형 잡힌 식사와 철분 섭취에 신경 쓴다

산후 조리를 할 때는 대부분 미역국과 쌀밥이 주 메뉴다. 두 음식 모두 산후 회복에 좋긴 하지만, 다른 보양식이나 특별 메뉴로 영양 보충에도 신경을 써야 한다. 특히 아이를 낳고 나면 뼈와 이가 약해지고 머리카락도 많이 빠진다. 따라서 멸치나 우유, 치즈 등 칼슘과 철분이 많은 식품을 챙겨 먹는 것이 좋다. 또 젖이 잘 나오도록 양질의 단백질과 수분이 풍부한 음식을 준비한다.

산욕기 체조와 케겔 체조를 열심히 한다

출산 후 요실금 때문에 고민하는 경우가 많다. 요실금은 출산이 지연되었거나 큰 아이를 출산했을 때 일어나기 쉬운데, 산욕기 중에 괄약근을 조이는 케겔 체조를 꾸준히 하면 예방할 수 있다.

케겔 체조는 몸의 힘을 빼고 항문과 질을 5~10초 동안 조인 다음 잠시 후에 10~15초 힘을 빼는 운동으로, 누워서도 앉아서도 할 수 있다. 소변을 보다가 임의로 중단하는 느낌으로 실시하며, 한 번에 5~6회 반복하다가 차츰 횟수를 늘려 한 번에 20~30회를 실시한다. 또 매일 시간을 내서 산욕기 체조를 꾸준히 하면 몸의 회복을 돕고 트러블을 예방할 수 있다.

제왕절개를 한 경우 자궁내막염을 주의한다

제왕절개는 입원 기간이 다소 길다는 것 외에는 자연분만과 별반 다를 게 없다. 적색 오로가 오래 가는 경우도 있긴 하지만 시간이 지나면 정상으로 회복된다. 다만 제왕절개를 한 경우 자궁내막염에 걸릴 확률이 높기 때문에 몸이 완전히 회복될 때까지 주의해야 한다. 특히 산후 3주 정도가 되면 오로가 대부분 멎는 것이 정상인데, 이때 다시 오로의 양이 많아지면서 적색으로 되돌아가면 바로 병원을 찾아 진찰을 받아야 한다.

아이 돌보기

아이와 함께 산책하며 기분을 전환한다

날씨가 좋고 몸 상태가 괜찮다면, 산책도 할 겸 기분 전환을 위해 가까운 가게 정도는 잠깐 다녀와도 좋다. 단, 지나치게 피로하거나 지칠 때는 바로 휴식을 취한다. 이 무렵에는 아이도 조금씩 바깥공기를 쐬도 좋으므로 유모차에 태워 잠깐 밖에 다녀오는 것은 큰 무리가 없다. 하지만 쇼핑이나 외출 등은 조금 뒤로 미루는 것이 바람직하다.

산후 4주 치골과 성기가 거의 회복된다

출산 후 4주가 되면 치골과 성기가 회복된다. 거의 모든 것이 정상으로 돌아오며 가벼운 외출이나 쇼핑이 가능하다.

엄마의 변화

- 오로가 없어지고 임신 전과 같은 흰색 분비물이 나온다.
- 치골과 성기가 거의 회복된다.
- 임신선의 색깔이 옅어진다.
- 눈이 나빠진 건 아니지만 눈이 쉽게 피로하고 기력이 떨어져 쉽게 지친다.

아이의 성장 & 발달

- 모유를 먹는 간격이 일정해진다.
- 출생 시보다 몸무게가 조금 늘어난다.
- 출생 후 첫 검진을 받는다.

생활 포인트

- 가까운 곳으로 외출하거나 쇼핑을 할 수 있다.
- 아이와 함께 산후 검진을 받으러 간다.
- 산욕기 체조를 적극적으로 실시한다.
- 욕조 목욕이 가능하다.

산후 건강관리

일상생활과 가벼운 외출이 가능하다

출산 후 4주가 지나면 거의 모든 것이 정상으로 돌아온다. 몸의 회복은 물론 산후 우울감으로 힘들었던 사람도 육아나 가사에 어느 정도 익숙해지면서 마음의 안정을 찾게 된다. 따라서 몸의 회복이 순조롭다면 슬슬 임신 전 생활로 돌아가도록 노력한다. 또 날씨가 좋은 날은 가벼운 외출이나 쇼핑도 할 수 있다.

욕조 목욕을 할 수 있다

욕조 목욕은 오로가 완전히 끝나고 몸이 정상으로 돌아온 후에 시작하는 것이 안전하다. 따라서 산후 4주일 후부터가 적당하다. 단, 대중목욕탕 이용은 산후 3개월 이후가 좋다.

산후 목욕은 몸을 청결하게 하고 회복을 촉진하는 효과도 있으므로 오로가 늘어나는 등 이상이 없다면 규칙적으로 한다. 다만 뜨거운 물속에 오래 앉아 있다가 갑자기 일어나거나 상체를 기울이면 어지러울 수 있으므로 주의한다.

가벼운 손빨래는 해도 된다

몸이 점차 회복되는 시기이므로 걸레나 행주, 속옷 등의 가벼운 손빨래 정도는 해도 큰 무리가 없다. 다만 찬물에 손을 오래 담그거나 무리하게 손목을 비트는 것은 삼간다.

무거운 물건은 들지 않는다

아이 욕조 등 무거운 물건을 드는 것은 아직 무리이므로 6주 뒤로 미룬다. 또 높은 곳으로 손을 뻗거나 웅크려 앉아서 하는 일도 당분간 자제한다. 아직은 산욕기이므로 모든 일에 조심하는 것이 좋다.

아이 돌보기

아이와 함께 1개월 검진을 받는다

산후 1개월이 되면 아이와 함께 출산한 병원에서 산후 검진을 받는다. 이때 산모는 자궁이나 회음 절개 부위의 상태, 염증 여부 등을 알아보고, 임신중독증이 있었다면 소변 검사를 통해 단백뇨나 당뇨가 있는지, 후유증이 있는지 등을 체크한다. 이때 이상이 없다고 진단되면 이제 몸이 완전히 회복되었다고 할 수 있다.

또 아이는 1개월 검진에서 키나 몸무게, 머리 둘레, 가슴둘레 등을 재어 성장 상태나 영양 정도를 알아본다. 또 심장박동 소리가 정상인지, 위의 유문 협착이 있는지, 배꼽에 이상이 있는지 등 이 시기에 나타나기 쉬운 선천성 이상 등도 체크해본다.

산후 5주 **몸매가 제자리를 찾는다**

출산 후 5주 부터는 정상적인 일상 생활이 가능하다. 하지만 무리를 할 경우 출산 후유증이 남을 수 있으니 조심하도록 하자.

엄마의 변화

- 오로가 거의 없다.
- 배가 덜 처지고 몸매가 제자리를 찾는다.

아이의 성장 & 발달

- 몸무게가 늘기 시작한다.
- 배냇짓을 열심히 한다.

생활 포인트

- 친정이나 시댁에서 몸조리를 한 사람은 집으로 돌아간다.
- 통증, 출혈, 발열 등이 있을 때는 의사의 진단을 받는다.
- 의사의 허락이 있으면 성생활을 시작한다.

산후 건강관리

혼자서도 육아나 집안일을 할 수 있다

이제 일상적인 집안일은 거의 혼자서 처리할 수 있다. 그래도 무리하는 것은 좋지 않으니 식사 준비, 설거지 등 간단한 일 위주로 한다. 특히 아직까지는 찬물에 손을 담그거나 무거운 것을 드는 일 등은 삼가고, 힘든 일은 가족의 도움을 받는 것이 좋다.

통증·출혈·발열 등이 있을 때는 의사의 진단을 받는다

출산 후 트러블이 1개월 이상 계속되거나 갑자기 통증이나 출혈, 발열 등의 증세를 보일 때는 바로 병원을 찾아 검사를 받아봐야 한다. 몸 상태가 완전히 회복된 것은 아니지만 대체적인 증상은 가라앉는 시기이므로 몸의 변화를 주의 깊게 관찰해 출산 후유증이 남지 않도록 신경 쓴다.

친정 출산의 경우 1개월 검진 후 집으로 돌아간다

친정이나 지방으로 가서 출산한 경우 병원 1개월 검진에서 아무 이상이 없다면 집으로 돌아가도 좋다. 하지만 갑자기 육아나 집안일을 혼자서 다 해내려면 아무래도 힘이 들기 마련이다. 처음부터 모든 것을 완벽하게 처리하려는 생각은 버리고 신체 상황에 맞춰 계획성 있게 생활하는 것이 중요하다.

성생활은 최소한 5주 후부터

분만 후 성생활 시작 시기에 대해서는 의견이 분분한데, 대체로 오로가 완전히 멎는 4~6주 이후 시작하는 것이 좋다. 의학적으로는 4주 뒤부터 성생활을 해도 무리가 없지만, 아직은 통증을 느낄 수 있기 때문이다. 특히 회음 절개 및 찢어진 부위가 있는 경우 파열과 감염에 주의한다. 출산 후 성교통은 절반 정도에서 호소하며, 일부에서는 1년 이상 지속되기도 한다. 지속적인 회음부 통증이나 성교통, 출혈 등은 의사의 검진이 필요하다. 모유 수유 중에는 질 위축이나 건조가 흔해 질 분비물 감소를 유발하며 성관계에 영향을 줄 수 있다.

신체적 변화 외에 심리적인 요인도 영향을 줄 수 있는데, 곁에 아이가 있어 불편하기도 하고 분만 후 늘어난 질이나 불어난 체형이 걱정되어 성관계에 소극적이거나 불편을 느낄 수 있다. 이는 남편과 지속적인 대화를 통해 해결해야 하며, 특히 남편의 산모에 대한 이해와 배려가 무엇보다 중요하다.

아이 돌보기

육아에 익숙해지도록 노력한다

생후 1개월이 지나면 어느 정도 아이 모습을 갖추며 귀여운 배냇짓을 한다. 이제부터는 본격적인 육아가 시작되는 시기이므로 마음가짐을 새롭게 하고 아이 돌보기에 전념한다. 물론 아직은 모든 일이 서툴겠지만, 아이를 돌보는 일도 시간이 지날수록 익숙해지므로 마음을 편하게 갖고 스트레스가 쌓이지 않도록 노력한다.

육아 스트레스 예방하기

집안일과 아이 돌보는 일을 병행하는 것이 말처럼 쉽지는 않다. 따라서 집안일은 아이가 잘 때 하되, 피곤하면 아이와 함께 낮잠을 자는 등 그때그때 몸이 원하는 휴식을 취하는 것이 중요하다. 아이가 밤낮이 바뀐 경우에는 엄마의 스트레스가 좀 더 심해지는데, 스트레스가 심하면 산욕기 건강에 차질이 생기거나 모유가 원활하게 분비되지 않고 우울증이 생기기 쉽다. 그럴 때는 집안일은 제쳐두고 아이가 잘 때 엄마도 자거나 휴식을 취한다.

산후 6주 **자궁이 완전히 회복된다**

출산 후 6주가 되면 몸이 거의 임신 전 상태로 돌아간다. 아이와 함께 가벼운 외출을 통해 일상으로 복귀한다.

엄마의 변화

- 자궁 안쪽이 완전히 회복된다.
- 산후 우울감에서 벗어난다.

아이의 성장 & 발달

- 밤과 낮을 구분하는 능력이 생긴다.
- 바깥공기를 쐴 수 있다.

생활 포인트

- 모유 수유 중이라도 피임을 해야 한다.
- 가벼운 운동이나 운전을 할 수 있다.
- 직장으로 돌아갈 준비를 한다.

산후 건강관리

가벼운 운동이나 짧은 여행을 할 수 있다

이제 몸이 거의 임신 전 상태로 회복된다. 자전거를 타거나 간단한 운동을 할 수 있을 정도로 몸이 회복되므로 몸매 관리를 위해 셰이프업 체조를 해보는 것도 좋다. 가슴이 답답할 때는 집 근처 공원을 산책하거나 가까운 곳으로 드라이브를 나가본다. 하지만 긴 여행은 2개월 이후로 미루도록 한다.

직장으로 돌아갈 준비를 한다

출산 후 직장 생활을 계속할 계획이라면 이즈음부터는 직장으로 돌아갈 준비를 해야 한다. 보습 팩이나 영양 팩 등으로 거칠어진 피부를 가꾸고, 파마를 해도 좋다. 또 직장 생활을 하면서 수유는 어떻게 할지 결정하고, 분유를 먹일 경우 아이가 분유에 적응할 수 있도록 미리 연습을 시작한다.

피임 방법을 구상한다

본격적인 성생활을 시작하기 전에 남편과 진지하게 대화를 나눠 가족계획을 세운다. 예정에 없는 임신으로 중절을 하면 위험하기도 하거니와 후유증이 뒤따르기 때문에 적절하고 안전한 방법으로 피임을 하는 것이 좋다. 피임 방법은 산모의 몸 상태를 고려해 담당의와 상의 후 결정한다.

아이 돌보기

아이와 함께 가벼운 외출을 해도 좋다

이제 아일도 바깥공기를 쐴 수 있을 만큼 자랐다. 하루에 한 번 정도 바깥으로 데리고 나가 바깥세상을 보여주고 외기욕을 시켜주자. 외출할 때는 햇볕이 강하지 않고 덥지 않은 오전이나 오후 시간대를 선택하는 것이 바람직하다. 엄마는 편안한 일상복에 얇은 니트를 덧입고 굽이 낮고 편한 신발을 신는다.

출산 후 건강 지키기

아이를 낳고 나면 여러 가지 트러블이 발생해 당황하게 된다. 출산으로 인해 체력이 많이 떨어지고 몸이 부어 있는 데다 여기저기 아픈 곳도 많아서다. 손목과 발목, 무릎까지 시큰거려 고민이 깊어진다. 이런 증상들을 없애고 임신 전처럼 건강을 회복하는 다양한 방법을 소개한다.

산후 기본 생활법 & 영양 관리

출산 후 몸이 거의 정상으로 회복되는 6주까지를 산욕기라고 한다. 이 시기는 쉬면서 육아에 적응하는 기간으로 절대 무리하지 말고 안정을 취하는 것이 중요하다. 산욕기에 특히 주의해야 할 생활법과 영양 식사법을 소개한다.

기본 생활법

실내 온도는 약간 더운 정도가 적당하다

옛날에는 산후 조리를 할 때 땀이 줄줄 흐를 정도로 옷을 잔뜩 껴입곤 했다. 하지만 땀을 너무 많이 흘리면 오히려 산모의 몸이 허해지며 회음부나 제왕절개 수술 부위의 염증의 원인이 될 수 있다.
방 안 온도는 20~22℃로 약간 더운 정도가 적당하다. 이불은 이마에 땀이 약간 밸 정도로 덮고, 특히 하체를 따뜻하게 해준다. 발이 차가우면 혈액순환에 지장을 줄 뿐만 아니라 약해진 발목 관절이 차가운 공기에 노출되면 산후풍에 걸릴 위험이 있기 때문이다.
여름철 산후 조리 시 온도 관리는 더 어려운데, 실내 온도는 26℃, 습도는 40~60%로 맞춰 아이와 산모가 쾌적하게 지낼 수 있게 하는 것이 중요하다. 에어컨이나 선풍기를 직접 쐬는 것은 좋지 않으므로 푹푹 찌는 무더위로 실내 온도가 너무 높을 때는 선풍기를 벽 쪽으로 틀어 공기를 순환하거나, 다른 방이나 거실에 선풍기나 에어컨을 틀어 산모가 있는 방의 온도를 간접적으로 낮춘다.

바람을 쐬지 않도록 조심한다

산후풍은 출산 후 약해진 뼈마디에 바람이 들어 생기는 병이다. 산모는 출산 과정에 뼈가 조금씩 벌어져 관절이 매우 약해진 상태이기 때문에 바람에 노출되면 산후풍에 걸린다. 산후풍은 자칫 관절염으로 발전할 수 있으므로 관절이 드러나는 옷은 입지 않는 것이 좋다.

헐렁한 옷을 입는다

산후 조리 때는 몸을 조이지 않는 헐렁한 옷을 입는

것이 기본이다. 몸에 꽉 끼는 옷이나 허리띠·고무줄 등이 허리를 조이면 부기가 늦게 가라앉는다. 임신 말기에 입었던 헐렁한 옷을 그대로 입되, 바람이 들어가지 않도록 내복 등의 적절한 옷을 껴입는다.

딱딱한 침대나 요를 사용한다

산모는 관절이 약해진 상태이기 때문에 푹신한 침대나 요에 누워 자면 자칫 디스크 등 척추 질환이 생길 수 있다. 따라서 딱딱한 침대나 요를 사용하는 것이 관절과 척추가 약해진 산모의 골격을 바로잡는 데 좋다. 누워서 잠을 잘 때는 천장을 보고 반듯하게 눕는다. 상체를 약간 세운 자세로 누우면 현기증과 두통을 줄일 수 있고, 베개를 높이 베고 양 무릎을 세운 상태로 반듯하게 누우면 자궁 수축에 도움이 된다.

목욕은 최소한 3~4주 이후로 미룬다

요즘은 출산 후 목욕 시기가 점점 빨라지고 있지만, 출산 후 바로 몸에 물을 적시는 것은 여전히 금기 사항이다. 3~4일 정도는 따뜻한 물수건으로 닦고, 일주일 후에는 따뜻한 물로 샤워를 한다. 욕조 목욕은 적어도 4~6주 이후에나 가능하며, 여름철에도 따뜻한 물을 사용해야 한다는 것도 잊지 말자.

외음부는 항상 청결하게 한다

출산 직후에는 자궁내막이 아직 완전히 회복되지 않아 세균에 감염될 수 있으므로 항상 조심해야 한다. 오로는 자주 처리하고, 손을 깨끗이 씻으며, 배변과 배뇨 후에는 앞쪽에서 뒤쪽으로 조심스럽게 닦고 물로 씻어 외음부를 항상 청결하게 유지한다.

영양 관리

영양식으로 몸의 회복을 돕는다

출산 후에는 많은 체액과 혈액의 손실로 체력이 떨어지고 모든 관절과 근육이 느슨해져 있다. 이처럼 약해진 몸을 보하고 입맛을 되살리기 위해서는 영양이 풍부하면서 입맛을 돋우는 음식을 먹어야 한다. 산욕기에 영양이 부족하면 빈혈이나 골다공증 등의 증세가 나타날 수 있기 때문이다. 따라서 전복죽, 깨죽, 잣죽처럼 부드럽고 담백한 음식으로 시작해 점차 단백질과 칼로리가 높은 음식으로 체력을 보강한다. 산모식에는 보통 세끼 식사와 간식, 야식 등이 포함된다. 단, 모유 수유를 하는 경우에는 덜하지만, 수유하지 않는 산모나 지나친 영양 공급을 받는 산모는 비만에 유의해야 한다.

철분 섭취에 신경 쓴다

산모는 결핍되는 영양소가 없도록 음식을 골고루 섭취하는 것이 중요하다. 특히 출산할 때의 출혈을 보충하기 위해 철분을 충분히 섭취해야 한다. 식품과 아울러 철분 제제로 모자라는 철분을 보충한다.
철분은 간 종류와 달걀, 육류, 생선 등에 많이 들어 있으므로 이런 식품을 함께 먹으면 철분 흡수율을 높일 수 있다. 단, 홍차나 커피 등은 철분 흡수를 방해하므로 산욕기 중에는 마시지 않는 것이 좋다.

딱딱하고 차가운 음식은 피한다

산후 조리 때는 먹지 말아야 할 음식도 많다. 특히 차가운 음식과 짠 음식, 단단한 음식은 피해야 한다.

찬 음식은 몸을 차갑게 해 혈액순환과 소화를 방해하고 생리 기능 회복에도 좋지 않다. 짠 음식 역시 혈액순환을 방해해 유즙 분비를 막고, 단단한 음식은 헐거워진 치아를 더 상하게 해 풍치나 잇몸 질환을 유발할 수 있다. 더불어 자극적인 고추나 후추, 콜라나 커피처럼 카페인 성분이 들어간 음식은 모유 수유 시 아이에게 전달될 수 있으므로 먹지 말아야 한다.

수유 중에는 단백질과 칼슘을 충분히 섭취한다

수유가 잘되는 산모는 출산 전보다 한 끼 식사를 더 늘려 영양을 충분히 공급한다. 아이의 뼈와 뇌세포는 계속해서 성장하므로 아이의 주요 영양 공급원인 젖의 질을 높이는 데도 신경을 써야 한다. 특히 단백질은 아이의 뇌나 몸의 세포를 만드는 중요한 영양소이기 때문에 수유를 하는 산모는 양질의 단백질을 섭취해야 한다. 칼슘 역시 반드시 필요한 영양소다. 칼슘이 모자라면 모체의 뼈에서 칼슘이 빠져나가게 되므로 젖 분비로 손실될 칼슘 양까지 생각해 미역이나 해조류 등 칼슘이 풍부한 식품을 넉넉하게 먹는다.

수분을 충분히 섭취한다

수유를 하는 산모는 의식적으로 물을 많이 마셔야 한다. 끼니때마다 국을 먹고, 보리차나 우유 등을 옆에 두고 수시로 마신다. 수유를 하면 수분량이 부족해 목이 자주 마르다. 그러나 찬물이나 당분이 많은 청량음료는 당분이 모유의 농도를 묽게 만들므로 좋지 않다. 되도록 따뜻한 물이나 차를 마신다.

출산 후 몸의 변화 대처법

흔히들 출산을 하고 나면 몸매가 망가진다고 생각한다. 하지만 산후 조리에 따라 오히려 예전보다 훨씬 더 건강하고 아름다워질 수 있다. 아이를 낳은 후 몸의 변화를 알아보고, 이에 따른 바람직한 산후 조리를 한다.

유방과 자궁의 변화

자궁 수축

임신으로 늘어났던 자궁은 산후 4~6주 정도 지나면 본래의 상태로 줄어든다. 자궁이 원래의 상태로 줄어드는 동안 불규칙한 수축과 이완이 진행되는데, 이때 산모는 산후통을 느끼게 된다. 자궁이 수축되면서 자궁 안에 고여 있던 불순물이 질을 통해 나오기 때문이다. 출산 후 늘어진 자궁 경부는 점차 정상으로 회복돼 1~2주 정도 지나면 닫힌다. 태반과 양막이 떨어져나간 자궁 내부도 산후 2~3일이 지나면 점막이 생기기 시작해 일주일 정도면 거의 재생된다. 또한 자궁 속에 있는 난관과 난소는 출산 직후에는 충혈되어 있다가 자궁이 회복되면서 정상으로 돌아온다.

오로 분비

오로는 분만으로 생긴 산도의 상처 분비물과 혈액, 자궁 점막 조직 등이 뒤섞인 것으로 출산 후 3~4주 동안 분비된다. 분만 후 2~3일간은 혈액 성분이 많이 섞여 불그스름하며 양도 많지만, 차츰 갈색으로 변했다가 10일 후에는 크림색이 되며, 3주 후에는 흰색으로 변하며 정상을 회복한다. 다만 분만 방법, 분만 시 상황, 자궁의 특성 등에 따라 개인차는 있다.

유방의 발달

유방은 임신과 함께 발육을 시작해 출산을 하면 더욱 두드러지게 발달한다. 유방은 출산하고 2~3일이 지나면 크고 단단해지며 초유가 나오기 시작한다. 표면에 정맥이 파랗게 드러나는 경우도 있다. 간혹 급격한 유즙 분비로 겨드랑이에 멍울이 만져지기도 하는데 이는 유방과 연결된 정맥과 임파선의 충혈과 부종에 의한 것으로 대부분 저절로 퇴화한다.

임신 중 커졌던 유방은 아이가 젖을 뗄 무렵 원래의 크기로 돌아가는데, 유방이 더 이상 처지지 않도록 관리하는 것이 좋다.

초유 분비

출산으로 태반이 배출되면 프로락틴이라는 호르몬이 생성되면서 산후 2~3일째부터 노란 초유가 나오기 시작한다. 아이가 모유를 먹기 시작하면 프로락틴 분비는 더욱 촉진되어 젖이 나온다. 초유가 나온 후에는 모유 색깔이 뽀얀 백색으로 변하고 양도 많아진다.

외모의 변화

머리카락이 빠진다

임신 중에는 에스트로겐 호르몬 분비가 활발해 머리카락이 많이 생기고 빠지는 머리카락이 적어 머리숱이 많아지는 것처럼 느껴진다. 하지만 출산 후 1~4개월 무렵에는 머리카락이 건조해지면서 탈모 현상이 두드러지게 나타난다. 이는 일시적으로 모발의 발육이 정지하기 때문에 생기는 현상이다.

대개 출산 후 6~12개월이 지나면 호르몬 분비가 다시 정상으로 되돌아와 탈모 현상도 자연스럽게 회복된다. 머리카락이 심하게 빠질 때는 순한 샴푸와 컨디셔너를 사용하고 파마나 드라이, 빗질 등을 피해 머리카락 자극을 최소화하는 것이 좋다. 두피 마사지는 탈모 예방에 도움을 주나 두피가 매우 예민해진 시기이므로 주의가 필요하다. 갈라진 모발 끝만 잘라주는 것도 탈모 방지에 도움을 줄 수 있다.

기미가 두드러져 보인다

임신 중에는 피부가 건조하고 기름기가 많이 생기는데, 출산 후에는 얼굴 피부의 껍질이 벗겨지거나 팔다리에 각질이 생기는 경우가 있다. 특히 임신 중에 생긴 기미가 더욱 두드러져 보이기도 한다. 이는 호르몬의 변화로 인한 일시적인 증상이므로 산후 조리를 잘하고 어느 정도 시간이 지나면 좋아진다. 임신과 출산으로 생긴 각질이나 기미, 주근깨는 평소 꾸준히 관리하고 외출 시 자외선 차단제를 꼭 바른다.

튼 살은 남아 있고 뱃살은 늘어진다

임신 중 생긴 임신선은 출산 뒤에는 없어지지만 튼 살은 여전히 남아 있다. 게다가 아이를 낳고 체중이 줄어도 한번 늘어난 뱃살은 쭈글쭈글하니 줄어들 기미를 보이지 않는다. 이런 경우에는 시판되는 튼 살 전용 화장품으로 마사지를 해주는 것이 좋다. 또한 복부 근육을 단련시키는 체조와 스트레칭을 꾸준히 하면 늘어난 뱃살을 탄력 있게 바꾸는 데 큰 도움이 된다.

체중이 제자리로 돌아가지 않는다

임신으로 늘어난 체중은 10~12kg 정도이며 출산을 하면 5~6kg 정도 빠진다. 나머지는 산욕기를 거치면서 빠지는데, 5~6주 안에 원래의 몸무게로 되돌리는 것이 중요하다. 6개월 이내에 자신의 몸무게를 찾지 않으면 산후 비만으로 굳을 수 있다.

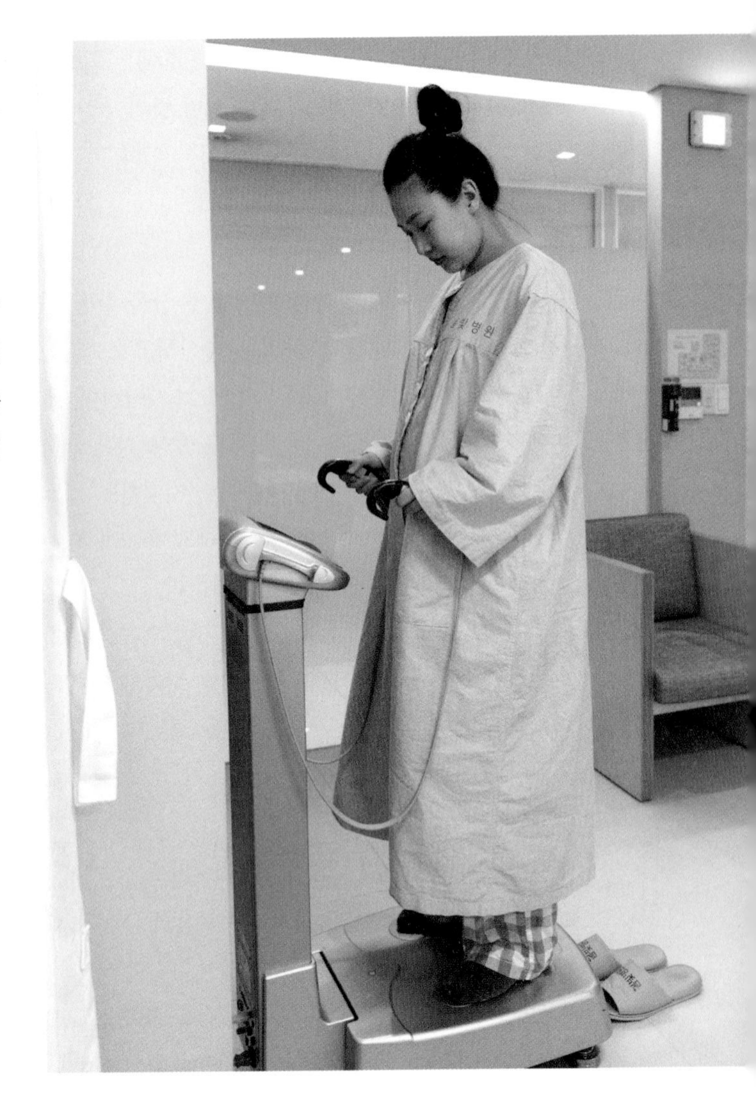

STEP 08

계절별 산후 조리법

가만히 앉아 있어도 땀이 흐르는 여름철이나 찬바람 때문에 옷깃을 여미는 겨울철의 산후 조리는 여러모로 신경 쓸 것이 많다. 계절에 따라 조금씩 달라지는 산후 조리 방법을 알아본다.

여름철 산후 조리

찬바람은 산후풍의 원인

계절을 막론하고 산후 조리를 하면서 가장 주의해야 할 점은 산모가 찬바람을 쐬지 않아야 한다는 것이다. 무더위가 기승을 부리는 한여름에도 마찬가지다. 에어컨이나 선풍기는 물론 창문을 통해 들어오는 자연풍도 조심해야 한다. 찬바람은 산후풍의 원인이 되기 때문이다. 산모의 뼈는 출산 과정을 거치면서 조금씩 벌어져 관절이 매우 약해진다. 이 관절 부분이 바람에 노출되면 산후풍에 걸리고, 산후풍은 관절염으로 발전할 수 있으므로 주의해야 한다.

땀을 너무 많이 내면 탈진할 수 있다

우리의 전통적인 산후 조리법은 한여름에도 뜨거운 방바닥에서 두꺼운 이불을 덮고 땀을 푹 내는 것이다. 하지만 이는 오히려 위험을 초래할 수 있다. 땀띠가 날 만큼 땀을 많이 내면 탈진할 수 있기 때문이다. 탈진하면 그만큼 몸에 무리가 가서 회복이 늦어진다. 또 산후에는 분비물이 많아지는데, 더운 방에서 땀을 흘리다 보면 불쾌해지기 쉽고 감염의 위험도 높다.

실내 온도는 낮추고 이불은 가볍게 덮는다

산모가 상쾌한 느낌을 받을 정도로 기온을 낮추고, 흡습성이 좋은 옷을 입고, 가벼운 이불을 덮는다. 실내 온도를 낮추기 위해 선풍기나 에어컨을 약하게 틀었다면 바람의 방향을 자주 바꾸고, 환기를 자주 시키며, 에어컨 필터를 자주 교환해 실내 공기가 오염되지 않도록 신경 쓴다.

긴 옷은 필수, 양말도 챙긴다

아무리 더워도 3주간은 긴소매에 발목까지 내려오는 옷을 입는다. 양말도 신어야 하는데, 답답하더라도 산후 일주일 정도는 반드시 신도록 한다. 양말을 벗고 난 후에도 맨발로 찬 곳을 딛지 않도록 조심해야 한다. 옷은 몸에 너무 달라붙지 않는 헐렁하고 단순한 디자인에 땀 흡수가 잘되는 면 소재가 좋다. 모유를 먹이는 산모라면 앞트임이 있는 옷이 편하다.

샤워와 좌욕으로 청결을 유지한다

전통적으로는 최소 3주간은 산모의 몸이 물에 닿지 않게 하지만, 여름에 아이를 낳았을 때는 그동안 몸에 물 한 방울 안 묻힌다는 게 말처럼 쉬운 일은 아니다. 요즘은 출산 후 일주일 정도 지나면 간단한 샤워 정도는 허용되는 추세다.

단, 따뜻한 물로 샤워하고, 샤워가 끝나는 즉시 몸의 물기를 닦아낸다. 특히 여름철에는 산후 분비물을 깨끗이 처리하는 것이 중요하다. 끓여서 식힌 미지근한 물에 소독약을 타서 좌욕을 자주 해 감염을 예방한다.

찬 음식도 조심해야 한다

출산 후에는 찬 음식과 딱딱한 음식은 먹지 않는 게 좋다. 찬 음식은 몸의 기운을 차갑게 해 혈액순환을 저하시키고, 출산으로 기능이 약해진 위장의 소화력을 나쁘게 하며, 생리적인 회복에도 악영향을 끼친다.

무엇보다 차갑고 단단한 음식은 헐거워진 치아에 좋지 않아 나중에 풍치 등으로 고생할 수 있다. 되도록 소화가 잘되는 따뜻한 음식을 먹고, 갖가지 영양소가 들어간 음식을 골고루 먹는다. 채소나 과일 등도 냉장고에서 미리 꺼내두었다가 냉기가 가시고 나면 먹는다.

겨울철 산후 조리

찬바람에 노출되지 않게 한다

겨울에는 퇴원할 때부터 각별한 주의가 필요하다. 출산 직후 산모의 몸에는 수분이 많아 찬바람을 쐴 경우 산후풍에 걸리기 쉽다. 퇴원할 때는 내의를 반드시 입고, 장갑과 머플러를 착용해 찬바람이 들어오지 않게 한다.

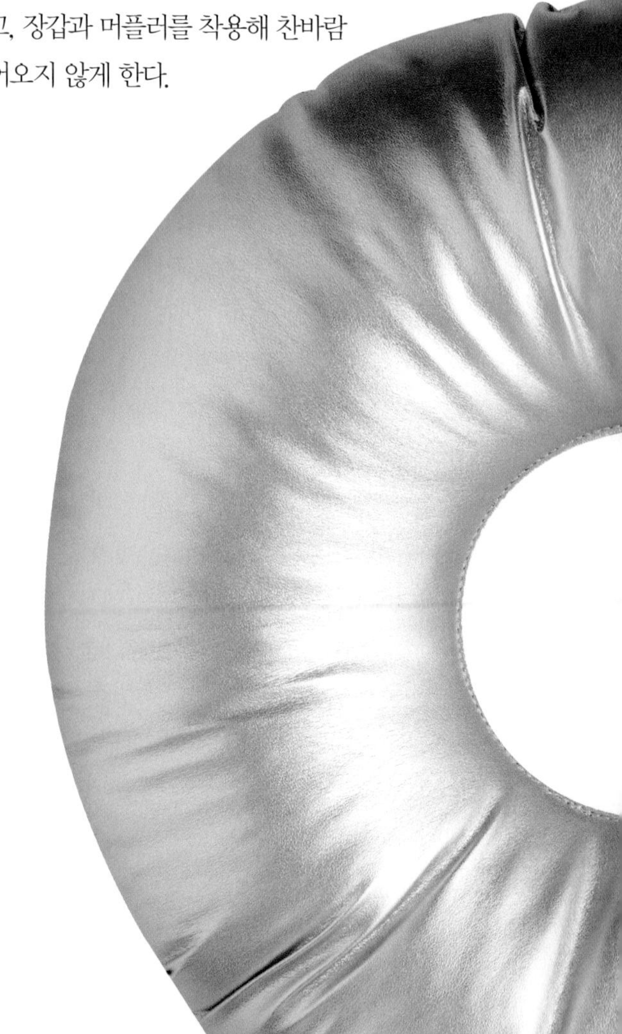

하의를 두껍게 입고 양말을 꼭 신는다

두꺼운 옷을 하나 입는 것보다 얇은 옷을 여러 벌 겹쳐 입는 것이 체온 보호 효과가 더 크다. 옷을 입을 때는 상의보다 하의를 더 두툼하게 입는다. 허리 아래를 따뜻하게 해야 몸 전체의 온도가 일정하게 유지되기 때문이다. 또 실내에서 지내더라도 양말은 꼭 신어야 한다. 발이 따뜻해야 온몸이 따뜻해진다.

온도와 습도 조절에 신경 쓴다

산후 조리에 적당한 실내 온도는 21~22℃, 습도는 60~65% 정도다. 산모가 있는 방은 스티로폼이나 접착력이 강한 테이프로 창문 틈새를 막아 찬바람이 들어오는 것을 막는다. 가습기를 사용할 경우 물을 완전히 끓여서 김을 내보내는 가열식을 쓰고, 가습기 대신 젖은 수건이나 기저귀를 널어놓는 것도 좋다.

실내 활동 위주로 움직인다

일반인들도 추운 겨울에는 대부분 실내에 있기 마련이다. 그러니 산모라면 더더욱 외출을 삼가고 찬바람을 직접 쐬는 일이 없어야 한다. 실내에서 가벼운 체조를 하거나 가벼운 가사 정도로 산후 체조를 대신한다. 겨울철에 샤워를 할 때는 미리 욕실 온도를 높여 둔 다음에 들어가고, 실내 온도 역시 약간 높여 욕실에서 나왔을 때 썰렁한 느낌이 들지 않게 한다.

STEP 09

산후 질병

출산 후에는 피로하고 지쳐 있는 데다가 저항력이 급격하게 떨어져 세균 감염의 위험이 높다. 따라서 이 시기에 무리하면 몸의 여러 곳에 이상이 생기고, 방심할 경우 두고두고 후유증을 겪기도 한다. 산후에 생길 수 있는 여러 가지 질병과 이에 대한 대처법을 알아본다

산후하복통

임신 중에 커졌던 자궁이 출산 후 원래 크기로 수축하면서 생기는 통증을 산후하복통 또는 산후통이라고 한다. 증상은 아랫배에 규칙적인 통증이 계속되는데, 대개 출산 2~3일이면 통증이 없어지지만 일주일 정도 계속되는 사람도 있다. 진통이 강한 것은 그만큼 자궁 수축이 잘된다는 것이므로 걱정할 필요는 없으나, 통증이 너무 심하거나 열이 있으면 진찰을 받아보는 것이 좋다.

자궁복고부전

임신 중에 커진 자궁이 분만 후에 제대로 수축되지 않는 것을 자궁복고부전이라고 한다. 대개 자궁은 산후 10일 정도면 거의 본래 상태로 줄어들고 4~6주 후면 완전히 회복된다. 하지만 출산 후에도 자궁이 크게 느껴지고 피가 섞인 오로가 계속되며 복통을 동반할 때는 자궁복고부전을 의심해볼 수 있다.

원인은 양막이나 태반의 일부가 자궁에 남아 있거나 양수가 미리 터졌을 경우, 쌍둥이를 임신했을 경우, 배뇨와 배변을 충분히 하지 않아서 방광이나 직장에 배설물이 차 있는 경우 등이다. 자궁근종이 있을 때도 자궁복고부전이 생길 수 있다. 치료에는 자궁수축제와 지혈제를 쓰며, 출혈이 심해 세균 감염 우려가 있을 때는 항생제도 함께 쓴다.

유방 울혈

젖이 생길 때 여분의 혈액과 림프액이 유방으로 들어오는데, 젖의 양이 급속도로 증가하거나 적당한 수유가 이루어지지 않으면 발생한다. 울혈이 생기면 젖이 잘 나오지 않고 그 결과 부종이 더 심해져 유방이 화끈거리고 단단해지며 통증이 생긴다. 유방의 울혈에 기인한 산욕열은 출산 직후부터 서서히 나타나는 경우가 많으며, 양쪽 유방의 전체적인 열감과 통증이 특징이다. 체온은 37.8~39℃까지 상승하나 일반적으로 38.3℃ 이하이며, 한나절 이상 지속되는 경우는 드

물다. 유방 울혈은 미지근하게 찜질을 하면서 단단하게 뭉친 부분을 나선형으로 마사지하고 자주 수유를 하면 저절로 가라앉는다.

유두 열상

아이가 젖을 잘못 빨면 유두가 갈라지고 출혈이 생길 수 있다. 유두 열상의 통증은 지속적인 수유를 어렵게 만들기도 할 정도로 극심한 경우도 많다. 올바른 수유 자세와 정확한 수유 방법이 중요하며, 유두 열상이 발생하면 모유를 짜서 열상 부위에 바르고 건조시킨다. 열상이 심해서 수유를 할 수 없으면 젖을 짜서 컵이나 스푼으로 수유하고, 의사와 상담하는 것이 좋다.

유선염

유방 속에 응어리가 생겨 아프거나 유방 전체가 빨갛게 부으면 유선염일 가능성이 높다. 이는 수유를 하고 난 다음에 남은 젖을 짜내지 않아 젖이 고여 있거나 젖꼭지의 상처를 통해 세균이 감염된 것이다. 염증이 심해지면 38~39℃의 높은 열이 나고, 유방이 벌겋게 부어오르며 유두에서 고름이 나오기도 한다. 유선염을 예방하기 위해서는 항상 유두와 유방을 청결하게 관리하고, 수유 후에 젖이 남지 않도록 다 짜내야 한다. 유선염이 심할 때는 항생제 치료를 하게 되는데, 그럴 경우 수유 가능 여부는 의사와 상의 후 결정 해야 한다.

산욕열

태아가 산도를 지날 때 생긴 질이나 외음부의 상처, 양막이나 태반이 벗겨진 자궁 내부에 세균이 침입해 고온과 발열 증상이 나타나는 것을 산욕열이라고 한다. 산욕열은 일반적으로 산후 2~3일경에 나타나는데, 오한과 함께 38~39℃의 열이 7~10일 정도 계속된다. 이때 자궁 수축이 잘 안 돼 아랫배에 통증이 있거나 악취가 나는 오로가 계속되기도 한다. 산욕열은 출산 후 피로가 심해 몸의 저항력이 떨어지거나, 분만할 때의 불완전한 소독, 산후의 비위생적인 몸조리 등이 원인이다. 산욕열 치료는 무엇보다 충분한 휴식과 영양가 높은 식사를 하는 것이 중요하다. 또한 고열로 인해 땀이 많이 나므로 수분을 충분히 섭취해야 한다. 고열이 계속될 경우 의사에게 진찰을 받고 항생제·소염제·해열제를 처방 받는다.

임신중독증 후유증

임신중독증은 대개 출산 후 자연스럽게 치료되지만, 출산 후 1개월이 지나도 소변 속의 단백질이 줄지 않거나 고혈압 증세가 계속될 경우 후유증을 의심해볼 수 있다. 임신중독증 후유증은 자각 증상이 없어 그냥 지나치기 쉽지만, 치료하지 않고 방치하면 다음 임신과 분만 때 중증 임신중독증에 걸릴 위험이 있고, 고혈압 만성 신우염이 될 가능성도 있다. 따라서 산후 1개월 검진 결과 임신중독증 후유증이 있는 것으로 판명되면 식이요법과 안정요법으로 치료를 받는 것이 좋다.

태반 잔류

태반은 보통 태아가 산도를 빠져나온 후 20~30분 이내에 자궁 밖으로 나오는데, 이때 태반이 완전히 배출되지 않고 자궁 안에 일부분이 남는 것을 태반 잔류라고 한다. 대부분 발견하기 어려운 아주 미세한 태반 조각들이 남는 경우 태반 잔류가 생긴다. 태반 잔류가 있을 경우 산후 10일이 지나도 오로 양이 매우 많거나 출혈이 계속된다. 치료는 자궁수축제를 사용해 나머지 태반이 나오게 하거나, 기구를 이용해 잔류물을 제거하는 수술을 한다.

회음통

분만할 때 절개한 회음 부분에 상처가 생겨 계속 아프고 땅기는 것을 회음통이라고 한다. 회음 절개 부위는 출산 직후 봉합하며 시술 후 5~7일 후에 실밥을 제거하는데, 대부분 출산하고 일주일 정도 지나면 통증이 사라진다. 회음통을 줄이기 위해서는 하루에 두 차례 정도 좌욕을 하고, 패드를 자주 갈아주며, 배변 후 세균이 들어가지 않도록 주의해야 한다. 흔하고 당연한 증상일 수 있으나 적절한 자가 조치 후에도 극심한 통증이 느껴지면 의사의 진료가 필요하다.

요실금

요실금은 출산으로 인해 방광이 처지면서 나타나는 대표적인 산후 증상이다. 분만 후 생기는 요실금은 항문이나 요도 주위의 괄약근이 원래 약한 경우나 태아가 지나치게 컸던 경우, 난산을 한 산모에게 흔히 나타난다. 증상은 재채기를 하거나 웃을 때 혹은 가벼운 운동을 할 때 오줌이 찔끔찔끔 나오는데, 반드시 치료해야 한다. 치료 방법으로는 질 근육을 조였다가 풀어주는 케겔 체조가 좋다.

치골 통증

치골은 음부 바로 위에 돌출된 뼈로 임신을 하면 조금씩 느슨해지다가 분만을 하면 많이 벌어진다. 분만 시 심한 허리 압박으로 근육에 이상이 생겼거나 골반의 일부분이 느슨해지면 출산 후에도 허리와 배의 통증이 계속된다. 대개는 산후 2~3개월 정도 계속되지만, 적절한 산후 조리와 일상생활을 하다 보면 저절로 낫는다.
치골의 통증 완화와 회복을 위해서는 복대나 거들을 착용하면서 격한 동작이나 무리한 움직임을 피하는 것이 좋다. 그러나 출산 후 3개월이 지나도 통증이 가라앉지 않으면 의사에게 진찰을 받아보도록 한다.

방광염

분만 시 태아의 머리와 산모의 골반 사이에서 압박을 심하게 받아 방광이 늘어나면, 오줌이 방광에 고여 쉽게 배출되지 않는다. 그 결과 방광에 세균이 늘어나 방광염에 걸리기 쉽다.

일단 방광염에 걸리면 소변 횟수가 잦고, 배뇨 후에도 잔뇨감이 있으며, 통증과 발열이 따른다. 또 소변 색깔이 흰색이나 황색으로 탁해지기도 한다. 방광염을 예방하기 위해서는 항상 청결을 유지하고, 요의를 느끼면 참지 말고 바로 화장실에 가는 것이 좋다.

산후풍

우리나라에서는 예로부터 삼칠일이라고 해서 출산 후 3주 동안은 반드시 몸을 안정시키도록 해왔다. 이는 과학적으로도 근거가 있는 것으로, 최소한 3~4주 동안은 산후 조리에 전념하는 것이 좋은 것으로 알려져 있다. 간혹 이때 관리를 잘못하면 산후풍에 걸릴 위험이 커진다.

산후풍의 원인

출산 직후에는 골반을 구성하는 관절뿐만 아니라 신체의 모든 부분이 나사가 풀린 듯 느슨해진다. 이러한 낯선 신체 변화와 출산으로 인한 기력 손상, 출혈 등으로 지친 산모가 정상적인 상태로 회복되기까지는 6주 정도의 시간이 걸리는데, 이 기간을 산욕기라고 한다. 이 산욕기에 몸 관리를 제대로 하지 못하면 평생 산후풍에 시달리는 경우가 많다.

산후풍의 원인은 크게 2가지로 본다. 출산으로 인해 기가 허해진 상태에서 찬바람이 몸으로 들어가면 아랫배 쪽으로 냉기가 이동하고, 이것이 병적인 증세를 일으키는 것이다. 또 다른 원인으로는 관절의 과도한 사용을 들 수 있다. 출산 전에는 관절을 사용하는 데 별 무리가 없지만, 출산 후에는 관절 내 활액낭의 활액 분비가 원활하지 못해 약간만 무리해도 손목 저림 등이 유발된다. 이는 출산 후 혈(血)이 많이 손상되거나 영양 부족, 혈액순환이 좋지 않을 경우에 나타난다. 산후풍은 고령 출산, 난산, 제왕절개, 유산을 많이 한 여성에게서 더 많이 발생한다. 대개는 산후 8주 이내에 발생하며, 방치하면 수개월에서 수년간 지속되는 경우도 있으므로 주의해야 한다.

산후풍의 증세

산후풍은 출산 후 어지럼증, 머리가 무겁거나 아픈 증상, 허리·무릎·발목·손목 등이 저리고 아픈 느낌, 식은땀이 나고 몸이 으슬으슬 춥고 떨리는 증상 등으로 나타난다. 특히 산후풍에 걸리면 자궁의 혈액순환을 방해하고, 어혈을 만들어 생식기나 비뇨기 계통의 기능을 떨어뜨리며, 하체로 가는 혈액순환에도 장애가 생긴다.

별다른 이유 없이 땀이 흐르면서 몸이 무기력해지며, 심리적으로 불안하거나 가슴이 두근거리고 식욕이 크게 저하되면 산후풍을 의심해볼 필요가 있다. 심한 경우 삼복더위 때도 이불 없이는 잠을 자지 못해 고통스러워하기도 한다.

산후풍의 예방과 치료

찬 기운을 조심한다

산모는 산욕기 동안 특히 찬 기운을 조심해야 한다. 찬바람을 직접 몸에 쐬거나 찬물을 마시는 것은 절대 삼가고, 음식 또한 너무 차거나 자극적인 것은 먹지 않아야 한다. 또 평소에 과로나 정신적인 충격이 없도록 각별히 조심한다. 산후풍은 정상 출산뿐만 아니라 제왕절개·자연유산 후에도 걸릴 수 있으므로 모든 산모가 같은 방법으로 몸조리를 해야 한다.

무리한 관절 사용을 피한다

출산 전에는 아무렇지 않던 자극이 출산 후에는 문제가 될 수 있다. 따라서 산후 2~3주간은 절대 관절에 무리가 가는 일은 삼간다. 수건을 비틀어 짠다거나 무거운 것을 드는 일 등은 하지 않는 것이 좋다.

산후 보약을 먹는다

한방에서 처방하는 산후 보약은 허약해진 산모의 기혈을 보해 산후 회복이 빠르게 하고 산후병을 예방하는 효과가 있다. 단, 오로가 없어진 산후 3주 이후에 복용한다. 오로가 다 배출되기 전에 한약을 복용하면 오히려 산후풍 등을 유발할 수 있기 때문이다.

적절한 보양식을 챙겨 먹는다

산후풍 예방에는 잉어, 가물치, 돼지 족발, 호박 등이 좋다. 하지만 보양식은 말 그대로 기력을 보충하기 위해 먹는 음식이므로 한꺼번에 너무 많이 먹거나 한 가지 음식만 먹는 것은 바람직하지 않다.

한방 치료를 받는다

산후풍은 빨리 치료할수록 치료 기간이 단축된다. 산후풍에는 한방 치료가 일반적인데, 뼈마디가 시리고 관절이 욱신거리는 등의 산후풍 증상이 보이면 즉시 한의원에서 치료를 받아야 한다. 산후풍 치료는 한약과 침으로 하며, 1년 정도 꾸준히 치료하는 것이 중요하다.

산후 우울감과 산후 우울증

산후 우울감은 대부분의 산모가 겪는 증상으로 가벼운 증상부터 심각한 증상까지 다양하게 나타난다. 대개 고통스러운 출산의 경험, 갑자기 닥친 육아 부담 등이 우울증의 원인이 되는데, 이를 슬기롭게 이겨나갈 수 있는 방법을 알아보자.

원인

고통스러운 분만 경험은 산모에게 심리적으로 큰 부담을 안겨줄 수 있다. 그 과정이 너무 힘들어 출산 후 아이를 쳐다보기도 싫다는 산모도 있을 정도다. 그렇게 힘든 기억이 채 가시기도 전에 눈앞에 주어진 육아에 대한 부담은 산모의 가슴을 더욱 답답하게 만들 수 있다. 특히 젖이 잘 나오지 않거나 아이가 젖을 먹지 않는 경우, 아이가 지나치게 예민하거나 낮 밤이 바뀌는 경우, 영아 산통 등은 육아 경험이 없는 산모에게는 커다란 스트레스가 된다. 산후 우울증은 임신 중 우울감이 심했거나 우울증이 있었던 산모에게서 더 많이 나타난다.

증상

분만 후 3~5일 사이에 대부분의 산모가 눈물이 나고 화가 나며 슬프고 불안해지는 등 여러 가지 감정 상태를 경험한다. 이러한 불안정한 감정 상태는 불면증 등을 불러오기도 하는데, 개인차는 있지만 대개 산후 1~2주일 정도면 사라진다. 이후에도 지속된다면 산후 우울증으로 이환된 경우다.

우선 증상이 가벼울 때는 주위에서 산모를 따뜻한 마음으로 이해하고 감싸주는 것이 필요하다. 증세가 심해지면 매사에 신경질이 늘고 정서적으로도 불안정해지며 육아를 기피하는 증상까지 발전할 수 있다. 따라서 미리미리 이를 예방하고 심할 경우 정신과 상담을 받아보는 것이 좋다.

산후 우울증 대처법

육아와 가사에 집착하지 않는다

산후 우울증은 성격이 꼼꼼하고 지나치게 깔끔한 완벽주의 여성일수록 걸리기 쉽다. 산후에는 몸과 마음이 불안정하고 육아 트러블은 하루아침에 해결할 수 있는 일이 아니므로 먼저 육아와 가사를 완벽하게 하고 싶은 집착에서 벗어나는 것이 중요하다.

시간이 지날수록 몸과 마음도 정상을 회복하고 육아도 익숙해지게 되므로 마음을 느긋하게 먹는다. 또한 친구나 친지 등 출산을 경험한 선배들에게 조언을 구하는 것도 좋은 방법이다. 그러나 조언은 타성이 될 수도 있으므로 주의하고 출산과 육아에 대한 본인의 현실적인 기대를 가져야 한다.

스트레스는 그때그때 푼다

육아나 가사에서 비롯된 스트레스 역시 마음속에 담아두지 말고 그때그때 풀어야 한다. 취미 생활을 하거나 가벼운 산책, 쇼핑 등으로 기분 전환을 하는 것도 좋다. 잠시 동안이라도 모든 부담을 털어버리고 즐거운 한때를 보내고 나면 한결 마음이 편안해진다.

남편의 배려가 가장 중요하다

산모에게 가장 큰 위로는 뭐니 뭐니 해도 남편의 애정이다. 아내가 출산 후 짜증을 심하게 내거나 우울해하면 남편은 이를 감싸주고 이해하려고 노력해야 한다. 출산 후 산모의 신체적 변화 역시 인정하고 사랑해줄 수 있어야 한다. 또 육아나 가사를 아내에게만 맡기지 말고 적극적으로 도와주는 자세가 필요하다. 남편의 배려와 남편과의 상호관계가 가장 중요하다.

증세가 심할 경우 정신과 치료를 받는다

우울 증세가 점점 심해지고 혼자만의 노력으로는 해결되지 않는다면 망설이지 말고 의사를 찾아가 상담과 치료를 받는다. 우리나라는 정신과 치료를 기피하는 경우가 많은데, 다른 질병과 마찬가지로 정신과 치료 역시 누구나 받는 것이므로 부담감을 버리고 빨리 치료를 받는 것이 현명하다.

산후 음식

임신했을 때의 영양 못지않게 출산 후 영양 보충도 중요하다. 아이의 성장에 비례해 더 많은 열량이 필요하므로 당연히 수유 중에 더 많은 영양을 섭취해야 한다. 또한 출산 후에는 몸의 원기가 떨어지고 모든 기능이 약해진 상태이므로 보양에 특별히 신경을 써야 한다.

산후 조리에 좋은 음식

미역국

미역은 분유와 맞먹을 정도로 칼슘이 풍부한 알칼리성 식품이다. 자궁 수축과 지혈에 좋고, 신경을 진정시켜 지구력을 갖게 하는 중요한 영양소다. 요오드 함량도 많은데, 요오드는 갑상선호르몬을 만드는 데 필요한 성분으로 엉긴 혈액을 풀어주고 태아에게 빼앗긴 상당량의 갑상선호르몬도 보충해준다.
또한 미역은 무기질과 비타민은 풍부한 반면 열량은 낮아 비만도 예방할 수 있다. 홍합이나 새우 등 단백질이 많은 식품을 넣어 미역국을 끓이면 효과가 더 좋다.

가물치

가물치는 단백질이 많을 뿐 아니라 지방이 소화되기 쉬운 상태로 들어 있고 칼슘도 듬뿍 들어 있는 알칼리성 식품이다. 다만 성질이 차기 때문에 제왕절개나 회음 절개 등으로 몸에 상처가 있거나 기력이 지나치게 약해진 산모에게는 오히려 해가 될 수 있다. 가물치는 출산 직후에 먹는 것보다 회음의 상처가 어느 정도 아무는 출산 2주일 후부터 먹는 것이 좋다.

잉어

잉어는 소화 흡수가 잘되는 질 좋은 단백질이 많이 들어 있고, 잉어의 칼슘이나 비타민 B_1이 탄수화물의 소화를 도와 어린이나 회복기 환자에게 좋다. 또 산후 빈혈을 예방하고 자궁 안에 고인 혈액을 몸 밖으로 내보내주기 때문에 특히 산후 여성에게 좋은 식품이다. 뿐만 아니라 젖 분비를 촉진해 수유 중인 여성이 잉어를 먹으면 젖의 양이 많아진다.

곰국

곰국은 담백하고 넉넉한 단백질 공급원으로 젖이 잘 나오도록 도와주고, 출산 후 부족한 칼슘 보충에 아주 좋다. 시간을 두고 충분히 곤 다음 기름기를 완전히 걷어내고 먹는다.

청둥호박(늙은 호박)

호박은 몸 안의 필요 없는 수분을 몸 밖으로 내보내

출산 후 부기가 있는 산모나 당뇨병이 있는 사람에게 좋다. 또 소화 흡수율이 높은 당분이 많아 피로회복에도 좋다. 하지만 출산 직후의 산모는 수분을 많이 잃은 상태라 이뇨 작용이 지나칠 경우 오히려 해로울 수 있다. 보통 출산 후 1~2주 사이에 정상적인 이뇨 작용이 일어나는데, 만약 이러한 이뇨작용이 충분하지 않다고 판단되면 출산 3주 이후에 먹는 것이 좋다. 산후 비만을 예방하는 데도 효과적이다.

옥수수수염차

보리차 대신 옥수수수염을 끓여 마시는데, 이 옥수수수염은 신장에 별 무리를 주지 않고 이뇨 작용을 돕기 때문에 비만 예방에 좋다. 특히 소변이 잘 나오지 않거나 부기가 있으면서 체중이 늘어나 뚱뚱한 사람에게 효과가 있다. 옥수수수염 200mg에 약 700cc의 물을 붓고 물이 3분의 1로 줄어들 때까지 끓여 하루에 1컵 정도 마신다.

산후 이상 증세를 다스리는 보양식

증세 1 젖이 잘 나오지 않을 때

우족탕

쇠족에는 질 좋은 단백질과 각종 무기질이 풍부하게 들어 있다. 특히 쇠족에 함유된 단백질은 모유의 질을 높이고 젖이 잘 나오게 한다. 그 외에도 젖이 부족할 때는 인삼 달인 물이나 용봉탕, 돼지족, 푹 곤 고기 국물 등을 양껏 먹고 우유나 보리차 등을 자주 마셔 수분을 충분히 섭취하는 것이 좋다.

재료

쇠족 600g, 대파 1뿌리, 마늘 ½통, 통후추 1작은술, 다진 파·다진 마늘 2큰술씩, 소금 1큰술, 후춧가루·참기름 약간씩

만들기

1 찬물에 토막 낸 쇠족과 통대파·통마늘·통후추를 넣고 센 불에서 끓이다가, 국물이 끓어오르면 불을 약하게 줄여 쇠족이 무르도록 오랫동안 끓인다.
2 푹 곤 쇠족을 건져 살을 저민 다음 다진 파, 마늘, 소금, 후춧가루, 참기름을 넣고 주물러 간한다. 남은 뼈는 다시 국물에 넣어 푹 끓인다.
3 대접에 양념한 고기 건더기를 적당히 담고 팔팔 끓는 국물을 붓는다. 어슷 썬 파를 띄우고 소금과 후춧가루로 간을 맞춘다.

증세 2 부기가 빠지지 않을 때

호박찜

청둥호박으로 호박죽이나 호박탕 등을 해 먹으면 산후 부기를 빼는 데 효과가 있다. 씨를 파낸 호박에 꿀을 넣고 중탕하거나 호박찜을 해 먹어도 좋다. 연근과 쑥으로 생즙을 내 매일 아침저녁에 1컵씩 마셔도 효과적이다.

재료

청둥호박 ½개, 돼지고기 150g, 목이버섯 12개, 생강 1쪽, 대파 1뿌리, 식용유 1큰술, 소금 약간

만들기

1 청둥호박은 반 갈라 속을 파낸 다음 3~4cm 두께로 잘라 껍질을 벗긴 뒤 적당한 크기로 썬다.
2 목이버섯은 미지근한 물에 불렸다가 한 장씩 떼서 깨끗이 씻는다. 돼지고기와 생강, 대파는 손질해 곱게 다진다.
3 냄비에 기름을 두르고 뜨겁게 달궈지면 다진 파와 생강을 먼저 볶다가 돼지고기를 넣어 볶는다.
4 돼지고기가 어느 정도 익으면 적당히 자른 호박과 목이버섯을 넣고 재료가 잠길 정도로 물을 부어 뭉근하게 끓인다. 소금으로 간을 맞춘다.

증세 3 산후풍으로 한기가 들 때

용봉탕(잉어탕)

산후풍에 좋은 것이 바로 잉어다. 잉어를 폭 고아 만든 용봉탕이나 잉어를 푹 곤 국물에 쌀을 넣고 죽을 쑤어 먹어도 증세가 훨씬 완화된다.

재료

잉어 1마리, 인삼 4뿌리, 대추 8알, 소금·후춧가루 약간씩

만들기

1 잉어는 싱싱한 것으로 준비해 비늘과 지느러미를 잘라내고 깨끗이 씻은 뒤 적당한 크기로 토막 낸다.
2 인삼은 잔뿌리를 떼지 말고 솔로 문질러 씻고, 대추는 미지근한 물에 불려서 씻는다.
3 냄비에 물을 8컵 정도 붓고 손질한 잉어를 넣어 끓인다.
4 잉어가 익기 시작하면 준비한 대추와 인삼을 넣고 국물이 뽀얗게 우러나도록 중불에서 푹 끓인다. 소금과 후춧가루로 간을 맞춘다.

증세 4 빈혈 증세가 있을 때

굴밥

굴에는 피를 만드는 데 도움을 주는 철분과 코발트가 들어 있어 산후 빈혈 완화에 효과적이다. 이런 굴과 갖가지 영양 재료를 넣고 밥을 짓는다.

재료

쌀 3컵, 굴 200g, 은행 20알, 밤 12톨, 표고버섯 4개, 당근 ½개, 연근 80g, 청주 2큰술, 설탕 1큰술, 소금 약간

만들기

1 쌀은 미리 씻어 건져놓고, 굴은 소금물에 흔들어 씻어 물기를 뺀다.
2 은행은 겉껍질을 까서 프라이팬에 볶은 다음 마른 헝겊으로 문질러 속껍질을 벗긴다. 밤은 속껍질까지 벗겨 4등분한다.
3 표고버섯은 물에 불렸다가 3~4등분하고, 당근과 연근은 1cm 크기로 깍둑썰기 한다.
4 솥에 쌀을 안치고 물 3⅓컵에 청주, 설탕, 소금을 섞은 밥물과 은행, 밤, 표고버섯, 당근, 연근을 넣어 끓인다.
5 밥이 끓으면 굴을 넣고 불을 줄여 뜸을 들인다.

산후 다이어트 프로젝트

산욕기가 지나면 본격적으로 다이어트를 시작해 임신 전 몸매를 되찾는 것도 중요하다. 음식 조절과 적당한 운동, 여기에 올바른 생활 습관이 더해지면 날씬한 몸매로 되돌아갈 수 있다.

산후 다이어트의 기본 원칙

수유가 가장 좋은 다이어트 방법

보통 체형의 산모의 경우 수유가 가장 훌륭한 다이어트 방법이라는 사실은 널리 알려져 있다. 수유를 하면 무엇보다도 칼로리 소모가 많아 가장 편하게 할 수 있는 방법이다. 산모 자신을 위해서라도 수유는 꼭 실천하자.

산후 체중 감소

일반적으로 출산 직전까지 12~13kg의 체중 증가가 이루어진 산모는 출산과 동시에 약 5kg의 체중 감소를 경험한다. 이후 6개월 동안 모유 수유를 기준으로 6kg 정도가 천천히 빠진다. 만약 산후 6주가 지났는데도 출산 전에 비해 체중 감소가 거의 이루어지지 않았다면 꼭 의사를 만나 갑상선기능 등에 대한 상담을 받도록 한다.

산욕기 다이어트는 금물

아이를 낳고 나면 몸이 홀가분해져 빨리 날씬해지고 싶은 욕심에 무리하게 다이어트를 시작하는 경우가 있다. 하지만 몸을 추스르는 산욕기에는 다이어트를 시도하지 않는 것이 좋다. 출산 후 바로 다이어트를 시작하면 몸 회복이 더딜 뿐만 아니라 뼈나 관절에 무리가 가서 결국 건강을 해칠 수 있기 때문이다. 우선 소모된 체력을 보강한 다음 다이어트를 시작하는 것이 바람직하다.

출산 후 3~4개월부터 시작

다이어트를 시작할 수 있는 시기는 산모마다 조금씩 다르지만, 수유를 하지 않는 경우라면 대개 출산 후 3~4개월, 수유를 하는 경우라면 출산 후 6개월 이후 아이가 이유기에 접어드는 때가 적당하다. 수유를 하면 열량이 많이 소모돼 그 자체로도 다이어트 효과가 있는데, 엄마가 지나치게 음식을 적게 먹으면 아이의 영양에 문제가 생길 수 있기 때문이다. 수유기가 어느 정도 지났는데도 체중이 줄어들지 않는다면, 그때 가서 식이요법과 운동으로 줄이는 것이 좋다. 그리고 가능하면 임신 전 체중으로 돌아갈 수 있도록 노력한다.

일주일에 0.5~1kg씩 천천히 뺀다

출산 후 다이어트를 할 때는 임신 전후의 체중, 현재의 체중, 이상적인 체중과 함께 임신 전후의 활동량 정도를 고려해야 한다. 처음부터 목표를 너무 무리하게 잡거나 한꺼번에 살을 빼려고 하는 것은 금물이다. 목표 체중은 신장에 비례한 표준 체중(〈키-100〉0.9)으로 삼되, 보다 바람직한 방법은 자신이 도달 가능한 체중을 목표로 삼는 것이다. 또한 일주일에 0.5~1kg 정도를 기준으로 차근차근 살을 빼는 것이 건강을 유지하고 요요 현상도 막는 방법이다.

생활 속 다이어트

규칙적인 생활을 한다

다이어트를 위해 가장 기본적으로 해야 할 일은 규칙적인 생활이다. 육아 때문에 출산 전처럼 생활하기는 힘들겠지만, 최대한 규칙적인 생활이 될 수 있도록 생활계획표를 세운다. 한밤중 수유로 인해 수면이 부족하다고 낮잠을 너무 많이 잔다거나, 식사를 제대로 못했다고 잠자기 직전에 저녁을 먹는 일 등은 삼간다.

변비를 없앤다

아이를 낳으면 수분도 많이 배출돼 자궁에 눌렸던 장이 제 리듬을 찾는 데 시간이 걸려 변비에 걸리기 쉽다. 변비 증세가 있으면 조금만 먹어도 아랫배가 더부룩하고 볼록하게 나오는 데다 피부가 거칠어지고 다이어트를 해도 효과가 잘 나타나지 않는다. 따라서 다이어트보다 변비를 치료하는 것이 먼저다. 변비 치료에 가장 효과적인 방법은 섬유질이 풍부한 식품과 수분을 충분히 섭취하는 것이다. 섬유질이 많은 식품으로는 녹황색 채소와 고구마, 미역이나 다시마 같은 해조류 등이 있다. 또 아침 공복에 물이나 우유, 요구르트를 마시면 장운동이 활발해져 변비 치료 효과가 있다. 특히 아침마다 정해진 시간에 화장실에 가는 습관을 들인다.

음식 다이어트

칼로리를 제한한다

임신으로 인해 식사량과 칼로리 섭취가 지나치게 늘었다면 식생활을 바꿔야 한다. 하지만 갑자기 양을 줄이면 심리적으로 허전한 느낌이 들고 이 때문에 스트레스를 받게 되며, 그 결과 위산 분비가 더욱 활발해져 위장 장애나 위궤양을 일으킬 수 있다. 포만감을 주면서 칼로리를 줄이는 방법을 찾아본다. 밥이나 빵 같은 탄수화물은 적게 먹고, 미역이나 다시마 같은 해조류와 버섯, 채소 등의 섭취를 늘린다.

간식을 피한다

일단 다이어트를 시작했다면 과자나 빵·초콜릿 등 고열량·고지방 간식은 철저히 피하는 것이 좋다. 다이어트를 위해 적게 먹다 보니 배가 허전해 그 허전함을 채우기 위해 간식을 먹는 경우가 있는데, 이것이 다이어트 실패의 가장 큰 원인이다. 특히 기름지고 단 음식은 모유가 잘 나오지 않게 하는 작용도 하므로 수유 기간에는 피하는 것이 좋다.

몸과 얼굴의 부기를 뺀다

다음 단계의 다이어트를 위한 기본 과정은 몸의 부기를 빼는 것이다. 부기가 있으면 다이어트하기가 힘들고, 그대로 굳어 군살이 되기 쉽다. 부기를 빼는 데는 간단한 체조와 얼굴 마사지가 효과적이고 음식으로는 청둥호박이 좋다. 흔히 늙은 호박이라 불리는 청둥호박은 비타민이 풍부하고 열량이 적으며 이뇨 작용을 촉진하기 때문이다. 청둥호박의 윗부분을 동그랗게 오려 안의 씨를 긁어내고 꿀을 넣은 다음 찜통에 3~4시간 푹 쪄서 국물을 떠먹는다. 팥, 찹쌀, 검은콩 등도 다이어트 효과가 있다.

운동 다이어트

산욕기 체조부터 시작한다

출산으로 인해 흐트러진 몸매와 건강을 되찾는 방법 중 가장 손쉽고 효과가 탁월한 것이 바로 산욕기 체조다. 산욕기 체조는 근육을 긴장시킬 뿐만 아니라 혈액순환도 좋게 하고, 오로 배출과 자궁 수축이 잘되게 하며, 모유 분비도 촉진하므로 매일 꾸준히 한다.

조깅이나 걷기 등 유산소 운동을 꾸준히 한다

다이어트에 가장 효과적인 운동은 유산소 운동이다. 특히 조깅이나 걷기 등은 다이어트에 가장 좋은 운동으로 알려져 있다. 운동을 시작할 때는 무리하게 계획을 세우지 말고, 자신이 손쉽게 할 수 있는 운동을 정해 꾸준히 하는 것이 중요하다. 등을 꼿꼿이 세우고 어깨를 편 후 배를 긴장시킨 다음 하루에 20~30분씩 꾸준히 걷는다. 이때 걷는 시간은 반드시 천천히 늘려나가고, 운동 전후에 준비 운동과 마무리 운동을 잊지 말고 해준다.

출산 당일부터 시작하는 산욕기 체조

산욕기 체조는 출산한 다음 날부터 할 수 있다. 처음에는 침대에 누워 복식 호흡과 흉식 호흡, 발목 운동부터 시작하고 조금씩 그 횟수를 늘려나간다. 매일 꾸준히 하는 것이 포인트. 하지만 출산으로 인해 피로와 상처가 남아 있으므로 무리하지 않도록 조심한다.

출산 당일

| 흉식 호흡 |

침대에 누워 손을 가슴에 얹고 흉식 호흡을 한다. 가슴을 크게 올리면서 숨을 들이쉬고, 다시 밑으로 내리면서 숨을 내뱉는다. 천천히 실시하는 것이 포인트. 숨을 들이쉬는 것보다 내뱉는 데 더 신경을 집중한다. ※ 6회 반복

| 손목 체조 |

1 손목을 천천히 아래위로 움직인다.
2 손가락을 차례로 구부렸다 폈다 한다.
3 손목을 자연스럽게 돌린다.

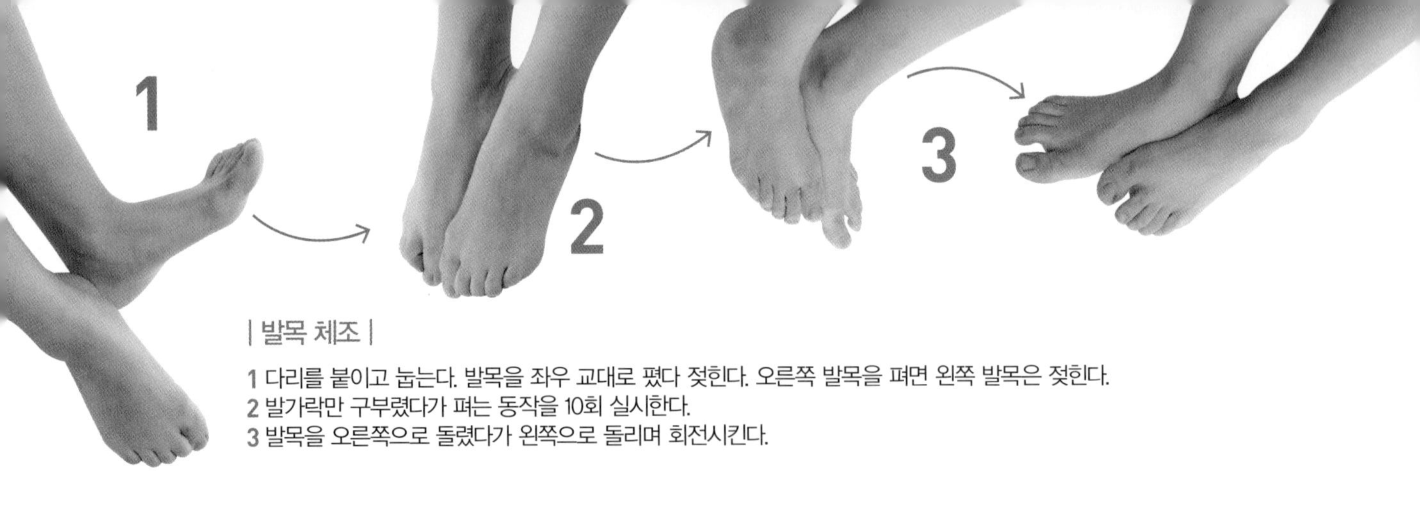

| 발목 체조 |

1 다리를 붙이고 눕는다. 발목을 좌우 교대로 폈다 젖힌다. 오른쪽 발목을 펴면 왼쪽 발목은 젖힌다.
2 발가락만 구부렸다가 펴는 동작을 10회 실시한다.
3 발목을 오른쪽으로 돌렸다가 왼쪽으로 돌리며 회전시킨다.

2일째

| 복식 호흡 |

침대에 누워 배에 손을 얹고 길게 숨을 들이쉬었다가 천천히 내뱉는다. 배가 부풀어 올랐다 내려가는 느낌이 들도록 천천히 실시한다. ※6회 반복

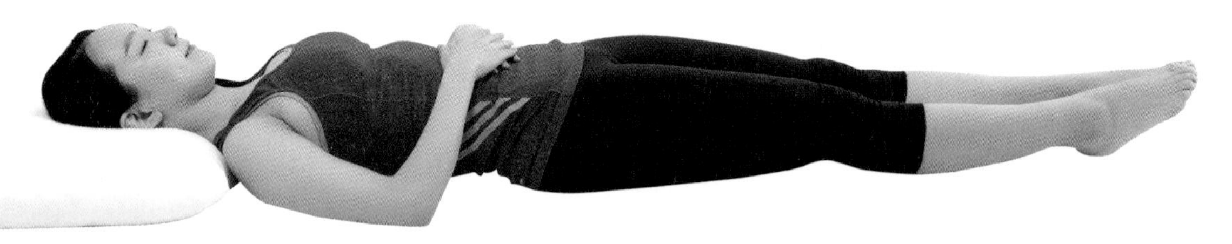

| 팔 올리기 운동 |

두 팔을 어깨와 수평으로 벌려 손바닥이 위를 향하게 한 다음 팔을 들어 올려 가슴 위에서 손바닥을 마주 댄다. 이때 팔꿈치를 구부리지 않는 것이 포인트. ※10회 반복

| 머리 올리기 운동 |

반듯이 누워서 한쪽 손은 배 위, 다른 한 손은 옆구리에 붙이고 머리만 들어 올린다.
숨을 깊게 들이쉬었다 내뱉으면서 하는 것이 포인트. 손을 반대로 해서 다시 한 번 한다.
※5회 반복

3~4일째

| 복근 운동 |

똑바로 누워 무릎을 세우고 등 밑에 양손을 넣는다.
조금씩 배에 힘을 넣어 위로 당긴다.
※5회 반복

| 발목 조이기 운동 |

1 똑바로 누워 양 발목을 교차시킨 뒤 위쪽에 있는 발로 아래에 있는 발을 가볍게 두들긴다.
2 양 발목이 교차된 상태에서 발끝을 쭉 뻗는다. 다리를 바꿔 똑같이 실시한다. ※각각 5회씩 반복

| 골반 경사 운동 |

똑바로 누워 두 손을 허리에 대고 오른쪽 허리를 아래로 눌러 내리면서 왼쪽 허리를 위로 띄운다.
※교대로 5회씩 반복

5~6일째

| 하반신 운동 |

1 똑바로 누워 양 무릎을 세우고 한쪽 다리를 반대편 허벅지 위에 올린다.
 숨을 크게 들이쉬었다 내뱉은 다음 위에 올린 다리를 배에 최대한 붙였다가 서서히 떼어 바닥에 내린다.
2 배에 붙였다 바닥에 내려놓은 다리를 다시 위로 쭉 펴 올리면서 숨을 들이쉬었다가 다리를 내리면서 숨을 내뱉는다.
 ※좌우 교대로 5회씩 반복

| 허리 운동 |

1 똑바로 누워 양손을 머리 밑에 넣고 무릎이 직각이 되도록 구부린다.
2 숨을 들이쉬면서 허리를 띄운다. 잠시 그대로 유지한 다음 숨을 내뱉으면서 허리를 내린다. ※10회 반복

몸매 회복 셰이프업 체조

산욕기 체조로 늘어진 몸이 어느 정도 탄탄하게 회복되었다면, 이제부터는 몸매를 바로잡는 셰이프업 체조를 시작한다. 셰이프업 체조는 6~8주 이후부터 시작하며, 하루에 10~30분 정도가 적당하다.

| 복부 운동 ① |

1 똑바로 누워 양손을 머리 뒤로 깍지 낀 다음 발을 붙이고 무릎을 세운다. 이때 남편이 발을 잡아주면 훨씬 수월하다. 그런 다음 머리를 조금씩 들어 올린다.
2 허리를 조금씩 비틀면서 몸을 일으킨다. 오른쪽 팔꿈치는 왼쪽 무릎, 왼쪽 팔꿈치는 오른쪽 무릎에 닿게 해서 좌우 각각 5회씩 실시한다.

| 복부 운동 ② |

1 몸을 똑바로 하고 누워 손을 양옆에 붙인다.
2 숨을 내쉬면서 천천히 발을 들어 올린다. 발이 수직으로 올라간 상태에서 숨을 들이쉬고 다시 천천히 내린다. 허리가 뜨지 않도록 주의한다. ※10회 반복

| 허리 운동 ① |

양손을 귀 뒤에 대고 몸을 천천히 옆으로 기울인다.
하반신은 고정한 채로 양 방향으로 20회 이상 반복한다.

| 허벅지 운동 |

1 다리를 조금 벌리고 서서 두 팔을 앞으로 가지런히 길게 편다.
2 상체를 곧게 펴고 무릎을 접으면서 그대로 아래로 내린다. 허벅지가 어느 정도 일직선이 되면 천천히 일어선다. ※10회 반복

| 허리 운동 ② |

허리를 힘차게
비틀면서 발을 올린다.
손을 바꾸어 잡고 반대쪽도
같은 방법으로 실시한다.
※20회 반복

| 골반 들어 올리기|

1 바닥에 누워 무릎을 세우고 두 다리를 허리 폭 정도로 벌린다. 양손은 바닥에 붙이고 숨을 들이마신다.
2 숨을 들이마시면서 엉덩이에 힘을 넣고 최대한 허리를 들어 올린다.
3 20~50회 정도 반복하되, 허리를 들어 올릴 때는 엉덩이를 안쪽으로 힘껏 조이고, 허리를 내릴 때는 엉덩이가 바닥에 닿지 않도록 반복하면 더욱 효과적이다.

| 엉덩이 운동 |

1 바닥에 엎드려 상체를 들어 올린 후 두 팔과 무릎으로 몸을 지탱한다.
2 한쪽 다리를 땅기는 느낌이 들도록 뒤로 들어 올린다. 잠시 그대로 자세를 유지하는데, 발끝을 곧게 유지하는 것이 포인트.
※좌우 각각 10회 반복

| 등 운동 |

바닥에 엎드린 다음 양팔을
턱 밑으로 모은다.
다리를 붙이고 천천히 위로
들어 올렸다가 내린다. ※10회 반복

| 가슴 운동 ① |

1 가부좌를 틀고 앉아 두 손을 합장한다. 깊게 호흡하면서 손바닥에 5초 정도 힘을 넣는다.
2 가부좌를 틀고 앉아 노래를 부를 때처럼 손가락을 걸고 힘을 주어 양쪽으로 잡아당긴다. 이때 팔꿈치와 팔이 수평이 되게 하는 것이 포인트. 어깨가 너무 올라가지 않도록 주의한다.
3 가부좌를 틀고 앉아 양손을 엇갈리게 해서 주먹을 꽉 쥔 다음 아래 손은 위, 위쪽 손은 아래로 향하게 해서 서로 반대 방향으로 힘을 넣는다. 위아래를 바꿔가며 5회씩 실시한다.

| 가슴 운동 ② |

두 손은 어깨너비보다 조금 넓게 벌리고, 두 발은 가지런히 모아 무릎이 바닥에 닿도록 엎드린 다음 팔을 구부려 팔굽혀펴기를 한다. 이때 엉덩이가 위로 솟지 않도록 주의한다. 몸을 일으킬 때도 가슴을 쭉 펴면서 천천히 일어나야 운동 효과가 크다.

| 각선미 운동 |

1 두 다리를 가지런히 모아 옆으로 눕는다. 두 손은 바닥에 대고 윗몸을 일으켜 세운다. 이때 다리와 허리에 온몸의 체중을 싣고, 상체는 될 수 있는 한 바닥에 수직이 되도록 세운다.
2 무릎이 구부러지지 않게 주의하면서 다리를 천천히 들어 올렸다가 내린다. ※다리를 바꿔가며 10회 반복

출산 후 더욱 예뻐지는 뷰티 케어

피부 관리

세안

출산 후에는 피부가 매우 건조한 상태다. 기미나 잡티가 아직 없어지지 않았거나 피부가 칙칙해진 경우도 많다. 피부가 건조한 현상은 피부의 신진대사가 둔해져서 일어나는 것이므로 세안을 잘하는 것이 포인트. 또 피부 트러블 때문에 고민이라면 피부에 자극을 주지 않도록 순한 비누나 세안제를 사용해 가볍게 세안하는 것이 좋다. 세안 후에는 기초 화장품이나 보습크림 정도만 바른다.

마사지

얼굴이 부석부석하게 부어 있다면 출산 일주일 후부터 림프 마사지를 해준다. 림프 마사지는 피부 조직에 과다하게 고여 있는 수분을 제거해 부기를 없애고 피부에 탄력을 준다. 또 피부의 신진대사가 활발해져 피부색이 좋아지고 피부가 매끄러워진다. 마사지는 잠자기 전에 하는 것이 가장 좋으며, 출산 후에는 목주름도 생기기 쉬우므로 목 마사지에도 신경 쓴다.

림프 마사지 방법

1 목 쓸어내리기 & 쓸어 올리기

목의 양옆을 부드럽게 쓸어내린 후 손바닥 전체로 목 중앙을 부드럽게 쓰다듬는다. 그런 다음 목을 아래에서 위로 부드럽게 다시 쓸어 올린다.

2 턱 부분에 원 그리기

턱 부분에 손끝을 대고 원을 그리면서 중앙에서 위쪽으로 마사지해 올라간다.

3 눈 끝과 관자놀이 누르기

양손으로 눈 끝을 누른 다음 눈썹 위를 지나 관자놀이를 지압하듯 누른다.

4 눈 밑에 원 그리기 & 이마 쓰다듬기

손가락 끝을 눈 밑에 대고 제자리에서 원을 그리며 바깥쪽을 향해 나간다. 그런 다음 이마를 아래에서 위로 쓸어 올리고 다시 나선형을 그리면서 머리 선을 따라 마사지한다.

팩 하기

출산하고 1개월 정도가 지나면 피부가 어느 정도 정상으로 돌아오므로 천연 팩으로 피부에 탄력을 주는 것도 좋다. 팩은 달걀이나 우유, 레몬 등 천연 재료를 사용하고, 끝난 후에는 따뜻한 물수건으로 말끔히 닦아 피부 자극을 최소한으로 줄인다.

촉촉하고 윤기 있는 피부, 감자 팩

감자를 강판에 간 다음 레몬즙 몇 방울과 밀가루를 섞어 흘러내리지 않을 정도의 농도로 만든다. 얼굴 위에 거즈를 덮은 뒤 감자 팩을 고루 펴 바른다. 수분이 증발하지 않도록 랩을 씌우고 30분 정도 두었다가 거즈를 떼어내고 얼굴에 묻은 팩을 물로 씻어낸다.

기미·주근깨 제거, 요구르트 팩

플레인 요구르트 1개와 밀가루를 준비한다. 요구르트에 밀가루 1큰술을 넣고 덩어리가 생기지 않게 잘 젓는다. 크림 타입 정도의 농도가 되도록 섞어 얼굴에 골고루 펴 바른다. 수분이 증발하지 않도록 랩을 씌우고 30분 정도 두었다가 물로 씻어낸다.

메이크업

출산 후 피부에 생기가 없고 안색이 나쁘면 남에게 어둡고 피곤한 인상을 줄 뿐만 아니라 본인의 기분도 가라앉는다. 쇼핑을 한다거나 가벼운 외출을 할 때도 가벼운 피부 화장이나 립스틱 정도로 최소한의 화장을 한다. 오랜만에 모임에 참석할 때는 산뜻하고 화사한 메이크업을 해본다.

1 밑화장

얼굴색과 비슷한 색의 파운데이션을 가볍게 펴 바른다. 또는 BB크림으로 가볍게 바르고 파우더로 마무리한다. 눈 주위가 칙칙할 때는 그 부분만 밝은 색 컨실러나 흰색 파우더로 하이라이트를 준다.

2 볼 화장

출산 후에는 얼굴색이 창백하므로 밝은 색으로 볼뼈 주위에 은은하게 펴 바른다. 한 듯 안 한 듯 가볍게 해도 얼굴에 생기가 살아난다.

3 눈 화장

브라운이나 핑크 계열의 색이 무난하다. 단, 민감한 아이에게 자극이 되지 않도록 향이 적은 제품을 고른다.

머리 관리

탈모를 위한 머리 손질

임신을 하면 모근도 불안정해져 평소의 사이클이 깨진다. 제때 빠져야 할 머리카락이 빠지지 않고 계속 성장하는데, 출산 후 사이클이 정상으로 돌아오면 강제적으로 성장기에 있던 머리카락이 성장을 멈추고 빠지기 시작한다.

출산 후 탈모는 자연스러운 현상으로 시간이 지나면 점차 괜찮아진다. 이외에 호르몬의 변화로 흰머리가 늘기도 하며 모발이 갈라지기도 한다. 출산 직후에는 짧은 머리가 손질하기 편하다. 머리가 긴 경우에는 아이를 돌보는 데 불편하지 않도록 단정하게 묶거나 핀으로 고정한다.

파마는 출산 6개월 이후에 한다

머리를 너무 자주 감는 것은 좋지 않다. 또 세정력이 너무 강한 샴푸는 건조한 두피를 더욱 건조하게 하므로 사용하지 않는 것이 좋다. 흰머리가 생겼을 때는 뽑을 필요 없이 밑동만 가위로 잘라낸다. 염색은 아직 이르다. 꼭 염색을 해야 한다면 스프레이용 염색제를 사용한다. 그리고 파마는 몸이 웬만큼 회복된 6개월 후쯤 하는 것이 좋다. 더불어 평소 머리를 자주 빗으면 두피를 자극해 혈액순환에 도움이 되고 노화된 모발도 제거된다.

두피 마사지로 모근을 튼튼히

머리가 한 움큼씩 빠지는 게 신경 쓰인다면 민간요법을 시도해보자. 오이, 당근, 상추, 시금치 등을 섞은 즙을 매일 1컵씩 마신다. 또 두피 마사지를 하면 모근이 튼튼해지는 효과가 있으므로 분무기로 머리에 물을 뿌려 충분히 적신 다음 양손으로 두피 마사지를 시작한다. 손가락 끝에 힘을 주어 두피를 세게 누르면서 나선형으로 문지르거나, 손을 가볍게 쥐고 두피를 두드리며 머리카락을 당긴다. 손바닥으로 머리를 세게 눌렀다가 힘을 빼는 것도 좋다.

달걀흰자로 두피 트리트먼트를 하는 것도 권할 만하다. 샴푸한 후 물기를 적당히 없앤 다음 달걀흰자를 두피에 골고루 바르고 문지른다. 10분 정도 지난 후 미지근한 물로 헹궈낸다.

처진 가슴 관리하기

수유를 하면서 자연스럽게 커진 가슴은 수유를 멈추면 아래로 처진다. 이렇게 급격한 변화를 보이는 것은 갑자기 가슴이 커졌다가 갑자기 줄어들기 때문이다. 가슴 처짐 또한 말 못할 고민과 스트레스가 되므로 출산 전부터 가슴 마사지를 충분히 해 탄력을 유지하며 갑작스럽게 커지는 것을 예방하는 것이 좋다. 출산 후에도 적절히 가슴 마사지를 유지해 젖몸살과 유선염이 생기지 않게 하고, 젖을 뗄 때도 천천히 부드럽게 해 갑작스럽게 가슴이 작아지지 않게 주의한다.

시중에 나와 있는 가슴 탄력 화장품들은 대부분 검증이 제대로 이루어지지 않은 제품이니 주의를 기울이는 것이 좋고, 출산 후 헬스 트레이닝을 받으면서 근력을 통해 어느 정도 보정하는 방법도 있다. 수술을 통한 교정은 적극적으로 추천하지는 않으나 심각하게 처져 사회생활에 지장을 줄 정도라면 고려해 볼 만하다.

좌욕, 족욕 방법

좌욕은 산후 통증을 줄여주고 산도의 부기를 제거하며 회복을 도와주는 가장 편하고 안전한 처치법이다. 횟수 제한은 없으며 자주할수록 좋다는 보고도 있다. 어느 정도 난산으로 고생한 초산모라면 하루 4회 이상 해도 좋으며, 대변을 보았다면 추가로 할 수

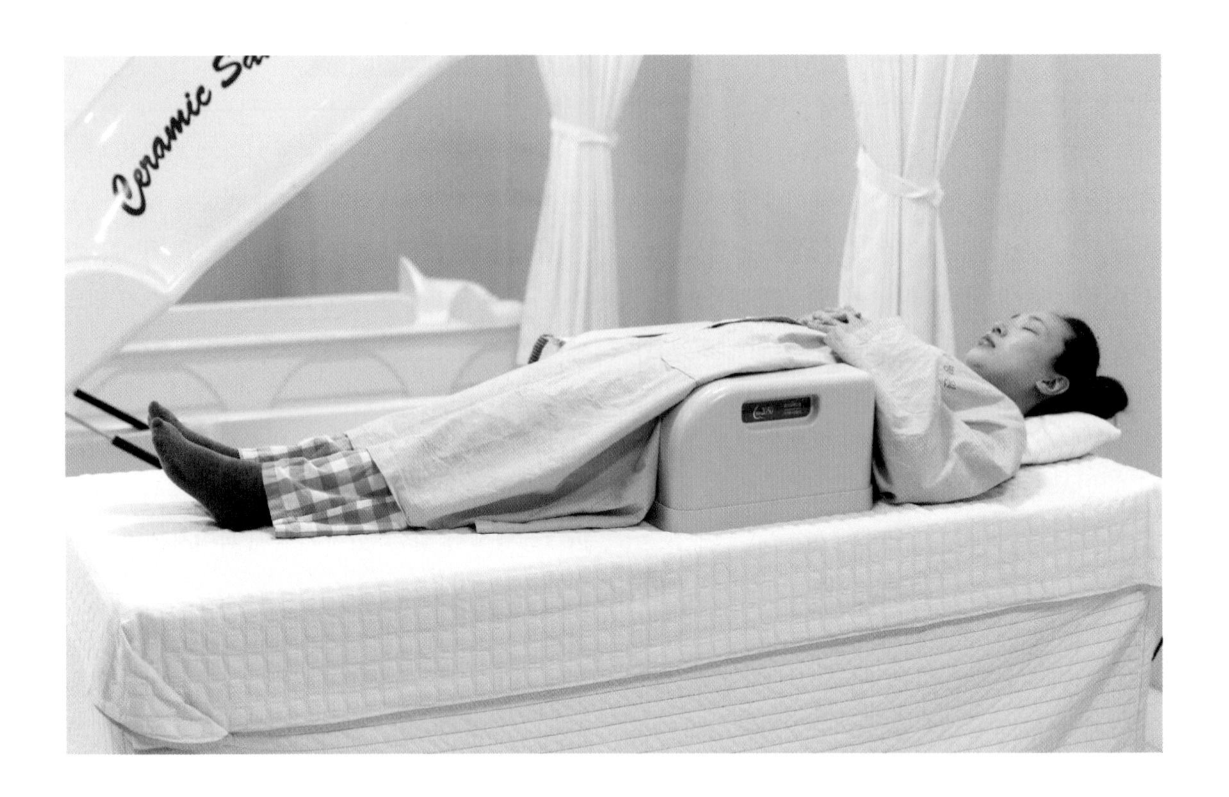

있다. 경산모라면 하루 2회 정도로 충분하며, 초산모에 비해 많이 붓지 않으므로 통증도 심하지 않다. 따뜻하고 깨끗한 물로도 충분하지만, 약국에서 쉽게 구할 수 있는 지노베타딘 용액 3~4방울을 떨어뜨려 약간 노란빛을 띤 물을 사용하는 것도 많이 권장한다. 좌욕 이후에 히트램프를 이용해 따뜻하게 5분 정도 말리는 것도 권장하지만, 화상을 입지 않도록 특별히 주의해야 한다.

족욕은 출산 후 아직 대중 목욕탕에 갈 수 없는 상황에서 비교적 손쉽게 할 수 있는 목욕관리법이다. 산후에 찾아오는 관절통으로 관절 마디마디가 쑤시고 아플 때 안전하게 할 수 있다. 따뜻한 물을 받아 종아리 아래쪽만 물에 담가 순환을 촉진하면 관절과 근육이 이완돼어 사우나나 목욕과 비슷한 효과를 얻게 된다. 다만 갑자기 혈관이 이완되어 어지러울 수 있으므로 당연히 출산 직후에는 피해야 하며, 되도록 보호자가 함께 있을 때 해야 한다.

산후 성생활 및 미용관리

산후 성생활 & 안전 피임법

출산 후에는 산모의 질과 자궁이 민감한 상태라 무리하게 부부관계를 가질 경우 세균에 감염되기 쉽다. 또 출산 후에는 출산 전과는 다른 성적인 느낌 때문에 당황하는 경우도 있다. 출산 후 달라지는 성감의 변화와 첫 부부관계 요령, 만약의 경우를 대비한 피임법을 알아본다.

출산 후 성감의 변화

많은 여성이 출산 후 성감의 변화를 느낀다고 털어놓는데, 그 차이는 아주 대조적이다. 출산 후 성감이 깊어졌다는 사람도 있지만, 반대로 성감이 떨어지고 심지어 성관계를 기피하는 경우도 있다.
두 경우 모두 신체적, 심리적 변화에서 기인한다. 여성이 성적으로 흥분하면 질 심부 조직의 혈관이 충혈되고 질 내 점액질이 분비되며 질을 둘러싼 조직이 충혈되어 입구가 크게 부푼다. 또 극치감에 이르면 질의 괄약근과 회음부 근육이 주기적으로 수축하는데, 이때 출산 전에는 미숙하던 자궁과 질 부위 혈관 및 근육이 임신과 분만을 계기로 급속도로 단련되기 때문에 보다 풍부하게 성감을 느낄 수 있다. 또 출산에서 얻은 자신감으로 섹스를 더욱 능동적으로 받아들이게 돼 새로운 성적 쾌감을 느끼기도 한다.
이와는 반대로 성감이 떨어지는 경우도 있다. 출산 초기에는 질 점액이 적어 통증을 느끼기 쉽다. 그런데 충분한 산욕기를 거치고 난 후에도 통증이 계속된다면, 이는 대부분 정신적인 원인 때문이다. 출산 시 고통이 심했거나 육아와 가사 스트레스가 클 때, 임신에 대한 두려움 등으로 성감이 저하될 수 있다.

출산 후 성생활

산후 5~6주부터 가능하다

출산 후 1개월 검진에서 의사가 경과가 순조롭다고 진단하면, 섹스를 포함한 일상생활을 해도 좋다는 의미로 받아들여도 좋다. 질의 크기가 임신 전 상태로 돌아오고, 분비물이 정상적으로 분비되기까지는 약 3개월이 걸리지만, 대개 5~6주 정도면 산모의 몸이 임신 전 상태로 회복된다. 그러나 난산으로 회음절개 감염이나 혈종이 있었을 경우 6주 후에도 통증이 생길 수 있고, 때에 따라 분만 후 호르몬 분비가 적어 불쾌감을 느끼기도 한다. 즉, 성생활은 시기를 정하기보다는 몸이 회복되는 개인차에 따라 결정하는 것이 바람직하다. 다만 오로가 그치지 않고 질이나 자궁이 완전히 아물지 않은 산후 2주 전에는 세균 감염이나 출혈이 일어날 수 있으므로 주의해야 한다.

충분한 대화와 교감이 중요하다

성생활은 행위 그 자체보다 서로의 교감이 중요하다. 그러므로 상대방의 마음이 어떤 상태인지를 충분히 고려한 뒤 깊은 애정으로 섹스에 임해야 한다. 출산으로 몸과 마음이 지친는 상태에서 남편과 충분한 교감 없이 섹스를 하면, 섹스가 불쾌하게 느껴지고 그 이후의 성생활도 원만하지 못하게 된다.

또 출산 후는 산모의 몸이 완전히 회복되지 않은 상태이므로 격렬한 동작보다는 쉬운 동작을 부드럽고 느리게 하고, 깊숙한 결합보다는 얕게 할 수 있는 정상위 등의 안정된 자세를 취하도록 한다.

수유 중이라도 피임하는 것이 좋다

흔히 아이를 낳고 첫 월경을 치른 다음에 피임을 하면 된다고 생각하지만, 자칫 방심하다가는 출산 후 단 한 번의 월경도 없이 임신을 할 수 있다. 특히 모유를 먹이는 산모는 유즙 분비 호르몬의 영향으로 자연스럽게 무월경이 지속돼 피임이 되는 것으로 보이지만, 간혹 수유 중에도 임신을 하는 경우가 있으므로 주의해야 한다. 따라서 출산 후 바로 임신을 원하는 상황이 아니라면 첫 관계를 가질 때부터 적당한 피임법을 찾는 것이 좋다.

출산 후 피임법

콘돔

일반적으로 남성이 피임을 담당할 때 사용하는 방법이다. 콘돔은 사용법이 간편하고, 가격이 저렴하며, 감염까지 예방할 수 있다는 점에서 매우 편리하고, 사용 방법을 잘 지켰을 경우 피임 효과도 높은 편이다. 특히 출산 후 6개월 동안은 산모의 체내 호르몬 체계가 불안정하고 자궁이 완전히 회복되지 않은 상태이므로 남편이 콘돔을 사용하는 것이 좋다. 다만 반드시 삽입 전에 콘돔을 착용하는 등 사용법을 정확히 지키는 것이 중요하다.

경구피임약

여성호르몬을 주원료로 만든 경구피임약은 배란을 억제하고, 자궁 경부 점액의 점도를 끈끈하게 유지시켜 정자가 통과하기 어렵게 하며, 나팔관의 운동성을 저하시키고 자궁 내막의 증식을 억제해 수정란이 착상하지 못하도록 유도한다. 매일 한 알씩 21일간 복용하다가 7일 동안 쉰 다음 다시 복용하는데, 매일 꾸준히 복용하면 피임 효과는 거의 확실하다. 하지만 경구피임약은 유즙 분비를 억제해 수유 중인 산모에게는 적합하지 않고, 입덧이나 유방 통증 같은 부작용이 있으므로 신중하게 선택해야 한다.

자궁 내 장치(IUD)

피임 목적의 작은 기구를 여성의 자궁 안에 넣어 수정란이 착상되는 것을 막는 방법이다. 피임률도 높고 장기간 사용할 수 있으며 임신을 원할 시 제거할 수 있다는 장점이 있다. 수유 시에도 사용할 수 있다는 것도 큰 장점이다. 자궁 안에 설치해야 하는 부담 때문에 출산 경험이 있는 여성이 주로 사용하며, 시술 또한 산부인과의 상담을 거친 후 해야 한다.

IUD(Intrauterine Device)를 사용하면 월경이 끝날 무렵 소량의 출혈이 계속되거나 대하가 많아질 수 있고 월경혈과 함께 빠져나오는 경우도 있으므로, 제대로 삽입되어 있는지 정기적으로 체크하는 것이 좋다.

불임 시술법

아이를 더 이상 원하지 않을 때 실시하는 정관 수술과 난관 수술을 말한다. 정관 수술은 정자의 운반을 담당하는 정관을 잘라내는 방법이고, 난관 수술은 난자의 통로인 나팔관을 묶어 수정을 막는 피임법이다. 이 방법은 피임 성공률이 높지만 임신을 원할 경우 복원해야 하므로 신중하게 결정한다.

출산 후 미용 관리

출산을 하면 사우나에 가고 싶거나 임신 중에 못했던 운동이나 염색, 파마가 하고 싶어지기 마련이다. 하지만 수유 중이라면 조심해야 할 것들이 있고, 아직 몸이 덜 회복된 상태에서 무리하게 사우나를 즐기는 것도 좋지 않다.

사우나

사우나는 온도가 매우 높은 방에서 증기의 열을 이용해 땀을 흘리는 방식이다. 혈액순환 등 대사 기능이 좋아진다고 알려져 있다. 일부 조리원에서는 사우나 시설까지 구비하고 있으며, 사우나 자체는 분만 직후부터 가능하다. 다만 임신 초기와 마찬가지로 분만 직후에도 몸의 변화가 심하며, 태아의 순환까지 담당하느라 늘어난 몸속의 수분이 나오는 과정에서 어지러움, 답답한 느낌 등이 들 수 있다. 적절한 시설 및 보호자를 동반해서 사우나를 시행하고, 너무 오래 머물지 않도록 한다. 몸이 임신 전과 같은 상태로 돌아오는 6주 정도부터는 비교적 자유롭게 즐길 수 있다. 탕목욕은 개인차가 있으나 산후 산부인과 검진에서 특이 사항이 없었다면 오로가 끝나는 시기 정도로 생각하면 된다.

메이크업

메이크업은 출산 시나 출산 후 어느 시기에도 가능하다. 육아에 적응하고 피곤한 기분이 많이 들기 때문에 외모에 신경 쓰기가 쉽지 않으나 약간의 메이크업으로 기분 전환을 하고 활기찬 기분으로 생활하도록 한다. 출산 후에도 급격한 호르몬 변화로 피부 트러블이 있을 수 있으므로 가벼운 메이크업으로 피부 자극을 줄인다.

운동

임신으로 증가한 체중이 유지될 것이라는 불안감 때문에 무리한 다이어트를 생각할 수 있다. 하지만 이 체중 증가는 태아를 위한 지방과 수분의 증가가 포함된 것이기 때문에 여유롭게 생각하도록 한다. 맨손체조나 산책, 스트레칭 같은 운동은 출산 직후부터 가능하며, 기분 전환이나 컨디션 관리에도 도움이 된다. 절대 무리해서 진행할 필요는 없고 힘들다면 마사지 등으로 몸을 풀어주는 것도 좋은 방법이다.

출산 후 6주 정도까지는 체중 조절을 위한 운동보다는 가벼운 스트레칭이나 산책만 하도록 한다. 6주부터 러닝머신이나 에어로빅 등 유산소 운동을 시작할 수 있는데, 이때도 무리하지 않는 것이 좋다. 산후 회복 정도에 따라 개인차는 있으나 산후 3개월 이후부터는 운동 및 다이어트를 해도 무난하다. 각자의 회복 정도와 상황에 따라 운동 진행을 정한다.

염색 및 파마

출산 후에는 머리카락이 건조하고 푸석푸석해지며, 놀랄 정도로 많이 빠진다. 이러한 탈모 증상은 호르몬의 영향으로 생기는 것으로 분만 후 6주 정도까지 유지되다가 이후에 시간이 지날수록 좋아진다. 회복될 때까지 자극이 적은 천연 샴푸를 사용하고, 두피 건강을 위한 마사지를 하는 것이 좋다. 염색 및 파마는 모발의 상태를 악화시키며, 건조한 상태에서는 모양이나 색깔이 원하는 대로 예쁘게 나오지 않는다. 각자 모발의 회복 상태를 보아 시행하는데, 보통 6개월에서 1년 정도라고 생각하면 된다. 모유 수유 시 영향을 준다는 증거는 없으나 걱정이 된다면 피하도록 한다.

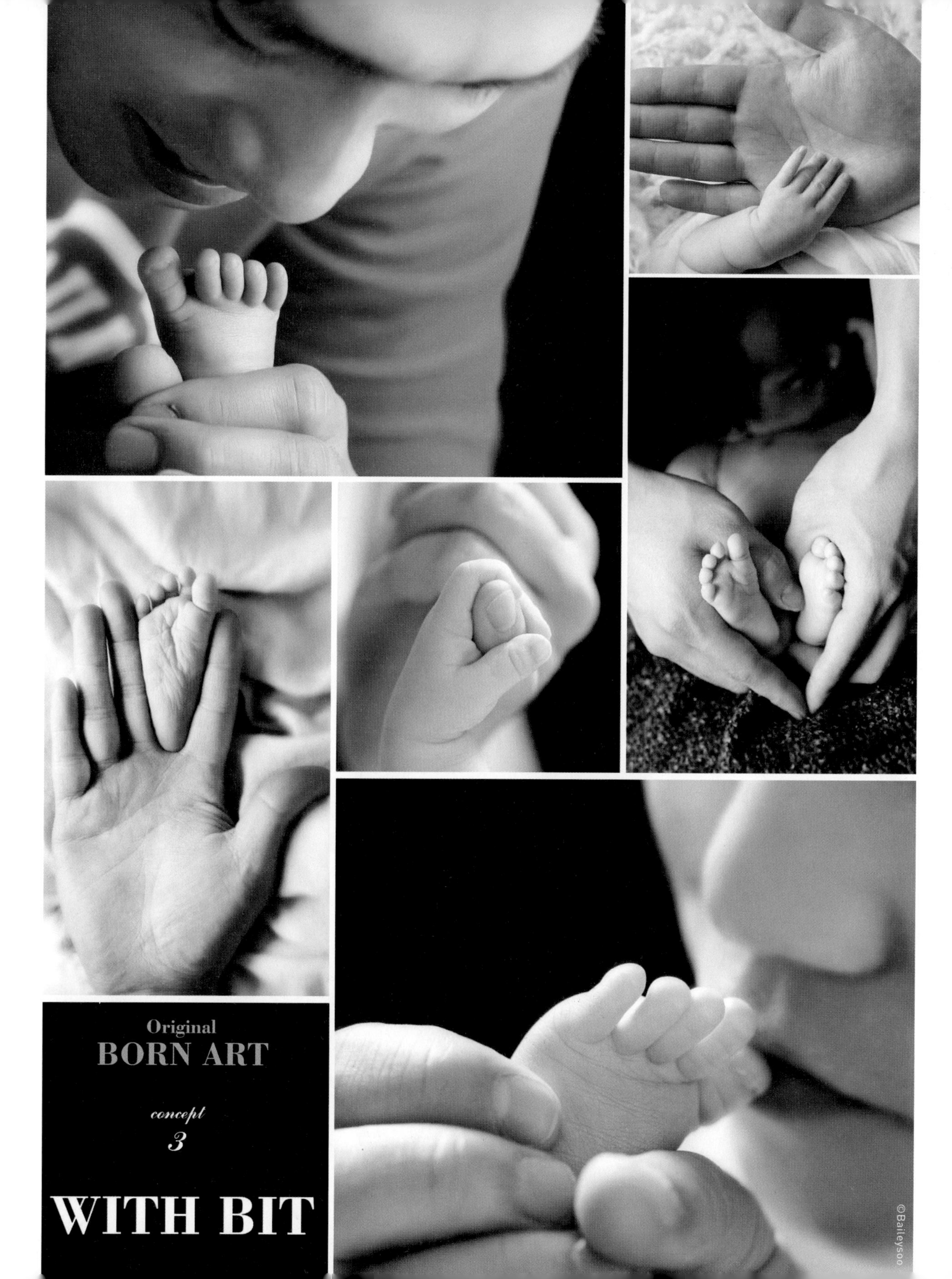
Original
BORN ART
concept
3
WITH BIT
©Baileysoo

Part
04
육아

아이가 태어나면 생각지 못했던 여러 가지 육아 문제와 맞닥뜨리게 된다. 특히 첫아이를 키우는 초보 엄마의 경우 잦은 실수로 당황스러운 경험을 하게 마련이다. 이 장에서는 이런 육아의 어려움을 해결해줄 다양한 정보를 소개한다. 신생아를 돌보는 가장 기본적인 방법부터 생후 24개월까지 각 월령별 성장과 발달에 따른 육아 포인트를 알려준다. 이외에도 육아의 기초 항목과 모유와 분유, 이유식에 이르는 아이 먹거리를 꼼꼼하게 짚고, 아이가 아플 때 유용한 응급 상식과 여러 가지 아이 질병에 대한 상식을 소개한다.

Part 04 활용법

Chapter 1 육아 24개월 성장과 발달

- 신생아부터 24개월까지 아이들의 성장 단계, 육아 포인트, 알아두어야 할 건강 상식 리스트
- 염려되는 미숙아, 저체중아, 과숙아 집중 탐구

Chapter 2 초보 엄마들을 위한 아이 제대로 돌보기 ABC

- 아이 안아주기, 기저귀 갈기 등 기본적인 아이 돌보는 방법
- 목욕시키기, 옷 입히기, 아이 재우기 등 초보 엄마가 가장 어려워하는 베스트 3 척척 해결법

Chapter 3 모유와 분유 수유에 대한 올 가이드

- 모유 수유의 장점, 성공 노하우, 유축기 제대로 사용하는 법, 수유 중 트러블까지 완벽 노하우
- 가장 어렵다는 젖떼기 방법 마스터하기
- 분유 수유의 기본 상식과 특수 분유, 젖병, 젖꼭지 고르는 노하우

Chapter 4 만점 육아를 위한 기본 상식, 아이 교육법 마스터하기

- 올바른 수면 교육과 대소변 가리기 훈련법, 아이 마사지 방법 꼼꼼 체크
- 어려운 아이 교육을 위한 야단치기와 칭찬하기, 아이의 두뇌 발달을 돕는 감각놀이, 장난감 고르는 노하우

Chapter 5 내 아이의 건강을 위한 이유식 만들기 비법과 꼭 맞춰야 할 예방접종 & 건강 상식

- 초기, 중기, 후기, 완료기까지 이유식 제대로 하는 노하우와 레시피
- 내 아이를 위한 필수 예방접종 리스트와 꼭 알아두어야 할 아이 질병

Chapter 1

육아 24개월 **성장과 발달**

| 생후 0~24개월 신체 성장 표준치(2007년 기준)

연령	남아			여아		
	신장(cm)	체중(kg)	머리 둘레(cm)	신장(cm)	체중(kg)	머리 둘레(cm)
출생 시	50.12	3.41	34.70	49.35	3.29	34.05
1~2개월	57.70	5.68	38.30	56.65	5.37	37.52
2~3개월	60.90	6.45	39.85	59.76	6.08	39.02
3~4개월	63.47	7.04	41.05	62.28	6.64	40.18
4~5개월	65.65	7.54	42.02	64.42	7.10	41.12
5~6개월	67.56	7.97	42.83	66.31	7.51	41.90
6~7개월	69.27	8.36	43.51	68.01	7.88	42.57
7~8개월	70.83	8.71	44.11	69.56	8.21	43.15
8~9개월	72.26	9.04	44.63	70.99	8.52	43.66
9~10개월	73.60	9.34	45.09	72.33	8.81	44.12
10~11개월	74.85	9.63	45.51	73.58	9.09	44.53
11~12개월	76.03	9.90	45.88	74.76	9.35	44.89
12~15개월	78.22	10.41	46.53	76.96	9.84	45.54
15~18개월	81.15	11.10	47.32	79.91	10.51	46.32
18~21개월	83.77	11.74	47.94	82.55	11.13	46.95
21~24개월	86.15	12.33	48.45	84.97	11.70	47.46

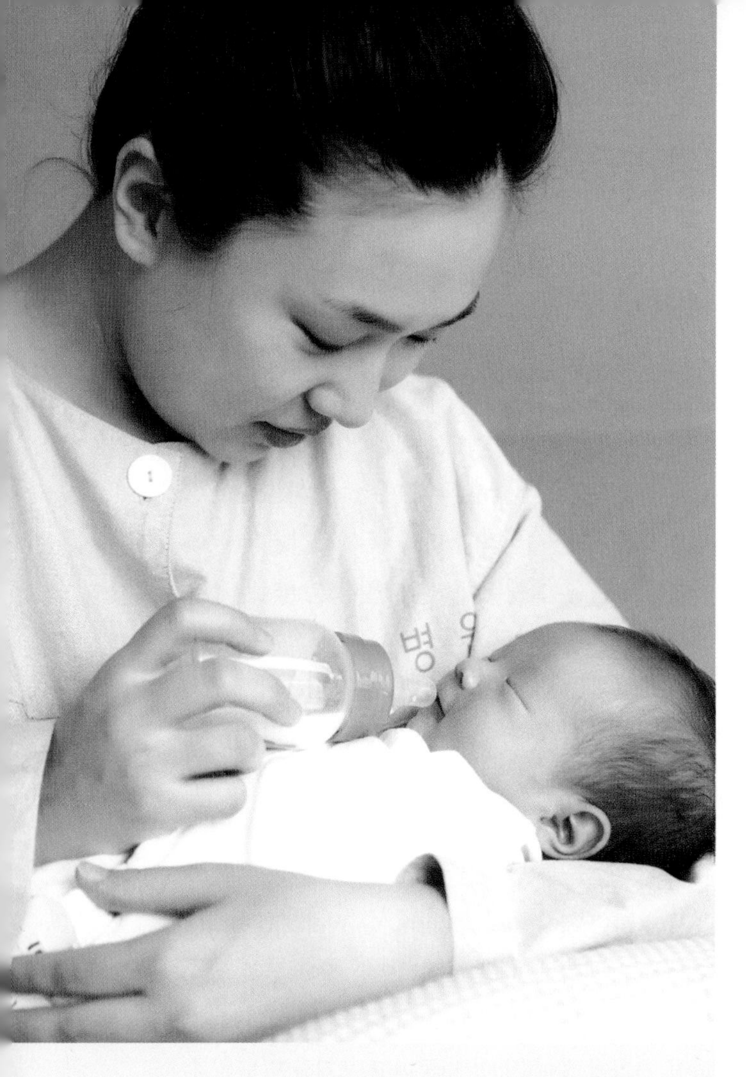

0~1개월(신생아)

| 출생 시 소아 발육 표준치(남아/여아)

몸무게(kg)	키(cm)	머리 둘레(cm)
3.41/3.29	50.12/49.35	34.70/34.05

신생아의 신체 특징

신생아의 체온은 36.5~37.5℃ 정도인데 스스로 체온을 잘 조절하지 못하기 때문에 외부 온도에 민감하다. 심장박동 수는 1분에 120~180회, 호흡 횟수는 1분에 30~40회로 어른에 비해 많이 빠르다. 머리 크기가 전체 몸통의 3분의 1 이상을 차지하는 4등신이며 머리 둘레가 가슴둘레보다 크다. 머리 모양이 길쭉하거나 한쪽이 부풀어 있기도 하나, 이는 출산 시 산도를 빠져나오면서 변형된 것으로 점차 둥글어진다. 머리 중앙 부분은 대천문이 열려 있어 말랑말랑하다. 몸은 원통형으로 약간 마른 듯 보이며, 배가 약간 볼록하게 부풀어 있다. 복식 호흡을 하기 때문에 숨을 쉴 때면 배가 오르락내리락하는 것을 볼 수 있다. 손은 가볍게 주먹을 쥐고 있으며, 다리는 개구리같이 무릎을 구부리고 있고, 피부는 불그스름한 빛을 띠면서 흰색의 태지로 덮여 있지만 며칠 후 저절로 벗겨진다. 시력은 20~30cm 거리의 물체가 보이는 정도이며, 젖 냄새를 구분할 수 있고, 입술과 혀의 감각이 발달해 단맛, 쓴맛, 신맛을 모두 느낀다.

신생아의 성장과 발달

하루 평균 20시간 잔다

신생아 시기에는 낮과 밤의 구별 없이 하루에 보통 18~20시간 정도 잠을 잔다. 대개는 2~3시간마다 잠을 깨는데, 젖을 먹이고 기저귀를 갈아주면 다시 잠이 든다. 아이가 쾌적한 환경에서 잘 수 있도록 조용하고 안정감 있는 잠자리를 만들어주어야 하며, 옷이 나 이불은 너무 두껍지 않은 것이 좋다.

체중이 일시적으로 감소한다

신생아는 생후 3~4일 동안 5~10%의 몸무게가 줄어든다. 이는 부기가 빠지고, 아직 젖을 빠는 데 익숙지 않아 먹는 양이 많지 않은 반면 배설량은 늘어나기 때문이다. 수유가 정상이라면 대개 생후 7~10일 정도에 태어날 때의 몸무게를 회복한다. 생후 1개월이 되면 체중은 1kg 이상 늘어나고 키도 평균 3~4cm 자란다.

신생아의 탯줄은 생후 7~10일경에 말라서 저절로 떨어진다

탯줄이 떨어지기 전까지는 세균에 감염될 수 있으므로 배꼽 부위에 물이 닿지 않게 한다. 따라서 전신 목욕을 삼가고, 탯줄이 떨어진 후에도 일정 기간 동안은 배꼽 소독을 해주며 세균에 감염되지 않도록 주의해야 한다. 목욕 후에는 반드시 알코올로 소독하고 물기가 남지 않게 하며, 배꼽에서 진물이 날 경우에는 기저귀를 배꼽 아래로 채운다.

반사 행동

신생아가 보이는 행동은 대부분 원시 반사다. 원시 반사는 자신의 의지로 행동하는 것이 아니라 외부 자극에 반응하는 행동을 말하는데, 배가 고플 때 입술을 빨거나 젖꼭지를 찾아 무는 행동, 엄마의 손을 꽉 잡거나 발가락을 오므리는 행동 등이 이에 해당한다. 이러한 반사 행동은 뇌가 발달해 스스로 몸을 움직이게 되면 서서히 사라진다.

육아 POINT

초유는 꼭 먹인다

아이에게 가장 좋은 영양 공급원은 바로 엄마 젖이다. 모유는 음식물을 흡수하는 데 필요한 장내 세균의 번식을 도울 뿐만 아니라 소화와 흡수도 잘된다. 특히 아이를 낳은 후 둘째 날부터 약 5일간 분비되는 초유에는 단백질과 비타민 A가 풍부하며, 병으로부터 아이를 보호하는 면역 글로불린이 많이 함유되어 있어 꼭 먹이는 것이 좋다. 초유는 임신 7개월부터 유방에서 생산되는데 진하고 끈끈하며 짙은 노란색을 띤다.

모유 수유는 되도록 빨리, 끈기 있게 시도한다

출산을 하면 젖이 저절로 펑펑 나올 거라 기대한다면 오산이다. 사람에 따라 선천적으로 젖이 부족할 수도 있고, 시기를 놓쳐 젖이 말라버리기도 한다. 특히 출산 초기에 젖이 잘 안 나온다고 포기하면 모유 수유가 아예 어려워지기도 한다. 가능하다면 출산 후 1시간 이내에 모유 수유를 시작하고, 병원에서부터 수시로 수유실을 찾아가 아이가 배고파할 때마다 젖을 물린다. 처음에 젖이 잘 나오지 않아도 포기하지 말고 끈기 있게 젖을 물리는 것이 모유 수유에 성공할 수 있는 비결이다. 신생아는 수유 간격이나 횟수가 불규칙해 아이가 원할 때마다 수유하는 것이 원칙이다. 그리고 식도 역류로 인한 구토가 잦으므로 수유 후 반드시 트림을 시켜주는 것이 좋다.

울음소리로 아이의 상태를 체크한다

아이들은 울음으로 의사를 표현한다. 첫아이를 키우는 엄마라면 아이의 울음소리가 모두 똑같이 들리겠지만, 세심하게 관찰해보면 아이가 원하는 바에 따라 울음소리가 다르다는 것을 알아챌 수 있다. 흔히 '으앙'하며 갑자기 큰 소리로 자지러지듯 울면 어디가 아프거나 무엇엔가 크게 놀랐을 때이며, 칭얼거리듯이 울다가 멈추기를 반복한다면 배가 고프거나 기저귀가 젖었을 때다. 또한 눈물은 흘리지 않으면서 짜증 섞인 울음을 쥐어짜듯이 울 때는 졸린데 잘 수 없는 환경이라는 의미이고, '응애'하고 터뜨리는 듯한 울음은 엄마를 찾는 소리다. 그러나 이러한 구별이 모두 정답일 수는 없다. 아이에 대한 엄마의 세심한 관심이 아이의 상태를 알아볼 수 있는 가장 좋은 방법이다.

온도와 습도를 일정하게 유지한다

신생아의 경우 체온 조절 기능이 미숙하므로 실내 온도 24℃, 습도 50~60% 정도로 일정하게 유지하는 것이 좋다. 너무 두꺼운 옷을 입히거나 실내 온도를 너무 높이는 것은 좋지 않으며, 날이 덥다고 해서 선풍기나 에어컨 바람이 아이 피부에 직접 닿게 해서도 안 된다. 간접 냉방으로 쾌적한 상태를 유지시켜준다.

닥터 POINT

생후 2~3일 후 나타나는 황달

신생아는 생후 2~3일경부터 눈과 피부가 노란빛을 띠는 황달을 보일 수 있다. 이것은 간 기능이 미숙해 빌리루빈이라는 담즙 색소가 몸 밖으로 배출되지 못하고 혈액 속에 남아 생기는 현상이다. 신생아 황달은 특별한 이상이 없는 경우 대개 1~2주 후 저절로 없어지는데, 모유 수유를 할 경우 좀 더 오래갈 수 있다. 황달이 심해지면 노란빛이 얼굴에서 다리 쪽으로 점차 번지는 양상을 보이므로 아이의 배 부위까지 노랗거나, 황달이 한 달 이상 지속되면 반드시 병원에서 진찰을 받아야 한다.

BCG, B형 간염 예방접종과 한 달째 정기검진

신생아는 한 달 이내에 BCG와 B형 간염 2차 접종을 해야 하고, 그동안 체중 증가가 잘되었는지, 수유나 배변 패턴은 양호한지, 배꼽은 잘 떨어졌는지, 다른 선천적인 이상 유무 등을 검사해야 하므로 생후 1개월경 꼭 병원에 방문한다. 이때 엄마는 궁금했던 점을 메모해서 의사와 상담하고, 피부나 대변에 문제가 있을 때는 사진을 찍어서 보여주는 것도 도움이 된다.

2개월

| 1~2개월 소아 발육 표준치(남아/여아)

몸무게(kg)	키(cm)	머리 둘레(cm)
5.68/5.37	57.70/56.65	38.30/37.52

아이의 성장과 발달

무럭무럭 자라는 시기다

포동포동 막 살이 오르기 시작해 귀여움이 더해가는 시기다. 생후 5~6개월 동안은 하루 20~30g씩 체중이 빠르게 증가해 많게는 한 달에 1kg씩 늘기도 한다. 반듯이 누웠다가 고개를 돌리기도 하고, 엎어놓으면 잠깐 동안 고개를 들기도 하지만 완전히 목을 가누지는 못한다.

시력과 청력이 발달한다

생후 1개월이 지나면 움직이는 것을 좇아 눈을 움직일 만큼 시력이 발달하므로 이때부터 모빌을 달아주면 좋다. 사람의 얼굴에 관심을 보여 익숙한 엄마 얼굴을 보면 미소를 짓기도 한다. 청력이 발달해 일상생활에서 듣는 여러 가지 소리에 반응을 보인다. 문이 쾅 닫히는 소리에 놀라서 울거나 딸랑이 소리가 나는 쪽으로 고개를 돌리기도 하고, 엄마가 어르는 소리에 얌전해지고 옹알이도 하기 시작한다.

육아 POINT

수유 리듬을 만들어준다

정상적으로 성장하는 아이라면 먹는 양이 늘고 수유 시간이 어느 정도 일정해진다. 대개 하루에 3~4시간 간격으로 6~7회 정도 먹는데, 밤에는 4~5시간 동안 먹지 않고 잘 수 있으므로 일부러 깨울 필요는 없다.

기저귀 발진과 땀띠를 조심한다

아이들은 어른보다 땀샘의 밀도가 높아 조금만 더워도 땀을 많이 흘리기 때문에 땀띠와 기저귀 발진이 잘 생긴다. 청결하고 시원한 환경을 만들어주어야 하며, 땀띠가 생겼을 경우 시원한 물에 적신 수건으로 부드럽게 닦아 가려움증을 덜어준다. 땀띠분을 바르면 화학 반응이 일어나 오히려 악화될 수 있으므로 사용하지 않는 것이 좋다. 수시로 아이의 등에 손을 넣어 옷이 땀에 젖었는지 확인한 후 갈아입힌다.

옷을 점차 가볍게 입힌다

예전에는 아이를 포대기에 꽁꽁 싸서 키웠지만, 요즘은 너무 감싸놓지 말라고 권한다. 아이 옷은 계절과 실내 온도 등에 따라 적절히 입히되, 난방이 잘되는 경우라면 실내에서 너무 두꺼운 옷을 입힐 필요는 없다. 오히려 아이의 움직임을 방해해 운동 능력 발달을 저해하는 요인이 될 수 있다.

바깥공기를 쐬어준다

처음에는 창문을 열고 간접 환기를 시켜 바깥공기를 약간씩 쐬다가 2~3일이 지나면 창 근처에서 직접 바깥공기와 햇볕을 쬐게 한다. 차차 시간을 늘려 하루 20분 정도 집 앞에 나갈 수 있다. 이렇게 하면 피부와 호흡기를 자극해 저항력을 길러줄 수 있다. 다만 너무 덥거나 햇볕이 강하거나 추운 날은 피한다.

목욕 후에는 베이비 마사지를 한다

목욕 후나 기저귀를 갈 때 아이 피부를 가볍게 마사지해주는 것이 좋다. 마사지를 하면 아이 피부에 엄마의 손이 직접 닿아 아이가 엄마의 손길을 느끼며 정서적 안정감을 얻을 수 있다. 또한 순환 기관과 면역 기관을 자극해 혈액순환이 원활해지며 소화 배설 능력도 좋아진다. 목욕 후에는 손에 베이비오일을 약간 발라 마사지해주고, 옷을 갈아입힐 때나 기저귀를 갈 때는 건포 마사지를 해준다.

양쪽으로 번갈아가며 눕힌다

아이는 같은 방향으로만 고개를 돌리는 경향이 있다. 아이가 한쪽 방향으로만 자면 머리 모양이 달라지거나 찌그러질 수 있으므로 엄마가 직접 아이의 머리 위치를 이쪽저쪽으로 바꿔주도록 한다.

닥터 POINT

생후 2개월에는 다섯 가지 예방접종을 한다

DTaP, 소아마비, 뇌수막염, 폐구균 접종은 필수이며, 로타바이러스 장염 접종은 선택사항이다. 병원에 가서 아이의 성장과 발달이 정상인지 체크한다.

아이의 코가 자꾸 막힌다

생후 2~3개월까지는 콧속에 분비물은 많은데 콧구멍이 작아 코가 잘 막힌다. 심할 경우에는 수유에 어려움을 느끼고 밤에 잠도 잘 못 잔다. 이때는 아이의 상체를 약간 올리고 생리식염수 1~2방울을 코에 넣어주면 도움이 된다.

머리가 한쪽 방향으로만 향하면 사경이 아닌지 의심한다

머리 모양이 비대칭인 아이들은 한쪽 방향으로만 고개를 돌리는 경우가 많다. 머리 방향을 바꿔놓아도 다시 일정한 쪽만 보려 하거나 목에 덩어리 같은 것이 만져진다면 사경을 의심해보아야 한다. 사경은 목의 한쪽 일부 근육이 짧거나 혹이 있어 반대쪽으로 머리가 기우는 증상을 말한다. 가벼운 증상은 물리치료로 고칠 수 있다.

3개월

| 2~3개월 소아 발육 표준치(남아/여아)

몸무게(kg)	키(cm)	머리 둘레(cm)
6.45/6.08	60.90/59.76	39.85/39.02

아이의 성장과 발달

3개월 아이의 체중은 출생 시의 두배다

체중은 태어났을 때의 두 배 정도가 되고 키는 10cm 가까이 자란다. 이 시기 이후로 체중 증가 속도가 완만하게 줄어든다. 엄마들은 주로 아이의 체중이 평균 체중보다 많이 나가는지, 적게 나가는지를 두고 성장 정도를 평가하는데 이는 그다지 중요하지 않다. 그보다는 체중 증가 곡선이 들쭉날쭉하지 않고 계속 늘고 있는지가 더 중요하며, 증가 속도가 정상 범위라면 평균 체중보다 적어도 많이 걱정할 필요 없다.

목을 약간 가누고 감각이 발달한다

목에 힘이 생겨 엎어놓으면 머리와 가슴을 들고, 들어올릴 때 머리를 약간 가눈다. 지금까지의 아이 행동이 주로 반사 반응이었다면 이제부터는 자율적인 행동을 시작한다. 손과 발의 움직임이 놀라울 정도로 활발해지고, 움직이는 물체를 향해 손을 휘젓기도 한다. 또 이 시기가 되면 모든 감각이 더욱 발달해 움직이는 사물을 눈으로 좇고, 머리를 들어 쳐다보기도 한다. 소리를 구분할 수 있어 큰 소리에 깜짝 놀라고, 이름을 부르면 소리가 나는 쪽으로 얼굴을 돌리기도 한다. 어르면 방긋 웃고 옹알이를 열심히 하며, 손가락을 빨기도 한다.

낮밤 구분이 가능하다

낮에 깨어 있는 시간이 점점 많아지며, 밤중 수유 시간이 줄어들어 어떤 때는 아침까지 푹 자기도 한다. 하지만 낮 시간에 너무 많이 자거나 활동량이 적을 때는 여전히 밤에 잠을 자지 않고 깨어 있거나 밤낮을 가리지 못하게 된다. 그러므로 낮에는 바깥공기를 쐬거나 활발히 놀게 해주고, 밤에는 재우기 전에 목욕을 시키는 등 생활의 리듬이 생기게끔 해준다.

육아 POINT

수유 리듬이 안정된다

아이가 수유에 어느 정도 익숙해지면서 수유 시간이 규칙적으로 바뀌어 리듬이 생긴다. 한 번에 먹는 양이 늘어나 수유 횟수는 줄어드는데, 하루에 5~6회 정도 규칙적으로 먹이는 것이 좋다. 밤중 수유 간격을 점차 늘릴 수 있으며, 일부러 깨워 밤중 수유를 할 필요가 없다.

엄마의 사랑을 전하는 스킨십을 한다

아이가 깨어 있는 시간이 길어지고 엄마와 눈을 마출 수 있는 시기다. 따라서 엄마는 아이와 스킨십을 자주 해 아이가 정서적으로 안정되도록 해준다. 아이가 잠투정을 하거나 불편해 칭얼거릴 때는 머리 뒷부분을 손으로 받치고 세워 안는다. 아이에게 상냥한 목소리로 얘기하거나 품에 안고 다독거리면 아이가 편안함을 느낀다.

옹알이에 반응해 말을 걸고 놀아준다

의사 표시 방법이 다양해져 우는 대신 칭얼거리거나 어르면 방긋 웃는 등 표정이 풍부해진다. 또 옹알이가 점차 늘어나 '응응', '우우' 같은 소리를 내기도 한다. 옹알이는 특별한 의미를 지닌 것은 아니지만, 아이의 의사 표시이므로 엄마가 적극적으로 대응해주는 것이 좋다. 아이는 엄마의 목소리를 들으면서 점점 더 활발한 옹알이를 하고, 이는 말하기의 기초가 된다.

닥터 POINT

아이의 변 상태를 체크한다

아이의 몸에 이상이 있거나 먹은 음식이 소화가 잘 안 될 때는 반드시 변에 이상이 생긴다. 따라서 대변은 아이의 건강 상태를 체크하는 기준이다. 아이 변에 피가 섞이거나 하얀 변, 작은 알갱이의 변을 보거나 하루에 10회 이상 설사를 할 때는 바로 병원을 찾도록 한다. 특히 병원에 갈 때는 아이의 기저귀를 가지고 가거나 사진을 찍어 직접 의사에게 보이는 것이 가장 정확한 방법이다.

선천성 고관절 탈구인지 체크한다

선천성 고관절 탈구일 경우 양쪽 다리의 길이가 다르거나 허벅지 주름이 차이가 나거나 다리가 옆으로 잘 벌어지지 않는다. 의심되는 증상이 있다면 바로 병원을 방문해 진찰을 받아야 한다. 이 질환은 발견하기가 어렵지만 생후 3개월 이내에 진난하면 치료가 쉽다.

4개월

| 3~4개월 소아 발육 표준치(남아/여아)

몸무게(kg)	키(cm)	머리 둘레(cm)
7.04/6.64	63.47/62.28	41.05/40.18

아이의 성장과 발달

아이마다 발육에서 차이가 난다

몸무게가 하루에 20~30g 정도 늘어나며, 몸이 전체적으로 포동포동하게 살이 찐다. 체중 증가 속도가 점차 완만해져 같은 월령이라도 아이마다 약간씩 차이가 난다.

목을 확실히 가눌 수 있다

이 시기의 발달 핵심은 목을 가눈다는 점이다. 목 가누기는 아이의 발달 상황을 가늠하는 기준인데, 이때부터 몸의 각 부분 역시 크게 발달한다. 또 머리를 자유롭게 움직일 수 있기 때문에 시야가 넓어지고, 안길 때도 엄마와 같은 각도로 똑바로 쳐다볼 수 있어 목욕을 시키거나 업어주기가 한결 편해진다. 세워서 안았을 때 고개가 흔들리지 않고, 양쪽 겨드랑이를 잡고 들었을 때 고개가 꼿꼿하며, 잡아 일으켜도 고개가 처지지 않으면 목 가누기가 끝났다고 할 수 있다. 빠른 아이들은 3개월 무렵에 고개를 빳빳이 들기도 하지만, 개인차가 있으므로 이 시기에 목 가누기를 못해도 걱정할 필요는 없다. 대개의 아이들은 5~6개월경에는 목을 가눈다.

뒤집기를 시작한다

바로 누워 있다 옆으로 몸을 돌릴 수 있고 뒤집기를 시작한다. 빠른 아이들은 백일 전에도 하지만 대개 생후 4개월에 시작해 6개월경 자유자재로 뒤집기가 가능하다. 이때부터는 잘 때 몸을 많이 움직이므로 잠자리 안전에 유의해야 한다.

감정 표현이 확실해진다

이제부터는 대뇌와 신경이 급속도로 발달해 감정 표현을 확실하게 할 줄 안다. 기분이 좋을 때는 혼자서도 곧잘 놀고, 얼러주면 큰 소리로 웃는다. 신생아 때는 본능적으로 젖을 빨았지만, 이 무렵에는 배가 고프지 않아도 먹을 것을 보면 좋아하고 젖꼭지를 만지작거리거나 엄마 무릎에 앉아서 노는 것을 좋아한다. 또 사물에 대한 관심이 늘어나 자신의 손을 뚫어져라 쳐다보기도 하고, 주먹을 쥐고 흔들거나 손을 쥐었다 펴기도 한다.

손을 잘 빨고 장난감을 입에 넣는다

손에 흥미를 갖고 손가락을 자주 빤다. 4개월 즈음에는 딸랑이 장난감을 주면 손에 쥐고 입에 넣어 빨기도 한다. 그러나 아직 손아귀 힘이 약해 잘 떨어뜨리거나 볼에 비비기도 한다. 소리가 나는 장난감이나 색깔이 선명한 장난감을 주면 더욱 좋아한다.

육아 POINT

규칙적으로 수유한다

수유 리듬이 어느 정도 규칙적으로 진행된다. 수유 횟수는 하루에 4~5회, 수유량은 한 번 먹일 때 150~210㎖ 정도가 적당하다. 개인마다 차이는 있지만, 낮과 밤을 뚜렷이 구분할 줄 알게 돼 새벽에는 먹지 않고 푹 자는 경우가 많다. 아직까지 젖 먹는 시간이 일정하지 않다면 좀 더 주의를 기울여 규칙적인 수유 습관을 길러주고, 밤중 수유를 줄이도록 한다.

이유식을 시작한다

대부분의 영양은 수유를 통해 해결하고, 생후 4개월부터는 서서히 이유식을 시작한다. 초기 이유식은 영양 보충보다는 음식 먹는 법을 익히는 것이 목적이므로 엄마가 고형식을 만들어 먹이는 것이 중요하다. 이유식은 곡물로 시작하는데, 쌀을 갈아 만든 미음을 일주일 정도 먹이고, 일주일 간격으로 다양한 채소를 섞은 죽을 바꿔가며 먹인다.

침을 흘릴 때는 턱받이를 해준다

침의 양은 점점 많아지지만 삼키는 능력은 부족해 침을 많이 흘린다. 침 때문에 얼굴과 목에 피부 트러블이 생길 수 있으므로 이때는 턱받이를 해준다. 턱받이는 면 소재로 흡습성이 좋은 것을 여러 개 준비해 자주 갈아주는 것이 좋다. 또 아이가 움직여도 얼굴을 덮지 않도록 끈으로 묶어주되 너무 꽉 조이지 않도록 주의한다.

색깔 있는 모빌을 달아준다

색깔을 구별할 수 있을 정도로 시력이 발달해 색깔이 있는 장난감에 관심을 보이기 시작한다. 따라서 원색 모빌을 달아주는 것이 좋다. 모빌은 시각과 청각에 자극을 주어 아이의 정서와 두뇌 발달에 도움을 준다. 또 손은 아직 쥐는 힘이 약하지만, 손에 쥔 물건을 입으로 가져가 빨기 때문에 위생에 신경을 써야 한다.

닥터 POINT

생후 4개월 예방접종과 영유아 검진을 한다

생후 2개월경 실시한 5가지 접종(DTaP, 소아마비, 뇌수막염, 폐구균, 로타바이러스)의 2차 접종을 하는 시기다. 1차 접종 때 발열, 발진 등 이상 반응이 있었는지 여부를 병원에 방문했을 때 꼭 이야기하고 예방접종을 진행해야 한다. 또한 국가에서 실시하는 영유아 건강검진을 종합병원이나 소아청소년과 의원에서 무료로 받을 수 있다. 이 시기에 첫 번째 검진이 있으며, 아이의 신체 발달뿐 아니라 운동 신경 발달 사항을 점검하고 이상이 있는 경우 자세한 진찰을 받아야 한다.

입가, 목 주위의 습진을 주의한다

침을 많이 흘려 입가와 목 주위를 자주 닦아주다 보면 그 부위에 습진이나 접촉성 피부염이 잘 발생한다. 가벼울 경우에는 자극을 덜 주고 보습제만 발라도 좋아지지만, 오래 지속되거나 진물이 나고 범위가 넓어지면 병원에 방문해 치료받는 것이 좋다. 습진이 반복적으로 재발할 경우 아토피 피부염을 의심할 수 있다.

영아 산통

아이가 주로 밤에 아무 이유 없이 1시간 이상 심하게 울다가 어느 순간 그치는 경우가 있는데, 이를 '영아 산통'이라고 한다. 대개 생후 1개월에 나타나기 시작해 3~4개월부터는 점차 줄지만 6개월까지 진행될 수 있다. 발작 시 아이는 주먹을 꼭 쥐고 배가 아픈 듯이 몸에 힘을 주고 있으며, 먹으려 하지 않고 잘 달래지지도 않는다. 열 · 구토 · 설사 등의 다른 증상은 없다. 영아 산통의 원인은 아직 확실히 밝혀지지 않았지만, 긴장이나 과도한 장운동, 장 팽창, 소화 알레르기, 변비 등의 원인 중 한 가지 또는 몇 가지가 합쳐져 일어나는 것으로 알려져 있다.

- **해소법** 영아 산통은 대개 시간이 지나면 저절로 좋아지지만, 심할 경우에는 전문의와 상담해보는 것이 좋다. 또 평소 젖을 먹인 후 반드시 아이를 바로 세워 트림을 시키고, 아이가 몹시 울 때는 배에 따뜻한 물주머니나 더운물을 담은 병을 대주거나 배를 부드럽게 쓸어준다. 또 아이 재우는 방을 옮겨 분위기를 바꿔주는 것도 효과가 있다. 다만 영아 산통은 장이 막혔을 때나 복막에 염증이 있을 때와 증세가 비슷하므로, 우는 것 외에 구토를 하거나 혈변이 보이면 바로 병원에 가는 것이 좋다.

5개월

| 4~5개월 소아 발육 표준치(남아/여아)

몸무게(kg)	키(cm)	머리 둘레(cm)
7.54/7.10	65.65/64.42	42.02/41.12

아이의 성장과 발달

엎어놓으면 팔다리를 버둥거린다

몸에 전체적으로 살이 붙어 통통해지고 키가 크는 속도도 빨라진다. 그러나 키가 자라는 속도에 비해 몸무게가 느는 속도는 더디다. 대신 운동 능력이나 정신 발육은 매우 빠르게 진행돼 하루가 다르게 몸놀림이 달라진다. 팔다리와 머리를 움직이는 능력이 갈수록 좋아져 엎드려 있는 동안 머리를 들고 있을 수 있으며, 엎드린 상태에서 몸을 흔들어대기도 한다. 또 누워서 손으로 발을 잡고 입으로 가져가 빨기도 한다.

뒤집기를 잘한다

처음에는 한쪽 손이나 어깨를 들어 몸을 돌리려고 하다가 다시 누워버리지만, 얼마 지나지 않아 뒤집기를 한다. 아이가 몸을 뒤집으려고 애쓸 때 엄마가 약간씩 도와주는 것도 좋다. 먼저 아이 옆에서 말을 걸거나 소리 나는 장난감으로 자극을 줘 아이가 옆을 바라보게 한 다음 한쪽 손으로 살짝 허리를 누르고, 다른 한 손으로 허벅지를 잡아 천천히 몸을 돌릴 수 있도록 도와준다.

밤낮의 구분이 뚜렷해진다

이제 밤낮의 구분이 뚜렷해져 밤에는 푹 자고 낮에는 활발하게 움직인다. 대개 하루에 13~15시간 정도 자고, 낮에는 2~3회 정도 낮잠을 잔다. 여전히 밤낮이 바뀌어 엄마를 힘들게 하는 아이도 있지만, 점점 자라면서 좋아지므로 너무 걱정하지 않아도 된다. 아이가 정상적인 수면 리듬을 가질 수 있도록 엄마가 노력하는 것이 중요하다.

눈의 초점이 정확해진다

4~5개월쯤 되면 시력이 발달해 작은 물체나 먼 곳의 사물들을 제법 볼 수 있다. 눈으로 본 것을 손으로 잡으려고 하거나 처음 보는 신기한 물건이 나타나면 머리를 돌려서 본다. 또 자신의 이름을 부르거나 텔레비전을 켜놓으면 소리가 나는 쪽으로 고개를 돌려 물끄러미 바라보기도 한다.

육아 POINT

본격적으로 이유식을 시작한다

아이의 발육과 성장이 순조롭다면 이제부터 본격적으로 이유식을 시작한다. 하지만 아이가 새로운 음식을 계속 거부하거나 변이 이상해지는 등 이유식에 적응하지 못하면 억지로 먹이려 하지 말고 아이의 상태에 따라 1~2주 후에 다시 시도하는 등 융통성 있게 대처한다. 아이에게 언제 이유식을 먹이는 게 좋은지는 아이의 행동을 보고 판단한다. 아이가 어른이 먹는 것을 눈으로 좇거나 입을 오물거리며 침을 많이 흘리면 본격적인 이유식을 시작할 수 있는 시기로 본다.

분리 불안을 느끼면 충분한 스킨십을 해준다

대개 이 시기부터는 엄마와 떨어지지 않으려 하고, 밤이 되면 칭얼대며 안기고 싶어 한다. 편안하게 잠을 자면서도 잠투정을 하는 게 이해하기 어려울 수 있다. 하지만 아이에게 잠은 편안한 휴식인 동시에 엄마와 떨어져야 하는 두려운 일이기도 하다. 아이는 아직 자고 나면 엄마를 다시 만날 수 있다는 것을 모르는 상태라 잠 자체가 이별이기 때문에 몹시 불안해하고 잠투정도 심하게 하는 것이다. 따라서 별다르게 아픈 데 없이 아이가 잠투정을 하는 것은 지극히 자연스러운 일이다. 아이가 잠투정을 할 때는 많이 안아주는 등 스킨십을 통해 아이가 안심하고 잠들 수 있도록 도와준다.

하루 두 번, 30분 정도 아이와 함께 산책한다

생후 4개월이 지나면 본격적인 외기욕이 필요하다. 아이도 바깥세상에 대한 호기심이 커져 엄마와 함께 산책하는 것을 무척 좋아한다. 산책을 하면 아이 피부가 단련되고, 호흡기에도 자극을 주어 저항력이 길러진다. 또한 하루 종일 누워 있어야 하는 아이에게 산책만 한 기분 전환거리도 없다. 이 시기의 아이는 대부분 목을 가눌 수 있으므로 안거나 업고 밖으로 나가도 좋고, 유모차를 사용해도 좋다. 산책 시간은 하루에 두 번, 30분 정도가 적당하다. 수유 후 30분~1시간 정도 지난 다음 밖으로 나가고, 물이나 보리차 등을 준비해 필요하면 아이에게 수분을 공급하는 것이 좋다.

배냇머리가 빠지므로 머리를 밀어준다

베개에 많이 쓸리는 뒤통수의 머리카락이 많이 빠지고 5~6개월경에는 다른 부위의 머리도 거의 빠진다. 이때 빠진 머리카락이 아이 입에 들어가기도 하고 보기에도 지저분하므로 머리를 밀어주는 것도 좋다.

장난감을 가지고 놀아준다

아이의 눈과 손의 협응력이 좋아져 장난감을 손으로 쥔 채 흔들기도 하고, 멀리 있는 장난감을 잡으려고 손을 뻗기도 한다. 또 발달이 빠른 아이들은 장난감을 한 손에서 다른 손으로 옮길 수 있다. 놀이는 아이의 운동 능력은 물론 두뇌 발달에도 도움을 주므로 여러 가지 장난감을 이용해 놀 수 있도록 유도한다. 장난감은 아이가 입으로 빨아도 무해한 재질로 만든 것을 주고, 너무 작거나 뾰족한 것, 날카로운 것, 무거운 것 등은 피한다. 흔들면 소리가 나고, 색이 선명한 원색 장난감이 좋다.

닥터 POINT

사시가 의심되면 안과 검진이 필요하다

생후 4~5개월까지는 간혹 눈동자가 가운데로 몰리는 모습을 볼 수 있는데, 이를 가성 사시라 한다. 하지만 이 시기가 지나도 눈의 초점이 정확하지 않거나 눈동자가 빛을 따라가지 않고 다른 방향으로 향한다면 사시가 아닌지 진찰을 받아봐야 한다. 시력이 발달하는 시기에 이런 상태를 방치하면 시력 발달이 지연되거나 약시가 될 위험이 있기 때문이다.

6개월

| 5~6개월 소아 발육 표준치(남아/여아)

몸무게(kg)	키(cm)	머리 둘레(cm)
7.97/7.51	67.56/66.31	42.83/41.90

아이의 성장과 발달

아이의 발육 속도가 느려진다

생후 5~6개월까지는 하루 20~30g 정도로 체중이 빠르게 늘지만, 이후 6개월 동안은 하루에 10~20g 정도밖에 증가하지 않는다. 정상적인 변화이므로 이전보다 체중이 늘지 않는다고 걱정할 필요는 없다.

뒤집기를 끝내고 이리저리 뒹굴뒹굴

아이는 이제 몸의 중심을 잡고 한쪽으로 뒤집기를 한다. 일단 한 번 뒤집기 시작하면 아이 스스로 자꾸 뒤집기를 반복하면서 곧 능숙해진다. 다리에도 힘이 생겨 손을 잡고 세워주면 발을 떼는 동작을 할 수 있다. 이때는 아이의 겨드랑이에 손을 끼고 바닥에서 높이 뛰어오르듯 점프를 시켜 다리의 힘을 기르도록 도와준다. 이 시기에는 엄마가 잠시 한눈을 파는 사이 아이가 이리저리 구르다 침대에서 떨어지거나 모서리에 부딪칠 수도 있으므로 잠시라도 아이에게서 눈을 떼지 말아야 한다. 침대를 사용할 경우 반드시 안전대를 세워두고, 낮 동안 잠깐이라도 혼자 침대에 재우는 일은 삼간다.

배밀이를 시도한다

혼자서 자유롭게 뒤집기를 하는 아이는 다음 단계로 배밀이를 시도한다. 엎드린 상태에서 손이나 발로 밀며 앞으로 나아가는 것이다. 처음에는 뜻대로 되지 않아 뒤로 가는 아이들도 있다. 아이가 기기 시작한다는 것은 중요한 일이다. 큰 근육도 발달하지만, 일단 기기 시작하면 방향 감각과 시야 확보, 두뇌 활동 등이 동시에 진행되기 때문이다.

손바닥 전체로 물건을 잡고, 딸랑이를 흔든다

태어날 때 꼭 쥐고 있던 주먹을 어느덧 펴고, 손바닥 전체로 사물을 잡을 수 있다. 아직 손가락을 움직여 물건을 잡지는 못하지만, 여러 가지 자극을 통해 손가락을 많이 움직일 수 있도록 엄마가 도와주어야 한다. 손가락 운동은 두뇌 발달과 직결되기 때문이다. 이 시기에는 딸랑이를 쥐어주면 흔들어 소리를 낼 줄 알고, 얼굴에 수건을 씌우면 손으로 걷어낼 줄도 알게 된다. 그리고 손에 잡은 장난감을 쉽사리 놓지 않는다.

육아 POINT

다양한 재료로 이유식을 만든다

6개월 정도에는 입안에 음식을 넣고 꿀꺽 삼키는 것을 배운다. 그러므로 미음처럼 아주 묽은 것보다는 어느 정도 걸쭉한 상태로 만들어준다. 또 이때부터는 보다 다양한 재료로 음식을 만들어 여러 가지 맛을 즐기게 해준다. 주식은 아직 젖이지만, 영양의 일부를 이유식으로 섭취해야 하는 때이니만큼 영양이 골고루 들어간 식단을 짜야 한다.

변비 해소를 위해 과일과 채소를 충분히 먹인다

이유식을 시작하면 대변에 변화가 생긴다. 변을 보는 횟수가 늘거나 변비 혹은 설사를 하는 아이도 있다. 변비는 장을 자극하지 않아 일어나는 현상이므로 이유식을 만들 때 되도록 섬유질이 많이 든 채소를 이용한다. 또 과즙 외에 과육을 긁어 먹이거나 익힌 과일을 으깨어 먹이는 것도 좋다. 대변이 약간 묽어지거나 대변에 채소 등이 섞여 나오는 것은 크게 걱정할 필요 없다. 아이의 기분이 좋고 잘 논다면 대변 상태를 계속 지켜본다. 하지만 특정 음식을 먹고 난 후 설사나 구토를 한다면 바로 이유식을 끊고 음식 알레르기인지 의사의 진찰을 받도록 한다.

손가락 자극으로 두뇌 체조를 시킨다

손을 많이 사용할수록 손놀림이 능숙해지고, 손가락 자극은 곧 두뇌 발달로 이어진다. 그러므로 아직 손놀림이 그다지 자유롭지 않더라도 아이가 손가락을 많이 사용할 수 있는 놀이를 함께 해본다. 아이가 갖고 놀아도 안전한 여러 가지 생활용품이나 장난감들을 아이가 직접 손으로 만질 수 있게 해주고, 손을 이용한 간단한 놀이도 따라 하게 해본다.

- 천 놀이 아이가 여러 가지 천의 촉감을 직접 느낄 수 있게 해준다. 보드라운 면과 실크, 까슬까슬한 마, 매끈한 가죽 등을 티슈 모양으로 잘라 빈 상자에 넣어둔다. 아이가 티슈를 빼듯 천을 잡아당겨 빼내면서 천의 질감을 직접 느끼게 돼 소근육이 발달한다. 못 입는 옷을 잘라 이용하거나 옷감 샘플 등을 이용한다.

- 손가락 놀이 잼잼, 곤지곤지, 짝짜꿍, 코코코 놀이 등 손으로 하는 게임을 해본다. 처음에 엄마가 손으로 시범을 보이면 아이는 금방 따라 한다. 이러

한 손 놀이는 아이의 소근육 발달은 물론 눈과 손의 협응력을 키워준다.

• 블록 놀이 나무나 플라스틱으로 만든 블록은 입체감이 있고 촉감도 다양해 아이에게 좋은 자극을 준다. 어릴 때는 그저 손으로 쥐고 놀다가 좀 더 크면 블록을 높이 쌓거나 여러 가지 조형물을 만들면서 놀게 된다. 아이의 월령에 따라 쌓을 수 있는 수준이 다른데, 이 시기에는 쌓기보다 엄마가 쌓은 블록을 무너뜨리는 것을 더 좋아한다.

안전사고에 주의한다

아이가 배밀이로 기기 시작하면 이제부터는 아이와의 전쟁이라고 해도 과언이 아니다. 아이가 눈 깜짝할 사이에 앞으로 나아가 위험한 물건을 만지거나 모서리에 부딪치는 등 안전사고가 빈번하게 발생한다. 따라서 이때부터는 아이 손이 닿는 곳에 있는 위험한 물건은 모두 치워야 하고, 아이에게서 한시도 눈을 떼서는 안 된다. 특히 기어 다닐 때는 문에 손이 끼는 사고가 자주 발생하므로 방문 보호대를 장치하는 것이 좋으며, 서랍 등의 손잡이를 떼거나 거꾸로 달아놓는 것이 좋다. 또한 아이는 손에 잡히는 것을 무조건 입안에 넣으므로 항상 실내를 깨끗이 하고, 아이가 삼킬 만한 것은 미리 치우는 게 좋다.

닥터 POINT

생후 6개월 예방접종을 한다

다섯 가지 필수 접종(B형 간염, DTaP, 소아마비, 뇌수막염, 폐구균)의 3차 접종이 있고, 선택 접종으로 로타바이러스 장염 접종(로타텍)의 3차 접종이 있다. 6개월 이후 아이라면 9월이나 10월경에 독감 예방접종도 할 수 있다.

생후 6개월은 면역력이 약해지는 시기

생후 6개월쯤 되면 엄마에게서 받은 질병에 대한 면역체가 없어져 아이가 사소한 질병에 걸리는 경우가 많다. 아이의 병은 이제부터 시작이라고 해도 과언이 아니다. 이 시기에는 외출이나 산책을 하는 일이 빈번해지는 만큼 여러 가지 질병에 노출될 가능성도 많아지므로 이에 대비해 항상 실내 환경을 깨끗이 하고 외출 후에는 엄마, 아이 모두 위생을 철저히 해야 한다.

7개월

| 6~7개월 소아 발육 표준치(남아/여아)

몸무게(kg)	키(cm)	머리 둘레(cm)
8.36/7.88	69.27/68.01	69.27/68.01

아이의 성장과 발달

젖니가 나기 시작한다

젖니가 나는 시기나 순서는 개인차가 큰 편이다. 빠르게는 3개월부터, 늦게는 10개월 무렵에야 나는 경우도 있는데 보통 6개월이 지나면 이가 나기 시작한다. 대부분 아래쪽 앞니 2개가 난 다음 위쪽 앞니가 나지만, 윗니와 아랫니가 하나씩 따로 나거나 어금니부터 나는 경우도 있다. 이가 날 무렵에는 아이가 침을 더 많이 흘린다. 또 잇몸이 근질거려 잇몸을 손으로 문지르거나 물건을 물어뜯어 잇몸에 상처가 나기도 한다. 이럴 때는 치아 발육기를 준비해준다. 단, 치아 발육기는 안전한 것으로 고르고, 아이의 입에 직접 들어가는 것이니만큼 항상 깨끗하게 닦아준다.

젖니 나오는 순서

- 생후 6~9개월 아래쪽 앞니 2개가 난다.
- 생후 10~12개월 위쪽 앞니 2개가 난다. 총 4개.
- 생후 13~14개월 아래위에 앞니가 2개씩 더 난다. 총 8개.
- 생후 17개월 제1어금니가 아래위에 2개씩 난다. 총 12개.
- 생후 19개월 송곳니가 아래위에 2개씩 난다. 총 16개.
- 생후 24~30개월 제2어금니가 아래위에 2개씩 난다. 총 20개.

혼자 앉으려고 한다

키는 눈에 보일 만큼 조금씩 자라지만, 몸무게는 크게 증가하지 않는다. 이때쯤이면 외관상 남아인지 여아인지도 구분된다. 이 시기 대부분의 아이들은 엎어놓으면 손으로 상반신을 지탱하고 가슴을 들어 올린다. 누워 있다가 스스로 몸을 일으켜 앉지는 못하지만, 앉혀놓으면 한동안 혼자서도 버틴다. 엎드린 자세에서는 한쪽 팔로 몸을 지탱하면서 다른 팔을 뻗어 장난감을 잡기도 한다. 또 배로 중심을 잡으면서 빙글빙글 돌며 방향을 바꾸기도 한다. 대부분 배밀이를 잘하고 빠른 아이들은 네 발로 기려고 한다.

손놀림이 좋아진다

손놀림이 좋아져 작은 물체를 보면 갈고리 모양으로 손에 움켜쥘 수 있다. 따라서 혼자서 음식을 집어 먹기도 한다. 한 손에서 다른 손으로 물건을 옮겨 쥘 수 있다.

낯가림이 심해진다

아이의 감정이 폭넓게 발달해 엄마가 기뻐하는지 화를 내는지 등 상대방의 얼굴에 나타난 감정 변화를 느낀다. 아이 스스로도 기쁘다, 슬프다, 화가 난다, 두렵다, 좋다, 싫다, 재미있다, 지친다, 졸리다 등 예전보다 좀 더 섬세한 감정을 표현한다. 또 기억력이 생겨 엄마와 주위 사람들 얼굴을 구분할 수 있기 때문에 낯가림이 시작된다. 특히 엄마하고 단둘이 지낸 아이는 낯가림이 유달리 심해진다. 낯선 얼굴을 보면 울음을 터뜨리고 엄마 외 사람에게는 안기지 않으려고 한다. 낯가림은 자신과 다른 사람과 관계를 인식하기 시작하고, 엄마와의 애착 관계가 제대로 형성되고 있다는 증거다. 이는 정상적인 현상이므로 걱정할 필요 없다. 아이가 낯가림이 심할 때는 먼저 아이의 마음을 안정시키고, 산책이나 외출 등을 통해 집 밖의 세상을 경험하면서 많은 사람과 접촉할 수 있는 기회를 만들어준다.

육아 POINT

수유 횟수를 줄이고 이유식 양을 늘린다

이 시기에는 하루에 4~5회 정도, 정해진 시간에 규칙적으로 수유를 한다. 아이가 순조롭게 이유식을 먹고 있다면, 이유식 횟수를 하루에 2회로 늘리고 양도 늘려본다. 이제 슬슬 이유식 양을 늘리고 수유량은 줄이며, 이유식은 반드시 수유하기 직전에 먹인다. 이가 나기는 했지만 아직 씹을 수 있는 정도는 아니므로 혀와 잇몸으로 으깰 수 있는 부드러운 것을 준다. 다만 여러 가지 재료를 골고루 이용해 아이가 다양한 맛에 친숙해지게 하는 것은 좋지만, 억지로 먹이는 것은 금물이다. 아직까지는 모유나 분유가 주식이며 이유식으로 부족한 영양소를 보충한다는 생각을 갖고 엄마가 조급해하지 않는 것이 중요하다.

컵을 사용하는 연습을 한다

아이의 손놀림이 발달하므로 컵 사용하는 것을 연습해볼 수 있다. 처음에는 엄마가 같이 손을 잡아주면서 물이나 과즙을 조금씩 마시게 하는데, 흘리는 것을 걱정하지 말고 반복해서 연습해야 더 빠르게 익숙해진다. 양쪽에 손잡이가 달린 컵이 더 편하다.

유치 관리가 필요하다

아이의 젖니도 관리가 필요하다. 보통 젖니는 모두 빠지고 영구치가 대신한다는 생각에 젖니에 소홀하기 쉽다. 하지만 젖니의 충치와 손실은 앞으로 날 영구치에 나쁜 영향을 주며, 아이의 입 모양을 바꿀 수도 있으므로 시기에 맞는 적절한 관리가 필요하다. 이가 나면 잇몸이 아프고 간지러워서 보채는 아이도 많은데, 손가락으로 시원하게 잇몸 마사지를 해주거나 치아 발육기를 물리면 도움이 된다.

충치를 예방하기 위해 이가 나기 시작하면 거즈로 이의 겉면을 깨끗이 닦아주거나 부드러운 재질의 아이용 칫솔을 이용한다. 치약을 사용하기는 아직 이르다.

아이의 놀이 상대가 되어준다

아이의 기억력이 발달해 엄마와 함께 노는 걸 좋아하고, 더 놀아달라고 조르기도 한다. 이때 되도록 아이가 만족할 만큼 충분히 놀아주는데, 특히 온몸을 움직이는 놀이를 좋아하므로 힘이 센 아빠가 놀아주면 더욱 효과적이다.

닥터 POINT

보행기 사용은 추천하지 않는다

이 시기부터 아이를 보행기에 앉혀놓는 경우가 많다. 하지만 발달 지연 및 안전사고 위험이 있어 많은 소아과 의사들이 보행기 사용을 만류한다. 대부분이 보행기에 아이를 앉혀놓고 엄마가 다른 일을 하기 때문에 그 사이에 아이가 다치는 일이 자주 발생해서다. 다만 전체적인 운동 발달이 늦지 않고 손놀림이나 사회성이 떨어지지 않는다면 엄마가 주시하며 어느 정도 사용할 수는 있다. 만약 기지 못하면서 전체적인 운동 발달도 늦다면 보행기 사용을 중지하고 소아과 의사의 진찰을 받아야 한다.

8개월

| 7~8개월 소아 발육 표준치(남아/여아)

몸무게(kg)	키(cm)	머리 둘레(cm)
8.71/8.21	70.83/69.56	44.11/43.15

아이의 성장과 발달

혼자 앉기가 완성된다

대부분의 아이가 혼자서 앉고, 앉아서 양손을 자유롭게 움직이며 논다. 아이가 앉았다는 것은 뼈나 근육의 운동 기능이 제법 발달했음을 의미한다. 또 뇌신경이 등뼈를 지배하게 되었다는 증거이기도 한다. 앉기에 익숙해지면 서서히 기기 시작하는데, 처음에는 배로 밀면서 양손을 이용해 앞으로 기어간다.

기는 과정 없이 벽을 잡고 바로 서는 아이도 있는데, 기지 않는다고 해서 비정상은 아니다. 다만 기는 것은 아이의 팔·다리·허리 근육 발달에 중요한 영향을 미치므로 아이가 기기 시작하면, 충분히 기는 연습을 할 수 있도록 도와준다.

말귀를 알아듣고 호기심이 왕성해진다

생후 7~8개월이 되면 말은 할 수 없어도, 언어의 이해 속도가 빨라져 말귀를 알아듣기 시작한다. "바이바이", "만세"라고 말하면서 몸짓을 해 보이면 아이도 동작을 따라 하고, 나중에는 "만세"라는 말만 해도 아이 스스로 만세 자세를 취한다. 또 "엄마 어디 있어?"라고 물어보면 엄마를 바라보며 생긋 웃기도 한다. 이렇듯 간단한 말의 의미는 확실히 이해하고 야단이나 칭찬에 대해서도 반응한다. 옹알이도 다양해지고 혼자서 중얼거리며 옹알이를 하기도 한다.

낮 동안의 스트레스로 인한 잠투정을 한다

이 시기 아이들은 밤에 자다가 깨서 울거나 잠투정을 심하게 하는 경우가 많다. 이러한 현상은 대개 낮

동안에 흥분했거나 놀랐을 때, 너무 심하게 놀아 피곤할 때, 또 외출이나 여행 등으로 생활 리듬이 깨졌을 때 일어난다.
아이가 갑자기 일어나 심하게 울 때는 잠자리가 너무 덥거나 기저귀가 젖은 것은 아닌지 확인하고, 몸을 가볍게 두드려주며 안정시킨다. 이는 대부분의 아이들이 겪는 일반적인 현상이다. 하지만 매일 밤 너무 심하게 운다면 다른 이유일 수도 있으므로 전문의와 상담해본다.

육아 POINT

손가락으로 혼자 먹으려 한다

대부분의 아이가 7개월 정도 되면 손가락으로 음식을 집어 입으로 가져간다. 처음에는 대부분 밥이나 빵 조각을 손 전체로 움켜쥐고 입에 넣는데, 이는 아직 손가락을 움직여 음식을 집기 어렵기 때문이다. 아이가 음식물을 손으로 집거나 먹다가 흘리더라도 나무라거나 못하게 하지 말고 음식물을 충분히 탐색할 수 있도록 북돋워준다.

낮잠은 하루 두 번, 밤에는 10시간 이상 실컷 재운다

아이의 움직임이 많아지면서 자고 깨는 리듬이 일정해진다. 낮잠은 오전과 오후, 하루 두 번 재우는데, 한 번에 1~2시간 정도가 적당하다. 대개 이유식을 먹고 난 후 낮잠을 자는데, 규칙적인 생활 리듬을 위해 매일 시간을 정해놓고 재우는 것이 좋다. 밤에는 적어도 10시간 이상 푹 재운다.
빨리 자고 빨리 일어나는 것을 원칙으로 하며, 아무리 늦어도 10시 전에는 재우는 것이 좋다. 즉, 하루의 수면 시간이 낮잠을 포함해 12시간 이상 되어야 한다. 잠이 부족한 아이는 늘 컨디션이 좋지 않아 잘 놀지도 않고 식욕도 떨어지므로 아이가 일정한 수면 리듬을 갖도록 신경 쓴다.

유아 비만이 되지 않도록 조심한다

아이가 월령에 비해 운동 능력이 현저히 떨어진다면, 혹시 지나치게 살이 쪄서 그런 것은 아닌지 살펴볼 필요가 있다. 아이가 잘 먹고 살이 포동포동하게 오르는 것은 반가운 일이지만, 그 때문에 몸을 움직이기 힘들 정도라면 체중 관리를 해주어야 한다. 평소 비만이 되지 않도록 먹이는 양을 조절하고, 이유식과 우유를 적절히 먹여야 한다. 또 규칙적인 운동으로 활동량을 늘려주는 것도 중요하다.

닥터 POINT

생식기를 자꾸 만지는 아이

이 시기에는 생식기를 만지작거리는 아이들이 나타난다. 앉아서 놀다가 자신의 생식기가 눈에 들어오면 손이 가는 것이다. 엄마는 놀라고 걱정스러운 마음에 못 만지게 하지만, 이는 자신의 손가락이나 발가락에 흥미를 느껴서 만지고 노는 것과 다를 것 없는 행동이다. 성장 과정에서 나타나는 자연스러운 행동일 뿐 신체적, 정신적으로 아무런 해가 없으므로 걱정할 필요 없다.

아이에게 그것이 나쁜 행동이라는 인식을 심어주는 것이 오히려 더 안 좋으므로 절대 야단치거나 겁을 주어서는 안 된다. 이때는 관심을 보이지 말고 아이가 좋아하는 다른 장난감을 주어 자연스럽게 주의를 돌리게 한다. 그러다 충분히 말귀를 알아들을 나이가 되면, 다른 사람들 앞에서 만지거나 다른 사람이 만지게 하면 안 되는 이유를 설명해준다.

©Baileysoo

9개월

| 8~9개월 소아 발육 표준치(남아/여아)

몸무게(kg)	키(cm)	머리 둘레(cm)
9.04/8.52	72.26/70.99	44.63/43.66

아이의 성장과 발달

성장과 발달에서 개인차가 나타난다

키와 몸무게를 비롯한 모든 면에서 개인차가 커지는 시기다. 운동 기능 발달도 마찬가지인데, 특히 운동신경은 부모의 운동신경을 닮는 경우가 많다. 대부분의 아이들이 목 가누기는 4~5개월경 할 수 있지만, 기기나 일어서기 등의 완성 시기는 차이가 많다. 운동 기능 발달이 다소 늦더라도 인지나 정서 발달 등 다른 부분의 발달이 정상이라면 크게 걱정하지 않아도 된다. 그러나 이 시기에 전혀 뒤집지 못하거나 앉지 못하는 등 아이의 발달이 지나치게 늦다고 여겨지면 발달 지연에 대한 검사가 필요하다.

혼자서 앉고 네 발로 긴다

대부분의 아이가 혼자서 자연스럽게 앉는다. 또 팔다리 근육이 부쩍 발달해 기기도 곧잘 하며, 빠른 아이는 뭔가를 잡고 일어서기도 한다. 기는 시기나 방법은 개인마다 다르다. 단계별로 기는 아이가 있는가 하면, 배밀이를 하다가 곧바로 붙잡고 서는 아이도 있다. 아이가 본격적으로 기기 시작하면, 가능한 한 많이 기도록 도와주는 것이 좋다. 기는 행동은 어깨와 가슴 근육을 단련시키고, 평형감각과 몸놀림을 보다 자유롭게 하는 법을 배우기 때문이다. 또한 기는 행동은 아이의 지적 발달에도 영향을 미친다. '가고 싶은 곳에 간다'는 것은 아이에게 목적을 달성하는 기쁨을 주고, 또 의욕 발달을 촉구하는 원동력이 된다.

한 단어로 된 말을 하기 시작한다

'엄마', '아빠'처럼 한 단어로 된 말을 하기 시작한다. 9개월째로 들어서면 먹는 음식은 '맘마', 강아지는 '멍멍'등 유아어로 말하기 시작한다. 따라서 이제부터는 아이에게 언어적 자극을 충분히 해주어야 한다. 식사할 때나 산책할 때, 기저귀를 갈 때 등 기회가 있을 때마다 아이에게 말을 많이 거는 것이 좋다.

육아 POINT

이유식은 하루 세 번

이제 이유식 후기로 접어들었다. 이유식 후기에는 몇 개의 이와 잇몸으로 씹는 맛을 느끼게 해줘야 한다. 아이가 입을 자유롭게 움직이고, 1회에 먹는 양이 3분의 2 공기 정도 되면 이유식을 하루 3회로 늘려도 좋다. 하지만 아직 씹는 것을 싫어할 경우 1~2개월 정도 시기를 늦춰도 상관없다. 아침·점심·저녁으로 하루 3회, 수유 직전에 이유식을 먹인 다음 아이가 원하는 만큼 우유를 먹인다. 이유식을 충분히 먹으면 자연히 수유량은 줄어든다. 이유식 사이에 간식으로 과일, 유제품, 비스킷 등을 주는 것도 좋다.

단맛이 강한 음식은 자제한다

이때는 맛에 민감해지고 좋아하는 맛에 대한 기호도 강해진다. 그러니 아이가 좋아하는 음식이라고 무조건 많이 주지 않아야 한다. 특히 단 음식은 늦게 줄수록 좋다. 돌 전부터 단맛이 나는 음식을 주면 나중에 단 음식을 못 먹게 하기가 아주 어려우므로 되도록 설탕이 든 음식은 주지 않도록 한다.

'잼잼', '곤지곤지' 같은 모방 놀이

아이의 지능이 발달해 흉내도 곧잘 낸다. 엄마가 손뼉을 치면 아이도 따라서 손뼉을 치는 시늉을 하고, 손으로 책상을 두드리면 아이도 두드린다. '잼잼', '곤지곤지' 같은 손 놀이도 잘 따라 한다. 아이 때는 대부분 모방을 통해 지적 발달이 이루어지기 때문에 아이와 마주 보고 엄마 아빠의 행동을 따라 할 수 있게 해주면 좋다.

활동하기 편한 옷을 입힌다

여기저기 기어 다니며 몸을 심하게 움직이는 시기라 땀도 많이 흘리고 옷이 빨리 더러워진다. 옷이 땀에 젖어 있으면 감기에 걸리기 쉽고 피부염을 일으킬 수도 있으므로 자주 갈아 입혀야 한다. 아이 옷은 땀을 잘 흡수하는 면 제품을 입히고, 입고 벗기 편하며 행동에 불편을 주지 않는 디자인을 선택한다. 예를 들어 단추가 많거나 끈이 달린 옷은 보기에는 예쁘지만 움직임을 방해한다. 또 몸에 꼭 맞거나 너무 헐렁한 옷도 움직이기 불편하므로 피하고, 실내에서는 얇게 입히는 습관을 들이는 것이 좋다.

발달 상태보다 한발 앞서 지도한다

아이의 성장에 맞춰 끊임없이 새로운 육아 방법을 모색해야 한다. 아이의 발달 상태를 눈여겨보면서 언제나 발달 상태보다 한발 앞서 지도하는 것이 바람직하다. 예를 들어 아이가 엎드리면 눈앞에 장난감을 두어 기도록 유도한다. 또 앉으면 양손을 잡고 일으켜 세워보고, 기기 시작하면 붙잡고 일어설 수 있도록 잡아준다. 식사 때도 숟가락을 손에 쥐어주고 스스로 먹도록 분위기를 유도하는 등 세심한 배려가 필요하다.

닥터 POINT

치아 우식증을 주의한다

젖병을 장시간 입에 물고 있거나 물고 잠을 자면 충치가 생기기 쉽다. 우유나 주스 등이 치아 면에 맴돌고 침도 현저하게 감소하기 때문이다. 이로 인해 생기는 치아 이상을 우식증이라고 하는데 위 앞니와 위아래 어금니에서 많이 생긴다. 밤중 수유를 끊고, 수유 후에는 가제 손수건이나 아이용 칫솔로 이를 잘 닦아주어야 한다.

배변 양상이 어른과 비슷해진다

이유식의 양과 횟수가 늘면 아이도 어른처럼 한 번에 많은 양의 변을 보고 냄새도 많이 난다. 또 갈수록 변을 보는 횟수가 점차 줄어드는데, 이때 변비가 아닐까 하는 걱정이 들 수도 있다. 하지만 변비는 횟수보다는 배설 주기나 변의 단단한 정도, 아이가 힘들어하는 정도를 보고 판단한다. 변을 보는 횟수가 줄더라도 배설 주기가 일정하고 단단하지 않은 변을 힘들지 않게 본다면 안심해도 된다.

10개월

| 9~10개월 소아 발육 표준치(남아/여아)

몸무게(kg)	키(cm)	머리 둘레(cm)
9.34/8.81	73.60/72.33	45.09/44.12

아이의 성장과 발달

능숙하게 붙잡고 일어선다

아이의 체력과 운동 기능이 부쩍 발달해 잠시도 가만히 있지 않는다. 집 안 구석구석을 기어 다니던 아이가 뭔가를 붙잡고 일어서며, 엄마가 손을 붙들어주면 한 걸음씩 발을 떼기도 한다. 하지만 시작 단계이므로 아직은 무리하게 일으켜 세우거나 걷게 하지 않는 것이 좋다.

엄지와 검지를 사용한다

이제까지는 손가락으로 작은 물건을 잡지 못했다. 하지만 이 무렵에는 작은 물건에 호기심을 갖고 엄지와 검지로 방 안에 떨어진 단추 같은 것을 잡고, 크레용이나 연필을 쥐고 제멋대로 낙서도 한다. 젖병이나 컵을 양손으로 잡고 곧잘 입으로 가져가기도 하는데, 아이들은 손에 닿는 것은 무엇이든 입으로 가져가기 때문에 쓰레기나 머리카락 같은 것을 삼키지 않도록 집 안을 늘 깨끗하게 청소해야 한다.

일상용어를 이해하고 '맘마', '빠빠'를 한다

아이의 지적 능력이 급속히 발달해 아빠가 출근길에 "바이바이"라고 말하면 혼자서 손을 흔들기도 한다. 또 말문이 트이기 시작하면서 반복되는 자음 발음이 가능해 '엄마', '아빠', '맘마' 등 외마디 단어를 말한다. 엄마의 말귀도 알아들어 엄마가 "안아주세요." 하고 팔을 벌리면 엄마 품에 안기거나, "어디 갈까?"라고 물으면 현관 쪽을 쳐다보기도 한다. 자신의 이름을 부르면 뒤돌아보고, "그건 안 돼요." 하면 하던 행동을 멈추는 등 여러 가지 반응을 보인다. 이는 반복적으로 사용하는 일상용어를 익히는 동시에 언어를 통해 상황을 파악할 수 있는 지능과 기억력이 발달하고 있음을 의미한다.

육아 POINT

잇몸으로 으깰 만한 이유식이 적당하다

이유식 후기로 접어들면 모유나 분유 대신 이유식이 영양의 주체가 된다. 아이가 영양을 골고루 섭취할 수 있도록 예전보다 훨씬 다양한 식품을 활용해본다. 단, 아직은 아이가 잘 씹지 못하므로 잇몸으로 으깰 수 있는 상태가 적당하다. 감자처럼 단단한 채소는 조각으로 썰어 삶아서 으깨주고, 부드러운 흰 살 생선이나 바나나 등은 그냥 주어도 괜찮다.

컵을 사용한다

서서히 젖을 떼고 유아식을 준비하는 기초 단계로 컵 사용을 늘리는 것이 좋다. 처음에는 물이나 주스 등을 줄 때 컵을 이용하고, 어느 정도 익숙해지면 우유도 컵에 주어본다. 컵을 처음 사용할 때는 엄마가 아이 뒤에 앉아서 아이가 컵을 들어 입으로 가져가고 다시 내려놓을 수 있도록 아이의 양손을 잡고 가르쳐준다. 아이가 잘하면 칭찬해주면서 아이 혼자서 집고 마시게 한다. 처음에는 약간 무거운 컵으로 연습하다가 익숙해지면 플라스틱 컵을 사용한다.

호기심이 왕성하므로 사고를 예방한다

눈에 보이는 것은 무엇이든 만져보고 확인하려는 탐색 행동이 시작된다. 멀리 떨어진 장난감을 빠른 속도로 기어가 집기도 하고, 탁자 위의 물건을 끄집어 내리거나 구석에 들어가 숨기도 한다.
아이가 서면 앉아 있을 때보다 시야가 한층 높고 넓어진다. 이는 행동 범위가 그만큼 넓어진다는 뜻이므로 아이에게 위험하다 싶은 물건들은 애초에 아이의 손과 발이 닿지 않는 곳으로 옮겨둔다. 콘센트는 안전 뚜껑을 닫아두고, 각진 모서리에는 마개를 씌우고, 문이나 창문에는 안전장치를 달아 손가락이 끼는 일이 없도록 예방한다. 또한 선풍기나 난방기 등의 가전제품을 이용할 때는 아이가 가까이 가지 않도록 미리 주의를 주고, 움직이는 아이에게서 눈을 떼지 않아야 한다.

일관된 태도로 버릇을 들인다

이제는 아이도 자기 주장할 내세우며 뜻대로 되지 않으면 울며 떼를 쓰기 시작한다. 사물에 대한 좋고 싫음도 분명해져 음식물도 흥미가 당기는 것만 먹으려 한다. 이런 현상은 아이가 자신을 둘러싼 사회에 적응해나가고 있다는 의미이므로 아이의 의사를 정확히 읽어 욕구 불만이 생기지 않도록 도와줘야 한다. 그렇다고 모든 것을 아이 뜻대로 하도록 내버려두라는 것은 아니다.
아이에게 필요하고 위험하지 않을 때는 아이의 의견을 존중하되, 해서 안 되는 행동은 단호하게 안 된다는 것을 가르쳐야 한다. '아직 아이인데 뭘 알겠어'라는 생각으로 무조건 받아주면 나쁜 버릇이 들어 쉽게 고치기 어렵다.

위험한 일이나 해서는 안 되는 행동을 할 때는 단호하고 낮은 목소리로 "안 돼!"라고 지적하고, 아이가 알아듣지 못하더라도 안 되는 이유를 명확하게 설명해주는 것이 중요하다. 특히 한 번 안 된다고 한 일은 매번 일관된 자세를 유지하는 것 역시 중요하다. 엄마 기분에 따라 어떤 때는 허락하고 어떤 때는 금지하면 아이가 혼란을 느껴 엄마의 말을 신뢰하지 못한다.

닥터 POINT

분노 발작과 호흡 정지 발작

악을 쓰며 울어대던 아이가 갑자기 숨을 멈춰 엄마를 놀라게 하는 경우가 있다. 이런 현상은 아이가 울면서 분노, 좌절감, 고통을 느낄 때 나타난다. 특히 자기주장이 강해지기 시작한 아이들은 자신의 뜻대로 되지 않으면 그야말로 악을 쓰면서 우는데, 이때 호흡이 가빠지면서 숨이 멎기도 한다. 이를 분노 발작과 호흡 정지 발작이라고 한다. 숨이 멎으면 입술이 파래지고 심한 경우 온몸이 파래지면서 의식을 잃는데, 대개 뇌가 손상되기 전인 1분 이내로 의식이 돌아온다. 이 증상은 6개월에서 4세 사이의 아이에게서 흔히 나타난다.

이때는 별다른 치료 방법이 없다. 발작적으로 울지 않게 하는 것이 유일한 예방책이다. 아이가 지나치게 피곤하거나 스트레스를 받으면 나타날 수 있으므로 아이 주변의 스트레스를 줄이고 충분한 휴식을 취하게 해준다. 또 악을 쓰며 울어대기 전에 장난감 등을 이용해 아이를 진정시키는 것이 좋다. 아이가 울다 숨을 멈췄을 때는 아이를 건드리지 말고 조용히 기다린다. 그리고 아이의 숨이 돌아왔을 때 갑자기 자세를 바꿔 아이의 요구를 수용하는 것은 바람직하지 않다. 아이가 숨을 멈추면 자신이 원하는 것을 얻을 수 있다는 것을 알게 되면 습관적으로 반복할 수 있다.

아이의 성장과 발달

잡고 걷기 시작한다

무언가를 붙잡고 능숙하게 일어서며, 무언가를 붙잡고 한 걸음씩 발을 뗄 수도 있다. 기는 속도도 빨라 활동 범위가 무척 넓어진다. 상이나 의자, 계단 오르기도 좋아한다. 또 노는 데 재미를 붙여 먹는 양이 줄어들기도 하는데, 아이가 잘 놀고 건강하다면 걱정하지 않아도 된다.

손가락 움직임이 능숙해진다

손놀림이 능숙해져 책장을 넘길 수 있다. 물론 아직 한 장씩 넘기지는 못하며, 넘기다 찢거나 책을 입으로 물거나 빨기도 하므로 두껍고 단단한 골판지나 촉감이 좋은 헝겊으로 만든 책을 주는 것이 좋다.

짧은 단어를 능숙하게 발음한다

'엄마', '아빠', '어부바' 등 아랫입술과 윗입술을 맞물려 내는 입술소리를 발음할 줄 알고, 자기가 하는 말의 의미도 깨달아 상황에 맞게 적절히 사용한다. 또 혼자서 알 수 없는 말을 중얼거리기도 한다. 아이의 언어 발달은 그야말로 천차만별인데, 대체로 남자아이와 맏이가 말이 늦은 편이다. 다른 아이에 비해 언어 발달이 늦다고 해서 억지로 말하기를 강요해서는 안 된다. 그보다는 자연스럽게 말할 수 있는 상황을 만들어주는 것이 중요하다. 엄마가 아이와 충분히 놀아주면서 언어적 제시를 많이 하고, 그림책이나 동시 등을 많이 읽어주는 것이 가장 좋은 방법이다.

11개월

| 10~11개월 소아 발육 표준치(남아/여아)

몸무게(kg)	키(cm)	머리 둘레(cm)
9.63/9.09	74.85/73.58	45.51/44.53

육아 POINT

이유식 완성기

이제 이유식 완성기다. 어른과 똑같이 아침·점심·저녁 식사 시간에 맞춰 음식을 주고, 우유나 비스킷, 과일 등의 간식도 시간을 정해 일정한 시간에 주는 습관을 들인다. 우유는 이유식 후에 양껏 먹이는데, 한 번에 100~200cc씩 하루 600~700cc 정도 먹인다. 영양의 중심이 우유에서 일반 음식으로 바뀌면서 이유식 양도 늘어나므로 아이의 상태에 맞춰 조금씩 씹는 강도를 높인다. 너무 딱딱하거나 자극적인 것은 피한다. 이 시기에는 여러 식품을 골고루 맛보이지 않으면 편식하기 쉽다. 또한 아이가 혼자 먹으려고 할 때는 숟가락을 쥐어주고, 흘리거나 떨어뜨리더라도 나무라지 말고 용기를 북돋워준다. 처음에는 잘 못하지만 계속해서 반복하면 곧 능숙해진다.

서서히 젖떼기를 시도한다

이 시기를 놓치면 아이가 모유나 우유의 참맛을 깨달아 젖떼기가 어려워진다. 더구나 음식을 씹는 것보다 빨아 마시는 것이 편하다는 것을 알면 우유를 더 자주 찾는다.

젖떼기는 엄마의 결단이 필요하다. 대부분의 엄마가 젖떼기를 시도했다가 아이가 울거나 보채면 다시 젖을 물린다. 이유식을 충분히 먹지 않았는데 모유조차 안 먹이면 영양이 부족하다며 수유를 계속하는 엄마도 있다. 그러나 이제 영양 섭취를 수유에 의존하는 시기는 지났다. 모유에 너무 의존해 고형식을 제대로 먹지 않으면 오히려 영양 상태가 부족하기 쉽다. 사실 젖떼기가 쉽지는 않지만, 엄마도 아이도 1~2주일 정도만 참으면 충분히 젖을 뗄 수 있다.

기억력과 모방 능력이 발달한다

인지력이 발달해 가족, 특히 엄마의 얼굴을 알고, 낯선 사람 앞에서는 수줍어하거나 고개를 갸우뚱거리기도 한다. 이때부터는 기억력과 주의력, 모방 의지가 크게 발달한다. 때문에 엄마가 눈앞에 보이지 않으면 큰 소리로 울며 찾고 엄마가 화장실에 가도 쫓아가려고 한다. 아예 집안일을 할 수 없을 정도로 졸졸졸 쫓아다녀 엄마가 힘들어지기도 한다. 아이는 시간이 연결되어 있다는 것을 모르기 때문에 그 순간이 전부라고 생각한다. 지금 엄마가 보이지 않으면 계속 없을 거라는 생각이 들 뿐 '기다림'이 뭔지를 몰라 이러한 행동을 하는 것이다. 이럴 때는 귀찮다고 냉정하게 대하지 말고 "화장실에 가니까 조금만 기다리고 있어."라든지, "빨래를 하고 있단다. 금방 끝날 거야."라고 큰 소리로 말해 아이를 안심시킨다. 이렇게 보채는 시기가 지난 뒤에야 비로소 아이는 엄마가 잠시 후 다시 돌아온다는 것을 이해하게 된다.

손가락을 쓰는 정교한 장난감을 준다

손가락 감각이 더욱 발달하고 손끝 동작이 능숙해진다. 손가락으로 작은 물건도 집을 수 있고, 장난감은 물론 냄비 뚜껑이나 그릇 등 주변의 모든 사물을 활용하며 논다. 이때 아이가 위험한 물건을 만지는 게 아니라면 장난을 계속하도록 두는 것이 좋다. 집 안을 어지럽힌다고 야단치거나 놀이를 중단시키면 집중력이 제대로 발달하지 못한다. 이 시기에 아이에게 적당한 놀이는 큰 블록 쌓기, 3~4개 퍼즐 맞추기, 모양 끼워 맞추기 등이다. 이러한 장난감은 손가락을 충분히 활용할 수 있고, 놀이를 하는 동안 집중력과 인지력이 발달하도록 돕는다.

만 2세까지 TV 시청을 자제한다

10개월이 넘은 아이는 무의식적으로 텔레비전 앞에서 놀거나, 다른 놀이를 하다가도 한동안 TV를 주시하는 모습을 종종 볼 수 있다. 특히 화면이 빨리 지나가는 광고나 아이가 등장하는 프로그램을 좋아한다. 하지만 TV 시청은 아직 이르다. 전문가들은 만 2세까지는 TV 시청을 금하라고 권유한다. 특히 엄마가 집안일을 할 때 일종의 '애 보기용'으로 TV나 비디오를 이용해서는 안 된다. 시력 발달에도 좋지 않고 정서적, 교육적으로도 도움이 되지 않는다.

닥터 POINT

아이의 다리가 휘어졌다?

아이가 막 첫걸음을 내딛을 때 엄마는 아이의 다리에 시선을 집중한다. 이때 아이의 다리가 마치 안짱다리처럼 휘는데 걱정할 필요 없다. 두 살까지는 다리가 휘어 보이는 것이 정상이며 이는 자라면서 곧은 다리로 변하게 된다. 엄마는 아이의 휘어진 다리보다 걷는 자세에 더 신경을 써야 한다. 걸을 때 한쪽 다리를 절룩거리거나 끄는 등 걸음걸이에 문제가 있어 보이면 바로 병원에서 진찰을 받아야 한다.

우리 아이는 평발인가?

아이들은 섰을 때 발바닥의 가운데 부분이 평발처럼 평평해 보인다. 이는 자연스러운 일이다. 이제 막 걷기 시작한 아이들은 발의 근육이 단련되지 않아 발바닥이 밋밋하기 때문이다. 또 발바닥에 지방이 많아 평발과 구별하기 힘들기도 하다. 대부분의 아이는 시간이 지나면서 평발처럼 보이는 현상이 없어진다. 너무 어릴 때는 평발 여부를 확인할 수 없다.

11~12개월

| 11~12월 소아 발육 표준치(남아/여아)

몸무게(kg)	키(cm)	머리 둘레(cm)
9.90/9.35	76.03/74.76	45.88/44.89

아이의 성장과 발달

유아 체형에 가까워진다

체중은 태어났을 때의 약 세 배인 10kg 전후, 키는 약 1.5배인 75cm 전후가 된다. 체중 증가 폭은 태어났을 때보다 훨씬 적지만 많은 움직임을 통해 몸이 단단해져 날씬한 느낌이 든다. 다리와 허리도 길어져 점점 아이의 체형에서 벗어나 유아의 체형에 가까워진다.

혼자 서 있고 걸음마를 시작한다

대부분의 아이가 잡고 일어서기를 잘하며, 혼자서도 일어서고 손을 잡아주면 한동안 잘 걷는다. 성장 속도가 빠른 아이들은 돌 무렵이면 능숙하게 걷기도 한다. 하지만 아이마다 성장 속도가 달라 돌이 지났는데도 기어 다니는 아이도 있다. 기기부터 걸음마까지의 시기는 머리 크기, 운동신경, 근육의 발달, 성격까지 포함해 개인차가 꽤 큰 편이다. 걷는 시기가 다소 늦더라도 잘 놀고 다른 발달이 순조롭다면 크게 걱정하지 않아도 된다.

대천문이 닫히기 시작한다

신생아 때는 머리뼈의 결합이 완전하지 않아 틈이 남아 있는데, 이를 천문(숨구멍)이라고 한다. 정수리 앞쪽 부분을 대천문이라 하고 뒷부분을 소천문이라 하는데, 대천문은 11개월 이후부터 조금씩 닫히기 시작해 18개월 무렵에는 없어진다.

말의 의미를 이해하고 따라 한다

'엄마', '아빠' 외에 다른 말을 몇 마디 정도 한다. 다른 사람이 하는 말을 주의 깊게 듣고 이해하는 행동을 보인다. "주세요.", "고맙습니다." 같은 말이나 행동을 단순히 흉내 내는 데 그치지 않고 실제 의미를 제대로 알고 사용한다. 이때는 엄마가 칭찬해주면 좋아하고, 야단치면 싫어하는 기색을 보인다.

육아 POINT

본격적인 젖떼기

돌이 지나면 분유나 모유가 아닌 음식으로 영양을 섭취해야 한다. 젖떼기를 본격적으로 시작해 늦어도 18개월까지는 완전히 젖을 떼야 한다. 그래야만 이유식의 양도 늘어 필요한 만큼의 영양을 음식으로 섭취할 수 있다. 젖을 떼는 시기를 놓치면 식사 습관, 수면 습관 등 다른 중요한 습관도 들이기 힘들고 점점 의존성이 높아지므로 힘들더라도 제때 젖을 떼는 것이 좋다. 이유식이 제대로 진행되고 있다면 어른들의 식사 시간에 맞춰 밥 먹는 연습을 시작한다. 또 대부분의 아이들은 이 시기에 컵을 이용해 물이나 우유를 마실 수 있으므로 젖병을 떼고, 빨대나 손잡이가 달린 이유용 컵을 사용해 훈련을 시키는 것이 좋다.

이유식을 끝내고 유아식으로 진행한다

이유식이 하루 3번 순조롭게 진행되어 필요한 영양을 거의 이유식으로 섭취할 수 있게 되었다면, 식후의 수유나 분유 먹이기를 그만두어도 좋다. 그 대신 식사에 구애받지 않는 시간에 우유를 하루 400cc 정도 마시게 한다. 돌이 지난 아이들에겐 음식에 간을 할 수 있으며, 어른과 거의 같은 것을 먹을 수 있다. 밥은 조금 질게 짓고 우동이나 빵, 스파게티 등을 주어도 좋다. 단, 날것이나 향이 강한 것, 오징어, 조개, 질긴 고기 등 소화가 잘 안 되는 것은 피하고, 되도록 싱겁게 먹인다.

올바른 식사 습관을 가르친다

먹는 음식의 변화만큼 중요한 것이 바로 올바른 식사 습관을 들이는 일이다. 이 시기에는 아이 혼자서 원하는 곳으로 움직일 수 있고, 놀이에 푹 빠져 먹는 것에 대한 흥미를 잃어버려 식사 습관이 흐트러질 수 있다. 장난감을 가지고 놀면서 밥을 먹거나 아예 엄마가 밥그릇을 들고 쫓아다니는 경우도 흔히 볼 수 있는데, 이런 버릇은 처음부터 확실히 잡아주는 것이 중요하다. 식사는 정해진 시간에 정해진 장소에서 해야 한다는 원칙을 세운다. 일단 밥상을 차려놓고 아이가 먹지 않으면 단호하게 치워 식사 시간의 중요성을 스스로 깨닫게 한다. 식사 시간은 30분 이내가 적당하며, 돌아다니며 먹거나 TV를 보며 먹는 것도 금지시킨다. 엄마 입장에서는 아이가 식사를 거르는 것이 부담스럽겠지만, 일단 모든 버릇은 초기에 바로잡는 것이 가장 쉽고 엄마가 일관성 있는 태도를 보이는 것이 중요하다는 것을 기억한다.

이 닦는 습관을 길러준다

이 시기에는 적게는 위아래 2개씩, 많게는 위아래 4개씩 총 8개의 젖니가 난다. 따라서 충치가 생기지 않도록 식사나 간식 후에는 반드시 물로 입을 헹구는 버릇을 들인다. 가제 손수건이나 실리콘 유아 칫솔 등에 물이나 액상 타입 구강 세정제를 묻혀 이와 잇몸을 닦아주거나 아이에게 맞는 칫솔로 이를 닦아준다. 또 평소 엄마가 이 닦는 모습을 보여주어 자연스럽게 이 닦기를 흉내 내도록 유도한다.

수면 습관을 잡아준다

수면 습관은 되도록 일찍부터 잡아주는 것이 좋다. 처음에 습관을 잘못 들이면 아이가 자랄수록 고치기 힘들기 때문이다. 생후 4~12개월에는 자기 전에 하는 일정한 수면 의식을 정해 아이에게 자야 할 시간이라는 인식을 심어준다. 잠을 늦게 자거나 수면 시간이 불규칙하면 성장에 나쁜 영향을 끼친다. 수면은 충분한 영양 섭취만큼이나 아이의 성장에서 중요한 역할을 한다.

집 안 곳곳에 안전장치를 해둔다

아이가 걷기 시작하면 아이의 행동반경이 집 안뿐 아니라 바깥으로까지 넓어지기 때문에 안전에 각별히 신경을 써야 한다. 걷기 시작했다고는 하지만 한동안은 걷는 자세가 불안정해 자꾸 넘어지고 부딪친다. 그럴 경우 팔다리의 타박상은 물론 잘못 넘어져 머리를 다칠 수도 있다. 아이가 주로 생활하는 공간에는 안전 매트를 깔고, 모서리에는 보호대를 해둔다.

충분한 낙서 공간을 마련해준다

첫돌 무렵이면 작은 감각도 발달해 손가락을 자유롭게 움직이는 것은 물론 손끝도 잘 쓸 수 있어 크레용이나 색연필로 낙서하는 것도 좋아한다. 이렇게 손가락을 움직이는 행동은 두뇌 활동을 자극하므로 충분히 할 수 있게 도와준다. 아이가 벽이나 바닥에 낙서를 할 때는 야단치기보다는 마음껏 그림을 그릴 수 있는 환경을 마련해주는 것이 좋다. 한쪽 벽면에 흰 전지 등을 붙이고 크레파스를 매달아놓는 것도 좋은 방법이다.

닥터 POINT

돌 무렵의 네 가지 예방접종

생후 12개월 무렵에 실시해야 하는 중요한 예방접종이 몇 가지 있다. 수두, MMR(홍역, 볼거리, 풍진), 일본뇌염 접종은 국가에서 정한 필수 접종이며, A형 간염 접종은 선택이지만 꼭 필요하다. 특히 수두 접종은 수두의 소규모 유행이 자주 발생하고 전염력이 매우 높으므로 돌이 되자마자 예방접종을 하는 것이 좋다.

설사가 잦을 수 있다

어른과 비슷한 음식을 먹기 시작하면서 소화에 문제가 생겨 설사를 할 수 있다. 하루 3~4회의 묽은 변을 보더라도 아이가 아파하지 않고 잘 놀고 잘 먹는다면 걱정할 필요는 없다. 그러나 이보다 대변을 보는 횟수가 늘면 새로 먹인 음식이 문제가 되지는 않았는지 살펴보고 물을 충분히 먹이면서 소화가 잘되는 죽같이 부드러운 음식을 먹인다. 2~3일 안에 좋아지지 않거나 발열이나 구토를 동반한다면 바로 병원에 간다.

13~18개월

| 소아 발육 표준치(남아/여아)

	몸무게(kg)	키(cm)	머리 둘레(cm)
12~15개월	10.41/9.84	78.22/76.96	46.53/45.54
15~18개월	11.10/10.51	81.15/79.91	47.32/46.32

아이의 성장과 발달

혼자 잘 걷고 서툴게 뛴다

15개월 정도의 아이들은 대부분 혼자 걷고, 층계를 기어 올라가기도 한다. 18개월이 되면 한 손으로 잡고 층계를 올라가거나 서툴지만 뛸 수도 있다. 활동적이고 겁이 없는 아이들은 이런 행동을 좀 더 일찍 한다.

손가락을 자유롭게 사용한다

손가락 사용이 섬세해져 15개월경에는 크레파스를 손에 쥐고 종이에 이리저리 선을 그을 수 있으며, 작은 물체를 집어 유리병에 넣는다. 나무토막 놀이에서도 15개월에는 2개를 쌓을 수 있고, 18개월에는 3개를 쌓을 수 있다. 그림 그리기나 블록 쌓기 놀이 등 손가락을 움직이는 활동은 두뇌 발달에 도움을 주므로 적극적으로 하게 한다.

어금니가 나기 시작한다

젖니의 개수가 많아져 어금니가 올라오기 시작한다. 어금니가 나면 음식을 단순히 자르는 것뿐 아니라 씹기도 가능해 단단한 음식도 먹을 수 있다. 고형식을 씹는 활동은 턱 근육 발달과 두뇌 발달에 도움을 준다. 다만 충치가 생기지 않도록 식사 후 어금니 안쪽까지 잘 닦아주어야 한다.

초보적 언어 표현이 시작된다

15개월에는 '공'과 같은 친숙한 물건의 이름을 말할 수 있고, 뜻을 알 수 없는 말을 재잘거릴 때가 많다. 신체 부위를 몇 개 정도 가리키기도 하고, 원하는 것을 손가락으로 가리키며 달라고 한다. 엄마가 간단한 지시를 할 경우 그에 맞게 수행하기도 한다. 18개월에 이르면 사용하는 어휘가 10~15개 정도로 늘지만, 아직 말보다는 다른 방법으로 표현하는 일이 많다. 사물의 명칭을 구분하고 지칭하는 데 재미를 붙이므로 사물 이름 맞히기 놀이, 낱말 카드 놀이를 하면 좋다.

육아 POINT

하루 2~3회 간식을 먹인다

이 시기에는 하루 3회의 식사 외에 2~3회의 간식을 주고, 주식과 간식의 개념을 분명히 해야 한다. 간식을 주는 이유는 아이의 활동량이 많아 세끼의 식사로는 부족한 영양분을 보충하기 위해서다. 영양의 균형을 고려해 생우유, 두유, 치즈, 요구르트, 과일, 고구마 등 다양한 재료의 간식을 준비하는 것이 좋다. 아이들이 좋아하는 과자, 사탕, 빵 등 단맛이 강한 간식은 충치의 원인이 되고 아이가 건강한 식사를 싫어하게 하므로 피해야 한다. 주식의 양이 적다고 간식의 양을 늘려서는 안 되며, 항상 주식에 중점을 두어야 한다.

안전사고를 주의한다

이 시기 아이들은 집 안을 돌아다니면서 눈에 보이는 물건은 무엇이든 입에 넣는 경향이 있다. 이물질을 삼키거나 귀나 콧속으로 이물질을 집어넣었을 경우에는 즉시 병원에 가야 한다. 아이 손이 닿는 곳에는 가위, 칼 등 위험한 물건을 두지 말고 액자, 주전자 등도 높이 올려둔다. 콘센트, 서랍, 변기, 문 등에는 어린이 안전장치를 해두는 것이 좋다. 혼자 돌아다니다 넘어지거나 높은 곳에 기어올랐다가 떨어지는 사고가 빈번하므로 아이를 항상 주시하고 타박상, 단순 외상에 대한 대처법을 알아둔다.

배변 훈련을 준비한다

서서히 배변 훈련 준비를 해야 한다. 대소변을 가리기 위해서는 아이 스스로 대변이나 소변이 나오는 감각을 느끼고 이에 대한 언어적 표현을 할 수 있어야 한다. 기저귀를 갈 때 "다음부터는 누기 전에 마렵다고 해."라거나 "쉬 했어."라는 말을 반복한다. 18개월 즈음에는 소변을 보고 엄마에게 알려줄 수 있다. 아이는 엄마의 기대를 받아들이며 서서히 대소변을 가릴 마음의 준비를 한다.

밤중에 깨도 놀아주지 않는다

생후 18개월경에는 하루 14시간 정도 잠을 잔다. 아이마다 다르지만 낮잠이 줄어 하루 2시간 정도면 충분하고 그 외에는 밤에 잠을 잔다. 그러나 간혹 너무 피곤해서 잠이 들지 못하는 경우도 있다. 지나치게 뛰노느라 긴장이 고조되어 깊이 잠들지 못하는 것이다. 밤에 자다가 일어나 보채며 엄마를 찾으면 자장가를 불러주거나 다독이며 재우고, 자다가 일어나 놀아달라고 투정을 부리면 무시한다. 혼자 우두커니 앉아 있는 것이 마음에 걸려 놀아주면 버릇이 되어 아이와 엄마 모두 고생한다. 또한 부모가 늦게까지 깨어 있으면 아이도 영향을 받게 되므로 아이를 재울 때는 엄마, 아빠도 잠자리에 들어 잠자는 분위기를 만들어야 한다.

지적 능력을 자극하는 놀이를 한다

장난감을 보여주었다가 숨기는 놀이를 하면 기억력 발달과 인지력 향상에 도움을 준다. 집짓기 놀이, 블록 쌓기, 모래나 점토를 가지고 노는 것도 좋아하며, 이런 놀이는 창조력과 구성력을 키워준다. 이 시기에는 자신의 장난감보다 어른의 물건에 더 관심을 갖는데, 특히 전화기를 좋아한다. 아이가 가지고 놀 수 있는 장난감 전화기를 준비해 엄마와 같이 전화 놀이를 하면 사회성을 기르는 데 도움이 된다. 또 종이 접기 놀이를 하면 집중력과 창의력을 키울 수 있고 손의 소근육도 발달한다.

TV는 되도록 보지 않게 한다

유아 프로그램에 흥미를 갖는 시기로 TV 보는 시간이 점차 늘어날 수 있다. TV는 일방적인 시각과 청각 자극이 주어져 아이가 자발적인 사고를 할 필요가 없어지고 상호작용이 결여되어 정서 발달 및 사회성 발달에 악영향을 끼친다. 또한 시력 발달에도 나쁜 영향을 주기 때문에 아예 보지 않게 하는 것이 가장 좋지만, 보더라도 반드시 하루 1시간을 넘지 않도록 조절해준다.

닥터 POINT

돌이 지나고 잘 먹지 않는 아이

이전에 비해 먹는 양이 줄어드는데, 젖먹이 때보다 식욕이 감소하는 것은 생리적인 현상이다. 젖살이 빠지면서 유아이에 비해 체중 증가의 폭이 작고 몸도 마른다. 밥이 먹기 싫을 때는 변덕을 부리며 식사 도중 떼를 쓰거나 도망 다니기도 한다. 음식을 잘 먹지 않을 때는 음식 모양이나 맛을 달리하거나 음식을 예쁜 그릇에 담아 먹고 싶도록 유도하는 것도 한 가지 방법이다. 그러나 밥으로 딴 짓을 하거나 밥 먹는 데 관심이 없어 보인다면 먹으라고 사정하지 말고 음식을 치운다. 자칫하면 밥 먹는 것을 대단한 일처럼 여길 수 있다. 배가 고프면 먹을 것을 달라고 하므로, 한두 끼 적게 먹는 것을 두려워할 필요는 없다. 이 시기의 먹는 데 관심이 없는 것은 다른 것에 관심과 호기심이 많아서이기도 하다.

성장 부진에 대한 대처

돌 이전부터 지속된 성장 부진, 즉 월령에 비해 심한 저체중을 보이는 경우(5백분위수 이하)에는 가까운 소아과에 내원해 특별한 질병이 있는지 종합적인 진찰을 받고 필요하면 빈혈 검사 등을 진행할 수 있다. 특별한 질병이 없는데 아이가 잘 먹지 않고 보통의 식이 소설로는 성상 부신이 개선되지 않는다면 종합병원 소아과의 집중적인 영양 관리 및 치료가 필요할 수도 있다.

19~24개월

| 소아 발육 표준치(남아/여아)

	몸무게(kg)	키(cm)	머리 둘레(cm)
18~21개월	11.74/11.13	83.77/82.55	47.94/46.95
21~24개월	12.33/11.70	86.15/84.97	48.45/47.46

아이의 성장과 발달

잘 걷고 잘 뛴다

운동능력이 더욱 발달해 몸의 균형을 잘 잡고 민첩하게 움직일 수 있으며, 24개월이 되면 잘 뛰어다니고 오랫동안 걸을 수 있다. 계단을 혼자 올라갈 수 있고, 도와주면 내려오는 것도 가능하다. 공놀이를 할 때 발로 차는 것도 따라 한다.

어휘력이 급격히 발달한다

18~24개월은 언어 발달이 특징인 시기다. 사물과 단어 간의 연관성을 깨달으면서 어휘력이 급격히 증가한다. 18개월경에는 사용하는 단어가 10~15개 정도지만, 24개월에는 100개 이상으로 늘어난다. 또한 단어를 2개 이상 조합해 간단한 문장을 만들기 시작한다. 이때는 엄마가 귀찮을 정도로 "이거 뭐야?"라는 질문을 많이 한다. 사물에 대한 호기심이 생기고 사물마다 이름이 있다는 것을 알기 때문에 하는 행동이다. 언어 발달을 위한 중요한 과정이므로 귀찮더라도 질문에 대답해주는 것이 좋다.

어른과 같은 감정 표현과 소유 개념이 생긴다

좋아하는 것을 하면 기뻐하고, 마음대로 되지 않으면 화를 내며, 엄마에게 야단을 맞으면 기분이 상하기도 한다. 형제나 친구에게 질투하기도 하는 등 어른과 흡사한 감정 표현을 하게 된다. 또한 24개월 정도 되면 정서가 많이 분화되고 지능도 발달해 뚜렷한 자의식이 생긴다. 나와 타인을 구별해 '내 것'이라는 소유 개념도 생긴다. 자기 물건에 대한 애착이 생겨 다른 사람이 만지지 못하게 하는 모습도 보인다. 남의 물건을 자기 것이라고 우기거나 가지려고 떼쓰는 일도 있는데, 이는 아직 소유 개념이 덜 발달해서다.

혼잣말을 한다

그날 겪은 일들이나 그림책의 내용 등 인상 깊었던 것에 대해 곰곰이 생각하는 것이다. 이는 지극히 정상적인 행동이므로 아이가 때로 혼잣말을 한다고 걱정할 필요는 없다.

혼자 할 수 있는 일이 많아진다

이제는 혼자서도 숟가락질과 컵 사용을 제법 잘한다. 간단한 옷은 혼자 벗을 수 있고 신발도 신는다. 블록놀이를 하면 6~7개까지 쌓아올리며, 그냥 휘갈기는 것이 아니라 직선을 흉내 내어 그릴 수 있다. 자아가 강해지는 시기라 무엇이든 혼자 해보려고 하지만 아직 능숙하게 하지는 못한다. 아이가 스스로 무언가를 하려고 하면 실수했다고 혼내지 말고 위험하지 않은 한 옆에서 지켜보는 것이 좋다.

육아 POINT

자극적인 음식을 멀리한다

어른이 먹는 음식과 거의 같은 유아식을 하게 돼 다양한 음식에 무방비로 노출될 수 있다. 아이에게 맵고 짜거나 자극이 강한 음식을 계속 주면 미각 발달을 방해하고 소화에도 문제가 생길 수 있고, 담백하고 건강한 음식을 거부해 편식으로 발전할 수 있다. 따라서 아이가 먹는 음식은 간을 약하게 하고, 자극적인 음식을 피하며, 건강에 좋지 않은 인스턴트식품을 멀리해야 한다.

활동적인 바깥놀이를 한다

집 밖에서 노는 시간을 늘려 손과 발의 감각을 발달시키고 몸을 전체적으로 활발하게 쓰게 하는 것이 좋다. 놀이터에 나가 모래 놀이를 하고 미끄럼틀을 타거나 화단에 있는 식물들을 만져보는 등 여러 놀이를 하게 한다. 집 근처에서 노는 것도 좋지만 산과 바다 같은 다양한 환경에서 새로운 감각을 느끼고 경험하게 해준다.

또래 아이와 놀게 한다

아직은 자기중심적이어서 친구의 장난감을 뺏거나 잘 어울리지 못하고 싸우는 경우가 많지만, 점차 또래 아이에게 관심을 보이고 같이 노는 등 사회성이 발달한다. 친구를 도와주기도 하고 물건이나 음식을 주기도 하는 등 다른 사람과 어울리는 법을 알아간다. 다른 아이들과 어울릴 기회를 적극적으로 마련해 주어야 하며, 아이들끼리 놀 때는 중립을 지키며 옆에서 지켜보는 것이 좋다.

올바른 습관을 갖도록 훈육한다

아이들은 아직 스스로 옳고 그름을 판단할 수 없다. 따라서 잘못된 행동을 하면 왜 나쁜지 알려주고 무엇이 옳은 가르쳐야 한다. 그러나 훈육을 할 때는 항상 일관성이 있어야지 어른 감정 상태에 따라 바뀌어서는 안 된다. 또한 아이들은 제일 먼저 부모의 행동과 생활 습관을 모방하므로 부모의 생활을 점검해 잘못된 것을 고쳐 아이에게 모범을 보여야 한다.

배변 훈련을 시작한다

배변 훈련은 생후 18~20개월 사이에 시작하는 것이 좋다. 이 시기에 배변을 조절할 수 있는 신체 기능이 발달하기 때문이다. 배변 훈련을 시작할 때는 가장 먼저 변기에 대한 거부감이나 공포를 없애야 한다. 그런 다음 아이의 배설물이 더러워서 배변 훈련을 하는 것이 아니라 이제 다 컸기 때문에 하는 것임을 알려주어야 한다. 그러나 배변 훈련을 혹독하게 시키거나 배변을 더러운 일로 이야기하면 강박적이고 소심한 아이로 자라기 쉽다. 반대로 배변 훈련을 너무 대충 진행하면 원칙이 없고 불성실한 성격이 될 수도 있다.

닥터 POINT

감염성 질병을 주의한다

아이의 활동 반경이 넓어지면서 노는 장소도 다양해지고 만나는 사람도 많아진다. 어린이집이나 놀이학교에 다니는 아이들도 생긴다. 따라서 여러 가지 바이러스나 세균에 감염되기 쉬우므로 개인 위생이 중요하다. 밖에서 놀다 들어오면 반드시 손발을 깨끗이 씻어야 하고 음식을 먹기 전에도 손을 닦아야 한다는 습관을 들인다. 이는 부모도 마찬가지다. 감기나 장염에 걸린 아이들과 접촉하지 않게 하고, 증상이 발생하면 병원에서 치료를 받고 되도록 다른 아이들과는 격리하는 것이 좋다.

혹시, 내 아이가 저체중아 아닐까?

신생아 분류

재태 기간(임신 기간) 기준

만삭아	재태 기간 37~42주에 출생한 아이
미숙아 (조산아)	재태 기간 37주 이전에 출생한 아이
과숙아	재태 기간 42주 이후에 출생한 아이

출생 체중 기준

정상체중아	출생 시 체중이 2.5~4kg에 속하는 아이
저체중아	출생 시 체중이 2.5kg 미만에 속하는 아이 (약 7.2%)
과체중아	출생 시 체중이 4kg 이상인 아이

미숙아

미숙아의 특징

미숙아(조산아)는 엄마의 자궁 속에 있었던 기간이 37주 미만인 아이를 말한다. 정상적인 개월 수을 다 채우지 못하고 태어났기 때문에 신체의 모든 기관이 미숙하며, 이는 임신 기간이 짧을수록 더 심각하다. 기본적으로 체온 조절이 잘 안 되며, 심장과 폐가 덜 발달해 호흡 곤란을 일으킬 수 있다. 두뇌 발달 및 신체의 성숙도가 떨어져 입으로 빨거나 삼키는 동작조차 어려운 경우가 있고, 소화 기능도 취약하다. 엄마에게서 많은 영양분을 넘겨받지 못해 체내에 철분, 칼슘, 인, 비타민 등의 영양분이 부족한 상태로 태어난다. 그 외에도 간, 신장, 눈, 혈액 등 거의 모든 신체 기관이 미숙한 상태이므로 집중적인 관리와 치료가 필요하다. 대부분의 의학적 문제는 신생아 중환자실에서 해결하고, 대개 출생 후 기간까지 합쳐 37주가 넘으면 퇴원한다. 퇴원 후에도 만삭아들과는 달리 주의할 점이 많다.

미숙아 키우기

미숙아도 모유가 가장 좋다

미숙아에게 모유보다 좋은 것은 없다. 미숙아를 출산한 산모의 젖에는 아이의 성장을 도와주는 성분이 특별히 더 많고 소화도 더 잘된다. 면역 성분이 들어 있는 초유는 반드시 먹이는 것이 좋다. 미숙아들은 젖을 잘 빨지 못해 튜브를 이용해 위로 영양분을 넣어주는데 이때도 모유를 짜서 주고, 이후 젖병이나 직접 수유를 통해 모유 수유를 지속해야 한다. 모유를 먹이지 못할 경우에는 입원해 있는 동안은 미숙아 분유를 먹이지만, 퇴원 후에는 일반 분유로 바꿔 먹여도 괜찮다.

수유는 조금씩 자주 천천히 한다

미숙아들은 빨고 삼키는 능력이 약하고, 간혹 숨을 쉬며 먹는 것이 잘 안 돼 수유 도중 갑자기 파래지거나 헐떡거리는 모습을 보일 수 있다. 따라서 한꺼번에 많이 먹지 못하므로 적은 양을 자주 천천히 먹여야 한다. 보통 3시간에 한 번 정도 먹이는데, 아이에 따라 더 자주 먹여도 괜찮다. 수유량은 아이 몸무게당 하루 150~180ml 이상 먹어야 한다.(예: 2kg인 아이는 하루에 300~360ml 이상 먹어야 한다.)

수유 시에는 아이의 상체를 세운 자세가 좋고, 도중에 한두 번 트림을 시키는 것이 안전하다. 수유 후에도 20~30분간 세운 자세로 토닥여 트림을 유도해야 소화에 도움이 된다.

이유식은 교정 연령으로 4~6개월에 시작한다

교정 연령이란 아이가 태어난 개월 수에서 일찍 태어난 개월 수만큼 뺀 월령을 말한다. 즉, 3개월 먼저 태어나 현재 5개월이 된 미숙아는 교정 연령이 생후 2개월이다. 미숙아는 교정 연령으로 4~6개월이고 체중이 6~7kg에 이르며 적어도 고개를 가눌 수 있을 때 이유식을 시작할 수 있다. 만삭아에 비해 발달이 늦는 경우가 많으므로 잘 앉고 어른들이 밥 먹을 때 관심을 보일 즈음이 적당하다고 본다.

만삭아보다 더 오래 잔다

신생아들은 하루에 15~22시간까지 잠을 많이 자는데, 미숙아는 수면 시간이 그보다 더 긴 편이다. 이는 깊이 잠들지 못하고 얕은 잠을 자주 자기 때문인데, 퇴원 후 초기에는 하루 종일 자는 것처럼 보인다. 크게 걱정할 일은 아니지만, 규칙적으로 아이를 깨워 수유하는 것이 중요하다. 미숙아마다 다르지만 대개 출생 후 6~8개월쯤 되면 깊은 잠을 자면서 보통 아이들과 비슷한 수면 패턴을 보인다.

발달 정도는 교정 연령을 기준으로 삼는다

미숙아의 발달 정도는 출생 후 개월 수가 아니라 교정 연령을 기준으로 삼는다. 예를 들면 임신 7개월 만에 태어난 미숙아가 현재 5개월이라면, 교정 연령은 3개월을 뺀 생후 2개월이므로 발달 수준을 5개월이 아닌 2개월에 맞춰 생각해야 한다. 이러한 교정 연령은 대개 2년간 사용하는데, 미숙아마다 다르지만 보통 1~2년 사이에 보통 아이들의 발달을 따라잡는다.

예방접종은 태어난 날을 기준으로 삼는다

미숙아에겐 교정 연령을 많이 사용하지만, 예방접종은 태어난 날짜를 기준으로 만삭아들과 똑같이 접종한다. 즉, 생후 2개월에 접종하는 DTP를 임신 8개월에 출생한 미숙아라고 해서 2개월 늦춘 4개월에 하는 것이 아니라 실제 태어난 지 두 달째에 하는 것이다. 다만 B형 간염 접종은 체중이 2kg이 안 되는 아이의 경우 항체 생성률이 낮아 체중이 늘 때까지 연기하기도 한다.

미숙아 질병

만성 폐 질환

미숙아는 폐가 미성숙한 상태로 태어나 산소 치료와 인공호흡기 치료를 받는 경우가 많고, 이 기간이 오래될수록 폐가 지속적으로 손상돼 만성 폐 질환으로 진행된다. 이런 상태의 아이는 퇴원 후에도 수유 중에 호흡 곤란이 오거나 감기에 걸리면 폐렴으로 진행되기도 하므로 각별히 주의해야 한다.

두개내출혈

미숙아는 머리의 뇌실 주변에 있는 혈관들이 잘 터져 뇌출혈이 빈번하게 발생한다. 이러한 증상은 출생 시 체중이 적을수록, 재태 주수가 짧을수록 많이 나타난다. 출혈이 경미할 경우에는 저절로 회복되지만 심할 경우 수두증, 경련, 뇌성마비 등의 중대한 합병증까지도 올 수 있다. 따라서 출생 후부터 여러 차례 뇌초음파 검사를 통해 경과를 지켜봐야 한다.

미숙아 망막증

미숙아는 눈의 후방에 비정상적인 혈관들이 자라 시신경이 분포한 망막에 문제가 생기는 병인 미숙아 망막증이 발생할 수 있다. 원인으로는 산소 치료를 거론하고 있지만 일찍 태어난 미숙아들은 산소 공급 없이도 발병한다. 심할 경우 시력을 상실할 수도 있으므로 지속적인 관찰이 필요하다. 따라서 산소 치료를 받은 36주 미만의 미숙아와 2kg 미만 저체중아, 산소 치료를 받지 않은 1kg 미만의 저체중아는 생후 4~8주에 반드시 안과 검사를 하고, 이후 필요에 따라 2~3주마다 추적 관찰할 것을 권장한다.

철 결핍성 빈혈

미숙아는 엄마로부터 충분한 양의 철분을 받지 못한 상태에서 태어났기 때문에 빈혈에 걸리기 쉽다. 미숙아의 몸무게가 출생 시의 두 배가 되는 시점부터 철분제를 먹이는 것이 좋으며, 소아과 전문의와 상의해 용량과 기간을 결정한다.

감염성 질환

미숙아는 엄마로부터 면역 관련 성분 및 항체를 적게 받아 전반적인 면역력이 약하다. 따라서 폐렴, 뇌수막염, 장염, 요로 감염 등 각종 바이러스와 세균 감염에 취약할 수밖에 없다. 퇴원 후 외부 환경에 노출되면 감염 위험도 증가하므로 보통 신생아들보다 더욱 꼼꼼한 위생 관리가 필요하다.

저체중아

재태 기간과 상관없이 자궁 안에서 성장이 느려 출생 시 체중이 2.5kg이 안 되는 아이를 말하며, 정확한 명칭은 '저체중 출생아'이다. 저체중아의 약 3분의 2는 미숙아이고 나머지 3분의 1은 산모나 태반 및 태아의 여러 가지 원인으로 재태 기간에 비해 체중이 적은 부당 경량아다.

이 가운데 미숙아가 아닌 부당 경량아를 의미하는 '저체중아'는 자궁 내 성장 지연으로 인해 생기는데, 이는 엄마 쪽 원인으로 영양 부족, 빈혈, 임신중독증, 불충분한 산전 관리, 약물 중독, 만성 질환 등을 생각할 수 있다. 태아 쪽 원인으로는 염색체 이상, 감염, 선천성 기형 및 태반의 이상을 들 수 있다. 대개 정기적인 산전 검사를 통해 조기에 발견해서 치료할 수 있으며, 태아의 체중이 지속적으로 증가되지 않을 경우에는 유도 분만을 한다. 저체중아가 태어나면 보통 신생아에 비해 여러 가지 문제가 생길 수 있다. 호흡 곤란, 저혈당증, 적혈구증가증, 저체온증 등의 문제가 발생할 수 있으므로 적절한 진단과 치료가 필요하다.

미숙아보다는 호흡 장애 빈도수가 적고 외부에 대한 적응력과 성장 속도가 좋은 편이다. 저체중아의 예후는 자궁 내 성장 지연을 일으킨 원인이 무엇인가에 따라 달라지며, 중대한 원인 질환이 없다면 좋은 경과를 밟는다.

과숙아

과숙아란 출생 시 체중과 관계없이 임신 기간이 42주 이상인 아이를 말한다. 원인은 아직 알려져 있지 않으며, 다산부이거나 당뇨병 임신부일 경우 과숙아의 빈도수가 높다. 과숙아의 특징은 배내 솜털이 없고 태지가 적으며 손톱과 발톱이 길고 피부가 창백한 편이며 아이가 또렷또렷하다. 만삭이 지나면 태반의 혈류가 감소해 태아의 성장이 둔화되고 산소결핍증이나 태변 흡인 등의 문제를 일으킬 수 있다. 따라서 만삭에서 2~4주 이상 지난 경우 유도 분만이나 제왕절개 분만을 해야 한다. 과숙아는 대개 보통 신생아와 비슷한 경과를 보이므로 만삭아처럼 돌보아도 된다.

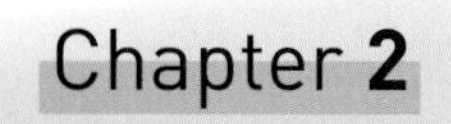

Chapter 2

아이 돌보기 기초

아이 안아주기

아이를 안고 따뜻한 심장박동을 느끼는 것은 엄마나 아이 모두에게 더없이 행복한 일이다. 하지만 초보 엄마에겐 갓 태어난 아이를 안는 것조차 어렵고 겁나는 일이다. 처음 만나는 우리 아이를 프로처럼 포근하고 안전하게 안아주는 방법을 알아본다.

두 손으로 안기

신생아는 목을 가누지 못하기 때문에 한 손으로 안으면 위험하다. 따라서 옆으로 안아 고개가 떨어지지 않도록 한 손으로 목을 확실히 받쳐주어야 한다. 한 손을 다리 사이에 넣어 엉덩이를 받쳐 올린다.
아직 목을 가누지 못하는 아이를 안을 때는 아이의 목이 뒤로 젖혀지지 않도록 다른 한 손으로 등과 목, 머리를 받친다. 엄마의 팔꿈치가 아이의 등에 수직으로 닿게 안아야 한다. 아이를 들어 올릴 때는 아이 몸과 수평이 되도록 몸을 굽힌 자세에서 허리를 펴면서 아이를 들어 올린다. 한 팔로 아이의 머리를 받치고 다른 팔로는 엉덩이를 받치는 것이 아이 안기의 기본 자세. 이때 아이의 몸이 한쪽으로 너무 치우치지 않게 해줘야 편안해한다. 이 안기 자세는 안고 있는 동안 수시로 아이의 표정을 살피고 눈을 맞출 수 있다.
아이가 엎드려 있을 때는 가슴 아래로 한 손을 살며시 밀어 넣은 후 다른 손을 아이의 엉덩이 아래로 넣어 서서히 엄마 쪽으로 돌리면서 들어 올리면 된다. 이때도 머리가 아래로 처지지 않게 주의해야 한다.

세워서 안기

아직 머리를 가누지 못하는 3~4개월 이전 아이를 세워서 안는 것은 좋은 방법이 아니다. 100일 전 아이는 아직 목을 제대로 가누지 못하고 내장도 완전하게 자리를 잡지 못해 여러 가지 문제가 생길 수 있기 때문에 세워서 안거나 오래 업는 것은 좋지 않다. 한 손은 엉덩이에 대고 다른 한 손은 머리와 목을 받쳐 들어 올린 후 엄마의 어깨에 얼굴을 대도록 한다. 젖이나 분유를 먹은 후 트림을 시킬 때 안기 좋은 자세다.

한 손으로 안기

집에서 혼자 일할 때 아이가 안아달라고 하면 어떻게 해야 할지 몰라 쩔쩔매는 경우가 종종 있다. 한 손으로 아이를 안는 일은 아이가 스스로 목과 허리를 바로 세울 수 있을 때 시도해야 한다. 한 손 안기를 하려면 아이가 엄마의 허리 부근에 걸터앉은 자세가 되므로 한 손으로는 아이의 허리와 가슴을 잘 받쳐야 한다. 수시로 아이를 안는 쪽 팔을 바꾸어 힘을 덜도록 한다.

아이 마주 보며 안기

1 아이의 목과 엉덩이를 받친다.

2 천천히 아이를 들어 올린다.

3 아이를 가슴까지 들어 올린다.

엎드린 아이 안기

1 양손으로 아이의 목과 배를 받친다.

2 아이를 들어서 엄마 쪽으로 돌린다.

3 양팔로 감싸 안는다.

아이 내려놓기

1 팔을 벌려 아이의 목과 엉덩이를 받친다.

2 아이를 내려놓는다.

3 팔을 뺀다.

내리는 데도 요령이 있다!

아이를 내려놓을 때도 안을 때와 마찬가지로 조심해야 한다. 팔뚝이나 어깨에 기대었던 아이의 머리와 목을 다시 한 손에 놓고, 다른 한 손은 아이의 엉덩이 밑에 두어 가로로 안은 후 서서히 내려놓는다. 바닥에 내려오면 먼저 엉덩이를 받쳤던 손을 빼낸다. 그리고 빼낸 손으로 아이의 머리를 약간 들며 머리를 받쳤던 다른 손을 빼면서 머리를 베개에 누이면 한결 쉽다.

아기띠를 이용해 안기와 업기

아기띠를 이용해 아이를 안을 때의 가장 큰 장점은 엄마의 심장박동이 안긴 아이에게 그대로 전해져 심리적인 안정감과 정서 발달에 좋은 영향을 미친다는 것이다. 또한 엄마 손이 자유로워 분유나 이유식을 손쉽게 먹일 수 있고, 아이를 안은 채 집안일을 하거나 외출하기가 한결 쉬워진다.

아이를 앞으로 안을 때는 엄마의 배 부분에 아이의 두 다리가 휘감기는 자세가 되도록 해야 한다. 이때 엄마의 시야가 가려져 발밑이 보이지 않을 수 있으므로 조심한다. 특히 계단을 오르거나 내릴 때는 더욱 주의한다. 목을 가누지 못하는 신생아를 안을 때는 목 부분을 받쳐주는 머리 판을 끼워 사용하고, 가랑이 사이를 편안하게 맞춰주는 것이 좋다. 목을 가누고 손을 자유롭게 움직이는 시기가 되면 머리 판을 분리하고 가랑이와 몸통의 크기를 조절해 편안하게 안길 수 있도록 한다.

아기띠를 이용해 업을 때는 아이를 눕힌 후 두 다리를 가랑이 벨트 사이에 넣고, 몸통의 크기와 좌석의 높이를 맞춰야 한다. 양쪽 어깨끈을 메고 아이의 팔과 다리가 바깥쪽으로 잘 나왔는지 살핀 후 아이와 띠를 양손으로 받치면서 일어선다. 이때 아이 머리가 엄마의 가슴 위로 올라오도록 받쳐주어야 한다. 어깨에 양쪽을 다 건 다음 끈이 늘어지지 않도록 다시 한번 꼭 죈다. 아이가 너무 아래로 처지거나 띠를 헐렁하게 메면 엄마의 허리에 부담이 되므로 조심한다.

포대기를 이용해 안기와 업기

아이와 외출을 하거나 아이를 달랠 때 편리하게 쓰이는 포대기는 보통 길이에 따라 5부, 7부, 9부로 나뉜다. 아이를 등에 완전히 밀착시켜 부모의 체온을 느낄 수 있기 때문에 정서적으로 안정감을 줄 수 있을 뿐 아니라 시야가 넓어져 아이가 좋아한다. 또한 포대기는 면 소재에 솜을 대고 누빈 것이라 가벼운 손세탁이 가능해 관리하기도 편하다. 그러나 목을 가누지 못하는 아이는 위험할 수 있으므로 되도록 포대기로 업지 않는 것이 좋다. 아이의 머리까지 푹 덮어씌우면 호흡이 곤란해질 수 있으므로 주의하고, 또 너무 오래 업으면 아이 다리가 불편하고 저릴 수 있으므로 장시간 업는 것은 피한다.

아기띠 이용하기

1 아이를 들어 아기띠로 감싼다.

2 끈을 어깨에 메고 아이의 자세를 체크한다.

3 죔쇠를 채운다.

포대기 이용하기

1 아이의 등과 머리를 잘 받쳐 아이를 업는다.
2 포대기를 두른다.
3 포대기 끈으로 아이 엉덩이 부분을 받친다.
4 포대기 끈을 묶는다.

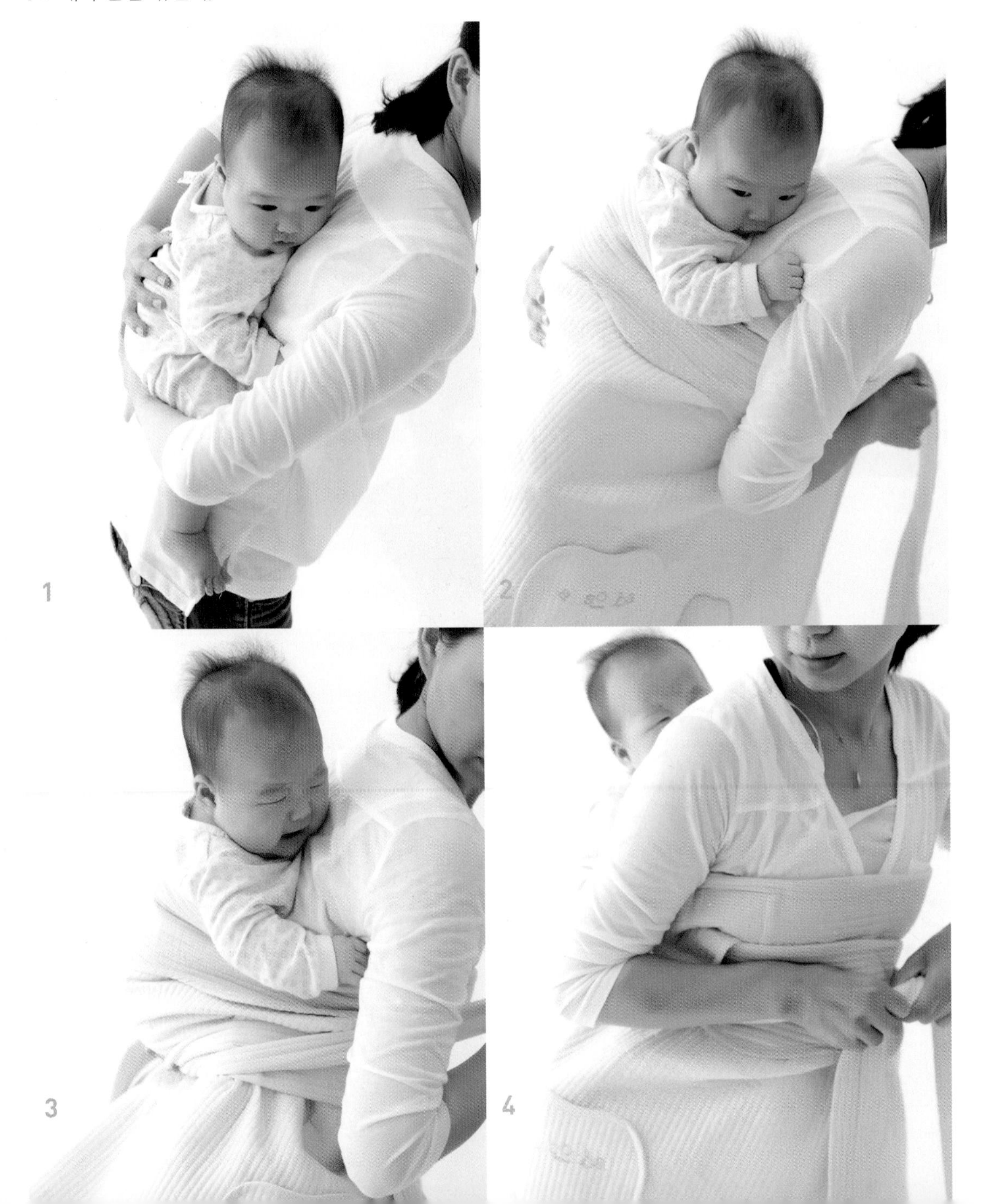

기저귀 갈기

일반적으로 아이들은 하루에 15~20회 정도 기저귀를 적신다. 축축한 기저귀를 그대로 차고 있을 경우 엉덩이가 짓무를 수 있으므로 기저귀가 젖는 즉시 갈아주어야 한다. 아이 기저귀 선택 기준과 사용법 그리고 세탁법을 알아본다.

편리하고 흡수성이 좋은 종이 기저귀

천 기저귀에 비해 흡수성이 좋아 소변을 본 경우 자주 갈아주지 않아도 되기 때문에 편리하다. 하지만 종이 기저귀의 흡수성을 믿고 소변을 본 채로 너무 오래 채워두면 엉덩이가 짓무를 수 있으므로 주의한다. 아이에게 맞는 종이 기저귀를 고르려면 먼저 제품별로 조금씩 사서 써보거나 선배 엄마들의 경험담을 참고한다. 기저귀 발진이 자주 생긴다면 기저귀가 원인일 수도 있으므로 교체해본다.

종이 기저귀의 종류

종이 기저귀는 크게 일자형과 팬티형으로 나뉘고, 팬티형은 다시 접착식과 입히는 방식으로 나뉜다. 일자형은 팬티형에 비해 가격이 저렴하며, 움직임이 적고 소변의 양이 적은 신생아에게 적합하다. 소변 양이 많고 움직임이 많은 아이들이 가장 많이 사용하는 것은 접착식 팬티형이다. 접착식 기저귀는 테이프의 탈부착이나 통기성, 허벅지와 허리의 탄력 등을 꼼꼼히 살펴야 한다. 테이프를 떼고 입히는 번거로움을 줄인 입히는 팬티형 기저귀는 걸음마 이후 기저귀 떼기를 할 때 사용하면 좋다.

종이 기저귀 사용 시 주의사항

시판되는 기저귀 크기는 같은 소형이라도 브랜드마다 조금씩 차이가 나는데, 대개 아이의 몸무게에 맞춰 구입하면 된다. 신생아의 배꼽이 떨어지지 않았을 때는 배꼽에 밴드가 닿지 않도록 아래쪽으로 채우고, 허리 밴드가 너무 조이지 않는지 살펴본다. 기저귀를 채웠을 때 등에 잘 밀착되어야 소변이 뒤로 새지 않는다. 또한 기저귀를 채우고 앉혔을 때 기저귀가 배꼽 위까지 올라오는 것이 아래 처짐 현상이 없다. 일어섰을 때 허벅지 부분의 밴드가 말려 올라가지 않고 약간의 여유가 있어야 한다.

종이 기저귀에 대변을 보았을 때는 변기에 변을 따로 버리고, 밑에서부터 허리까지 돌돌 말아 접착 테이프를 이용해 양쪽을 붙여 동그랗게 말면 쓰레기 부피를 줄일 수 있다.

종이 기저귀 채우기

1 기저귀를 쫙 펴서 아이 엉덩이 밑에 둔다.

2 다리 사이로 기저귀 앞부분을 올린다.

3 양옆을 채운다.

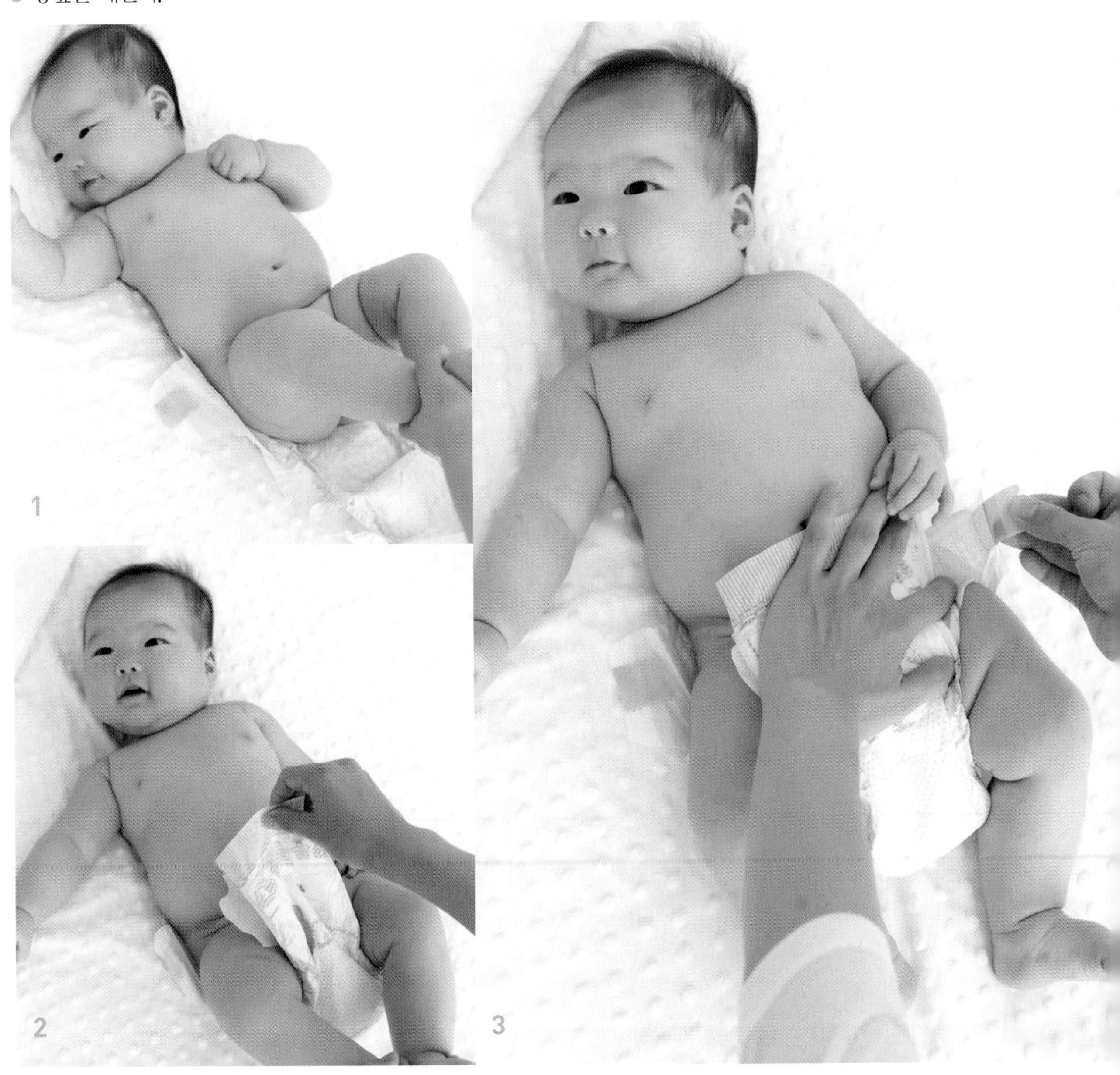

종이 기저귀 벗기기

1 양옆을 푼다.

2 대변 닦는 데 기저귀를 사용한다.

3 돌돌 말아 뺀다.

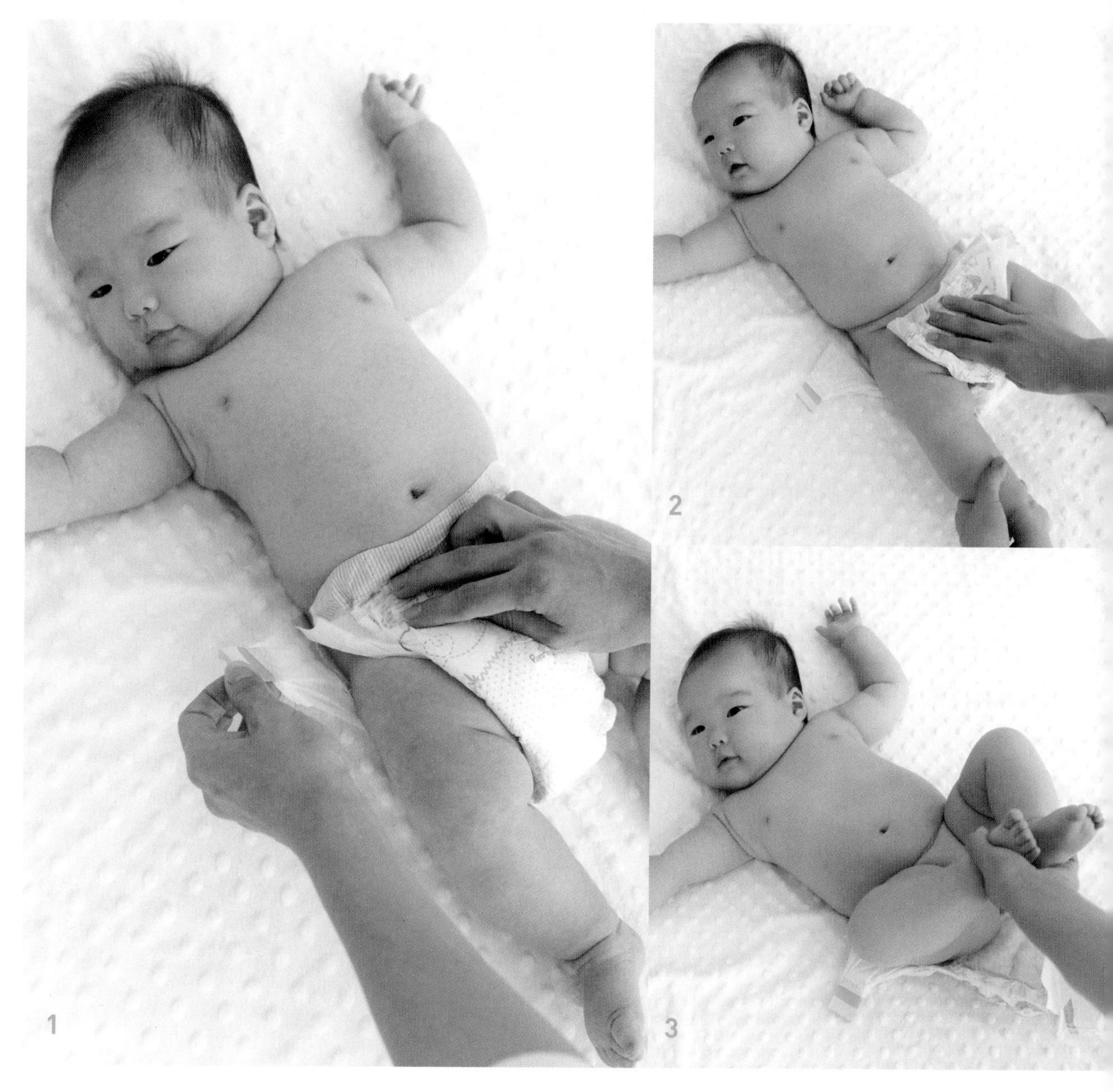

통기성이 좋은 천 기저귀

사실 아이 피부는 연약해 천 기저귀를 사용하는 것이 가장 좋다. 전통적으로 사용해온 면으로 된 기저귀는 종이 기저귀보다 통기성이 뛰어나 엉덩이가 쉽게 짓무르지 않는다. 또한 천 기저귀의 경우 대소변으로 기저귀가 젖으면 금세 울면서 갈아달라는 신호를 보내 짓무름이나 땀띠 같은 피부 트러블이 일어날 확률이 낮다. 하지만 천 기저귀는 매번 빨고 소독을 위해 삶아야 해서 번거로우며 일회용 기저귀보다 흡수성이 떨어지는 것이 단점이다.

아이는 월령에 따라 대소변을 보는 횟수나 양이 달라진다. 따라서 상황에 따라 사용할 수 있도록 크기별로 다양하게 준비한다. 생후 2~3개월까지는 대소변의 양은 적은 데 비해 횟수는 많으므로 작은 기저귀를 15~20장 정도 준비하는 것이 바람직하다. 조금씩 대소변을 보는 간격이 일정하고 양이 많아지기 시작하면 작은 기저귀를 2개 겹쳐서 사용한다.

천 기저귀 채우기

1 기저귀 커버와 천 기저귀를 겹쳐 엉덩이 밑에 깐다.
2 기저귀 커버 양쪽을 먼저 채운다.
3 천 기저귀와 기저귀 커버 아래쪽을 올려 채운다.

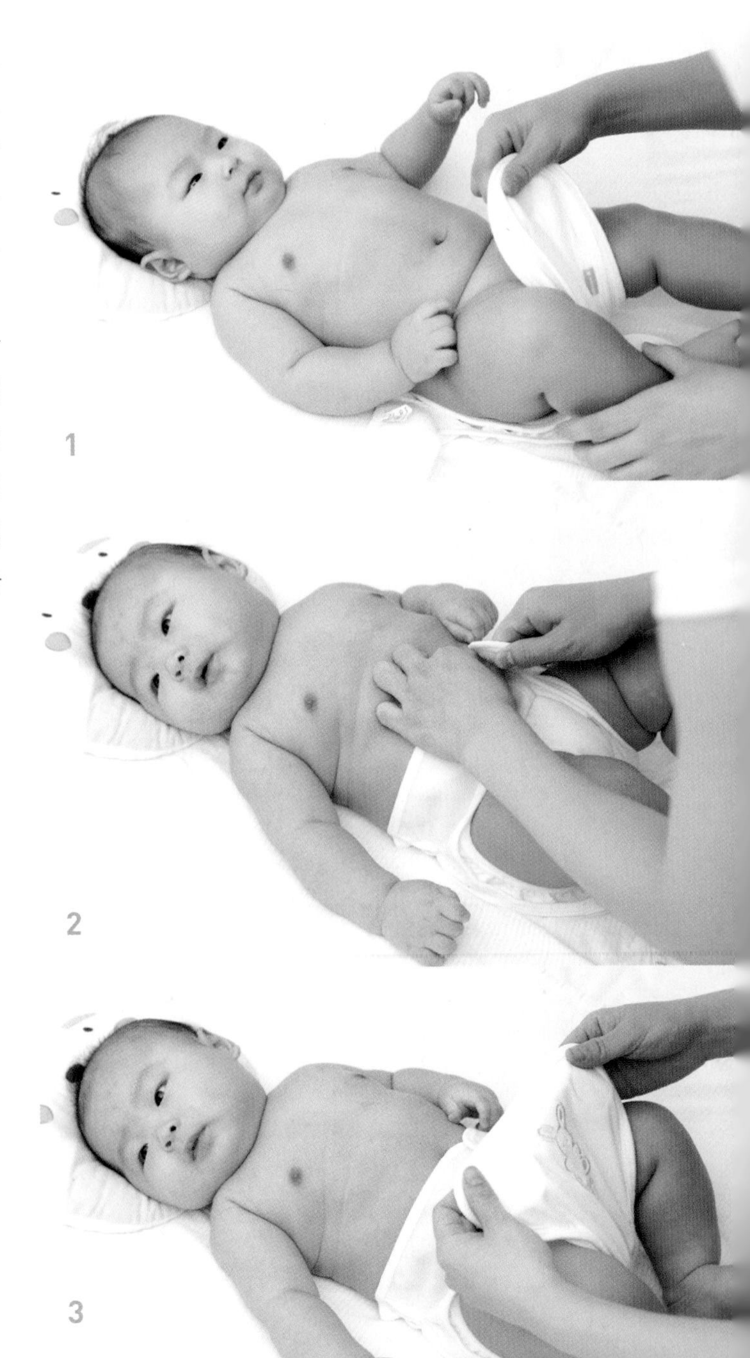

천 기저귀 벗기기

1 기저귀 커버 앞부분을 내린다.
2 기저귀 커버 양쪽을 조심스럽게 뗀다.
3 기저귀를 빼낸다.

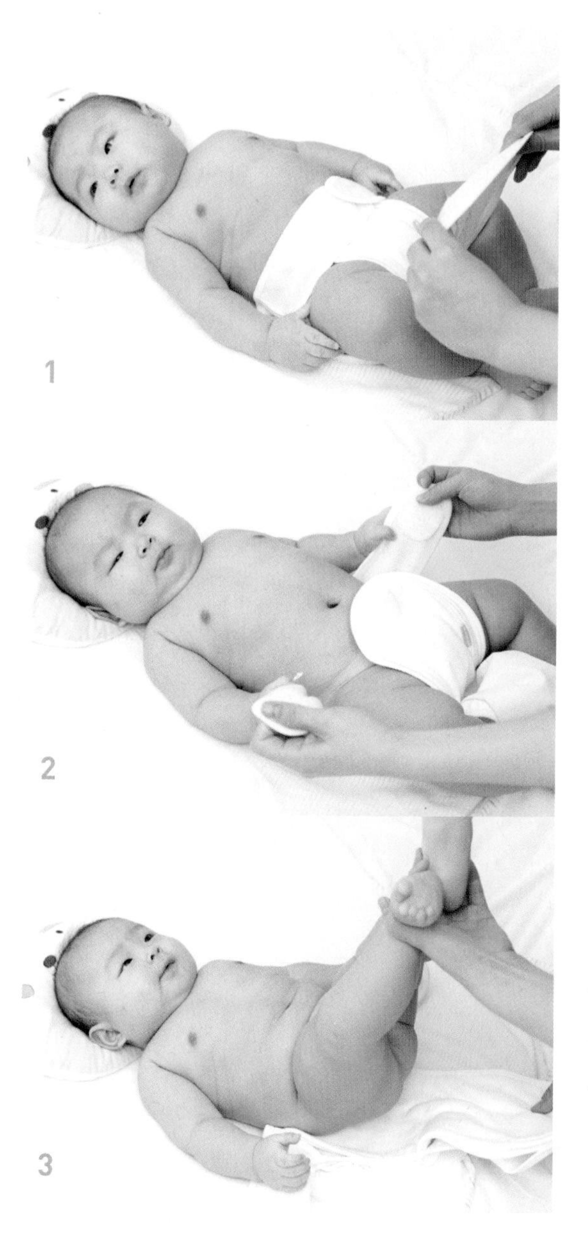

성별에 따라 기저귀 채우는 법

기저귀 갈기는 생각보다 쉽지 않다. 기저귀를 잘못 채우면 대소변이 새어나오거나 아이 피부가 짓무르기 때문이다. 기저귀를 채우기 전에 엉덩이와 성기 주변을 깨끗이 닦고 습기를 완전히 제거해야 피부 트러블을 줄일 수 있다. 기저귀를 갈 때는 아이 엉덩이에 한 손을 넣고 허리까지 받쳐 들어 올린 다음 엉덩이 밑에 기저귀를 반듯하게 펴놓는다. 아이 발목을 잡고 무리하게 들어 올릴 경우 엉덩이와 넓적다리 관절이 어긋나는 고관절 탈구가 생길 수 있으므로 주의한다. 기저귀 앞부분이 빳빳하게 펴져 있으면 다리가 벌어져 움직이기 불편하므로 손으로 잡아 약간 오므린 다음에 채워야 한다. 또한 천 기저귀의 경우 소변이 스며 배 부위 피부를 자극하기도 하므로 배꼽 아래까지 닿도록 채운다.

남자아이 기저귀 갈기

남자아이는 기저귀를 갈기 위해 기저귀를 푸는 도중 갑자기 오줌을 싸는 일이 많다. 따라서 기저귀를 앞쪽에 대면서 뒤쪽부터 천천히 빼는 것이 요령이다. 엉덩이를 닦을 때는 먼저 항문 방향으로 닦은 다음 성기의 뒤쪽과 주름 안쪽은 물론 사타구니 부분도 꼼꼼하게 닦아야 한다. 기저귀를 채울 때는 앞쪽을 두껍게 해서 음낭을 위로 쓸어 올려야 소변 흡수가 잘 된다.

여자아이 기저귀 갈기

성기와 요도, 항문이 붙어 있는 여아의 생식기 구조상 대소변을 보았을 때 깨끗이 닦아주어야 냄새도 안 나고 요로 감염이나 질염을 예방할 수 있다. 요도를 통해 세균 감염이 일어나기 쉬우므로 반드시 앞쪽에서 뒤쪽으로 닦아주어야 한다. 청결히 한다고 성기 안쪽까지 심하게 닦을 필요는 없고, 대음순 안쪽의 흰색 분비물은 약간 남아 있어도 문제없다. 신생아의 경우 생리처럼 피가 나오거나 흰 분비물이 기저귀를 적실 수 있는데, 엄마의 호르몬 영향이므로 크게 걱정하지 않아도 된다.

새하얀 천 기저귀 만드는 세탁법

젖은 기저귀가 생길 때마다 바로 세탁하기보다는 모아두었다가 하루에 2~3회 정도 한꺼번에 빠는 것이 훨씬 경제적이다. 그러나 대변을 보았을 때는 그대로 모아두면 냄새가 날 뿐만 아니라 세균이 번식할 수 있다. 대변을 본 기저귀는 변을 변기에 깨끗이 털어내고 애벌빨래를 해서 모아두었다가 한꺼번에 세탁한다. 기저귀를 너무 오랫동안 물에 담가두면 세균이 증식해 기저귀 발진이나 엉덩이 짓무름을 일으킬 수 있다. 따라서 기저귀는 5시간 이상 물에 담가두지 않아야 한다.

손빨래 후 끓는 물에 삶아 소독하는 것이 가장 이상적인 세탁법이다. 하지만 매번 삶는 것이 여의치 않다면 여러 번 헹궈 햇볕에 건조시키는 것도 방법이다. 땀띠나 기저귀 발진이 있을 때는 표백제나 섬유유연제를 사용하면 피부에 자극을 줄 수 있으므로 말린 달걀껍데기나 레몬을 가제 손수건에 싸서 마지막 헹구는 물에 넣는다. 기저귀는 햇살이 들지 않는 실내에서 말리는 것보다는 햇볕에 완전히 건조시켜야 살균 효과를 얻을 수 있다. 햇살이 좋은 여름이나 가을에는 가능하면 해가 잘 드는 양지에 기저귀를 말린다. 겨울철이나 장마철같이 볕이 잘 들지 않을 때는 건조와 살균을 위해 다리미로 한번 다려준다.

천 기저귀 빨기

1 애벌빨래를 한다.

2 물비누를 넣는다.

3 손으로 주물러 빤다.

4 여러 번 잘 헹군다.

목욕시키기

목욕은 단순히 청결만을 위한 것이 아니다. 아이의 짜증과 긴장을 풀어주고 온몸의 혈액순환을 도와 근육을 이완시켜 기분 좋게 잠들게 하는 효과도 있다. 하지만 초보 엄마에게 아이 목욕시키기는 만만치 않은 일이다. 기본적인 요령을 알아보자.

아이 목욕 시 주의사항

일주일에 2~3회 전신 목욕

아이는 크게 더러워질 일이 없으므로 전신 목욕은 일주일에 2~3회면 충분하다. 땀을 많이 흘리고 우유를 자주 토하는 아이의 경우 횟수를 1~2회 더 늘릴 수도 있지만, 원칙적으로 매일 할 필요는 없다. 물을 싫어하는 아이들에게는 목욕이 스트레스가 될 수도 있고, 매일 비누를 사용해 목욕을 시키면 필요한 유분마저 씻겨나가 아이 피부가 건조해질 수 있다. 아이가 목욕하는 것을 좋아한다면 자주 목욕을 시키되 비누는 얼굴이나 손, 엉덩이같이 더러운 곳에만 사용한다. 단, 아이가 감기 증세가 있을 때는 젖을 토하거나 감기가 더욱 심해질 수 있으므로 목욕을 시키지 않는 것이 좋다.

공간을 미리 따뜻하게 만들어둔다

햇살이 비치는 오전 10시~오후 2시 사이의 따뜻한 시간에 목욕을 시킨다. 목욕물 온도는 여름에는 38℃, 겨울에는 40℃가 적당한데, 팔꿈치를 물에 담갔을 때 따뜻한 정도로 맞추면 된다. 목욕을 시키는 공간의 온도도 목욕물만큼이나 중요하다. 여름이라면 문제없지만 그 외의 계절에는 실내 온도를 24~26℃ 정도로 평소보다 훈훈하게 높여둔다. 또 목욕을 시키는 동안 바람이 새어 들어오지 않도록 창문을 꼭 닫고, 목욕 도중에 필요한 물건을 찾는 일이 없도록 미리미리 목욕용품과 큰 타월, 로션, 갈아입힐 옷, 기저귀를 챙겨둔다. 매일 일정한 시간에 목욕을 시켜 아이에게 규칙적인 리듬을 만들어주면 더욱 좋다. 목욕 시간은 5~10분 정도로 재빨리 끝내야 아이가 감기에 걸리지 않는다. 생후 2개월까지는 굳이 비누로 목욕을 시키지 않아도 된다. 또한 목욕 타월을 사용하는 것보다 엄마 손으로 닦아주는 것이 마사지도 되고 좋다.

신생아 배꼽 관리는 옷을 입힌 후에

신생아는 생후 1~2주, 늦어도 한 달 이내에 배꼽이 떨어진다. 배꼽이 떨어지기 전에는 부분 목욕을 하는 것이 좋으며, 목욕 후 반드시 배꼽 소독을 해주어야 한다. 이때 옷을 벗긴 상태에서 소독을 하면 그 사이 아이 체온이 떨어질 수 있으므로 옷을 다 입힌 다음에 소독하고 배꼽을 내놓은 상태로 말려준다.

따라하면 목욕이 쉬워진다

배꼽이 떨어지기 전과 후의 아이 목욕시키는 방법이 다르다. 배꼽이 아물어 떨어지기 전의 아이는 배꼽에 세균이 침투해 염증을 일으킬 수 있으므로 부분 목욕을 시켜야 한다. 즉, 따뜻한 물을 가제 손수건에 적셔 물기를 적당히 짜낸 후 닦아주는 것. 배꼽이 떨어진 후에는 욕조 안에서 전신 목욕을 시킨다. 또한 목욕을 시키기 전에 필요한 용품을 미리 갖추어놓는다. (아이 욕조, 목욕물, 큰 타월, 기저귀, 갈아입힐 옷, 아이용 때수건·스펀지, 가제 손수건, 아이용 비누, 아이용 샴푸, 체온계, 면봉, 보습제 등.)

부분 목욕시키기

배꼽이 아물어 떨어지기 전에는 세균이 배꼽에 들어가 염증을 일으킬 수 있다. 따라서 욕조에 몸을 담그는 전신 목욕보다는 부분 목욕을 하는 것이 좋다.

1 배꼽 부위에 물이 닿지 않도록 타월로 배를 감싸거나 옷을 입힌 상태에서 시작한다.

2 엄마의 손바닥이나 가제 손수건에 물을 묻혀 조심스럽게 얼굴을 닦아준다. 생후 2개월 전에는 눈을 자극할 수 있으니 많이 더럽지 않다면 비누를 사용하지 않는 것이 좋다.

3 아이를 가로로 안고 한 손으로 물을 떠서 머리를 적시며 감긴 후 타월로 물기를 바로 닦아준다.

4 옷을 살살 벗겨가며 물수건으로 상체를 부드럽게 닦고 아이 팔을 쭉 펴서 겨드랑이부터 손가락까지 꼼꼼하게 닦는다.

5 펼쳐놓은 타월에 아이를 눕히고 상체의 물기를 닦는다. 이때 팔이 접히는 부분이나 겨드랑이 등을 꼼꼼히 닦고 얼른 윗옷을 입힌다.

6 기저귀를 벗기고 엉덩이와 성기, 다리, 발가락까지 닦는다. 물기를 완전히 제거한 후 기저귀를 채우고 바지를 입힌다.

전신 목욕시키기

목욕을 시키기 전에 체온계로 아이 상태를 체크해본다. 체온이 37.5℃가 넘거나, 기침 또는 콧물을 보이거나, 기분이 나쁘고 나른해 보일 때는 목욕을 시키지 않는 것이 좋다. 또한 수유 직전이나 직후 30분에서 1시간 사이, 아이의 몸이 좋지 않을 때는 부분 목욕을 시키도록 한다. 목욕 시간이 너무 길면 아이가 지치거나 감기에 걸릴 수 있으므로 5~10분 내에 목욕을 끝낸다.

1 욕조에 2분의 1 정도 물을 채우고 팔꿈치를 물에 담가 물의 온도를 측정한다. 온도계로 재었을 때 38~40℃ 정도가 적당하다. 아이의 옷을 벗긴 후 머리 부분만 빼고 타월로 감싼다.

2 욕조에 담그기 전에 부드러운 가제 손수건에 물을 적셔 눈썹, 눈 주위, 코, 볼, 턱, 목 순서로 닦아준다. 가제 손수건이나 손가락 칫솔을 이용해 입안의 우유 찌꺼기도 깔끔하게 닦아낸다.

3 한쪽 팔로 아이의 몸을 안전하게 안고 머리를 뒤로 살짝 넘겨 눈에 비누가 닿지 않도록 머리를 감긴

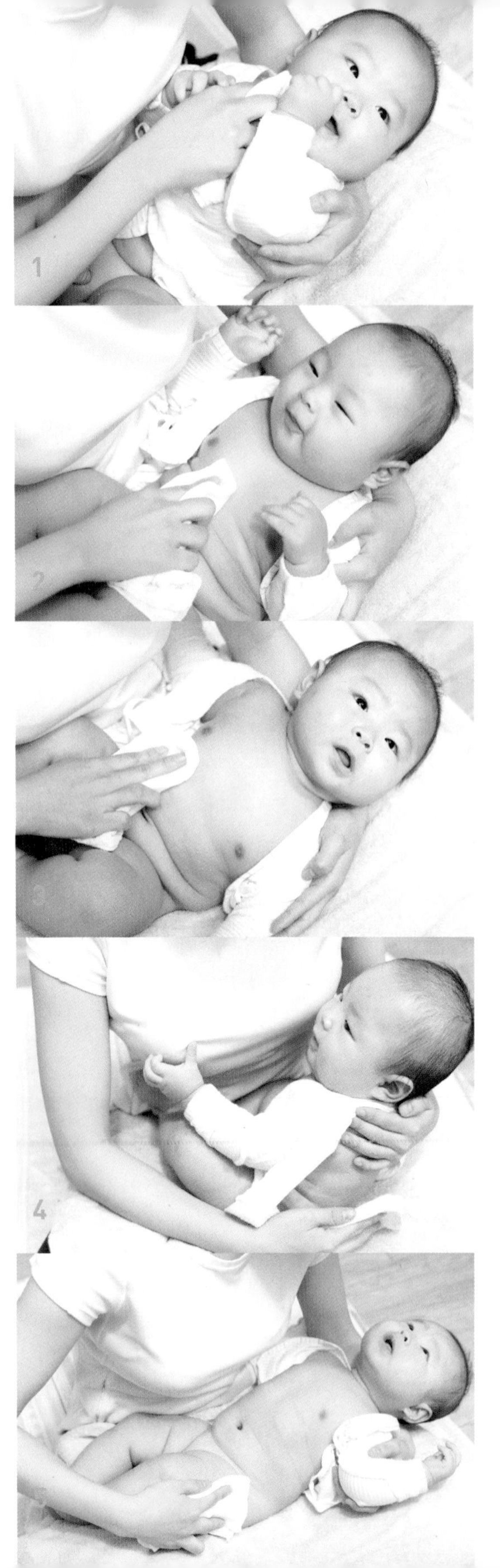

다. 이때 목을 받치는 손의 엄지와 중지로 귀를 오므려주면 귀에 물이 들어가는 것을 막을 수 있다. 아이는 체온이 쉽게 떨어지므로 깨끗한 물로 여러 번 헹군 뒤 바로 물기를 닦아준다.

4 타월로 감싼 채 천천히 욕조에 넣은 뒤 한쪽씩 타월을 걷어내고 목→겨드랑이→가슴과 배→팔과 손→다리와 발→등 순서로 씻긴다. 아이는 피부가 접히는 부분이 많아 이 부분에 때가 잘 끼므로 신경을 써서 닦아준다. 목, 겨드랑이, 팔과 손가락 사이, 사타구니, 발가락 사이가 특히 그렇다. 남자아이는 고환 주위, 여자아이는 음순 주위를 신경 써서 씻겨야 한다.

5 아이를 살짝 돌려서 한 손으로 가슴을 받쳐 안정된 자세를 만든 후 등과 엉덩이를 닦는다. 마지막으로 따뜻한 물을 살짝 끼얹어 헹군다.

6 아이를 욕조에서 꺼내 펴놓은 타월에 감싸서 눕힌 뒤 가볍게 누르듯이 물기를 닦아준다. 아이의 몸은 접히는 부분이 많으므로 사이사이 빼먹지 말고 꼼꼼하게 닦아야 피부가 짓무르는 것을 막을 수 있다. 로션이나 오일 등의 보습제를 고루 바른 뒤 기저귀를 채우고 옷을 입힌다.

가제 손수건으로 부분 목욕시키기

1 얼굴을 닦는다.
2 가슴과 팔을 닦는다.
3 타월로 톡톡 두드려가며 물기를 없앤다.
4 등을 닦고 윗옷을 내린다.
5 다리를 닦는다.

욕조 목욕시키기

1 아이를 욕조에 넣는다.

2 목, 겨드랑이, 몸통을 씻기고 팔과 다리를 씻긴다.

3 등을 씻긴다.

4 허리와 엉덩이를 깨끗이 씻긴다.

5 욕조에서 아이를 꺼낸다.

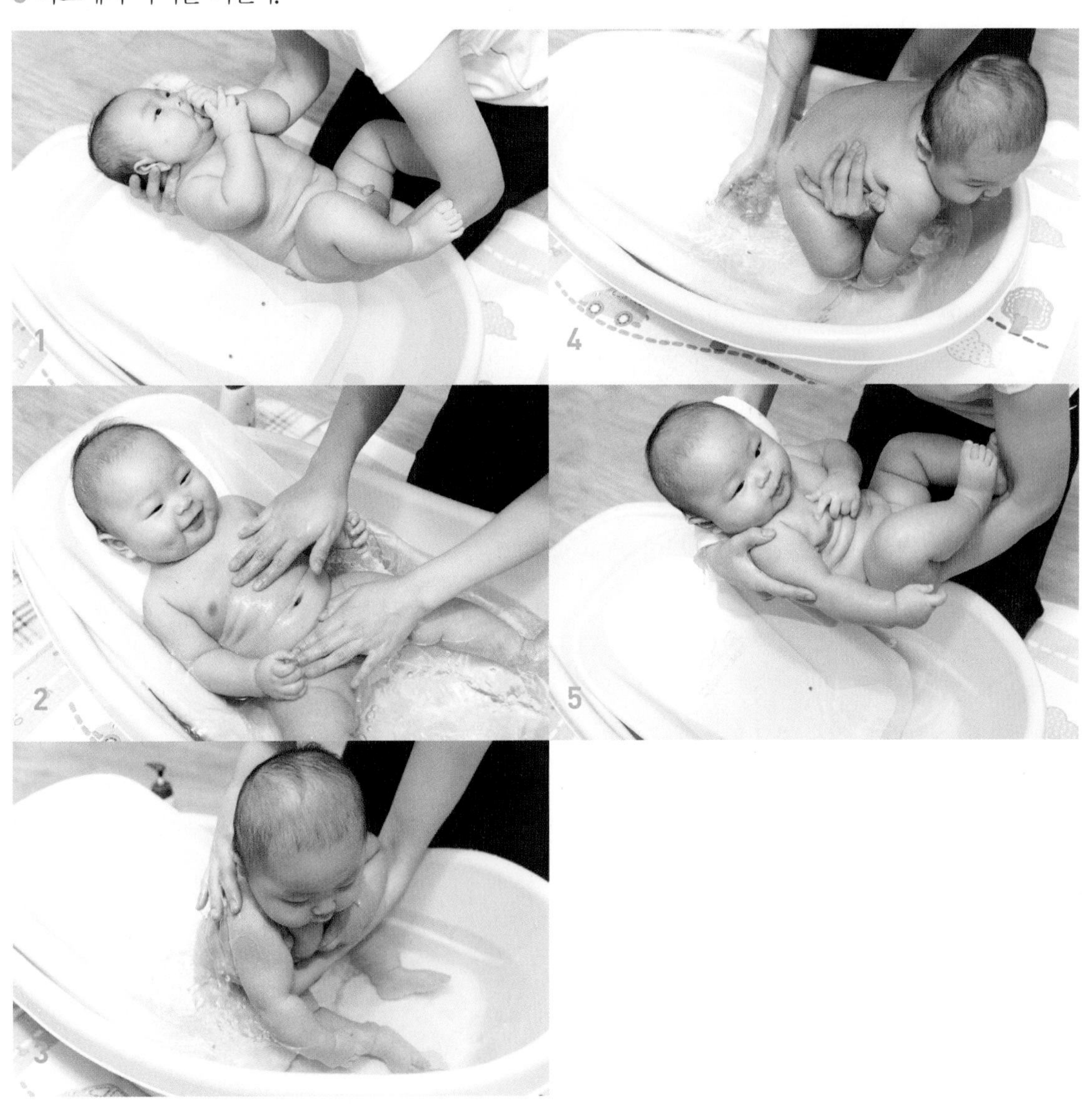

목욕 후 아이 돌보기

보습제를 발라준다

목욕 후에는 수건으로 가볍게 두드려 몸의 물기를 닦은 후 베이비오일로 전신 마사지를 해주면 좋다. 베이비오일이 스며들면 수분 손실을 막고 외부 자극으로부터 피부를 보호하는 로션이나 크림 등의 보습제를 전신에 마사지하듯이 골고루 발라준다.

귀와 코를 닦아준다

옷을 다 입힌 뒤에는 귀나 코 속의 물기와 이물을 젖은 가제 손수건으로 조심스럽게 닦아준다. 귀지는 대개 저절로 밖으로 나오므로 일부러 파지 않아도 되는데, 많이 더러우면 목욕 후 면봉으로 귓바퀴와 귓구멍 입구만 닦아준다. 아이의 코딱지는 목욕을 하는 동안 저절로 나오는 경우가 많으므로 무리하게 빼낼 필요는 없다. 아이가 답답해할 경우 젖은 가제 손수건이나 면봉으로 콧구멍 입구를 살살 닦아 빠져나오게 한다.

손톱, 발톱을 깎아준다

아이들의 손톱, 발톱은 잠을 자고 있을 때나 목욕 후 부드러워졌을 때 깎는 것이 아이도 엄마도 편하다. 손톱은 일주일에 1~2회, 발톱은 한 달에 1~2회 깎아준다. 손가락과 발가락 끝을 잘 잡고 가장자리부터 일자로 자른 후 양끝을 조금 다듬는다. 손톱, 발톱 가장자리를 둥글고 깊게 깎으면 안쪽으로 파고들어 염증이 생길 수도 있다.

젖이나 따뜻한 물을 먹인다

목욕이 끝나면 수분 손실로 인해 아이가 갈증을 느낄 수 있으므로 젖을 물리거나 미리 따뜻한 물을 준비해 먹인다. 아이의 체온을 유지하고 마음을 안정시키는 데 도움이 된다.

STEP 04

옷 입히기

아이들은 체온 조절 능력이 부족하기 때문에 주위의 온도에 맞춰 옷을 입히는 것이 중요하다. 겨울에는 보온이 잘되는 소재, 여름에는 땀 흡수가 잘되는 면 소재가 적당하며, 자주 갈아입힐 수 있는 앞트임 디자인이 편리하다.

옷 입힐 때의 주의점

아이 옷은 대부분 태그가 밖에 붙어 있지만 만약 안쪽에 있다면 태그를 깨끗이 잘라낸다. 면으로 된 태그도 아이 피부를 자극해 트러블을 일으킬 수 있으므로 반드시 잘라내야 한다. 새 옷은 세제를 넣지 않은 물에 가볍게 세탁해서 입힌다. 옷을 갈아입힐 때는 실내 온도를 충분히 따뜻하게 한 뒤 신속하게 한다. 속옷과 겉옷을 겹쳐서 한꺼번에 입히면 손쉽고 빠르다.

월령별 아이 옷 선택하기

0~3개월 배냇저고리, 배내 가운이 기본

갓난아이는 하루 종일 따뜻한 방의 이불 속에서 지낸다. 그러므로 기본적으로 배냇저고리와 배내 가운 서너 벌만 있으면 충분하다. 배내 가운 대신 위아래가 연결된 베이비 드레스만 입혀도 좋고, 여름에는 배냇저고리만 입히고 타월로 싸주어도 괜찮다.

아침과 밤, 수유 때나 바깥바람을 쏘일 때는 계절에 따라 조끼나 겉옷을 덧입힌다. 외출할 때는 반드시 양말을 신기고 모자를 씌운다. 생후 1개월 정도만 지나도 손발의 움직임이 상당히 활발해지므로 위아래가 붙은 옷이 좋다. 가랑이에 똑딱단추가 달린 우주복을 준비하면 6개월 무렵까지 입힐 수 있다.

4~6개월 위아래가 붙은 우주복 디자인

이 시기의 아이들은 눈을 뜨고 있는 동안에는 한시도 쉬지 않고 온몸을 움직이며 자면서도 몸을 자주 뒤척인다. 그러므로 아무리 움직여도 배가 드러나지 않고 몸을 휘감지 않는 옷을 입혀야 한다. 위아래가 하나로 붙은 우주복이 적당한데, 필요에 따라 윗도리와 아랫도리를 연결할 수 있도록 허리 부분에 똑딱단추가 달린 옷도 좋다. 아침저녁이나 외출할 때는 온도 변화에 대비해 겉옷을 따로 준비한다.

7~12개월 갈아입히기 쉽고 활동적인 디자인

기거나 잡고 걷는 등 움직임이 눈에 띄게 활발해지는 시기다. 여름에는 물론 서늘한 계절에도 자주 움직여 땀을 많이 흘린다. 따라서 땀이 잘 흡수되는 소재이면서 갈아입히기 쉬운 디자인의 옷이 좋다. 상하로 나뉜 옷을 입히면 땀에 젖은 윗도리와 오줌에 젖은 아랫도리를 따로 갈아입힐 수 있어 편하다. 소재는 계절에 따라 순면이나 순모 등 부드러운 천을 선택한다. 여름에는 속옷 없이 티셔츠 하나만 입혀도 된다. 아침저녁이나 선선한 날은 속옷을 꼭 입힌 후 실내복을 입혀야 체온 조절이 잘된다.

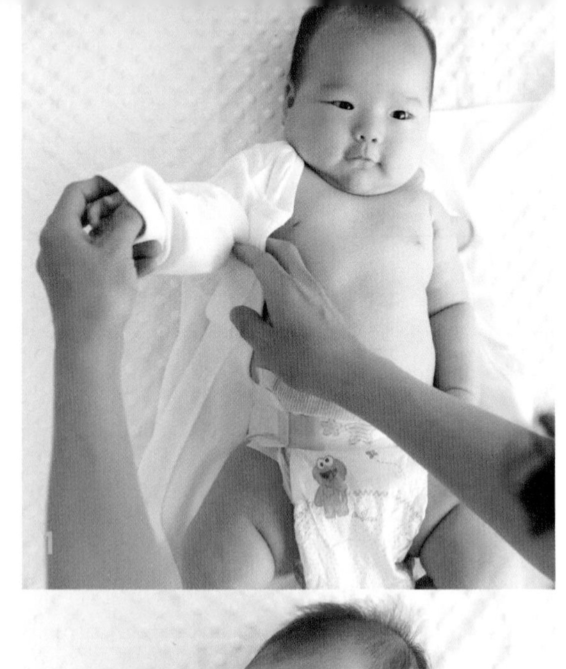

1

앞트임 옷 & 배냇저고리 입히기

1 이불이나 침대 위에 옷을 펼쳐놓고 그 위에 아이를 누인다. 엄마 손을 소매 끝에 넣고 다른 손으로 아이 팔목을 잡는다. 소매 끝에 넣은 손으로 아이 팔목을 잡아당긴다.

2 아이 옷 끝에 있는 똑딱단추를 위에서 아래쪽으로 채운다. 똑딱단추로 채우는 옷은 입히고 벗기기는 편하지만, 아이가 엎드렸을 때 살이 배길 수 있으니 조심한다. 배냇저고리는 약간의 여유를 두고 끈을 묶는데, 풀기 쉽도록 리본 묶기를 한다.

3 우주복의 경우 가랑이를 중심으로 아래쪽 양방향으로 똑딱단추를 채운다.

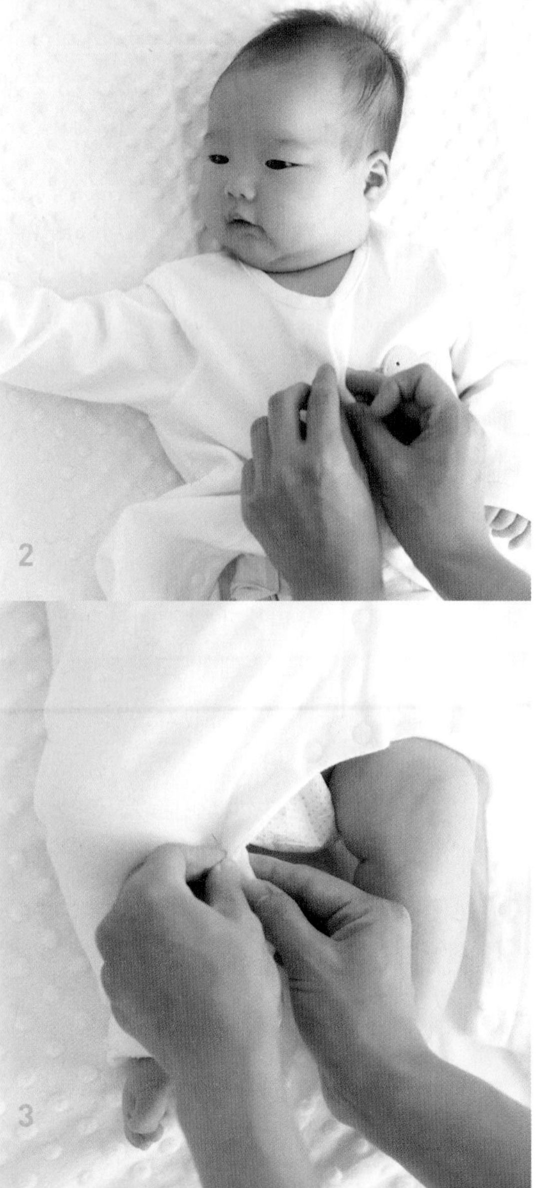

2

3

앞트임 옷 입히기

1 팔을 끼운다.

2 윗도리의 똑딱단추를 채운다.

3 아랫도리의 똑딱단추를 채운다.

긴팔 티셔츠 입히기

1 양손을 사용해 옷을 목까지 잡고 가능한 한 목 입구를 넓게 잡아 늘린다. 옷을 아이 머리 위에 놓는다. 바닥에서 아이의 머리를 살짝 들어 올린 뒤 코와 귀에 스치지 않게 주의하면서 티셔츠에 머리를 끼워 넣는다.

2 소매 입구에 엄마의 손을 넣는다. 다른 손으로 아이 손목을 잡아 소매 밖으로 빼낸다. 어깨 부분에 겹쳐 있는 소매를 고르게 펴준다.

3 아이 몸에 있는 옷을 고르게 펴 매무새를 정리해 준다.

티셔츠 입히기

1 아이 머리에 윗도리를 씌운다.

2 소매에 아이 팔을 넣는다.

3 쏠려 있는 옷을 고르게 펴준다.

바지 입히기

1 한 손으로 아이의 발을 잡고 다른 한 손은 바짓가랑이 사이로 넣어 아이의 발을 부드럽게 빼낸다.

2 양쪽 다리를 다 끼우고 엉덩이를 부드럽게 들어 허리선 조금 위로 올린다. 허리 고무줄 부분이 아이 피부에 닿으면 염증이 생길 수 있으므로 바지를 윗옷 위로 올린다.

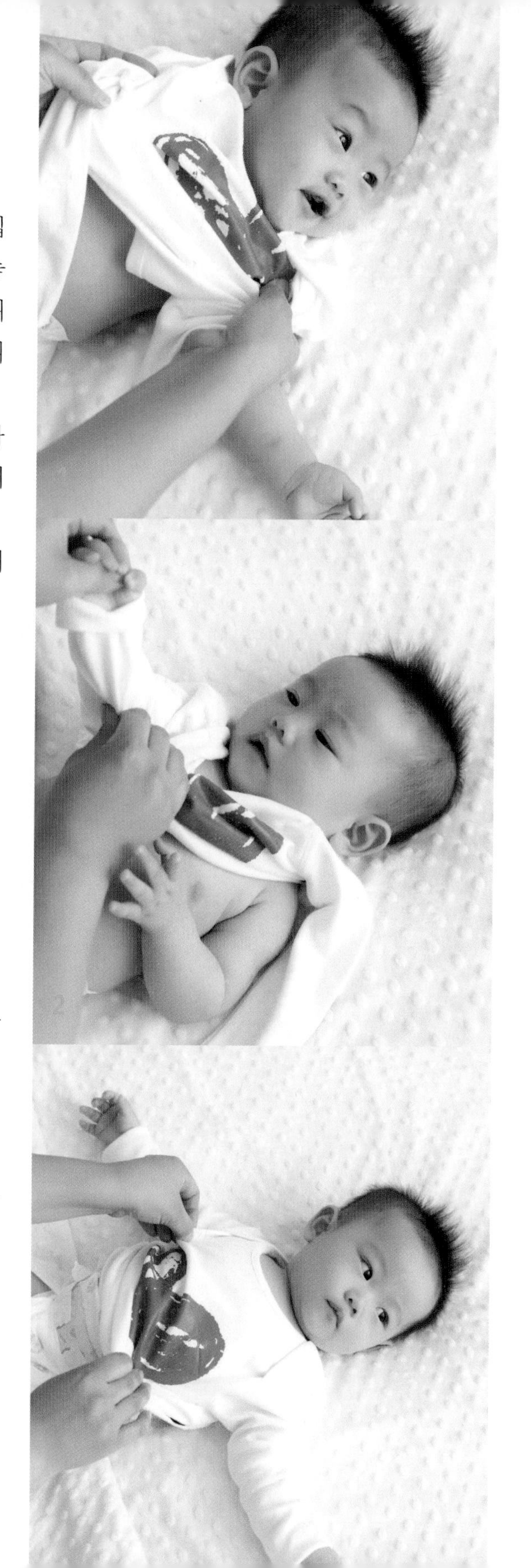

티셔츠 벗기기

1 부드럽게 아이의 팔을 뺀다.

2 다른 팔을 빼낸다.

3 티셔츠를 위로 올려 벗긴다.

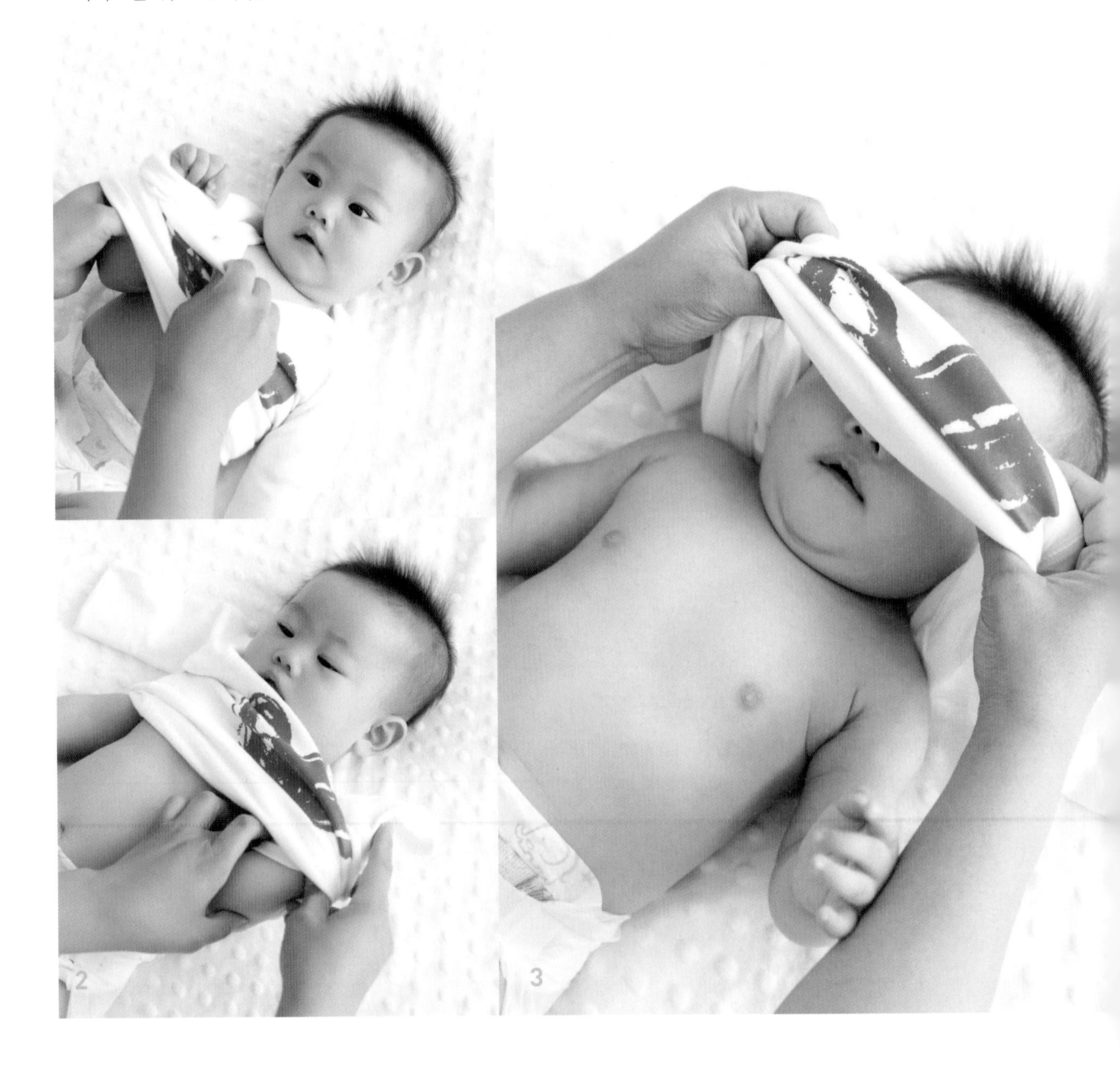

편안한 잠자리와 아이 재우기

하루 18~20시간을 잠으로 보내는 갓난아이들에게 편안한 잠자리는 매우 중요하다. 자는 동안 아이의 몸이 쑥쑥 자라고 두뇌도 빨리 움직이기 때문이다. 아이가 편안하게 숙면을 취할 수 있는 환경 만드는 방법을 알아본다.

엄마 옆이 가장 좋은 잠자리

아이의 잠자리 베스트 장소는 바로 엄마 곁이다. 엄마가 침대를 사용한다면 엄마 옆쪽으로 아이 침대를 두고, 좌식 생활을 한다면 엄마 이부자리 옆에 아이 이불을 펴 가까이에서 보살피도록 한다.

아이의 공간을 만들 때 피해야 할 곳은 바로 창문 옆이나 문가, 벽 가까운 곳이다. 이러한 곳은 찬 기운이 들어와 아이의 건강을 해칠 우려가 있다. 되도록 창문과 문가에서 떨어진 곳에 잠자리를 만들어준다. 특히 벽 가까운 곳은 몸부림을 치다 부딪쳐 다칠 수도 있으므로 공간을 넉넉히 두는 것이 좋다.

TV나 오디오, 스탠드같이 강한 소리나 빛이 나는 가전제품은 가까이 두지 않는다. 엄마 아빠에게는 아무렇지 않은 소리나 빛이 아이의 숙면을 방해할 수 있기 때문이다. 밤새 스탠드를 켜놓을 경우 머리맡에 두어 빛이 얼굴을 향하게 하지 말고 다리 쪽이나 옆에서 빛이 은은하게 비치게 하는 것이 좋다. 특히 일상생활에서 필요한 가전제품에서도 우리 몸에 나쁜 영향을 미치는 전자파가 검출된다는 연구 결과도 있

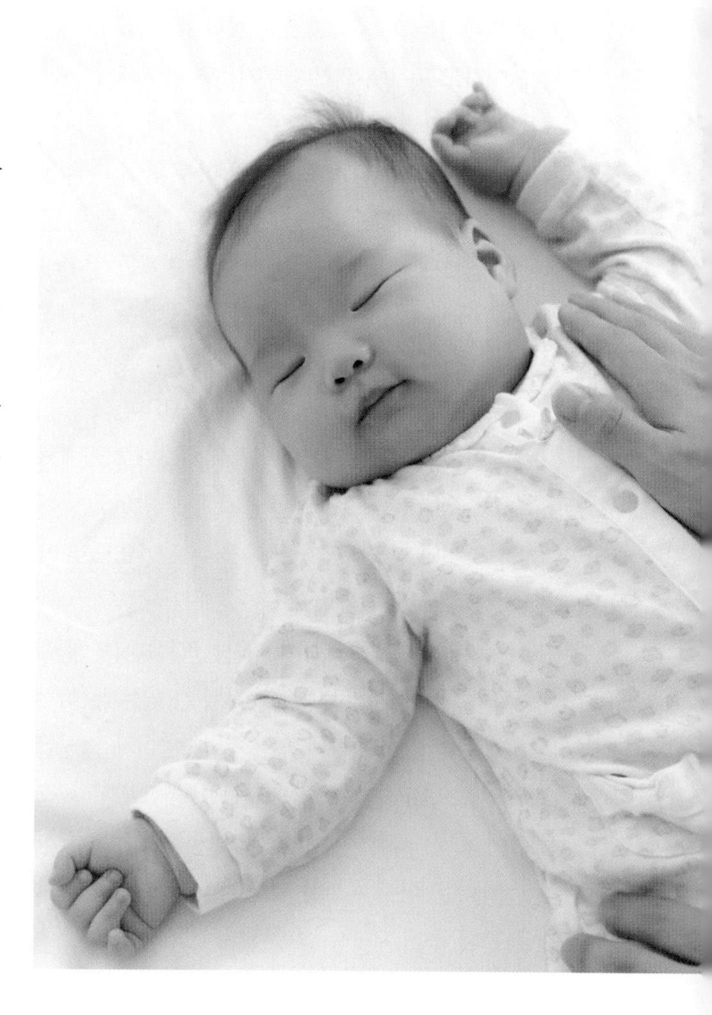

으므로 아이의 건강을 위해 가전제품의 영향을 가장 덜 받는 곳에 잠자리를 만드는 것이 좋다.

온돌방에서 생활할 경우

엄마 아빠가 바닥에서 잠을 잔다면 아이도 온돌방에 잠자리를 만들어야 돌보기 편하다. 쾌적한 잠자리를 위해서는 가볍고 통기성이 좋은 면으로 된 침구류를 선택하는 것이 좋다.
아이 요를 고를 때는 너무 푹신한 것은 피한다. 엎드려 잘 경우 얼굴이 묻혀 호흡을 방해할 수 있기 때문이다. 이불도 너무 두껍거나 무거우면 아이에게 부담스러우므로 가볍고 두껍지 않은 것이 좋다. 돌까지는 베개 사용은 권장하지 않는다. 또 하루 종일 바닥에 침구류를 펴놓기 때문에 방 안의 먼지가 이불에 많이 묻게 되므로 하루에 한 번 정도씩 먼지를 털어내는 것이 아이의 건강을 위해 좋다.

침대를 사용할 경우

아이는 자면서 몸을 많이 뒤척인다. 자다가 침대에서 떨어지지 않도록 칸막이가 있는 침대를 선택하고, 아이가 칸막이나 장식에 부딪쳐 다칠 수도 있으므로 안전 범퍼를 고정하는 것이 좋다.
또 아이가 좋아한다고 인형이나 장난감을 비롯해 베개, 쿠션 등을 침대에 넣어두는 경우가 있는데, 이것들이 잠자는 아이의 코나 입을 막아 아이가 질식할 수도 있으므로 각별히 주의해야 한다. 모빌이나 끈 등도 아이 침대 가까이 매달거나 걸쳐놓지 않도록 한다. 침대에는 이불 세트만 넣어두는 것이 아이의 안전을 위해 좋다.

숙면을 취할 수 있는 온도와 습도

아이는 너무 덥거나 추워도 잠을 잘 이루지 못하므로 잠들기 좋은 온도와 습도를 유지해주는 것도 중요하다. 계절과 상관없이 집 안의 온도는 20~25℃ 정도를 유지하는 것이 좋다. 실내 온도는 아이가 주로 생활하는 공간에서 재야 아이가 체감하는 온도를 정확히 알 수 있다. 겨울이라고 해서 실내 온도를 많이 높일 필요는 없고, 실내와 바깥의 온도차가 5℃ 이상 벌어지지 않게 조절하는 것이 건강에 좋다.
어느 계절이든 가장 적당한 실내 습도는 50~60% 정도다. 실내가 건조하다는 생각에 계속해서 가습기를 틀어놓으면 방 안에 곰팡이나 집 먼지 진드기가 더 많아져 천식, 알레르기, 비염 등의 증상을 일으킬 수 있다. 가습기 등으로 습도를 높여주되, 습도계를 보면서 습도가 적당한지 자주 살펴야 한다. 가습기로 방 안 습기를 조절하는 게 일반적이지만, 가습기 청소가 번거롭다면 방 안에 빨래를 널어두는 것도 방법이다. 쾌적한 잠자리를 위해 히터나 에어컨 같은 냉난방 기구를 사용하는 경우가 많은데, 이럴 경우 아이에게 따뜻한 바람이나 찬 기운이 직접 닿지 않도록 주의해야 한다.

아이 뉘어 재우는 방법

우리나라의 전통 육아법은 아이를 똑바로 눕혀서 키우는 것이었다. 그러나 둥글고 납작한 얼굴보다는 길고 갸름한 얼굴을 선호하는 신세대 부모들은 아이를 엎어 재우는 경향이 늘고 있다.

바로 재우기

아이를 바로 뉘어 재우면 엄마가 언제라도 아이의 상태를 살필 수 있어 아이가 필요로 하는 상황에 즉각적인 대처를 할 수 있다. 아이가 잠에서 깨었을 때 바로 엄마와 눈을 맞출 수 있다는 것도 장점이다. 잠이 깬 후 바로 엄마를 발견하면 아이는 심리적인 안정감을 느낀다. 또한 바로 뉘어 재우면 턱뼈가 반달형으로 발달해 치아가 날 공간이 충분히 확보되어 치아가 고르게 난다.

그러나 몸을 뒤집고 머리를 가눌 수 있을 때까지 한 방향으로 누워 있게 돼 머리가 눌려 뒤통수가 평평하고 납작해지며, 잠을 자다 토할 경우 구토물이 기도로 넘어갈 수 있다는 염려가 따른다.

하지만 영아 돌연사의 위험이 확실히 줄어든다는 점에서 가장 안전한 수면 자세다. 아이를 바로 뉘어 재울 때는 가끔 머리와 다리를 바꿔 눕히면 뒤통수가 찌그러지는 것을 막을 수 있다.

엎어 재우기

예쁜 머리 모양을 만들어줄 욕심으로 아이를 엎어 재우는 부모가 적지 않다. 물론 사람의 심장은 앞쪽에 있기 때문에 아이를 엎어 재우면 심장으로 혈액이 들어오기 쉬워져 순환기 활동이 한결 부드러워진다. 또한 엄마 뱃속에서 웅크린 자세로 있었기 때문에 바로 누워 자는 것보다 편안하게 숙면을 취할 수 있다. 성장도 빨라 생후 2개월부터 목을 가누는 경우가 많고, 발로 이불을 걷어차지 않아 감기나 배탈이 날 우려가 줄어든다.

그러나 이 모든 장점에도 불구하고 스스로 목을 가누지 못한 상태에서 뒤척이다 자칫 이불이나 베개에 코를 묻어 질식사할 위험이 있어 권장하지 않는다. 아이를 엎어서 재울 때는 부모가 옆에서 항상 지켜보아야 한다.

아이 누이기

1 똑바로, 옆으로 아이 누이기.

2 이불 대신 타월 덮어주기.

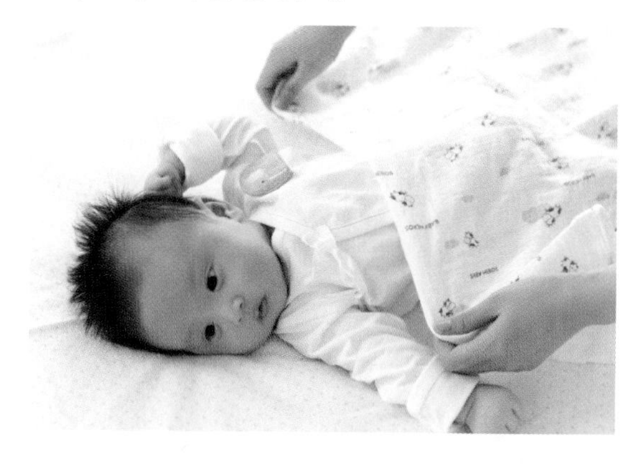

Chapter **3**

모유와 분유 수유

모유 수유는 왜 해야 할까?

모유는 아이에게 그 무엇보다 완벽한 식품이다. 아무리 좋은 분유도 모유를 따라올 수는 없다. 아직도 모유의 신비는 다 밝혀지지 않았는데, 알면 알수록 모유가 아이와 엄마 모두에게 최상의 선택임은 분명하다. 모유가 좋은 이유, 모유를 먹이는 방법에 대해 알아본다.

아이에게 좋은 점

소화가 잘되는 완전 영양 식품

모유에는 아이에게 필요한 수분, 유당, 지방, 단백질, 비타민, 무기질 등의 영양분이 충분하고, 아이가 소화시키기 쉬운 형태로 잘 섞여 있다. 아이의 요구에 따라 너무 묽지도 너무 진하지도 않게 농도가 자동으로 조절되며, 개월 수에 맞게 영양분의 조성이 변한다. 따라서 모유를 먹는 아이들은 분유를 먹는 아이에 비해 트림을 적게 해도 덜 토하며 소화를 잘 시킨다. 또한 대변의 냄새가 적고 약간 묽으면서 안정적인 배변 패턴을 보인다.

모유는 아이의 첫 번째 예방주사

모유를 먹이면 분유를 먹인 아이보다 질병에 덜 걸린다. 모유를 아이의 첫 번째 예방주사라고 할 만큼 질병 예방에 아주 중요한 역할을 하기 때문이다. 특히 출생 후 첫 수일간 나오는 초유는 면역 성분이 농축된 젖이므로 반드시 먹여야 한다. 이러한 감염 예방 효과는 미숙아들에게 더욱 중요하다. 분유를 먹인 경우 모유를 먹인 아이에 비해 장염(3배), 뇌수막염(3.8배), 중이염(3배), 요로감염(2.5배), 폐렴(2~5배)에 더 잘 걸린다는 통계도 나와 있다.

모유는 두뇌 발달에도 최고

모유를 먹이면 아이의 머리도 좋아진다. 모유 속에는 두뇌와 신경 발달에 꼭 필요한 DHA, 아라키돈산(AA) 등이 적절한 비율로 풍부하게 들어 있어 아이의 급속한 두뇌, 망막, 신경 조직의 발달을 촉진한다. 분유에 첨가된 합성 DHA와 달리 다른 성분들과 딱 맞는 비율로 조화를 이루어 두뇌 발달에 더 적합하며, 먹었을 때의 흡수율도 훨씬 좋아서다. 그 결과 모유를 먹인 아이의 IQ가 더 높고 다른 인지 능력도 좋은 것으로 나타났다.

알레르기, 당뇨병의 확률이 낮아진다

모유는 아이를 위해 엄마 몸에서 자연스럽게 만들어지는 먹거리로, 당연히 소의 젖으로 만든 분유에 비해 알레르기를 적게 일으킨다. 또한 모유를 먹이면 분유를 먹인 아이들보다 아토피 피부염, 천식과 같은 알레르기성 질환에 덜 노출된다. 그러나 이러한 효과는 모유를 6개월 이상 먹여야 뚜렷하게 나타난다. 또한 2개월 이상 모유를 먹이면 당뇨병 발병률이 50% 이상 감소한다는 연구 결과도 있다.

비만을 예방한다

생후 3~4개월까지는 모유를 먹이든 분유를 먹이든 몸무게가 비슷하게 는다. 하지만 4~12개월 사이에는 분유를 먹인 아이들이 키는 같은데 몸무게는 더 많이 늘어난다. 분유를 먹일 경우 젖병이 다 빌 때까지 먹다 보면 과식을 할 수 있어 과체중이 될 확률이 좀 더 높은 것이다. 모유에는 아디포넥틴이라는 단백질이 들어 있어 지방 분해에 영향을 주는데, 이것이 성인이 되어서도 비만에 걸릴 가능성을 낮춰준다. 또한 모유는 젖병을 빨 때보다 60배의 힘이 더 들어가 먹는 양을 조절하게 된다.

아이의 정서적 안정과 엄마와의 유대감 형성

갑자기 세상에 나온 아이는 불안하고 힘든 상황에 놓인다. 이때 엄마 품에 안겨 심장 소리를 들으며 젖을 빨면, 자궁 안에 있을 때와 같은 안정감을 느낀다. 모유를 먹이면서 갖는 충분한 스킨십과 정서적 소통은 아이의 정서 발달에 좋은 영향을 끼친다. 엄마 역시 누구도 대신할 수 없는 일을 했다는 자신감과 유대감을 갖게 되어 아이와 엄마는 평생 끈끈한 삶의 동반자로서 첫발을 내딛게 된다.

엄마에게 좋은 점

빠른 산후 회복

아이가 젖을 빨면 옥시토신이라는 호르몬이 분비되는데, 이것은 모유가 잘 나오게 하는 역할도 하지만 자궁의 수축을 도와 산후 출혈을 줄여준다. 또한 수유 시 나오는 프로락틴이라는 호르몬은 아이에 대한 모성애를 유발하고 스트레스를 조절해줘 산후우울증을 예방하는 효과가 있다. 임신 중에 급격히 늘어난 체중도 모유 수유를 하면 쉽게 뺄 수 있다. 수유 자체가 상당한 에너지를 소비하기 때문에 임신 중 축적된 지방이 연소돼 산후 다이어트에 매우 효과적이다.

피임 효과와 유방암 및 난소암 예방 효과

아이에게 모유만 먹이고 생리가 돌아오지 않았으며 출산 후 6개월이 되지 않았다면, 모유 수유만으로도 98% 정도의 피임 효과가 있다. 모유 수유를 하면 생리 주기 조절 호르몬들의 이상 분비를 막아 유방암의 발생률이 감소하며, 배란이 억제되어 난소암에 걸릴 가능성도 낮아진다. 모유를 먹이는 엄마는 뼈도 더 튼튼해져 골다공증이 적다.

간편하고 빠르며 경제적인 수유

분유 수유는 물을 끓이고 분유를 갖고 다니고 젖병 관리와 위생 걱정까지, 해야 할 일이 많다. 그런 면에서 모유 수유는 간편하게 아이를 먹일 수 있으며 위생에 대한 염려도 없다. 또한 분유 수유에 따르는 비용을 절감할 수 있고, 아이가 질병에 덜 걸려 의료비까지 줄일 수 있어 경제적인 효과도 크다.

모유 수유 성공 노하우

모유 수유도 방법을 알아야 성공한다. 가장 중요한 것은 신생아 시기에 어떻게 시작하느냐다. 출산 전에 모유 수유에 대한 교육을 충분히 받고 준비를 해두어야 출산 직후 정신없는 상황에서도 원칙을 가지고 수유를 할 수 있다. 모유 수유의 성공을 위한 기본 원칙과 노하우를 제시한다.

신생아 모유 수유의 성공을 위한 기본 원칙

출생 후 되도록 빨리 모유 수유를 시작한다

아이가 태어나면 되도록 빨리, 30분~1시간 이내에 젖을 물려야 한다. 산전에 미리 모유 수유에 대한 충분한 교육을 받고, 병원의 적극적인 도움도 받는다. 제왕절개 수술을 하면 산모의 컨디션이 회복될 때까지 적어도 2~3일간 젖을 물리기 어려운 경우가 많으므로 가능하면 자연 분만을 하는 것이 좋다.

아이가 원할 때마다 먹인다

생후 1~2개월에는 아이가 배고파할 때마다 젖을 물려야 한다. 잘 자던 아이가 깨어나서 움직이는 모습을 보이거나 입을 벌리고 빨려고 하는 것은 배가 고프다는 표현이다. 이때 바로 수유를 해야 한다. 아이가 울기 시작하면 늦은 것이다. 이렇게 자주 아이 상태를 살피고 먹이려면 출산 후 바로 모자동실을 하는 것이 좋다.

하루에 적어도 8~12회 먹인다

신생아는 보통 1~3시간 간격으로 수유를 해야 한다. 이는 아이의 영양 섭취에도 필요한 일이지만 초기의 모유 분비를 촉진시키는 중요한 과정이다. 아이가 젖을 자주 빨아야 모유량이 늘기 때문이다. 신생아가 4시간 이상 잔다면 깨워서라도 먹여야 한다. 이는 밤에도 마찬가지다.

한쪽 젖을 10~15분간 충분히, 양쪽을 먹인다

한 번 수유 시 한쪽 젖을 10~15분 이상 충분히 비울 때까지 먹이고, 다시 다른 쪽 젖을 10~15분 정도 먹인다. 그 다음 수유할 때는 전에 두 번째로 물렸던 젖을 먼저 물리며, 이렇게 번갈아 양쪽 젖을 골고루 빨려야 동시에 모유량이 늘어난다. 아이들이 먹다가 잠드는 경우 어르고 깨워서 되도록 양쪽 젖을 모두 먹도록 유도한다.

모유만 먹인다

모유는 아이가 빠는 만큼 나오기 때문에 초기에 수유를 얼마나 자주 하느냐가 매우 중요하다. 첫날은 초유가 50cc도 채 나오지 않지만 열심히 젖을 빨릴 경우 5~7일이 지나면 하루에 500~700cc까지 급격하게 늘어난다. 따라서 처음에 모유량이 적다고 다른 것을 먹이면 수유 횟수가 줄고 결국 젖도 점점 안 나온다. 출생 후 수일간 소량의 엄마 젖만 먹어도 아이에게는 충분한 양이므로 걱정할 필요 없다. 의학적으로 필요한 사항이 아니라면 분유, 물, 설탕물, 보리차 등은 먹이지 않는다.

젖병이나 노리개 젖꼭지를 사용하지 않는다

의학적인 이유로 불가피하게 분유를 먹여야 할 때도 되도록 젖병 대신 컵, 숟가락, 주사기 등을 사용한다. 젖병의 젖꼭지와 엄마의 유두 구조가 달라 아이들이 혼란을 느낄 수 있기 때문이다. 노리개 젖꼭지도 마찬가지다.

혼합 수유를 했거나 엄마에게 질병이 있어도 모유 수유를 한다

출생 후 병원이나 조리원에서 분유를 같이 먹였더라도 대부분 모유 수유가 가능하다. 원칙대로 열심히 자주 젖을 물리면 모유량이 충분히 늘고 아이도 모유 수유에 적응하기 때문이다. 또한 아주 예외적인 경우를 빼면 대부분 엄마에게 질병이 있어 약물을 복용 중이어도 모유 수유가 가능하다. 모유 수유를 금지해야 하는 의학적 사항은 HIV 감염, 초기 CMV 감염, 초기 HBV 감염, 패혈증, 활동성 결핵, 장티푸스, 유방암, 말라리아 등이다. 잘 모를 때는 엄마가 임의로 모유를 끊지 말고 의사와 상의해 되도록 모유 수유를 유지하는 것이 좋다.

모유 수유 시 주의할 점

신생아에게 젖을 짜서 먹이지 않는다

의학적인 이유가 있어 직접 모유 수유를 할 수 없는 상황이라면 단기간은 젖을 짜서 먹여도 된다. 하지만 기본적으로 짜서 먹이면 모유량이 잘 늘지 않고 유축하는 데 시간이 많이 걸려 모유 먹이기가 훨씬 더 힘들어진다. 결국 모유 수유 자체를 실패할 가능성이 높아지므로 특별한 이유가 없다면 짜서 먹이지 말고 직접 수유한다.

오곡 가루, 설탕물, 보리차를 먹이지 않는다

일부 사람들이 주장하는 바에 현혹되어 신생아에게 오곡 가루를 먹이는 일은 절대로 피해야 한다. 생후 4개월 이전에 곡식을 먹이면 소화에 문제가 생길 뿐 아니라 알레르기 체질로 발전할 수 있다. 설탕물도 필요하지 않으며, 이유식을 하기 전에는 보리차도 먹일 필요가 없다.

황달 때문에 모유를 끊는 것도 주의한다

신생아는 대부분 황달을 보이는데, 모유 수유에 의해 황달 수치가 올라가거나 오래 지속되는 경우가 있다. 황달이 심하지 않을 때는 자연적으로 호전되는데, 심할 경우 치료 및 원인 확인 목적으로 2~3일간 모유를 중단하기도 한다. 이러한 결정은 반드시 의사의 지시를 따라야 하며, 모유 수유를 중단했더라도 유축을 지속해 젖이 마르지 않도록 노력해야 한다.

설사를 해도 모유를 끊지 않는다

아이가 장염에 걸려 설사를 하더라도 모유를 끊지 않는다. 오히려 탈수가 되지 않도록 평상시대로 모유를 잘 먹이며 병원에서 필요한 치료를 받는다.

B형 간염 보유자도 모유 수유를 한다

엄마가 B형 간염 보유자라도 출생 직후 아이에게 헤파빅(B형 간염 면역글로불린)과 B형 간염 1차 예방접종을 했다면, 모유 수유를 시작해도 아무 문제가 없다. 간염이 활동성이든 비활동성이든 상관없이 가능하다. 보통 산부인과에서 일괄적으로 관리하므로 B형 간염 보유자인 산모도 편안하게 모유 수유를 하면 된다.

젖이 모자랄 때나 밤에도 분유를 먹이지 않는다

산후조리원에 있는 엄마들이 밤에는 쉬겠다며 분유를 먹이는 경우가 있다. 그러나 밤에 젖을 먹이지 않으면 모유가 제대로 늘지 않고, 유방 울혈이 생기기도 한다. 힘들더라도 초기 모유 수유를 쉬지 말아야 한다. 또 젖이 모자라거나 몸무게가 적다고 무조건 분유를 같이 먹이는 것은 권하지 않는다. 젖의 양이 정말 적다면 모유량을 늘리는 방법을 적극적으로 시도해보고, 그래도 필요하면 전문가와 상의해 적절한 양으로 분유를 보충한다. 너무 일찍 포기하고 분유 수유로 바꾸는 것은 바람직하지 않다.

모유를 먹이는 올바른 자세 및 방법

젖 먹이는 자세

요람식 자세

가장 일반적인 수유 자세로 대부분의 엄마들이 무난하게 할 수 있다. 엄마의 팔꿈치 안쪽에 아이 머리를 올려놓고 유두와 아이 입이 맞닿게 한다. 아이 머리 쪽의 손으로 아이의 등을 받치고, 반대편 손으로 아이 엉덩이를 감싸 안는다. 아이의 얼굴과 어깨, 엉덩이가 수평이 되도록 안아야 아이가 편하다.

미식축구공 잡기식 자세

제왕절개로 출산해 아이를 배 쪽으로 안기 힘든 엄마, 유방이 크거나 평평 유두인 엄마에게 알맞은 자세다. 엄마의 옆구리에 아이 몸을 대고 팔 전체로 아이를 감싼 후 팔 아래 쿠션을 받친다. 아이 얼굴은 유두 쪽을 향한 채 아이 몸이 엄마에게 붙도록 안는다. 손으로 아이 머리와 목, 어깨를 잘 지탱해야 하며 팔꿈치로 아이 엉덩이를 받쳐 아이 몸이 수평이 되도록 해야 편안하다.

누워서 먹이는 자세

엄마가 힘들거나 밤에 자면서 수유할 때 주로 취하는 자세다. 엄마가 옆으로 누운 상태에서 수유하려는 젖 쪽의 팔에 아이 등을 받치고 아이를 유두 쪽으로 비스듬히 눕힌다. 수건이나 베개로 아이 등 쪽을 받쳐 주면 아이가 편안하다.

교차 요람식 자세

젖 무는 걸 힘들어하는 아이, 목을 잘 가누지 못하는 아이, 엄마가 아이 머리를 받치는 데 익숙지 않을 때 좋은 자세다. 수유하려는 젖과 반대편 팔로 아이 몸을 받치고 손으로 아이의 머리와 목, 어깨를 지탱해준다. 아이의 몸 전체가 엄마와 밀착되도록 당겨 안고 아이 입과 유두가 맞닿게 한다. 물리는 젖 쪽의 손은 유방을 받쳐 아이가 젖을 잘 물도록 돕는다.

젖 먹이는 순서

1 아이 머리가 닿는 엄마 팔에 수건을 두른다.

2 젖을 물린다. 엄마 손으로 유방의 아래위를 C자형으로 잡아 아이가 물기 쉽게 한다. 유두로 아이 입술을 살짝 건드려주면 아이가 입을 벌리거나 엄마가 '아' 소리를 내면 따라서 입을 벌린다. 이때 아이의 혀가 유륜을 충분히 감싸도록 깊숙하게 유두를 밀어 넣는다. 아이가 젖을 제대로 물면 아이의 턱은 크게 벌어져 유방을 누르고 코는 엄마의 젖 위에 살짝 닿는다. 깊이 물리지 않으면 아이의 혀 위에 유두가 놓이지 않아 수유가 잘 안 되고, 유두 끝만 심하게 빨아 상처가 나고 통증이 생길 수 있다.

3 젖을 뗀다. 젖을 빨고 있는 아이의 입안은 진공 상태에 가까우므로 아이의 입 가장자리에 손가락을 밀어 넣어 입안으로 공기가 들어가게 해 음압을 제거한 다음 아이 머리를 옆으로 떼어낸다. 아이가 젖을 물고 있을 때 억지로 빼면 반사적으로 유두를 꽉 물어 상처를 입을 수 있으므로 주의한다.

4 트림을 시킨다. 아이들은 젖을 빨면서 공기도 같이 삼키므로 수유 후 트림을 시켜주어야 소화도 잘되고 토하는 일이 줄어든다. 아이를 똑바로 세워 안은 뒤 머리를 엄마의 어깨에 기대게 하고 등을 부드럽게 쓸어내리거나 살살 두드려준다. 또는 아이를 무릎에 앉히고 한 손으로 머리를 잘 지탱한 채 등을 쓸어주어도 된다. 이렇게 했는데도 트림을 하지 않으면 굳이 무리할 필요 없이 반대쪽 젖을 물리거나 배가 부르다면 재워도 된다.

5 먹고 남은 젖을 짜낸다. 아이가 충분히 먹었는데도 젖이 남는다면 짜내는 것이 좋다. 젖이 남아 있으면 새로 생기는 젖의 양이 줄고, 고여 있던 젖 때문에 유방 울혈이나 유선염에 걸릴 수 있다.

7 가슴을 닦고 말린다. 수유 후 미지근한 물로 가볍게 헹구고 물기가 남지 않도록 말린다. 이후 수유 패드를 대면 젖이 새어나와 오염되는 것을 방지할 수 있다.

젖 먹이기

1 아이 뺨을 건드려 젖 먹일 준비를 시킨다.

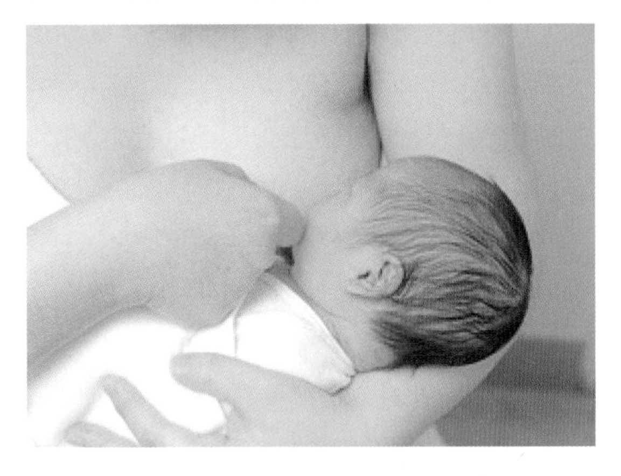

2 아이와 눈을 맞춘다.

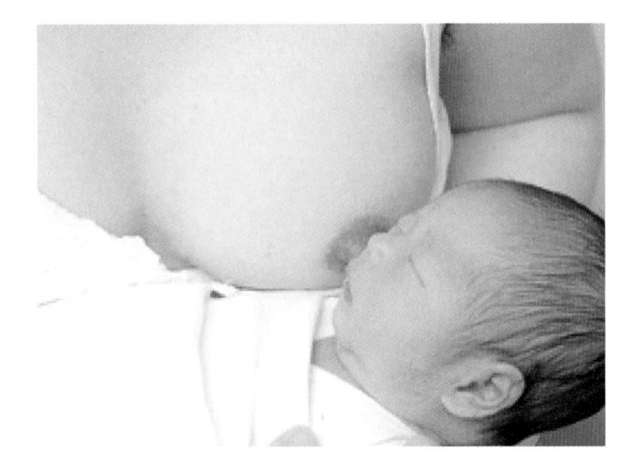

3 젖을 빨고 있는지 확인한다.

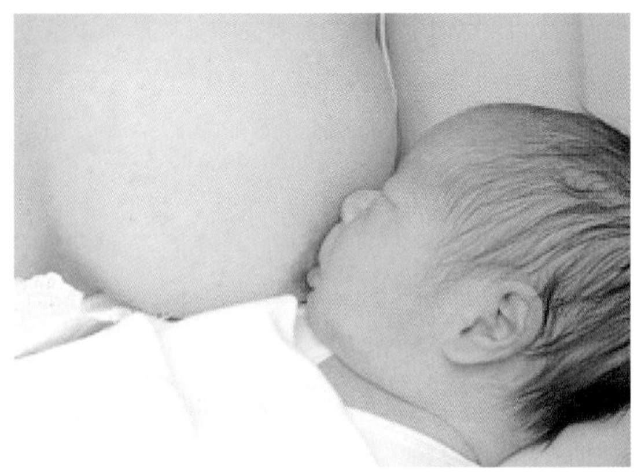

4 젖을 입에서 뺀다.

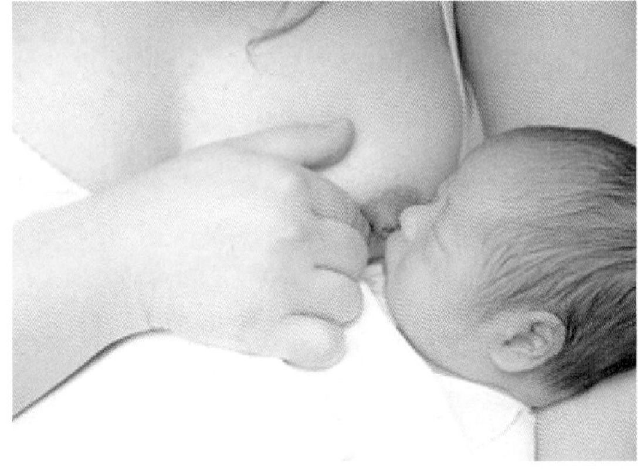

올바른 유축기 사용법

유축기는 모유의 양의 많이 부족할 때 젖을 증가시키는 효과적인 도구다. 또한 직장에 다니는 엄마들이 직장 복귀 후에도 모유 수유를 지속할 수 있는 필수 아이템이기도 하다. 올바른 유축기 사용법을 제시한다.

부족한 모유량을 늘리기 위한 유축

아이에게 열심히 젖을 물려도 모유량이 부족할 때는, 아이에게 젖을 먹이면서 유축기를 함께 사용하면 모유 생성이 촉진된다. 아이가 젖을 완전히 비우지 못했을 때 남은 젖을 유축기로 완전히 짜내면 유방을 깨끗이 비울 수 있어 모유가 늘어나는 것이다. 이때는 양쪽 젖을 동시에 짜는 병원용 유축기를 사용하는 것이 효과가 더 좋은데, 아이에게 수유한 뒤 양쪽 젖을 10~15분 정도 짜낸다. 쌍둥이를 낳은 엄마들이 두 명의 아이에게 젖을 물리면서 2인분의 모유를 만들어내는 것처럼, 유축기가 쌍둥이 동생과 같은 역할을 한다. 유축기는 시중에서 개인에게 파는 비교적 싼 제품보다 성능이 좋고 비싼 병원용 유축기를 대여하는 것이 더 좋다.

워킹맘을 위한 유축기 사용 노하우

출산 후 한 달은 직접 모유 수유를 한다

아이를 낳고 한 달 동안은 하루 종일 아이와 함께 지내며 꾸준히 모유 수유를 해야 한다. 분유는 되도록 먹이지 말고 아이가 먹고 싶어 할 때마다 하루 8~12회 직접 젖을 빨리는 것이 좋다. 그래야 모유량도 잘 늘고, 아이가 모유에 적응을 해 엄마와 떨어져 있어도 모유를 먹는 데 익숙해진다.

출근 전에 유축기 사용법을 익힌다

성능이 좋은 전동식 유축기를 대여해 적어도 출근 2주 전부터는 서서히 횟수를 늘려가며 유축기로 젖을 짜는 연습을 한다. 이때 짠 젖을 냉동 보관하면 출근 후 처음 몇 주간 먹일 양이 된다. 출근하기 며칠 전부터는 직장에서 유축할 수 있는 시간을 계산해 비슷한 시간대에 젖을 짜고, 출근 전과 퇴근 후에 직접 수유하는 것도 연습해본다. 엄마가 일하기 시작하면 처음 2~3주에는 엄마 몸이 피곤하거나 유축이 익숙지 않아 힘들지만, 이후에는 적응이 되어 괜찮아진다.

아이에게 짜놓은 모유를 먹인다

일하기 전 2주간 모아놓은 모유를 젖병에 담아 먹이는 연습을 한다. 엄마 젖만 물던 아이가 처음에는 젖병을 거부할 수도 있는데, 이럴 때는 아이가 기분이 좋을 때 소량만 담아 먹여보고 싫어할 경우 무리하게 10분 이상 시도하지 않는다. 서서히 먹이는 양과 횟수를 늘리고 마지막 며칠 동안 엄마가 없을 시간에 맞춰 젖병으로 완전히 먹이는 연습을 한다.

짜놓은 모유 보관하기

출근 2주 전부터 모유를 모아두면 출근 후 갑자기 젖이 줄거나 직장에서 유축할 수 없는 상황이 발생하는 등의 비상사태에 대비할 수 있다. 젖을 짜서 모유 보관 비닐 팩에 담고 날짜와 시간, 양을 적은 후 바로 냉동시킨다. 냉동 상태로는 3~4개월, 냉장실이나 아이스박스에서는 24시간, 실온에서는 8~10시간가량 보관 가능하다. 냉동·냉장 보관된 모유는 따뜻한 물에 중탕해 체온과 비슷한 온도로 맞춰 먹여야 한다. 한 번 데웠다가 남은 모유를 다시 냉동 보관하거나 다시 데워 먹이면 안 된다. 또 얼렸던 모유를 녹이면 지방 성분이 분리되어 이물질이 뜬 것처럼 보이는데, 이상 없으므로 잘 흔들어서 먹인다.

유축기 사용 시 주의사항

유축기는 전동식을 사용하는 것이 좋다. 먼저 사용 설명서를 잘 읽은 뒤 세기 버튼을 중간 정도로 놓고 시작해본다. 이때 유두와 유축기 구멍이 일직선으로 수평을 이루도록 고정한 다음 시작해야 한다. 양쪽 젖을 동시에 짜는 것이 좋으며, 10~15분 정도 지속해서 젖이 남지 않도록 마지막까지 짠다. 유축기로 짠 후에 손으로 한 번 더 마무리하며 짜면 남는 젖이 없다. 만약 유축기를 사용할 때 통증이 느껴진다면 유축기 성능이 좋지 않거나 유축기 압력이 너무 높아서일 수 있다. 또는 수유 깔때기의 크기가 엄마 유방과 맞지 않거나, 너무 오래 젖을 짰을 때도 아플 수 있다.

수유 중 트러블

모유 수유 중에는 엄마가 아프거나 유방에 문제가 생기거나, 아이가 잘 먹지 않거나, 아이의 몸무게가 잘 늘지 않는 등 여러 가지 문제가 발생할 수 있다. 이러한 문제들로 인해 모유 수유를 실패하지 않도록 각 상황별로 원인과 해법을 알아본다.

엄마의 문제

젖몸살(유방 울혈)

유방 울혈, 즉 젖몸살로 인한 통증은 주로 신생아 시기에 나타난다. 아이를 낳은 첫 주에 급격하게 모유가 늘어나는데, 이때 제대로 젖을 먹여 비우지 않으면 유방에 젖이 고여 꽉 찬 느낌이 들다가 심해지면 팽팽하게 붓고 엄청 아프다. 이런 증상은 신생아 때 이후로도 엄마가 모유 수유를 하지 못해 젖이 차 있는 경우 언제든 생길 수 있다. 울혈이 생기면 통증도 심하지만 유방이 너무 부어 아이가 유두를 물기 어려울 수도 있다. 수유가 잘 안 되면 젖이 고여 울혈이 더 심해지고, 이렇게 며칠 지나면 모유량이 줄고 유선염에 걸릴 가능성이 높다. 유방 울혈이 생겼을 때 가장 좋은 치료법은 아이에게 젖을 자주 먹이는 것이다. 수유 자세나 방법이 잘못되지 않았는지 체크하고 완전히 젖을 비울 때까지 수유하는 것이 중요하다. 유륜까지 부어 아이가 잘 물지 못할 때는 손이나 유축기로 조금 짜서 압력을 좀 낮춘 뒤 유륜 주변을 손가락으로 눌러 아이가 물 수 있는 자리를 만들어준다. 수유 전에 온찜질이나 따뜻한 샤워로 젖 흐름을 도우면 좋고, 수유 후에는 찬 물수건이나 얼음 팩을 수건에 싸서 냉찜질을 하면 통증과 부기가 가라앉는다. 너무 심하게 아플 때는 타이레놀이나 부루펜 같은 진통제를 먹어도 된다. 엄마 혼자서 해결하기 어렵다면 병원을 방문해 전문가의 도움을 받는다.

이스트 감염으로 인한 통증

이스트 감염은 곰팡이가 엄마 유방에 감염을 일으키는 병으로 수유 후에 심하게 아픈 것이 특징이다. 겉으로는 괜찮아 보이는 경우가 많지만 유두가 하얗게 보이거나 갈라지거나 붉은색이 되거나 껍질이 벗겨지기도 한다. 젖을 먹이기 전에는 괜찮다가 수유를 시작하면 조금 아프기 시작해 끝나고 나면 더 많이 아프다. 찌르는 듯하고 타는 듯한 통증이 몇 분에서 몇 시간 동안 지속되어 엄마가 매우 괴롭다. 이스트 감염은 최근에 항생제 치료를 받았거나, 유축기를 잘못 사용했거나, 유두에 상처가 났거나, 아이의 입에 아구창이 있었던 경우에 생길 수 있다. 이스트 감염이 의심되면 꼭 의사의 진료를 받고, 항진균제 연고 처방을 받아 유두와 유륜에 발라야 한다. 항진균제 연고는 하루 4회씩 적어도 2주 이상 사용해야 하며, 연고를 닦아내지 않고 그냥 수유해도 된다. 아이가 먹어도 문제없기 때문이다. 아이 입에 아구창이 있다면 아이도 소아과 의사의 처방에 따라 치료해야 한다. 이스트 감염은 치료 중에도 수유를 꼭 유지해야 한다. 단, 감염 중에 짠 젖을 냉동 보관해서는 안 된다. 곰팡이는 얼려도 죽지 않기 때문에 보관했다가 치료 후 먹이면 재감염될 수 있다. 이스트 감염의 원인이 되는 곰팡이는 젖과 습기를 좋아하므로 수유 후 매번 유방을 깨끗이 닦고 잘 말려야 한다. 아이 입에 들어가는 노리개 젖꼭지, 장난감, 젖병, 그리고 엄마가 사용하는 브래지어 등은 청결과 살균에 신경 써야 한다.

유선염

유선염이란 젖이 유방에 고여 있다가 세균에 감염되어 염증이 생긴 것이다. 유방 울혈과 유선염은 사촌간이라고 보면 되는데, 젖이 고인 상태가 울혈이고 고인 젖에 염증이 생기면 유선염이다. 갑자기 유방이 아프면서 38.5℃ 이상의 발열과 함께 온몸이 쑤시고 오한이 나기도 하는 증상을 보인다. 유선염이 생긴 부위가 쐐기 모양으로 빨갛게 변하며 열감이 느껴지고 붓고 찌르듯이 아프다. 유선염은 갑자기 수유 횟수를 줄이거나 수유를 빼먹는 바람에 젖을 제대로 비우지 않았을 경우, 아이가 유두에 상처를 냈을 경우, 유방 울혈을 잘 치료하지 않은 경우에 잘 생긴다. 또 너무 꽉 끼는 브래지어를 입어도 유방에 압박이 가해져 유관이 막히고 이 부위에 젖이 고여 염증이 생길 수 있다. 유선염에 걸리면 그쪽 젖을 더 자주 더 열심히 빨려야 한다. 유선염이 생긴 쪽의 젖은 약간 짠맛이 돌아 아이가 먹지 않으려 할 수도 있지만, 아픈 젖을 짜주면서 기다리면 며칠 후 원래 맛으로 돌아온다. 유방 울혈 때와 마찬가지로 온찜질, 냉찜질을 하면서 부드러운 마사지를 하고 푹 쉬는 것이 중요하다. 열이 날 경우 반드시 의사의 진료를 받고 항생제를 처방받아 복용해야 한다. 항생제는 대개 10~14일 정도 먹어야 하는데, 증상이 좋아지더라도 정해진 날짜까지 약을 중단해서는 안 된다. 이때 먹는 약이 아이에게 해로울까 걱정할 필요는 없다.

함몰 유두인 엄마의 수유

함몰 유두란 수유할 때 유두가 튀어나오지 않는 경우를 말한다. 그냥 보았을 때 유두가 평평하거나 들어가 있는 경우, 젖꼭지가 들어가 있더라도 유륜 부위를 잡고 누르면 유두가 나오는 경우는 함몰 유두가 아니다. 진짜 함몰 유두는 생각보다 드문 편이라 엄마들이 자신이 함몰 유두라고 걱정하더라도 아닐 가능성이 높다.또 진짜 함몰 유두라도 약간의 노력만 더한다면 모유 수유에 문제가 없다. 아이가 물 때 처음에는 약간 힘든 면이 있지만, 아이가 제대로 젖을 물 때는 유두가 아니라 유륜 전체를 물게 되므로 수유 자세를 잘 잡고 젖을 깊숙이 물리면 된다. 예전에는 출산 전에 함몰 유두 교정기나 유두에 자극을 주는 방법을 사용하도록 했지만, 이제는 권장하지 않는다. 함몰 유두 교정기를 꼭 쓰려면 출산 후에 사용한다.

모유량이 너무 많을 때

수유 후 젖을 짜주라는 말을 듣고 모유량이 많은데도

매번 수유 후 젖을 짜면 젖의 양이 점점 더 많아져 문제가 된다. 모유가 한꺼번에 너무 많이 나오면 아이가 빨기에 바빠 자주 사레가 들리며 숨이 막혀 헐떡거리는 모습을 보인다. 또한 아이가 수분과 유당이 많은 전유(앞쪽 젖)만 먹게 되어 지방과 칼로리가 풍부한 후유(뒤쪽 젖)는 먹지 못하는 사태가 발생할 수 있다. 이런 경우 전유후유 불균형으로 대변을 보는 횟수가 지나치게 잦고 묽으며 녹색 변의 양상을 띠고, 아이가 자주 먹으면서도 보채고 체중이 잘 늘지 않는다. 우선 한쪽 젖만 충분히 먹인 뒤 수유하고 남은 젖을 짜지 않는다. 전유만 먹은 아이는 1~2시간 후에 금방 배고파하며 또 먹는데, 이때 전에 물렸던 젖을 다시 물려 남은 젖을 비우게 하면 후유도 먹게 된다. 이때 반대쪽 유방에 젖이 차서 울혈이 생길 수 있는데, 아픈 것을 면할 정도로만 젖을 짜면 점차 젖의 양이 줄어든다. 그런 다음 젖을 바꾸어 수유를 하면 양쪽 젖의 양도 서서히 줄이고 후유까지 다 먹일 수 있다.

모유량이 너무 적을 때

모유를 먹는 데 30분 이상 걸리고, 먹고 나서도 배가 고픈 듯 자주 깨서 보채거나, 몸무게가 잘 늘지 않거나, 소변량이 적으면 아이가 먹는 모유량이 필요량보다 적다는 증거다. 하지만 올바른 방법으로 모유 수유를 지속해도 정말 아이에게 모자랄 정도로 모유의 양이 적은 엄마는 많지 않다. 수유 방법이나 자세가 잘못되어 아이가 유두만 빨고 젖은 먹지 못하는 경우가 빈번하므로 꼭 이러한 점을 먼저 점검한다. 자세의 문제가 아니라면 모유의 양을 늘리는 데 도움이 되는 유방 마사지를 해본다. 모든 경우의 문제를 교정했는데도 불구하고 젖의 양이 부족하다면 의사와 상의 후 혼합 수유를 고려한다.

아이의 문제

아이의 몸무게가 잘 늘지 않는다

아이가 월령에 맞는 평균 체중 증가에 미치지 못한다면, 모유 수유만으로는 부족한 게 아닌지 걱정스러울 것이다. 그렇더라도 성급하게 모유를 끊거나 혼합 수유를 결정하지 말고 소아과 전문의와 상의해보는 것이 좋다. 수유 방법과 자세가 바른지, 모유량이 정말 부족한지, 모유 중 전유만 먹고 있는 것은 아닌지, 아이에게 어떤 질병이 있어 안 먹는 것은 아닌지 등을 점검한다. 원인에 따라 문제점을 해결하고 아이의 체중 증가 정도를 추적 관찰해야 한다. 이때 정말로 분유 보충이 필요한 경우는 많지 않다.

젖을 잘 빨지 못한다

수유할 때 젖을 30분 이상 물고 있거나, 빨 때 볼이 움푹하게 들어가거나 수시로 젖 빨기를 멈추는 경우, 아이가 효과적으로 빨지 못할 가능성이 있다. 하루에 소변 6회, 대변 3회 미만을 본다면 모유량이 적거나 아이가 제대로 빨지 못하는 것이 아닌지 확인해야 한다. 엄마 쪽 문제가 없다면 아이의 혀가 짧은 것은 아닌지(단설소대, Tongue tie) 진찰해봐야 하며, 이런 아이들은 혀를 길게 내밀지 못해 젖을 깊이 물지 못한다. 또한 젖병 사용을 병행하는 신생아들은 엄마 젖 빨기에 적응을 못하는 경우도 있다. 이런 상황을 방지하기 위해 생후 1~2개월 동안에는 모유만 먹이는 것이 좋다.

아이의 빈혈

아이는 태어날 때 앞으로 6개월 동안 필요한 철분을 미리 엄마에게 받아서 나온다. 또한 모유는 분유에 비해 철분의 양이 적긴 하지만 흡수도가 우수해 실제 빈혈에 걸리는 아이는 많지 않다. 그러나 점차 모유의 철분량이 줄어들므로 생후 4~6개월부터는 이유식을 통해 철분 공급에 힘써야 한다. 그리고 이유식 진행이 잘된다면 빈혈이 생기지 않지만, 이유식을 잘 먹지 않을 경우 빈혈이 있는지 관찰해야 한다. 얼굴색이 창백하고, 이유 없이 잘 보채며, 심하면 식욕이 떨어지고 밤에 깊은 잠을 못 잔다. 빈혈이 의심될 경우 소아과에서 진찰과 혈액 검사를 해보고 필요하면 철분제를 복용한다.

STEP 05

젖 떼는 방법

올바른 방법으로 젖을 먹이는 것도 중요하지만, 젖을 잘 떼는 것도 그에 못지않게 중요하다. 젖을 뗄 때는 엄마와 아이 모두에게 자연스럽게 끊는 것이 좋다. 스트레스 없이 젖 떼는 방법을 알아본다.

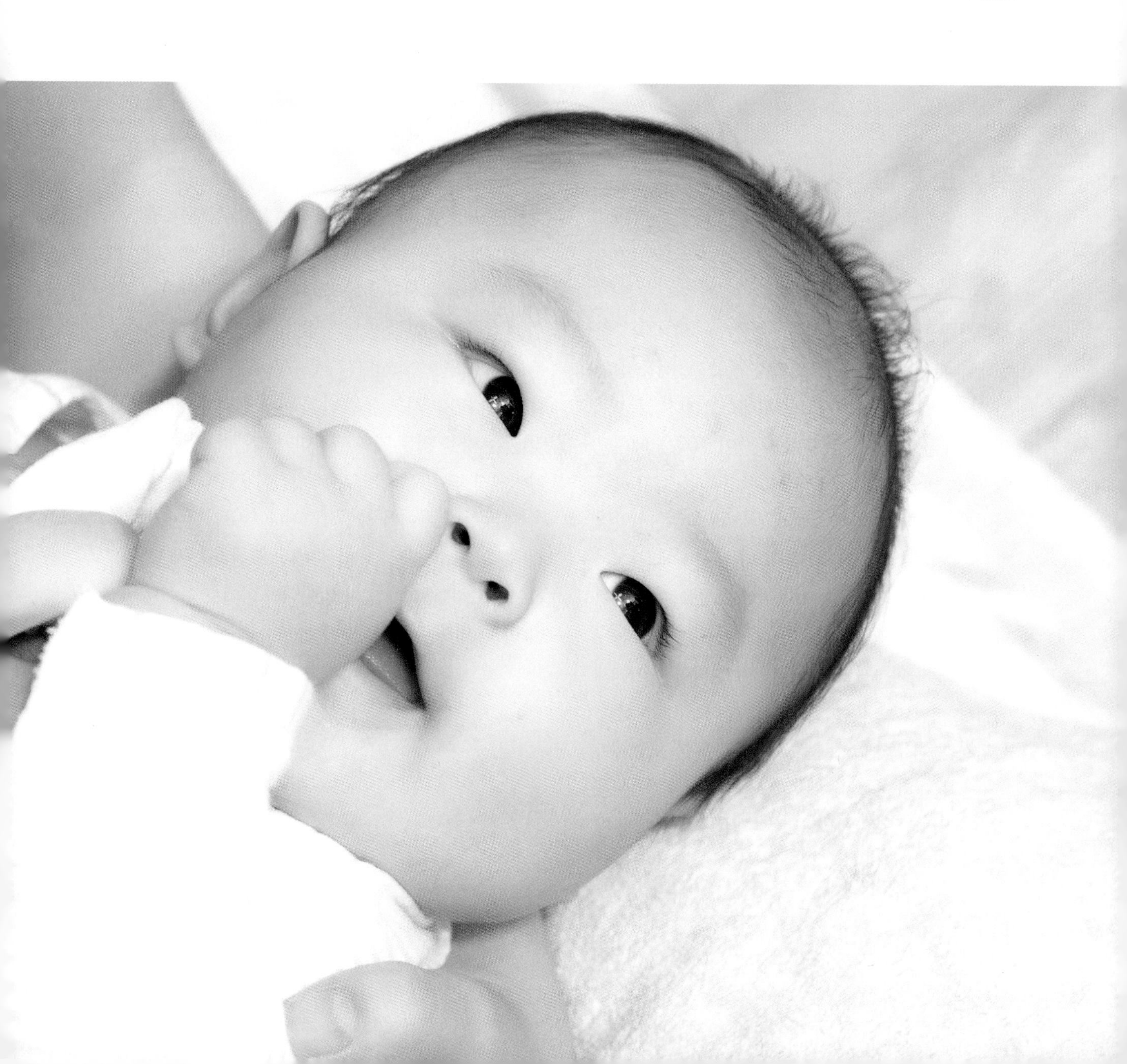

젖 떼는 적당한 시기

모유는 기본적으로 돌까지, 가능하다면 두 돌까지 먹이는 게 좋다. 모유의 영양적, 면역학적 장점을 생각한다면 돌까지는 반드시 먹이고, 이후에도 아이가 원할 때 서서히 끊는 것이 바람직하다. 이유식을 잘 먹는 아이들은 돌 무렵부터 다양한 맛의 음식을 접해 젖보다 더 흥미로운 것이 많아져 저절로 수유 횟수가 줄어든다.

젖 떼는 방법

한 달 이상 시간을 두고 서서히 수유 횟수를 줄인다

젖떼기는 적어도 한 달 이상 시간을 두고 천천히 진행해야 아이가 불안감을 느끼지 않고 잘 적응하며, 엄마도 유방 울혈을 피하고 스트레스를 받지 않는다. 생후 6개월부터는 밤중 수유를 줄여야 젖을 떼려고 할 때 좀 더 수월하다. 그러나 갑자기 젖을 주지 않고 아이가 먹겠다고 할 때 강하게 거부하면 오히려 악영향을 끼친다. 따라서 아이들이 다른 음식에 관심이 많아지면 먼저 젖을 주기보다 아이가 찾을 때까지 기다려보는 것이 좋다.

돌 전에 불가피하게 모유를 끊어야 한다면 아이에게 컵이나 젖병으로 먹는 연습을 충분히 시켜야 한다. 돌까지는 이유식만으로는 모자라 분유를 보충해야 하기 때문이다. 돌 이후에는 아이의 관심을 다른 음식이나 장난감으로 돌리고, 젖 물리는 것 이외에 다른 방법으로 사랑과 관심을 보여주면 아이도 자주 젖을 찾지 않는다.

첫 주에는 모유 먹이는 횟수를 한 번 정도 줄이고 간식을 준다. 둘째 주에는 하루에 2회, 셋째 주에는 하루에 3회를 줄이고 간식으로 대체한다. 속도 조절은 융통성을 발휘한다. 이렇게 수유 간격을 넓히다 보면 어느새 젖을 완전히 뗄 수 있다.

젖 떼는 동안 주의사항

1 젖이 너무 불어서 아프면 유방 울혈이 생기거나 불편하지 않도록 젖을 약간씩 짜낸다. 꽉 끼는 속옷을 입지 않는다.

2 젖을 동여맬 필요가 없다. 가슴에 압박 붕대를 동여매야 젖이 준다는 것은 잘못된 상식이다. 오히려 유관이 막혀 유선염이 잘 생기므로 피해야 한다.

3 수분 섭취를 제한할 필요가 없다. 젖을 말릴 때 수분 섭취를 줄여야 한다는 것도 잘못된 상식이다. 갈증이 나면 마시고 싶은 만큼 마셔도 된다.

4 젖 끊는 약을 먹는 것도 권장하지 않는다.

5 아이에게 더 많은 관심과 스킨십이 필요하다. 젖을 떼는 동안 아이가 불안해하거나 욕구불만이 생길 수 있다. 따라서 더 많은 애정 표현과 신체 접촉이 필요하다. 이때 엄마뿐 아니라 아빠도 아이를 한 번 더 안아주고 한 번 더 놀아주는 것이 좋다.

분유 수유의 기본 상식

엄마나 아이에게 여러 가지 피치 못할 사정이 생길 경우 모유와 분유를 혼합 수유하거나 분유 수유만 할 수도 있다. 간혹 콩으로 만든 음료나 미숫가루 같은 것이 더 낫다고 오해하는 엄마들이 있는데 모유가 안 되면 분유를 먹이는 것이 제일 좋다. 분유 수유의 기본에 대해 알아본다.

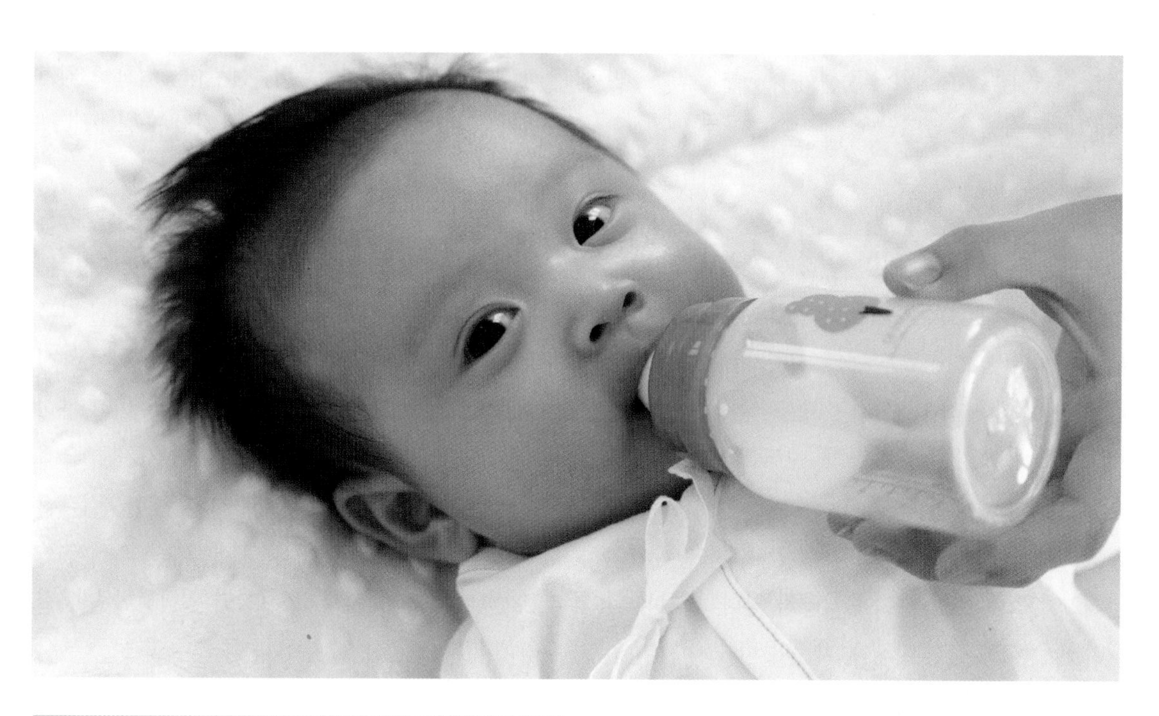

월령	수유 횟수	분유량
1개월	8~12회	60~120cc
1~3개월	5~6회	120~180cc
3~7개월	4~5회	150~210cc
7~9개월	4회	180~210cc
9~12개월	3회	210~240cc

분유 수유의 기본

분유의 성분

분유는 소의 젖에 철분이나 비타민 등 다양한 영양소를 첨가해 최대한 모유에 가깝게 만든 영아용 음식이다. 시판되는 대부분의 분유는 조성 방법이 거의 비슷하며, 대개 철분이 강화되어 있다. 어느 회사의 제품이고 가격이 얼마든 아이 성장에는 큰 차이가 없다. 다만 산양 분유는 산양유가 주성분이며, 콩 분유는 콩이 주성분으로 일반 조제분유와는 다르다.

돌 전 아이가 먹는 분유의 평균 횟수와 양

신생아는 생후 한 달 동안 몸무게 1kg당 180cc 정도의 분유가 필요한데, 아이에 따라 약간의 차이는 있다. 아이가 원하는 만큼 주는 것이 맞다. 이후 점차 수유 간격이 일정해지면서 서서히 횟수는 줄고 한 번에 먹는 분유량은 늘어난다.

분유는 맹물을 끓였다 식혀서 타는 것이 좋다

분유는 맹물을 1~5분 정도 끓여서 식힌 다음 타는 것이 가장 좋다. 정수기 물이나 생수도 꼭 끓여서 사용해야 한다. 보리차, 둥굴레차, 결명자차, 녹차, 멸치 끓인 물, 다시마 삶은 물, 사골 국물 등에 분유를 타서 먹이는 경우도 종종 있는데, 모두 잘못된 방법이다. 우선 4개월이 안 된 아이들이 이런 물로 탄 분유를 먹으면 알레르기가 증가할 수 있고, 차 종류에는 카페인이 들어 있어 아이에게 좋지 않다. 멸치나 다시마 물은 짜고 강한 맛과 향 때문에 나중에 간이 안 된 이유식을 거부할 수 있다.

분유는 먹이기 전에 바로 탄다

분유는 지방과 단백질이 풍부해 타놓으면 쉽게 상한다. 상온에서는 1시간 이상 보관하면 안 되므로 필요할 때 바로 타서 먹인다. 불가피한 상황에서 미리 타 놓은 분유를 48시간까지 냉장고에 보관할 수 있지만 되도록 먹기 직전에 타는 것이 좋다. 또 아이 입에 닿았던 분유는 아깝더라도 다시 먹이지 말고 버린다.

분유는 돌까지만 먹인다

분유는 돌까지만 먹이고 돌 이후에는 생우유를 먹이는 것이 좋다. 분유는 칼로리가 높아 유아식과 병행할 경우 소아 비만을 유발할 수 있으며, 젖병을 오래 빨수록 숟가락이나 컵 사용이 늦어져 나이에 맞는 바른 식습관을 들이기 어렵고, 치아 관리에도 문제가 생긴다. 생후 6개월부터는 분유를 컵으로 먹이는 연습을 하면 돌 즈음에 젖병 떼기가 수월해진다.

분유는 한 가지 종류만 먹인다

시판 조제분유들은 모두 성분이 비슷하므로 어떤 분유를 선택했을 때 특별한 의학적 문제가 없다면 같은 제품을 먹이는 것이 좋다. 더 좋은 분유를 먹이고 싶은 게 엄마의 마음이지만, 분유를 바꾸는 일이 아이에게는 스트레스일 수 있다. 간혹 여러 가지 분유를 섞어서 먹이면 더 좋다는 주장들이 있지만 이는 잘못된 것이다. 여러 가지 분유를 개봉해놓고 섞어 쓰다 보면 더 오래 먹이게 돼 오염의 위험성이 높아질 수밖에 없다. 또한 산양 분유나 콩 분유를 보통 분유와 섞어 먹이는 것도 권장하지 않는다.

생후 4개월까지는 젖병 소독을 철저히 한다

어린아이들은 면역력이 약하기 때문에 수유에 사용하는 모든 용기를 철저하게 소독하는 것이 좋다. 만 4개월이 지나면 젖병을 매번 소독할 필요는 없지만, 그래도 깨끗이 세척하고 주기적으로 소독한다.

분유 타서 먹이기와 젖병 관리

분유 타기

1 끓인 물을 50℃ 정도로 식혀 아이가 먹는 양의 반 정도만 젖병에 넣는다.

2 전용 스푼으로 분유의 양을 정확히 재서 젖병에 넣는다. 분유마다 약간씩 다르지만 대개 분유 한 스푼에 20cc의 물을 넣는다. 한 스푼에 20cc 또는 30cc라는 말은 물에 분유를 넣어 합했을 때 20cc나 30cc가 되도록 탄다는 의미다.

3 젖병을 흔들어 섞는다. 위아래로 흔들면 거품이 생기고 덩어리가 잘 녹지 않으므로 양 손바닥으로 잡고 굴린다. 분유가 어느 정도 녹으면 나머지 분량의 물을 넣는다.

4 온도를 체크한다. 분유를 팔 안쪽에 몇 방울 떨어뜨렸을 때 따뜻하게 느껴지는 정도(38℃)여야 한다.

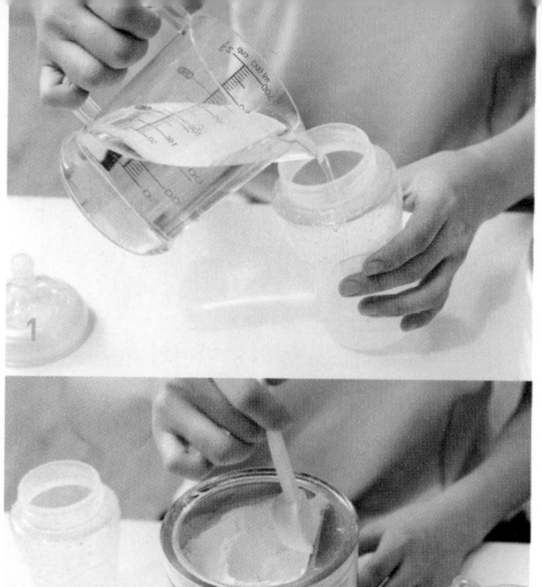

분유 먹이기

1 아이를 젖 물리는 자세와 비슷하게 엄마 가슴과 밀착해 안는다. 모유 수유를 하는 것과 같은 마음가짐으로 먹여야 한다.

2 젖병은 45도 각도로 물리고 아이의 혀 위로 젖꼭지가 올라가게 한다.

3 분유를 다 먹고 젖꼭지 부분에 조금 남았을 때 수유를 끝낸다. 끝까지 빨면 불필요한 공기까지 먹어 구토를 일으킬 수 있다.

4 아이의 머리를 엄마 어깨에 기대고 등을 살살 문지르거나 토닥여 트림을 시킨다.

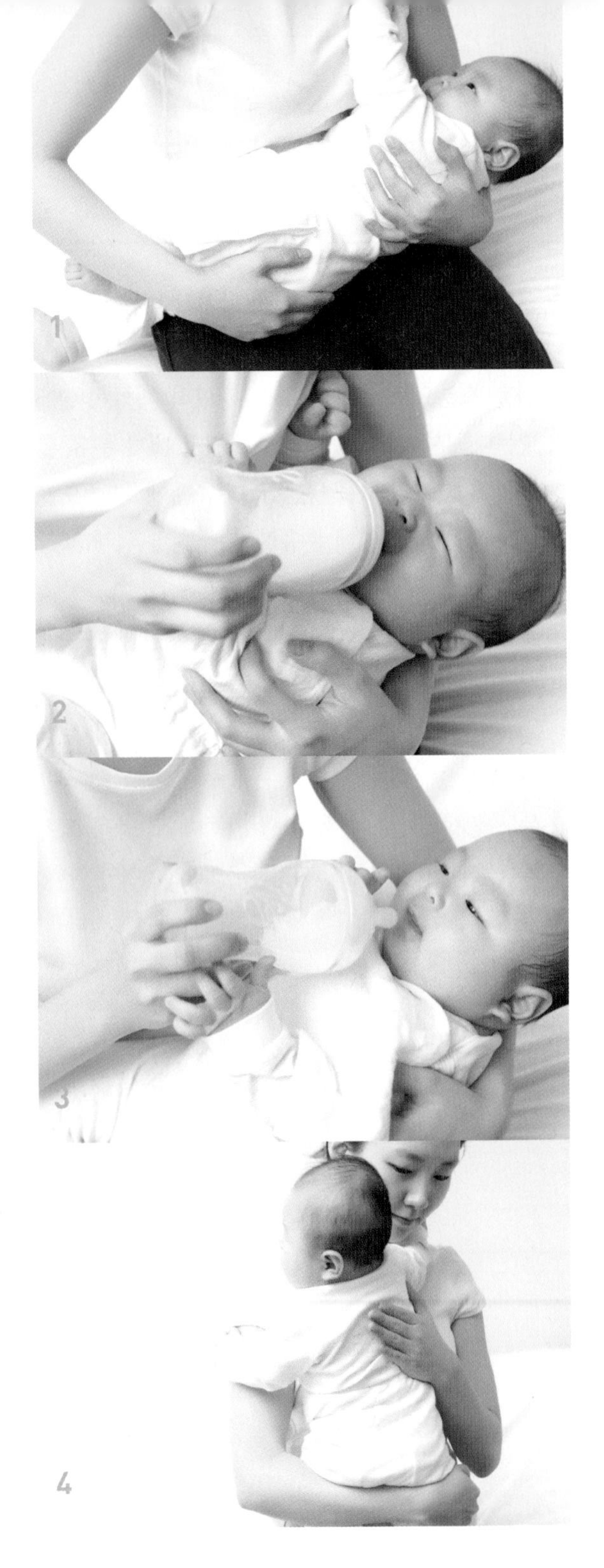

젖병 소독의 종류

열탕 소독

팔팔 끓는 물에 젖병을 넣고 삶는 방법으로 비용이 적게 들고 살균력이 뛰어나다는 것이 장점이다. 하지만 매번 물을 끓여야 하고, 뜨거운 물이나 증기에 손을 델 수 있다. 또한 플라스틱 젖병은 지나치게 삶으면 도리어 환경호르몬이 검출될 위험이 있다.

대개 젖병은 끓는 물에 2~3분 정도, 젖꼭지는 20~30초 정도 삶는 게 적당하다. 삶을 때는 젖병이 물에 뜨지 않도록 푹 담그고, 끓이는 동안 냄비뚜껑을 꼭 닫아야 한다.

전기소독기 스팀 소독

물을 끓인 열과 증기로 젖병을 살균 및 소독하는 방법이다. 열판에 계량컵으로 물을 넣고 젖병을 꽂은 뒤 타이머만 작동시키면 돼 간편하다. 하지만 기구 비용이 만만치 않은 데 비해 한 번에 소독할 수 있는 젖병 개수가 한정되어 있다. 또 기구를 제대로 관리하지 않으면 오히려 세균이 빠르게 번식할 우려도 있다.

전자레인지용 스팀 소독

전자레인지에 넣을 때 발생하는 수증기로 멸균하는 소독 기구. 전자레인지에 넣고 3분 정도만 돌려주면 되므로 젖병을 태울 염려도 없고 간편하다. 하지만 환경호르몬이 발생할 수 있으므로 사용 방법을 철저히 엄수해야 한다.

젖병 세정제

젖병에 남아 있는 세균을 씻어내는 전용 제품이다. 젖병을 끓이지 않기 때문에 열로 인해 코팅이 벗겨지거나 마모되지 않는다. 즉, 세정제를 넣고 씻기만 하면 되므로 젖병의 수명이 길다. 세정제만으로는 안심이 안 된다면 세정제로 닦은 뒤 열탕 소독을 하거나 팔팔 끓인 물을 한 번 끼얹는다.

젖병 씻기와 소독하기

1 다 먹은 젖병과 젖꼭지는 분리해서 바로 물로 헹구고, 전용 세정제를 이용해 구석구석 깨끗이 닦는다.

2 분유에는 지방 성분이 들어 있어 찬물로 헹구면 기름기가 남게 되므로 뜨거운 물로 헹군다.

3 젖병을 소독한다.

특수 분유 및 젖병, 젖꼭지 고르기

특수 분유는 아이에게 특별한 문제가 생겼을 때 먹인다. 어떨 때 특수 분유를 먹여야 하는지, 어떤 종류가 있고 효능은 무엇인지 자세하게 살펴본다. 또한 젖병과 젖꼭지를 고르는 노하우도 제시한다.

특수 분유

특수 분유의 효능

특수 분유란 아이가 설사를 심하게 하거나 오래 지속될 때, 또는 일반 분유에 알레르기 반응을 보일 때 먹이는 특수한 조성의 분유를 말한다. 일반 분유보다 유당 함량이 적고 단백질을 특수 가공해 소화 흡수되기 쉽도록 만든 것이 특징이다. 급성 설사 시 먹는 일명 설사 분유(호프 닥터, 베이비웰 아이설사), 알레르기 분유(HA 분유), 콩 분유 등이 있다. 이러한 특수 분유들은 엄마가 임의로 먹이는 것이 아니라 의사의 처방이 있을 때만 제한적으로 먹여야 한다. 마트나 약국, 인터넷 쇼핑몰 등에서 쉽게 구입할 수 있다.

설사 방지 분유

일명 '설사 분유'로 유당 함량이 적거나 가수 분해된 상태로 첨가되어 있으며, 단백질도 특수 가공해 전해질, 비타민, 미네랄 등과 함께 조성되어 있다. 아이가 설사를 오래 하면 장 점막이 손상돼 유당 분해 효소가 부족해진다. 따라서 유당이 적고 흡수되기 쉽도록 미리 분해해서 넣은 특수 분유를 먹으면, 설사 증상이 악화되는 것을 막고 부족한 영양 공급에 도움이 된다. 실제로 설사 방지 분유를 먹으면 수일 내로 설사 횟수가 줄어드는 것을 볼 수 있다.

그러나 대개의 급성 장염일 때는 굳이 설사 방지 분유로 바꿀 필요가 없다. 일반 분유와 이유식을 유지하면서 의사가 처방한 약물 치료만 해도 대부분의 설사는 1주, 길어야 2주 이내에 호전되기 때문이다. 간혹 장염을 앓고 난 후에 2주 이상, 하루 3회 이상의 설사가 지속되면, 이는 장염 때 손상을 입은 장의 유당 분해 능력에 이상이 생겨 나타나는 현상일 수 있다. 이때는 설사 방지 분유를 먹이면 도움이 된다. 또한 짧은 기간이라도 장염으로 인한 설사가 약물 치료로 듣지 않고 지속될 경우에도 사용을 고려해볼 수 있다. 분유를 바꾸고 설사가 멈추면 2~3일간 더 특수 분유로 유지하다가 원래 먹던 분유와 섞어서 먹여보고 점차 일반 분유로 완전히 돌아가면 된다. 설사 방지 분유는 일반 분유에 비해 영양분이 부족해 2주 이상 먹이면 문제가 될 수 있으므로 의사가 지시한 기간 동안만 먹여야 한다.

알레르기 분유

우유나 콩 등에 들어 있는 단백질에 알레르기를 일으키는 경우, 이러한 단백질을 가수 분해해 알레르기 반응을 차단한 특수 분유다. 주로 우유에 들어 있는 유단백 알레르기가 있는 아이들에게 먹이는데, 간혹 소화 흡수 장애가 있는 아이에게도 먹인다. 일반적인 장염으로 인한 설사에는 먹이지 않는다. 알레르기 분유는 특수한 경우에만 의사의 처방에 따라 먹여야 한다.

콩 분유

우유 단백질 대신 콩 단백질을 사용해서 만든 특수 분유다. 유당 분해 효소가 없는 아이, 우유 알레르기가 있는 아이들에게 먹인다. 간혹 콩 분유가 일반 분유보다 더 좋다고 여기는 엄마들이 있지만 잘못된 생각이다. 아이들의 성장에 꼭 필요한 단백질은 식물성인 콩보다 동물성 식품인 우유에 더 완전하게 포함되어 있고, 칼슘과 미네랄도 우유로 만든 분유가 더 잘 흡수되기 때문이다. 여러 면에서 일반 분유가 콩 분유보다 우월하므로 보통 아이에게는 콩 분유를 추천하지 않는다. 반드시 콩 분유를 먹여야 하는 경우도 있는데, 유당 분해 효소가 없거나 선천성 대사 이상이 있는 아이의 일부가 그렇다.

젖병 고르기

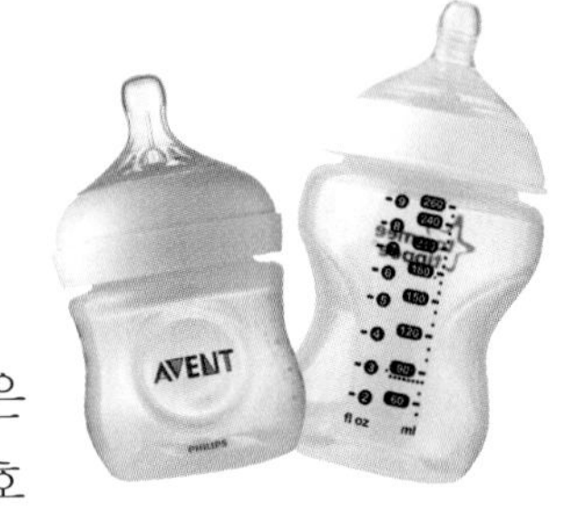

젖병은 PES, PPSU, 유리 소재가 좋다

PES(폴리에테르설폰) 젖병은 가볍고 열탕 소독 시 환경호르몬이 나오지 않아 안전하다. PPSU(폴리페닐설폰) 젖병 역시 열탕 소독 시 환경호르몬에 안전하며 잘 변형되지 않는다. 유리로 된 젖병은 환경호르몬 걱정은 없지만 무겁고 깨질 염려가 있다.

아이가 잡기 쉽고 세척이 편해야 한다

아이가 조금 크면 스스로 젖병을 잡고 먹게 되므로 아이 혼자서 쥘 수 있는 모양인지, 무게가 적당한지 살펴본다. 또 아이들은 젖병을 잘 떨어뜨리므로 부딪쳤을 때 다칠 염려는 없는지도 고려한다. 대부분 원통형이지만 가운데 부분이 오목한 형태도 있다. 자주 세척해야 하므로 구석구석 닦기 쉬운 모양이고 투명해서 속이 잘 들여다보이는 것이 좋다.

젖병 용량은 월령에 맞춰서 준비한다

신생아 때는 120~150ml 정도의 가장 작은 젖병을 사용하고, 생후 3개월 정도에는 250ml 내외의 중형 젖병으로 바꾼다. 아이에 따라 먹는 양이 달라 월령보다 더 큰 젖병이 필요하기도 하다. 보통 소형 젖병 2~3개, 중형 젖병 5~6개 정도 갖추면 적당하다.

젖꼭지 고르기

월령에 따른 3단계 젖꼭지

신생아부터 3개월까지는 1단계, 3~6개월은 2단계, 6~12개월은 3단계의 젖꼭지를 사용한다. 이를 신생아용, 우유용, 이유식용 젖꼭지라고 한다. 젖꼭지를 오래 사용하면 착색되거나 구멍이 찢어질 수 있으므로 3개월에 한 번씩 교체하는 것이 좋다.

모양에 따른 젖꼭지 선택

가장 일반적인 둥근 젖꼭지는 엄마 유두와 비슷하고 크기가 작아 아이들에게 편하다. 누크형 젖꼭지는 엄마 젖을 빨 때 변형되는 모양을 본떠 만든 것으로 젖꼭지 아랫부분이 부드럽게 잘 물린다. 스파우트형 젖꼭지는 음료수를 담아 줄 때 사용하며 젖병과 젖꼭지를 떼는 연습을 하기 좋다.

구멍 모양에 따른 선택

O자형 구멍은 분유만 먹일 때 주로 사용하는데 아이의 성장에 맞춰 구멍의 수와 크기를 늘려 바꿔줘야 한다. +자형 구멍은 빠는 힘이 세고 이유식을 먹는 아이에게 적당하다. –자형 구멍은 아이가 빠는 힘에 따라 내용물이 나오는 정도를 조절할 수 있어 걸쭉한 주스를 먹일 때 좋다. Y자형은 분유와 이유식에 모두 사용할 수 있다.

Q&A

분유 수유

Q 일반 분유보다 산양 분유가 더 좋다?

A 많은 엄마가 가격이 비싼 산양 분유가 일반 분유보다 더 좋을 거라 생각한다. 하지만 의학적으로 따져보았을 때 산양 분유가 일반 분유보다 우월한 점은 찾을 수 없으며, 산양 분유가 모유와 비슷해 알레르기가 적다는 주장도 근거가 없다. 따라서 모유가 아니라면 일반 분유를 먹이는 것이 제일 낫다.

Q 씨밀락 등 외국산 분유가 국산 분유보다 더 좋다?

A 씨밀락, 엔파밀 등 외국산 분유들이 더 고급이고 좋다는 것은 편견이다. 일반 분유는 모두 조성이 비슷하다. 외국산도 예외가 아니다. 외국산과 국산 분유 모두 큰 차이가 없어 무엇이 더 우월하다고 말할 수 없다. 가장 좋은 것은 모유다.

Q 찬 분유를 먹이면 장이 튼튼해진다?

A 전혀 근거가 없다. 찬 분유를 먹이면 엄마는 편리하겠지만 아이에게 도움되는 점은 거의 없다. 특히 신생아에게 찬 분유를 먹이면 체온이 떨어질 수 있고 소화에도 문제가 생긴다. 또한 감기를 앓고 있거나 설사를 하는 아이에게 찬 분유는 질병을 악화시키는 원인이 될 수 있다.

Q 설사를 하는 아이는 분유를 묽게 먹인다?

A 분유의 조성 농도는 모유와 가장 흡사하게 만들고자 수십 년간 연구한 결과물이다. 이보다 묽거나 진한 것은 좋지 않다. 이는 설사를 하는 아이에게도 해당되는 원칙이다. 급성 장염 초기에 증상이 심하면 분유를 잠시 중단하고 수액요법을 하거나 전해질 용액을 먹이기도 하지만, 조금만 회복되어도 바로 정상 농도의 분유를 먹여야 장 점막 회복에 도움이 된다.

Q 분유에 시판 이유식을 섞어 먹인다?

A 분유와 이유식을 섞이 먹이는 것은 좋지 않다. 아이가 이유식 맛에 길들어 분유만 주면 거부할 수 있다. 또한 아이에게 이유식을 먹이는 중요한 이유 중 하나가 고형 음식을 씹는 연습을 시키는 것인데 젖병에 먹이면 그러한 기회가 없어진다. 젖병으로

이유식을 먹이면 나중에 젖병을 떼기도 매우 힘들다. 따라서 이유식은 반드시 분유 수유와 분리해 숟가락으로 떠서 먹이는 것이 좋다.

Q 모유에서 분유로 바꾸니 변비가 생겼다?

A 모유와 달리 분유의 주성분인 카세인 단백질이 위산에 잘 녹지 않고 응고력이 강하기 때문에 더 단단한 대변을 볼 가능성이 있다. 이때 이유식을 시작한 시기와 겹치면 고형 음식을 접하면서 대변이 뭉치는 것과 맞물려 변비가 오기도 한다. 대부분의 경우 장이 바뀐 음식에 적응하면 좋아지지만, 변비가 심해지거나 오래 지속되면 소아과 의사의 진료를 받아보아야 한다.

Q 분유는 단계별로 먹여야 한다?

A 분유 회사별로 단계를 나누어놓고 그 월령에는 반드시 바꿔야 한다고 하지만, 이것은 반드시 지켜야 하는 절대 원칙은 아니다. 단계에 따라 영양 성분이 많이 바뀌는 것이 아니라 대부분 개월 수가 늘어나면 칼슘과 칼로리를 늘리는 정도다. 따라서 먹던 분유가 남아 있다면 단계를 맞추기 위해 굳이 새 분유로 바꿀 필요는 없다.

Q 분유를 바꾸면 아이가 힘들어한다?

A 분유마다 기본 조성은 비슷하지만 맛은 차이가 나기 때문에 먹던 분유가 갑자기 바뀌면 아이들이 거부하거나 평소보다 덜 먹는 경우가 많다. 따라서 분유를 바꾸고자 할 때는 원래 먹던 것과 새것을 섞어 맛이 심하게 변하지 않도록 며칠 동안 먹이면서 서서히 바꿔가는 것이 좋다. 또한 민감한 아이들은 새로운 분유에 적응하기까지 대변 양상이 변하거나 보채는 등 트러블을 일으킬 수도 있다.

Q 분유에 약을 타서 먹여도 된다?

A 아이가 질병에 걸리면 약을 먹이기 힘들어 분유에 타서 먹이는 경우가 많다. 하지만 민감한 아이들은 이후로 분유까지 거부할 수 있으므로 주의해야 한다. 또한 기본적으로 약은 그 자체만 먹거나 물과 함께 먹어야 제대로 효과를 내기 때문에 분유에 타 먹이면 약효가 줄어들 수 있다.

Q 보관했던 분유를 전자레인지에 데워 먹인다?

A 기본적으로 분유는 그때그때 타서 먹이는 것이 좋다. 불가피하게 냉장 보관했던 분유를 데울 때는 중탕해서 먹여야 하고, 전자레인지 사용은 권장하지 않는다. 요즘은 젖병 재질이 좋아졌지만 환경호르몬의 위험성을 간과할 수 없기 때문이다.

Q 영아 산통, 잦은 구토 등에는 맞춤형 분유를 먹인다?

A 맞춤형 분유는 특수 분유라고 할 수는 없지만, 문제 증상을 일으키는 아이들에게 도움이 되도록 유당의 양을 줄이거나 약간의 가공 과정을 거친 분유다. 영아 산통이 너무 심하고 오래가거나 너무 자주 토하는 아이들, 대변 배출이 지연되는 아이들에게 각각의 맞춤형 분유들이 있으며, 100% 해결되는 것은 아니지만 어느 정도 도움은 된다.

Chapter **4**

육아의 **기본 상식**

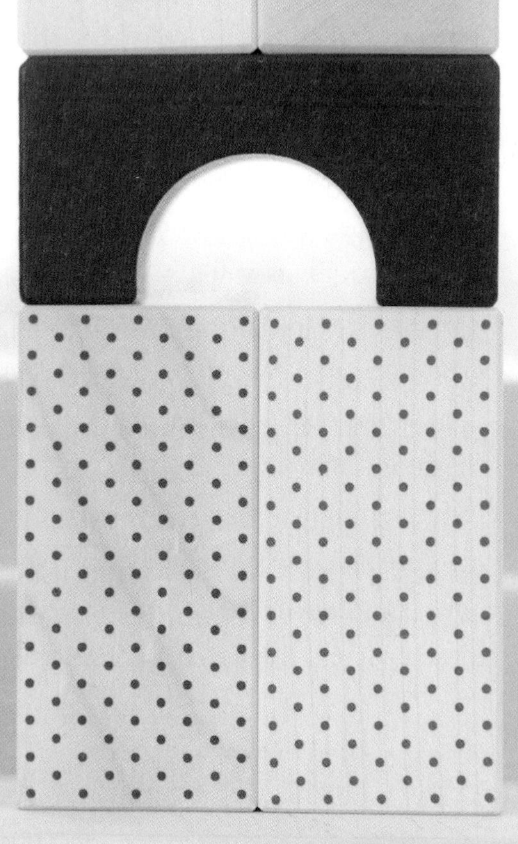

건강의 척도가 되는 아이 변

아이들이 변을 보는 패턴과 대변의 양상은 어른의 경우와 많이 달라 엄마들이 정상과 비정상을 구분하기는 매우 힘들다. 또한 아이의 대변은 어떤 것이 정상이라고 정확히 말할 수 없다. 월령과 먹는 음식, 몸의 상태에 따라 각기 차이를 보이기 때문이다. 아이 대변을 판단할 수 있는 기준들을 제시한다.

아이 대변의 색깔

황색 변

많은 사람이 알고 있듯이 황색 변은 가장 자연스럽고 건강한 색깔의 변이다. 녹색인 담즙이 십이지장, 소장, 대장을 통과하면서 황색으로 변해 이런 색을 보인다.

녹색 변

아이가 녹색 변을 보면 많은 엄마와 할머니들이 "아이가 놀래서 녹변(푸른 똥)을 보았다."며 심각하게 생각한다. 사실 녹색 변은 어떤 음식물에 의해 담즙의 양이 증가하거나, 어떤 이유로 장운동이 빨라져 음식물이 장을 통과하는 시간이 짧아지면 생긴다. 따라서 녹색 변 자체는 병이 아니라 하나의 증상일 뿐이다. 분유를 먹는 아이의 경우 별다른 이상 없이 녹색 변을 보는 경우가 많고 모유를 먹는 아이도 전유를 주로 먹으면 녹색 변을 볼 수 있다. 물론 장염에 걸렸을 때도 나올 수 있는데, 이때는 색깔만 변하는 것이 아니라 묽기와 횟수가 달라지거나 열이 나는 등 아이의 상태 변화도 동반할 수 있다.

붉은색 변

대변에 혈액이 섞여 있는지를 구별해야 한다. 대변 사이에 피와 코 같은 점액이 섞여 나올 때는 세균성 장염을 의심해볼 수 있다. 변을 다 보고 끝에 선홍색 피가 묻어나오는 경우는 변비로 인해 항문이 찢어진 것이다. 토마토케첩같이 약간 끈적끈적하게 대변 전체에 스며든 듯 보이면 장중첩증을 생각해야 한다.

자장면 색깔의 검은색 변

보통 위나 십이지장 같은 상부 소화기관에 출혈이 생겼을 때 자장면 같은 검은색 혹은 검붉은 색을 띤다. 정상적인 짙은 쑥색 변과는 구별되며, 이 경우 반드시 의사가 진료해 원인을 밝혀야 하므로 기저귀를 가지고 소아과를 방문한다. 하지만 검은색 변이 나와도 괜찮은 경우도 있다. 빈혈 치료를 위해 엄마나 아이가 철분제를 먹는 경우 아이의 변이 검을 수 있는데, 이는 병적인 것이 아니므로 걱정하지 않아도 된다.

전체적으로 흰색 변

몽글몽글한 흰색 멍울이 있는 변이 아니라 변 전체가 흰색을 띤 경우를 말한다. 이 흰색 변은 신생아에게 아주 드물게 문제가 된다. 여러 가지 이유로 담즙이 변에 섞이지 못하면 변이 흰색 또는 베이지색으로 보이기 때문이다. 따라서 아이가 흰색 변을 보는 경우 조기에 수술이 필요한 담도폐쇄가 아닌지 반드시 진료를 받아야 한다.

아이 대변의 양상

흰 멍울이 섞인 변

아이의 변에 순두부처럼 흰 멍울이 섞여 나오는 경우가 있는데, 대개 모유나 분유의 지방이 굳어서 그런 것이다. 흔히 할머니들이 '생똥' 또는 '산똥'이라 부르는 것으로, 아이가 소화가 안 돼서 그런 것이라고 생각하지만 그렇지 않다. 정상일 때도 변에 흰 멍울이 섞여 나오는 경우가 많다. 아이가 이런 변을 보더라도 별다른 이상이 없고 잘 먹고 잘 논다면 크게 걱정하지 않아도 된다. 물론 장염이나 감기에 걸려 장운동이 나빠지면 분유가 장에 머무는 시간이 줄어 흡수가 덜 된 채로 변으로 나오기 때문에 변에 흰 멍울이 섞여 나올 수도 있다.

채소가 그대로 섞여 나오는 변

이유식을 하는 아이의 변에 당근 등 주로 단단한 채소가 섞여 나오는 경우가 있다. 다른 이상이 없다면 크게 신경 쓸 필요 없지만, 정 걱정된다면 채소를 좀 더 푹 삶아서 준다. 당근뿐 아니라 옥수수나 김, 여러 가지 과일 껍질도 아이의 변에 그대로 섞여 나올 수 있다.

끈적끈적한 찰흙 같은 변

코 같은 점액이 없고 단순히 끈기만 있다면 괜찮다. 어떤 아이의 변은 기저귀에 찰싹 달라붙기도 한다. 다만 이 경우 드물지만 아이에게 이상이 있을 수도 있으므로 아이의 현재 상태를 잘 살펴본다. 아이가 잘 먹고 잘 놀고 기분이 좋다면 변에 이상이 있더라도 어느 정도 기다려본다.

썩는 냄새가 나는 변

아이의 변에서 냄새가 심하게 나는 경우가 있다. 이는 소화가 잘 안 되어 그럴 수도 있지만 대개는 아무런 이상이 없다. 냄새만 지독할 뿐 별다른 이상 없이 아이가 잘 먹고 잘 논다면

크게 염려하지 말고 지켜본다.

염소 똥같이 딱딱한 변

변비가 있는 아이들은 대개 염소 똥같이 딱딱한 변을 본다. 어떤 아이는 딱딱한 변이 굵어 항문이 찢어지기도 한다. 이런 변을 보는 것은 아이가 먹는 양이 부족하거나 먹는 음식에 섬유질이 부족해서다. 이유식을 먹는 아이라면 물을 더 먹이고, 과일이나 채소 등을 충분히 먹이면 도움이 된다. 물론 오랫동안 딱딱한 변을 볼 때는 소아과에서 진료를 받아 원인을 밝히고 치료해야 한다.

쌀뜨물같이 부옇게 나오는 변

콜레라나 가성 콜레라(장염)에 걸리면 쌀뜨물같이 부연 설사를 한다. 그러나 콜레라는 거의 발생하지 않으므로 크게 염려하지 않아도 된다. 가성 콜레라는 로타 바이러스로 인해 발생하는 장염으로 증상은 콜레라와 비슷하지만 별문제 없이 좋아진다. 변 이상보다는 설사가 심해서 소아과에 가게 되므로 변의 양상에 민감할 필요는 없다.

아이 대변의 횟수

모유 수유아 정상 대변 횟수

모유를 먹으면 대변이 묽고 횟수가 잦은 편이다. 보통 하루 3~8회 정도의 변을 보고, 간혹 10회 이상 보거나 거품이 섞인 변을 보기도 한다.

분유 수유아 정상 대변 횟수

모유를 먹는 아이의 변에 비해 덜 묽고 진흙 같은 변을 본다. 보통 하루 2~4회 정도 변을 보는데, 이보다 적게 보기도 한다.

이유식을 할 때 정상 대변 횟수

이유식을 시작하면 일시적으로 변이 묽어지기도 하는데, 아이의 장이 적응하면 묽기와 횟수가 줄어든다. 아이가 무엇을 먹느냐에 따라 대변의 모양과 횟수에 많은 차이가 있다. 대개 하루 1~5회 정도 변을 보거나 2~3일에 한 번씩 보기도 하며, 점차 성인의 대변과 비슷한 양상이 된다.

설사와 변비

설사

아이의 평소 변보다 많이 묽고 횟수도 늘어난 상태를 말한다. 묽더라도 횟수가 평소와 같고 아이의 상태가 양호하면 설사라고 하지 않는다. 아이가 설사를 하면 탈수가 되지 않도록 물을 많이 먹이고 모유나 분유 수유를 그대로 유지한다. 이유식은 소화되기 쉬운 음식으로 준비한다.

변비

아이의 평소 변보다 많이 단단해지고 변을 보는 횟수가 줄어 배변 간격이 점점 길어진다. 2~3일 변을 보지 않더라도 아이의 기분이 좋고 잘 먹는다면 변비라고 하지 않는다. 하지만 같은 간격이라도 배가 아파하거나 식욕이 줄고, 대변을 보느라 매우 힘들어하며 항문이 자주 찢어질 경우에는 변비로 보아야 한다. 물을 많이 먹이고 섬유질이 풍부한 채소와 과일을 충분히 섭취시키며, 항문 주위를 자극해주면 도움이 된다.

올바른 수면 교육

잠을 잘 자는 아이가 건강하게 잘 큰다는 것은 누구나 아는 사실이다. 하지만 자주 깨서 보채거나 늦게 자려고 하거나 잠투정이 심한 경우 엄마들은 매우 힘들고 걱정이 많아진다. 좋은 수면 습관을 들이는 방법을 알아본다.

아이에게 필요한 수면 시간

생후 한 달 동안은 거의 대부분(18~22시간) 잠을 잔다. 생후 2개월부터 돌까지는 아이에 따라 약간의 차이는 있지만 평균 15시간 정도 자며, 두 돌쯤 되면 13시간으로 줄어든다. 이보다 2~3시간 적게 자더라도 아이가 기분이 좋고 잘 먹고 잘 자란다면 문제가 없다.

아이 재우기의 기본 원칙

생후 2개월부터 낮과 밤을 구분해준다

신생아는 낮과 밤을 구분하지 못한다. 배가 고프면 먹고 배부르면 잠시 놀다가 자는 패턴을 보인다. 하지만 계속 신생아의 수면 방식을 유지할 수는 없는 일이다. 생후 2개월 즈음부터 밤에는 자야 한다는 것을 가르쳐주어야 생후 4개월쯤부터 엄마가 원하는 대로 밤중에 자는 것을 제대로 배울 수 있다. 아이에게 낮과 밤을 구분해주기 위해서는 낮에는 많이 먹이고 놀아주고, 밤에는 먹이는 횟수를 줄이고 먹일 때도 완전히 깨우지 않아야 한다.

밤중 수유를 줄이다가 6개월부터는 하지 않는다

생후 2개월이 된 아이는 4~5시간 정도 안 먹고 잔다면 일부러 깨울 필요 없다. 낮 수유 시 한 번에 충분한 양을 먹여 위의 용량을 늘려주면 점차 한 번에 먹는 양이 많아져 간격을 벌릴 수 있다. 생후 4개월이 되면 밤에 7시간을 내리 잘 수 있으므로 밤중 수유 횟수를 1~2회로 줄인다. 그리고 생후 6개월 아이는 9~10시간까지 쭉 잘 수 있기 때문에 이때부터는 밤중 수유를 끊는 것도 가능하다. 밤중 수유를 줄이는 것은 밤에 잘 자는 것과 밀접한 관계가 있다. 아이가 밤에 깨서 운다고 매번 수유가 필요한 것은 아니므로 엄마가 아이 상태를 잘 판단해 배고픈 것이 아니면 그냥 달래서 재워야 한다. 깰 때마다 무조건 먹여서 재우면 나중에 먹는 것과 자는 것이 분리되지 않아 먹지 않으면 잘 수 없는 사태가 발생할 수도 있다.

자면서 먹거나 먹으면서 잠들게 하지 않는다

생후 2개월부터는 저녁에 수유를 하면서 재우는 습관을 버리는 것이 좋다. 이때부터 스스로 바닥에 등을 대고 누워서 잠드는 것을 배워야 한다. 특히 아이가 잘 먹지 않아 걱정인 엄마들은 아이가 잠들려고 무의식적으로 젖을 빨 때를 이용해 조금이라도 더 먹이려 하는 경향이 있다. 하지만 이렇게 먹는 아이들은 실제 깨어 있을 때는 배가 고프지 않아 또 먹지 않으려 하기 때문에 밤에만 먹거나 낮잠 잘 때만 먹는 악순환이 반복된다. 먹는 것과 자는 것을 분리해 주어야 한다.

아이 스스로 자는 법을 가르쳐야 한다

생후 4개월쯤 되면 아이가 밤에 깨서 울어도 바로 반응하지 말고 몇 분간 스스로 잠들기를 기다려본다. 아이 스스로 잠드는 것도 습관이 되어야 한다. 스스로 잠들어본 아이는 밤중에 깨더라도 다시 잘 자기 때문이다. 엄마가 잠자리에 누운 채로 토닥여주는 것은 괜찮지만, 같이 일어나서 놀아주거나 안고 돌아다니는 것은 좋지 않다. 아이가 밤에 일어나는 것은 재미없고 엄마의 반응이 다르다는 것을 알아야 한다. 10분 이상 울면 달래주고 울음을 그치면 바로 재우도록 한다. 물론 4개월 이전의 아이들은 울면 즉각 반응을 보여주는 것이 좋고, 오래 울면 안아주어야 한다. 자꾸 안아주는 것이 나쁜 습관이라는 말은 4개월 이후 아이들에만 해당한다.

잠잘 수 있는 분위기를 만들어준다

아이가 자는 방과 잠자리가 일정하고, 조명은 어둡고 소음 없이 조용해야 한다. 일정한 형식을 갖춰 재우는 것도 도움이 된다. 아이 옆에서 자장가를 불러주거나 짧은 동화책을 읽어준 뒤 재운다.

아이 재우기에 도움이 되는 생활 습관

낮에는 많이 놀고 운동을 한다

아이가 기거나 걸음마를 하는 상태라면 낮 동안 많이 움직이며 놀아야 운동이 되어 밤에 잘 잔다. 기지 못하는 아이도 누인 상태로 놀아주거나 엄마가 안고 밖에서 산책을 하면 운동을 한 것 같은 효과를 낸다.

저녁 목욕은 숙면에 도움이 된다

밤늦게 목욕을 하면 오히려 잠기운이 달아나 도움이 되지 않는다. 저녁 목욕 시간은 저녁밥을 먹고 1~2시간 지난 8시 전후가 적당하다. 목욕을 시킨 뒤 가벼운 마사지를 해주고 1~2시간 휴식을 취하면 아이가 자기 좋은 상태가 된다.

규칙적인 생활을 한다

생후 3~4개월이 지나면 낮과 밤을 구별해주고 일상 생활에 규칙적인 리듬을 만들어주는 것이 좋다. 일찍 자고 일찍 일어나는 것이 좋다. 기상 시간을 정해 너무 늦게 일어나서 수유와 식사를 건너뛰는 일이 없도록 한다. 일정한 시간에 식사를 하고, 낮잠도 비슷한 시간대에 1~2시간 정도 재운다. 밤에는 저녁 8~9시, 늦어도 10시까지는 잠들 수 있는 환경을 만들어야 한다. 엄마 아빠가 늦게 자면 아이들도 일찍 자기 어려우므로 힘들더라도 부모가 같이 일찍 자는 것이 가장 좋다.

대소변 가리기 훈련

대소변 가리기는 아이에 따라 조금 빠르거나 늦을 수 있다. 일정한 나이가 되었다고 저절로 되는 것이 아니다. 그럼에도 아이들은 언제부터 대소변 가리기를 할 수 있는지, 너무 이르거나 늦으면 문제가 되는 건 아닌지 걱정하는 엄마들이 있다. 대소변 가리기 훈련에 대해 알아본다.

대소변 가리기 언제부터 시작할까?

생후 18~24개월 사이에 시작한다

생후 18~24개월 정도 되면 아이가 대소변을 보고 싶다는 것을 인식하고 말로 표현할 수 있으며, 화장실에 갈 때까지 참을 수 있는 조절 근육 발달도 완성된다. 그러나 이런 조건들이 충족되지 않은 상태에서 가리기 훈련을 시작하면 아이가 심한 스트레스를 받아 나중에 변비나 야뇨증이 생길 수도 있다.

아이가 준비가 되었을 때 시작한다

대소변 가리기 훈련은 아이의 신체가 충분히 발달했을 때 시작해야 한다. 혼자서도 잘 걷고 바지를 혼자 내릴 수 있다면 그만큼 신경과 근육이 잘 발달해 배변을 조절하는 과정을 해낼 수 있다는 의미다. 또한 아이가 말을 잘 알아듣고 간단한 의사 표현을 할 수 있어야 한다. 엄마가 "쉬하고 싶어?"라고 물었을 때 그 의미를 이해하고 "쉬~", "응아" 등의 대답을 하거나 먼저 이야기할 수 있으면 훈련을 시작해도 좋다. 두 돌이 지났어도 아이가 아직 대소변을 가릴 준비가 안 되었다면 연기하는 것이 맞다.

조급해하지 말고 천천히

대소변 가리기는 아이의 지능 지수나 운동 신경과는 전혀 상관이 없다. 사실 대소변 가리기는 대소변을 조절하는 근육과 신경을 훈련시키는 일일 뿐인데, 마치 조기 교육을 하듯 일찍 가리게 해야 한다고 잘못 생각하고 조급해하는 엄마들이 있다. 대소변을 빨리 가렸을 때의 장점은 엄마가 기저귀에서 일찍 해방된다는 것뿐이다. 엄마가 대소변 가리기에 지나친 관심을 보이면 아이는 엄마를 기쁘게 하기 위해 노력하겠지만, 잘 안 될 경우 심한 스트레스를 받을 수 있다. 느긋한 마음으로 아이가 준비되었는지 확인하고 천천히 시작한다.

대소변 가리기 실전

대소변을 칭하는 용어를 정한다

'쉬', '끙', '응가' 같은 쉬운 말도 좋고, '오줌', '똥', '대변', '소변'도 괜찮다. 일정한 용어를 정해 아이와 자연스럽게 의사소통이 가능하도록 미리 연습한다. 아이들은 대소변이 더럽다는 걸 몰라 만지려고 하는 경우가 많은데, 이때는 단호하게 "더러운 것이니 만지면 안 된다." 고 말해주어야 한다. 하지만 대소변 자체를 부정적으로 느끼게 하는 '지지', '안 돼'같은 말을 대소변 용어로 사용하는 것은 좋지 않다.

시범을 보여준다

아이에게 다른 사람들이 대소변 보는 모습을 보여주면 도움이 된다. 단, 성별을 구분해서 같은 성별의 사람만 보여주어야 아이가 혼란을 느끼지 않는다. 아이보다 약간 나이가 많은 또래 아이가 변기를 사용하는 모습을 보여주는 것이 가장 좋지만, 어른의 모습을 보여줘도 괜찮다.

아이용 변기를 따로 준비한다

아이 전용 변기를 사서 훈련을 시작하기 전부터 익숙하게 해주는 것이 좋다. 처음에는 의자처럼 변기에 앉혀서 간식도 먹이고 놀기도 하면서 변기에 앉는 것이 재미있는 일이라는 인식을 시켜준다. 칭찬할 일이 생겼을 때 변기에 앉히는 것도 좋은 방법이고, 아이 이름을 스티커에 써서 변기에 붙이는 것도 좋다.

변기의 용도를 설명해준다

이 시기의 아이들은 어렵지 않은 대부분의 말을 이해하므로 변기가 대소변을 보는 곳이라는 설명을 자주 해주면 알아듣는다. 처음에는 기저귀에 싼 대변을 변기 안으로 떨어뜨려 눈으로 확인시켜주는 것도 좋다. 아이들은 무엇이든 따라 하고 싶어 해서 다른 사람이 변기 사용하는 모습을 보고 자기 변기의 용도를 알게 되면 자연스럽게 변기에 앉아 대소변을 보려고 한다.

대소변 가리기의 시작

처음에는 아이가 대소변을 본 후에 엄마에게 이야기하지만, 싸기 전에 알려달라고 미리 일러두면 어느 순간 아이가 엄마에게 '쉬'하고 얘기한다. 또한 아이가 대소변이 마려울 때 보이는 신호들을 엄마가 알아채면 그때 그때 변기에 몇 분간 앉혀본다. 처음에는 변기에 앉는 걸 싫어하거나 앉더라도 대소변을 잘 보지 못하겠지만, 반복하다 보면 변기에 싸게 된다. 낮잠을 자고 일어났을 때나 식사 20~30분 후에 변기에 앉혀놓는 것도 좋다.

그러나 억지로 변기에 앉히는 것은 좋지 않다. 몇 분이 지나도 대소변을 보지 않으면 "쉬가 안 나오면 일어나자. 다음에 다시 해보자." 하고 달래야지 야단치거나 실망한 모습을 보여서는 안 된다. 훈련 초기에는 아이가 변기에 앉아 있을 때 물을 내리면 겁을 먹거나 놀릴 수 있다. 좀 적응이 되면 아이가 일어났을 때 몇 번 물 내리는 것을 설명하고 보여주는 것이 좋다.

낮에는 팬티를 입히고 기저귀를 뗀다

변기에 대소변 보는 것이 어느 정도 익숙해지면 낮에는 기저귀를 떼고 팬티만 입혀본다. 처음에는 팬티를 많이 적시겠지만 아이 스스로 축축하고 불쾌한 느낌이 들어 대소변 가리기에 동기 부여가 된다. 아이가 옷을 자주 더럽히거나 바닥에 대소변을 싸더라도 화내지 말아야 한다.

밤에는 당분간 기저귀를 채운다

낮에 기저귀를 떼고 잘 지내더라도 밤에 잘 때는 당분간 기저귀를 채우는 것이 낫다. 잠들기 1~2시간 전에는 물을 많이 마시지 않게 하고, 자기 전에 소변을 보는 습관을 들인다. 자는 아이를 억지로 깨워 소변을 보게 하면 깊은 수면에 방해가 되기 때문이다. 아이가 밤새 소변을 보지 않는 날이 반복되면 서서히 밤 기저귀도 떼고 팬티만 입혀서 재운다. 그래도 자주 이불에 소변을 볼 수 있는데, 이는 정상적인 것이므로 아이에게 화를 내거나 벌을 주지 않는다.

대소변 가리기는 만 5세까지

일반적으로 만 3~4세가 되면 대소변을 완전히 가린다. 밤에 간혹 이불에 오줌을 싸기도 하지만 문제가 되지는 않는다. 만약 만 5세가 넘어서도 밤에 대소변을 못 가린다면 소아과 의사의 진료를 받아보는 것이 좋다.

아이 마사지

아이 마사지를 하면 엄마와 아이가 눈을 맞추면서 교감할 수 있고, 마사지를 받는 동안 엄마의 사랑을 느껴 아이의 몸이 편안해진다. 아이 건강까지 챙기는 마사지 방법을 소개한다.

아이 마사지의 효과

엄마와 아이의 정서적 교감이 이루어진다

엄마 손과 아이 피부가 직접적으로 맞닿는 아이 마사지는 좋은 스킨십 방법으로 아이에게 정서적인 안정감과 만족감을 준다. 아이가 피부를 통해 엄마의 손길을 느끼며 사랑받고 있다는 확인을 하게 돼 엄마와의 애착 관계가 단단하게 형성된다. 엄마 또한 아이와의 접촉을 통해 교감과 모성애를 느낄 수 있다. 엄마와 안정된 애착 관계를 형성한 아이들은 이후 육체적, 정서적으로 보다 건강한 아이로 자란다.

아이의 건강에 도움이 된다

아이 마사지를 하면 피부 자극을 통해 근육이 이완되고 스트레스 호르몬이 감소해 아이 마음이 편안해져 숙면에도 도움이 된다. 가슴 부위 마사지는 순환기와 호흡기 계통에 좋고, 배 부위 마사지는 소화가 잘되게 해 배변 활동이 원활해진다. 팔다리 마사지는 혈액순환에 좋고, 자극을 통해 두뇌 발달에도 영향을 미친다. 아이가 걸음마를 배울 때는 다리 마사지를 해주면 피로가 해소되고 근육과 뼈 성장을 돕는다. 등 마사지는 전체적인 근육의 긴장을 풀어주어 척추를 곧게 하고 성장을 돕는 효과가 있다.

여러 감각의 통합과 두뇌 발달에 도움이 된다

아이가 보고, 듣고, 피부로 느끼는 감각들은 처음엔 단순한 각각의 자극일 뿐이다. 스킨십은 아이가 이런 감각들을 통합해서 인지하게 만드는 효과적인 공부 방법이다. 이러한 과정을 통해 두뇌 발달이 이루어진다.

아이 마사지 주의사항

- 아이가 기분 좋은 시간을 선택해 일정한 시간에 하는 것이 좋다.
- 머리나 등을 가볍게 쓰다듬는 것에서 시작해 마사지 부위를 조금씩 넓혀나간다.
- 아이가 싫어하면 억지로 하지 말고 다음에 아이가 편안할 때 다시 시도한다.
- 짧게 몇 분을 하더라도 매일 꾸준히 하는 것이 좋다.
- 엄마의 손을 청결히 하고 손톱은 짧게 깎아야

- 하며 반지 등을 모두 뺀다.
- 춥지 않도록 온도 조절을 해야 하며 마사지 오일도 미지근한 것이 좋다.
- 눈과 입에 오일이 들어가지 않도록 주의한다.
- 아이가 아플 때, 식사 직후나 직전, 억지로 잠에서 깨었을 때, 피부에 염증이나 변화가 있을 때, 예방접종을 한 지 하루 정도는 마사지를 하지 않는 것이 좋다.
- 마사지 후 따뜻한 물수건으로 몸을 닦고 물을 먹인다.

아이 마사지 실전

1 엄마 손에 베이비오일을 묻힌다.

2 아이 발바닥을 발가락 끝까지 세심하게 눌러준다.

3 발목에서 허벅지까지 쭉 훑으며 내려온다.

4 손바닥을 붙여 가슴에 올린다.

5 늑골을 따라 밀어내듯 쓰다듬어준다.

6 가슴 가운데로 돌아온다. 가슴에 하트를 그리듯 마사지한다.

7 배를 쓸어내린다. 손가락 끝으로 피아노 건반을 치듯 배의 오른쪽에서 왼쪽으로 가볍게 두드린다.

8 팔을 잡고 겨드랑이에서 손목 방향으로 천천히 쓸어준다.

9 얼굴을 손가락 끝으로 쓰다듬고 작은 원을 그리며 눌러준다. 양손으로 귀 뒤쪽을 따라 턱까지 내려오며 얼굴형을 잡아주듯 마사지한다.

10 검지로 코 옆선을 따라 살살 눌러주고 입술 주변도 눌러준다.

11 손가락을 마사지한다. 엄지에서 새끼손가락까지 하나씩 잡아 빼듯 부드럽게 만져준다.

12 머리 뒤쪽을 눌러준다.

13 어깨를 주물러주고, 등에 손을 얹은 다음 가로 방향으로 지그재그로 쓰다듬어준다. 등에서 엉덩이, 다리 뒤쪽까지 전체적으로 길게 쓸어내린다. 마지막으로 손가락 끝으로 등 위에서 아래로 부드럽게 눌러준다.

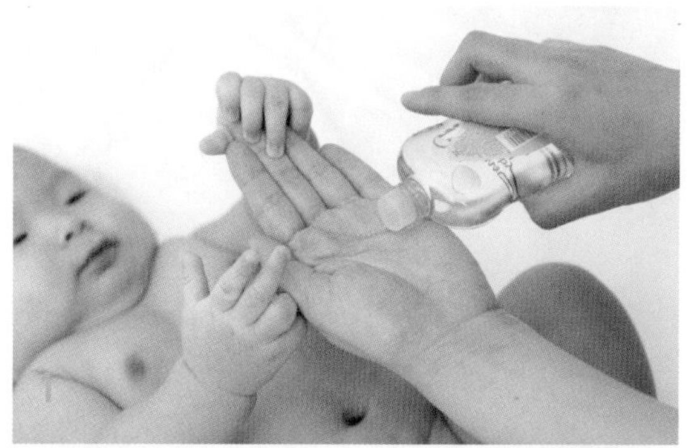
1

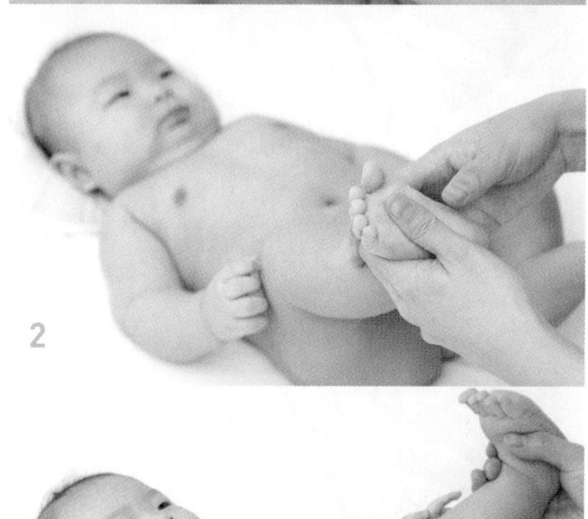
2

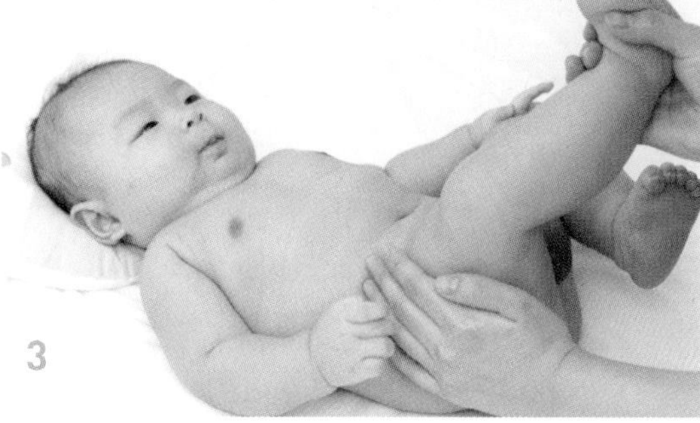
3

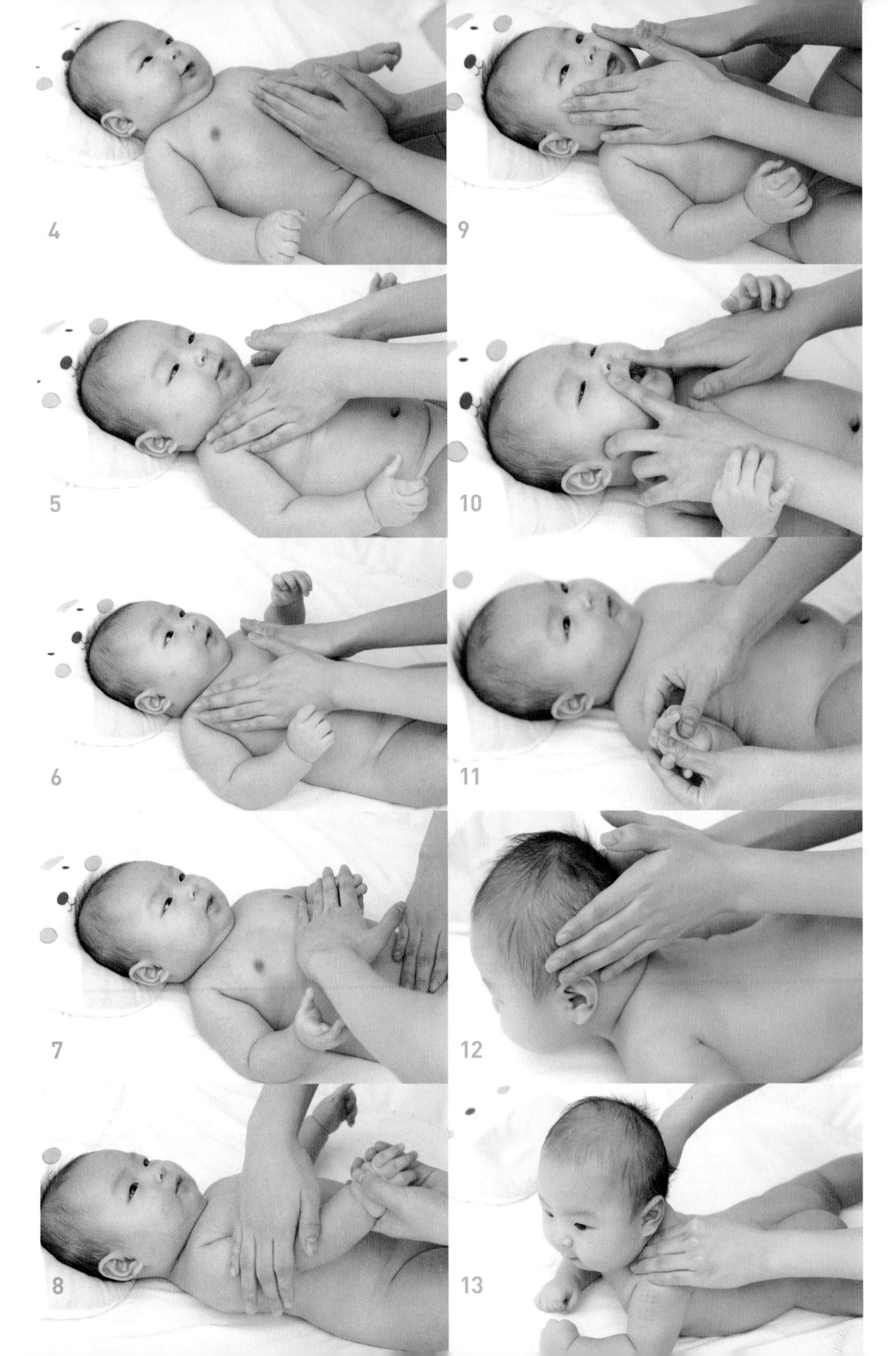
4
9
5
10
6
11
7
12
8
13

STEP 05

외출 준비

처음 아이를 데리고 외출할 때는 무엇을 챙겨야 할지 막막하고, 필요한 것을 준비하지 않아 난처한 경우가 많다. 아이와 외출할 때 쉽게 준비할 수 있는 노하우를 알아보고, 외출 시 주의해야 할 안전 사항을 체크한다.

아이의 안전한 외출을 위한 상식

생후 2개월 전에는 아이를 업지 않는다

아이가 목을 가눌 수 있을 때까지는 업어주지 않는 것이 안전하다. 아이를 업으면 뒤를 보기 어려워 아이 목이 젖혀져도 알 수 없어 위험하기 때문이다. 생후 1~2개월에는 불편하더라도 아이를 두 팔로 안고 다니는 것이 가장 좋다. 어쩔 수 없이 어깨띠를 사용해 앞에 안았을 때도 아이의 고개를 잘 받쳐주어야 한다. 목을 잘 가누는 생후 3~4개월부터는 업거나 앞으로 어깨띠를 이용해 안고 다닐 수 있다.

생후 6개월 전에는 직사광선을 피한다

아이의 연약한 피부에 자외선을 많이 쏘이면 자외선이 누적되어 성인이 되었을 때 피부암과 백내장에 걸릴 가능성이 높아진다. 하지만 비타민 D의 필요성을 강조하며 일광욕을 꼭 하라고 권하기도 한다. 실제로 햇볕을 전혀 쬐지 못하면 비타민 D를 보충해야 한다. 다만 아이에게 햇볕을 쬘 때는 자외선이 강한 오전 10시부터 오후 4시 사이는 피하고, 일주일에 2회 정도 15분씩 한다. 생후 6개월이 지나면 자외선 차단 크림을 사용할 수 있고, 야외에서는 모자와 선글라스를 씌우는 것도 도움이 된다.

자동차를 타고 외출할 때의 주의점

햇빛이 들지 않도록 햇빛 가리개를 준비하고 모자와 자외선 차단제를 잊지 않는다. 아이가 먹을 물도 충분히 준비해야 한다. 아이가 차 안에서 심심하지 않도록 장난감을 1~2개 가져가고, 아이가 좋아하는 음악을 들려주는 것도 좋다. 차 안에서는 반드시 카시트를 사용해야 안전하다. 또한 아주 잠시라도 차 안에 아이를 혼자 두어서는 안 되고, 좀 큰 아이가 있을 때는 안에서 문을 열지 못하도록 뒷문에 안전 잠금 장치를 하는 것이 좋다. 그리고 아이가 탔을 때는 에어컨을 평소보다 줄여 차 안과 바깥 온도 차이가 5℃를 넘지 않도록 조절해 냉방병이나 감기에 걸리지 않도록 주의한다.

아이 외출 준비 노하우

외출 시간을 계획하고 필요한 물품의 리스트를 만든다

외출할 시간대와 얼마나 오래 나가 있을지를 계획하고 그에 따라 필요한 물품의 리스트를 작성한다. 외출 시간대와 소요 시간에 맞춰 아이가 먹을 것, 기저귀, 옷, 손수건 등을 다르게 챙겨야 한다. 이러한 리스트를 몇 번 만들면, 이전 외출 시 리스트를 참고로 빠먹었던 것을 채워 넣고 필요 없는 것을 제외해 빠르고 간단하게 짐을 챙길 수 있다.

외출 시 수유하기

1~2시간 이내의 짧은 외출이라면 외출하기 30분 전에 수유를 하고 나가는 것이 좋다. 수유 직후 급하게 이동하면 아이가 토하거나 컨디션이 나빠질 수 있으므로 소화시킬 시간을 약간 주어야 한다. 밖에서는 산만하고 편안하지 않아 아이가 잘 먹지 않거나 먹고 체하는 경우가 있으므로 되도록 조용한 장소를 찾아 수유를 한다. 수유 전에는 물수건으로 아이 입과 손을 깨끗하게 닦아주어야 질병을 예방할 수 있다.

외출 시 옷 입히기

햇빛을 가릴 모자를 꼭 준비하고, 날씨에 따라 입히고 벗기기 편하도록 얇은 옷을 여러 겹 입힌다. 기저귀를 갈기 편하고 옷을 다 벗기지 않아도 되는 밑 트임 우주복이나 바지를 입히면 편리하다. 아이 옷은 언제든 더러워질 수 있으므로 큰 수건이나 여분의 옷을 1~2벌 준비한다. 걷지 못하는 아이라도 양말과 신발을 신겨야 발을 보호하고 감기에도 걸리지 않는다.

집에 돌아오면 아이를 깨끗이 씻긴다

많이 더러워지지 않았다면 밖으로 드러난 얼굴과 손발을 잘 닦아주는 것으로 충분하다. 그러나 따뜻한 물에 목욕을 시키면 청결뿐 아니라 피로회복에도 도움이 된다. 이때 엄마부터 손을 깨끗이 씻어야 한다.

돌 전 아이를 위한 외출 준비물의 예(3~4시간 기준)

- 일회용 기저귀 3~5개.
- 휴대용 분유통 1~3회 분량.
- 보온병, 젖병 1~2개, 젖꼭지 1~3개.
- 이유식 1회 분량 또는 주스 1병, 과자 등의 간식.
- 여벌 옷 1~2벌, 큰 수건.
- 가제 손수건 5~8개, 턱받이 1~2개.
- 물티슈, 여행용 티슈.
- 장난감 1~2개.

야단치기와 칭찬하기

아이들이 자기 의지대로 행동하면서 무엇이 옳고 그른지를 모를 때, 부모는 '안 되는 일'에 대해 가르치고 꾸중할 수 있어야 한다. 또한 적절한 칭찬을 통해 아이의 바른 행동을 유도해야 한다. 초보 엄마 아빠에겐 어려운 야단치기와 칭찬하기의 원칙을 제시한다.

지혜롭게 야단치기

훈육의 기본은 '규칙'을 정해 지키는 것이다

아이들에게 '해서는 안 되는 일, 또는 '해야 하는 일'을 가르치기 위해서는 명확하고 간단한 규칙을 정해서 지키게 하고, 이를 어겼을 때 야단을 치는 것이 기본이다. 처음에는 3~4개 정도의 가장 중요한 규칙을 정해 집중적으로 관리하는 것이 좋다. 한꺼번에 너무 많은 규칙을 세우면 아이가 기억하지도 못할뿐더러 지키지 못하는 경우가 많아 심한 스트레스를 받는다. 아이가 기존 규칙에 익숙해지면 새로운 규칙을 더하는 것이 보다 효과적이다.

규칙은 구체적이고 일관성 있게 적용한다

아이들은 인지 능력에 한계가 있기 때문에 애매하고 추상적인 규칙은 이해하지 못한다. 가령 "TV를 조금만 본다."보다는 "TV를 하루에 1시간만 본다."로 구체적인 기준을 제시해야 한다. 규칙을 지킬 때는 장소와 상황, 사람이 바뀌더라도 일관성 있게 적용해야 아이들이 혼란스럽지 않고 규칙을 가볍게 여기지 않는다. 따라서 엄마뿐 아니라 아이와 함께하는 가족 모두 규칙을 잘 알고 훈육에 동참해야 한다.

규칙을 지켰을 때와 지키지 않았을 때의 대가를 정한다

규칙을 잘 지켰을 때는 엄마의 충분한 칭찬과 격려가 따라야 아이가 꾸준히 규칙을 지킬 수 있는 동기 부여가 된다. 규칙을 어겼을 때는 화를 내거나 크게 소리를 질러서는 안 되고, 규칙과 연관된 아이의 권리를 벌로 빼앗는 것이 적절하다. 예를 들어 TV를 하루에 1시간만 본다는 규칙을 어긴 경우 그 다음 날 TV 보는 시간을 없애는 것이다. TV 보는 시간을 어겼는데 난데없이 장난감을 가지고 놀지 못하게 하는 식의 방법은 좋지 않다. 이렇게 규칙과 이를 어긴 대가가 서로 연관성이 있어야 한다. 전혀 다른 대가를 치르게 하면 아이가 받아들이기 힘들다.

두 돌 전 아이에겐 "안 돼!"가 효과적이다

생후 24개월이 안 된 아이들은 인지 능력이 한계가 있어 야단을 쳐도 잘 이해하지 못한다. 또한 이때의 아이들이 잘못된 행동을 하는 것은 대부분 위험을 알지 못해 아무 생각 없이 저지르는 일들이므로 꾸중보다는 위험하지 않게 보살피는 것이 중요하다. 위험한 물건에 손을 대거나 다칠 뻔한 상황에서는 엄한 표정을 지으며 "안 돼!"라고 즉시 제지하고, 그러한 행동의 결과, 즉 "이거 만지면 아파! 다친다!"라고 말해준다.

두 돌 이후 아이를 야단칠 때 주의할 점

이때의 아이들은 고집을 부리고 떼를 쓰며 엄마들이 하루 종일 야단만 쳐야 할 정도로 말썽을 부린다. 그러나 너무 자주 야단을 치면 효과가 없어 엄마는 더욱 심한 화를 낼 수밖에 없다. 따라서 아이의 사소한 잘못들은 그냥 넘기고 반드시 꾸중해야 하는 몇 가지를 정해놓고 일관되게 적용하는 것이 더 좋다. 잘못된 행동을 하면 그 즉시 야단을 쳐야 한다. 한참 후에는 이야기해봤자 아이가 자기 행동과 야단맞는 것의 연관성을 이해하지 못한다. 또한 한 번에 한 가지 문제만 주의를 주어야 한다. 여러 가지를 한꺼번에 지적하거나 한참 지난 일까지 합쳐서 야단을 치면 아이에게 혼란만 줄 뿐이다.

야단칠 때 부모가 꼭 기억해야 하는 점

1 아이의 실수를 야단치지 않는다. 아이가 실수로 음식을 흘렸을 때 화를 낸다면 이는 아이를 가르치는 것이 아니라 엄마에게 귀찮은 일거리를 준 것에 대한 화풀이일 뿐이다.

2 꾸중을 할 때는 큰소리를 내면 오히려 효과가 떨어지므로 조용한 장소에서 차분하고 낮은 목소리로 말한다.

3 아이들도 인격을 존중받아야 마땅하므로 아이의 행동과 상관없는 화풀이나 욕설 등의 모욕적인 단어는 절대 사용하지 말아야 한다.

4 심하게 야단치는 일이 자주 벌어지면, 아이는 자신감을 잃고 소극적인 성격이 되거나 반발심이 커져 더욱 제멋대로 행동할 수 있다.

칭찬 잘하기

칭찬의 긍정적인 효과는 무한대다

칭찬을 많이 받은 아이는 올바른 행동에 대한 동기부여가 충분해 좀 더 적극적이고 긍정적인 성격이 된다. 엄마의 칭찬을 들으면 정서적인 충족감과 안정감이 생겨 아이의 정서 및 지능 발달에 좋은 영향을 끼친다. 칭찬을 한다는 것은 엄마가 아이에게 세심한 관심이 있다는 증거이기도 하다. 아이들은 이를 민감하게 느껴 엄마와의 유대감이 더욱 커진다.

칭찬 잘하는 노하우

구체적으로 칭찬한다

아이가 어떤 좋은 행동을 했을 때는 그냥 "착하네.", "잘했어."가 아니라, 어떤 점이 칭찬받을 만한 일인지 구체적이고 직접적으로 말해주어야 한다. 가령 "우리 준호가 싫어하던 치카치카를 혼자서도 잘했구나. 이가 정말 깨끗하다. 잘했어요!"라는 식으로 칭찬의 포인트를 말해주어야 아이가 그 뒤로도 어떤 행동을 반복해야 하는지 알게 된다.

하루 한 번 이상 칭찬한다

칭찬에 인색하지 말아야 한다. 하루 종일 말썽만 부리는 아이라도, 엄마가 마음먹기에 따라 작은 행동이라도 아이의 좋은 점을 찾아 격려해줄 수 있다.

아이의 좋은 행동에 칭찬하는 것이 진짜 칭찬이다

아이의 외모에 대한 잦은 칭찬이나 잘하지 않은 일을 칭찬하는 것은 칭찬이 아니다. "우리 연아 정말 예쁘다."라거나, 병원에서 진료 중에 심하게 울고 보챈 아이에게 "우리 준호, 진찰 정말 잘 받았어요."라고 하는 것은, 아이의 올바른 행동에 대한 동기 부여와는 전혀 상관이 없다.

여러 사람 앞에서 칭찬한다

좋은 행동에 대해 엄마가 칭찬해주는 것도 좋지만, 여러 사람이 있는 자리에서 한 번 더 언급해주면 칭찬 효과가 배가되어 아이가 확실한 자신감과 동기 부여를 가질 수 있다.

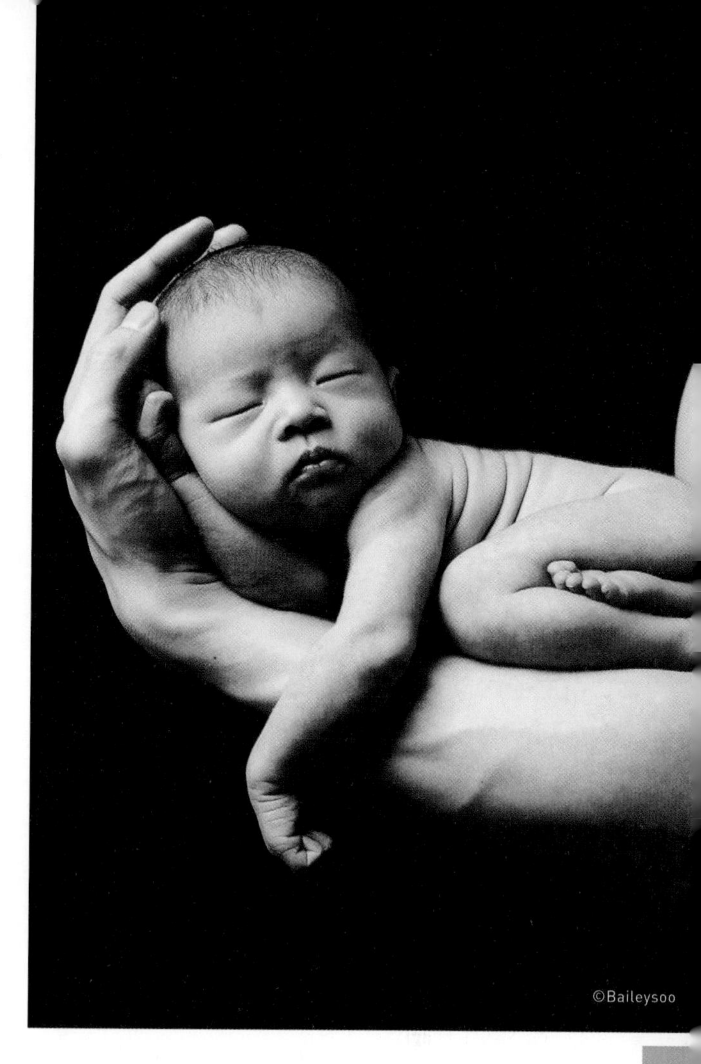
©Baileysoo

장난감 고르기

장난감은 단순한 놀이 도구가 아니라 아이의 신체와 두뇌, 감각 발달에 큰 도움을 주는 학습 도구다. 따라서 아이의 장난감을 고를 때는 학습 및 운동 효과와 안전성을 모두 고려해야 한다. 아이의 발달 수준에 맞는 좋은 장난감 고르는 방법을 알아본다.

안전한 장난감 고르기

튼튼하고 마무리가 잘된 것

아이들은 장난감을 던지며 노는 것을 좋아하기 때문에 쉽게 깨지거나 망가지는 제품은 아이가 다칠 수 있다. 또한 모서리가 각지거나 날카롭지는 않은지, 나무 장난감이라면 나뭇결이 일거나 긁히는 느낌은 없는지 살펴봐야 한다. 플라스틱 장난감은 연결 부위의 마무리가 잘되어 있지 않으면 아이가 물어뜯었을 때 부스러기를 삼킬 수 있다.

독성이 없는 물질로 만든 것

아이들은 무엇이든 먼저 입으로 탐색한다. 장난감도 아이 입에 수시로 들어가므로 인체에 해로운 물질을 사용하진 않았는지 반드시 확인해야 한다. 또한 다양한 색깔로 칠한 페인트에 독성이 있는지 보고, 금속류의 장난감은 납이나 수은 등의 중금속 성분이 나오는 건 아닌지 확인한다.

천으로 된 장난감은 재질과 박음질 상태 체크

아이가 물고 빨았을 때 문제가 없도록 재질을 확인하는데, 가장 좋은 것은 면 제품이다. 합성섬유인 경우 보풀이나 먼지가 일어나는지 봐야 한다. 또 박음질이 꼼꼼해야 안쪽에 들어있는 솜이나 다른 물질들이 밖으로 새어나와 아이 입에 들어가는 일이 없다.

손가락이나 머리카락이 낄 위험이 없는 것

장난감의 연결 부위나 작은 구멍에 아이의 손가락이 끼거나 머리카락이 엉키는 경우가 있다. 장난감의 틈이 위험하진 않은지 살펴보고, 되도록 구멍이 많지 않은 것을 고른다.

세척과 소독이 쉬운 것

아이 장난감은 자주 입에 들어가므로 열심히 닦고 소독해야 한다. 물로 세척하기 어려운 장난감은 위생 관리에 문제가 있으므로 피하는 것이 좋다.

품질 표시는 꼭 확인

장난감을 고를 때는 제조회사, 판매회사, 재질, 대상

연령 등 여러 가지를 살펴보아야 한다. 특히 작동 완구의 경우 완구 안전규격검사를 받아 ST 마크가 붙은 것을 구입한다. 이는 여러 시험을 통해 안전성에서 합격 판정을 받았다는 의미이므로 안심하고 선택해도 좋다. 또한 기본적인 품질 표시가 있는 장난감을 골라야 좀 더 안전하다.

좋은 장난감 고르기

발달 단계에 맞춘다

아이의 월령에 따른 발달 정도를 파악하고 그 시기에 적절한 장난감을 고르는 것이 가장 중요하다. 흑백 정도를 구별할 수 있는 신생아에게 다양한 색깔의 모빌을 보여주는 것은 도움이 되지 않는다. 기어다니는 아이에게 타고 놀 수 있는 자동차를 사주는 것도 너무 이르기 때문에 유용하지 않다. 반대로 잘 뛰어다니는 아이에게 딸랑이 장난감을 주는 것도 맞지 않는다.

오감을 자극할 수 있는 것이 좋다

생후 3년까지는 시각, 청각, 촉각, 후각, 미각 등 다섯 가지 감각이 왕성하게 발달한다. 그러므로 장난감도 이러한 감각을 되도록 많이 자극할 수 있는 것이 더 좋다. 예를 들어 장난감 전화기가 알록달록한 색깔이면서 누를 수 있는 버튼의 모양이 여러 가지 있고, 그 때마다 다양한 소리가 난다면 3가지 감각의 자극이 가능한 것이다.

놀이 방법이 다양한 장난감이 좋다

장난감이 완성되어 있어 아이가 그저 바라보기만 하는 종류보다는 장난감의 변형을 통해 여러 방법으로 놀 수 있는 장난감이 좋다. 즉, 아이가 직접 손으로 만지고 모양을 바꿀 수 있는 등 활용도가 다양한 장난감이 아이의 발달에 도움이 된다. 예를 들면 완성된 로봇보다는 아이가 손으로 주물럭거려 여러 모양을 만들 수 있는 찰흙이나 마음대로 쌓을 수 있는 블록 같은 장난감이 좋다.

월령별 장난감 고르기

생후 1~3개월

시각과 청각을 자극하는 장난감

생후 2개월 전에는 흑백만 구분하다 이후로 선명한 원색을 볼 수 있으므로 흑백 모빌에서 색깔이 선명한 원색 모빌로 바꿔 달아준다. 청각 기능도 발달해 소리가 나는 쪽으로 머리를 돌리거나 옹알이를 하기도 하므로 딸랑이나 소리가 나는 모빌, 멜로디 장난감 등으로 다양한 소리를 들려준다. 손으로 장난감을 쥐고 빨 수 있어 부드러운 천 재질의 인형도 촉각 자극에 도움이 된다.

생후 4~6개월

청각과 촉각을 자극하는 장난감

소리에 민감해지고, 스스로 목을 가누고 뒤집기도 하며, 손으로 물건을 잡고 다른 손으로 옮길 수도 있다. 따라서 이 시기에는 손으로 쥐거나 입으로 불면 소리가 나는 장난감, 두드리면 소리가 나는 북, 오뚝이, 손으로 잡아 움직일 수 있는 바퀴 달린 장난감, 딸랑이 같은 것이 좋다. 아이가 입에 넣고 씹으려는 욕구가 생길 때이므로 치아 발육기도 필요하고, 천으로 만든 인형이나 공도 좋은 장난감이다.

생후 7~9개월

손으로 만지면 변하는 장난감

이때의 아이들은 기어 다닐 뿐 아니라 주위의 도움 없이도 안정적으로 앉을 수 있어 두 손이 매우 자유롭다. 따라서 입으로 확인하는 대신 이제 손으로 잡아서 흔들거나 쥐어보는 방법으로 물건을 탐색한다. 손으로 만졌을 때 변화가 나타나는 공, 장난감 전화기, 나팔이나 북 등의 악기 장난감, 도형 조각을 끼우는 장난감 등이 좋다. 목욕할 때 가지고 놀 수 있는 물놀이 장난감도 유용하다.

생후 10~12개월

손가락을 많이 쓰고 걸음마를 돕는 장난감

이제 아이들은 주변 물건을 붙잡고 서거나 걸음을 떼기도 하는 등 움직임이 많아져 무엇이든지 손으로 만져보고 눌러보고 당겨보는 탐색을 한다. 따라서 걸음마를 돕기 위해 장난감을 이용한 움직이는 놀이를 하는 것이 좋다. 바퀴 달린 장난감에 끈을 매어 끌고 다니거나, 공놀이를 통해 다양하게 몸을 움직이게 하거나, 붕붕카에 태우고 밀어주거나 끌고 다니기도 한다. 블록, 간단한 모양 맞추기, 전화기 등 손가락을 많이 쓰고 기억력을 자극할 수 있는 장난감도 좋다. 크레용과 종이를 주고 마음대로 휘두를 수 있게 하는 것도 도움이 된다. 서서히 말을 배우기 시작할 때이므로 책을 읽어주거나 소꿉놀이를 통해 간단한 말을 배울 수 있게 도와준다.

생후 13~18개월

말하기를 돕는 장난감

본격적으로 언어 발달이 시작되는 시기이므로 사실적인 그림의 낱말 카드를 사물에 붙여놓고 활용하거나 줄거리가 간단한 그림책을 읽어주는 것도 좋다. 멜로디 북에서 나오는 다양한 소리를 들려주며 언어 발달을 유도할 수도 있다. 또한 상상력과 상황에 대한 인식이 생기기 때문에 엄마와 함께 간단한 역할극 놀이를 하면 아이의 사고력과 언어력에 도움이 된다. 잘 걸어 다닐 때라 끌고 다니는 장난감, 바퀴 달린 탈것을 좋아한다.

생후 19~24개월

응용하며 놀 수 있는 장난감,
감각을 자극하는 장난감

이때의 아이들은 어른들을 따라 하는 걸 좋아해 역할놀이를 할 수 있는 장난감, 즉 병원 놀이, 부엌 놀이 같은 장난감이 좋다. 컬러 찰흙을 가지고 놀거나, 큰 퍼즐을 맞추거나, 구슬을 줄에 끼우는 등 감각을 자극하는 놀이가 도움이 된다. 블록 놀이는 창의력과 구성력을 키울 수 있다.

EQ와 IQ 키우는 아이 감각 놀이

아이는 생애를 통틀어 출생부터 돌 전후까지 가장 활발하고 빠르게 성장한다. 특히 주변 정보를 감각 체계로 받아들이기 때문에 감각 자극 자체가 두뇌 발달과 연결된다. 오감을 최대한 다양하게 자극할 수 있는 놀이 방법을 소개한다.

시각 발달 놀이

0~3개월

시선 옮기기

흑백이나 선명한 색의 인형이나 장난감을 보여주면서 아이의 눈이 위아래, 옆으로 따라오도록 천천히 움직여본다. 딸랑이처럼 소리가 나는 장난감이면 더 좋다. 신생아는 20~30cm 내외밖에 보지 못하고 가벼운 사시 현상을 보이기도 하므로 월령별로 거리를 감안해서 움직여준다. 처음에는 수평으로 흔들어주어야 시각이 안정되게 발달한다.

3~6개월

시선 집중 놀이

아이의 겨드랑이를 받치고 마주 앉은 상태에서 엄마의 얼굴을 점점 멀리해본다. 30cm 범위 안에서 엄마의 얼굴을 오른쪽과 왼쪽으로 천천히 움직인다. 엄마의 움직임에 따라 아이의 눈이 엄마를 쫓아온다. 너무 빨리 움직이면 아이의 시야가 따라갈 수 없으므로 천천히 움직이는 것이 좋다. 시선 집중 놀이는 아이가 주변 환경에 친숙해지게 해주며 한 대상을 집중해서 볼 수 있는 능력을 키워준다.

6개월 이후 집 안 세상 구경

아이가 목을 가눌 수 있는 시기가 되면 아이를 안고 집 안의 이곳저곳을 돌아다니며, "이건 엄마 아빠 사진이야. 알겠니?", "이건 똑딱똑딱 시계야. 동그란 시계." 등등 집 안에 있는 장식물이나 가구, 가전제품을 보여주며 설명해준다. 사진이나 그림보다 실물을 직접 보여주는 것이 좋다. 조금 더 자라면 야외로 나가 여러 가지 자연을 직접 경험하게 해준다.

청각 발달 놀이

0~3개월

어디에서 나는 소리일까?

누워 있는 아이의 귀에 대고 딸랑이를 흔들어준다. 아이가 고개를 돌려 바라보면 반대편 귓가로 옮겨 다시 흔들어준다. 아이가 딸랑이 소리에 익숙해지면 여러 방향에서 흔들어 자극을 준다.

3~6개월

여러 가지 소리 들려주기

다양한 소리를 반복해서 자주 들으면 아이의 청각 신경 세포가 발달하는 동시에 뇌도 자극해 뇌세포 발달에 도움을 준다. 소리가 나는 장난감, 엄마의 목소리, 방울소리, 전화벨 소리 등을 자주 들려줘 다양한 소리에 익숙해지게 한다. 또 집 안에 있는 물건들을 톡톡 쳐서 각각의 소리를 들려준다. 이런 소리를 듣는 동안 아이는 어디서 어떤 소리가 나는지 알게 된다.

7~12개월

드럼 치기

손 근육과 리듬감과 청각을 발달시키는 놀이다. 나무 블록, 플라스틱 접시나 그릇, 실로폰, 탬버린, 밥공기 등 일상용품을 이용해 두드리거나 서로 부딪쳐보게 한다. 다양한 소리를 들으면서 각각의 소리에 대한 변별력을 키우고, 힘의 조절에 따라 소리의 크기가 달라지는 연관성을 깨닫게 된다.

촉각 발달 놀이

3개월 이후

보들보들, 까칠까칠

아이가 손으로 쥘 수 있는 크기의 보드라운 천이나 약간 거친 천 등 다양한 감촉의 천을 아이 손에 쥐어 주거나 피부에 대준다. 다 쓴 티슈 곽 안에 각종 천을 휴지처럼 차곡차곡 접어 넣었다가 아이가 하나씩 꺼내게 하는 것도 좋다. 천을 뽑는 순간의 느낌은 물론 다양한 천을 직접 만져보면서 촉감도 자극을 받는다. 은박지나 신문지, 셀로판지 등 느낌이 다양한 종이를 구기거나 찢어보게 하는 것도 좋다. 사탕 껍질이나 과자 봉지들은 만질 때 바스락 소리가 나 아이들의 흥미를 더욱 유발한다.

6개월 이후

온몸 간질이기

아이의 촉각 발달에 가장 좋은 것은 스킨십이다. 옷을 갈아입히거나 잠들기 전에 침대에서 엄마의 부드러운 손으로 아이 몸을 간질인다. 발바닥을 간질이면 아이는 발가락을 움찔하며 반응을 보인다. 손가락뿐만 아니라 붓, 솜, 천, 나무 블록 등 다양한 질감의 물건으로 발바닥을 간지럽힌다. 발바닥의 미세한 신경이 닿는 물건에 따라 전혀 다른 느낌을 전해준다.

협응력, 기억력 발달 놀이

4~6개월

움직이는 장난감 잡기

장난감을 움직여 아이가 그것을 잡게 하는 놀이로 예측 감각을 키워준다. 예측 감각이란 아이가 움직임의 반복과 변화에 대해 미리 짐작할 수 있는 능력을 말한다. 이렇게 계속 반복되는 동작을 보면서 아이는 앞으로 일어날 일을 미리 예측하고, 상황에 대한 적절한 대응을 할 수 있게 된다. 공이나 오뚝이, 자동차 등을 아이 눈앞에서 움직이면서 아이가 그것을 잡도록 유도한다. 이런 놀이를 통해 아이는 지능과 창의력, 사고력을 키워나갈 수 있다.

7~12개월

장난감 찾기

장난감을 가지고 놀게 했다가 안 보이도록 잠깐 숨겨 아이가 그것을 찾게 하는 놀이다. 기억력과 상상력 발달에 도움을 준다. 처음에는 아이가 가지고 놀던 장난감 위에 수건 등을 덮어 장난감이 보이지 않게 한다. 아이가 수건을 벗겨 장난감을 찾아내면 크게 칭찬을 해준다. 이렇게 하면 아이가 물건을 찾은 기쁨을 느끼면서 찾기 놀이에 흥미를 갖는다. 아이가 어느 정도 찾기에 익숙해지면 이불 속, 장난감통 안 등 다양한 곳에 장난감을 숨겨 찾아보게 한다.

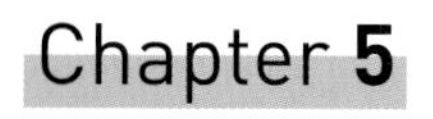

Chapter 5

건강한 이유식

이유식의 기본 원칙

이유식은 아이의 영양은 물론 평생 식습관과 건강에 영향을 미치는 중요한 과정이다. 아이의 성장에 맞춘 이유식을 꼼꼼하게 체크해야 하는 이유와 이유식을 시작할 때 꼭 알아야 하는 기본 원칙, 주의사항을 제시한다.

이유식은 왜 해야 할까?

1 생후 6개월 이후에는 모유나 분유만으로는 충분한 영양을 공급할 수 없다. 특히 모유만 먹인 아이들은 만 6개월이 넘으면 철분이 부족할 수 있어 고기로 보충해야 한다.

2 고형식, 즉 덩어리 음식을 먹는 연습 과정이다. 아이가 돌이 지나 밥을 먹기까지 부드러운 음식으로 시작해 점차 단단한 음식을 먹는 연습을 하게 된다.

3 두뇌 발달에 도움이 된다. 아이들이 음식을 집어 입에 넣고 씹는 행동 자체은 두뇌 발달과 직접적인 연관이 있다.

4 건강한 식습관의 기초가 된다. 아이 때 처음 먹는 음식들은 미각 발달에 중요하며 이때 채소, 고기, 과일 등을 골고루 잘 먹는 습관을 들여야 평생 건강한 식습관을 갖게 된다. 또한 배고플 때 스스로 먹고, 식사할 때 충분한 양을 먹은 뒤 배부르면 그만 먹는 습관을 이유식 때부터 배워야 한다.

5 식사 예절을 배우고 가족과 함께하는 시간이 된다. 식사할 때는 돌아다니지 않고 한자리에 앉아서 먹어야 하며, 책이나 TV를 보면서 먹지 않는 등의 식사 예절을 익혀야 한다. 이유식을 아이 혼자 먹이는 것이 아니라 가족과 같이하는 자리로 만들어야 식사를 통한 가족 간의 긴밀한 유대를 느낄 수 있다.

이유식의 기본 원칙

이유식은 생후 4~6개월부터 시작한다

이유식은 생후 4개월부터 시작할 수 있고 만 6개월, 늦어도 26주부터는 반드시 먹여야 한다. 예전에는 이유식을 일찍 시작하는 것이 좋다고 알려져 생후 2개월에 과일즙을 먹이기도 했으나 이것은 잘못된 상식이다. 4개월 이전 아이들은 장이 미숙하고 면역체계가 약하기 때문에 이때 이유식을 하면 제대로 흡수되지도 않고 오히려 알레르기만 늘어날 수 있다. 대개의 아이들은 4개월이 지나면 체중이 6~7kg이 넘고 모유나 분유 이외의 다른 음식에 관심을 보이며, 고형식을 소화시킬 수 있는 신체적 준비가 된다. 단, 아토피 피부염 등 알레르기성 질환이 있으면 만 6개월부터 시작하는 것이 좋다.

이유식은 만들어 먹인다

시판 가루 이유식이나 선식을 이유식 대신 먹이는 것은 권장하지 않는다. 엄마가 집에서 청결하게 정성껏 만든 이유식이 아이에겐 가장 좋은 음식이다. 이유식 만드는 것을 너무 어렵게 생각하는 엄마가 많은데, 몇 가지 노하우만 알면 간편하게 영양 만점 이유식을 먹일 수 있다. 다양한 재료와 조리법으로 만든 엄마표 이유식은 아이의 두뇌와 미각 발달에 도움을 주고, 정서적 안정과도 연결된다.

이유식은 쌀미음으로 시작한다

쌀은 알레르기를 일으키는 글루텐이라는 단백질이 없어 알레르기 반응이 매우 드물기 때문에 이유식을 시작하기에 가장 좋은 재료다. 쌀미음은 맛이 담백하고 조리하기도 쉬우며 나중에 채소나 고기를 첨가해 먹이기에도 적당하다. 처음 먹이는 쌀미음은 수프 정도의 묽기, 즉 10배 죽으로 만들면 된다. 10배 죽은 쌀과 물의 비율이 1대 10인 죽으로 쌀 10g에 물 100cc를 붓고 끓이면 된다. 과즙으로 이유식을 시작하면 아이가 단맛에 익숙해져 담백하고 싱거운 이유식은 거부할 수 있으므로 좋지 않다.

새로운 재료는 한 번에 한 가지씩 2~7일마다 첨가한다

쌀미음에 새로운 재료를 첨가할 때는 항상 한 가지씩 넣고, 초기에는 일주일 간격으로 다른 재료를 추가해야 한다. 그래야 새로 첨가한 재료가 아이에게 알레르기 반응을 일으키는지 알 수 있으며, 아이의 장이 새 재료에 적응하는 시간도 된다. 아이가 새로운 음식을 먹었을 때 피부에 발진이 생기거나, 토하거나, 하루 8회 이상 설사를 하거나, 피가 섞인 설사를 할 때는 음식 알레르기를 의심할 수 있다. 증상이 심하면 소아과 의사의 진찰이 필요하다. 알레르기 반응을 보인 음식은 3개월 정도 먹이지 말고 나중에 다시 시도해본다. 아이 때는 이상 반응을 보였더라도 대개 한두 살이 되면 괜찮아지는 경우가 많다.

이유식은 숟가락으로, 앉혀서 먹인다

이유식은 반드시 숟가락으로 떠먹인다. 숟가락을 사용하는 것도 꼭 필요한 과정이므로 처음에는 엄마가 떠먹이고 8개월 정도 되면 아이 스스로 숟가락질을 하도록 연습시킨다. 젖병에 넣어 먹이는 것은 안 된다. 또한 이유식을 눕혀서 먹이면 기도로 넘어가 위험할 수 있으므로 처음에는 엄마가 안고 앉혀서 먹이는 것이 좋다. 아이가 6~7개월 정도 되면 아이용 의자에 앉혀서 먹일 수 있다.

이유식에는 간을 하지 않는다

돌 전까지 이유식에는 소금, 간장, 된장, 고추장, 젓갈류 등 어떠한 종류의 간도 하지 않아야 한다. 어린아이들은 신장이 아직 미숙하기 때문에 모유나 분유, 천연 재료에 들어 있는 소금보다 많이 섭취할 경우 건강에 문제가 생길 수 있다. 따라서 어른들이 먹는 김치나 국, 반찬을 먹여서는 안 된다. 마늘이나 파 같은 양념류는 9개월이 되면 조금씩 첨가해줄 수 있다.

생후 6개월부터는 고기를 준다

6개월경부터는 철분 보충을 위해 고기를 꼭 먹여야 한다. 고기 국물을 이유식 육수로 사용하는 것은 좋지만, 기름기가 없는 고기를 먹이는 것이 중요하다. 처음에는 완전히 갈아서 먹이고, 한두 달 지나면 약간의 덩어리가 있는 것도 먹인다. 혀나 잇몸으로 부드럽게 으깨질 정도로 푹 익혀서 주는데, 돌 전에는 닭고기와 쇠고기가 적당하다.

과일 주스는 생후 6개월 전에는 먹이지 않는다

과일은 생후 4~6개월부터 익혀서 으깨 먹일 수 있지만 과일 주스는 6개월 전에는 먹이지 않는 것이 좋다. 여기서 말하는 과일 주스는 엄마가 집에서 갈아 만든 것이 아니라 시중에서 파는 것이다. 과일 주스는 당도 때문에 칼로리는 높지만 영양은 부족하고, 많이 먹을 경우 설사를 할 수도 있다. 6~7개월에는 하루에 50cc 이상 주지 말고, 돌까지는 하루 120cc 정도 먹인다. 귤이나 오렌지 같은 감귤류의 주스는 9개월이 지나서 시작하는 것이 좋다. 시판 과일 주스는 반드시 100% 무가당으로 먹이고, 혼합 과일 주스나 시럽이 들어 있는 음료는 피한다.

찌고 삶는 조리법을 이용한다

이유식은 기름으로 볶거나 튀기는 대신 찌고 삶는 조리법으로 만들어야 아이의 건강에 좋다. 아이에게 필요한 지방 성분은 모유나 분유에 충분하므로 기름진 음식에 일찍부터 맛을 들이지 않도록 한다. 9개월부터는 올리브유나 참기름 등의 기름을 조금씩 사용할 수 있지만, 아예 사용하지 않아도 좋다.

이유식, 어떻게 얼마나 먹여야 할까

이유식은 수유 직전에 먹인다

이유식의 첫 시작은 아이의 기분이 좋을 때 여유 있게 하는 것이 좋다. 오전 10시경 수유하기 바로 전에 이유식을 먼저 먹이고 모유나 분유를 먹인다. 만약 이유식을 많이 낯설어하면 수유를 어느 정도 하고 이유식을 먹이는 것도 괜찮다. 처음에는 음식물을 뱉거나 거부할 수도 있다. 그래도 인내심을 갖고 아이가 음식을 삼킬 때까지 여러 번 더 시도한다. 너무 심하게 거부할 때는 며칠 쉬었다가 다시 시도한다.

하루 1회에서 3회로 횟수를 늘린다

초기 이유식을 하는 4~6개월에는 하루에 한 번만 먹이고, 중기인 6~8개월에는 하루에 두 번, 후기인 9개월부터는 어른들처럼 하루에 세 번을 먹인다. 그 사이 한 번 먹는 이유식의 양도 서서히 늘려, 돌 즈음에는 한 끼에 밥을 반 공기(150cal) 정도 먹을 수 있어야 한다. 중기부터는 이유식 주는 시간 사이에 간식도 주는 것이 좋다.

묽은 음식에서 단단한 음식으로 변화를 준다

이유식의 묽기와 굳기는 단계별로 달라져야 하며, 적어도 7개월 정도에는 음식을 완전히 갈아서 먹이는 것을 끝내고 덩어리 음식을 먹어야 한다. 초기 이유식을 할 때는 음식물을 갈아서 미음이나 부드러운 죽 형태로 준다. 중기에는 혀와 입천장을 이용해 으깨 먹을 수 있는 연두부 정도의 굳기가 적당하며, 쌀을 갈지 말고 밥알 형태가 어느 정도 보이도록 끓인 죽 정도로 먹인다. 후기에는 진밥, 손으로 집어 먹을 수 있을 정도의 덩어리 음식도 가능하다.

이유식 재료별 시작 시기

채소는 이유식 초기부터 먹인다

쌀미음에 가장 먼저 첨가할 수 있는 채소는 양배추, 호박, 브로콜리, 완두콩, 고구마, 감자 등이다. 고구마와 감자는 채소라기보다는 밥 종류라고 볼 수 있다. 하지만 시금치, 배추, 당근, 비트는 질산염의 함량이 높아 6개월 이전 아이들의 경우 빈혈을 일으킬 수 있으므로 6개월 이후에 먹인다.

고기는 생후 6개월부터 꼭 먹인다

6개월부터는 철분 보충을 위해 반드시 고기를 먹여야 한다. 특히 닭고기와 쇠고기의 살코기에 함유된 철분이 체내 흡수율이 높아 이유식에 적당하다. 고기는 기름이 없는 살코기 부위만 사서 힘줄과 질긴 부분을 모두 제거하고 갈거나 얇게 썰어 익힌 후 갈아서 준다. 초기에는 완전히 갈아서 먹이고, 7개월쯤 되면 약간의 덩어리가 있도록 푹 익혀서 준다. 고기를 익힐 때 우러나온 국물은 이유식 육수로 이용한다.

과일은 생후 4~6개월부터 먹인다

처음 먹일 수 있는 과일은 사과, 배, 자두, 살구 등이다. 귤이나 오렌지는 9개월이 지나서 먹이는 것을 권장한다. 딸기와 토마토는 알레르기를 잘 일으키는 과일이므로 적어도 돌이 지나고부터 먹이는 것이 좋다. 이유식 중기까지는 과일의 씨와 껍질을 다 제거하고 주어야 한다. 처음에는 과일을 강판에 갈거나 익힌 다음 으깨서 주지만, 점차 덩어리로 먹을 수 있다. 과일 주스는 만 6개월이 지나면 먹인다.

달걀노른자는 7개월, 달걀흰자는 돌 이후부터 먹인다

달걀의 노른자는 7개월부터 먹일 수 있지만, 흰자는 돌이 지나고 먹이되 완숙으로 먹이는 것이 중요하다. 처음에는 소량만 주다가 서서히 양을 늘리는데, 돌이 지난 아이라도 일주일에 3개까지만 준다. 달걀노른자에는 콜레스테롤이 많이 들어 있어 너무 많이 먹으면 좋지 않기 때문이다. 달걀 알레르기가 있는 아이들의 경우 두 돌 전에는 먹이지 않도록 한다.

생선, 조개류는 돌 이후에 먹인다

생선과 조개류는 알레르기가 생길 가능성이 높기 때문에 돌 이후에 시작하는 것이 좋다. 깨끗한 물에서 자란 작은 생선류나 흰 살 생선은 9개월부터 먹일 수 있다는 의견도 있지만, 되도록 돌까지는 미루는 것이 안전하다. 특히 오염이 많은 지역에서 자란 생선, 조개, 상어나 참치같이 큰 생선, 민물고기는 오염 물질이 농축되어 있을 가능성이 있으므로 피해야 한다. 생선을 먹일 때는 소금을 뿌리지 말고 주고, 굴비나 간고등어처럼 짠 생선은 돌이 지나도 많이 먹이지 않는다.

생우유는 돌 이후, 유제품은 생후 8~9개월부터 시작한다

돌 전에 생우유를 먹이면 알레르기가 잘 생기고 장에서 미세 출혈을 일으켜 빈혈이 생길 수 있으므로 주의한다. 돌이 지난 다음에는 하루에 400~500cc 정도 먹이는 것이 좋다. 치즈는 9개월부터 먹여볼 수 있는데, 시판 치즈는 대부분 짜기 때문에 소금 함량이 적은 아이용 치즈를 골라야 한다. 짠 치즈는 아예 먹이지 않는 것이 낫다. 요구르트는 생후 8개월부터 먹일 수 있는데, 집에서 설탕을 넣지 않고 만든 플레인 요구르트가 가장 좋다.

밀가루는 생후 7개월 전부터 조금씩 첨가한다

생후 7개월 전에 이유식을 만들 때 밀가루를 조금씩 첨가하면, 밀가루 알레르기와 당뇨병 발생을 줄이는 데 도움이 된다. 마카로니, 파스타, 스파게티 등을 잘 익혀서 부드럽게 해주면 9개월 후기 이유식 때 잘 먹일 수 있다.

견과류는 돌 이후에 시작한다

땅콩이나 호두, 잣 등의 견과류는 소화가 더디고 알레르기를 일으킬 가능성이 높으므로 적어도 돌 전에는 먹이지 않아야 한다. 주의할 것 중 하나가 밤이다. 밤을 견과류로 생각하지 않고 일찍부터 이유식에 넣는 경우가 많은데, 밤도 엄연한 견과류이며 알레르기 반응이 잦은 대표 음식이다. 특히 땅콩은 기도로 넘어가는 질식 사고가 우려되므로 적어도 두 돌 이후에 주는 것이 안전하다. 견과류를 일찍 주지 않아야 하는 또 다른 이유는, 지방 함량이 높아 기름지고 고소한 맛에 아이들이 일찍부터 길들여지면 편식을 유발할 수 있기 때문이다.

컵, 숟가락, 포크 사용법 가르치기

이유식을 할 때 엄마가 먹여주는 것이 아이와 엄마 모두 편하긴 하다. 하지만 돌 무렵에는 혼자 먹는 연습을 시켜야 한다. 아이 혼자 먹으면 많이 흘리고 더러워져 엄마가 할 일이 많지만 아이는 좋은 식습관을 갖게 된다. 컵, 숟가락, 포크의 올바른 사용법에 대해 알아본다.

컵으로 먹기

생후 6개월부터 컵 사용을 시작한다

처음에는 모유나 분유를 컵에 소량씩 담아 먹게 한다. 분유를 젖병만이 아니라 컵으로도 먹을 수 있다는 것을 일찍부터 알려주면 나중에 젖병 떼기가 훨씬 수월하다. 빨대가 달린 컵을 사용하면 적응하기도 쉽다. 하지만 이런 컵은 젖병과 비슷하므로 컵을 사용하는 원래 목적을 달성하려면 손잡이가 달린 보통 컵을 쓰는 것이 가장 좋다.

생후 12개월에는 본격적으로 컵 사용을 연습한다

빨대가 달린 컵을 오래 사용하면 컵을 기울여도 흘리지 않는 적당한 각도를 배울 수 없으므로 돌 이후에는 되도록 사용하지 않는 것이 좋다. 아이가 잘 흘릴 경우 엄마가 손으로 컵을 받쳐서 몇 번 도와주면 아이도 적당한 각도를 알게 된다.

생후 18개월에는 혼자서 컵으로 먹게 한다

손잡이가 달린 컵에 내용물을 반 정도만 채워서 주면 혼자서도 잡고 마실 수 있다. 아직 흘리기도 하지만 양손으로 손잡이를 잡고 마시면 안정적인 자세가 나온다. 좀 더 익숙해지면 손잡이가 1개 달린 컵에서 손잡이가 없는 컵으로도 연습한다.

숟가락 사용하기

생후 12개월부터 숟가락 쥐는 연습을 시작한다

아이도 숟가락을 잡고 싶어 하지만 쥐고 흔들며 장난감처럼 가지고 노는 정도다. 음식은 엄마가 먹여주되, 음식이 담긴 숟가락을 아이 손에 쥐어주고 엄마가 같이 잡고 입에 넣는 연습을 한다.

생후 18개월에는 혼자서 떠먹어보게 한다

아이가 숟가락을 잡고 있으면 엄마가 음식을 올려주고 혼자 먹게 해본다. 입까지 가져가지 못하고 흘리면 숟가락을 같이 잡고 도와준 뒤 다시 혼자 먹도록 둔다. 입까지 숟가락을 가져가는 데 익숙해지면 흘리더라도 혼자 먹도록 옆에서 지켜본다. 음식을 흘리고 손으로 주워 먹는 것도 연습 과정이니 혼내지 않도록 한다.

생후 24개월에는 숟가락 사용이 능숙해진다

숟가락질이 익숙해져 흘리는 양이나 손으로 집어 먹는 횟수가 줄어든다. 숟가락 잡는 손의 모양을 연필 잡는 것처럼 교정해주면 좀 더 안정적으로 먹을 수 있다. 크기가 작고 굴곡이 많은 이유식용 숟가락 대신 크기가 좀 더 크고 굴곡이 적은 숟가락으로 교체해준다.

포크 사용하기

생후 12개월부터 포크를 쥐는 연습을 한다

아이가 포크에 관심을 보이고 잡고 싶어 하나 아직은 장난감으로 보는 수준이다. 아이가 포크를 잡으면 엄마가 같이 음식을 찔러서 입에 넣도록 도와준다. 잘 하지 못하더라도 자주 반복한다.

생후 18개월에는 혼자서 먹게 한다

포크로 찍기 좋은 음식을 준비해주고 아이가 혼자서 해보게 한다. 아이가 포크 사용을 어려워하면 엄마가 음식을 고정시켜 아이가 찍기 쉽게 해준다. 아직 서툴기 때문에 끝이 부드러워 다칠 위험이 없는 포크를 주어야 한다.

생후 24개월에는 포크로 면도 먹을 수 있다

이제 포크로 음식을 찍는 데 익숙해져 혼자서도 잘 먹는다. 포크에 면 종류를 걸어서 먹는 것도 가능한데, 처음에는 우동처럼 면이 굵어야 연습하기 좋다. 여러 음식을 포크로 먹을 수 있으므로 끝이 부드럽지만 강도가 있는 포크로 바꿔준다.

다양한 이유식 그릇 엿보기

1 보관 가능 용기
2 스푼과 용기가 함께 있는 세트
3 빨대 컵 & 손잡이 컵
4 식판
5 사용하기 간편한 턱받이
6 이유식 스푼 & 포크

생후 4~6개월 **초기 이유식**

초기 이유식은 아이가 삼키기 쉽고 소화가 잘되도록 물처럼 만들어주다가 아이가 무리 없이 잘 먹으면 농도를 높여 끈적끈적한 상태로 만들어준다. 이유식에 들어가는 모든 재료는 익혀서 사용하는 것이 좋다. 영양보다 적응이 중요한 4~6개월 아이의 초기 이유식에 대해 알아본다.

얼마나 먹일까?

초기 이유식을 시작하는 생후 4~6개월에는 모유나 분유는 하루 5~6회, 한 번에 150~210ml 정도 먹이는 것이 적당하다. 이유식은 생후 4~5개월은 하루에 한 번, 6~7개월은 하루에 두 번 정도 먹인다. 처음에는 1작은술 정도의 소량으로 시작해 잘 받아먹으면 2~3작은술로 늘린다. 이렇게 서서히 양을 늘려가면 6개월쯤에는 하루 3~4큰술(50~60cc) 정도 먹는다. 물론 매우 잘 먹는 아이들은 6개월쯤에 하루 세 번, 120cc씩 먹을 수도 있어 이유식의 양은 유동적이다.

어떻게 먹일까?

수프 정도 묽기의 쌀미음으로 시작한다. 쌀미음은 숟가락으로 떠서 기울였을 때 주르륵 흐르는 정도인데, 일주일 간격으로 물의 양을 조금씩 줄이면서 농도를 높인다. 쌀미음을 일주일 정도 잘 먹으면 채소나 다른 곡류를 한 가지씩 첨가한다. 새로운 재료를 첨가할 때는 처음 한 달간은 일주일 이상 간격을 두고, 이후에는 적어도 2~3일은 간격을 두어야 알레르기 반응 여부를 알 수 있다. 먹었을 때 이상 반응이 없는 채소나 곡류는 2가지를 같이 넣어도 된다. 아이가 생후 6개월 전이라면 채소 다음에 과일을 넣은 죽을 먹이고, 6개월 후라면 채소에 고기를 더한 죽을 준다. 이유식을 먹고 나면 아이에게 물이나 보리차를 몇 숟가락 떠 먹인다.

| 이유식 초기에 필요한 하루치 열량과 영양소

열량	단백질	칼슘	철분	비타민 A
500kcal	15~20g	200~300mg	2~6mg	350μgRE

| 이유식 초기에 필요한 식품군 및 양과 횟수

식품군	한 끼 분량	횟수	가능 식품	피할 식품
곡류	불린 쌀 5~15g (1~3작은술)	1회	쌀, 찹쌀, 오트밀, 감자, 고구마	쌀, 찹쌀, 오트밀, 감자, 고구마 외
채소류	5~10g(1~2작은술)	택 1~2회 (쌀미음에 넣어 먹인다.)	양배추, 호박, 브로콜리, 완두콩	향이 강하고 섬유질이 많은 채소 (시금치, 죽순, 우엉, 깻잎 등)
과일류	10~20g(2~4작은술)	택 1~2회 (쌀미음에 넣어 먹이거나 즙을 내어 먹인다.)	사과, 배, 수박, 자두, 살구	토마토, 포도, 참외, 복숭아, 딸기, 키위, 오렌지, 레몬, 체리, 망고, 파인애플

미음

재료 불린 쌀 2/3큰술, 물 1컵

만들기

1 1시간 정도 불린 쌀과 물 1/3분량을 믹서에 넣고 곱게 간다.

2 냄비에 1의 쌀가루와 남은 물을 넣고 센 불에서 저어가며 끓인다.

3 끓기 시작하면 약한 불로 줄이고 저어가며 미음이 부드럽게 퍼질 때까지 끓인다. 초기에는 체에 한 번 거른다.

당근미음

재료 불린 쌀 2/3큰술, 당근 10g(2작은술), 물 1컵

만들기

1 1시간 정도 불린 쌀과 물 1/3분량을 믹서에 넣고 곱게 간다.
2 당근은 껍질을 벗기고 부드럽게 삶아 체에 내린다.
3 냄비에 1의 쌀가루와 남은 물을 넣고 센 불에서 저어가며 끓인다.
4 끓기 시작하면 약한 불로 줄여 퍼질 때까지 끓인 다음 2의 당근을 넣고 1~2분 정도 더 끓인 후 불을 끈다.

감자브로콜리미음

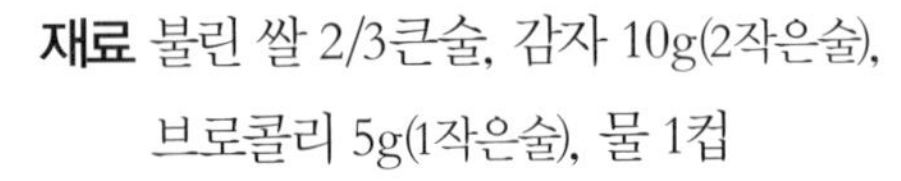

재료 불린 쌀 2/3큰술, 감자 10g(2작은술),
브로콜리 5g(1작은술), 물 1컵

만들기

1 1시간 정도 불린 쌀과 물 1/3분량을 믹서에 넣고 곱게 간다.
2 감자는 부드럽게 삶아 껍질을 벗기고 체에 내린다.
3 브로콜리는 송이 부분만 끓는 물에 삶아 물을 조금 넣고 믹서에 곱게 간다.
4 냄비에 1의 쌀가루와 남은 물을 넣고 센 불에서 저어가며 끓인다.
5 끓기 시작하면 약한 불로 줄이고 퍼질 때까지 끓인 다음 2와 3의 감자와 브로콜리를 넣고 1~2분 정도 더 끓인 후 불을 끈다.

사과미음

재료 불린 쌀 2/3큰술, 간 사과 10g(2작은술), 물 1컵

만들기

1 1시간 정도 불린 쌀과 물 1/3분량을 믹서에 넣고 곱게 간다.

2 사과는 껍질을 벗기고 강판에 갈아서 찜통에 넣고 투명하게 찐다.

3 냄비에 1의 쌀가루와 남은 물을 넣고 센 불에서 저어가며 끓인다.

4 끓기 시작하면 약한 불로 줄이고 퍼질 때까지 끓인 다음 2의 찐 사과를 넣고 1분 정도 더 끓인 후 불을 끈다.

단호박미음

재료 불린 쌀 2/3큰술, 삶은 단호박 10g(2작은술), 물 1컵

만들기

1 1시간 정도 불린 쌀과 물 1/3분량을 믹서에 넣고 곱게 간다.

2 단호박은 찜통에 부드럽게 쪄서 껍질을 벗기고 스푼으로 으깨 체에 내린다.

3 냄비에 1의 쌀가루와 남은 물을 넣고 센 불에서 저어가며 끓인다.

4 끓기 시작하면 약한 불로 줄이고 퍼질 때까지 끓인 다음 2의 단호박을 넣고 1~2분 정도 더 끓인 후 불을 끈다.

고구마찹쌀미음

재료 불린 찹쌀 2/3큰술, 찐 고구마 10g(2작은술), 물 1컵

만들기

1 1시간 정도 불린 찹쌀과 물 1/3분량을 믹서에 넣고 곱게 간다.

2 고구마는 찜통에 부드럽게 쪄서 껍질을 벗기고 스푼으로 으깨 체에 내린다.

3 냄비에 1의 쌀가루와 남은 물을 넣고 센 불에서 저어가며 끓인다.

4 끓기 시작하면 약한 불로 줄이고 퍼질 때까지 끓인 다음 2의 고구마를 넣고 1~2분 정도 더 끓인 후 불을 끈다.

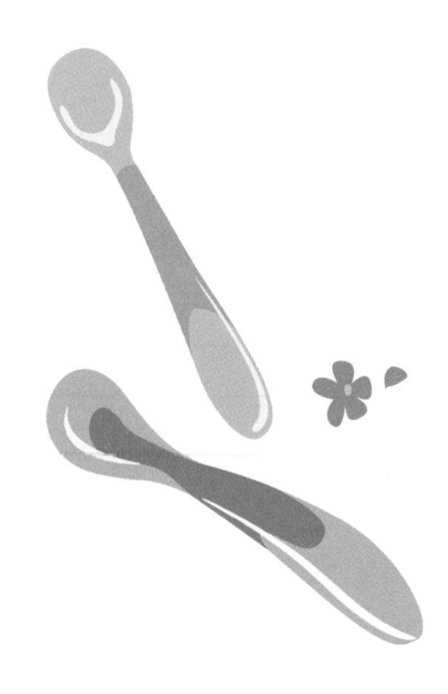

생후 6~8개월 **중기 이유식**

중기 이유식은 아이가 혀와 잇몸으로 쉽게 으깰 수 있는 두부 정도의 굳기로 조리하는 것이 적당하다. 아이가 다양한 맛을 경험하고 영양을 챙길 수 있도록 여러 가지 재료를 사용한다. 균형 잡힌 영양이 필요한 중기 이유식에 대해 알아본다.

얼마나 먹일까?

생후 6~8개월에는 수유는 하루 4~5회, 1회 수유량은 150~180ml 정도가 적당하다. 이유식 중기에는 하루 두 번 이유식을 먹이는데, 6개월경에는 한 끼에 50cc 정도, 8개월경에는 100cc 정도를 먹인다. 물론 빠른 아이들은 6개월경에 120cc를 세 번까지 먹을 수 있다. 8개월쯤의 아이는 하루에 필요한 총열량의 30% 정도만 이유식으로 얻는다고 생각하면 된다. 아직은 이유식을 먹인 뒤 바로 수유를 한다.

어떻게 먹일까?

으깰 수 있는 정도의 굳기로 먹인다

중기 이유식은 걸쭉한 죽 상태로 부드러운 알갱이가 섞여 연두부나 바나나 정도의 굳기를 보이는 음식으로 줄 수 있다. 부드럽게 퍼진 밥알을 적당히 으깬 상태의 5~6배 죽이 적당하다. 6~7개월경에는 재료를 갈아서 주는 것을 그만두고, 8개월부터는 잇몸으로 으깨 먹을 수 있는 무른 음식을 주며, 손으로 집어 먹을 수 있는 음식을 주어 스스로 먹는 연습을 시킨다. 두 끼의 이유식을 모두 아이 밥그릇으로 반 이상 비울 수 있으면 규칙적으로 하루 2회씩 먹이고, 더 잘 먹는다면 3회식을 시도해도 된다.

음식을 선택해서 먹인다

생후 6개월부터는 고기(쇠고기, 닭고기)를 먹이는 것이 중요하다. 고기 육수뿐 아니라 살코기를 꼭 먹여야 한다. 또한 시금치, 배추, 당근, 비트 등의 채소도 시작할 수 있다. 기본적으로 쌀죽에 채소, 고기, 과일을 골고루 첨가하되, 생선과 조개류, 견과류, 기름류는 아직 먹이지 않는 것이 좋다. 참기름은 소량 사용할 수 있지만, 고소한 맛에 일찍 익숙해지면 다른 음식을 안 먹을 수 있고, 사레 들렸을 때 지방 성분이 폐로 들어가면 위험할 수 있으므로 이유식 후기까지 피하는 것이 좋다. 간을 하거나 국에 밥을 말아주는 등 어른이 먹는 음식을 그대로 주면 안 된다.

식사 습관을 배우게 한다

컵 사용을 연습하고 숟가락을 쥐어준다. 아직 숟가락으로 먹지는 못하지만 숟가락을 쥐는 데 익숙해져야 한다. 아이용 의자에 앉아 한자리에서 먹는 습관을 들여 돌아다니면서 먹지 않게 한다. 끼니 중간에 간식을 먹인다. 간식은 손으로 집어 먹을 수 있는 것이 좋은데, 과일, 토스트, 삶은 채소, 아이용 크래커 등을 주면 된다.

| 이유식 중기에 필요한 하루치 열량과 영양소

열량	단백질	칼슘	철분	비타민 A
750kcal	20g	300mg	8mg	350㎍RE

| 이유식 중기에 필요한 식품군 및 양과 횟수

식품군	한 끼 분량	횟수	가능 식품	피할 식품
곡류	불린 쌀 15g(3작은술)	2회	쌀, 찹쌀, 오트밀, 감자, 고구마	단단한 잡곡(밀 · 보리 · 현미 등)
육류	10~20g(2~4작은술)	한 가지를 택해서 1~2회	쇠고기(등심 · 안심 · 우둔살), 닭고기(가슴살)	돼지고기
알류	10~20g(2~4작은술)		달걀노른자 ½개	달걀흰자
콩류	두부 10~20g (2~4작은술), 콩 3알		두부, 대부분의 콩	두유
우유 및 유제품	아이 치즈 ½장 또는 플레인 요구르트 ½개	1회(이유식에 넣어서 또는 간식으로 준다.)		생우유, 시판 요구르트
채소류	10~20g(2~4작은술)	2~3회(이유식에 넣어서 또는 간식으로 준다.)	시금치, 당근, 애호박, 브로콜리, 양배추 등	향이 강하고 섬유질 많은 채소(죽순 · 우엉 · 깻잎 등)
과일류	20~30g(4~6작은술)	1~2회(이유식에 넣어서 또는 간식으로 준다.)	사과, 배, 자두, 수박, 감	딸기, 토마토, 복숭아, 오렌지, 레몬, 체리, 망고, 파인애플

닭가슴살청경채치즈죽

재료 불린 쌀 1큰술, 익힌 닭 안심 10g(2작은술), 청경채 5g(1작은술), 아이 치즈 1/4장, 물 1과 1/4컵

만들기

1 불린 쌀을 절구나 분쇄기에 넣어 좁쌀 크기로 간다.
2 냄비에 닭고기와 물을 넣고 끓여 닭고기가 익으면 청경채를 넣고 삶는다.
3 삶은 닭고기는 잘게 다진 후 스푼으로 눌러 으깬다. 청경채도 곱게 다진다.
4 냄비에 1의 쌀과 3의 닭고기를 넣고 끓기 시작하면 약한 불로 줄여 저어가며 끓인다.
5 쌀이 부드럽게 퍼지면 3의 청경채와 치즈를 넣고 1~2분 정도 더 끓인 후 불을 끈다.

채소두부죽

재료 불린 쌀 1큰술, 으깬 두부 20g(1큰술), 당근·애호박 5g(1작은술)씩, 다시마 국물 1컵(물 1과 1/4컵, 다시마 사방 2cm 1장)

만들기

1 불린 쌀을 절구나 분쇄기에 넣어 좁쌀 크기로 간다.
2 냄비에 물과 다시마를 넣고 끓여 국물을 우린 다음 당근과 애호박을 넣고 삶아 곱게 다진다. 삶은 물은 육수로 이용한다.
3 두부는 끓는 물에 데쳐 으깬다.
4 냄비에 1의 쌀과 2의 다시마 국물을 넣고 끓기 시작하면 약한 불로 줄여 저어가며 끓인다.
5 쌀이 부드럽게 퍼지면 3의 두부, 당근, 애호박을 넣고 1분 정도 더 끓인 후 불을 끈다.

오트밀사과죽

재료 오트밀 2큰술, 사과 30g(1/8개), 물 1컵, 분유물 1/4컵

만들기

1 오트밀은 분량의 물에 불린다.

2 사과는 강판에 간다.

3 냄비에 불린 오트밀을 넣고 끓여 부드럽게 퍼지면 사과와 분유물(모유)을 넣고 1분 정도 더 끓인다.

연두부달걀찜

재료 연두부 2큰술, 달걀노른자 1개, 단호박 5g(1작은술), 다시마 국물 2큰술

만들기

1 연두부는 끓는 물에 데친다.

2 단호박은 찜통에 쪄서 으깬다.

3 연두부, 달걀노른자, 단호박, 다시마 국물을 섞어 체에 내린 후 찜통에 넣고 약한 불에 찐다.

브로콜리차조죽

재료 불린 쌀 2/3큰술, 불린 차조 1작은술, 브로콜리 10g(2작은술), 다시마 국물 1컵

만들기

1 불린 쌀을 절구나 분쇄기에 넣어 좁쌀 크기로 간다.
2 차조는 절구에 빻는다.
3 브로콜리는 다시마 국물에 넣고 데쳐 곱게 다진다.
4 냄비에 1의 쌀과 2의 차조를 넣고 끓기 시작하면 약한 불로 줄여 저어가며 끓인다.
5 쌀이 부드럽게 퍼지면 3의 브로콜리를 넣고 1분 정도 더 끓인다.

고구마당근죽

재료 불린 쌀 1큰술, 고구마·당근 10g(2작은술)씩, 다시마 국물 1컵

만들기

1 불린 쌀을 절구나 분쇄기에 넣어 좁쌀 크기로 간다.
2 고구마는 찜통에 쪄서 으깨고 당근은 부드럽게 삶아 으깬다.
3 냄비에 1의 쌀과 다시마 국물을 넣고 끓기 시작하면 약한 불로 줄여 저어가며 끓인다.
4 쌀이 부드럽게 퍼지면 2의 고구마와 당근을 넣고 1분 정도 더 끓인다.

쇠고기표고버섯죽

재료 불린 쌀 1큰술, 익힌 쇠고기 10g(2작은술), 생표고버섯 15g(3작은술), 아이 치즈 1/4장, 물 1과 1/4컵

만들기

1 불린 쌀을 절구나 분쇄기에 넣어 좁쌀 크기로 간다.

2 냄비에 쇠고기와 물을 넣고 끓여 익힌 다음 잘게 다져 스푼으로 눌러 으깬다.

3 표고버섯은 곱게 다진다.

4 냄비에 1의 쌀, 2의 쇠고기, 3의 표고버섯을 넣고 끓기 시작하면 약한 불로 줄여 저어가며 쌀이 부드럽게 퍼질 때까지 끓인다.

시금치잔멸치죽

재료 불린 쌀 1큰술, 잔멸치 4g(1큰술), 시금치 1줄기(1작은술), 다시마 국물 1컵

만들기

1 불린 쌀을 분쇄기에 넣어 좁쌀 크기로 간다.

2 잔멸치는 짠맛이 빠지도록 찬물에 15분 정도 담갔다가 건져 물기를 제거하고 잘게 다진다.

3 시금치는 끓는 물에 데쳐 물기를 짜고 곱게 다진다.

4 냄비에 1의 쌀과 2의 잔멸치를 넣고 끓기 시작하면 약한 불로 줄여 저어가며 끓인다.

5 쌀이 부드럽게 퍼지면 3의 시금치를 넣고 1분 정도 더 끓인다.

생후 9~11개월 **후기 이유식**

후기 이유식은 잇몸으로 쉽게 으깰 수 있는 굳기부터 시작해 마지막 달에는 진밥 상태로 만들어 준다. 하루 세끼 이유식으로 5가지 식품군을 골고루 먹인다. 젖보다 이유식이 더 중요한 후기 이유식에 대해 알아본다.

얼마나 먹일까?

이유식 후기가 되면 수유 횟수가 줄어 한 번에 150~200ml씩 하루 3~4회 정도 먹이며, 보통 하루에 총 500~600ml의 모유나 분유를 먹인다. 아이에게 필요한 영양의 상당 부분이 이유식으로 충당되지만 그렇다고 모유나 분유의 양을 급격히 줄여서는 안 된다. 아직 열량 면에서는 모유나 분유가 반을 넘게 차지하기 때문이다. 또 아직은 모유와 분유에 함유된 지방으로 얻을 수 있는 열량이 전체 열량의 반 이상을 차지한다. 그래도 이유식이 차지하는 비중이 커져 하루 3회 기본적인 식사와 두 번의 간식을 먹인다. 한 끼 이유식의 양은 100~120g 정도이며, 잘 먹는 아이는 더 먹여도 된다. 이유식을 충분히 먹인 후 바로 모유나 분유를 먹인다.

어떻게 먹일까?

후기 이유식은 처음에는 된죽을 먹이다가 서서히 진밥으로 넘어간다. 채소와 고기는 아이가 잇몸으로 으깰 수 있는 굳기라면 5~7mm 크기의 덩어리도 잘 먹는다. 손으로 집어 먹는 음식을 주고, 숟가락 잡는 법도 계속 연습한다. 식사 후 디저트로 과일이나 달지 않은 요구르트를 먹일 수 있다. 돌이 가까워졌다고 어른이 먹는 음식을 빨리 주어서는 안 되며, 역시 간을 하지 않아야 한다. 생선류는 돌 이후에 먹는 것이 좋지만, 흰 살 생선을 조금씩 시도해볼 수 있다. 올리브유나 참기름 같은 식물성 기름을 소량 사용할 수 있지만 많이 쓰면 지방 과잉 섭취가 될 수 있으므로 주의한다. 이 시기에는 밤에 전혀 먹지 않고 잘 수 있으므로 밤중 수유는 끊는 것이 좋다.

| 이유식 후기에 필요한 하루치 열량과 영양소

열량	단백질	칼슘	철분	비타민 A
750kcal	20g	300mg	8mg	350㎍RE

| 이유 후기에 필요한 식품군 및 양과 횟수

식품군	한 끼 분량	횟수	가능 식품	피할 식품
곡류	진밥 40~50g 또는 불린 쌀 20~30g(4~6작은술)	3회	쌀, 찹쌀, 오트밀, 차조, 감자, 고구마 등	단단한 잡곡 (밀 · 보리 · 현미 등)
육류	15~25g(3~5작은술)	한 가지를 택해서 2~3회	쇠고기(등심 · 안심 · 우둔살), 닭고기(가슴살)	돼지고기
어류	15~25g(3~5작은술)		흰 살 생선(되도록 돌 이후가 좋다.)	등 푸른 생선, 오징어, 조개류
알류	달걀노른자 1개		달걀노른자	달걀흰자
콩류	두부 20~30g(2~4작은술), 콩 3~5알		두부, 대부분의 콩	두유
우유 및 유제품	아이 치즈 1장 또는 플레인 요구르트 1개	1회(이유식에 넣어서 또는 간식으로 준다.)		생우유, 시판 요구르트
채소류	20~30g(4~6작은술)	3~4회(이유식에 넣어서 또는 간식으로 준다.)	시금치, 당근, 애호박, 브로콜리, 양배추 같은 채소	향이 강하고 섬유질 많은 채소(죽순 · 우엉 · 깻잎 등)
과일류	20~40g(4~8작은술)	1~2회(이유식에 넣어서 또는 간식으로 준다.)	사과, 배, 수박, 감, 자두, 귤, 오렌지, 레몬	복숭아, 딸기, 토마토, 체리, 망고, 파인애플
유지류	2.5g(½작은술)	2~3회	참기름, 올리브유(소량만)	땅콩 및 견과류, 동물성 지방

고구마오믈렛

재료 달걀노른자 1개, 고구마 20g(1큰술), 우유 1큰술, 포도씨유 약간

만들기

1 달걀은 풀어서 체에 한 번 거른다.
2 고구마는 찜통에 쪄서 껍질을 벗기고 으깬다.
3 달걀에 우유를 넣고 섞는다.
4 팬에 포도씨유를 조금 두르고 3의 달걀물을 부은 뒤 나무젓가락으로 저어가며 약한 불에서 익힌다.
5 4의 달걀이 반쯤 익으면 으깬 고구마를 넣고 익힌 후 뜨거울 때 모양을 만든다.

쇠고기버섯배추국밥

재료 진밥(불린 쌀 1/4컵, 물 5큰술), 쇠고기·배춧잎·양파 10g(2/3큰술)씩, 참기름 약간, 물 1/2컵

만들기

1 냄비에 불린 쌀과 물을 넣고 밥을 짓는다.
2 쇠고기, 배춧잎, 양파는 곱게 다진다.
3 냄비에 참기름을 약간 두르고 2의 쇠고기, 배춧잎, 양파를 넣어 볶다가 물을 붓고 끓인다.
4 그릇에 진밥을 담고 3의 국물을 붓는다.

완두콩수프

재료 완두콩 30g(2큰술), 진밥·우유 2큰술씩, 물 1/2컵, 바나나 1큰술

만들기

1 완두콩은 삶아서 곱게 다진다.
2 진밥은 체에 한 번 내리고 바나나는 잘게 자른다.
3 냄비에 진밥과 다진 완두콩, 물을 넣고 끓인다.
4 3에 우유와 바나나를 넣고 한소끔 끓으면 불을 끈다.

당근애호박무른밥

재료 진밥(불린 쌀 1/4컵, 물 5큰술) 3큰술, 당근·애호박 10g(2작은술)씩, 다시마 국물 1/2컵

만들기

1 냄비에 불린 쌀과 물을 넣고 밥을 짓는다.

2 당근과 애호박은 사방 0.5cm 정도 크기로 썬다.

3 냄비에 당근과 애호박, 다시마 국물을 넣고 끓인다.

4 당근과 애호박이 부드럽게 익으면 진밥을 넣고 섞어 끓인다.

감자시금치주먹밥

재료 진밥(불린 쌀 1/4컵, 물 5큰술) 3큰술, 감자·시금치 10g(2작은술)씩, 김가루 약간

만들기

1 냄비에 불린 쌀과 물을 넣고 밥을 짓는다.

2 감자는 찜통에 쪄서 껍질을 벗기고 으깬다. 시금치는 데쳐 잘게 썬다.

3 으깬 감자에 시금치와 진밥을 넣고 섞어 주먹밥을 만든 후 간이 되지 않은 김가루를 묻힌다.

토마토쇠고기잔치국수

재료 소면 20g, 쇠고기 20g(1큰술), 토마토 20g(중간 크기 1/8개), 양파 10g(2작은술), 다시마 국물 1컵

만들기

1 소면은 끓는 물에 삶아 찬물에 헹군 다음 물기를 제거한다.
2 쇠고기는 잘게 다지고, 토마토는 껍질을 벗기고 잘게 다지고, 양파도 다진다.
3 냄비에 다시마 국물, 양파, 쇠고기, 토마토를 넣고 끓인다.
4 소고기와 채소가 익으면 삶은 소면을 넣고 한소끔 더 끓인 뒤 불을 끈다.

옥수수단호박무른밥

재료 진밥(불린 쌀 1/4컵, 물 5큰술) 3큰술, 옥수수·단호박 10g(2작은술)씩, 다시마 국물 1/2컵

만들기

1 냄비에 불린 쌀과 물을 넣고 밥을 짓는다.
2 단호박은 사방 0.5cm 크기로 썰고, 옥수수는 알갱이를 삶아서 다진다.
3 냄비에 단호박, 옥수수, 다시마 국물을 넣고 끓인다.
4 단호박이 부드럽게 익으면 진밥을 넣고 섞어 끓인다.

치즈매시드포테이토

재료 감자(중간 크기) 1/2개, 모유 또는 분유물 2큰술, 아이 치즈 1/3장, 물 1/2컵

만들기

1 감자는 껍질을 벗기고 콩알 크기로 썰어 냄비에 물을 붓고 삶는다.
2 삶은 감자는 그릇에 담아 으깬다.
3 아이 치즈는 잘게 자른다.
4 2의 으깬 감자에 모유(분유물)와 아이 치즈를 넣고 잘 섞어 아이가 먹기 좋은 모양으로 만든다.

생후 12~15개월 **완료기 이유식**

이제 아이는 이가 많이 나고 고형식을 먹는 데 익숙해져 어른들과 비슷한 음식을 먹을 수 있다. 하지만 아직은 좀 더 작고 부드럽게 줄 필요가 있다. 완료기 이유식에 대해 알아본다.

얼마나 먹일까?

돌이 지나면 모유나 분유보다는 하루 세끼 이유식과 간식이 주식이 된다. 하루 영양의 3분의 2는 이유식, 나머지는 모유나 분유에서 얻으며 하루에 총 500cc가량 먹는다. 돌부터는 분유를 끊고 생우유를 하루에 400~500cc 정도 먹이는 것이 좋다. 한 끼 식사량은 된밥 100~150g 정도가 적당하며 어른처럼 반찬과 함께 먹일 수 있다. 그러나 아직 위가 충분히 늘어나지 않아 하루 세 끼 식사만으로는 부족하므로 식사 사이에 간식을 챙겨준다.

어떻게 먹일까?

돌이 지나면 간을 할 수 있고, 돼지고기, 우유, 달걀 흰자, 생선, 견과류, 기름, 복숭아 등 돌 전에는 피했던 음식들을 먹일 수 있다. 다만 새로운 음식을 한꺼번에 시도하는 것은 좋지 않다. 새로운 음식에 대한 반응을 살펴야 하므로 적어도 2~3일 간격으로 주고, 간은 되도록 싱겁게 하고 설탕 사용은 자제한다. 음식에 대한 제한이 풀려도 기본적으로 건강에 좋지 않은 음식은 피해야 한다. 인스턴트식품, 짠맛, 단맛이 강한 음식 등은 아이가 그 맛에 길들여져 식습관이 나빠질 수 있으므로 되도록 먹이지 않는다.
또한 돌 전에는 주로 삶고 찌는 조리법을 사용했다면 이제는 다양한 조리법을 써볼 수 있다. 아이가 점차 좋아하는 재료와 싫어하는 재료가 생기는 시기이므로, 싫어하는 재료는 조리법을 달리해서 먹이면 편식을 줄이는 데 도움이 된다. 그리고 식사 예절을 꾸준히 가르쳐야 하며, 양치하는 습관도 길러준다.

토마토달걀스크램블

재료 토마토 1/4개, 달걀 1개, 오렌지 알맹이 2쪽, 우유 2큰술, 포도씨유 약간

만들기

1 토마토와 오렌지는 사방 1cm 크기로 썬다.

2 달걀은 풀어 우유를 넣고 섞는다.

3 2의 달걀물에 토마토와 오렌지를 넣고 섞는다.

4 달군 팬에 포도씨유를 두르고 3의 달걀물을 넣어 약한 불에서 천천히 젓가락으로 저어가며 익힌다.

쇠고기채소덮밥

재료 밥 50g, 쇠고기 20g(1큰술), 당근·청경채 5g(1작은술)씩, 숙주나물·팽이버섯 10g(2작은술)씩, 다시마 국물 1/2컵, 참기름 약간, 물녹말 1작은술

만들기

1 쇠고기, 당근, 청경채는 잘게 썰고 팽이버섯과 숙주나물은 1cm 길이로 자른다.

2 팬에 참기름을 두르고 당근, 쇠고기 순으로 넣어 볶는다.

3 2에 다시마 국물을 붓고 끓이다 당근과 쇠고기가 익으면 숙주나물, 팽이버섯, 청경채를 넣는다.

4 마지막으로 물녹말을 넣어 농도를 맞춘 다음 밥 위에 올린다.

흰살생선치즈진밥

재료 밥 3큰술, 흰 살 생선 20g(1큰술), 브로콜리 10g (2작은술), 아이 치즈 1/3장, 다시 국물 1/4컵

만들기

1 흰 살 생선은 가시를 깨끗이 제거하고 잘게 다진다.

2 치즈는 사방 0.5cm 크기로 자르고, 브로콜리는 끓는 물에 데쳐 잘게 썬다.

3 냄비에 다시마 국물, 1의 생선, 2의 브로콜리를 넣고 끓인다.

4 3이 끓으면 밥을 넣고 약한 불에서 수분이 잦아들 때까지 끓인다.

채소단호박전

재료 단호박 40g, 두부 10g(2작은술), 당근브로콜리 5g (1작은술)씩, 달걀 1개, 밀가루, 포도씨유 약간

만들기

1 단호박은 찜통에 쪄서 껍질을 벗기고 속살만 으깬다. 두부는 물기를 짜고 으깨고, 당근과 브로콜리는 데쳐서 잘게 썬다.

2 볼에 1의 재료를 모두 넣고 섞어 동글납작하게 빚는다.

3 밀가루, 달걀물 순으로 옷을 입혀 기름을 약간 두른 팬에 익힌다.

견과채소·달걀볶음밥

재료 밥 3큰술, 달걀 1개, 호두·캐슈넛·건포도 약간씩, 파프리카·애호박 10g(2작은술)씩, 포도씨유 약간

만들기

1 달걀은 풀어두고 호두와 캐슈넛, 건포도는 잘게 다진다.
2 애호박과 파프리리카는 0.5cm 크기로 썬다.
3 팬에 포도씨유를 두르고 애호박과 파프리카를 볶는다.
4 3에 견과를 넣고 볶다가 1의 달걀물을 넣는다.
5 마지막에 밥을 넣고 함께 볶는다.

쇠고기미역호두진밥

재료 밥 3큰술, 쇠고기 20g(1큰술), 불린 미역 10g(2작은술), 호두 3알, 다시마 국물 1/4컵

만들기

1 쇠고기는 잘게 다진다.
2 불린 미역은 사방 0.5cm 크기로 자른다. 호두는 잘게 다진다
3 냄비에 다시마 국물, 쇠고기, 양배추를 넣고 끓인다.
4 3이 끓으면 호두와 밥을 넣고 약한 불에서 수분이 잦아들 때까지 끓인다.

돌 전 아이 금지 식품

돌이 되기 전에 먹이면 알레르기의 위험성이 높아지는 음식들이 있어 주의해야 한다. 의외로 조심해야 할 식품이 많으므로 메모해두었다가 아이의 이유식이나 간식을 만들 때 참고한다. 돌 전 아이의 금지 식품을 알아본다.

꿀

돌 전에 꿀을 먹이면 보툴리누스균에 의한 영아 보툴리누스증을 유발할 수 있으므로 반드시 피해야 한다. 이는 식중독의 일종으로 아이가 젖을 잘 빨지 못하며 처지고, 심하면 호흡 정지까지 올 수 있다. 끓는 물에 꿀을 타도 안전하지 않다.

생우유

분유도 소의 젖이 주원료지만 여러 가공 과정을 거쳐 아이들이 소화, 흡수하기 좋게 만든 것이다. 하지만 생우유는 살균 과정만 거치기 때문에 돌 전 아이들이 먹으면 알레르기 위험성이 높고 구토나 설사를 일으킬 수 있다. 돌 이후에는 하루 400~500cc 정도를 먹이도록 권장한다.

달걀

달걀노른자는 완숙을 해서 생후 6개월부터 먹일 수 있다. 하지만 흰자는 알레르기 유발 성분이 많이 들어 있어 돌이 지나면 먹여야 한다. 마요네즈, 빵, 아이스크림, 과자 등 대부분의 달걀이 들어간 가공식품에는 달걀흰자가 들어 있으므로 주의한다. 알레르기가 있는 아이들은 두 돌 전에는 먹이지 않는다.

돼지고기

돼지고기는 육류 중 가장 나중에 먹여야 한다. 기름기가 많고 소화가 잘 안 되기 때문인데, 돌 이후에도 살코기 부위만 선택해 푹 익혀서 먹인다.

생선과 조개류

흰 살 생선은 생후 9개월부터 시작할 수도 있지만 생선류, 갑각류, 조개류 등은 되도록 돌 이후에 먹이는 것이 안전하다. 특히 참치나 상어같이 큰 생선, 오염 지역에서 자란 생선, 민물고기, 조개, 새우, 게, 바닷가재 등은 돌 전에 먹이지 않는다. 더욱이 회를 먹어서는 안 되고, 특정 생선이나 조개에 알레르기가 있는 아이는 세 돌이 지나서 먹이는 것을 권장한다.

땅콩, 호두, 잣, 밤 등의 견과류

견과류는 알레르기 유발 위험이 높고 지방 함량이 많아 돌 전 아이에게는 먹이지 않는다. 특히 땅콩은 딱딱하고 목에 걸려 기도로 넘어갈 수도 있어 두 돌이 지나서 먹이는 것이 안전하다. 땅콩을 처음 먹일 때는 다지거나 갈아서 주어야 한다. 견과류가 포함된 가공식품이 많으므로 주의한다.

딸기, 키위, 복숭아, 토마토

딸기, 키위, 복숭아, 토마토는 알레르기를 잘 일으키는 과일이므로 돌 이후에 먹여야 한다. 처음에는 소량을 먹여 반응을 살핀 뒤 이상이 없으면 양을 늘리도록 한다. 알레르기 반응은 대개 과일을 먹거나 껍질의 털이 피부에 닿았을 때 입 주위가 붓고 붉어지며 두드러기가 난다.

Chapter **6**

홈닥터

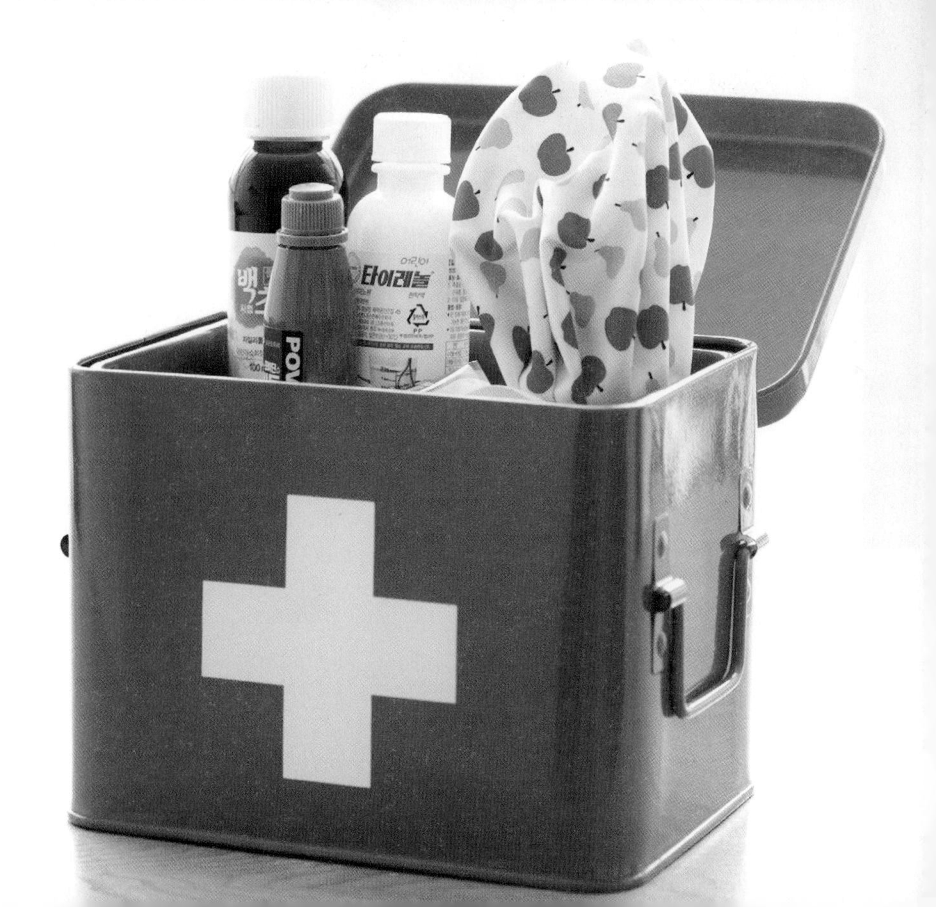

예방접종

엄마에게 아이가 아픈 것만큼 힘들고 당황스러운 일도 없다. 아이의 건강을 위해 국가에서 지정한 필수 예방접종은 반드시 실시하고, 선택 접종은 정보를 충분히 살펴본 후 선택 접종을 한다. 예방접종에 대한 기본 지식과 접종 시 주의사항을 꼼꼼히 알아본다.

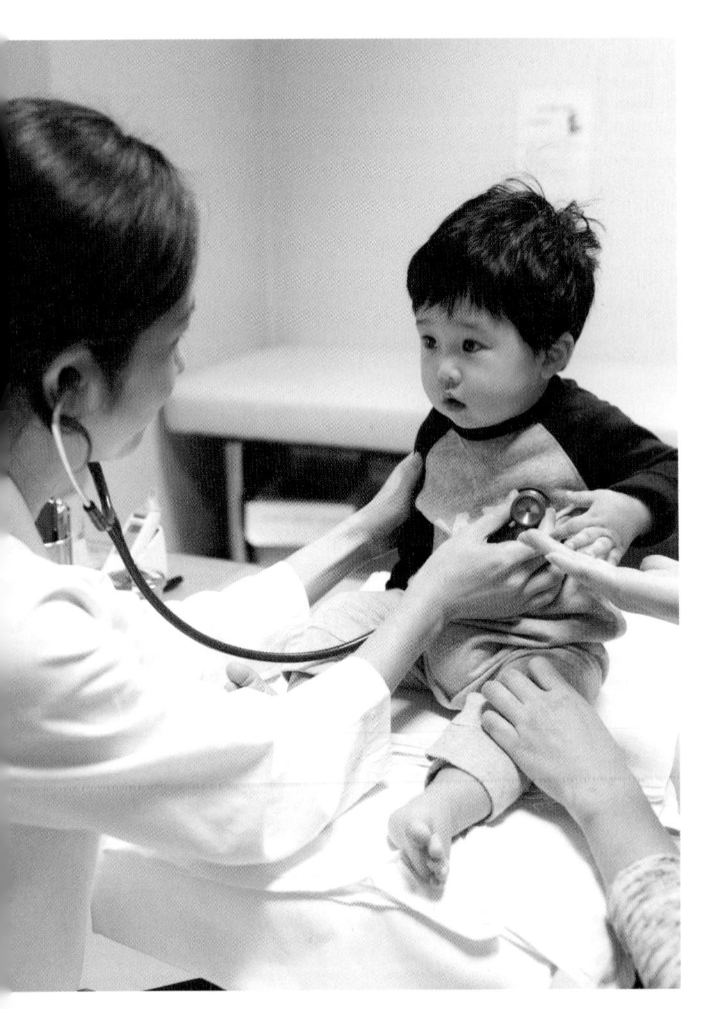

예방접종 기본 상식

필수 접종과 선택 접종

필수 예방접종은 병에 걸릴 가능성이 높거나 걸리면 위험한 질병에 대해 국가에서 모든 아이가 꼭 맞도록 지정한 접종을 말한다. 필수 접종은 보건소와 일반 의료기관에서 모두 무료로 맞을 수 있다. 일부에서 지나치게 과장된 부작용을 우려해 필수 접종조차 하지 않는 경우가 있는데, 이는 그 아이뿐만 아니라 사회 전체에 질병의 위험성을 높이는 나쁜 결과를 가져온다. 필수 접종은 BCG, B형 간염, DPT, 소아마비, 수두, MMR, 폐구균, 뇌수막염, 일본뇌염 접종 등이다. 선택 접종은 국가에서 정한 필수 접종에는 들어가지 않지만 필요성이 인정되는 A형 간염, 독감, 로타바이러스 장염, 자궁 경부암 접종 등이다.

정해진 시기에 맞히는 것이 좋다

예방접종은 정해진 시기에 하는 것이 가장 효과적이다. 하지만 불가피한 상황이거나 아이의 컨디션이 안 좋다면 며칠 늦어도 문제가 생기지는 않는다. 아이가 아픈 상태라면 의사와 상의한 뒤 적절하게 미루는 것이 낫다. 하지만 특별한 이유 없이 연기하면 안 되며, 접종 시기를 모르고 지나친 경우에는 병원에 방문해 조정된 스케줄로 빠진 접종을 해야 한다.

육아 수첩을 항상 지참한다

예방접종은 신생아 때부터 만 12세까지 실시하므로 병원에 갈 때마다 육아 수첩이나 예방접종 수첩을 지참해 접종과 관련된 정보를 꼼꼼하게 기재하는 것이 좋다. 접종의 종류가 많고 횟수도 여러 차례이기 때문에 수첩에 잘 정리하지 않으면 접종 시기를 놓치거나 이전 접종 때 생겼던 일을 기억하지 못할 수 있다. 병원을 바꾸는 경우에도 꼭 하나의 수첩에 기록해야 나중에 외국 유학 등 접종 기록을 제출해야 할 때 어려움이 없다.

사백신과 생백신

예방접종의 백신은 사백신과 생백신으로 나뉜다. 생백신은 살아 있는 병원체를 약독화시켜 병을 일으키지 않을 정도의 소량을 투입하는 것으로, 몸속에서 감염성 질병과 비슷한 변화가 일어난다. 따라서 대부분 1회 접종만으로 면역력이 장기간 지속되는 것이 장점이다. 사백신은 말 그대로 죽은 병원체나 독성을 제거한 균의 일부, 단백 항원 등을 이용해 면역 반응을 유도하는 것이다. 이는 투여되는 항원의 양이 적어 부작용이 적지만, 면역 기간이 짧아 반복 접종이 필요하다.

여러 접종을 동시에 하는 것이 좋다

대부분의 예방접종은 여러 개를 동시에 해도 효과나 이상 반응에 차이가 없기 때문에 각각 다른 부위에 주사하면 된다. 여러 개의 접종을 같이하면 아이가 더 힘들어하거나 부작용이 심해진다고 걱정하는 경우가 있는데 전혀 그렇지 않다. 오히려 접종을 하나씩 따로 하면 병원을 너무 자주 방문해 아이에게 더 힘들고, 접종 스케줄이 길게 늘어져 좋지 않다.

미숙아의 예방접종

미숙아의 예방접종도 보통 아이들과 동일하게 진행하며, 접종량도 줄이지 않는다. 예를 들어 생후 2개월에 할 접종을 한 달 일찍 태어난 9개월 미숙아라고 해서 생후 3개월에 하는 것은 아니라는 말이다. 또한 몸무게가 적게 나간다고 접종을 연기할 필요도 없다. 간혹 5kg이 안 된다고 DPT 1차 접종을 미루는 경우가 있는데, 전혀 근거 없는 이야기다. 다만 미숙아가 생후 2개월째에도 입원해 있는 경우에는 의사의 판단에 따라 신중하게 접종한다. 또 B형 간염 접종은 예외적으로 출생 시 체중이 2kg이 넘어야 항체 생성률이 양호해 그때 접종할 수 있다.

예방접종 주의사항

예방접종 전 주의사항

- 아침에 아이의 체온을 재서 열이 있는지 확인한다. 열이 있을 때는 접종을 며칠 미루는 것이 좋다.
- 예방접종은 가능하면 오전에 하는 것이 좋다. 이상 반응이 생길 경우 오후에 바로 진료를 받을 수 있기 때문이다.

- 육아 수첩을 지참한다. 백신의 종류, 접종 날짜, 접종 부위, 이상 반응 유무 등을 기록하고 다음 접종 시기를 확인한다.
- 접종 전날 미리 목욕을 시킨다. 접종 당일에는 아이가 열이 오르거나 주사 부위가 부을 수도 있으므로 목욕을 피하는 것이 좋다.
- 엄마가 직접 데려가는 것이 좋다. 그렇지 못할 경우 아이의 현재 상태와 접종 종류를 명확히 적어 다른 보호자에게 보내야 잘못된 접종을 피할 수 있다.
- 의사와 상담 후 접종한다. 아이의 현재 상태, 지난 병력, 알레르기 유무, 이전 접종 때의 이상 반응 등에 대해 알리고 상담을 받는다.

예방접종 후 주의사항

- 접종 부위를 잠시 눌러준다. 예전에는 접종 부위를 5분 이상 문질러주어야 멍울이 적게 생긴다고 생각했는데 그렇지 않다. 잠시 눌러주는 것으로 충분하다.
- 접종 후 아이의 상태를 관찰한다. 접종을 마친 뒤 병원에서 15~20분 정도 대기하며 이상 반응 유무를 관찰하고, 집에 가서도 3시간 정도는 주의 깊게 지켜본다.
- 접종 부위가 부을 수 있다. 접종을 한 부위가 붉어지고 붓거나 열감이 느껴지는 것은 흔한 증상이다. 찬물 찜질을 하거나 많이 아프다고 하면 타이레놀을 먹일 수 있다.
- 접종 후 열이 나거나 경련을 일으키면 소아과 진료를 받는다. 열이 나는 원인이 접종 때문이 아니라 다른 원인일 수도 있으므로 밤에 열이 나면 해열제를 먹이고 다음 날 오전에 병원에 가야 한다. 보통 접종 후 1~2일 열이 날 수 있고, MMR 접종 후에는 7~12일 후에 열이 나기도 한다. 경련을 일으킬 경우 바로 병원에 가야 한다.
- 접종 당일 목욕은 피한다. 이는 접종 부위에 물을 묻히지 말라는 의미가 아니라 아이를 힘들게 하지 말고, 접종 부위를 너무 자극하지 말라는 뜻이다. 너무 지저분한 경우에는 간단한 샤워를 해도 된다.

필수 예방접종

BCG(결핵 예방접종)

- 예방 질병 결핵
- 접종 시기 생후 4주 이내

BCG는 가장 기본적인 예방접종이다. 우리나라는 결핵 환자가 매우 많고, 아이가 결핵에 걸리면 뇌수막염과 같은 심각한 경과를 거쳐 생명을 위협하기도 한다. 따라서 생후 4주 이내에 BCG 접종을 해야 하며, 접종 날짜를 놓친 경우에는 하루라도 빨리 접종하는 것이 좋다. 접종하고 3~4주쯤 지나면 그 부위가 곪기 시작하는데, 정상적인 반응이므로 소독을 할 필요는 없다. 흉터는 7~8년 정도 지나면 작아진다.

B형 간염

- 예방 질병 B형 간염
- 접종 시기 생후 0·1·6개월(3회)

우리나라는 전 세계적으로 B형 간염이 많은 나라 가운데 하나다. B형 간염은 평생 문제가 되고 간암까지 일으킬 수 있으므로 반드시 예방접종을 해야 한다. 출생 첫날 1차 접종을 하고 생후 1개월에 2차, 생후 6개월에 3차 접종을 한다. 엄마가 간염 보균자인 경우 출생 첫날 헤파빅이라는 B형 간염 면역 글로불린을 접종과 함께 투여하고, 3회 접종을 마친 뒤 9개월경에 혈액 검사를 통해 항체가 생겼는지 확인해야 한다. B형 간염 접종은 약의 종류가 바뀌어도 상관없다.

DPT(디프테리아·백일해·파상풍)

- 예방 질병 디프테리아(D), 백일해(P), 파상풍(T)
- 접종 시기 생후 2·4·6개월 1~3차
  생후 15~18개월 4차, 4~6세 5차

디프테리아, 백일해, 파상풍을 한꺼번에 예방할 수 있는 백신이다. 5회에 걸쳐 접종을 실시하는데 생후 2개월, 4개월, 6개월에 한 번씩 3회 접종하고, 15~18개월과 4~6세에 추가 접종을 한다. DPT 접종 후에는 열이 나거나 접종 부위가 부을 수 있는데, 심할 경우 40℃ 이상의 고열과 쇼크, 경련이 동반될 수 있으므로 주의 깊게 관찰한다. 만약 최근 1년 내에 열성 경련을 일으켰거나 면역 결핍성 질환이 있다면, 접종 전 의사에게 관련 사실을 알려야 한다. DPT 접종 부위가 붓는 일은 아주 흔하며 접종 횟수가 늘어날수록 더 잘 붓는데, 이는 부작용이 아니라 백신이 신체와 반응해 나타나는 현상이다. 최근에는 DPT와 소아마비가 결합된 콤보 백신이 나와 두 접종을 한 번에 할 수도 있다.

소아마비(폴리오)

- 예방 질병 소아마비
- 접종 시기 생후 2·4·6개월 1~3차, 4~6세 4차

소아마비는 예전에는 많이 발생했지만 최근에는 거의 발생하지 않는 것으로 보고되고 있다. 소아마비 접종은 생후 2개월에 기본 접종을 시작해 2개월 간격으로 3회 실시하며, 4~6세 때 추가 접종을 한다. 예전에는 경구용 백신을 쓰기도 했지만 지금은 모두 주사약으로만 접종한다. 경구용 백신이 드물게 접종 후 마비를 일으키기도 했기 때문이다.

뇌수막염

- 예방 질병 Hib성 뇌수막염
- 접종 시기 생후 2·4·6개월 1~3차, 15개월 4차

뇌수막염 예방접종은 헤모필루스 인플루엔자 b형 균으로 인한 뇌수막염을 예방하는 접종이다. 이 뇌수막염은 드문 병이긴 하지만 걸리면 치명적인 여러 가지 후유증을 남길 수 있는 매우 위험한 질병이다. 접종은 생후 2·4·6개월에 한 번씩 3회 접종하고, 생후 15개월에 추가 접종을 한다. DPT, 소아마비, 폐구균 같은 다른 접종과 동시에 실시할 수 있다.

폐구균

- 예방 질병 폐구균으로 인한 패혈증, 뇌수막염,
  중이염, 폐렴 등
- 접종 시기 생후 2·4·6개월 1~3차, 15개월 4차

폐구균은 소아 시기 패혈증의 85%, 뇌수막염의 50%, 세균성 폐렴의 65%, 세균성 중이염의 40%를 일으키는 아주 흔한 원인균이다. 따라서 폐구균 예방접종을 하면 아이들이 자주 걸리는 흔한 질병은 물론 치명적인 패혈증이나 뇌수막염, 폐렴을 막을 수 있어 꼭 필요하다. 생후 2개월부터 두 달 간격으로 3회 기본 접종을 하고 15개월에 추가 접종을 한다. 접종 후 열이 나거나 접종 부위가 붓고 아플 수 있다.

수두

- 예방 질병 수두
- 접종 시기 생후 12개월 1회

수두는 공기나 피부 접촉을 통해 감염되는 질병으로 전염력이 매우 높지만, 예방접종을 하면 80~90% 이상 예방할 수 있다. 치명적인 병은 아니나 전신에 물집이 1~2주 정도 계속되고 가려움증이 심해 아이가 무척 고생한다. 일부에서는 합병증을 일으키기도 하고 흉터를 남기기도 하므로 접종이 꼭 필요하다. 다만 수두를 앓았다면 꼭 예방접종을 할 필요는 없다. 예방접종을 해도 나중에 수두에 걸리는 경우가 있는데, 이때는 비교적 약하게 앓기 때문에 접종을 하는 것이 좋다. 생후 12개월 이후에 되도록 빨리 1회만 접종하면 되며, 수두 환자와 접촉한 후 2~3일 내에 접종해도 효과를 볼 수 있다. 미국에서는 4~6세에 한 번 더 수두를 접종하는데, 우리나라는 아직 필수는 아니지만 유행하는 중이라면 추가 접종을 권장한다.

MMR(홍역·볼거리·풍진)

- 예방 질병 홍역(M), 볼거리(M), 풍진(R)
- 접종 시기 생후 12개월 1차, 4~6세 2차

홍역, 볼거리, 풍진의 혼합 백신인 MMR은 생후 12~15개월 사이에 1차 접종을 하고 4~6세에 추가 접종을 한다. 하지만 홍역이 유행할 때는 생후 6개월 이후부터 접종이 가능하다. MMR은 생백신이기 때문에 다른 생백신, 주로 수두 접종과 동시에 하거나 따로 할 때는 최소한 4주 이상 간격을 둔다. MMR을 접종한 후 열이 나거나 관절통 등이 나타날 수 있으나 심각한 부작용은 거의 없다. 한때 MMR 백신이 자폐증을 일으킨다는 의심을 받은 적이 있지만 근거 없는 것으로 판명되었으니 안심해도 된다.

일본뇌염

- 예방 질병 일본뇌염
- 접종 시기 사백신–생후 12개월에 일주일 간격으로 2회, 1년 후 3차, 만 6세 4차, 만 12세 5차. 생백신–생후 12개월에 1차, 1년 후 2차

일본뇌염은 일본뇌염 바이러스를 가진 모기를 통해 전염된다. 두통과 발열을 동반하고 심하면 뇌성마비, 경련, 시능 및 언어 장애, 성격 장애 등의 후유증을 남기며, 20~30% 정도는 사망하기도 하는 치명적인 질병이다. 일본뇌염 접종은 돌이 지나면 시작할 수 있는데, 사백신의 경우 생후 12~24개월에 1~2주 간격으로 2회 접종하고, 1년 뒤에 3차 기본 접종을 하

며, 만 6세와 12세에 추가 접종을 해 총 5회 실시한다. 한편 생백신은 12개월에 1차 접종을 하고 1년 뒤 2차 접종을 하면 끝난다. 단, 열이 나거나 아프거나 최근 1년 이내에 경련을 일으킨 적이 있는 아이는 접종 전 반드시 의사와 상의한다.

선택 예방접종

로타바이러스 장염

- 예방 질병 로타바이러스로 인한 장염
- 접종 시기 생후 2·4·(6)개월 2(3)회

소아에게 장염은 감기만큼 흔한 질병인데, 그중 로타바이러스로 인한 장염은 초기에 발열과 구토를 보이다가 설사로 진행되어 탈수가 잘 오고 입원까지 하게 된다. 생후 5개월부터 발병률이 높아지기 때문에 되도록 빨리 예방접종을 완료하는 것이 좋다. 접종 종류는 두 가지다. 2회 접종하는 백신은 생후 2개월에 1차, 4개월에 2차를 접종면 끝나며, 3회 접종하는 백신은 생후 2·4·6개월에 실시한다.

독감

- 예방 질병 독감(인플루엔자)
- 접종 시기 생후 6개월 이후 매년 9~12월

독감은 인플루엔자균으로 인해 생기는 질병으로 감기와는 전혀 달라 독감 예방접종을 했다고 감기에 걸리지 않는 것은 아니다. 독감에 걸리면 열과 근육통, 두통, 복통을 호소하고 감기 증상을 동반하기도 한다. 독감은 종류가 여러 가지인데, 간혹 엄청난 사망자를 내는 경우도 있어 매년 접종하는 것이 좋다. 독감 예방접종은 생후 6개월이 지나면 맞을 수 있다. 첫해에는 4주 간격으로 2회 접종하고 이후에는 매년 1회 접종하면 된다. 독감은 보통 12월부터 3월 사이에 유행하는데, 접종 2주 뒤부터 항체가 생기므로 매년 9~12월 사이에 접종하는 것이 좋다.

A형 간염

- 예방 질병 A형 간염
- 접종 시기 생후 12개월 이후 6~12개월 간격으로 2회

A형 간염은 아이들의 경우 감기처럼 가볍게 앓고 지나가기 때문에 별 문제가 없으나, 어른이 되어서 앓으면 심각한 후유증을 남길 수 있다. 이는 위생과 밀접한 관계가 있어 과거 우리나라에서는 거의 모든 사람이 소아 때 A형 간염을 앓고 지나갔다. 하지만 현재는 환경이 좋아져 선진국처럼 어른이 될 때까지 A형 간염 항체가 없는 경우가 대부분이다. 따라서 어릴 때 A형 간염 접종을 할 것을 권장한다. 생후 12개월 이후에 접종을 시작할 수 있고, 처음 접종 후 6~12개월 사이에 추가 접종을 하면 된다.

구분	대상 전염병	백신 종류 및 방법	0개월	1개월	2개월	4개월	6개월	12개월	15개월	18개월	24개월	36개월	만4세	만6세	만11세	만12세
국가예방접종	결핵 ①	BCG(피내용)	1회													
	B형 간염 ②	HepB	1차	2차			3차									
	디프테리아 파상풍 백일해	DTaP ③			1차	2차	3차		추 4차				추 5차			
		Td / Tdap ④													추 6차	
	폴리오 ⑤	IPV			1차	2차	3차						추 4차			
	b형 헤모필루스 인플루엔자 ⑥	PRP-T /HbOC			1차	2차	3차	추 4차								
	폐렴구균	PCV(단백결합) ⑦			1차	2차	3차	추 4차								
		PPSV(다당질) ⑧									고위험군에 한하여 접종					
	홍역 ⑨ 유행성이하선염 풍진	MMR						1차					2차			
	수두	Var						1차								
	A형 간염 ⑩	HepA						1~3차								
	일본뇌염	JE(사백신) ⑪						1~3차						추 4차		추 4차
		JE(생백신) ⑫						1~3차								
	인플루엔자	Flu(사백신) ⑬					매년 접종									
		Flu(생백신) ⑭									매년 접종					

구분	대상 전염병	백신 종류 및 방법	0개월	1개월	2개월	4개월	6개월	12개월	15개월	18개월	24개월	36개월	만4세	만6세	만11세	만12세
기타예방접종	결핵 ①	BCG(경피용)	1회													
	로타바이러스	RV1(로타릭스)			1차	2차										
		RV5(로타텍)			1차	2차	3차									
	인유두종 바이러스	HPV4(가다실) / HPV2(서바릭스)													1~3차	

| 표준 예방접종 일정표

읽어보세요

국가 예방접종 : 국가가 권장하는 예방접종(국가는 감염병의 예방 및 관리에 관한 법률을 통해 예방접종 대상 감염병과 예방접종의 실시기준 및 방법을 정하고, 국민과 의료제공자에게 이를 준수토록 하고 있음)
기타 예방접종 : 국가 예방접종 이외 민간 의료기관에서 접종 가능한 예방접종
기초 접종 : 단기간 내에 방어면역 형성을 위해 시행하는 접종
추가 접종 : 기초접종 후 형성된 방어면역을 장기간 유지하기 위해 기초 접종 후 일정기간이 지난 다음 추가로 시행하는 접종

① BCG : 생후 4주 이내 접종
② B형 간염 : 임신부가 B형 간염 표면항원(HBsAg) 양성인 경우에는 출생 후 12시간 이내 B형 간염 면역글로불린(HBIG) 및 B형 간염 백신을 동시에 접종하고 , 이후 B형 간염 접종 일정은 출생 후 1개월 및 6개월에 2차, 3차 접종 실시
③ DTaP(디프테리아 · 파상풍 · 백일해) : DTaP-IPV(디프테리아 · 파상풍 · 백일해 · 폴리오) 혼합 백신으로 접종 가능
④ Td / Tdap : 만 11~12세에 Td 또는 Tdap으로 추가 접종 권장
⑤ 폴리오 : 3차 접종은 생후 6개월에 접종하나 18개월까지 접종 가능하며, DTaP-IPV(디프테리아 · 파상풍 · 백일해 · 폴리오) 혼합백신으로 접종 가능
※ DTaP-IPV(디프테리아 · 파상풍 · 백일해 · 폴리오) : 생후 2 · 4 · 6개월, 만 4~6세에 DTaP, IPV 백신 대신 DTaP-IPV 혼합 백신으로 접종할 수 있음. 이 경우 기초 3회는 동일 제조사의 백신으로 접종하는 것이 원칙이며, 생후 15~18개월에 접종하는 DTaP 백신은 제조사에 관계없이 선택해 접종가능.
⑥ b형 헤모필루스 인플루엔자(Hib) : 생후 2개월~5세 미만 모든 소아를 대상으로 접종, 5세 이상은 b형 헤모필루스 인플루엔자균 감염 위험성이 높은 경우 (겸상적혈구증, 비장 절제술 후, 항암치료에 따른 면역저하, 백혈병, HIV 감염, 체액 면역 결핍 등) 접종
⑦ 폐렴구균(단백결합) : 10가와 13가 단백결합 백신 간의 교차 접종은 권장하지 않음
⑧ 폐렴구균(다당질) : 2세 이상의 폐구균 감염의 고위험군을 대상으로 하며 건강 상태를 고려해 담당 의사와 충분한 상담 후 접종
※ 폐렴구균 감염의 고위험군
– 면역 기능이 저하된 소아: HIV 감염증, 만성 신부전과 신증후군, 면역억제제나 방사선 치료를 하는 질환 (악성종양, 백혈병, 림프종, 호치킨병) 혹은 고형 장기 이식, 선천성 면역결핍 질환
– 기능적 또는 해부학적 무비증 소아 : 겸상구 빈혈 혹은 헤모글로빈증, 무비증 혹은 비장 기능 장애
– 면역 기능은 정상이나 다음과 같은 질환을 가진 소아 : 만성 심장 질환, 만성 폐 질환, 당뇨병, 뇌척수액 누출, 인공와우 이식 상태
⑨ 홍역 : 유행 시 생후 6~11개월에 MMR 백신 접종이 가능하나 이 경우 생후 12개월 이후에 MMR 백신 재접종 필요
⑩ 일본뇌염(사백신) : 1차 접종 후 7~30일 간격으로 2차 접종을 실시하고, 2차 접종 후 12개월 후 3차 접종
⑪ 일본뇌염(생백신) : 1차 접종 후 12개월 후 2차 접종
⑫ 인플루엔자(사백신) : 6~59개월 소아의 경우 매년 접종 실시. 이 경우 첫해에는 1개월 간격으로 2회 접종하고 이후 매년 1회 접종(단, 인플루엔자 접종 첫해에 1회만 접종한 경우 그 다음 해 1개월 간격으로 2회 접종)
⑬ 인플루엔자(생백신) : 24개월 이상부터 접종 가능하며, 접종 첫해에는 1개월 간격으로 2회 접종하고 이후 매년 1회 접종(단, 인플루엔자 접종 첫해에 1회만 접종한 경우 그 다음 해 1개월 간격으로 2회 접종)
⑭ 장티푸스 : 장티푸스 보균자와 밀접하게 접촉하거나 장티푸스가 유행하는 지역으로 여행하는 경우 등 위험요인 및 환경 등을 고려하여 제한적으로 접종할 것을 권장
⑮ A형 간염 : 생후 12개월 이후에 1차 접종하고 6~18개월 후 추가 접종(제조사마다 접종 시기가 다름)

신생아 관련 질병

신생아 시기는 다른 소아 시기에 비해 훨씬 취약하고 불안정하다. 따라서 세심한 관찰을 통해 조기에 문제점을 발견하고 치료하는 것이 중요하다. 신생아 때 흔히 나타나는 질병의 특징과 치료법을 소개한다.

신생아 황달

특징

눈과 피부가 노랗게 보인다. 얼굴에서 몸통, 하체로 노란색이 진행될수록 심한 황달이다. 생리적 황달인 경우에는 생후 10일경이면 저절로 사라진다.

원인과 증상

생후 일주일 전후로 아이의 피부와 눈 흰자위가 황색으로 변하는 것을 '신생아 황달'이라고 한다. 피부와 눈이 빌리루빈이라는 색소로 인해 노랗게 변하는 상태로, 가볍게 지나가는 것부터 치료가 필요한 중증 황달까지 다양하다. 신생아들은 정상인 경우에도 황달이 흔하게 생긴다. 정상아에게 생기는 황달을 '생리적 황달'이라고 하는데, 보통 태어난 지 3~5일에 생기며 7~10일경에는 사라진다. 황달을 일으키는 빌리루빈은 대개 피의 적혈구에서 나오는데, 신생아의 경우 적혈구가 연약해 잘 깨지기 때문에 빌리루빈이 많이 생성되고, 이 빌리루빈은 간에서 제거되는데 신생아는 간 기능이 미숙해 정상인 경우에도 황달이 잘 생긴다. 하지만 간염, 패혈증, 기타 감염, 내출혈, 담도 폐쇄 등의 원인으로 황달이 오는 경우도 있으므로 정확한 검사를 받아보는 것이 좋다.

치료 및 예방법

모유를 먹인 아이는 황달이 10일 이상 오래 가고 심한 경우가 있다. 이럴 때는 모유를 1~2일 정도 일시적으로 끊어 황달이 모유 때문인지 확인해야 한다. 모유를 끊어 황달이 좋아지면 '모유 황달'이라고 판단하는데, 모유를 먹으면 간에서 빌리루빈 제거를 방해하는 지방산이 증가되기 때문이다. 모유 황달이 있다고 해서 모유가 나쁘다는 뜻이 아니므로 꼭 다시 모유를 먹여야 한다. 신생아 황달 모두 저절로 좋아지는 것은 아니다. 황달이 생후 24시간 이내에 나타나거나, 생후 10일 이후에도 지속되거나, 급격히 황달이 심해질 때는 병적인 황달일 가능성이 있으므로 반드시 원인을 밝히는 검사가 필요하다. 이 경우 꼭 소아과 진료를 통해 황달의 원인과 심한 정도를 확인하고 조치하는 것이 안전하다. 황달 치료로는 가시광선에 노출시켜 치료하는 광선 치료, 교환 수혈 등이 있다.

제대육아종

특징

배꼽에 작은 콩알 같은 군살이 돋고 진물이 나오거나 고름이 잡힌다. 육아종을 제거하는 시술이 필요하다.

원인과 증상

말라버린 탯줄이 너무 오래 붙어 있거나 탯줄이 떨어진 배꼽 부위에 군살이 돋은 것을 제대육아종이라고 한다.

배꼽에 콩알처럼 동그란 군살이 돋아 고름이 잡히거나 그 부위에 분비물이 생긴다. 심한 경우 피가 나거나 2차 세균 감염으로 염증이 생기고, 드물게는 세균이 몸으로 들어가 패혈증이라는 무서운 병을 만들 수도 있다. 그러나 대부분은 배꼽 주위에 약간의 염증만 일으키는 증상을 보인다.

치료 및 예방법

제대육아종을 예방하기 위해서는 출생 후 배꼽 관리가 중요하다. 탯줄이 떨어지기 전까지는 목욕할 때 배꼽에 물이 들어가지 않게 하고, 하루 2회 이상 알코올로 소독해준다. 배꼽이 떨어진 후에도 10일 정도 또는 그 부위에 더 이상 분비물이 나오지 않을 때까지 소독을 해주어야 한다. 배꼽을 벌려 안까지 충분히 소독하고, 소독 후 배꼽 주위를 거즈 등으로 싸두면 염증을 유발할 수 있으므로 피해야 한다. 말라버린 탯줄은 보통 7~10일 정도면 떨어진다. 육아종이 생긴 경우에는 이를 제거하는 치료가 필요하다. 질산은이라는 약물로 육아종 부위를 1~3회에 걸쳐 지지는 시술을 하거나 실로 육아종의 뿌리 부분을 묶어 떨어지게 한다. 이런 방법들은 비교적 간단하게 소아과 외래에서 할 수 있지만, 이런 식으로 제거하기 어려운 경우에는 외과적 절제술이 필요하다.

배꼽 탈장

특징

배꼽 부위로 장의 일부가 돌출된 경우로 대부분 1년 이내에 호전된다.

원인과 증상

생후 7~10일경에 탯줄이 떨어지고 나면 정상적인 배꼽으로 자리 잡는다. 이때 일부 신생아는 배꼽 부위의 근육이 약해 배꼽 부위가 완전히 붙지 않고 피부 밑 근육 부위에 작은 구멍이 남아 배꼽 부위로 장의 일부가 튀어나오는데, 이를 배꼽 탈장이라고 한다. 증상은 배꼽 부위의 피부에 동전만 한 크기의 돌출이 생겨 아이가 배에 힘을 주면 둥그렇게 튀어나온다. 보통 6개월에서 1년 정도 지속되다가 탈장 부위의 구멍이 점차 없어지면서 저절로 증상이 호전된다.

치료 및 예방법

대부분 자연스럽게 호전되기 때문에 지켜보면 된다. 배꼽 탈장 부위를 무언가로 누르거나 감싸서 압박하는 것은 전혀 효과가 없다. 배꼽 탈장 부위가 너무 크거나 급격하게 크기가 증가할 때, 또는 1년 이상 지속될 때는 소아과 전문의의 진찰이 필요하다. 배꼽 탈장 증상이 있으면 의사에게 보이고 정기적으로 검진을 받는 것이 좋다.

신생아 중독성 홍반

특징

얼굴과 몸통에 벌레에 물린 것처럼 붉은색 발진이 돋는다.

원인과 증상

신생아의 30~70%에서 발견될 정도로 흔한 증상으로 태열과 비슷한 개념으로 본다. 생후 2~3일경에 아이의 얼굴, 목, 몸통, 엉덩이 등에 마치 벌레에 물린 것처럼 붉은 발진과 농포가 돋는다. 한 번 나타나면 일주일 정도 계속되다가 자연적으로 없어진다.

치료 및 예방법

자연적으로 치유되므로 크게 걱정하지 않아도 된다. 하지만 아이의 몸이 더우면 상태가 더 심해지므로 시원하게 해주는 것이 좋다.

신생아 탈수열

특징

동반되는 특별한 증상 없이 고열이 나며 칭얼거린다.

원인과 증상

건강하게 태어나 아무런 병이 없는데도 38~39℃의 열이 나는 경우를 신생아 탈수열 또는 신생아 일과성 열이라고 한다. 어린아이는 체온 조절 능력이 부족하고 외부 온도의 영향을 많이 받는다. 특히 신생아는 이불로 꽁꽁 싸두거나 수분 공급, 즉 수유량이 부족할 때 열이 날 수 있다.

증상은 체중이 줄고 칭얼거리는 횟수가 많아지면서 열이 난다. 수유를 충분히 해 수분 공급이 잘되면 열이 금방 떨어진다. 그러나 빨리 수분을 공급하지 않으면 창백해져 의식을 잃거나 경련을 일으킬 수 있다. 심한 경우 뇌 손상이나 영아 돌연사의 원인이 될 수 있다.

치료 및 예방법

실내 온도를 24~26℃로 유지하고 옷은 되도록 얇게 입힌다. 체온이 높아질 경우 미지근한 물에 적신 수건으로 아이의 몸을 닦아준다. 수유를 충분히 할 수만 있다면 대부분 빠르게 회복된다. 그러나 입으로 잘 먹지 못하는 경우 정맥 주사를 통해 신속하게 수분을 공급해야 할 수도 있다. 이내 회복되는 기미가 없다면 일시적인 열이 아니라 감염성 질환일 수도 있으므로 즉시 소아과 전문의의 진찰을 받는 것이 좋다.

선천성 후두 천명

특징

숨을 들이쉴 때마다 끽끽 소리가 들리고 간혹 호흡이 심하게 곤란해진다.

원인과 증상

선천성 후두 천명은 신생아에게서 발견된다. 성대가 비정상적으로 이완되었거나 후두개가 연약해 기도 부분이 좁아져 생기는 질병이다. 숨을 들이쉴 때 천명과 '끽끽' 하는 소리가 들리고, 때로는 심한 호흡 곤란이 생기기도 한다.

치료 및 예방법

신생아에게서 자주 발견되고 대부분 시간이 지나면 좋아지므로 집에서 특별히 해줄 것은 없다. 일단 선천성 후두 천명으로 진단되면 증상에 따라 지속적으로 상태를 지켜보아야 한다. 아이가 엎드려 있으면 숨 쉬기가 편해 끽끽 소리가 덜 난다. 혹시 다른 질병이 있는 것은 아닌지 전문의의 정확한 진찰을 받는 것이 안전하다.

저칼슘혈증

특징

칼슘과 인의 균형이 맞지 않아 혈액 내 칼슘 농도가 감소된 상태를 말하며, 경련이 가장 중요한 증상이다.

원인과 증상

생후 첫 3일 이내에 생기는 '조기 저칼슘혈증'은 미숙아, 저체중 출생아, 당뇨병 산모에게서 출생한 아이에게 주로 나타나며, 수유량이 부족하고 아이의 부갑상선 기능이 일시적으로 저하되어 발생한다. 생후 5~10일경에 생기는 '후기 저칼슘혈증'은 대부분 분유 수유를 하는 건강한 만삭아에서 발생한다. 요즘 분유의 칼슘과 인 함량은 모유에 가깝도록 조정되어 있지만 모유 수유만 하는 경우보다 인의 섭취량이 상대적으로 높을 수 있고, 신생아의 신장 기능이 미성숙해 인의 배출이 원활하지 않으면 반대로 칼슘 농도가 떨어지기 때문이다. 가장 중요한 증상은 전신에 짧게 반복적으로 나타나는 경련이다. 그 외에 아이가 파랗게 질리며 숨을 쉬지 않거나, 심하게 놀라고 손발이 떨리거나, 수유를 못하고 처지면서 자주 토할 때는 저칼슘혈증을 의심해볼 수 있다.

치료 및 예방법

아이가 저칼슘혈증으로 인한 경련을 일으킬 때는 주사로 칼슘을 공급해야 하므로 바로 종합병원 소아과를 찾아간다. 때로 장기간 분유에 칼슘을 타 먹이거나 저인산 분유가 필요하기도 하다. 이 증상은 제때 치료하면 특별한 후유증 없이 좋은 예후를 보이지만,

치료하지 않을 경우 경련으로 인한 뇌 손상, 영양 부족 등 치명적인 영향을 끼치므로 빨리 의사의 진료를 받는 것이 중요하다.

저혈당증

특징

신생아의 의식이 저하되거나 경련을 일으킨다.

원인과 증상

미숙아나 저체중아의 경우 저장 글리코겐이 결핍되어 저혈당증이 생긴다. 또 엄마가 당뇨병을 앓는 경우 아이의 혈액 속 당분을 분해시키는 인슐린이 정상보다 많이 분비되어 혈당이 떨어지기도 한다. 증상은 출생 몇 시간 후부터 생후 일주일까지 나타날 수 있다. 아이의 몸이 부들부들 떨리거나 얼굴이 창백해지고 호흡이 불안정할 수 있다. 약하거나 날카로운 울음소리를 내며, 기운이 없이 처지고 먹은 것을 자꾸 토한다. 전신 경련이 발생하면 바로 의사의 진찰이 필요하다.

치료 및 예방법

저혈당 발생 위험이 높은 신생아는 출생 후 1시간 이내에 혈당을 측정하고 되도록 조기에 수유를 한다. 어떠한 증상이라도 보이는 저혈당증일 때는 의사의 진단과 함께 신속한 포도당 정맥 주사가 필요하다. 만약 집에서 의심 증상을 보였다면, 증상을 시간대별로 자세히 기록해 병원에 가서 보여주고 정확한 검사와 치료를 받아야 한다.

위식도 역류증

특징

아이가 우유를 먹는 중간이나 직후에 먹은 양의 상당 부분을 줄줄 흘리듯이 토한다.

원인과 증상

식도와 위를 잇는 부위를 '분문'이라고 한다. 먹은 음식물이 식도를 통과해 분문에 이르면 자연스레 분문이 열려 음식물이 위 속으로 들어간다. 그런데 돌 전 아이들은 대부분 분문 괄약근이 덜 발달해 분문이 쉽게 열릴 수 있다. 이렇듯 특별히 다른 질병 없이 분문 괄약근이 미약해 모유나 분유 등을 먹은 직후나 먹는 도중에 음식물을 게우는 것이 위식도 역류증이다.

치료 및 예방법

아이가 음식을 심하게 토하거나 체중이 잘 늘지 않으면 위식도 역류증 검사가 필요한데, 상부 위장관조영술이나 초음파 검사로 진단한다. 증상이 매우 심할 때는 약물 치료를 고려하기도 하지만, 대개 아이가 커가면서 호전되는 경우가 많으므로 지켜보는 것이 좋다. 음식을 자주 넘길 때는 모유나 분유를 먹이면서 트림을 꼭 시키고, 수유 후 30~60분 동안 아이를 꼿꼿이 세워 안아주거나 의자에 비스듬히 앉혀 상체를 세워준다. 이렇게 하면 위 속에 있는 모유나 분유가 좀 더 잘 내려가고 역류되는 정도가 줄어든다. 이때 목을 가누지 못하는 아이들은 주의해야 한다.

비후성 유문 협착증

특징

신생아가 우유를 먹을 때마다 분수처럼 뿜어내듯 토한다.

원인과 증상

위에서 십이지장으로 가는 길목을 '유문'이라고 한다. 이 유문벽 근육이 비정상적으로 비대해져 유문이 좁아지거나 아예 막히면, 위 속의 음식물이 유문을 통과해 십이지장으로 내려가지 못한다. 이런 경우 먹은 것 대부분을 토하는데 이를 비후성 유문 협착증이라고 한다. 보통 여아보다 남아에게 더 많이 발생하고, 생후 7일 이전에는 증세가 거의 나타나지 않다가 생후 2~3주경에 생기기 시작한다.

초기에는 먹은 모유나 분유 등을 조금씩 울컥울컥 토하다가 점차 병이 진행되어 유문벽이 완전히 막히면 수유 직후에 바로 분수처럼 토한다. 대부분 모유나 분유를 몹시 잘 먹다가도 먹은 음식물을 그대로 토하지만 간혹 소량의 피가 섞이기도 한다. 이러한 상태의 아이들은 항상 배가 고프기 때문에 심하게 토한 뒤에도 금방 다시 먹고 싶어 한다.

치료 및 예방법

신생아가 모유나 분유를 먹는 대로 뿜어내듯 토하고 윗배가 꿈틀대듯 움직인다면 전문의의 진찰부터 받아야 한다. 상복부에서 두꺼워진 유문 부위가 덩어리처럼 만져질 수도 있으며 초음파 검사로 진단한다. 치료는 수술이다. 병원에 입원해 우선 포도당과 전해질 용액을 주어 탈수를 예방 및 치료하면서 전반적인 건강 상태가 좋아지면 반지처럼 동그랗게 두꺼워진 유문벽의 근육을 수술로 잘라준다. 수술한 후에는 수유량을 조금씩 늘려가며 아이를 돌보도록 한다.

선천성 담도 폐쇄증

특징

황달이 2주 이상 지속되고 흰색 또는 베이지색 대변을 본다.

원인과 증상

선천성 담도 폐쇄증이란 선천적으로 담도가 제대로 형성되지 않았거나 막혀, 담즙이 장으로 배출되지 못하고 정체되어 간에 손상을 줌으로써 황달이 지속되고 변이 하얗게 나오는 증상을 보이는 질병이다. 치료하지 않을 경우 점차 간경화로 진행되다가 결국 사망에 이르는 무서운 질환이다. 증상은 신생아의 눈 흰자위와 피부에 황달이 나타나 오래 지속되고 노란색 소변을 본다. 대변에 담즙이 전혀 없어 흰색이나 베이지색을 띤다. 병을 오랫동안 앓으면 소화 장애도 나타나고 간 기능 저하로 인한 여러 가지 문제가 발생한다.

치료 및 예방법

이 병은 빨리 진단하고 치료하지 않으면 황달이 점점 더 심해져 위험할 수 있어 생후 6주 이내에 병을 알아채 수술하는 것이 중요하다. 신생아가 흰색 변을 봤다면 바로 병원에 가서 검사해본다.

선천성 거대 결장

특징

신생아의 태변 배출이 늦고 배가 불러오면서 이후로 변비가 지속된다.

원인과 증상

항문 위에 있는 직장 바로 상부인 결장 부위에 부교감신경이 있는데 이것이 위장의 운동을 조절한다. 선천성 거대 결장이란 선천적으로 결장 일부분에 부교감신경이 없어 변이 항문 쪽으로 내려가지 못하고 그 부위에서 정체되는 질병을 말한다. 가장 처음 보이는 증상은 신생아의 태변 배출이 보통보다 늦어진다. 그 다음 모유나 분유를 먹어도 변을 보지 못해 배가 자꾸 불러오고 변을 아주 조금씩 본다. 갓 태어난 신생아가 모유나 분유를 먹고도 계속해서 변을 보지 못할 때는 이 병을 의심해보아야 한다.

치료 및 예방법

선천성 거대 결장은 일반적인 변비와 달리 장에 선천적인 결함이 있는 것이기 때문에 단순히 수분을 보충하고 영양을 공급한다고 해서 치료되지 않는다. 이 경우에는 부교감신경이 없는 부분을 절제하고 부교감신경이 있는 부분을 서로 연결하는 수술을 해야만 한다. 갓 태어난 신생아가 변비와 복부 팽만이 지속될 경우 일단 병원에서 검사를 통해 선천성 거대 결장인지의 여부를 확인하는 것이 안전하다.

아구창

특징

입안에 우유 찌꺼기 같은 하얀 반점이 생기는 곰팡이 감염이다.

원인과 증상

아구창은 칸디다 알비칸스라는 곰팡이로 인해 입안에 하얀 반점이 생기는 병이다. 일반적으로 미숙아나 몸이 허약하거나 면역 기능이 저하된 아이에게 생기는데, 신생아의 경우 입안이 깨끗하지 못하거나 젖꼭지와 젖병 소독이 불량한 경우 생길 수 있다. 증상은 입안에 우유 찌꺼기 같은 하얀 반점이 잔뜩 깔려 있어 아파하고, 이것이 떨어질 때 피가 나기도 한다. 입안의 곰팡이가 장으로 넘어가 설사를 일으키기도 한다.

치료 및 예방법

먼저 신생아의 입안에 남은 우유 찌꺼기와 구별해야 하는데, 연한 거즈 등으로 흰 반점을 문질러서 벗겨지면 우유 찌꺼기고 잘 벗겨지지 않고 피가 나면 곰팡이로 인한 아구창이다. 소아과 전문의의 정확한 진단으로 아구창이 확실해지면 마코스타틴이나 젠티안 바이올렛이라는 치료 약물을 입안에 발라주거나 먹는 항신균제를 복용해 치료할 수 있다.

집에서는 신생아를 목욕시킬 때마다 부드러운 거즈에 깨끗한 물을 적셔 입안을 잘 닦아준다. 평소 젖병과 젖꼭지 소독을 철저히 하고 엄마 손도 늘 깨끗이 씻어야 한다. 체중이 잘 늘지 않고 잔병이 많은 신생아에게 아구창이 자주 생기면 면역적인 문제를 고려한 전문의의 진찰이 필요하다.

영아 산통

특징

낮에는 잘 놀다가 한밤중에 갑자기 숨이 넘어갈 듯이 운다.

원인과 증상

생후 3~4개월 이전 아이에게 흔히 일어나는 영아 산통은 아직 정확한 원인이 밝혀지지 않았지만, 아이의 장에 가스가 많이 차고 이것이 잘 배출되지 않는 것과 연관이 있는 것으로 보고 있다. 증상은 평소에는 잘 먹고 잘 노는 아이가 주로 한밤중에 갑자기 깨어 숨이 넘어갈 듯 자지러지게 우는 것이다. 다리를 굽힌 채 주먹을 쥐고 배에 힘을 주면서 울고, 먹으려고도 하지 않고 잘 달래지지 않는다. 대개 밤중에 나타나며, 한 번 산통이 시작되면 1시간 정도 지속되고 더 오래 가는 경우도 있다.

치료 및 예방법

우선 아이가 울면 안아서 어르는 것이 좋다. 엄마와 아빠가 당황하지 말고 평온한 모습을 보여주어야 아이가 안정을 느낀다. 심하게 울면 뜨거운 수건으로 배를 따뜻하게 해주거나 젖을 물린 후 완전히 트림을 시킨다. 또 주변 분위기에 따라 기분이 좌우되는 경우도 있으므로 방에서 거실로 자리를 옮기거나 잠깐 바깥 공기를 쐬는 것도 도움이 될 수 있다.

신생아 패혈증

특징

혈액 속에 세균이 침투하는 전신 감염증으로 고열이 나며 경련 증세를 보일 수도 있다.

원인과 증상

여러 가지 원인으로 세균이 혈액 속에 들어가서 온몸을 돌아다니며 각 장기를 망가뜨리는 무서운 병이다. 전신 감염으로 38~40℃ 이상의 열이 지속되며 경련이 나타나기도 하고, 심할 때는 오히려 저체온 증상을 보이기도 한다. 또 아이가 처지고 의식이 또렷하지 않은 것처럼 보이며 자꾸 자려고 한다. 보통 숨구멍이라고 하는 정수리의 대천문이 팽창되어 있거나 불쑥 튀어나온 경우도 있다. 또한 피부나 점막에 발진이 생기고 가끔은 출혈 반점도 나타난다. 뇌수막염이나 요로 감염을 동반하는 경우도 많다.

치료 및 예방법

일단 생후 3개월 이하 아이가 끙끙 앓고 38℃가 넘는 열이 나면 패혈증이 아닌지 검사해야 하므로 즉시 병원으로 달려간다. 패혈증의 치료 기간은 아이의 상태와 균의 종류에 따라 다르지만 최소 10~14일 동안은 혈관을 통해 항생제를 주사해야 한다. 필요에 따라 2~3주 이상 치료해야 하는 경우도 있다. 항생제 치료만 잘되면 재발할 가능성은 거의 없으므로 치료를 제대로 받고 후유증에 대한 정기적인 검사를 받아야 한다.

우유 알레르기

특징

알레르기성 비염, 습진, 기관지 천식, 두드러기 등 알레르기 질환이 없는 아이가 다른 질병 없이 설사나 구토를 할 경우 우유 알레르기, 즉 유단백 알레르기를 의심해볼 수 있다.

원인과 증상

분유를 먹는 신생아가 우유 단백질에 알레르기를 가지고 있으면 위장에 알레르기성 질환이 생길 수 있다. 이는 우유 단백질로 인해 위장 점막이 손상되어 음식을 제대로 소화하지 못하기 때문이다. 우유 단백질이 다른 질병 없이 위장에만 질환을 일으켜 설사를 할 수도 있지만 종종 기관지 천식, 알레르기성 비염 등 다른 질환과 함께 나타날 수도 있다. 설사 이외에 소화를 못 시켜 배가 부르거나 배가 아파 아이가 자주 보채는 경우도 있다. 또 토하거나 방귀를 자주 뀌는 증세가 나타나기도 한다.

치료 및 예방법

우유 알레르기성 질환인지 진단하려면 우유 단백질이 든 음식, 즉 분유를 2~3주 정도 먹이지 않으면서 아이의 증상을 지켜본다. 분유를 먹이지 않으면 증상이 없어지고, 다시 분유를 먹이면 48시간 안에 증상이 재발하는 현상이 3회에 걸쳐 나타나면 우유 알레르기로 진단할 수 있다. 알레르기성 질환이라고 판단되면 우유 단백질이 들어가지 않은 콩 분유나 유단백이 가수 분해된 HA분유 같은 특수 분유를 먹이고, 전문의의 지도에 따른다.

소아과 단골 아이 병

대부분의 아이들이 면역력이 약해지는 생후 6개월부터 소아과에 드나드는 일이 잦다. 흔한 질병이라도 이상 증상이 나타나면 바로 병원에 가는 것이 좋다. 아이들에게 흔히 나타나는 단골 아이 병들을 알아보고 적절한 치료법과 예방법도 소개한다.

감기

특징

낮과 밤의 기온차가 심한 환절기에 앓기 쉬운 아이 병 0순위. 면역력이 약한 아이들의 경우 중이염이나 기관지염, 축농증, 폐렴 등의 합병증으로 발전할 수 있으므로 빠른 치료와 철저한 예방이 중요하다.

원인과 증상

감기는 호흡기 질환의 대표적인 질병으로 비인두염이라고도 하는데, 주로 바이러스 때문에 코와 인두(목구멍 근처)에 염증이 생기는 병이다. 대체로 감기에 걸리면 열이 나면서 목이 붓고 콧물이 나거나 기침을 동반하는 등 다양한 증상을 동시에 또는 차례로 겪는다.

더구나 어린아이들의 감기는 호흡기 질환이면서도 구토나 설사, 복통 같은 소화기 증상도 동반한다. 수백 종의 감기 바이러스가 있기 때문에 한 달에 2~3회 이상 각기 다른 감기에 연속적으로 걸리기도 한다.

치료 및 예방법

체온이 38℃가 넘으면 수건에 미지근한 물을 적셔 마사지를 해 열을 떨어뜨리고, 더 심해지면 타이레놀이나 부루펜 같은 해열제를 사용한다. 코 막힘이 심하면 가습기로 실내 습도를 50~60%로 맞춰 콧물이 잘 나오도록 도와준다. 면봉이나 코 흡입기로 무리해서 코를 빼내면 코 점막을 다칠 위험이 있으므로 삼가는 것이 좋다. 또 기침은 몸속의 나쁜 균을 내보내는 신호이므로 무조건 기침을 진정시키는 종류의 약을 먹이는 것은 좋지 않다. 기침을 많이 하다 보면 수분이 부족해지기 쉬우므로 보리차나 따뜻한 물로 수분을 충분히 보충해준다. 설사나 구토 같은 소화기 증상이 함께 나타날 때는 죽처럼 소화가 잘되는 음식을 먹이고, 역시 수분을 충분히 보충해준다. 땀이 많이 나 속옷이 축축하면 땀을 닦아주고 수시로 옷을 갈아입힌다.

감기는 뭐니 뭐니 해도 예방이 최선이다. 얇은 옷을 여러 겹 입혀 체온을 조절하고, 외출했다 돌아오면 손발을 깨끗이 씻기고 양치질을 해준다. 실내 공기를 자주 환기시켜 깨끗하고 쾌적한 환경을 만들어

주는 것도 중요하다. 실내 온도는 20~24℃, 습도는 50~60% 정도가 적당하다.

장염

특징

로타 바이러스로 인한 장염이 가장 중증이며, 열과 함께 구토나 설사가 심해 입원 치료가 필요하기도 하다.

원인과 증상

장염이란 장에 염증이 생기는 병으로 바이러스성 장염과 세균성 장염이 있다. 아이들에게 생기는 장염은 대부분 바이러스성이며, 그중에서 가장 널리 알려진 것이 가성 콜레라다. 가성 콜레라는 로타 바이러스라가 일으키는 병으로 주로 초가을부터 기승을 부리기 시작한다. 대개 바이러스가 묻어 있는 옷이나 장난감, 음식물을 통해 감염된다.

장염에 걸리면 대개 처음에는 열이 나다가 설사와 구토를 하기 시작한다. 증상이 심각한 경우 복통과 함께 설사와 구토로 인한 탈수를 일으켜 입원 치료까지 하는 경우도 있다. 처음에는 섭취한 음식물을 토하는 정도지만 증상이 심해지면 먹지 않아도 노란색 위액까지 토하기도 한다. 몇 시간 후 설사를 시작하는데, 젖을 먹는 아이들은 하얀 쌀뜨물 같은 설사를 한다. 설사는 2~3일간 지속되는데, 그동안 수분 섭취가 제대로 이루어지지 않으면 탈수 증상을 일으키기 쉽다. 탈수가 되면 얼굴이 창백하고 침이 마르며 소변량이 현저히 줄고, 울어도 눈물이 흐르지 않는다.

이외에 다른 여러 가지 바이러스로 인한 장염도 흔한데, 이때는 열이나 구토는 심하지 않고 주로 설사가 며칠 동안 지속되다가 좋아지는 경과를 보인다.

치료 및 예방법

장염의 경우 열을 동반해 처음에는 엄마가 단순한 감기로 오인할 수 있다. 열이 38℃가 넘으면 우선 해열제로 열을 떨어뜨려야 한다. 만일 아이가 해열제를 토하면 좌약을 써보는 것도 좋다. 다만 좌약도 먹는 약과 마찬가지로 용량과 사용 간격을 정확히 지켜 사용한다. 해열제를 먹여도 열이 계속 심한 경우에는 30℃ 정도의 미지근한 물로 온몸을 닦아준다.

구토와 설사가 심하면 탈수가 될 수 있으므로 물과 전해질 용액을 자주 먹이도록 한다. 그리고 영양 보충을 위해 모유나 죽, 이온음료, 보리차, 급성 장염에 쓰는 특수 분유 등을 전문의의 지시에 따라 조심해서 먹인다. 설사로 인해 아이 엉덩이가 헐 수도 있으므로 항상 엉덩이 피부를 청결하게 유지하는 것도 잊지 말아야 한다.

장염은 전염성이 강하기 때문에 무엇보다 예방이 중요하다. 예방을 위해서는 손을 자주 씻고 환경을 깨끗이 해야 한다. 설사하는 아이를 만지고 나서는 반드시 손을 씻고, 특히 기저귀를 간 후에는 비누로 잘 씻어야 한다. 또 아이들의 손과 얼굴을 열심히 씻기고 옷을 자주 갈아입히며, 세탁도 꼼꼼히 하는 것이 안전하다.

배탈

특징

여름철의 대표적인 위장 질환으로 복통과 설사를 일으키는 소화 불량 상태다.

원인과 증상

여름에는 날씨가 더워 찬 음식을 자주 찾기 때문에 배탈이 나는 경우가 많다. 잠잘 때 몸부림이 심해 배를 내놓고 자는 아이들도 쉽게 배탈을 앓는다. 뱃속이 더부룩하고 통증이 느껴지며 심하면 설사와 구토를 동반한다. 또 여름철에 상한 음식을 먹어도 배탈이 날 수 있다. 상한 음식은 익혀 먹어도 독이 없어지지 않아 식중독에 걸리게 된다. 식중독에 걸리면 갑자기 열이 나고 복통, 구토, 설사를 하지만 로타 바이러스 장염처럼 증상이 오래 지속되지는 않는다.

치료 및 예방법

배탈은 엄마가 조금만 주의를 기울이면 예방할 수 있다. 찬 음식을 자주 먹이는 것, 아이가 좋아하는 음식을 한 번에 많이 먹이는 것, 먹기 싫어하는 음식을 억지로 먹이는 것, 아이가 소화하기 힘든 음식을 먹이는 것, 잠잘 때 배를 내놓는 것 등은 배탈을 일으킬 수 있으므로 하지 말아야 한다. 기온이 높은 여름에는 아이의 위장 기능이 떨어지기 때문에 특히 조심해야 한다. 아이가 배탈 증세를 보이면 물과 전해질 음료를 자주 먹이고, 미음이나 죽처럼 소화가 잘되는 음식을 조금씩 먹인다. 모유는 계속 먹여도 큰 문제가 없다. 또 식중독이 의심되는 경우에는 함부로 설사 멎는 약을 사용하지 말고 우선 물이나 전해질 용액을 먹인 후 병원 응급실로 가야 한다. 병원에서는 적절한 항생제를 사용하고, 탈진한 경우 수액 주사를 놓아 수분을 보충한다.

중이염

특징

감기의 대표적인 합병증이다. 39℃ 이상의 고열이 나기도 하고 아이가 심하게 보챈다. 아이가 자주 귀 쪽으로 손을 갖다 대고 귀를 만지면 자지러지게 운다.

원인과 증상

대부분의 중이염은 감기의 합병증으로 생기지만, 알레르기성 비염이나 주위의 여러 가지 공해 물질도 원인이 될 수 있다. 통계에 따르면 3세까지 중이염을 앓은 경험이 있는 아이가 80%에 이를 정도로 많고, 다른 합병증에 비해 발생 횟수도 늘어나고 있는 추세다. 이처럼 중이염이 많은 이유는, 아이들의 경우 귀 내부에 있는 이관이 어른에 비해 짧고 넓은 반면 각이 지지 않아 감염이 잘되기 때문이다. 감기, 알레르기, 담배 연기 같은 자극으로 이관이 부어 오르면 고막 주위에 염증이 생기는 중이염이 발생한다.

중이염에 걸리면 39℃ 이상의 고열이 나고, 밤에 유난히 보채며, 젖을 먹으면 토하기도 한다. 또 귀를 만지면 자지러지게 운다. 열이나 귀의 통증이 없는 중이염도 있는데, 대개 감기가 오래된 상태에서 발견된다. 고막이 파열되었거나 중이염이 만성화되면 귀에서 고름이 나오고, 잘 못 듣는 난청 증상을 보이기도 한다.

치료 및 예방법

급성 중이염일 경우에는 바로 병원을 찾아 치료를 받는 것이 중요하다. 대개는 적절한 항생제와 소염제, 항히스타민제 등을 사용해 치료한다. 이때 중요한 것은 1~2주 이상 꾸준히 치료를 받아야 한다는 것이다. 열이 떨어지고 통증이 없어졌다고 치료를 멈추면 남아 있는 염증이 다시 악화되거나 만성 중이염으로 발전할 수 있고, 심하면 청력이 손상된다. 또 중이염은 재발 가능성이 높으므로 감기에 걸렸을 경우 반드시 의사의 진료를 받는 것이 좋다.

편도선염

특징

감기의 합병증으로 편도에 염증이 생겨 열이 나고 목이 부어 음식물을 삼키기 어렵다.

원인과 증상

급성 편도선염의 경우 감기로 인한 2차 감염이나 세균을 통한 직접 감염이 원인이다. 급성 편도선염에 걸리면 목이 붓고 통증이 심해 음식물을 삼키기 힘들며, 온몸이 쑤시고 열이 난다. 선천적으로 편도가 비대한 아이들은 편도선염에 자주 걸릴 수 있다. 편도와 아데노이드 비대가 있으면 코가 막혀 입으로 숨을 쉬기 때문에 수면 무호흡증이 동반되기도 한다. 이럴 경우 숙면을 취하지 못해 낮에는 피곤해하고 산만해지며, 심할 경우 또래 아이들에 비해 성장이 지연되기도 한다.

치료 및 예방법

편도선염에 걸렸을 때는 일반적으로 안정을 취하며 충분한 수분 섭취와 함께 부드러운 음식을 먹이는 것이 좋다. 열이 나고 근육통이 있을 경우에는 병원에서 항생제 치료를 받아야 한다. 편도 및 아데노이드 비대를 가진 아이는 편도선염과 중이염, 부비동염이 자주 발생하거나 잘 낫지 않을 수 있다. 잦은 질병으로 성장에 지장을 주거나 수면 무호흡으로 인해 주의력 결핍, 학습 장애가 우려될 경우에는 편도 및 아데노이드 절제 수술을 고려해볼 수 있다. 하지만 나이가 들면서 편도 크기가 자연적으로 줄어들 수 있으므로 만 3~4세 이전에는 대개 수술하지 않는 것이 원칙이다.

기관지염

특징

기관지에 염증이 생기는 질병으로 흔히 감기 후에 많이 발생한다. 기침을 심하게 하며 쉿소리가 섞인다.

원인과 증상

기관지염은 감기에 걸린 아이가 잘 걸린다. 감기에 걸린 후 3~4일 정도 지나 쇳소리를 내며 기침을 하는데, 열은 그다지 많지 않다. 심한 기침 때문에 목이 아프며, 음식을 잘 먹지 못한다. 숨을 쉴 때마다 가슴이 들먹거리기도 하고, 가래가 끓어 숨 쉬기 힘들어하지만 가래를 뱉어내기가 쉽지 않다.
기관지염은 주로 바이러스가 원인으로 기관과 기관지에 염증이 생기는 것이다. 때문에 항생제를 많이 사용한다고 해서 병이 빨리 낫는 것은 아니며, 충분한 휴식과 치료가 필요하다.

치료 및 예방법

엄마들이 기침 소리만으로 기관지염과 감기를 구분하기는 어렵다. 특히 기관지염은 감기의 합병증인 경우가 많아 기침을 감기 증상으로 생각하고 내버려두기 쉽다. 이럴 경우 아이도 고생하고 나중에 치료도 힘들어지므로 기침이 심해지면 꼭 의사의 진찰을 받아야 한다. 기관지염 치료에서는 휴식과 충분한 수분 섭취, 습도 조절이 가장 중요하다. 특히 환기를 자주 시켜 집 안 공기를 청결하게 하고, 쾌적한 분위기에서 충분히 아이를 쉬게 한다. 습도를 적절하게 높이고 수분을 자주 공급해주면 가래가 묽어져 훨씬 편해진다. 흔히 기침이나 가래 멎는 약을 시중에서 구입해 먹이기도 하는데, 기침이 심하면 바로 병원을 찾아 진료를 받는 것이 중요하다. 급성 기관지염을 제대로 치료하지 않으면 폐렴으로 진행되거나 기침이 만성화될 수도 있기 때문이다.

폐렴

특징

감기의 2차 감염으로 발생하는 경우가 많다. 발열과 기침은 물론 호흡 곤란을 일으킬 수 있다.

원인과 증상

폐렴은 폐에 염증이 생기는 병으로 호흡기 질환 중에서 비교적 중증 질환에 속한다. 폐렴은 주로 바이러스가 원인이지만 마이코플라즈마, 폐렴구균 등의 세균이 원인이 될 때도 있다. 폐렴은 2세 미만에서는 처음부터 폐렴으로 올 수도 있지만 더 큰 소아는 감기, 홍역, 백일해 등을 앓은 후 2차적으로 잘 발생한다.
발열, 기침 등 폐렴의 주요 증상은 감기와 비슷하지만, 고열에 시달리며 호흡 곤란이 오는 것이 감기와 다른 점이다. 이때 호흡이 빨라지는 것이 특징인데, 호흡 수가 1분에 50회 이상이고 숨 쉴 때마다 코를 벌름거리며, 갈비뼈 아랫부분이 쑥쑥 들어간다. 또한 얼굴과 입술, 손끝, 발끝이 새파랗게 질리면서 창백해진다. 어떤 아이들은 구토와 설사, 경련이 뒤따르기도 하며 기운이 없고 식욕도 떨어진다.
폐렴은 처음에는 증상이 가볍기 때문에 감기로 치료하다가 며칠 뒤 진단이 붙는 경우가 많다. 대개 소아과에서 진찰해 폐렴이 의심되면 흉부 엑스선 사진을 찍고 항생제 치료를 하지만, 정도가 심한 경우 종합병원에서 입원 치료를 하기도 한다.

치료 및 예방법

아이가 폐렴에 걸리면 대부분의 엄마가 반드시 입원

해야 한다고 생각하지만 꼭 그럴 필요는 없다. 워낙 병의 종류가 다양하고 증상도 다르기 때문에 담당 의사의 권유에 따르면 된다. 증세에 따라 항생제를 사용하는 경우도 있는데, 약은 반드시 처방에 따라 끝까지 먹이는 것이 중요하다. 며칠 먹이다가 증상이 호전되면 투약을 중단하는 경우가 많은데, 항생제는 반드시 정해진 기간을 채우는 것이 좋다.

대부분의 바이러스성 폐렴은 소아과 의원에서 치료받는데 호전이 잘되는 편이다. 일부 심한 경우에는 큰 병원에서 입원 치료를 받도록 권유하는데 이때도 보통 1~2주 이내에 좋아진다. 흔히 폐렴 예방접종이라고 부르는 예방접종은 폐렴구균 접종을 말한다. 이는 모든 종류의 폐렴을 다 예방할 수 있는 것이 아니라 폐렴구균으로 인한 폐렴만 예방하는 접종이다. 폐렴구균으로 인한 폐렴은 매우 심하기 때문에 대개 입원해서 항생제 치료를 잘 받아야 한다. 폐렴을 예방하는 완벽한 방법은 없지만, 일상생활에서 호흡기 질환을 예방할 수 있도록 손발을 잘 씻기고, 영양가 있는 음식을 먹이고 충분한 휴식을 취하게 해주는 것이 좋다.

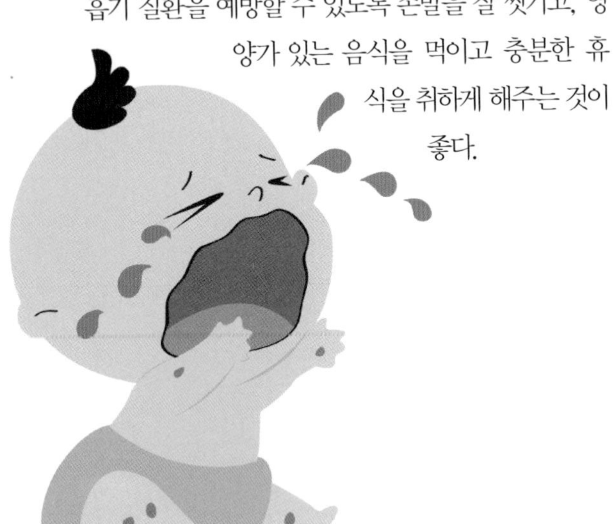

뇌수막염

특징

바이러스로 인한 경우가 가장 흔하고 증상도 심하지 않다. 예방접종으로 심각한 세균성 뇌수막염을 예방할 수 있다.

원인과 증상

뇌수막염이란 뇌와 척수를 둘러싸고 있는 뇌수막에 염증이 생긴 것을 말한다. 뇌수막염은 대개 면역력이 약한 어린아이들이 많이 걸리는 것이 특징이다. 크게 세균성 뇌수막염, 바이러스성 뇌수막염, 결핵성 뇌수막염으로 나뉜다. 일반적인 뇌수막염 예방접종은 세균성 뇌수막염을 예방하는 주사이며, 바이러스성과 결핵성은 예방이 불가능하다. 바이러스성 뇌수막염은 증상이 비교적 심하지 않고 잘 치료되며 후유증이 거의 남지 않는다. 그러나 세균성이나 결핵성 뇌수막염은 조기에 발견해서 치료하지 않으면 매우 위험할 수 있고, 다행히 좋아진다고 해도 후유증이 많이 남는다.

뇌수막염 증상은 경우에 따라 다소 차이가 있지만, 대체로 처음에는 감기처럼 열이 나고 머리가 아픈 것으로 시작하다 심해지면 토하거나 몸에 발진이 돋기도 한다. 목이 뻣뻣해져 움직이면 아파하는데, 앞으로 숙일 때 더 아파하는 경향이 있다. 심하면 의식의 변화와 경련도 동반된다. 그러나 1세 미만의 어린아이들에게는 뚜렷한 증상이 나타나기보다 열이 나면서 심하게 보채거나 처지고 토하는 등의 증상이 나타나므로, 뇌수막염이 유행할 때 이런 증상이 나타나면 재빨리 뇌수막염을 의심해보아야 한다.

치료 및 예방법

뇌수막염이 의심되면 일단 소아과나 병원 응급실을 찾아 원인균부터 파악하는 것이 중요하다. 뇌수막염의 원인균을 확인하기 위해서는 뇌압 측정과 뇌척수액 검사를 해야 한다. 일부이긴 하지만 항생제 등 긴급 치료가 필요한 세균성이나 결핵성 뇌수막염일 가능성이 있고, 발병 초기에 제대로 알지 못해 항생제를 남용하면 세균성 뇌막염과 구별하기 어렵기 때문이다. 뇌척수액 검사에서 세균이나 결핵균이 확인되면 적극적으로 항생제, 항결핵제 치료를 해야 하며, 뇌 CT 또는 MRI 검사를 통해 뇌 손상이 있는지 확인해야 한다. 이 경우 2~3주 이상 입원해서 치료하게 된다. 반면 바이러스성으로 확인되면 보존적 치료만으로도 좋아져 대개 일주일이면 회복된다.

1세 미만의 어린아이들, 특히 생후 3개월 이하 아이들은 열 이외에 다른 증상으로는 구별하기 어렵기 때문에 뇌수막염의 가능성이 보인다면 뇌척수액 검사를 피하지 말아야 한다. 만약 Hib균으로 인한 뇌수막염에 걸리면 매우 치명적이고 여러 가지 후유증이 따를 수 있으므로 꼭 예방접종을 하는 것이 안전하다.

뇌수막염이 유행할 때는 가급적 외출을 삼가고 사람이 많은 곳은 피한다. 외출했다 집에 돌아오면 반드시 손을 깨끗이 씻기고 양치질을 해준 뒤 휴식을 취하게 한다. 뇌수막염은 일반적으로 한 번 앓고 나면 면역력이 생겨 다시 걸리지 않지만, 뇌수막염이 유행하는 시기에는 여러 바이러스가 동시에 유행해 작년에 걸린 아이가 올해 또 걸리는 경우도 종종 있다.

수족구병

특징

여름과 가을에 특히 유행하는 질병으로 전염성이 강하다. 목과 입안, 손바닥과 발바닥 등에 붉은 수포성 발진이 생긴다.

원인과 증상

수족구병은 주로 콕사키바이러스가 일으키는 바이러스성 질환이다. 대개 콕사키바이러스 A16이 수족구병을 일으키지만 엔테로바이러스 71 같은 다른 바이러스도 일으킬 수 있다. 수족구병은 접촉을 통해 전염된다. 공기로 전염되기도 하지만 대개 감기처럼 아이들의 손과 입을 통한 접촉으로 바이러스가 침입한다. 요즘은 아이들이 어린나이에 단체생활을 하는 경우가 많아 매우 많은 수의 환자가 더 오랜 기간 발생하고 있다.

콕사키바이러스는 감염된 지 4~6일이 지나면 증상이 나타난다. 처음에는 미열이 있고 음식을 잘 먹지 않으려 하며 배가 아파 울다가 점차 손바닥과 발바닥, 입안 점막 등에 붉은 발진이 생긴다. 이런 발진은 몸통, 엉덩이, 팔, 다리, 얼굴뿐만 아니라 입천장과 양쪽 볼 점막, 목구멍, 잇몸, 혓바닥 등에 퍼질 수 있다. 붉은 발진의 경우 가운데에 수포가 생기고 입안의 병변은 4~8mm 정도 크기이며, 손발의 물집은 3~7mm 정도다. 수족구병이 있을 때는 위장염이 같이 생길 확률이 높다. 증상이 홍역이나 풍진과 비슷해 혼동하기 쉽지만 홍역과는 달리 기침이나 콧물 같은 증세가 나타나지 않는다. 일주일 정도 지나면 저절로 호전된다.

치료 및 예방법

주로 생후 6개월에서 4세 사이 아이들이 잘 걸리는데, 드물게 엄마와 아이가 동시에 수족구병에 걸리는 경우도 있다. 수족구병은 아직 예방주사나 특별한 치료제가 없기 때문에 생활하면서 미리미리 예방하는 수밖에 없다.

여름과 가을에 걸쳐 병이 유행할 때는 사람이 많은 장소에는 가지 말고, 외출했다 돌아온 후에는 바로 씻겨야 한다. 특히 바이러스가 입과 목 사이에 있는 인두 부분에서 증식하기 때문에 양치질을 자주 하는 것이 좋다. 열이 나면 해열제를 사용하고, 식욕이 없고 배가 아프거나 설사를 할 때는 전해질 용액이나 죽 같은 부드러운 유동식을 먹인다. 차갑고 부드러운 음식이 입안 통증을 덜 일으켜 아이스크림이나 밀크셰이크 등을 먹여도 좋지만, 많이 먹으면 설사를 할 수 있어 주의해야 한다. 일주일 정도 지나면 자연히 호전되므로 증세를 보면서 서서히 보통 음식으로 바꾸어주면 된다. 아이가 많이 가려워하면 덜 가렵게 해주는 항히스타민 연고를 발라주는 것도 도움이 되나 스테로이드 연고는 오히려 바이러스를 증식시키므로 조심해야 한다. 큰 후유증 없이 저절로 낫지만 바이러스 종류에 따라 간혹 뇌막염, 뇌염, 신경마비 등의 합병증이 생길 수도 있으므로 진찰을 받는 것이 안전하다.

아토피 피부염

특징

환경오염과 인스턴트 식생활이 널리 퍼지면서 증가한 대표적인 알레르기성 피부 질환이다. 건성 피부에 많이 생기는데, 각질이 일어나고 피부가 짓무르며 몹시 가려운 것이 특징이다.

원인과 증상

아토피 피부염의 직접적인 원인은 아직 밝혀지지 않았지만, 음식물의 알레르겐(알레르기 유발 물질), 집 먼지 진드기나 세균, 곰팡이 등 환경적 요인과의 연관성이 거론되고 있다. 2세 이전 아이는 음식물이 중요한 원인이 되는데, 우유나 달걀흰자, 땅콩, 밀가루, 대두, 오렌지 등이 대표 식품이다. 4~5세 이후에는 환경적 요인이 더 크게 작용하는데, 매연은 물론이고 일상생활에서 흔히 접하는 집 먼지 진드기, 동물의 털, 꽃가루, 세균이나 바이러스, 진균류 등의 감염이 원인이 된다.

그 외의 원인으로는 유전적인 부분과 심리적인 스트레스 등을 들 수 있으며, 이들이 복합적으로 작용하기도 한다. 증상은 심한 가려움증을 동반한 붉은 반점이 점차 습진이 되어 진물이 나고 딱지가 생기며, 피부가 매우 건조하고 각질이 심하게 생긴다. 돌 전에는 양볼·목·머리·귀 등에 나타나다가 점차 몸통, 팔, 다리로 번지며, 3~4세경에는 팔 안쪽·무릎 안쪽·귀밑 등 살이 접히는 부분으로 이동한다.

아이가 가려움을 참지 못해 자꾸 긁으면 2차 감염으로 염증이 생기고 진물이 나는데, 이런 과정들을 반복하면 피부가 점점 두꺼워지고 거칠어진다. 일반적으로 5세경에는 50% 정도, 사춘기에는 80~90%가 자연적으로 호전되지만 소수에서는 성인까지도 지속될 수 있다.

치료 및 예방법

아토피 피부염의 가장 기본적인 치료는 보습과 위생 관리, 그리고 피부 자극을 피하는 것이다. 피부에 불순물이 많을수록 가려움증이 더욱 심해지므로 땀을 흘리면 재빨리 물수건으로 닦아주거나 간단히 샤워를 시킨다. 목욕은 미지근한 물에서 10분 이내로 빨리 끝내는 것이 좋은데, 이때 가급적 아토피 전용 세제를 사용하고, 때수건 등으로 피부에 자극을 주는 것은 삼가야 한다. 또 목욕 후 물기가 마르기 전에 보습제를 충분히 발라주는 것이 좋다.

이후 하루에 여러 번 보습제를 발라 피부가 건조해지지 않게 하는 것이 중요하다. 영아 때는 분유보다 모유를 먹이는 것이 좋고, 달걀흰자나 밀가루 음식은 가급적 돌 이후에 먹이는 등 월령에 따라 이유식 재료를 선택하는 데 주의를 기울인다. 또 아토피를 유발하는 환경적 요인을 없애는 것도 중요하다.

진드기와 곰팡이의 번식을 막기 위해 카펫이나 커튼은 가급적 사용하지 말고, 침구류는 뜨거운 물로 자주 빨고 햇볕에 바짝 말린다. 옷은 자극이 적은 면 제품이 좋고, 애완동물은 키우지 않는 것이 바람직하다. 대표적인 약물 치료는 스테로이드 연고를 바르는 것인데, 의사의 처방에 따라 사용하는 것이 좋다. 가려움증이 심할 때는 항히스타민제를 바르거나 복용할 수 있다. 아토피 피부염은 단번에 치료되는 것이 아니라 호전과 악화가 반복되기 때문에 꾸준한 환경 관리와 피부 관리를 하면서 적절한 약물 치료를 하면 잘 조절할 수 있다.

알레르기 비염

특징

환절기에 주로 나타나는 알레르기 질환 중 하나로 코 가려움증, 맑은 콧물, 재채기, 코 막힘 등의 증상을 보인다.

원인과 증상

알레르기 비염에는 계절성 비염과 통년성 비염이 있다. 계절성 비염은 특정 계절에 나타나는 나무나 풀의 꽃가루로 인해 생기며, 통년성 비염은 주로 실내의 알레르기 유발 물질, 즉 집 먼지 진드기나 애완동물, 곰팡이 등이 원인이다. 특히 계절이 바뀌는 환절기에 주로 증상이 나타나는데, 기온 변화가 심한 아침저녁에 코와 눈의 가려움증과 함께 맑은 콧물을 흘리거나 발작적인 재채기를 한다. 코 막힘이 심해 입으로 숨을 쉬어 두통을 호소하기도 한다. 중이염과 부비동염이 잘 생길 수 있다. 심할 경우 비염 증상이 만성화되어 전형적인 알레르기 비염 증상을 보이기보다는 1년 내내 감기를 달고 사는 것처럼 보이기도 한다.

치료 및 예방법

알레르기 비염은 처음에는 코감기와 구별하기 어려우므로 집에서 엄마가 임의로 치료하기보다는 병원을 방문, 전문의의 진단과 치료를 받는 것이 좋다. 병원에서는 대개 항히스타민제, 스테로이드제, 기타 알레르기 치료 약물을 적절히 사용한다.

알레르기 체질을 타고났다면 아이는 특정 알레르기 유발 음식, 즉 우유나 달걀, 생선, 조개, 콩 같은 식품의 섭취를 제한해야 한다. 이는 실제로 먹고 알레르기 반응을 일으키는 것을 확인할 수도 있지만 알레르기 검사(피부 검사, 혈청 검사)를 통해 간접적으로 알 수도 있다. 털이 날리는 애완동물이나 인형, 집 먼지 진드기나 곰팡이가 번식하기 쉬운 카펫, 모직이나 털 소재 의류와 이불은 피하는 것이 좋으며, 집 안에서 화초를 키우는 것도 삼간다. 음식물 알레르기나 아토피 피부염에 걸린 아이들은 일단 알레르기 질환에 '입문'한 셈이므로 비염 가능성도 높아지니 각별히 주의해야 한다.

계절별 유행병

계절에 따라 유행하는 질병도 다르다. 특히 면역력이 약한 아이들은 일교차가 큰 환절기에는 각종 질병에 걸리기 쉽다. 각종 유행병에 대비하기 위해 반드시 시기별 예방주사를 맞히는 것이 좋다. 계절별 유행병과 예방법을 알아본다.

독감

특징

인플루엔자 바이러스가 원인이 되어 발생하는 상기도 감염으로 열과 오한, 근육통을 보인다.

원인과 증상

독감은 인플루엔자 바이러스가 원인이 되어 발생하는 상기도(기관지·후두·인두·비강 등 기도의 윗부분) 감염으로 감기와는 완전히 다른 병이다. 우리나라에서는 날씨가 춥고 건조한 10월부터 4월까지 발생률이 높다. 대표적인 A형 인플루엔자 바이러스는 가장 증상이 심하고 폭발적으로 유행하며, 유행할 때마다 바이러스의 형태가 조금씩 달라진다. 환자가 재채기를 할 때 배출되는 비말을 통해 호흡기로 감염되며, 사람이 많이 모이는 곳에서 공기로 전염되기도 한다.

독감은 1~4일(평균 2일)의 잠복기를 거쳐 갑자기 시작되는 경우가 많다. 처음에는 전신 증상이 나타나는데 발열, 오한, 두통, 근육통, 피로, 식욕부진 등의 증상을 보인다. 아이들은 장딴지에 경련이 일거나 아프다고 호소하는 경우가 많다. 이러한 증상은 대개 3일 정도 지속된다. 독감에 걸리면 체온이 갑자기 38~40℃에 이르며 열이 잘 떨어지지 않는다. 어린아이들의 경우 감기와 구별하기가 거의 불가능하며 폐렴 등 다양한 합병증을 유발할 수 있다.

치료 및 예방법

고열과 몸살, 피로가 주요 증상인 독감에 걸리면 충분한 휴식과 수면을 취하는 것이 무엇보다 중요하다. 어린아이도 외출을 삼가고 집에서 충분히 쉬게 해주어야 한다. 끓인 물이나 보리차, 주스 등을 자주 조금씩 주고 가습기나 젖은 빨래를 널어 습도를 높인다. 독감이 발생하기 전, 9~10월에 예방접종을 하면 80% 정도는 예방 효과를 볼 수 있으며 해마다 맞아야 한다. 인플루엔자 바이러스는 변이를 잘 일으켜서 작년에 만들어놓은 예방주사는 효과가 없다. 사백신이라 대개 6개월 정도면 항체가 소실되기 때문이다. 독감 예방접종은 생후 6개월부터 할 수 있고, 첫해에는 4주 간격으로 2회 접종하고 이후로 매년 1회씩 맞으면 된다.

일본뇌염

특징

고열과 함께 경련을 일으키다가 혼수상태에 빠진다. 예방접종이 최선의 방법이다.

원인과 증상

뇌염모기가 원인이며, 뇌염의 증상은 대개 모기에 물리고 7~12일경이 지나면 나타나기 시작한다. 잘 놀던 아이가 갑자기 졸려하거나 나른해하면서 머리가 아프다고 호소한다. 동시에 39~41℃의 고열이 나기 시작해 토하며 흥분하고 경련을 일으키다가 혼수상태에 빠진다. 머리를 앞으로 숙였을 때 아이가 심하게 울거나 아프다고 하면 의심해보아야 한다. 심각한 경우 사망에 이를 수도 있고, 치료를 해도 뇌에 손상을 입어 경련을 일으키거나 신체 일부가 마비되는 등의 후유증이 남는 무서운 질병이다.

치료 및 예방법

생명에 지장을 줄 만큼 위험한 병이므로 의심 증상이 보이면 바로 병원에 간다. 뇌염은 자칫 지능 장애나 운동 기능 장애를 불러올 수도 있으므로 걸리지 않는 것이 최선이다. 여름철에는 되도록 모기에 물리지 않도록 조심한다. 일본뇌염은 예방접종을 하는 것이 최선이다. 일단 뇌염경보가 내려지면 접종 시기에 해당하는 아이들의 경우 바로 예방접종을 하는 것이 좋다. 사백신의 경우 생후 12~24개월 사이에 일주일 간격으로 2회 접종하고, 1년 후에 다시 1회 접종한다. 이것이 기본 접종이며, 만 6세와 만 12세가 될 때 1회씩 추가 접종을 하면 된다. 생백신은 돌 이후에 첫 접종을 하고, 1년 뒤 1회 더 접종하면 끝난다.

유행성 결막염

특징

여름철 눈병의 90%를 차지하는 대표 질환으로 눈이 충혈되고 눈곱이 많이 낀다.

원인과 증상

흔히 아폴로 눈병이라 불리며 봄부터 여름까지 수영장이나 목욕탕 등에서 많이 옮는다. 원인은 아데노바이러스 8형과 19형이다. 전염성이 강하며 대개 접촉 일주일 후에야 증세가 나타나기 때문에 집 안에서 환자가 발생하면 첫 증상이 나타나기도 전에 이미 모두 전염되어버리는 경우가 많다. 증상은 갑자기 눈이 충혈되고, 눈물이 많이 나고, 가렵고 아프며, 눈곱이 심하게 낀다. 눈꺼풀 아래가 모래가 들어간 것처럼 까끌까끌해서 자꾸 비비고 깜빡인다. 햇빛이나 불빛 아래서는 눈이 부셔 제대로 눈을 뜨지 못하기도 한다. 어린아이들의 경우 콧물, 기침, 열, 설사 등 감기와 비슷한 증세를 동반하는 경우도 있다.

치료 및 예방법

열이 심할 때는 우선 해열제로 열을 떨어뜨리고 충분히 재워 안정시킨다. 그 후 반드시 안과 치료를 받아야 하는데, 병원에서는 2차 세균 감염을 방지하기 위해 항생제로 치료한다. 유행성 결막염의 경우 대개

2주일 이상 치료해야 한다.

유행성 결막염은 치료보다는 예방이 더 중요하다. 전염성이 대단히 강해 직접 접촉은 물론 간접 접촉으로 옮는다. 특히 바이러스는 손에서 눈으로 옮기 때문에 환자 주위에 있는 사람들은 절대로 자신의 눈을 만져서는 안 된다. 바이러스가 묻어 있다고 의심되는 문 손잡이, 수건 등을 만진 후 그대로 눈을 만지면 바로 전염된다.

말라리아

특징

말라리아모기를 통해 감염되며 열과 두통, 근육통을 수반한다.

원인과 증상

학질모기라고 불리는 말라리아균에 감염된 모기에게 물렸을 때 나타난다. 감염 초기에는 발견이 어려우며, 두통과 온몸이 쑤시듯이 아픈 근육통을 수반하며 열이 난다. 헛소리를 하며 반복적으로 발작을 일으키다 혼수상태에 빠지기도 한다.

치료 및 예방법

말라리아라고 의심되는 증상이 보이면 즉시 병원에 간다. 평소 예방법으로는 집 안에 모기가 들어오지 못하도록 방충망을 설치하고, 특히 모기가 활발하게 활동하는 저녁 시간에는 창문과 현관문을 닫는다. 쓰레기통이나 배수구 등 모기가 서식할 만한 곳은 철저히 소독하고, 정기적으로 살충제를 뿌려야 한다. 특히 말라리아 유행 지역을 여행할 때는 여행 일주일 전부터 4주 후까지 예방약을 처방에 따라 복용해야 한다.

세균 이질

특징

집단적으로 발병하는 전염성 장 질환으로 열과 복통, 피고름이 섞인 심한 설사를 한다.

원인과 증상

비위생적인 음식 등으로 감염되는 세균성 이질은 전염성이 대단히 강력하다. 적은 수의 균으로도 쉽게 감염되므로 면역력이 약한 아이들의 경우 특히 조심해야 한다. 이질의 주된 증상은 설사다. 그러나 설사를 한다고 모두 이질이라고 볼 수는 없다. 대개 복통과 설사가 지속되어 탈수 증세를 보이며, 심한 경우 고열과 두통, 구토 등의 증상을 보인다. 대변에 피나 끈끈한 점액질이 섞여 나오기도 한다.

치료 및 예방법

엄마가 증상만으로 이질을 판단하기는 어렵다. 아이가 열이 높고 배를 심하게 아파하면서 설사를 하면

일단 전문의의 진단을 받는다. 아이가 이질에 걸렸다면 병원에 입원해 치료를 받아야 한다. 수분을 충분히 공급하고, 설사를 하면 미지근한 물로 씻어주고, 옷도 자주 갈아입힌다. 이질 예방법으로는 청결한 습관이 가장 중요하다. 평소 규칙적인 생활과 청결이 필수이며, 용변을 본 후나 외출 후에는 반드시 손을 씻고 양치질하는 습관을 들인다. 사람이 많은 곳이나 위생 시설이 좋지 않은 곳은 되도록 피하고, 음식은 반드시 익혀서 먹인다.

바이러스성 뇌수막염

특징

봄철부터 늦여름에 주로 유행하는 질병으로 열과 두통, 구토 증상을 보인다.

원인과 증상

바이러스성 뇌수막염의 원인은 다양하지만 장 바이러스로 인한 경우가 가장 많다. 1년 내내 불규칙하게 발생하는 편이지만, 특히 4~5월경에 남쪽 지방에서 발생해 6~8월경에는 서울, 강원 지역까지 확산된다. 기온이 낮아지는 늦가을에 전국적인 유행이 사라지는 것이 일반적이다. 주로 1세부터 9세까지의 소아에게서 발생하며 남자아이의 발병률이 두 배가량 높다. 바이러스성 뇌수막염에 걸리면 초기에는 목이 아프거나 기침, 콧물 등의 가벼운 인두염 및 호흡기 증상을 보인다. 잘 먹지 않으며 보채고 토하기도 하며, 이후 대변이 묽어지는 등의 소화기 증상이 나타나고 온몸에 발진이 보이기도 한다. 공통적으로 발열과 두통을 호소하며, 심할 때는 목뒤가 뻣뻣해지고 경련을 일으키기도 한다. 그러나 1세 미만의 영아에게는 뚜렷한 신경 증상이 나타나지 않아 자가 진단은 어렵다.

치료 및 예방법

장 바이러스로 인한 뇌수막염은 자가 진단이 어려우므로 반드시 전문의의 진찰을 받아야 한다. 가장 일반적인 치료는 안정을 취하고 해열진통제를 먹여 발열과 두통으로 인한 고통을 덜어주는 것이다. 우유 등의 유제품이나 당분이 많은 음식은 피하고, 소화되기 쉬운 음식과 전해질 용액, 보리차 등을 수시로 먹인다. 그러나 증세가 심할 경우 입원해서 뇌척수액 검사를 하고, 뇌압을 낮추는 치료와 탈수 방지를 위한 수액 치료를 해야 한다. 바이러스성 뇌수막염의 근본적인 예방법은 없다. 뇌수막염이 유행하는 시기에는 가급적 사람이 많은 곳에 가지 않고, 옷을 자주 갈아입히고, 손발을 자주 씻긴다. 그리고 음식은 되도록 잘 익혀서 주고 위생에도 철저히 신경을 쓴다.

장티푸스

특징

비위생적인 음식을 통해 전염되며 무서운 합병증을 동반한다.

원인과 증상

장티푸스를 일으키는 살모넬라균은 대변에서는 60시간 내외, 물에서는 5~15일, 얼음에서는 3개월 내외, 아이스크림에서는 2년, 우유에서는 2~3일 정도로 생존 기간이 비교적 긴 편이다. 대개 불결한 음식을 통해 전파되며 전염성이 강하다. 잠복기는 3~30일까지 다양하며, 증상은 열과 식욕부진, 근육통, 두통, 복통, 설사를 보인다. 증상이 시작되고 일주일이 지나면 합병증이 나타나는데, 장출혈, 장천공, 심근염, 뇌혈전증 등 심각한 문제가 발생할 수 있다. 초기에는 고열이 지속되면서 오한이 나고 두통이 있어 독감으로 오인하기도 한다. 시간이 지나면서 복통이 일어나고 설사와 변비 등의 증상이 나타난다.

치료 및 예방법

열과 함께 장 증상이 지속되면 빠른 시간 안에 병원에서 진료를 받아야 한다. 장티푸스로 진단되면 항생제 치료가 매우 중요하다. 장티푸스는 전염성이 매우 강해 발병이 확인되면 격리해서 치료를 받는다. 장티푸스가 유행하는 계절에는 청결하지 않은 음식을 사 먹지 말고 되도록 외식을 삼간다. 손 씻기 등 개인위생 관리는 필수다.

콜레라

특징

오염된 물이나 음식물을 통해 전염되며 심한 설사와 탈수 증세가 나타난다.

원인과 증상

비브리오 콜레라균에 오염된 물이나 음식물, 과일, 채소 등을 통해 전염된다. 특히 연안에서 잡히는 어패류 등을 조심해야 한다. 콜레라에 감염된 경우 초기에는 복통은 거의 없고 갑자기 과다한 물 설사가 시작된다. 증세가 심해지면 쌀뜨물 같은 설사와 함께 구토, 발열, 복통 등이 나타난다. 심한 설사로 인해 탈수증세가 나타날 수 있으며, 적절한 치료를 하지 않으면 생명이 위험해질 수 있다.

치료 및 예방법

콜레라에 전염되었을 때는 절대로 다른 사람과 접촉하지 말아야 한다. 그리고 탈수 정도를 파악해 수분 및 전해질을 보충해주는 것이 중요하다. 의사의 지시에 따른 적절한 약물 치료가 도움이 되며, 항생제 선택은 신중하게 고려해야 한다. 콜레라를 예방하는 가장 좋은 방법은 오염된 음식이나 식수를 먹지 않는 것이다. 물은 반드시 끓여 마시고, 모든 음식은 익혀서 먹는다. 또 음식을 조리하기 전에 손을 깨끗이 씻는 것도 중요하다.

안전사고 대처법

아이가 혼자 몸을 움직일 수 있는 시기가 되면 한순간도 눈을 떼어서는 안 된다. 그야말로 눈 깜짝할 사이에 안전사고가 일어날 수 있기 때문이다. 갑작스러운 안전사고에 적절하게 대처할 수 있는 응급처치법을 소개한다.

손톱이 빠졌을 때

아이들 손톱은 얇고 뾰족하기 때문에 작은 충격에도 빠질 수 있다. 손톱이 절반 이상 떨어졌다면 곧장 병원으로 간다. 손톱이 떨어지지 않았더라도 들뜬 부분에서 피가 멈추지 않는다면 병원에서 치료를 받아야 한다. 출혈이 계속되지 않는다면 3~4일 이내에 손톱이 다시 붙기 시작한다.

응급처치법

상처에서 피가 날 때는 소독한 거즈로 꾹 눌러 지혈한다. 손톱이 빠진 부분을 소독하고, 들뜬 손톱을 꾹 눌러 붙이듯이 해 반창고로 단단히 감는다.

손가락을 베이거나 잘렸을 때

손가락이 절단되는 경우는 드물지만, 선풍기나 문틈에 손가락이 끼어 뼈가 드러날 정도로 깊게 베었거나 절단된 경우라면 재빨리 구급차를 부르거나 병원으로 가야 한다. 절단된 경우 응급 수술이 필요하며, 깊게 베었을 때도 신속하게 봉합하는 것이 좋다.

응급처치법

베이거나 절단된 부분을 강하게 눌러 지혈을 하고, 환부에 깨끗한 수건 등을 대고 얼음주머니로 차갑게 유지시킨다. 절단된 손가락은 씻지 말고 깨끗한 거즈에 잘 싸서 얼음을 가득 채운 비닐봉지에 넣어 병원에 전달한다.

문틈이나 창틈에 손가락이 끼었을 때

문틈에 끼었던 손가락을 잘 움직이지 못하거나 만지면 아파서 울음을 터뜨리는 경우, 손가락이 부자연스럽게 굽은 경우에는 골절이 의심되므로 부목으로 움직이지 못하게 고정하고 병원으로 간다. 처음에는 괜찮았다가 며칠 후 환부가 붓고 색이 검푸르게 변했을 때도 뼈에 금이 갔거나 힘줄이 끊겼을 수 있으므로 병원에 가야 한다.

응급처치법

손가락이 끼었는데 열린 상처가 없으면 먼저 흐르는 물에 환부를 식힌다. 큰 부상이 아니라면 대개는 잠시 식히기만 하면 괜찮아진다. 하지만 부위가 더 부어오르거나 낀 부분을 움직였을 때 심하게 아파하면, 손가락을 움직이지 못하도록 연필이나 나무젓가락 등으로 고정시킨 후 병원으로 간다. 아이의 손가락이 너무 작아 부목을 대기 어렵다면 냉습포를 단단히 감아도 된다.

넘어져 멍이 들었을 때

넘어진 후 다른 외상은 없이 팔이나 다리 등에 멍이 들었을 경우에는 크게 걱정할 필요 없다. 아이들의 멍은 2~3일 정도 지나면 옅어지기 때문이다. 다만 타박상 부위가 움푹 들어갔거나 만질 때 많이 아파하면 병원에 가서 의사의 진찰을 받아본다.

응급처치법

타박상을 입었을 때는 먼저 환부를 높게 하고 물이나 붕산수로 그 부위를 차게 한다. 붓거나 통증이 심할 때는 차가운 타월이나 얼음주머니 등으로 찜질을 한다. 부기가 가라앉으면 얼음찜질을 멈추고 상태를 지켜본다. 부기가 가라앉고 멍이 생긴 정도라면 2~3일 두고 보는 것이 좋다.

모서리에 부딪쳐 상처가 났을 때

찢어지거나(열상) 긁히는(찰과상) 등 몸에 상처가 나면 피와 진물이 흐르는데, 이때 상처를 그대로 방치해 염증이 진행되면 농이 생기기도 한다. 그러면 나중에 치료하기도 더 어려울뿐더러 치료 후에도 흉터가 남는다. 작은 열상이라도 얼굴에 난 경우와 7mm 이상 찢어진 경우에는 병원에 가서 의사에게 보여야 한다. 봉합 수술이 필요할 수도 있다.

응급처치법

상처 부위에 흙이 묻었거나 지저분한 경우 가장 먼저 해야 할 일은 흐르는 물로 씻어내고 과산화수소로 닦아 소독하는 것이다. 그런 다음 지혈을 해야 하는데, 깨끗한 거즈를 대고 몇 분 동안 누르고 있으면 저절로 피가 멎는다. 피가 멎은 뒤 항생제가 포함된 연고를 바르고 그 위에 마른 거즈를 덮고 반창고를 붙인다. 찢어진 부위가 6~7mm 이하인 경우에는 상처 부위를 아귀가 맞게 잘 붙여 반창고 등으로 고정하면 보통 일주일 후쯤 저절로 봉합된다.

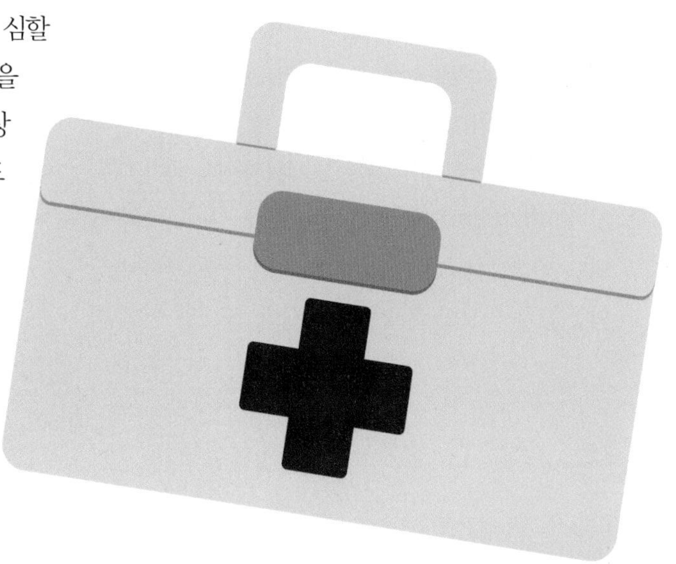

감전되었을 때

감전 쇼크로 의식을 잃었을 때는 응급 상황이므로 구급차를 불러야 하며 심장 마사지가 필요할 수 있다. 또 피부가 검은색이 되거나 짓무르는 등 화상 흔적이 있을 때도 서둘러 병원으로 가야 한다. 감전 화상은 피부 깊숙한 데까지 도달하기 때문에 흉터가 남는 경우가 많다. 하지만 아이가 큰 소리로 울고 화상 흔적이 없으며 1~2시간이 지난 후 평소처럼 잘 논다면 걱정하지 않아도 된다.

응급처치법

상처 부위가 화상을 입은 것처럼 검게 변했거나 피부가 짓물렀을 때는 감염 우려가 있으므로 그 부위를 만지지 않아야 한다. 상처 부위를 찬물로 식히고 아이가 긁지 않도록 거즈 등으로 감은 다음 바로 병원으로 간다.

코피가 날 때

아이가 넘어져 코피가 나는 사고는 흔히 발생한다. 코 입구에는 모세혈관이 모여 있어 아이가 코를 후비거나 감기로 인해 충혈되었을 때도 코피가 잘 난다. 넘어져 코피가 날 때는 당황하지 말고 아이를 달래 지혈시키면 큰 문제는 없다. 모세혈관에서 피가 나는 것이라면 지혈만으로 곧 피가 멈춘다. 그러나 지혈을 해도 30분 이상 피가 멎지 않는다면 큰 혈관이 손상되었을 수 있으므로 병원으로 간다. 또 3일 이상 하루에 몇 번씩 코피가 날 때도 의사의 진찰을 받아보는 것이 좋다.

응급처치법

아이를 앉혀놓고 고개를 약간 앞쪽으로 숙이게 한 뒤 양쪽 콧방울 바로 위 말랑한 부위를 5~20분 정도 세게 누른다. 이때 코 안쪽에 솜이나 휴지를 약간 크고 깊게 넣어 막는다. 고개를 뒤로 젖혀 코피를 삼키게 하면 자칫 피가 기도로 넘어갈 수 있어 위험하다. 코피를 멎게 한다고 목뒤를 두드리는 것은 아무 효과가 없다.

넘어져 이나 입안을 다쳤을 때

넘어져 이가 부러지거나 입안이 찢어지는 사고도 빈번히 일어난다. 입안은 다치면 피는 많이 나지만 상처는 다른 곳보다 빨리 아무는 것이 특징이다. 하지만 젓가락 등 뾰족한 물건에 찔리면 큰 사고로 이어지므로 주의해야 한다. 넘어져 잇몸이나 입술이 크게 찢어졌다면 소독한 거즈로 지혈하고 병원으로 간다. 입술의 찰과상이나 타박상으로 인한 부기는 크게 걱정하지 않아도 된다. 다만 계속 아파하고 음식을 먹지 못한다면 의사의 진찰을 받아본다. 이를 찧었을 경우에는 이에 별다른 이상이 없고 잇몸의 출혈 등이 없다면 크게 걱정할 필요 없지만, 일단 치과 의사의 진찰을 받아보는 것이 좋다.

응급처치법

입안에 흙이나 이물질이 들어갔다면 거즈를 물에 적셔 환부를 깨끗이 닦아내고 입안을 물로 헹구어준다. 입안의 상처에서 나는 출혈은 거즈 등을 물려놓거나 피가 나는 부위를 꼭 눌러 지혈한다. 가벼운 찰과상이나 타박상이라면 지혈 후 상태를 지켜보고, 상처가 아물 때까지는 가급적 뜨겁거나 시지 않고 자극이 적은 음식을 주는 것이 좋다.

미끄러져 머리를 다쳤을 때

가볍게 머리를 부딪친 경우라면 아이를 안정시킨 후 며칠간 상태를 지켜본다. 아이가 잘 놀고 특별한 증상이 없다면 걱정하지 않아도 된다. 하지만 머리를 부딪친 후 전혀 울지 않고 의식 없이 얼굴이 새파래지거나 귀 또는 코에서 피가 나거나 구토, 경련, 두통 등이 있으면 구급차를 불러 빨리 뇌신경외과가 있는 병원으로 가봐야 한다. 이러한 증세가 없더라도 일단 머리를 부딪쳤다면 그날은 목욕을 피하고 격렬한 운동이나 놀이도 못하게 한다. 그리고 아이의 안색이나 상태를 세심하게 관찰해 아이가 멍하게 있거나 안색이 나빠지고 구토를 하면 즉시 병원으로 데려간다. 머리를 다친 아이를 진정시킨다는 이유로 기응환이나 청심환 같은 것을 먹이면 안 된다. 약의 진정 효과 때문에 의사가 상태를 정확하게 진단하기 어렵다.

응급처치법

머리에 상처를 입어 피가 날 때는 깨끗한 거즈나 수건으로 상처 부위를 눌러준다. 또 누워 있는 아이가 구토를 할 때는 토사물이 기도를 막지 않도록 머리를 옆으로 돌려놓는다. 의식이 없을 때는 아이를 반듯하게 눕히고 머리를 약간 뒤로 젖혀 기도를 확보하는 것이 좋다. 동시에 옷을 느슨하게 해주고 호흡이 약해질 때는 인공호흡을 실시해야 한다.

가슴이나 배를 부딪쳤을 때

심하게 부딪친 경우에는 일시적인 쇼크 상태가 올 수 있다. 의식이 흐릿해지고 호흡이 곤란해지며, 맥박이 약해지고 안색이 새파랗게 변하는 등의 증상을 보이면 바로 구급차를 부른다. 특히 가슴을 부딪친 뒤 깊은 호흡이나 기침을 할 때마다 계속 통증을 느낀다면 정밀검사를 통해 가슴뼈의 골절 등이 있는지 확인해보아야 한다. 보통 가슴이나 배를 세게 부딪쳤을 때는 아이의 상태나 외상의 유무와 관계없이 의사의 진찰을 받아보는 것이 안전하다.

응급처치법

먼저 입고 있는 옷을 느슨하게 풀어 편하게 숨을 쉬게 해주고, 겉으로 보이는 외상의 정도를 확인한다. 그 다음 조용히 잠들도록 도와주면서 이상 증상이 나타나는지 경과를 지켜본다. 가슴을 부딪쳤을 때는 상체를 조금 위로 세워주면 호흡에 도움이 된다.

욕조에 빠졌을 때

아이가 잠시 욕조에 빠져 물을 한두 모금 마신 정도는 크게 걱정하지 않아도 된다. 의식이 있고 큰 소리로 울면 안심해도 된다. 하지만 물에 빠진 후 아이가 멍하게 있거나 깜박깜박 존다든지 흔들거나 때려도 반응이 없는 경우, 나른해하거나 얼굴이 창백한 경우에는 곧바로 병원으로 데리고 간다.

응급처치법

아이가 물을 먹고 캑캑거리면 엄마의 한쪽 무릎을 세워 그 위에 아이를 엎어놓고 등을 두드리거나 가볍게 문질러 물을 토하게 한다. 그 다음 정신을 차리고 안정되면 병원에 데리고 간다. 아이가 의식이 없을 때는 아이를 거꾸로 안고 목 안 깊숙이 손가락을 집어넣어 토하게 한 다음 재빨리 인공호흡을 실시하고, 맥박이 느려진다면 병원으로 옮기는 도중에도 계속 심장 마사지를 해준다.

뜨거운 물에 데었을 때

피부 색깔이 햇볕에 그을렸을 때처럼 발갛게 붉어지기만 한 경우는 1도 화상, 물집이 생긴 경우는 2도 화상, 속살까지 하얗게 드러난 경우는 3도 화상이라고 한다. 1도 화상이나 적은 부위의 2도 화상은 응급처치만으로도 흉터 없이 치료할 수 있다. 그러나 2도 화상의 범위가 넓거나 3도 화상을 입었을 때는 아무런 조치도 취하지 말고 바로 응급실로 달려가는 것이 가장 좋다.

응급처치법

화상을 입었을 때는 가장 먼저 찬물로 상처 부위를 식혀야 한다. 수돗물을 약하게 틀어놓고 상처 부위를 갖다 대는 것이 가장 좋고, 그것이 여의치 않을 때는 찬물에 화상을 입은 부위를 담가 화기를 식힌다. 그리고 물집을 함부로 터뜨리면 감염될 수 있으므로 그대로 두어 저절로 가라앉게 한다. 1도 화상이나 가벼운 2도 화상은 화기를 식힌 뒤 바셀린 거즈로 덮어두거나 아무것도 바르지 않고 그대로 두어도 잘 회복된다. 그러나 물집이 터져 진물이 나고 감염될 우려가 있을 때는 소독을 하고 항생제 연고를 바르는 것이 좋다.

건전지를 빨거나 삼켰을 때

집 안에 굴러다니는 건전지나 탁상시계 안에 들어 있는 건전지는 아이들이 손쉽게 입으로 가져가는 물건이다. 건전지를 빨기만 하면 큰 문제가 없지만, 아이가 건전지를 먹었다면 위험한 상황이 발생할 수 있다. 특히 단추처럼 생긴 리튬 건전지는 식도를 막을 수 있으므로 절대 아이의 손이 닿지 못하는 곳에 둔다. 건전지를 삼킨 것 같을 때는 바로 병원에 가서 엑스선 촬영을 하면 위장 내 유무를 확인할 수 있다. 식도나 위 속에 있다면 내시경으로 빼내야 한다.

응급처치법

건전지를 빨기만 했을 때는 우선 아이의 상태를 살펴보고 큰 이상이 없으면 당분간 지켜본다. 대개는 괜찮다. 그러나 건전지를 먹었다면 되도록 빨리 병원으로 가서 검사를 해야 한다.

사탕·동전 등 이물질이 목에 걸렸을 때

아이가 갑자기 얼굴이 붉거나 파래지고, 눈을 희번덕거리거나 컥컥거리며 숨 쉬기 힘든 모습을 보일 때는 목구멍에 이물질이 걸렸는지 확인해야 한다. 먹은 것이나 몸 주변에 있는 것을 조사해 무엇이 걸렸는지 알아보고 바로 조치를 취한다.

응급처치법

사탕이나 동전 등으로 기도가 막혔을 때는 아이를 거꾸로 들고 등을 때리거나 집게손가락을 목구멍 속으로 집어넣어 토해내게 한다. 이렇게 여러 번 했는데도 나오지 않을 때는 곧바로 병원으로 가야 한다. 떡처럼 부드러운 것은 아이를 옆으로 눕히고 검지와 중지를 볼 안쪽을 따라 목구멍 속까지 넣어 잡아당긴다.

이물질을 삼켰을 때

종이나 비닐, 지름 1cm 이하의 작고 부드러운 플라스틱류는 먹었어도 크게 위험하지 않으며 보통 대변으로 잘 배출된다. 하지만 금속류, 크기가 큰 이물질, 끝이 뾰족하거나 날카로운 이물질은 위내시경을 이용해 제거해야 할 수 있으므로 바로 병원으로 가야 한다. 시럽 약이나 세제 등 액체류의 이물질을 먹었을 때도 집에서 불확실한 조치를 취하지 말고 되도록 빨리 병원에 가서 진찰을 받는 것이 안전하다.
아이가 삼킨 이물질이 어떤 것이든 다음과 같은 증상을 보인다면 즉시 병원으로 가야 한다. 삼킨 이물질 때문에 호흡이 멎었을 때, 세제를 삼켰을 때, 연료(가솔린·벤젠·석유 등)를 삼켰을 때, 이물질이 제거되지 않거나 제거된 후에도 숨이 트이지 않을 때 등이다.

응급처치법

아이가 담배, 약, 세제 등을 먹었을 때는 우유나 물을 먹인 다음 목구멍에 손가락을 넣어 토하게 하면 도움이 된다. 먹은 양이 많고 증세가 심각할 때는 위세척을 해야 할 수도 있으므로 빨리 병원으로 이송한다.
보통 아이가 이물질을 삼키면 우유나 소금물을 먹여 토하게 해야 한다고 알고 있지만, 다음과 같은 경우에는 특히 주의해야 한다.

독성이 강한 물질을 마셨을 때

아이가 벤젠, 시너, 살충제, 빙초산, 수은, 매니큐어, 염색약, 파마약, 양잿물처럼 독성이 강한 물질을 마셨을 때 토하게 하면 식도를 다칠 위험이 있다. 따라서 절대로 토하게 하면 안 된다. 물이나 우유를 마시게 해 독성 물질이 혈액 속으로 흡수되는 것을 최대한 지연시킨 후 바로 병원으로 간다.

나프탈렌이나 간장 등을 먹었을 때

나프탈렌이나 간장을 먹었을 때 토하게 한다고 우유를 먹이면 위장에서 우유와 섞여 화학 반응을 일으킨다. 이럴 때는 미지근한 소금물을 먹여 토하게 한다.

넘어져 긁혔을 때

상처 자리가 흙이나 이물질로 더러워져 있다면 흐르는 물로 잘 씻어낸 다음 가정용 소독약으로 소독하고 밴드를 붙인다. 가시 등에 찔렸을 때는 가시를 뽑고 나서 소독한다. 대개의 상처는 처치 후 10분 정도만 눌러주면 피가 잘 멎는다. 상처가 깊거나 나뭇가지 따위에 찔렸을 때는 그냥 두면 그 자리에 파상풍균이나 다른 세균이 들어갈 수 있으므로 세심하게 소독하고, 염증이 우려되면 항생제 연고를 발라준다.

상처의 피가 멈추지 않을 때

보통의 상처는 몇 분 이내에 자연스럽게 피가 멎는다. 그러나 상처가 깊고 피가 많이 나며 잘 멈추지 않을 때는 특별한 처치가 필요하다. 가장 간단한 방법은 소독된 거즈를 여러 장 겹쳐 상처에 대고 누르는 것이다. 손이나 발에서 피가 날 때는 상처 부위를 심장보다 높게 들고 있으면 빨리 멎는다. 맥이 뛰는 것처럼 피가 솟을 때는 동맥이 끊겼을 가능성도 있으므로 압박붕대를 이용해 강하게 누르고, 그래도 피가 많이 날 때는 상처 부위보다 심장에 가까운 쪽의 동맥을 손가락으로 세게 눌러준다. 10분 이상 지혈해도 피가 멈추지 않으면 수술적 봉합이 필요할 수 있으므로 재빨리 병원에 가는 것이 좋다.

삐거나 골절되었을 때

아이들은 뼈가 부러져도 표현하지 못하는 경우가 많다. 아이가 넘어져 다쳤는데 다친 부위가 붓거나 색깔이 변하거나 움직이지 못하고 아파할 경우 골절일 확률이 높으므로 응급조치 후 바로 병원으로 간다.

응급처치법

통증 부위가 움직이지 않도록 부목으로 고정한다. 이때 너무 꽉 조이지 않도록 유의하고, 통증 부위가 명확하지 않으면 통증이 있는 사지(팔 혹은 다리) 전체를 부목으로 고정한다. 얼음주머니로 냉찜질을 해도 일시적이지만 통증을 줄여줄 수 있다. 다만 무리하게 부목을 대려고 체위를 변화시키는 것은 금물이며, 최대한 통증 부위가 덜 흔들리게 하면서 재빨리 병원으로 간다.

높은 곳에서 떨어졌을 때

아이가 높은 데서 떨어졌는데 2~3일 동안 아무 일도 없으면 안심하고 지내도 된다. 그러나 아이가 떨어지면서 기절했거나 이후 구토나 경련을 일으키거나 이유 없이 보채거나 늘어지면 바로 응급실로 데려가야 한다. 이때 아이를 안정시킨다고 기응환이나 청심환 같은 약을 함부로 먹여서는 안 된다.

응급처치법

머리에서 피가 나는 상처가 보일 경우 깨끗한 거즈로 눌러 지혈하고, 아이를 바로 눕히거나 상체를 든 상태로 안아 흔들림을 최소화한 채 바로 병원으로 간다. 의식이 없거나 구토나 경련을 일으키면 뇌출혈을 의심해야 하므로 신속하게 응급실로 이송해야 한다. 팔 또는 다리가 심하게 부어오르고 건드리지도 못할 정도로 고통을 호소한다면 골절을 의심해보아야 한다. 이때 다친 부위에 부목을 대서 움직이지 못하도록 고정시킨 뒤 병원으로 옮기는 것이 좋다.

못이나 뾰족한 것에 찔렸을 때

가시나 유리, 못 등에 찔린 상처는 겉으로는 단순한 상처로 보이지만 파상풍이 생길 염려가 있으므로 의사와 상담해야 한다. 또 부상이 심할 때는 혼자서 무리하게 뽑으려 하지 말고 찔린 부분이 움직이지 않도록 고정한 뒤 병원으로 이송해 외과 의사의 처치를 받는다.

응급처치법

가시는 반드시 소독한 바늘이나 핀셋으로 뽑아야 감염의 염려가 없다. 손톱 밑에 가시가 들어갔을 때는 반드시 의사의 처치를 받는다. 상처가 생겼을 때는 간단히 지혈을 하고 병원으로 간다.

눈에 이물질이 들어갔을 때

이물질이 안구에 상처를 내거나 찌를 때, 안구나 눈꺼풀을 이물질에 베었을 때는 적절한 응급조치를 해야 한다. 그러나 이물질이 눈에 깊이 박힌 경우에는 어떤 응급조치도 하지 말고 눈을 감게 한 뒤 깨끗한 손수건이나 붕대를 덮어 고정하고 가까운 병원 응급실로 달려간다.

응급처치법

이물질이 눈에 들어갔다면 우선 눈을 자주 깜빡거리게 해서 눈물을 흘리게 한다. 그 다음 눈을 위로 뜨게 하고 눈꺼풀을 잡아당겨 이물질이 있는지 살펴보고, 있으면 깨끗한 수건 끝이나 면봉으로 찍어낸다. 눈꺼풀 안쪽에 이물질이 있는지 살펴보려면 눈꺼풀 위에 성냥개비나 면봉을 길게 대고 그 위로 눈꺼풀을 말 듯이 끌어당긴다. 거기에 이물질이 있으면 역시 면봉이나 수건 끝으로 닦아낸다. 이 방법이 여의치 않으면 눈을 뜨게 한 상태에서 소금을 조금 탄 물이나 식염수를 부어 흘러내리게 해본다.

물에 빠졌을 때

물에 빠진 아이에게 가장 먼저 해야 할 응급처치는 아이가 물을 뱉어내고 숨을 쉴 수 있도록 도와주는 일이다. 이러한 응급조치는 사고 발생 후 10분 이내에 해야 한다. 아이를 거꾸로 들고 목 안 깊숙이 손가락을 집어넣어 토하게 하고, 좀 더 큰 유아는 어른 무릎에 엎어놓고 등을 두드려 물을 토하게 한다. 호흡이 없을 때는 재빨리 인공호흡을 실시하고, 병원으로 옮기는 도중에도 계속 심장 마사지를 해야 한다.

응급처치법

인공호흡법

1. 아이를 반듯하게 눕히고 기도가 열리도록 아래턱을 앞으로 당긴다. 목 뒤에 베개를 받쳐도 좋다.
2. 한 손으로 입을 벌리고 다른 손으로 코를 잡는다. 입안에 이물질이 묻은 경우 거즈로 닦아낸다.
3. 숨을 크게 들이마시고 아이의 입안에 숨을 불어넣는다. 젖먹이인 경우 어른의 입이 아이의 입과 코를 동시에 덮도록 한다.
4. 입을 떼면서 동시에 코를 잡고 있던 손도 뗀다. 3초마다 한 번씩 되풀이한다.

심장 마사지법

심장 마사지를 할 때 누르는 부위는 좌우 젖꼭지를 연결한 중앙점이다. 여기에 손가락 2개를 대고 강하게 눌러준다. 1분 동안 80~100회 정도, 즉 상당히 빠른 속도로 계속해서 강하게 눌러준다.

벌레에 물렸을 때

벌, 모기, 진드기 등 벌레에 물리면 물린 자리가 부어오르면서 가려움증이 심하다. 긁지 않으면 몇 시간 지나 낫거나 길어도 2~3일 정도면 사라진다. 하지만 긁어서 염증이 생기면 물집이 생기거나 진물이 나고 고름이 잡힐 수도 있다. 어른에 비해 아이들은 부종, 수포, 농포 등 훨씬 심한 피부 반응을 보인다.

응급처치법

물린 부위가 붓고 가려울 경우 찬 물수건이나 얼음주머니로 찜질을 하면 증상이 완화된다. 그러나 증상이 심하거나 긁어서 이차적으로 염증이 생겼을 때는 병원에 가서 진찰을 받고 항히스타민제, 항생제 등의 연고를 발라야 할 수도 있다.

일사병으로 쓰러졌을 때

일사병에 걸리면 체온이 38℃가 넘고, 얼굴이 창백해지고, 살이 끈끈해지고, 그 외에 어지럽고 메스껍고 두통이 있다. 또 맥박이 빨라지고 근육에 경련(쥐)이 생긴다. 그러나 아이가 격렬한 운동을 했을 때도 체온이 38℃를 넘을 수 있다. 이는 일사병과는 달리 일시적인 현상이며 금세 정상으로 돌아온다. 일사병은 열사병으로 발전하기 전에 미리 응급조치를 해주면 위험하지 않다.

응급처치법

아이가 일사병이 의심되면 먼저 옷을 거의 다 벗기고 발을 조금 높게 해서 시원한 곳에 눕힌 뒤 온몸을 미지근한 물수건으로 닦아준다. 창문을 열어 방 안을 시원하게 하고, 물 1L에 소금 1티스푼을 타서 되도록 많이 먹인다. 그리고 30분마다 체온을 재며 열이 내려가고 있는지 확인한다.

열사병으로 쓰러졌을 때

강렬한 햇볕을 너무 오랫동안 쪼이면 몸의 체온 조절 체계가 망가져 열사병에 걸릴 수 있다. 특히 어린 아이들은 태양열에 익숙지 않아 일사병이나 열사병에 걸리기 쉽다. 열사병에 걸리면 땀샘이 기능을 제대로 수행하지 못해 40℃ 가까운 고열이 나면서도 땀이 흐르지 않고 피부가 건조해지면서 뜨거워진다. 이어 맥박이 빨라지면서 졸리다가 점차 정신이 혼미해져 의식을 잃는다.

응급처치법

열사병 증세가 의심되면 먼저 아이의 옷부터 벗기고 시원한 곳에 눕힌다. 이마엔 얼음주머니를 대주고 찬물을 많이 마시게 하며, 미지근한 물수건으로 온몸을 마사지해준다. 체온을 계속 체크해 열이 떨어지지 않을 때는 119로 연락하거나 즉시 가까운 병원 응급실로 데리고 간다.

햇볕에 그을리는 화상을 입었을 때

햇볕으로 인한 화상을 방지하려면 얇고 헐렁한 긴 소매 옷을 입히고, 얼굴이나 목덜미 등에 자외선 차단제를 충분히 발라주고 챙이 넓은 모자를 씌운다. 아이들에겐 자외선 차단지수 10~15인 제품이 적당한데, 코와 입술에도 꼼꼼하게 발라준다. 물놀이를 할 때도 한 번에 장시간 하지 말고 10분씩 시간을 늘려 피부가 점차 햇볕에 단련되게 한다. 수영이나 물놀이를 하고 난 뒤에는 다시 자외선 차단제를 발라준다. 정오부터 2~3시까지는 자외선이 하루 중 가장 강하게 내리쬘 때이므로 이때는 되도록 그늘에서 지내게 하는 것이 안전하다.

응급처치법

일광 화상을 입으면 피부가 빨갛게 달아오르고 만지면 아프다. 심하면 물집이 잡히고 몹시 가렵다가 껍질이 벗겨진다. 치료는 우선 피부를 진정시킬 수 있는 보습제를 바르고, 가려움증이 심하면 칼라민 등의 항히스타민제 로션을 발라주거나 냉습포를 대주면 완화된다.

실내에서는 화상을 입은 부위가 공기에 노출되도록 옷을 벗겨놓고, 야외에서는 상처 부위를 덮어놓아야 한다. 그리고 적어도 48시간 동안은 직사광선을 쬐지 않도록 한다. 만약 피부에 물집이 잡히고 열이 나고 아이의 컨디션이 좋지 않다면 병원에 데리고 가는 것이 좋다.

열

아이가 갑자기 열이 나면 엄마들은 당황하게 마련이다. 열이 나면 침착하게 체온을 재서 38℃가 넘는지 확인하고 열을 떨어뜨릴 수 있는 조치를 취해야 한다. 열이 나는 흔한 원인과 대처법을 제시한다.

열이란?

체온은 나이와 측정하는 부위에 따라 약간의 차이가 있어 어릴수록 높고, 항문과 입안이 겨드랑이나 귀보다 높게 나온다. 흔히 사용하는 겨드랑이 또는 고막 체온계로 잰을 때 37.5~38℃ 정도를 미열이라 하고, 38℃가 넘으면 열이 있다고 한다. 열은 신체에 이상이 생겼을 때 몸을 지키기 위해 나타나는데, 열 자체는 병이 아니라 열이 나는 병에 걸렸다는 것을 알려주는 증상이다. 따라서 열은 병을 치료하는 데 도움이 되는 것이기도 하다. 다만 아이들은 열이 나면 힘들어할 뿐만 아니라 열성 경련을 일으킬 수도 있고, 간혹 심각한 병을 알리는 신호일 수도 있으므로 일단 주의해야 한다.

열이 날 때 바로 병원에 가야 하는 경우

• 생후 3개월이 안 된 아이의 체온이 38℃ 이상일 때

감기 때문일 수도 있지만 패혈증이나 뇌수막염, 폐렴, 요로감염 등의 심각한 질병 때문일 수도 있어 각종 검사가 필요하다. 또한 이런 어린아이들은 짧은 시간 동안 급격하게 상태가 악화될 수 있으므로 열이 확인되면 바로 응급실에라도 가야 한다.

• 열이 나면서 경련을 일으킬 때

열과 경련이 같이 발생하면 열성 경련인 경우가 많다. 하지만 단순 열성 경련이 아닌 뇌수막염과 같은 더 심각한 질병일 가능성도 있으므로 빨리 병원으로 가야 한다.

• 3.40℃가 넘는 고열이 날 때

일반적인 열보다 훨씬 고열이 날 때는 단순한 감기가 아니라 다른 중증 질환이 아닌지 의사의 진찰이 꼭 필요하다.

• 열이 나면서 심하게 처지거나 보챌 때

• 열이 나면서 탈수 증상이 보일 때

거의 먹지 못하고 소변량이 현저히 줄어들었을 때는 탈수가 의심되며, 이에 대한 특별한 치료가 필요할 수 있다.

•열이 나면서 두통이 심하고 목이 뻣뻣할 때

뇌수막염 검사가 필요할 수 있으므로 신속하게 병원으로 가야 한다.

•열이 5일 이상 지속될 때

단순한 감기보다는 다른 문제가 있을 가능성이 높으므로 반드시 의사의 진찰과 검사가 필요하다.

열이 나는 원인

대개는 감기 때문이다. 기침, 콧물 등의 전형적인 감기 증상 없이 열만 나는 감기도 많은는데 보통 1~3일 지나면 열이 저절로 떨어진다. 그 외에 장염, 중이염, 기관지염, 편도선염, 폐렴 등이 흔한 원인이다. 열 말고는 다른 증상이 없을 때 간혹 요로감염인 경우가 있는데 이는 소변 검사를 통해 확인할 수 있다. 열이 5일 이상 지속되면 특별한 원인이 있는지 반드시 진찰과 검사를 해야 한다. 만약 5일 이상 열이 지속되는 아이가 목의 임파선이 붓고, 눈과 입술 및 혀가 빨개지고 발진이 동반되는 증상을 보이면 '가와사키병'을 의심할 수 있다. 이 병은 심장의 관상동맥에 합병증이 생길 수 있으므로 각별한 주의가 필요하다.

열 내리는 방법

1 옷을 되도록 가볍게 입힌다. 기저귀를 포함해서 옷을 다 벗기면 열이 더 잘 떨어진다.
2 환기를 시켜 방의 온도를 서늘하게 만들어준다.
3 물을 자주 먹인다. 열이 나면 몸에서 수분이 많이 빠져나가 부족할 수 있다.
4 미지근한 물에 적신 수건으로 얼굴, 목, 겨드랑이 등을 닦아준다. 이후 몸통, 사타구니까지 전신 구석구석 닦아주는 것이 좋다. 몸에 묻은 물이 증발하면서 열이 떨어지는 것이므로 물수건을 물이 뚝뚝 떨어질 정도로 적셔 닦아야 효과적이다.
5 해열제를 먹인다. 6개월 이전 아이들은 주로 타이레놀을 사용하고, 더 큰 아이들은 부루펜 계열의 해열제도 먹일 수 있다. 해열제를 먹을 수 없는 상황이라면 좌약을 넣는다. 먹는 약과 좌약이 동일한 성분일 경우 두 가지를 동시에 사용하면 두 배의 약을 투여하는 셈이므로 주의해야 한다.
6 반신욕을 시킨다. 혼자 앉을 수 있는 월령의 아이들에게 시도해볼 수 있다. 미지근한 물에 아이 허리까지만 담그고 5분 정도 닦아주면 열을 떨어뜨리는 데 도움이 된다.

해열제 사용법

타이레놀

타이레놀 시럽은 1회에 10~15mg/kg(체중이 10kg인 아이의 경우 1회 3.1~4.7mg)의 용량을 4~6시간마다 하루에 5회까지 먹일 수 있다. 타이레놀 알약은 체중이 10kg인 아이의 경우 1회에 최대 150mg까지 먹일 수 있는데, 80mg짜리 알약은 대충 2개, 160mg짜리 알약은 1개 정도를 먹이면 된다. 나이보다는 몸무게를 기준으로 먹이는 것이 좋다. 서스펜 좌약이 타이레놀과 같은 성분으로, 체중이 10kg인 아이의 경우 1회에 125mg짜리 좌약 1개를 4~6시간 간격으로 최대 하루 5회까지 사용할 수 있다.

부루펜

부루펜 시럽은 1회에 5~10mg/kg(체중이 10kg인 아이의 경우 1회 2.5~5mg)의 용량을 6~8시간마다 하루에 4회까지 먹일 수 있다. 부루펜 역시 나이보다는 몸무게를 기준으로 먹이는 것이 좋다. 부루펜 좌약은 체중이 10kg인 아이의 경우 50mg짜리 좌약을 1회에 한두 개씩 6~8시간마다 사용할 수 있다.

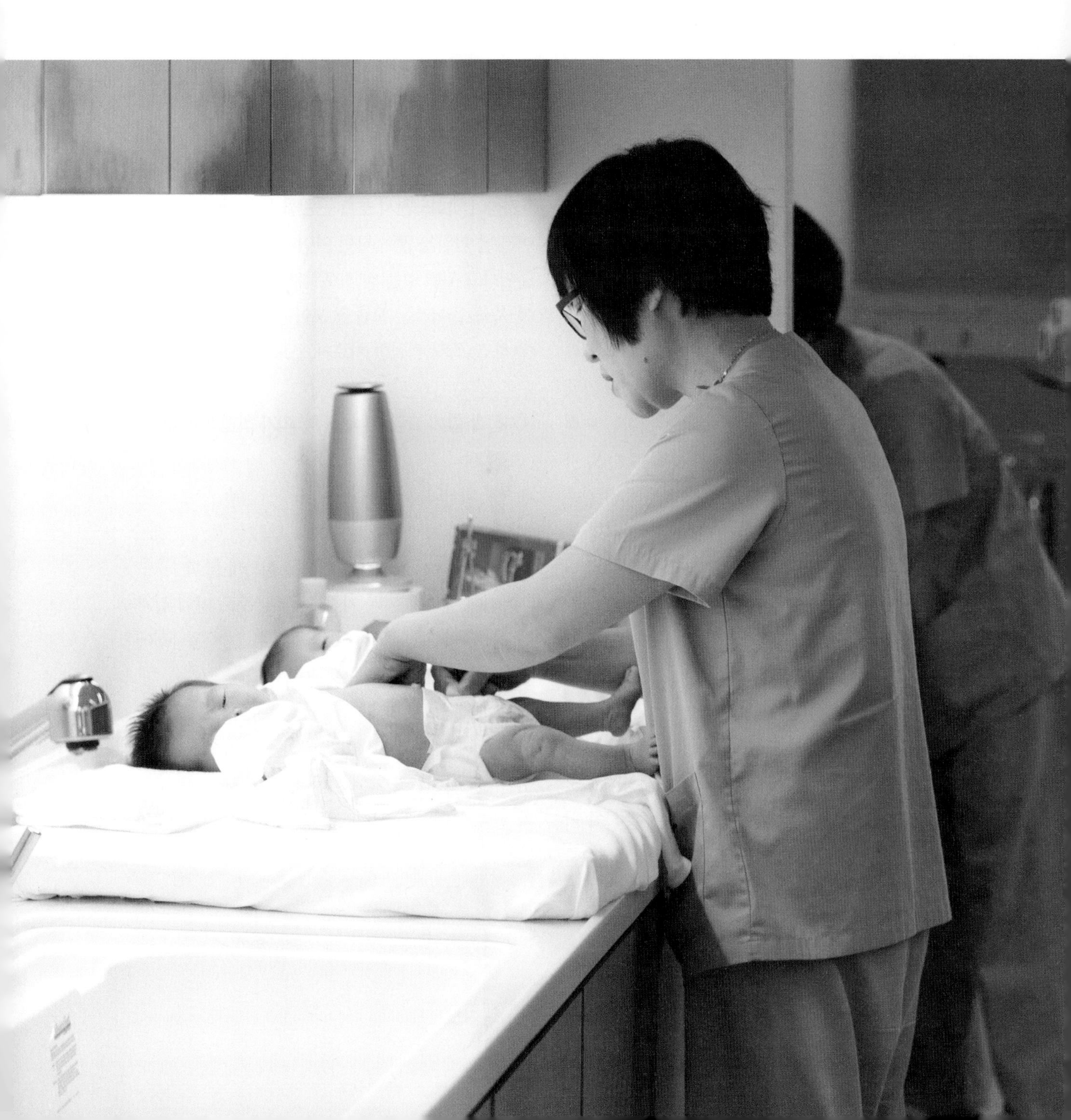

기침

아이들은 기침을 자주 한다. 어떤 기침을 할 때 병원에 꼭 가야 하는지, 다양한 기침의 원인은 무엇인지, 기침을 할 때 집에서 어떤 조치가 필요한지 알아본다.

기침이란?

기침은 호흡기에 들어온 나쁜 것들을 내보내기 위한 것으로 우리 몸을 지키는 파수꾼과 같다. 음식을 먹다가 조그만 밥알이 기도로 들어가면 기침을 심하게 해서 뱉어낼 수 있는 것처럼 미세한 이물질이나 가래를 배출하기 위해 기침이 꼭 필요하다. 기침은 여러 가지 양상으로 나타날 수 있다. 가래가 끓는 기침, 마른기침, 쇳소리가 나는 기침, 컹컹 개 짖는 소리 같은 기침, 쌕쌕 소리가 나는 기침, 밤에만 하는 기침 등이다. 각각의 기침 양상에 따라 의심할 수 있는 질병이 다르기 때문에 아이가 기침을 할 때 유심히 관찰해야 한다.

기침할 때 바로 병원에 가야 하는 경우

• 이물질이 기도로 넘어갔을 때

음식을 먹던 아이가 갑자기 기침을 심하게 하며 얼굴이 파랗게 질리고 숨을 쉬기 힘들어하면 음식이 기도에 걸린 것이다. 이는 매우 위급한 상황으로 119를 부르거나 바로 응급실로 가야 한다.

• 기침이 악화되면서 호흡 곤란을 보일 때

여러 날 기침을 많이 하던 아이가 점차 숨을 쉬기 힘들어하고 누워 있는 걸 괴로워하거나, 가슴 아랫부분이 쑥쑥 들어가는 모습을 보이면 폐렴 등을 의심해야 하고, 즉시 적절한 치료가 필요하다.

• 기침과 함께 고열, 가슴 통증, 피가 섞인 가래를 보일 때

폐렴이 의심되는 상황이다.

• 컹컹 개 짖는 소리 같은 기침을 심하게 할 때

후두염에 걸리면 이런 기침을 하며, 주로 밤에 갑자기 심해진다. 호흡 곤란이 심해질 수 있어 응급실에 가야 한다.

• 생후 1개월 이전 신생아가 기침을 할 때

이런 어린아이도 감기에 걸리며, 1~2일 기침을 하다가 갑자기 폐렴으로 진행할 수 있어 반드시 의사의 진찰을 받아야 한다.

기침을 할 때는 이렇게!

- **의사의 진료를 꼭 받는다** 집에서 할 수 있는 일들을 하면서 동시에 전문의의 진찰을 받고 기침의 원인을 밝혀 치료해야 한다.
- **아이를 충분히 쉬게 한다** 어떤 병이든 잘 쉬고 잘 먹는 것이 치료의 기본이다. 특히 사람이 많은 장소나 공기가 나쁜 곳에 가는 것은 아이에게도, 다른 사람들에게도 좋지 않다.
- **평소보다 물을 많이 먹인다** 가래가 호흡기 점막에 달라붙으면 기침이 더 심해지므로 끈적끈적한 가래를 묽게 하려면 몸에 수분이 많아야 한다. 또한 기침을 많이 하면 몸에서 배출되는 수분이 늘어나 평소보다 물이 많이 필요하다.
- **가래 배출을 돕는다** 아이들은 가래를 잘 뱉지 못하는데 기침을 할 때 등이나 가슴을 두들겨주면 도움이 된다.
- **집 안의 습도를 높이고 환기를 시킨다** 건조하고 탁한 공기는 호흡기를 자극해 기침이 심하게 만들기 때문에 적당한 습도를 유지하는 것이 중요하다. 가습기를 사용하는 것이 좋다. 온도차가 크지 않도록 조절하고 자주 환기시켜 쾌적한 환경을 만든다.
- **기침을 줄이는 약을 함부로 먹이지 않는다** 의사의 처방 없이 기침을 줄여주는 약을 먹이는 것은 위험하다. 기침은 병을 이겨내는 우리 몸의 순기능인데 무조건 기침을 못하게 하는 것은 오히려 병을 키우는 일이 될 수도 있다. 그러한 약들은 꼭 필요할 때 의사의 지시에 따라 신중하게 사용해야 한다.
- **마스크를 씌우고 기침할 때 입을 가리도록 교육한다** 기침을 하면 입에서 수많은 미세 파편들이 공기 중으로 퍼지는데 이때 바이러스가 다른 사람들에게 전염된다. 기침이 나올 때 손수건이나 휴지 또는 옷소매로 입을 가리도록 아이들을 가르칠 필요가 있다.

기침의 원인

가장 흔한 원인은 감기다. 가래가 많이 끓고 쉿소리 나는 기침을 하면 기관지염을 의심할 수 있다. 쌕쌕거리는 소리가 나는 기침을 하면 모세기관지염이나 천식이고, 컹컹 개 짖는 소리가 나는 기침을 하고 쉰 목소리가 나면 후두염에 걸린 것이다. 기침이 심하고 열, 호흡곤란, 흉통, 혈액이 섞인 가래가 동반되면 꼭 폐렴을 의심해야 한다. 아이가 밤에만 기침을 할 때는 감기나 비염, 알레르기, 천식, 축농증일 수 있어 진찰이 필요하다. 가래 없이 가볍게 마른기침을 하는 경우에는 경미한 감기거나 공기가 나빠 기도가 자극되어 그럴 수 있다.

구토

아이들은 잘 토하고 대부분 괜찮지만, 어떠한 구토가 문제가 되는지 엄마들은 알고 있어야 한다. 특별한 조치가 필요한 구토 증상을 알아보고, 갑자기 아이가 토할 때 주의할 사항을 체크한다.

신생아의 구토

신생아들은 정상인데도 토하는 경우가 많다. 이는 위 발달이 미숙해 위에서 식도로 역류하는 것을 막아주는 조임 근육이 약해 일어나는 현상이다. 이때 토하는 양은 한두 모금 정도로 입가에 주르륵 게우는 양상을 보인다. 또한 수유 중에 공기를 같이 마셔 토하는 경우도 많으므로 수유 후에는 반드시 트림을 시켜야 한다. 아이가 자주 토할 때는 수유하는 중간중간에 트림을 시키는 것도 좋다. 신생아 때 잘 토하던 아이도 대개 생후 6개월이 지나면 좋아지며, 토하는 것 때문에 몸무게가 잘 늘지 않는 일은 없다. 만약 아이가 커가면서 계속 토하거나 몸무게가 늘지 않는다면 다른 문제가 있는 것이다.

다른 구토의 원인

- 위식도 역류 가벼운 위식도 역류는 매우 흔하며 큰 문제가 되지 않는다. 하지만 정도가 심해 구토가 너무 잦고 토한 것이 자꾸 호흡기를 자극해 기관지염이나 폐렴을 일으킨다면 약물 치료나 드물게 수술이 필요하기도 하다.
- 급성 장염 건강하던 아이가 갑자기 구토가 심할 때는 장염인 경우가 많다.
- 과식 구토를 유발한다.
- 유문 협착증 수유 후 매번 왈칵 토하는 경우 의심해봐야 한다. 이는 선천적인 질병으로 십이지장의 유문 부위 근육이 두꺼워져 협착이 일어나면 그 아래로 음식물이 내려가지 못해 아이가 토하게 된다. 생후 2~3주경부터 토하기 시작해 점점 심해진다.
- 우유 알레르기 분유를 먹는 아이가 계속 심하게 토하고 설사를 할 때 의심해볼 수 있다.
- 정신적 스트레스 스트레스가 원인일 수 있다.
- 그 외 드물게 중추신경계 이상, 신장의 이상, 선천성 대사 이상 때문일 수 있다.

아이가 토할 때의 조치

- 수유를 하는 아이가 토할 때는 수유량을 평소보다 약간 줄여서 자주 먹여본다. 그래도 토하면 수유 간격을 벌려본다. 트림을 열심히 시킨다.
- 누워 있는 아이가 토할 경우 토한 것이 기도로 넘

어가지 않도록 주의한다. 고개를 옆으로 돌려 토한 것이 밖으로 흘러나오게 하고, 토할 때는 재빨리 아이 상체를 세워 등을 가볍게 두드려준다.

- 장염으로 인해 구토가 지속되면 탈수되지 않도록 전해질 용액이나 물을 조금씩 자주 먹인다.
- 구토로 인한 탈수가 의심되면 바로 병원에 가야 한다. 소변을 8시간 이상 보지 않거나, 아이가 처지면서 기운이 없어 하면 탈수가 진행되는 것이다.

응급실로 가야 하는 구토

- 토사물에 피가 섞여 나오는 경우.
- 토사물이 녹색(담즙)을 띠는 경우.
- 구토로 인해 탈수가 심한 경우.
- 심한 두통을 동반하는 구토.
- 열과 심한 복통을 동반하는 구토.
- 분수처럼 토하는 구토가 지속되는 경우.
- 최근 72시간 이내에 머리를 다친 적이 있을 때.
- 이물질을 집어먹고 토할 때.

설사

설사는 감기 다음으로 흔한 아이 병이다. 하지만 질병의 종류에 따라 나타나는 반응이 다를 수 있으므로 유심히 살펴봐야 한다. 문제가 되는 설사에 대해 알아보고 대처법을 제시한다.

설사란?

설사는 보통 때보다 변을 보는 횟수가 증가하고 변에 물기가 많아지는 경우를 말한다. 설사 자체는 질병이 아니고 병의 증상을 가리킨다. 따라서 설사를 하면 장에 나쁜 것이 있을 때 이를 내보내는 역할을 해 오히려 몸에 도움이 되는 면도 있다. 중요한 것은 설사 자체를 빨리 멈추게 하는 것이 아니라 설사를 하는 원인을 밝혀 해결하는 것이다. 그러므로 아이가 설사를 하면 엄마는 아이가 최근에 먹은 음식을 비롯해 환경적 변화 등 가능한 모든 원인을 살펴봐야 한다. 설사가 심해 탈수가 우려될 때는 설사를 멎게 하는 지사제를 사용할 수 있는데, 이는 꼭 의사의 처방으로 이루어져야 한다.

설사의 원인

설사를 일으키는 원인은 무수히 많다. 바이러스나 세균에 감염되어 생기는 급성 감염성 설사, 항생제 사용으로 인한 설사, 감기에 동반된 설사, 식이성 설사, 알레르기성 설사 등 매우 다양하다. 따라서 설사의 원인을 밝히기 위해서는 엄마의 주의 깊은 관찰이 무엇보다 중요하다. 그리고 엄마가 생각하는 설사의 원인과 의사가 판단하는 원인이 다를 수 있으므로 아이가 설사를 하면 일단 소아과 의사의 진찰을 받는 것이 좋다. 병원에 갈 때는 비닐봉지에 설사를 한 기저귀를 가져가거나 사진을 찍어 의사에게 보이면 도움이 된다.

병원에 꼭 가야 하는 설사

- 설사에 코 같은 점액이나 피가 섞여 나올 때.
- 자장면처럼 검은색 변을 볼 때.
- 열 또는 심한 복통을 동반하는 설사.
- 아이가 축 처져 있거나 힘이 없어 보일 때.
- 8시간 이상 소변을 보지 않거나 소변을 보는 횟수가 현저히 줄어들 때.

설사할 때의 대처법

수분 공급이 가장 중요하다

설사를 하면 몸에서 다량의 수분이 빠져나가 탈수 위험성이 높아진다. 따라서 설사의 원인을 찾아 치료하는 것도 중요하지만 먼저 탈수부터 막아야 한다. 탈수를 막는 방법은 설사를 멈추게 하거나 물을 더 보충해주는 것이다. 원인에 따라 무작정 멈추게 하는 것이 안 좋을 수도 있으므로 수분을 열심히 섭취한다. 페디라 같은 전해질 용액을 먹이면 좋고, 만약 없다면 아주 묽은 쌀죽이나 물 500cc에 소금 1/4티스푼과 설탕 1테이블스푼을 넣어 먹일 수도 있다.

모유나 분유를 그대로 먹인다

대부분의 경우 모유를 그대로 먹이는 것이 좋다. 설사가 아주 심한 경우에는 의사의 처방에 따라 일시적으로 전해질 용액을 먹이다가 증상이 호전되면 바로 모유를 먹일 수 있다. 하지만 설사를 할 때 모유를 끊어야 하는 경우는 별로 없다.

분유를 먹는 아이도 특별한 경우가 아니면 설사 분유로 바꿔 먹일 필요가 없다. 흔히 설사 분유로 알려진 특수 분유들은 설사를 치료하는 분유가 아니라 설사할 때 먹을 수 있는 분유일 뿐이다. 따라서 특수 분유는 의사의 처방이 있을 때 단기간 사용하고, 원래 먹던 것으로 바꿔야 한다.

이유식 등 고형식을 먹는다면 부드러운 음식으로 먹는다

설사가 심한 급성기에는 평소보다 묽고 재료가 적은 쌀죽을 먹이면 도움이 되지만, 되도록 빨리 원래 먹던 음식을 먹이는 것이 좋다. 다만 평소보다 조금 부드러운 음식으로 주고, 기름지거나 찬 음식은 피하고, 너무 단 과일 주스도 피한다. 이유식에 고기를 첨가하고 있던 아이라면 빨리 다시 고기를 먹이도록 한다. 고기가 든 이유식은 장운동을 진정시켜 설사를 완화시켜주기 때문이다.

병원에 가서 필요한 치료를 받는다

설사가 심하고 세균성 원인이 의심되지 않을 때는 지사제를 선택적으로 사용할 수 있다. 그러나 지사제는 말 그대로 설사만 멎게 하는 것이지 설사를 일으키는 원인을 해결해주지는 않는다. 따라서 원인에 대한 치료와 탈수를 막는 식이를 적절히 해 자연적으로 설사를 멎게 하는 것이 가장 좋다.

설사를 치료할 때는, 먹을 수 있는 아이는 먹이면서 치료하는 것이 원칙이다. 하지만 먹을 수 없거나 탈수가 심해 수분 공급이 시급할 경우 정맥 주사를 통한 수액요법을 할 수도 있다. 그러나 정맥 주사를 맞는다고 설사가 빨리 낫는 것은 아니므로 꼭 필요한 경우에만 의사의 지시에 따라 시행한다.

복통

"배 아프다."는 아이들이 많이 호소하는 통증 가운데 하나다. 대부분은 시간이 지나면 좋아지지만, 간혹 빨리 치료를 받아야 하는 질병도 있어 주의해야 한다. 중요한 복통의 양상이 무엇인지 알아본다.

복통의 원인

급성 복통

생후 3개월 이하 아이들에게 흔히 나타나는 영아 산통이 대표적이다. 영아 산통은 발작적인 복통으로 몹시 울고 보채는데 배가 불러 보이며 다리를 구부리고 있다. 이는 가스가 배출되거나 시간이 지나면 저절로 좋아져 특별한 치료가 필요 없다. 생후 3개월 이후 아이들이 배가 아파 보일 때는 급성 장염, 장중첩증, 탈장, 장축염전증 등을 의심할 수 있다. 좀 더 나이가 든 아이들의 복통은 변비, 급성 위장염, 급성 충수염, 요로 감염, 소화성 궤양, 만성 염증 질환 등을 고려해야 한다. 감기에 걸리면 배가 아프다고 하는 아이도 많다. 아이들의 감기는 어른과 달라 호흡기뿐만 아니라 장에도 영향을 미치는 경우가 꽤 있기 때문이다. 미국에서는 '배가 아픈 감기(stomach flu)'라고 표현하기도 한다.

만성 복통

만성 복통은 최근 3개월 동안 아주 심한 복통이 세 번 이상 반복된 경우를 말한다. 만성 복통은 대부분 스트레스가 원인이거나 원인을 알 수 없고, 환자의 10% 정도만 실제 치료가 필요한 질병을 발견할 수 있다. 만성 복통이 있는 아이는 일단 소아과에서 진찰을 받고 필요 시 종합병원에서 검사를 받을 수 있다.

복통이 있을 때의 대처법

집에서 함부로 약을 먹이지 않는다

배가 아픈 것은 질병이 아니라 하나의 증상이다. 즉, 배가 아플 수 있는 병이 있다는 것을 알려주는 신호이므로 아이가 복통을 호소할 때 무조건 증상을 없애는 약을 먹이는 것은 좋지 않다. 또한 대부분의 심하지 않은 복통은 시간이 지나면 좋아지는 경우가 많기 때문에 아이를 쉬게 하고 소화되기 쉬운 음식을 먹이면서 기다려본다. 그래도 통증이 지속되면 병원에 가는 것이 좋다.

아이가 영아 산통이라면 배를 따뜻하게 한다

영아 산통은 대개 시간이 지나면 저절로 좋아지지만, 심할 경우에는 전문의와 상담해보는 것이 좋다. 또 평소 젖을 먹인 후 반드시 아이를 바로 세워 트림을 시키고, 아이가 몹시 울 때는 배에 따뜻한 물주머니나 더운물을 넣은 병을 대주거나 배를 부드럽게 쓸어준다. 아이를 재우는 방을 옮겨 분위기를 바꿔주는 것도 효과가 있다. 다만 영아 산통은 장이 막혔을 때나 복막에 염증이 있을 때와 증세가 비슷하므로 우는 것 외에 구토를 하거나 혈변이 보이면 바로 병원에 가야 한다.

장염이라면 즉시 소아과로 간다

아이가 갑자기 복통, 구토, 설사를 보이면 장염인 경우가 많다. 장염으로 인한 복통은 대개 구토나 설사보다 심하지 않고 대변을 본 후 완화되는 양상을 보인다. 일단 집에서 탈수되지 않도록 전해질 용액이나 물을 충분히 먹이고 소화되기 쉬운 죽으로 식이를 유지한다. 그 다음에 소아과 진료를 받는 것이 좋다. 식중독이나 세균성 장염이 의심될 때는 함부로 지사제를 먹이지 않는다.

병원에 꼭 가야 하는 복통

- 돌 전 아이가 심하게 배가 아파 보일 때.
- 3시간 이상 지속적으로 복통을 호소할 때.
- 1~2분 정도 심하게 울며 아파하다가 10~20분 정도 조용하기를 반복하면서 피가 섞인 대변을 볼 때(장중첩증 의심).
- 배가 아프다고 하면서 녹색을 띤 구토를 할 때.
- 배에 손을 못 대게 하거나 걷지 못할 정도로 아파할 때.
- 배가 아프면서 사타구니나 고환 부위가 부을 때(탈장 의심).
- 오른쪽 아랫배를 심하게 아파할 때(맹장염 의심).
- 복통과 함께 소변을 보며 아파할 때(요로감염 의심).
- 이전에 배를 수술한 적이 있는 아이가 복통을 호소할 때.
- 사고를 당하거나 배를 맞은 후 복통을 호소할 때.
- 이상한 것을 먹은 후 배가 아프다고 할 때.

STEP 11

변비

변을 오랫동안 못 보거나 딱딱한 변을 볼 때 변비라고 하는데, 변비 때문에 고생하는 아이가 의외로 많다. 변비는 왜 생기는지, 또 어떤 조치가 도움이 되는지 알아본다.

어린아이들의 변비

보통 신생아들은 하루에 여러 번 묽은 변을 보지만, 3~4일에 한 번씩 몰아서 보는 경우도 있다. 아이가 잘 먹고 잘 논다면 일주일에 한 번 변을 보는 것도 정상이라고 할 수 있다. 이렇게 며칠 만에 몰아서 배변을 하는 경우 딱딱한 변은 드물고 대부분 죽처럼 퍼지는 양상을 보인다. 이런 상태를 변비라고 하지는 않는다. 하지만 생후 1~2개월 된 아이가 지속적으로 대변을 잘 보지 못하거나 복부 팽만, 체중 증가 지연을 보일 때는 갑상선 기능 저하증, 선천성 거대 결장 등이 원인일 수 있으므로 반드시 병원 진료를 받아야 한다.

변비의 원인

섬유질이 부족한 음식을 많이 먹을 때

대변은 기본적으로 먹는 것이 많으면 저절로 밀려나오기 마련이다. 하지만 무조건 많이 먹는다고 변이 만들어지는 것은 아니다. 즉, 변은 덩어리를 만들어주는 음식을 먹어야 잘 만들어지는데, 그 덩어리를 만드는 음식이 바로 섬유질이 풍부한 음식이다. 섬유질이 많은 음식으로는 채소, 과일, 곡류가 대표적이다. 돌이 지난 아이에게 흔한 변비의 원인은 생우유를 많이 먹는 것인데, 우유에는 섬유질이 거의 없다.

수분 섭취가 부족할 때

변비는 변이 딱딱할 때 생긴다. 우리 몸은 수분이 부족하면 대변으로 나가는 수분을 줄이기 위해 물기를 많이 흡수해 딱딱한 변을 내보낸다. 어린아이들은 목이 말라도 스스로 물을 찾아 마시지 못하기 때문에 수분 부족으로 변비가 생길 수 있다.

운동이 부족할 때

아이의 신체 활동이 너무 부족하면 장운동이 원활하지 못해 장에 변이 머무르는 시간이 길어져 변비가 생길 수도 있다. 특히 아이가 감기 등에 걸려 아플 때, 먹는 양이 줄고 활동을 적게 하면 변비가 잘 생긴다.

아이가 변을 참는 습관이 있을 때

간혹 환경이 바뀌거나 스트레스를 받으면 대변을 보

지 않고 참는 아이들이 있다. 집에서 편안할 때는 잘 보다가 낯선 장소나 유치원에 가면 변을 보지 못하고 참는 일이 반복되면 변비가 생길 수 있다. 이런 아이들은 참다가 배변할 때 항문이 찢어져 피가 나거나 통증이 심한 경험을 몇 번 하면 두려움 때문에 변을 더 참게 된다. 변을 참는 시간이 오래될수록 변이 더 딱딱해지고 커지기 때문에 악순환이 반복되는 것이다.

대소변 가리기를 너무 무리하게 시킬 때

아이가 아직 준비되지 않은 상태에서 대소변 가리기를 강요하면, 아이가 정신적 스트레스를 받아 대변 보는 것 자체를 힘들어할 수 있다. 이럴 때 변비가 생기기도 한다.

변비에 대한 대처법

섬유질이 많은 채소와 과일을 많이 먹인다.

이유식을 하는 아이들은 충분한 양의 채소와 과일을 먹여야 변비를 예방할 수 있다. 이때 채소와 과일을 작게 썰거나 갈아서 먹여야 효과가 있다. 즙을 내서 먹이면 섬유질을 걸러내고 주는 것이라 전혀 도움이 안 된다. 곡류의 섬유질 섭취도 중요한데, 두 돌이 넘은 아이는 잡곡밥을 먹이거나 곡류를 통째로 갈아서 만든 시리얼 등도 좋다.

변비를 줄여주는 대표 식품

자두, 살구, 사과, 배, 복숭아, 콩, 완두콩, 시금치, 건포도, 브로콜리, 양배추 등이 대표적이다. 서양자두는 변비에 특히 효과적인데, 자두주스(prune juice)나 말린 자두는 마트에서도 쉽게 구입할 수 있다. 사과도 섬유질과 솔비톨이 많아 변비에 좋지만 즙을 내거나 퓌레, 소스로 만들어 먹이는 것은 별로 도움이 되지 않는다. 과일이라고 생각해 바나나를 많이 먹이는 경우가 종종 있는데, 바나나는 변비 때 권장하는 식품이 아니다.

우유를 하루 500cc 이상 먹이지 않는다

돌이 지난 아이에게 생우유를 너무 많이 먹이면 다른 음식을 적게 먹게 되며, 우유에는 섬유질이 거의 없어 변비가 잘 생긴다. 따라서 돌이 되면 분유를 끊은 다음 생우유를 하루 2컵 정도 먹이고 밥과 반찬을 주식으로 먹여야 한다.

물을 충분히 먹여야 하며 과일 주스도 도움이 된다

분유를 먹는 아이의 변비는 수분 부족이 원인인 경우가 종종 있으므로 물을 더 먹여본다. 생후 6개월부터는 주스를 먹일 수 있는데, 과일을 통째로 갈거나 으깨서 먹이는 것이 좋다. 프룬주스, 사과주스, 배주스, 살구주스 등을 먹인다.

심하고 오래된 변비는 약물 치료와 관장이 필요하다

변비가 오래되고 심하면 아이가 통증에 대한 두려움 때문에 더욱 대변 보는 것을 참아 문제가 악화될 수 있다. 이런 경우 좌욕을 시켜 항문의 근육을 풀어주고, 크고 딱딱한 변을 제거하기 위한 관장을 실시한다. 또한 아이가 배변할 때 아파서 참는 잘못된 배변 습관을 고치기 위해 변을 부드럽게 만드는 약물을 장기간 복용하기도 한다. 이런 약들은 아이에게 오래 사용해도 별 문제가 없으므로 충분히 사용하고 아이 스스로 기분 좋게 변을 볼 수 있게 되면 서서히 줄여가도 된다.

특별한 약이 있는 것은 아니다

정장제를 먹이면 변비 해소에 도움이 된다는 이야기를 많이 하지만, 특별한 근거는 없다. 요구르트를 많이 먹이는 것도 권장하지 않는다. 심지어 요구르트는 변비를 일으키는 음식으로 분류되어 있다. 변비를 일으킨 원인을 찾아 잘못된 식습관이나 행동을 바로잡는 것이 더욱 중요하다.

항문이 찢어져서 피가 난다면 좌욕을 시켜준다

이럴 때는 좌욕을 시켜주는 것이 좋다. 좌욕은 찢어진 항문의 회복을 도와주는 가장 중요한 처치로 하루에 4~5회, 한 번에 10분 이상 하는 것이 좋다. 아이가 변을 보려고 할 때 엉덩이를 따뜻한 물에 담가 항문의 통증을 줄여주는 것도 도움이 된다. 항문 출혈이 반복될 때는 반드시 소아과 진료를 받고 관장이나 변을 무르게 하는 약을 복용하는 등의 조치가 필요하다. 관장은 의사의 처방을 받아 꼭 필요한 경우에만 하고, 집에서 임의로 자주 하는 것은 되도록 피한다.

어린아이들에겐 항문 자극이 도움이 된다

면봉에 베이비오일을 묻혀 아이의 항문에 1cm 정도 넣고 살살 돌리면서 자극을 준다. 그래도 변을 안 보면 30분~1시간 정도 후에 다시 한 번 시도해본다.

STEP 12 경련

아이가 경련, 즉 흔히 말하는 경기를 하면 당황하지 않을 수 없다. 이때 엄마가 침착하게 대응해야 위험한 상황 없이 문제를 해결할 수 있다. 경련에 대한 기본 지식을 알아본다.

열성 경련

열성 경련이란 중추신경계의 감염이나 대사 질환 없이, 감기나 기타 열이 나는 병에 걸려 열이 날 때 경련하는 것을 말한다. 생후 9개월부터 만 5세까지 잘 발생한다. 대개 열이 갑자기 오를 때 의식이 없어지면서 눈이 한쪽으로 돌아가고 팔다리가 뻣뻣해지거나 까딱까딱 움직이는 모습을 보인다. 열이 나면서 경련하면 대부분 열성 경련이며, 이는 별다른 문제없이 좋아진다. 보통 몇 분 이내에 멈추며 길어야 15분 정도 하는데, 열성 경련 때문에 머리가 나빠지거나 간질이 되거나 하지는 않는다. 단순 열성 경련은 아이가 어릴 때 일시적으로 하는 것뿐이다.

단순 열성 경련이 아닐 가능성이 높은 경우

- 15분 이상 경련할 때.
- 하루 동안 2회 이상 경련할 때.
- 몸의 한쪽 부분만 비대칭적으로 경련할 때.
- 호흡을 15초 이상 멈출 때.

이때는 문제가 생길 가능성이 있고, 경련의 원인에 대한 검사가 필요하므로 바로 병원에 가는 것이 좋다.

열이 없을 때 하는 경련

열이 나지 않으면서 갑자기 경련한다면 분명 무슨 문제가 있다는 의미다. 경련성 질환, 즉 간질이나 뇌 손상, 전해질 불균형, 저혈당 등 경련을 일으킬 만한 원인을 찾아야 한다. 특히 경련이 2분 이상 지속되거나, 15초 이상 호흡을 멈추거나, 머리의 외상 후 갑자기 경련한다면 바로 응급실로 가야 한다.

경련할 때 병원에 가야 하는 경우

- 열 없이 경련할 때.
- 머리를 다친 후 경련할 때.
- 열이 나면서 경련하지만 5분 이상 지속될 때.
- 열이 나면서 경련하지만 15초 이상 숨을 쉬지 않을 때.
- 경련이 여러 차례 반복될 때.
- 몸의 한쪽 부분만 비대칭적으로 경련할 때.

경련할 때의 대처법

경련할 때는 편안한 자세로 기도 확보

아이를 눕히고 옷을 벗기거나 풀어 편안한 자세를 만들어준다. 움직이는 손발을 억지로 잡지 말고 옆에서 지켜본다. 아이가 토하면 고개를 옆으로 돌려 토한 것이 기도로 넘어가지 않게 해준다. 아이가 혀를 깨무는 일은 거의 없으므로 입안에 숟가락이나 손수건 등을 억지로 밀어 넣지 않는다. 특히 열성 경련일 때는 열을 잘 떨어뜨려야 하는데, 물수건으로 전신을 닦아주거나 좌약을 넣을 수 있다. 가장 중요한 것은 엄마가 당황하지 않는 것이다.

경련 양상을 잘 관찰하고 필요 시 119를 부른다

아이가 경련하면 당황하지 말고 어떤 양상을 보이는지 잘 관찰해야 한다. 열이 몇 도인지, 눈동자가 어떤지, 팔다리의 움직임은 어떤지, 몇 분간 경련이 지속되는지 등을 알고 있어야 원인을 밝히는 데 도움이 된다. 앞서 말한 병원에 바로 가야 하는 경련 16가지에 해당된다면 119를 부르거나 신속하게 응급실로 간다.

열성 경련이 자주 나타난다면 체온을 자주 재고 미열에 해열제를 먹인다

열이 나면 경련하는 아이들은 감기나 기타 열나는 병에 걸렸을 때 더욱 신경 써서 체온을 자주 재고, 미열이 있을 때 해열제를 먼저 먹여 열이 나지 않게 해주어야 한다. 한번 열성 경련을 한 아이는 3명 중 한 명꼴로 재발한다. 따라서 열성 경련을 한 번이라도 한 적이 있다면 엄마가 미리 이에 대한 공부를 해두어 다음 번 경련에 대비해야 한다.

자주 열성 경련을 하고 매번 별일 없이 지나가면 점차 엄마들이 방심을 한다. 하지만 열과 경련이 동시에 있으면서 열성 경련이 아닌 경우, 즉 뇌수막염 같은 질환의 가능성도 염두에 두어야 하므로 경련할 때는 항상 처음처럼 신중하게 지켜봐야 한다. 그리고 경련이 멎으면 일단 소아과 의사의 진료를 받아 열성 경련이 확실한지 확인한다. 아무리 열성 경련이라도 자주 반복되면 혹시 다른 문제는 있는지 뇌파 검사 등을 하기도 하며, 항경련제를 사용할 수도 있다.

땀띠와 기저귀 발진

아이들에게 가장 흔한 피부 트러블은 땀띠와 기저귀 발진이다. 땀이 차지 않게 하고 청결을 유지하는 것이 가장 중요한 예방법이자 치료법이다. 땀띠와 기저귀 발진에 대해 자세히 알아본다.

땀띠는 왜 생길까?

아이들은 어른에 비해 땀 분비가 많은데, 땀구멍이 각질에 막혀 땀이 축적되거나 염증이 생기면 발생한다. 처음에는 작고 투명한 수포가 잡히고 별로 가렵지 않지만, 염증이 심해지면 붉은색 땀띠로 바뀌며 이때는 몹시 가렵고 따끔거린다. 주로 땀이 많거나 피부가 접히는 얼굴, 두피, 목, 사타구니 등에 잘 생긴다. 가렵다고 긁으면 이차적으로 세균에 감염되어 고름이 잡힐 수도 있다.

땀띠 대처법

예방법

땀이 나지 않도록 선선한 온도와 습도를 유지하고 너무 두껍지 않은 적당한 옷을 입힌다. 여름에 땀을 많이 흘릴 때는 미지근한 물수건으로 피부가 접히는 부위를 가볍게 닦아주는 것도 좋다. 땀이 많다고 목욕을 너무 자주 시키면 피부가 건조해져 오히려 트러블이 더 생길 수 있다.

치료법

헐렁하고 얇은 면 소재 옷을 입히는 것이 아예 벗겨 놓는 것보다 땀 흡수에 더 효과적이다. 파우더를 바르면 땀구멍을 막아 오히려 염증이 심해질 수 있으므로 사용하지 않는 것이 좋다. 피부에 먼지나 노폐물이 묻어 있으면 땀구멍을 막아 땀띠를 악화시키므로 보습 효과가 있는 아토피용 비누와 보습제를 써서 청결을 유지한다. 땀띠가 붉어지면 가렵고 따갑다. 이때는 병원에서 진찰을 받고 연고를 처방받아 사용한다. 곰팡이 감염, 습진, 지루성 피부염 등 각기 다른 치료가 필요한 피부 트러블을 구별해야 하므로 엄마가 임의로 연고를 발라주는 것은 피한다.

기저귀 발진은 왜 생길까?

젖은 기저귀에 오래 노출되면 아이의 피부를 자극해 염증이 생겨 발생한다. 아이 피부는 어른에 비해 면역력이 약해 세균에 감염되기 쉽고, 특히 습기와 기저귀, 소변과 대변에 자극을 받으면 더욱 취약하다. 대소변에서 만들어진 암모니아 성분이 피부에 손상을 줄 수도 있다. 기저귀 자체가 피부에 자극을 주기도 하며, 천 기저귀에 남아 있는 세제가 원인이 되기도 한다. 과일을 많이 먹으면 변이 산성이 되어 피부를 더 자극한다. 이유식을 하면서 새로운 음식을 첨가해 변의 양상이 바뀌면 기저귀 발진이 생기기 쉽다. 손상된 피부에서는 캔디다곰팡이가 잘 자라며 이러한 2차 감염으로 발진이 더 악화된다.

기저귀 발진에 대한 대처법

예방법

제일 중요한 예방법은 기저귀가 젖었을 때 바로 갈아주는 것이다. 대소변을 보면 물로 엉덩이를 깨끗이 씻어주고 물기가 남지 않도록 잘 말려야 한다. 엉덩이에 보습제를 발라주는 것도 좋다. 기저귀를 찬 부위에 통풍이 잘되어야 하므로 너무 꽉 조이게 채우지 말고, 소변이 샐까 봐 비닐 커버로 싸는 것은 피한다. 천 기저귀의 경우 세제가 남지 않게 충분히 헹군 후 자주 삶고 햇볕에 말린다.

치료법

기저귀를 바로바로 갈아주어 엉덩이 피부의 청결을 유지하는 것이 기본이다. 기저귀 발진이 생기면 1~2시간은 아예 기저귀를 채우지 않는 것도 좋다. 흔히 바르는 피부 보호 로션 제품은 진정과 보습 효과는 있지만 적극적인 치료 효과는 적다. 증상이 심할 때는 병원에서 진찰을 받고 연고 처방을 받아야 한다. 곰팡이 감염 등 발진의 원인이 다를 수 있으므로 처방에 따라 연고를 사용하는 것이 안전하다. 연고를 바르고 그 위 파우더를 덧바르는 경우가 많은데, 이러면 연고와 파우더가 뭉쳐서 땀구멍을 막아 발진이 악화된다. 따라서 파우더는 뿌리지 않는 것이 좋다.

약 먹이기

약을 잘 먹는 아이도 있지만, 약 한번 먹이려면 한바탕 전쟁을 치러야 하는 경우가 많다. 아이에게 약을 잘 먹일 수 있는 몇 가지 노하우를 제시한다.

약 잘 먹이기 노하우

맛있는 것을 먹인다고 생각하며 먹인다

아이에게 약을 먹일 때는 엄마의 마음가짐이나 분위기가 생각보다 중요하다. 엄마가 약 부담을 가진 채 강압적으로 약을 먹이면 아이가 그 감정을 느껴 더 거부할 수 있다. 엄마가 주면 안 먹던 약을 아빠가 주면 먹는 이유다. 엄마와 아이 모두 약 먹는 것은 재미있고 맛있는 것을 먹는 일이라고 느끼는 것이 좋다.

강제로 먹이려 하지 않는다

약 먹는 것이 맛있고 즐거운 일이 되도록 여러 가지 방법을 생각해본다. 특별한 약이 아니라면 설탕이나 꿀을 조금 타서 달게 만들어 먹여본다. 단, 꿀은 반드시 돌이 지나고 먹여야 한다. 이런 것을 섞을 때는 아이가 안 보는 곳에서 몰래 한다. 또한 우유, 주스, 요구르트 등과 섞어서 주기도 하는데, 약에 따라 약효가 너무 세지거나 떨어질 수 있으므로 주의한다. 가장 좋은 것은 맹물로 먹이는 것이다. 한 번 강제로 먹이면 그 다음부터는 점점 먹이기 힘들어지므로 처음에 쉽게 먹일 수 있는 방법을 찾는 것이 좋다.

약의 형태를 바꿔본다

같은 성분의 약을 시럽, 알약, 가루약으로 바꿀 수 있기 때문에 아이가 잘 먹는 형태로 대체하면 도움이 된다. 보통 숟가락으로 먹이지만 젖병의 젖꼭지를 이용하거나 주사형 투약기를 써보는 것도 좋다. 시럽이 너무 빽빽한 경우에는 물을 좀 타서 묽게 해주면 먹기 쉽다. 간혹 젖병에 분유와 약을 같이 타서 먹이기도 하는데, 분유를 남기면 약도 남기게 되며 자칫 쓴맛 때문에 분유를 거부할 수 있으므로 주의해야 한다.

따로따로 먹여본다

물약과 가루약을 한꺼번에 타서 먹이면 가루약의 쓴맛 때문에 싫어하는 경우가 많다. 이럴 때는 물약만 먼저 먹이고 가루약은 설탕물이나 요구르트 등에 타서 따로 먹여본다. 단, 주스나 우유에 섞어 먹이면 안 되는 경우도 있으므로 주의한다.

조금씩 나누어 먹인다

약을 한꺼번에 먹는 걸 힘들어하는 아이라면 10분 정도에 걸쳐 조금씩 나누어 먹여본다. 약을 먹으면 자꾸 토하는 아이는 식사와 상관없는 약이라면 식전에 조금씩 나누어 먹이면 덜 토한다.

엄마 손가락에 묻혀서 빨린다

돌 전 어린아이들은 엄마 손에 약을 묻혀서 빨리면 잘 먹는다. 물론 엄마는 미리 손을 깨끗이 씻어야 한다.

약의 안전한 보관법

약은 밀폐용기에 담아 건조하고 그늘진 상온에 보관

대부분의 약은 햇빛에 약하기 때문에 직사광선을 피한 그늘진 곳에 두어야 한다. 약마다 적합한 보관법이 약병에 적혀 있으므로 그대로 하는 것이 가장 좋다.

남은 약을 두고 쓰지 않는다

병원에서 처방받은 약이 남으면 아깝다고 보관했다가 비슷한 증상을 보일 때 먹이는 경우가 많다. 그러나 약이 변질되었을 가능성도 있고, 아이의 질병 상태와 맞지 않는 약을 먹여 문제가 될 수도 있으므로 남은 약은 버리는 것이 안전하다. 해열제를 상비약으로 두고자 할 때는 30cc짜리 작은 포장을 사서 보관하는 것이 좋다. 이렇게 완제품으로 산 시럽 약의 경우 사용하고 남은 약은 한동안 두고 먹을 수 있지만, 처방전에 따라 약국에서 덜어준 시럽 약은 완전 멸균된 상태가 아니기 때문에 받은 지 며칠 지나면 버려야 한다.

무조건 냉장 보관은 금물

냉장 보관하면 오래 두고 먹을 수 있다고 생각하는 엄마가 많은데, 일부 약들은 오히려 문제가 될 수 있다. 부루펜 시럽 같은 약은 약 성분이 물에 떠 있기 때문에 냉장 보관하면 침전되어 약효가 떨어진다. 대부분의 가루약과 알약도 냉장고에 넣으면 습기가 차서 변질되기 쉽다. 그러나 오구멘틴 시럽같이 반드시 냉장 보관해야 하는 약도 있으므로 약국에서 지시한 대로 보관한다.

먹는 도중에 다른 용기에 옮겨 담지 않는다

용기를 바꿔서 옮겨 담는 것도 약이 상하거나 약병이 헷갈려 잘못 먹일 수 있으므로 하지 않는 것이 좋다.

약병 끝을 아이가 빨아먹게 하지 않는다

약을 숟가락에 덜어 먹이지 않고 아이에게 약병 끝을 빨아먹게 하는 경우가 있는데, 이는 절대 안 된다. 약병에 침이 묻으면 약이 금방 상하기 때문이다.

반드시 아이의 손이 닿지 않는 곳에 보관한다

약은 아예 아이가 모르는 곳에 보관하는 것이 가장 좋다. 아이들이 며칠 분의 약을 한꺼번에 먹어버리는 사고를 미리 방지할 수 있다.

집에 두면 좋은 아이 비상약